做世界人 用全球漫游手机
Cdma2000/GSM/WCDMA
智能无缝切换
全面支持、覆盖多达258个国家的无线服务
全球出行，自由通信，体验真正无界漫游
10 08
位置服务，吃穿住行
一应俱全
您的专属导航员，不用等候下载，就能轻松获取地图服务
指出正确前行方向，美食娱乐，一网打尽
网站首页
漫游全球
极致体验
官网
Copyright © 2010 Corporation. All right Reserved
Family Site

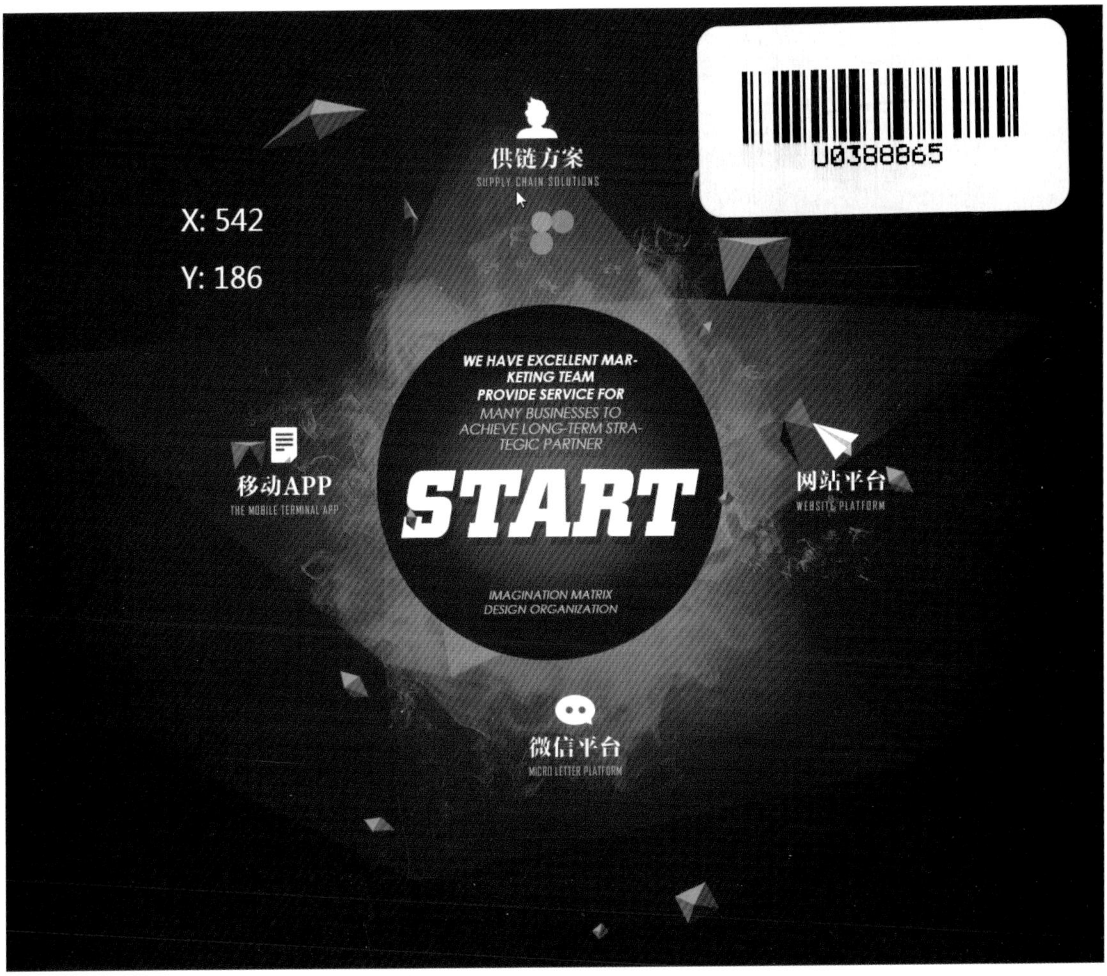

X: 542
Y: 186
供链方案
SUPPLY CHAIN SOLUTIONS
WE HAVE EXCELLENT MAR-
KETING TEAM
PROVIDE SERVICE FOR
MANY BUSINESSES TO
ACHIEVE LONG-TERM STRA-
TEGIC PARTNER
移动APP
THE MOBILE TERMINAL APP
START
网站平台
WEBSITE PLATFORM
IMAGINATION MATRIX
DESIGN ORGANIZATION
微信平台
MICRO LETTER PLATFORM

最新设计活动

首页
关于我们
产品介绍
合作伙伴
质量检测
联系我们
更多
公司简介
规章制度
定期活动
任务目标
培训机构
3D Game development for Mobile
IGNITE
› multiplayer mode
› 28 optional cars

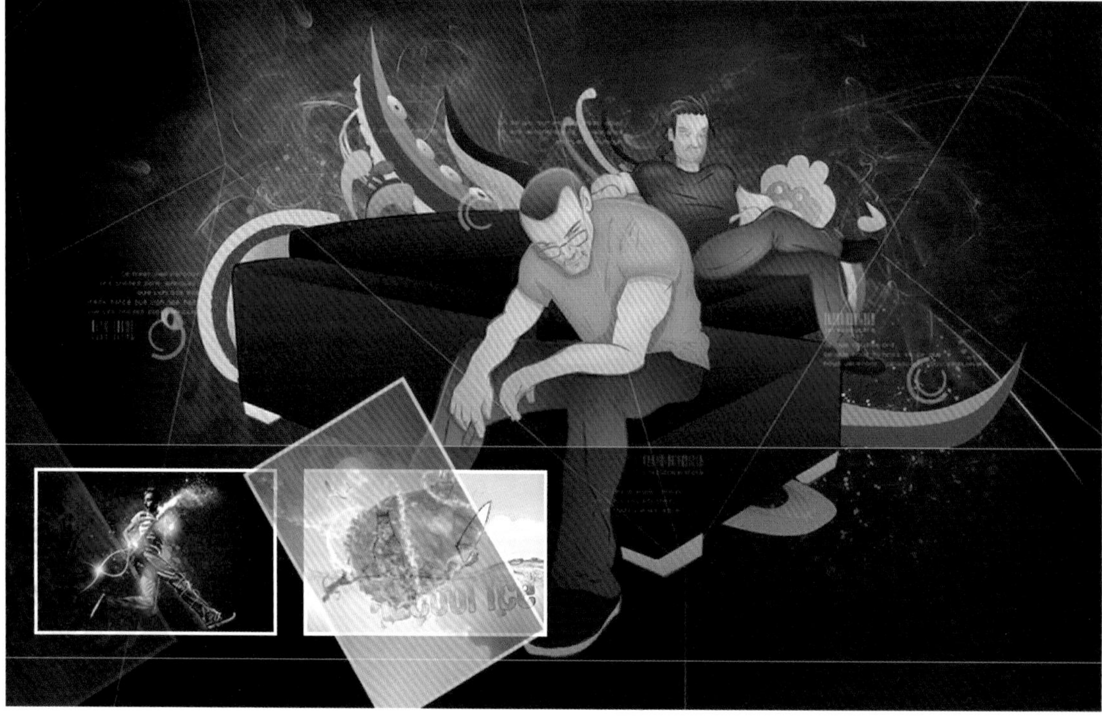

RA

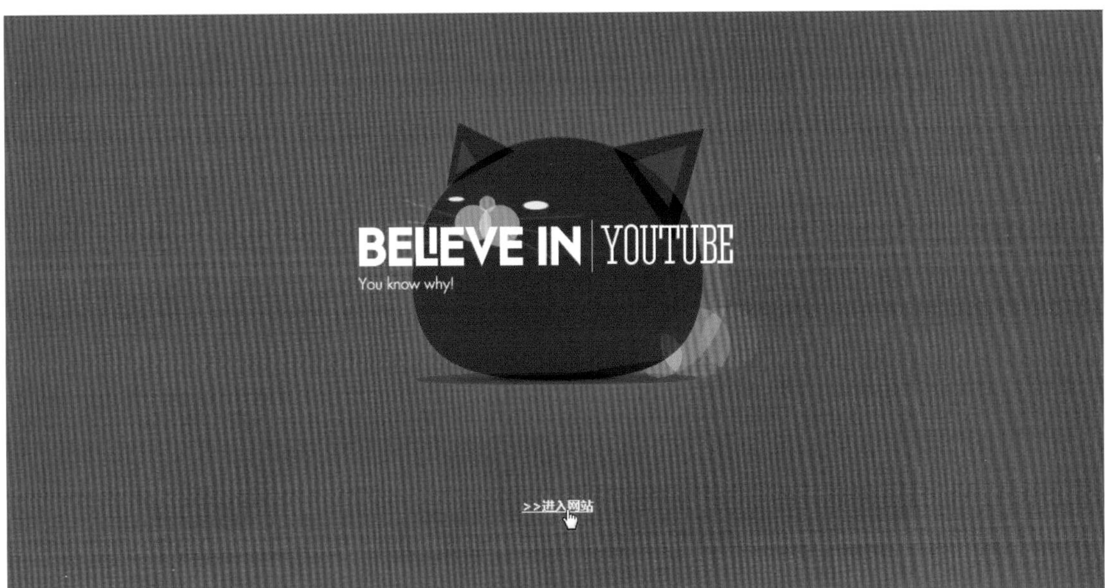
BELIEVE IN | YOUTUBE
You know why!
>>进入网站

PARIS

超甲级5A写字楼
5A OFFICE
TOP BUSINESS

供链方案

SUPPLY CHAIN SOLUTIONS

移动APP

THE MOBILE TERMINAL APP

HTML 5 动画制作神器

Adobe Edge Animate CC 一本通

网站平台

WEBSITE PLATFORM

张晓景 编著

微信平台

MICRO LETTER PLATFORM

電子工業出版社

Publishing House of Electronics Industry

北京·BEIJING

内容简介

本书详细地介绍了 Edge Animate CC 中的所有知识点，以通俗易懂的文字、精美的案例和新颖的版式讲解各种类型交互动画的制作方法和技巧，将 Edge Animate CC 的知识点与实际应用案例相结合，使读者易学易用、快速掌握使用 Edge Animate CC 制作交互动画的相关知识。

全书共分为 11 章，分别讲解初识 Edge Animate、掌握 Edge Animate 的基本操作、图形的创建与操作、添加文本和格式化文本、使用时间轴制作动画、使用触发器动作、符号元素在动画中的使用、HTML 和 CSS 样式在 Edge Animate 中的应用、使用 JavaScript 和 JQUERY 控制动画、Edge Animate 动画制作技巧和 Edge Animate 动画的发布与输出等内容。在内容安排上，从基础出发，讲解 Edge Animate 的各个知识点，深入浅出，使读者能够在最短的时间里轻松掌握各种类型交互式动画的制作流程和方法。

本书的配套光盘中提供了书中所有实例的源文件和相关素材，以及书中实例的视频教程，方便读者学习和参考。

本书适合广大网页设计人员，以及网页动画设计爱好者，并且可以作为高等院校网页与动画设计专业的教材，以及相关培训的辅助教材。

图书在版编目（CIP）数据

HTML5 动画制作神器：Adobe Edge Animate CC 一本通 / 张晓景编著. -- 北京：电子工业出版社，2015.1

ISBN 978-7-121-25071-2

Ⅰ.①H… Ⅱ.①张… Ⅲ.①超文本标记语言－程序设计－教材 Ⅳ.①TP312

中国版本图书馆 CIP 数据核字 (2014) 第 288387 号

责任编辑：田　蕾
文字编辑：马　鑫
印　　刷：北京中新伟业印刷有限公司
装　　订：北京中新伟业印刷有限公司
出版发行：电子工业出版社
　　　　　北京市海淀区万寿路 173 信箱　　邮编：100036
开　　本：787×1092　1/16　印张：19　彩插：2　字数：554.4 千字
版　　次：2015 年 1 月第 1 版
印　　次：2017 年 3 月第 5 次印刷
定　　价：59.80 元（含光盘 1 张）

凡所购买电子工业出版社图书有缺损问题，请向购买书店调换。若书店售缺，请与本社发行部联系，联系及邮购电话：（010）88254888。
质量投诉请发邮件至 zlts@phei.com.cn，盗版侵权举报请发邮件至 dbqq@phei.com.cn。
服务热线：（010）88258888。

前　言

随着互联网的发展，人们对于网页的审美和交互应用效果的要求越来越高，HTML5 以其简洁、高效的特点，在网页中的应用越来越广泛。但是网页中交互效果的实现需要通过 HTML5 与 JavaScript 脚本结合使用才能实现，这对于许多没有编程基础的网页设计者来说，无疑是比较困难的。而通过 Adobe 公司最新推出的 HTML5 网页动画制作神器 Adobe Edge Animate CC 即可轻松、高效地制作出各种不同类型的交互式网页动画。在 Adobe Edge Animate CC 中提供了完全可视化的动画制作界面，用户只须了解少量的 JavaScript 脚本代码，即可完全掌握交互式动画的制作方法。

Adobe Edge Animate 凭借先进的技术逐步在浏览器互动媒体领域中取代了 Flash 平台，使用 Edge Animate 制作的动画不需要任何的浏览器插件支持，并且可以在各大手机平台，以及现代桌面浏览器中得到良好的支持。通过使用 Adobe Edge Animate CC 提供的可视化制作功能，用户可以快速创建 HTML5 动画而无须编写任何代码。该软件是一款全新的软件，编者为了使读者能够快速地掌握该软件的使用方法和技巧，精心编写了本书，希望通过本书的学习，读者能够快速掌握使用 Adobe Edge Animate CC 制作动画的方法和技巧，并能够做到活学活用。

本书特点与内容安排

本书是一本如何使用 Adobe Edge Animate 进行动画制作的优秀教材，以简单易懂、深入浅出的方式，全面地介绍了 Adobe Edge Animate 软件的基本操作和功能。书中不仅应用了大量的实例对重点、难点进行了深入的剖析，还结合了作者多年的动画设计制作经验和教学经验进行了点拨，使读者能够学以致用。

全书共 11 章，每章都通过 Adobe Edge Animate 不同的功能进行针对性讲解，具体内容如下。

第 1 章：初识 Adobe Edge Animate。本章主要对 Adobe Edge Animate 的诞生和功能、Adobe Edge Animate 的系统要求和操作界面，以及安装和卸载 Adobe Edge Animate 软件进行了介绍，使读者对 Adobe Edge Animate 软件有一定的了解。

第 2 章：掌握 Edge Animate 的基本操作。通过本章的学习，读者不仅可以了解 Edge Animate 的操作环境，而且对 Edge Animate 文档和辅助工具的使用会有更深的认识。

第 3 章：图形的创建与操作。本章详细地介绍了 Edge Animate 中基本绘图工具、图像的属性设置，以及导入外部素材的操作方法，熟练掌握相关工具的操作方法，是设计出优秀动画作品的关键。

第 4 章：添加文本和格式化文本。文本是动画的重要组成部分，本章主要对动画中添加文本、添加字体，以及设置文字属性和文字特效的制作进行详细讲解。

第 5 章：使用时间轴制作动画。时间轴是动画制作过程中必不可少的重要内容，在本章中主要讲解了 Edge Animate 时间轴的基本操作、元素层状态，以及预设缓动效果的应用，并通过实例的制作，使读者能够快速地掌握在时间轴中制作动画的方法。

第 6 章：使用触发器动作。本章对什么是触发器、舞台触发器的使用、时间轴上触发器的使用技巧进行详细讲解，并结合实例的制作使读者能够更好地理解各种不同触发器的作用及应用方法。

第 7 章：符号元素在动画中的使用。本章详细地介绍了如何创建符号、使用符号，以及在符号时间轴上的运用。合理地运用符号元素会使动画的制作变得更加简单、轻松。

第 8 章：HTML 和 CSS 样式在 Edge Animate 中的应用。本章介绍了有关 HTML 文档和 CSS 样式的相关知识，并且详细讲解了 Edge Animate 与 HTML 的关系，以及在 HTML 页面中应用 Edge Animate 动画的方法。

第 9 章：使用 JavaScript 和 jQuery 控制动画。本章介绍了 JavaScript 和 jQuery 的相关基础知识，并且详细讲解了 Edge Animate 与 JavaScript 的关系，以及如何在 Edge Animate 中通过 JavaScript 脚本代码制作复杂的交互动画的方法。

第 10 章：Edge Animate 动画制作技巧。本章主要讲解了在 Edge Animate 动画制作中的一些技巧，包括使用 JavaScript 实现更多的显示与隐藏、交换素材图像，以及播放符号内的时间轴等操作，还介绍了如何为动画添加音频和视频等内容。

第 11 章：Edge Animate 动画的发布与输出。本章主要对动画的发布和输出进行了详解，使读者在完成作品后，可以轻松地对作品进行输出和发布。

本书配套光盘中提供了书中所有实例的源文件和相关素材，以及书中实例的视频教程，以方便读者学习和参考。

本书读者对象

本书适合广大网页设计人员及网页动画设计爱好者，并且可以作为高等院校网页与动画设计专业的教材，以及相关培训的辅助教材。

本书作者团队

本书由张晓景主笔，另外李晓斌、畅利红、杨阳、刘强、贺春香、贾勇、罗廷兰、黄尚智、刘钊、陶玛丽、衣波、张国勇、王权、王明也参与了本书的编写。书中难免有错误和疏漏之处，希望广大读者朋友批评、指正。

编　者

2015 年 1 月

第 1 章 初识 Adobe Edge Animate

第 2 章 掌握 Edge Animate 的基本操作

第 9 章 使用 JavaScript 和 jQuery 控制动画

第 10 章 Edge Animate 动画制作技巧

第 11 章 Edge Animate 动画的发布与输出

第①章 初识 Adobe Edge Animate

初识 Adobe Edge Animate

Adobe Edge Animate 是一个款全新的制作 HTML5 网页动画的软件，使用该软件可以像制作 Flash 动画一样制作出绚丽的网页动画，同时可以将 CSS 和 JS 综合应用在动画中。本章将向读者介绍有关 Adobe Edge Animate 的相关知识，并带领读者认识全新的 Adobe Edge Animate。通过本章的学习，读者可以对 Adobe Edge Animate 有一个基本的了解和认识。

本章知识点：

- 了解 Adobe Edge Animate 的功能
- 掌握 Adobe Edge Animate 的安装和卸载的方法
- 掌握 Adobe Edge Animate 的启动和退出的方法
- 认识 Adobe Edge Animate 的工作界面
- 掌握 Edge Animate 自定义工作界面的方法

1.1 Adobe Edge Animate 简介

Adobe Edge Animate 是一款 Adobe 公司开发的全新网页动画可视化设计制作软件。通过 Adobe Edge Animate 可以创建出将 HTML5、CSS3 和 JavaScript 相结合的交互式网页动画，并且 Adobe Edge Animate 凭借先进的技术，致力于解决台式机和移动平台之间的跨平台动画解决方案。

1.1.1 Adobe Edge Animate 的诞生

在传统的网页设计制作过程中，常常使用Flash来表现网页中的动画效果，Flash动画很长一段时间在网页设计制作领域占据着非常重要的地位。在浏览器中浏览Flash动画必须依赖浏览器的Flash Player插件，虽然目前许多浏览器都预装了Flash Player插件，但是许多移动平台并不支持Flash Player插件，更重要的是Adobe公司已经终止了安卓系统Flash Player客户端的开发，这就导致Flash动画在移动平台上的发展受到了限制。

在各方抵制基于移动平台的Flash内容的压力下，HTML5以其标准化和优异特性脱颖而出，成为众多UI设计者的选择。于是，Adobe公司开发并推出了HTML5的可视化开发制作软件——Adobe Edge Animate。

1.1.2 Adobe Edge Animate 概述

虽然HTML5成为了设计师未来的选择，HTML5中众多的标签也支持了动画，但是使用HTML5制作出类似于Flash那样的动画效果，对于设计开发人员的要求非常高，并且需要花费大量的精力，此时，Adobe公司推出了Adobe Edge Animate可视化HTML5动画制作软件。Adobe Edge Animate主要的功能是通过HTML5、CSS3、JavaScript和jQuery制作跨平台、跨浏览器的网页动画，其生成的是HTML5网页，可以方便地通过互联网传输，最重要的是可以更好地兼容移动互联网。

Adobe Edge Animate的目的是在浏览器互动媒体领域取代Flash平台，通过Adobe Edge Animate创建基于HTML5的网页动画，在未来的网页动画领域中发挥更大的作用。

提示：

推荐以前学习和使用Flash的用户和设计人员学习Adobe Edge Animate，制作基于HTML5的网页动画，也许这就是未来的方向。

1.1.3 Adobe Edge Animate 功能简介

Adobe Edge Animate是一款由Adobe公司大力开发的专业HTML5动画制作软件。使用Adobe Edge Animate中的可视化制作功能，用户可以快速创建HTML5动画而无须编写任何代码。

使用Adobe Edge Animate制作的网页动画，本身是基于HTML5、CSS3、JavaScript和jQuery的，所以并不需要任何的浏览器插件支持，并且使用Adobe Edge Animate所制作的动画可以在iOS和Android智能手机和平板电脑，以及现代桌面浏览器中得到良好的支持。

● 支持移动设备

使用Adobe Edge Animate创建的网页动画，可以应用于任何现代浏览器，例如IE9+、Firefox、Chrome和Safari，同时还可以在使用iOS和Android平台的移动设备上完美呈现。

● 支持滑动手势

在Adobe Edge Animate中可以创建运用于智能手机的项目，并且在项目中可以轻松地添加向左和向右滑动的手势支持，大大提高所开发项目的实用性。

● 响应动画

在Adobe Edge Animate中制作的网页动画，可以应用缩放或基于百分比的布局，从而使动画可以适应不同的移动设备和桌面计算机屏幕。

● 支持多种发布选项设置

在Adobe Edge Animate中将所制作的动画进行发布之前，可以执行"File（文件）>Publish Settings（发布设置）"命令，在弹出的"Publish Settings（发布设置）"对话框中可以对发布的内容进行设置，使所发布的文件更具有友好性，如图1-1所示。例如可以添加一个预加载，使浏览者知道网页动画内容正在加载。

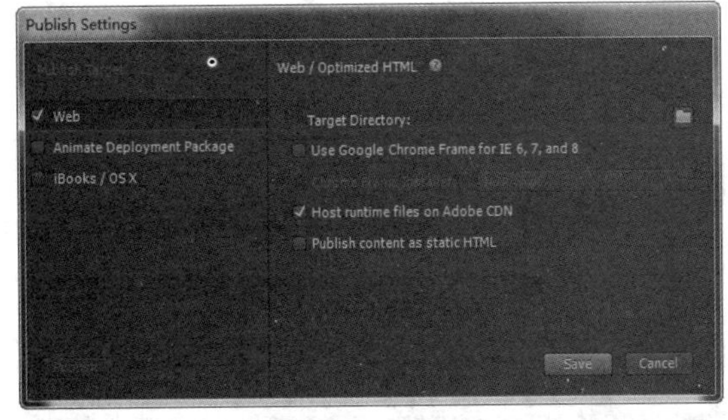

图 1-1

● 支持图形与文字工具

使用 Adobe Edge Animate 中提供的基本绘图工具和文字工具，如图 1-2 所示，可以在文件中绘制基本图形并添加文字，并且可以为所绘制的图形与输入的文字设置各种属性。在 Adobe Edge Animate 中还可以导入各种网页支持的位图素材，包括 SVG、JPEG、PNG 和 GIF 格式。

图 1-2

● 支持渐变颜色设置

在 Adobe Edge Animate 中可以为所绘制的图形设置线性和径向渐变颜色，如图 1-3 所示，从而使创作的作品色彩更加丰富和精美。

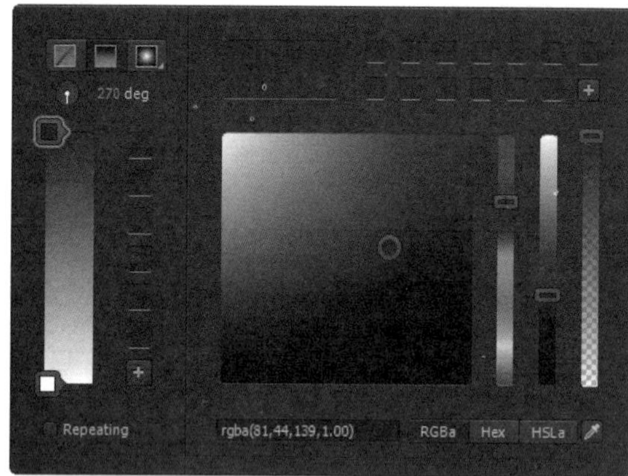

图 1-3

● 支持 Web 字体

在 Adobe Edge Animate 中支持 Web 字体的使用，从而可以在所制作的网页动画中运用特殊的字体，丰富动画中的版式和文字效果，如图 1-4 所示。

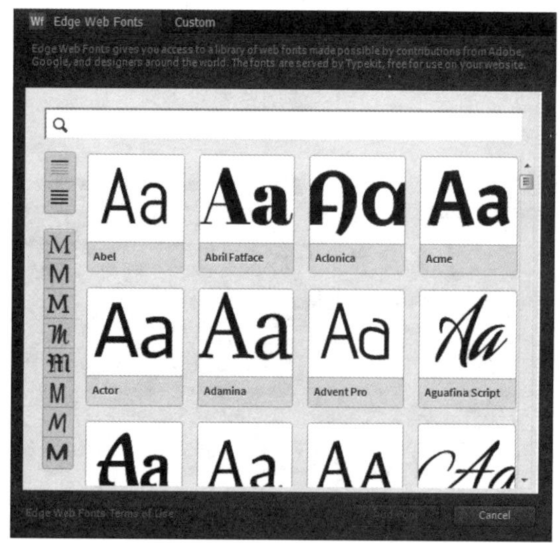

图 1-4

● 支持 CSS 滤镜效果

在 Adobe Edge Animate 中支持为文件中的图形、文字、位图等对象应用 CSS 滤镜效果，通过 CSS 滤镜效果可以实现对象的模糊、阴影、饱和度和亮度等效果，如图 1-5 所示，从而在动画中创建出令人惊艳的效果。

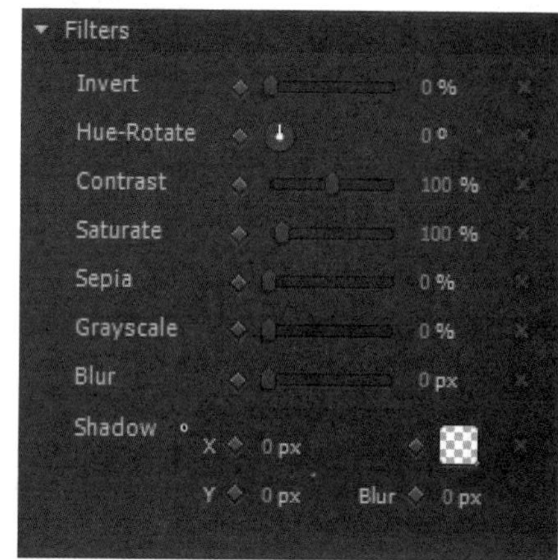

图 1-5

● 可以重复使用的符号

在 Adobe Edge Animate 中可以创建符号元素，符号元素类似于 Flash 中元件的功能，在符号元素中可以创建独立的、具有交互效果的动画，并且在动画制作过程中可以重复使用所创建的符号元素，如图 1-6 所示。

图 1-6

● 支持运动路径调整

在 Adobe Edge Animate 中支持动画运动路径的调整，类似于 Flash 中的补间动画功能，在 Adobe Edge Animate 中创建了对象的运动动画之后，可以在运动路径上添加锚点并对锚点进行调整，从而改变对象的运动轨迹，如图 1-7 所示。

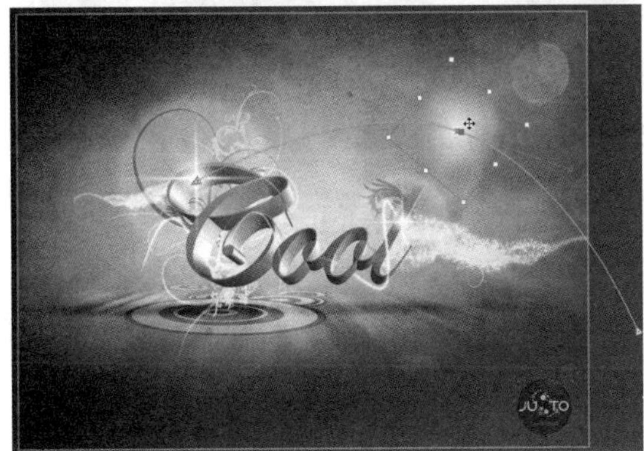

图 1-7

● 支持音频

在 Adobe Edge Animate 中可以为动画添加音频文件，并支持音频文件的同步播放和用户交互。

● 支持自定义模板

在 Adobe Edge Animate 中可以将常用的动画文件保存为 Edge Animate 模板文件，在制作同类型的动画时可以直接创建基于该模板的文件，如图 1-8 所示，从而节省大量的创作时间。

● 支持下级浏览器

在 Adobe Edge Animate 中创作的网页动画都是基于 HTML5 的，只有在高版本的浏览器中才能看到所制作的动画效果。为了解决与低版本浏览器的兼容性问题，Adobe Edge Animate 支持下级浏览器的设置，如图 1-9 所示，可以为下级浏览器制作一个精美的静态画面，这样就解决了低版本浏览器看不到内容的问题了。

图 1-8

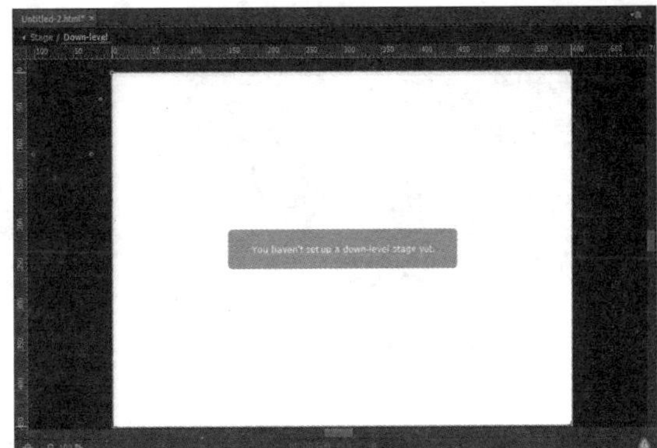

图 1-9

● 丰富的交互性

Adobe Edge Animate 制作的动画可以具有丰富的交互性，在 Adobe Edge Animate 中可以使用内置的代码片段库，或者在代码编辑器中自由编写 JavaScript 代码。

● 支持加载外部脚本

在 Adobe Edge Animate 中还整合了类似 Greensock 或 jQuery UI 的第三方库扩展功能，从而大大增强所制作动画的交互性。

1.2 安装和卸载 Adobe Edge Animate

通过使用 Adobe Edge Animate 可以在完全可视化的环境中，创建基于 HTML5 的现代网页动画和互动效果，使网页动画的设计与制作更加高效和便捷。本节将向读者介绍 Adobe Edge Animate 的安装、卸载与启动的方法。

1.2.1 Adobe Edge Animate 的系统要求

Adobe Edge Animate 可以在 Windows 系统中运行，也可以在苹果计算机中运行。Adobe Edge Animate 在 Windows 系统中运行的系统要求如下。

Adobe Edge Animate 在 Windows 系统中运行的系统要求

	Inter Pentium 4 或 AMD Athlon 64 处理器
	Windows 7、Windows 8 或 Windows 8.1 操作系统
	1 GB 以上的内存
	200 MB 以上的可用空间用于软件安装，无法安装在可移动闪存设备上
	16 位显卡，1 280x800 的显示分辨率

Adobe Edge Animate 在苹果计算机中运行的系统要求如下。

Adobe Edge Animate 在苹果系统中运行的系统要求

	多核心 Inter 处理器
	Mac OS X v10.7、v10.8 或 v10.9 操作系统
	1 GB 以上的内存
	200 MB 以上的可用空间用于软件安装，无法安装在可移动闪存设备上
	16 位显卡，1 280x800 的显示分辨率

本书将在 Windows 7 系统中对 Adobe Edge Animate 进行系统的介绍和讲解。

1.2.2 Adobe Edge Animate 的系统要求

在了解了 Adobe Edge Animate 的系统要求后，接下来我们将在 Windows 7 系统中安装 Adobe Edge Animate。

安装 Adobe Edge Animate

视频：光盘\视频\第 1 章\安装 Adobe Edge Animate.swf　源文件：无

01 执行 Adobe Edge Animate 安装程序，自动进入初始化安装程序界面，如图 1-10 所示，初始化完成后会自动进入欢迎界面，可以选择安装或试用，如图 1-11 所示。

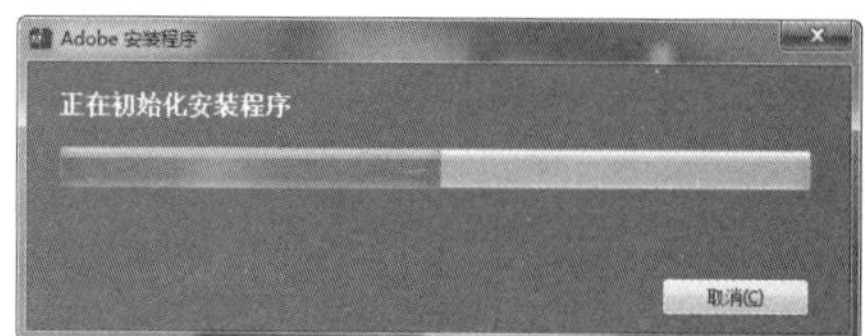

图 1-10

02 单击“安装”按钮，进入 Adobe Edge Animate 软件许可协议界面，如图 1-12 所示。单击“接受”按钮，进入 Adobe ID 界面，输入 Adobe ID 并登录，进入 Adobe 安装选项界面，如图 1-13 所示，指定安装路径，单击“下一步”按钮。

图 1-11

03 单击“安装”按钮，进入安装界面，显示安装进度，如图 1-14 所示。安装完成后，进入“安装完成”

界面，如图 1-15 所示。单击“关闭”按钮，关闭安装窗口，完成 Edge Animate 的安装，单击“立即启动”按钮，可以立即运行 Edge Animate 软件。

04 软件安装结束后，Adobe Edge Animate 会自动在 Windows 程序组中添加一个 Adobe Edge Animate CC 的快捷方式，如图 1-16 所示。

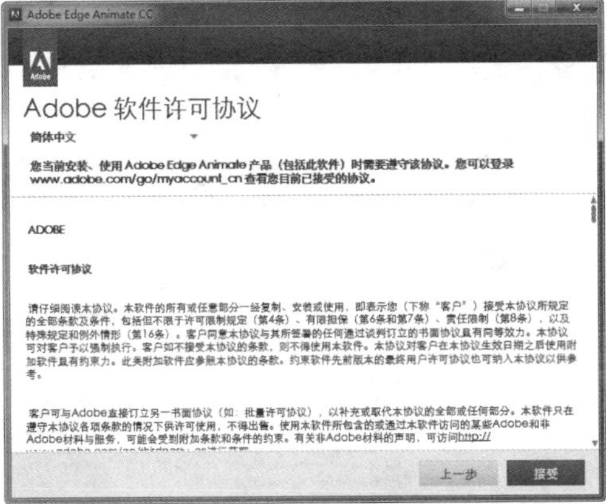

图 1-12

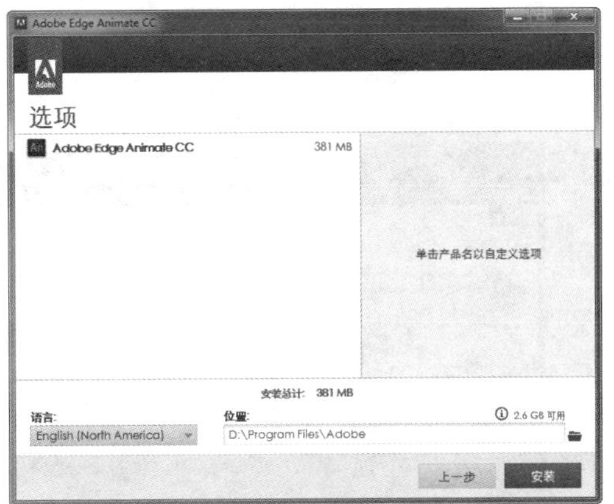

图 1-13

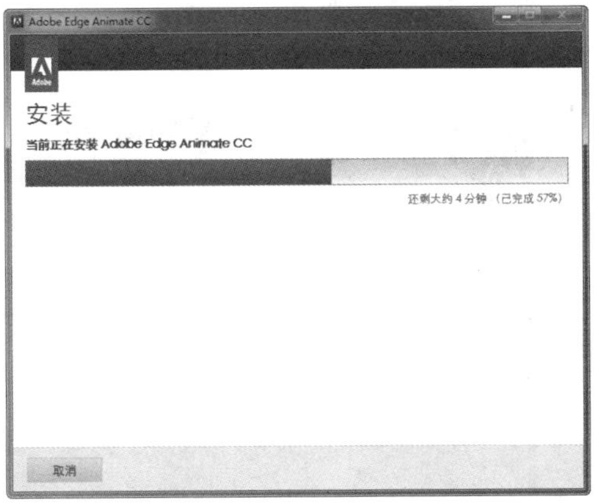

安装

当前正在安装 Adobe Edge Animate CC

还剩大约 4 分钟（已完成 57%）

取消

图 1-14

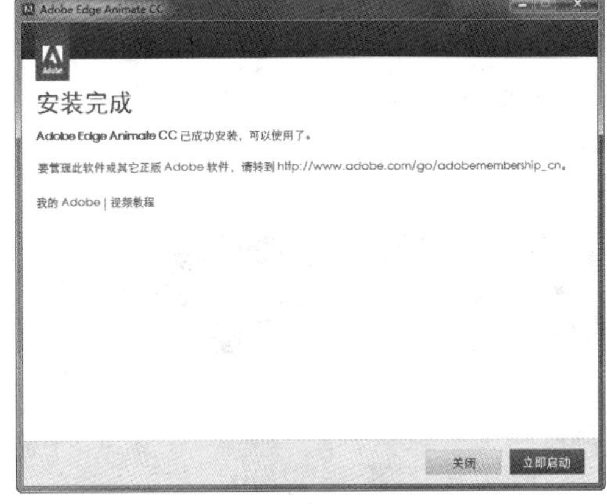

图 1-15

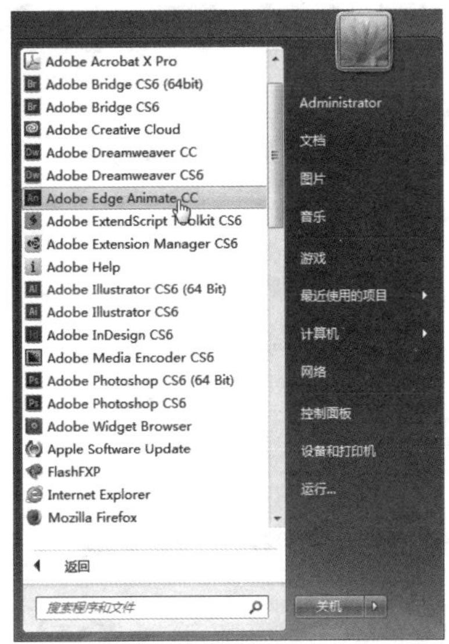

图 1-16

提示：

在安装 Adobe Edge Animate CC 的过程中，用户必须使用 Adobe ID 进行登录才可以进行安装，如果用户希望跳过输入 Adobe ID 的步骤，可以在断开网络连接的情况下进行安装。

提示：

目前 Adobe Edge Animate CC 还没有提供简体中文版，本书将使用英文版的 Adobe Edge Animate CC 进行讲解。

1.2.3 卸载 Adobe Edge Animate

如果用户所安装的 Adobe Edge Animate 软件出现了问题，则需要将 Adobe Edge Animate 卸载后再重新进行安装。

卸载 Adobe Edge Animate

视频：光盘\视频\第 1 章\卸载 Adobe Edge Animate.swf　源文件：无

01 打开 Windows 中的"控制面板"窗口，单击"程序和功能"选项，如图 1-17 所示，进入"程序和功能"窗口，如图 1-18 所示。

图 1-17

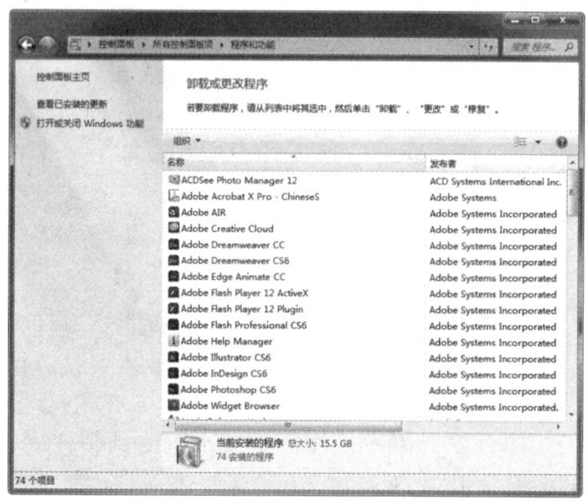

图 1-18

02 在列表中选择 Adobe Edge Animate CC，再单击"卸载"按钮，如图 1-19 所示。弹出卸载选项界面，如图 1-20 所示。

03 单击"卸载"按钮，进入卸载界面，显示 Adobe Edge Animate 的卸载进度，如图 1-21 所示。卸载完成后显示 Edge Animate 卸载完成界面，如图 1-22 所示。单击"退出"按钮，完成 Edge Animate 的卸载。

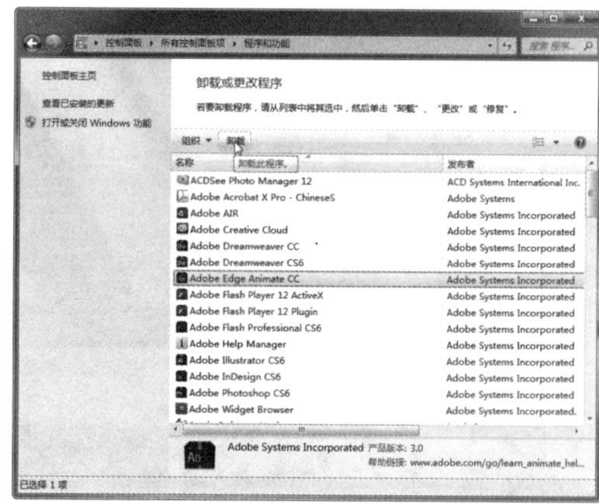

图 1-19

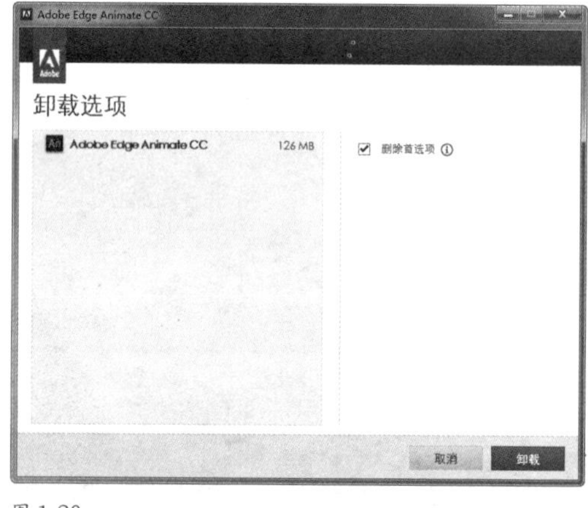

图 1-20

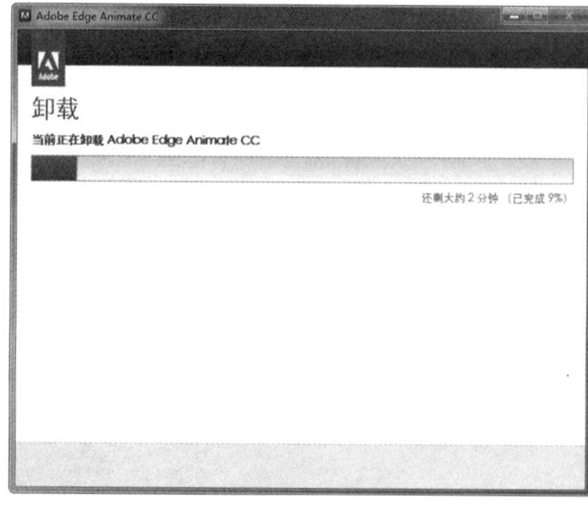

图 1-21

1.2.4 启动 Adobe Edge Animate

完成 Adobe Edge Animate CC 的安装后，会自动在 Windows 程序组中添加一个 Adobe Edge Animate CC 的快捷方式，可以通过该快捷方式启动 Adobe Edge Animate。

如果需要启动 Adobe Edge Animate CC 软件，执行“开始 > 所有程序 >Adobe Edge Animate CC”命令，如图 1-23 所示。即可直接启动 Adobe Edge Animate CC，并显示 Adobe Edge Animate CC 的欢迎界面，如图 1-24 所示。

图 1-22

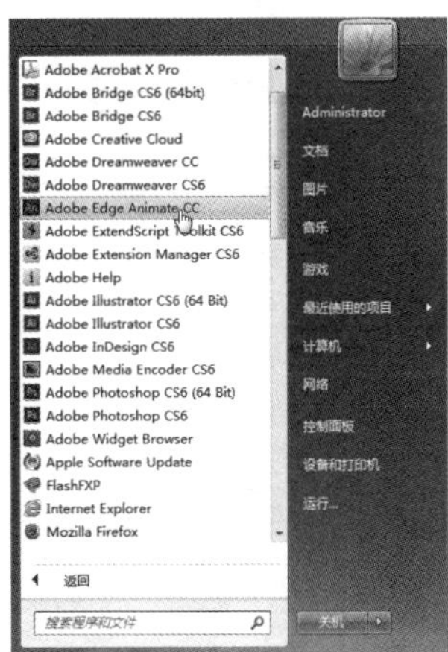

图 1-23

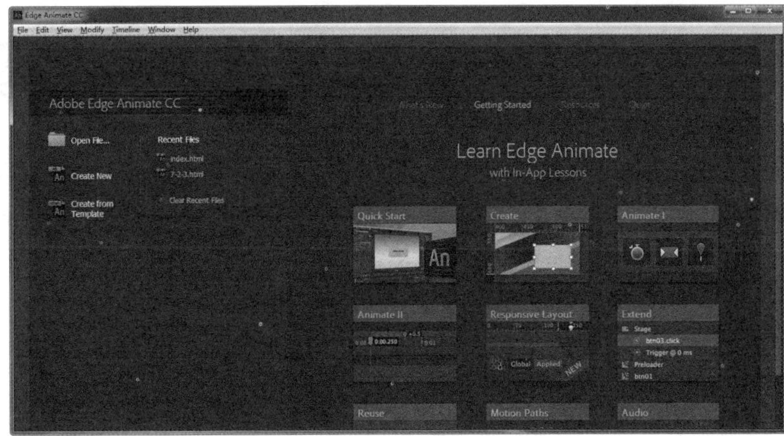

图 1-24

1.2.5 退出 Adobe Edge Animate

如果需要退出 Adobe Edge Animate，可以单击 Adobe Edge Animate 软件界面右上角的“关闭”按钮，如图 1-25 所示。或者执行“File（文件）>Exit（退出）”命令，如图 1-26 所示，都可以退出 Adobe Edge Animate 软件并关闭 Adobe Edge Animate 软件窗口。

图 1-25

提示：

除了刚介绍的两种退出 Adobe Edge Animate 软件的方法外，还可以双击 Adobe Edge Animate 软件界面左上角的 Edge Animate 图标，或者在该 Edge Animate 图标上单击，在弹出菜单中选择“关闭”选项，同样可以退出 Adobe Edge Animate 并关闭 Adobe Edge Animate 软件窗口。

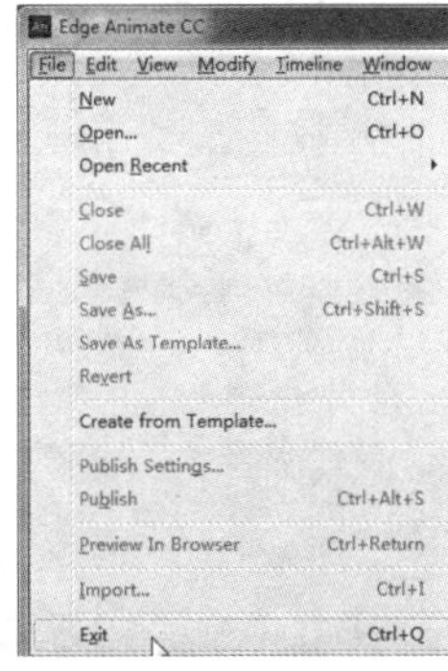

图 1-26

1.3 Adobe Edge Animate 工作界面

Adobe Edge Animate 软件的工作界面与 Adobe 家族中其他软件的工作界面相似，如果用户熟悉 Adobe 家族中的其他软件，例如 Photoshop、Illustrator 和 After Effects 等，那么对 Adobe Edge Animate 的工作界面也不会太陌生，本节将向读者介绍 Adobe Edge Animate 工作界面。

1.3.1 Edge Animate 欢迎界面

完成 Adobe Edge Animate 的安装，在 Windows 中单击“开始”按钮，选择“所有程序”，执行 Adobe Edge Animate CC 命令，运行软件，显示 Adobe Edge animate CC 的欢迎界面，如图 1-27 所示。

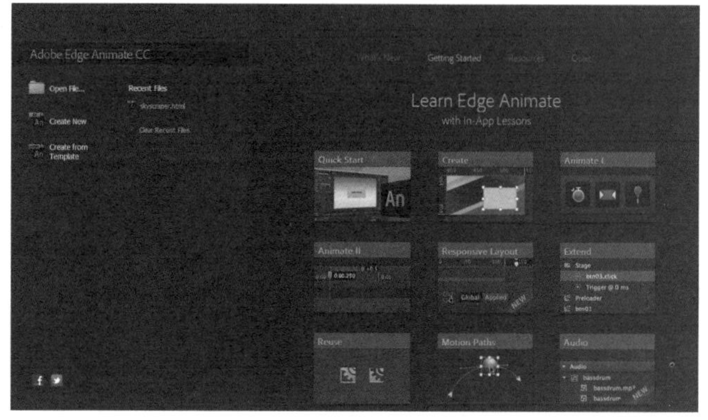

图 1-27

● **Open File（打开文件）**

单击该选项，可以弹出“Open（打开）”对话框，在该对话框中可以选择需要在 Edge Animate 中打开的 Edge Animate 项目文件。

● **Create New（新建文件）**

单击该选项，可以直接创建一个新的 Edge Animate 项目文件，并进入该项目的工作界面。

● **Create from Template（从模板新建）**

单击该选项，弹出“Templates（模板）”对话框，在该对话框中可以选择相应的模板文件，基于该模板文件创建 Edge Animate 项目。

默认情况下，刚安装的 Adobe Edge Animate 的“Templates（模板）”对话框中没有任何模板文件，如图 1-28 所示。

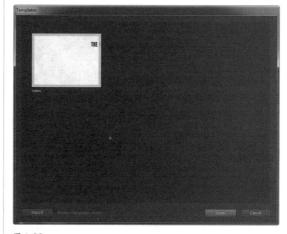

图 1-28

单击“Import（导入）”按钮，可以在弹出的“Import Template（导入模板）”对话框中选择需要导入的模板文件，如图 1-29 所示。将其导入到“Templates（模板）”对话框中，如图 1-30 所示。

单击“Browse Templates Online（在线浏览模

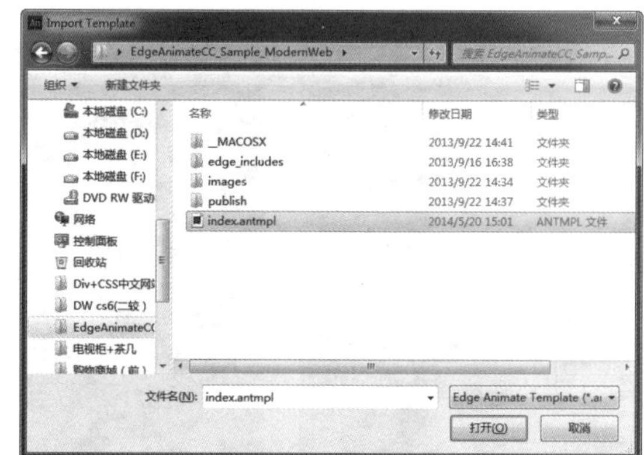

图 1-29

图 1-30

板）”文字链接，可以打开浏览器并自动链接到 Adobe 的官方网页，在该网页中提供了一些使用 Edge Animate 制作的文件，如图 1-31 所示。

提示：

Edge Animate 模板文件的扩展名为 .antmpl。在 Edge Animate 中只能使用该扩展名称的模板文件。

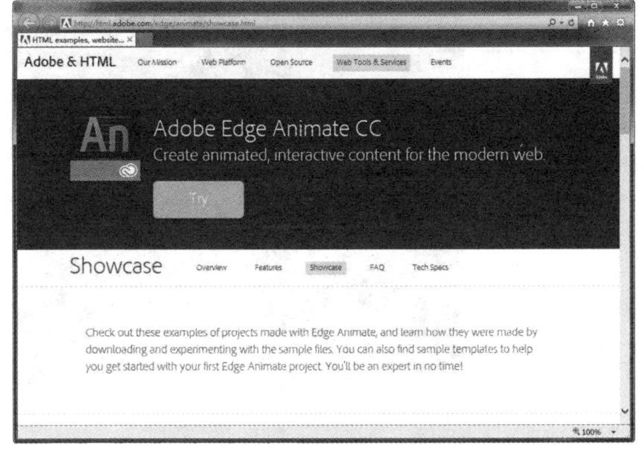

图 1-31

选择相应的模板文件，单击“Open（打开）”按钮，即可基于所选择的模板创建新文件。

单击“Cancel（取消）”按钮，可以关闭“Templates（模板）”对话框。

● **Recent Files（最近打开的文件）**

在该选项的下方显示了最近在 Edge Animate 中打开过的 10 个文件，单击该选项下方的文件名称，可以快速打开该文件。

● **Clear Recent Files（清除最近打开的文件）**

单击该按钮，可以清除“Recent Files（最近打开的文件）”选项下方的文件名称。

● **What's New（最新消息）**

单击该按钮，可以在欢迎界面右侧区域中显示有关 Adobe Edge Animate CC 的介绍及相关信息内容，如图 1-32 所示。

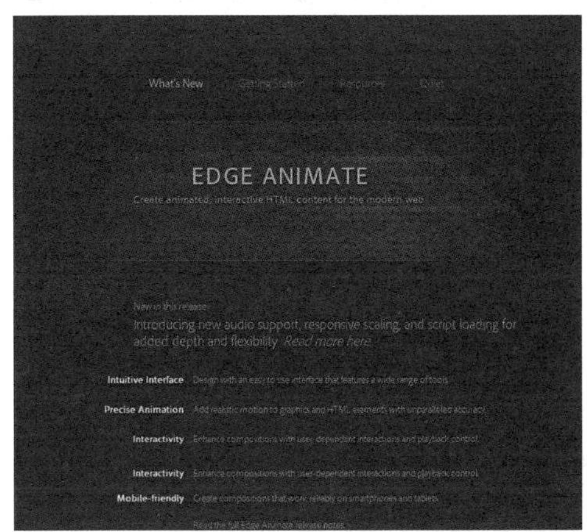

图 1-32

● **Getting Started（入门）**

该选项为 Edge Animate 欢迎界面的默认选项，显示了有关 Edge Animate 各部分功能的多个教程，如图 1-33 所示。

单击相应的教程，可以直接在 Edge Animate 中创建一个新文件，并在 Edge Animate 工作界面右侧显示该教程的内容，用户可以根据教程的内容进行学习，如图 1-34 所示。

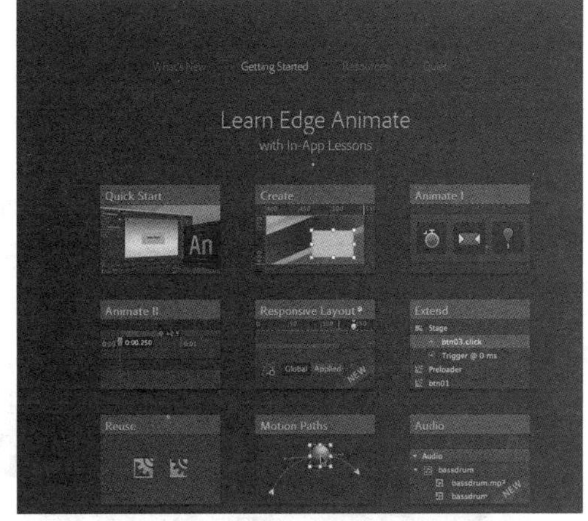

图 1-33

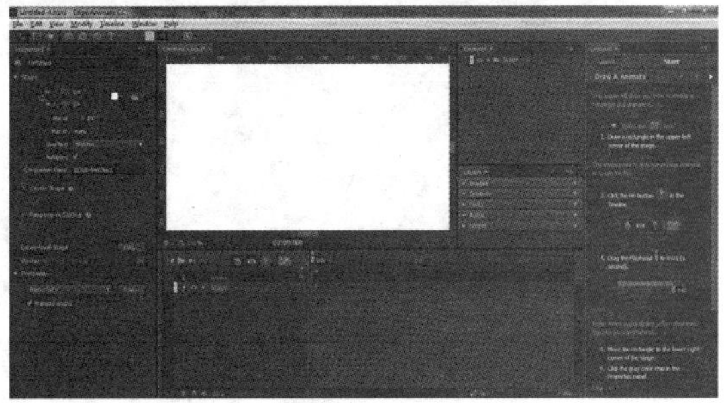

图 1-34

Resources（资源）

单击该按钮，可以在欢迎界面右侧显示 Adobe Edge Animate CC 的相关资源简介，如图 1-35 所示。单击相应的链接即可打开浏览器链接到该资源的网页。

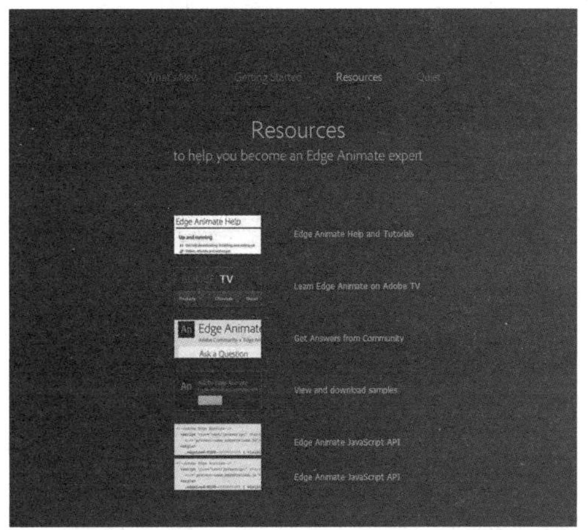

图 1-35

Quiet（隐藏）

单击该按钮，可以在欢迎界面右侧显示 Adobe Edge Animate CC 的相关隐藏内容，目前该部分无任何内容，如图 1-36 所示。

1.3.2 Edge Animate 欢迎界面

Adobe Edge Animate 与 Adobe 公司的其他设计软件同样提供了一个将全部元素置于一个窗口的集成工作界面。在该集成工作界面中，重要的窗口和面板都被集成到一个更大的应用程序窗口中，使用户可以方便地查看和设置对象的属性并创建动画。

在 Adobe Edge Animate 软件的欢迎界面中单击“Create New（新建文件）”按钮，新建一个空白的文件，或者单击“Open File（打开文件）”按钮，打开一个现有的文件，即可进入 Adobe Edge Animate 软件的工作面，如图 1-37 所示。

图 1-36

图 1-37

● **菜单栏**

菜单栏中包含了所有 Edge Animate 软件操作所需要的命令。这些命令按照操作类别分为“File（文件）”、“Edit（编辑）”、“View（视图）”、“Modify（修改）”、“Timeline（时间轴）”、“Window（窗口）”和“Help（帮助）”7 个菜单。

● **工具栏**

在工具栏中提供了绘制矩形、圆角矩形和椭圆形的工具，还有文字工具，并且还提供了选择和修改舞台中所选对象的工具。

● **舞台**

舞台区域是制作和显示动画的区域，当保存该文件时，Edge Animate 将舞台中所制作的对象动画保存为 HTML 页面。当在浏览器中打开该 HTML 页面时，将在网页中播放在舞台中制作的动画效果。

● **“Properties（属性）”面板**

用于查看和设置所选择对象或文本的各种属性。在舞台中选择不同的对象，在“属性”面板中会显示不同的设置选项。

● **“Timeline（时间轴）”面板**

“Timeline（时间轴）”面板是 Edge Animate 工作界面中非常重要的组成部分，该面板是进行素材组织的主要操作区域，主要用于管理层的顺序和设置动画关键帧。

● **“Elements（元素）”面板**

在该面板中显示已经添加到当前文件舞台中的对象，显示在该面板中的元素可以是图形、导入的素材图像或文字等。

● **“Library（库）”面板**

在“Library（库）”面板中存储了用户导入到项目文件中的素材图像、字体、声音和所创建的符号等，在动画制作过程中可以轻松调用“Library（库）”面板中的元素。

● **“Lessons（教程）”面板**

在该面板中显示了 Adobe 提供的 Edge Animate 入门教程内容，并且提供了分步操作说明，刚入门的用户可以按照该部分的操作说明进行操作，从而掌握 Edge Animate 软件的操作方法。

提示：

在 Adobe Edge Animate 工作界面中的面板和工具栏，可以通过执行“Window（窗口）”菜单中相应的命令，使其在工作界面中显示或隐藏。

1.4 Edge Animate 的菜单栏

Adobe Edge Animate 的主菜单共分为 7 个，即“File（文件）”、“Edit（编辑）”、“View（视图）”、“Modify（修改）”、“Timeline（时间轴）”、“Window（窗口）”和“Help（帮助）”，如图 1-38 所示，本节将分别对各菜单命令进行介绍。

图 1-38

1.4.1 “File（文件）”菜单

“File（文件）”菜单不仅包含用于文件操作的标准命令，例如“New（新建）”、“Open（打开）”和“Save（保存）”等，还包含各种其他命令，例如，用于导入素材的“Import（导入）”；用于发布文档的“Publish（发布）”等，“File（文件）”菜单如图 1-39 所示。

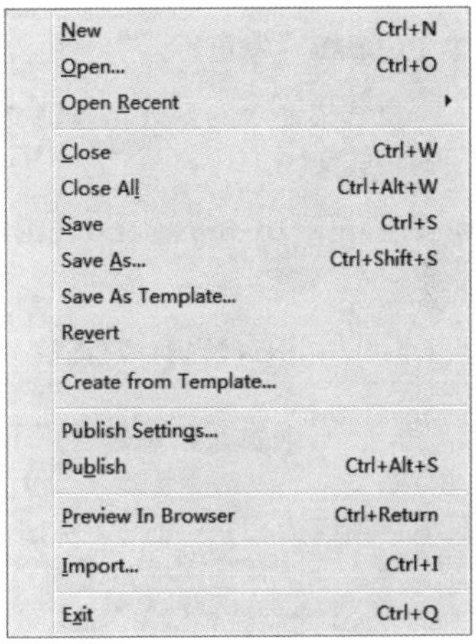

图 1-39

● **New（新建）**

执行该命令，可以直接在 Edge Animate 中创建一个新的空白文件。

● **Open（打开）**

执行该命令，可以在弹出的“Open（打开）”对话框中选择一个已经存在的文件，并在 Edge Animate 中打开该文件。

● **Open Recent（最近打开的文件）**

在该命令的子菜单中显示了最近在 Edge Animate 中打开过的文件名称和“Clear Recent（清除最近打开的文件）”命令，如图 1-40 所示。选择子菜单中的文件名称，可以快速打开该文件；如果执行子菜单中的“Clear Recent（清除最近打开的文件）”命令，则可以清除最近打开过的文件名称。

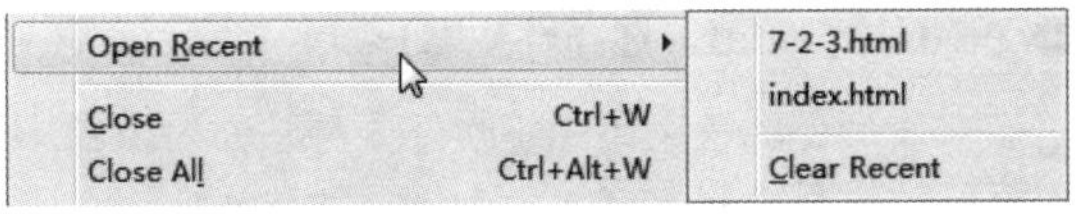

图 1-40

● **Close（关闭）**

执行该命令，可以关闭当前正在编辑的文件，弹不是退出 Edge Animate。

● **Close All（关闭全部）**

如果在 Edge Animate 中同时打开了多个文件，执行该命令，可以将所有打开的文件全部关闭。

● **Save（保存）**

执行该命令，可以保存当前正在编辑的文件。

● **Save As（另存为）**

执行该命令，可以弹出“Save As（另存为）”对话框，可以将当前文件以另一个文件名或路径保存。

● **Save As Template（另存为模板）**

执行该命令，可以弹出“Save As Template（另存为模板）”对话框，将当前文件保存为 Edge Animate 的模板文件。

● **Revert（还原）**

执行该命令，可以将当前文件恢复至上次保存时的状态。

● **Create from Template（从模板新建）**

执行该命令，可以弹出“Templates（模板）”对话框，可以在该对话框中选择一个 Edge Animate 模板，单击“Open（打开）”按钮，新建一个基于所选模板的文件，如图 1-41 所示。

● **Publish Settings（发布设置）**

执行该命令，可以弹出“Publish Settings（发布

图 1-41

设置）”对话框，在该对话框中可以对发布的相关选项进行设置，如图 1-42 所示。

● **Publish（发布）**

执行该命令，可以将当前文件发布到所设置路径的格式文件。

● **Preview In Browser（在浏览器预览）**

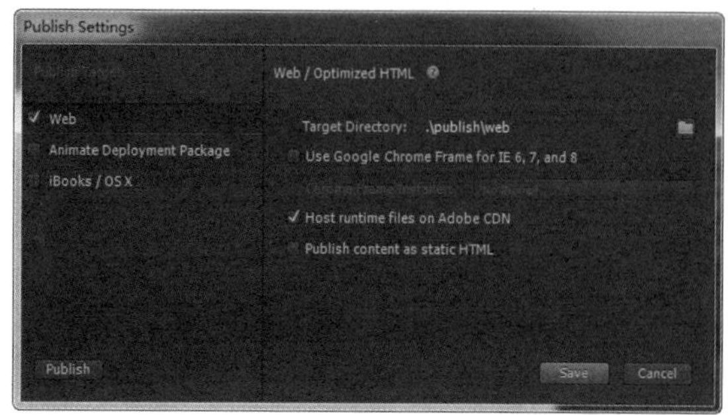

图 1-42

执行该命令，可以打开系统中默认的浏览器，并在浏览器中预览当前文件所制作的效果。

● **Import（导入）**

执行该命令，可以弹出“Import（导入）”对话框，在该对话框中可以选择需要导入到当前文件中的素材，包括图像素材、声音素材等。

● **Exit（退出）**

执行该命令，可以退出并关闭 Adobe Edge Animate 软件。

1.4.2 “Edit（编辑）”菜单

“Edit（编辑）”菜单包含用于基本编辑操作的标准命令，例如“Cut（剪切）”、“Copy（复制）”和“Paste（粘贴）”等。“Edit（编辑）”菜单包括选择和变换命令，例如“Select All（选择全部）”和“Transform（变换）”，并且还提供了对菜单命令快捷键进行设置的“Keyboard Shortcuts（键盘快捷键）”命令，“Edit（编辑）”菜单如图 1-43 所示。

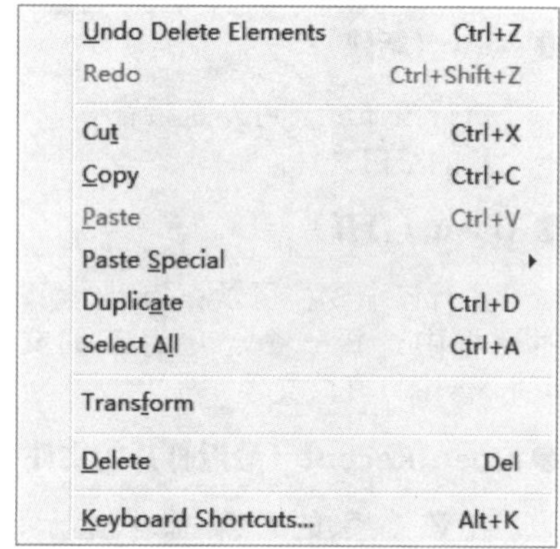

图 1-43

● **Undo（撤销）**

执行该命令，可以撤销文件中的当前操作，即最近一次操作。

● **Redo（重做）**

执行该命令，可以重做刚刚被撤销的操作，如果当前并没有可撤销的操作，则该命令不可用。

● **Cut（剪切）**

执行该命令，可以剪切在舞台中选中的对象。

● **Copy（复制）**

执行该命令，可以复制在舞台中选中的对象。

● **Paste（粘贴）**

执行该命令，可以将剪切或复制的对象粘贴到当前文件中。

● **Paste Special（选择性粘贴）**

在该命令的子菜单中提供了 5 种粘贴对象的不同方式，如图 1-44 所示。

● **Paste Transitions To Location（粘贴过渡到原来位置）**

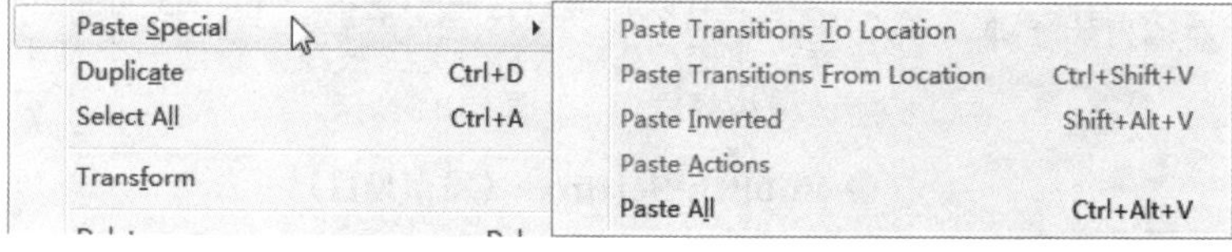

图 1-44

执行该命令，可以将原符号对象的动画效果粘贴到新的符号对象上，新的符号对象的坐标会被覆盖。

● **Paste Transitions From Location（从当前位置粘贴过渡）**

执行该命令，可以将原符号对象的动画设置粘贴到新的符号对象上，但会按照新的符号对象的位置进行调整。

● **Paste Inverted（反向粘贴）**

执行该命令，可以将所复制的动画设置进行前后翻转并进行粘贴。

● **Paste Actions（粘贴脚本）**

执行该命令，可以只粘贴所复制对象中的脚本。

● **Paste ALL（粘贴全部）**

执行该命令，可以粘贴所复制对象的所有内容。

● **Duplicate（重复）**

执行该命令，可以直接在所选择对象的当前位置复制该对象。

● **Select All（选择全部）**

执行该命令，可以同时选择当前舞台中的所有对象。

● **Transform（变换）**

执行该命令，可以在所选择对象上显示变换框，并对对象进行缩放、旋转和倾斜等变换操作。

● **Delete（删除）**

执行该命令，可以删除当前选择的对象。

● **Keyboard Shortcuts（键盘快捷键）**

执行该命令，可以弹出“Keyboard Shortcuts（键盘快捷键）”对话框，在该对话框中可以对各菜单命令和工具的快捷键进行设置，如图 1-45 所示。

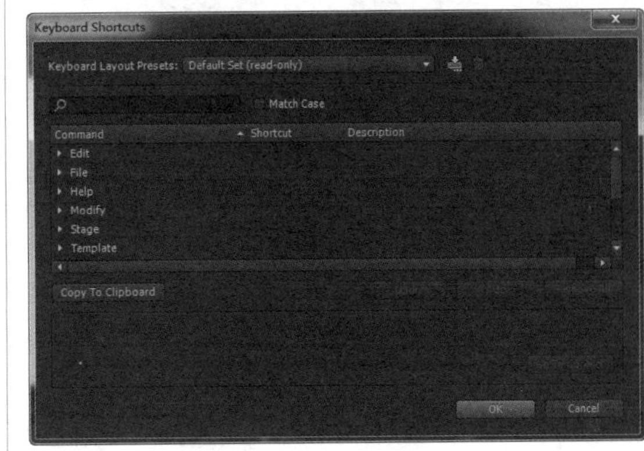

图 1-45

1.4.3 “View（视图）”菜单

“View（视图）”菜单可以允许用户调整舞台的缩放比例（放大或缩小舞台），并且可以显示或隐藏舞台中不同类型的辅助元素，例如标尺、参考线和智能参考线等，“View（视图）”菜单如图 1-46 所示。

	Zoom In	Ctrl+=
	Zoom Out	Ctrl+-
	Actual Size	Ctrl+1
√	Rulers	Ctrl+R
√	Guides	Ctrl+;
√	Snap to Guides	Ctrl+Shift+;
	Lock Guides	Shift+Alt+;
√	Smart Guides	Ctrl+U
√	Stage Hints	H
	Preloader Stage	
	Down-level Stage	

图 1-46

● **Zoom In（放大）**

执行该命令，可以放大舞台的显示比例。

● **Zoom Out（缩小）**

执行该命令，可以缩小舞台的显示比例

● **Actual Size（实际尺寸）**

执行该命令，可以将舞台的显示比例调整到100%。

● **Rulers（标尺）**

执行该命令，可以显示或隐藏舞台的标尺。

● **Guides（参考线）**

执行该命令，可以显示或隐藏舞台中的参考线。

● **Snap to Guides（吸附参考线）**

执行该命令，可以开启或关闭吸附参考线的功能，如果开启该功能，则在舞台中绘制和移动对象时，当对象与参考线接近时，将自动吸附到参考线上。

● **Lock Guides（锁定参考线）**

执行该命令，可以锁定或解除舞台中参考线的锁定状态，当舞台中的参考线被锁定后，将不能选中并调整其位置。

● **Smart Guides（智能参考线）**

执行该命令，可以开启或关闭舞台中的智能参考线功能。

● **Stage Hints（舞台提示）**

执行该命令，可以开启或关闭舞台的提示功能。

● **Preloader Stage（预载舞台）**

执行该命令，可以对舞台的对象进行预加载操作，从而提高运行效率。

● **Down-level Stage（下级舞台）**

执行该命令，可以进入所选中的符号对象的下一层级，即进入该符号对象的编辑舞台中。

提示：

智能参考线是一种智能化的参考线，其仅在需要的时候出现。当用户在舞台中移动对象时，通过智能参考线可以将其与舞台中的其他元素对齐。

1.4.4 “Modify（修改）”菜单

“Modify（修改）”菜单使用户可以更改在舞台中所选中对象的属性，使用该菜单中的命令可以调整对象的排列顺序、对象的对齐方法等，“Modify（修改）”菜单如图 1-47 所示。

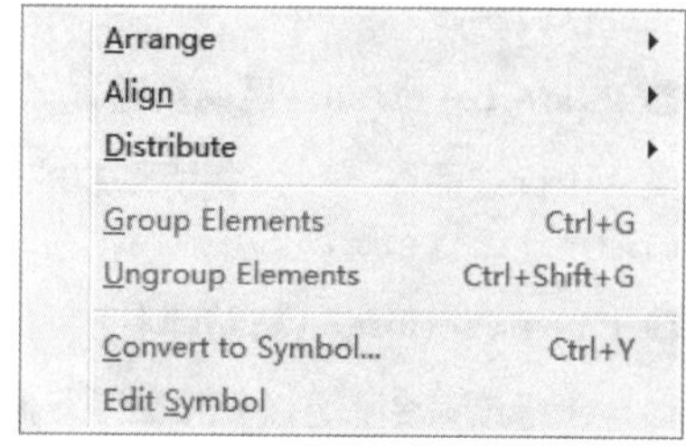

图 1-47

● **Arrange（排列）**

该菜单命令用于对所选中的对象进行排列，在该菜单命令的子菜单中列出了 4 个排列命令，如图 1-48 所示。

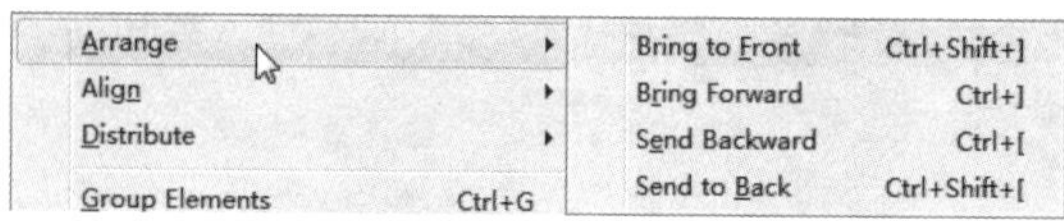

图 1-48

Bring to Front（置于顶层）：执行该命令，可以将所选中的对象置于舞台中所有对象之上。

Bring Forward（上移一层）：执行该命令，可以将所选中的对象向上移动一层。

Send Backward（下移一层）：执行该命令，可以将所选中的对象向下移动一层。

Send to Back（置于底层）：执行该命令，可以将所选中的对象置于舞台中所有对象之下。

● **Align（对齐）**

当在舞台中选中两个或两个以上对象时，执行该菜单中的命令时，可以对所选中的对象进行对齐操作，如图 1-49 所示。

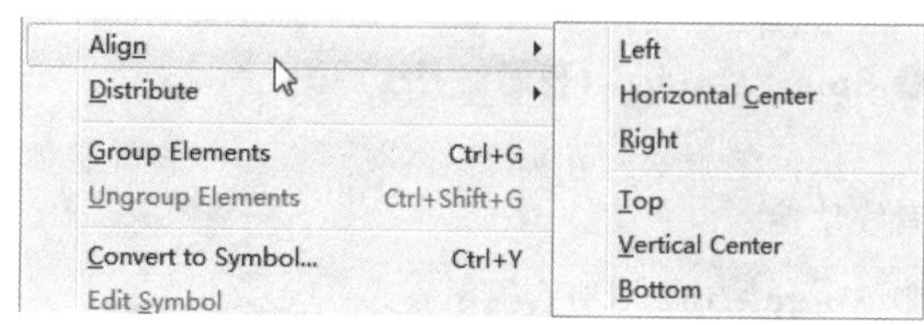

图 1-49

Left（左对齐）：执行该命令，可以将选中的多个对象以左边缘对齐。

Horizontal Center（水平居中对齐）：执行该命令，可以将选中的多个对象水平居中对齐。

Right（右对齐）：执行该命令，可以将选中的多个对象以右边缘对齐。

Top（顶对齐）：执行该命令，可以将选中的多个对象以顶边缘对齐。

Vertical Center（垂直居中对齐）：执行该命令，可以将选中的多个对象垂直居中对齐。

Bottom（底对齐）执行该命令，可以将选中的多个对象以底部边缘对齐。

● **Distribute（分布）**

当在舞台中选中两个以上对象时，执行该子菜单中的命令，可以对所选中的对象进行分布操作，如图 1-50 所示。

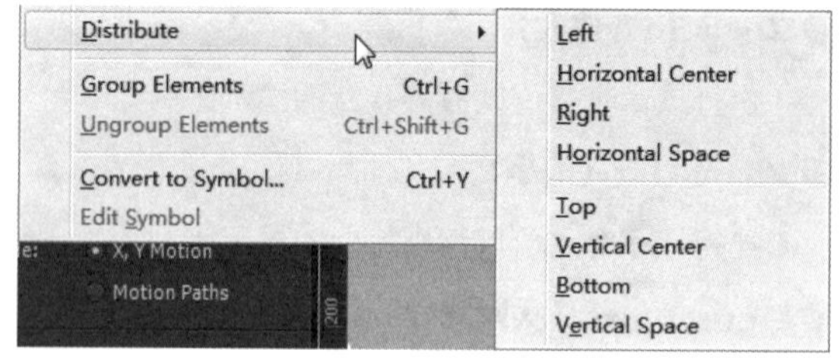

图 1-50

Left（左侧分布）：执行该命令，以所选中对象的左边缘为参考进行分布。

Horizontal Center（水平居中分布）：执行该命令，以所选中对象的水平中心点为参考进行分布。

Right（右侧分布）：执行该命令，以所选中对象的右边缘为参考进行分布。

Horizontal Space（水平间距分布）：执行该命令，以所选中对象的水平间距进行分布。

Top（顶部分布）：执行该命令，以所选中对象的顶边缘为参考进行分布。

Vertical Center（垂直居中分布）：执行该命令，以所选中对象的垂直中心点为参考进行分布。

Bottom（底部分布）：执行该命令，以所选中对象的底部边缘为参考进行分布。

Vertical Space（垂直间距分布）：执行该命令，以所选中对象的垂直间距进行分布。

● **Group Elements（元素群组）**

执行该命令，可以将舞台中选中的多个对象进行群组操作，将对象群组后，可以对该群组中的对象进行统一的调整。

● **Ungroup Elements（解散元素群组）**

选中舞台中群组的对象，执行该命令，可以解散群组。

● **Convert to Symbol（转换为符号）**

选中舞台中需要转换为符号的对象，执行该命令，可以弹出“Create Symbol（新建符号）”对话框，可以将对象转换为符号，如图 1-51 所示。

● **Edit Symbol（编辑符号）**

在舞台中选中符号对象，执行该命令，可以进入该符号的编辑舞台中。

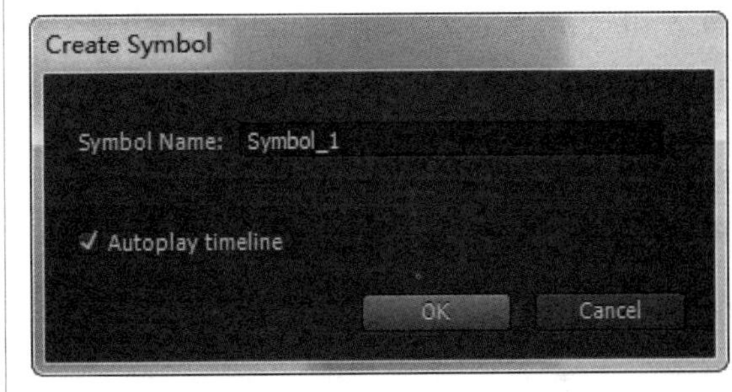

图 1-51

提示：

只有在舞台中选中的是符号对象，才能执行“Edit Symbol（编辑符号）”命令，双击舞台中的符号对象，与执行该命令的效果相同，同样可以进入该符号的编辑舞台。

1.4.5 “Timeline（时间轴）”菜单

“Timeline（时间轴）”菜单中提供的命令主要是针对“Timeline（时间轴）”面板进行操作的命令，例如添加关键帧、跳转到指定的帧等，并且还提供了对“Timeline（时间轴）”面板进行操作的辅助功能，例如放大、缩小“Timeline（时间轴）”面板等，“Timeline（时间轴）”菜单如图 1-52 所示。

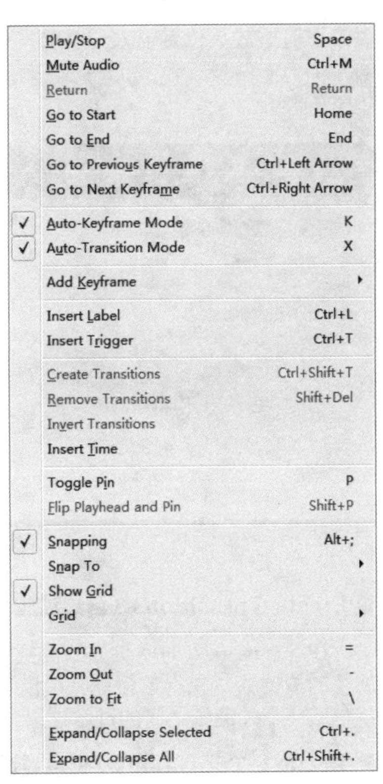

图 1-52

● **Play/Stop（播放 / 停止）**

执行该命令，可以播放时间轴或停止时间轴的播放。

● **Mute Audio（音频静音）**

执行该命令，可以开启和关闭时间轴中音频的静音功能。

● **Return（返回）**

执行该命令，可以将“Timeline（时间轴）”面板中的播放头移至时间轴中开始播放的位置。

● **Go to Start（转到开始）**

执行该命令，可以快速将“Timeline（时间轴）”面板中的播放头移至时间轴的开始位置。

● **Go to End（转到结束）**

执行该命令，可以快速将“Timeline（时间轴）”面板中的播放头移至时间轴的结束位置。

● **Go to Previous Keyframe(转到上一个关键帧)**

执行该命令，可以将“Timeline（时间轴）”面板中的播放头移至当前位置的上一个关键帧位置。

● **Go to Next Keyframe（转到下一个关键帧）**

执行该命令，可以将“Timeline（时间轴）”面板中的播放头移至当前位置的下一个关键帧位置。

● **Auto-Keyframe Mode（自动关键帧模式）**

执行该命令，可以开启或关闭自动关键帧功能。当开启该功能时，Edge Animate 会自动记录对象属性的变化，并自动在时间轴中插入关键帧。

● **Auto-Transition Mode（自动过渡模式）**

执行该命令，可以开启或关闭自动过渡功能。当开启自动过渡功能后，在制作动画的过程中将自动创建关键帧之间的过渡效果。

● **Add Keyframe（添加关键帧）**

该命令用于为当前所选中的对象在时间轴中添加关键帧，在该子菜单中可以选择所需要添加哪种属性的关键帧。

● **Insert Label（插入标签）**

执行该命令，可以在“Timeline（时间轴）”面板中当前播放头位置插入一个自定义名称的标签。

● **Insert Trigger（插入触发器）**

执行该命令，可以在“Timeline（时间轴）”面板中当前播放头位置插入一个触发器，可以在显示的“Trigger（触发器）”对话框中输入相应的代码，如图 1-53 所示。

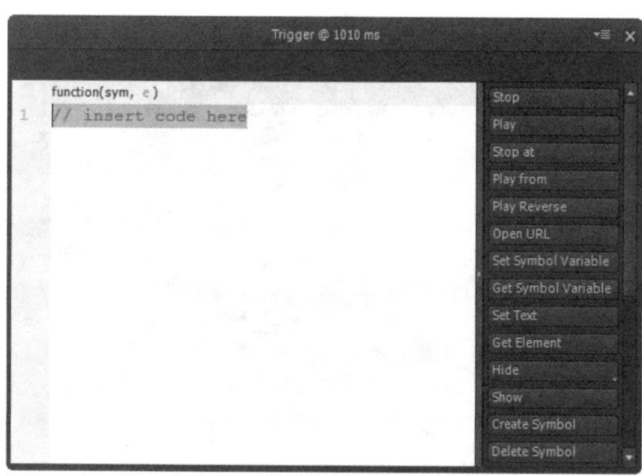

图 1-53

● **Create Transitions（创建过渡）**

在“Timeline（时间轴）”面板中选中需要创建过渡的关键帧，执行该命令，可以自动创建该关键帧与下一个关键帧之间的过渡效果。

● **Remove Transitions（清除过渡）**

在“Timeline（时间轴）”面板中选中需要清除过渡效果的关键帧，执行该命令，可以自动清除该关键帧与下一个关键帧之间的过渡效果。

● **Invert Transitions（反转过渡）**

在“Timeline（时间轴）”面板中选中相应的关键帧，执行该命令，可以自动反转该关键帧与下一个关键帧之间的过渡效果。

● **Insert Time（插入时间）**

执行该命令，可以弹出“Insert Time（插入时间）”对话框，如图 1-54 所示，在该对话框中进行设置，可以在播放头的位置插入空白时间，注意是针对整个时间段的，而非选定轨道的。

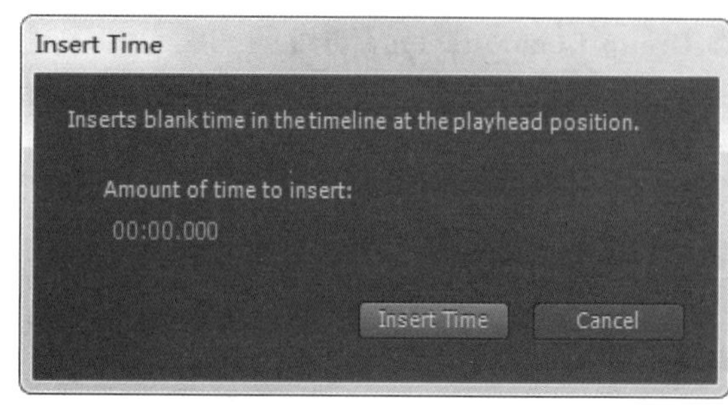

图 1-54

● **Toggle Pin（设置时间定位点）**

执行该命令，可以在“Timeline（时间轴）”面板上的播放头当前位置显示一个时间定位点，拖曳播放头时会显示时间差。

● **Flip Playhead and Pin（翻转播放头和时间定位点）**

在时间轴中已经标注了时间定位点的情况下，拖曳播放头会显示播放头与时间定位点之间的时间差，执行该命令，可以交换播放头与时间定位点的位置。

● **Snapping（捕捉）**

该命令用于开启或关闭时间轴轨道的吸附功能。当开启该功能时，在时间轴中移动符号的轨道时会产生吸附。

● **Snap To（对齐）**

在该子菜单中可以开启或关闭对齐到功能，包括“Grid（网格）”、“Playhead（播放头）”和“KeyFrames,Labels,Triggers（关键帧、标签、触发器）”，如图 1-55 所示。

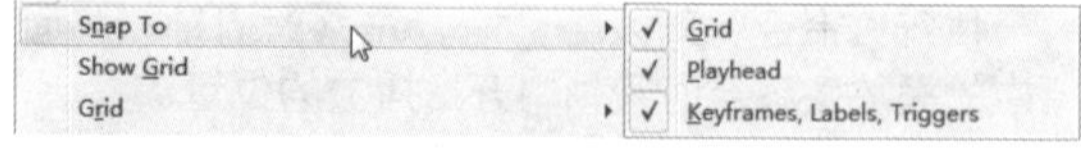

图 1-55

● **Show Grid（显示网格）**

执行该命令，可以显示或隐藏“Timeline（时间轴）”面板的网格。

● **Grid（网格）**

在该子菜单中可以设置“Timeline（时间轴）”

面板中网格的显示方式，这里提供了 7 种方式可供选择，如图 1-56 所示。

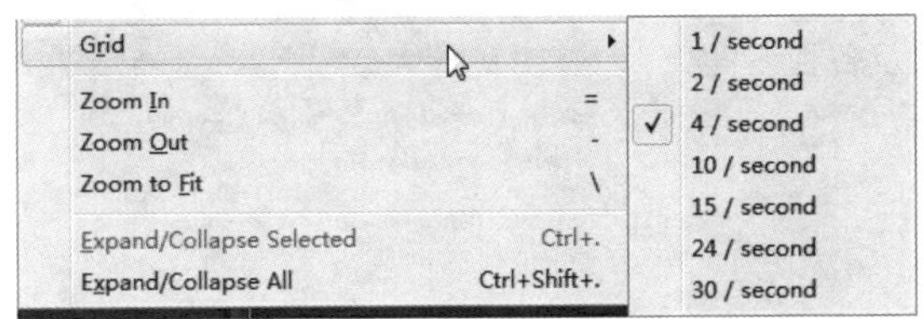

图 1-56

● **Zoom In（放大）**

执行该命令，可以放大“Timeline（时间轴）”面板的显示比例。

● **Zoom Out（缩小）**

执行该命令，可以缩小“Timeline（时间轴）”面板的显示比例。

● **Zoom to Fit（缩放以适合）**

执行该命令，可以自动调整“Timeline（时间轴）”面板的显示比例，以显示面板中所有的关键帧。

● **Expand/Collapse Selected（展开 / 折叠所选）**

在“Timeline（时间轴）”面板中选中相应的层，执行该命令，可以在“Timeline（时间轴）”面板中展开或折叠该面板的属性设置选项。

● **Expand/Collapse All（展开 / 折叠全部）**

执行该命令，可以在“Timeline（时间轴）”面板中展开或折叠所有层的属性设置选项。

1.4.6 “Window（窗口）”菜单

在“Window（窗口）”菜单中提供了对 Edge Animate 中的所有面板和工具栏的访问功能，通过执行“Window（窗口）”菜单中的命令可以控制 Edge Animate 工作界面中面板的显示与隐藏，“Window（窗口）”菜单如图 1-57 所示。

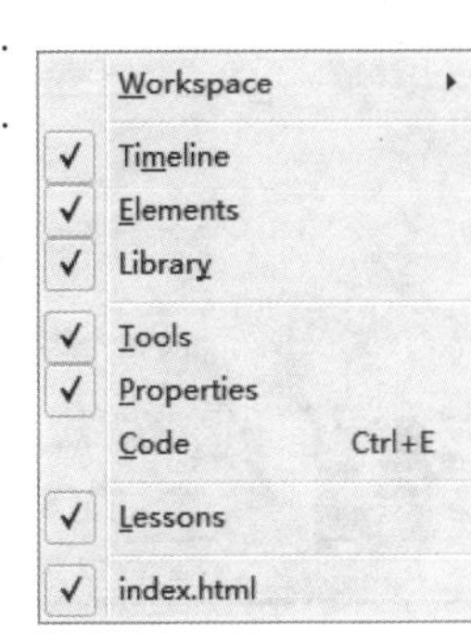

图 1-57

● **Workspace（工作区）**

该子菜单中的命令用于对 Edge Animate 的工作区进行设置，在该子菜单中列出了对 Edge Animate 工作区进行操作的命令，如图 1-58 所示。

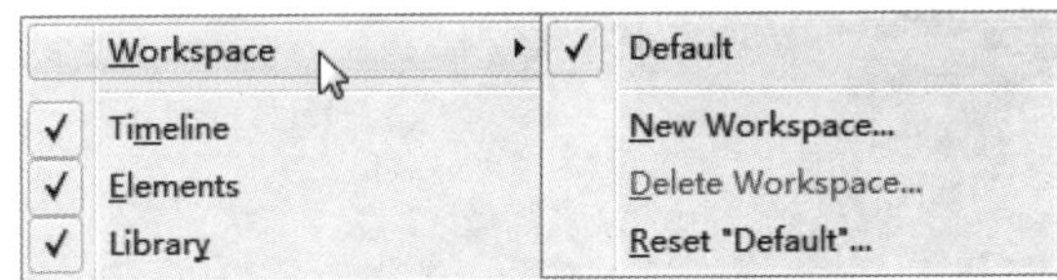

图 1-58

● **Timeline（时间轴）**

执行该命令，可以在 Edge Animate 工作界面中显示或隐藏“Timeline（时间轴）”面板。默认情况下，该面板在 Edge Animate 工作界面中显示。

● **Elements（元素）**

执行该命令，可以在 Edge Animate 工作界面中显示或隐藏“Elements（元素）”面板。默认情况下，该面板在 Edge Animate 工作界面中显示。

● **Library（库）**

执行该命令，可以在 Edge Animate 工作界面中显示或隐藏“Library（库）”面板。默认情况下，该面板在 Edge Animate 工作界面中显示。

● **Tools（工具栏）**

执行该命令，可以在 Edge Animate 工作界面中显示或隐藏 Tools（工具栏）。默认情况下，Tools（工具栏）在 Edge Animate 工作界面中显示。

● **Properties（属性）**

执行该命令，可以在 Edge Animate 工作界面中显示或隐藏“Properties（属性）”面板。默认情况下，该面板在 Edge Animate 工作界面中显示。

● **Code（代码）**

执行该命令，可以在 Edge Animate 工作界面中显示或隐藏“Code（代码）”面板。默认情况下，该面板在 Edge Animate 工作界面中隐藏。

● **Lessons（教程）**

执行该命令，可以在 Edge Animate 工作界面中显示或隐藏“Lessons（教程）”面板。默认情况下，该面板在 Edge Animate 工作界面中显示。

● **Index.html**

此处显示的是当前在 Edge Animate 中打开的文件，如果在 Edge Animate 中打开了多个文件，则在该部分显示所有打开的文件名称，选中相应的文件名称，则可以在舞台中显示该文件。

1.4.7 “Help（帮助）”菜单

“Help（帮助）”菜单提供对Edge Animate文件的访问功能，包括如何使用Edge Animate、软件界面语言的选择，以及各种参考和帮助资料等，“Help（帮助）”菜单如图1-59所示。

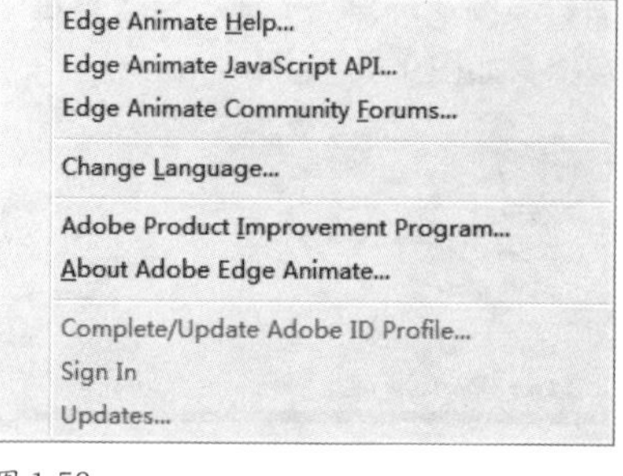

图 1-59

● **Edge Animate Help（Edge Animate 帮助）**

执行该命令，将在浏览器中打开Edge Animate软件的官方帮助页面，如图1-60所示。

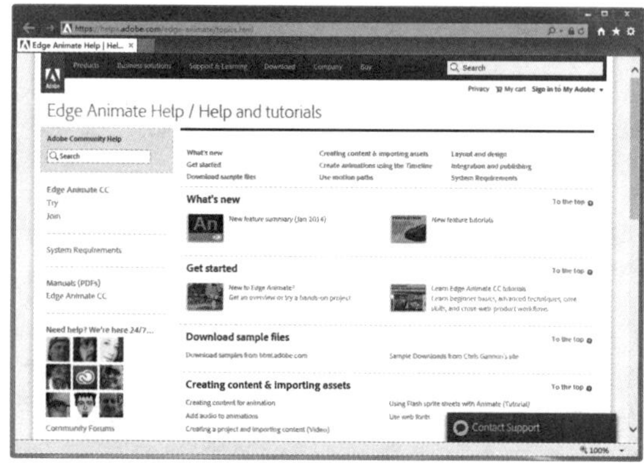

图 1-60

● **Edge Animate JavaScript API**

执行该命令，将在浏览器中打开Edge Animate JavaScript API相关说明的官方页面，如图1-61所示。

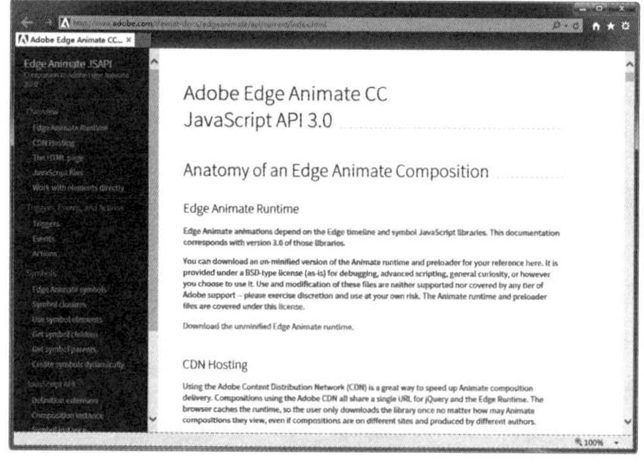

图 1-61

● **Edge Animate Community Forums（Edge Animate 交流中心）**

执行该命令，将在浏览器窗口中打开Edge Animate的官方交流中心页面。

● **Change Language（选择语言）**

执行该命令，可以弹出“Change Language（选择语言）”对话框，如图1-62所示。在该对话框中的“Locale（语言环境）”下拉列表中选择需要使用的语言，如图1-63所示。单击“OK（确定）”按钮，重新启动Edge Animate软件，软件将显示为所设置的语言。

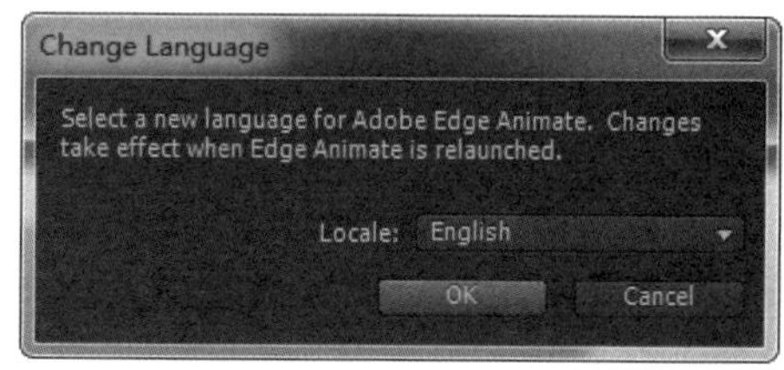

图 1-62

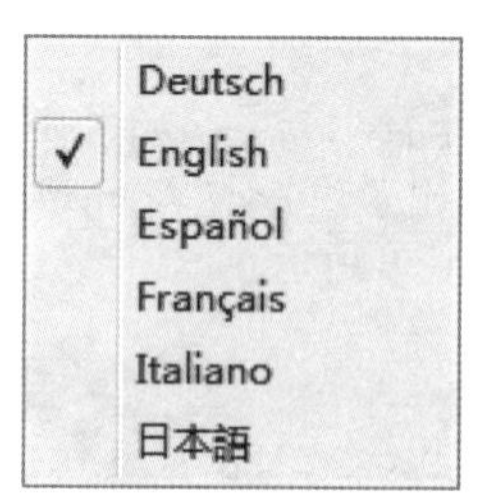

图 1-63

● **Adobe Product Improvement Program（Adobe 产品改进计划）**

执行该命令，可以在弹出的对话框中显示Adobe产品改进计划的简介，用户可以选择是否加入该计划，如图1-64所示。

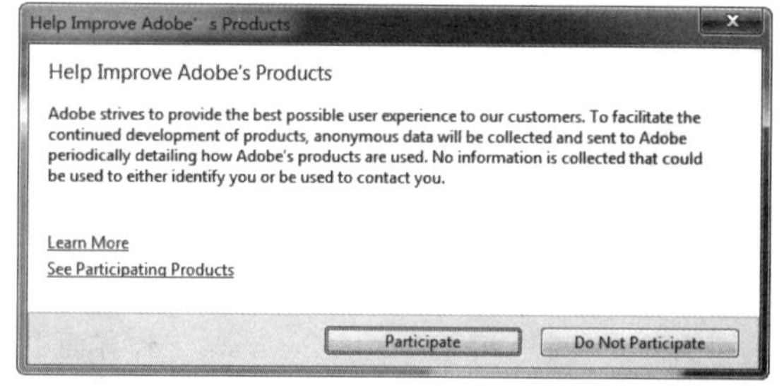

图 1-64

● **About Adobe Edge Animate（关于Adobe Edge Animate）**

执行该命令，可以在弹出的窗口中显示Adobe

Edge Animate 的版本号，以及开发团队信息，如图 1-65 所示。

● **Complete/Update Adobe ID Profile（完整的/更新的 Adobe ID 简介）**

执行该命令，可以在浏览器窗口中显示有关 Adobe ID 信息的官方网页。

● **Sign In（登录）**

执行该命令，可以在弹出的对话框中使用 Adobe ID 登录。

● **Updates（更新）**

执行该命令，将自动检查软件是否有最新的更新内容。

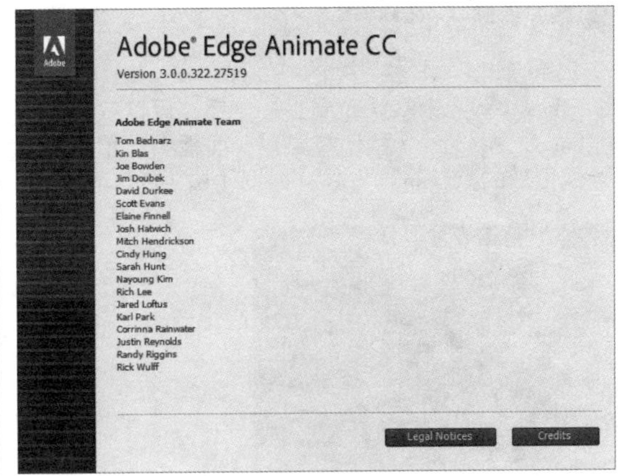

图 1-65

1.5 Edge Animate 中的面板

Edge Animate 中主要的面板有工具栏、舞台、"Timeline（时间轴）"面板、"Properties（属性）"面板、"Elements（元素）"面板和"Library（库）"面板，这些面板在 Edge Animate 的工作界面中默认都是显示的，用户可以随意调整这些面板的位置，控制这些面板在工作界面中的显示与隐藏。

1.5.1 工具栏

在 Edge Animate 的工具栏中包含了 Edge Animate 中的绘图工具、调整工具、文字工具和颜色设置工具，每个工具都能实现不同的功能，熟悉各个工具的功能特性是 Edge Animate 学习的重点之一。Edge Animate 的工具栏如图 1-66 所示。

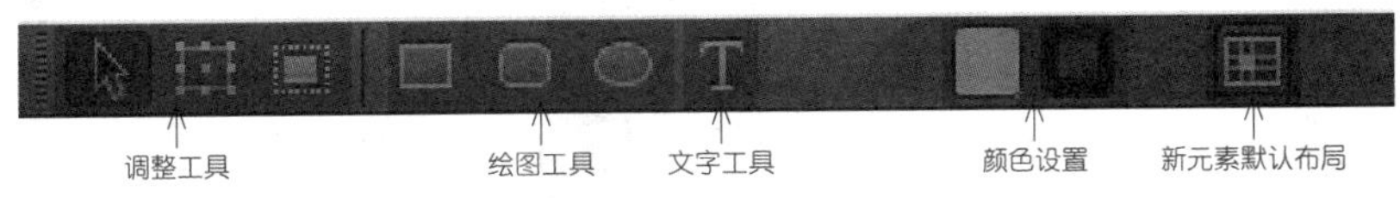

图 1-66

● **调整工具**

工具栏中的调整工具包括"Selection Tool（选择工具）"、"Transform Tool（变换工具）"和"Clipping Tool（裁剪工具）"，使用这些工具可以对舞台中的对象进行选择、变换和裁剪操作。

● **绘图工具**

工具栏中的绘图工具包括"Rectangle Tool（矩形工具）"、"Rounded Rectangle Tool（圆角矩形工具）"和"Ellipse Tool（椭圆工具）"，使用这些工具可以在舞台中绘制出矩形、圆角矩形和圆形。

● **文字工具**

单击工具栏中的"Text Tool（文字工具）"，可以在舞台中输入文字。

● **颜色设置**

工具栏中的颜色设置主要包括"CSS:background-color（CSS: 背景颜色）"和"CSS:border-color（CSS: 边框颜色）"两个选项，单击相应的图标，可以在弹出的颜色窗口中设置相应的颜色。使用这两个选项可以设置所需要绘制图形的背景颜色和边框颜色。

提示：

单击工具栏中的某一个绘图工具，在工具栏中设置"CSS:background-color（CSS: 背景颜色）"和"CSS:border-color（CSS: 边框颜色）"选项，则所绘制的图形将应用所设置的颜色。关于颜色的设置方法，将在后面的章节中进行详细介绍。

● **新元素默认布局**

单击工具栏中的“Layout defaults for new elements（新元素默认布局）”按钮，可以在弹出的“Layout Defaults（默认布局）”面板中设置所需要绘制图形的默认布局方式，如图 1-67 所示。

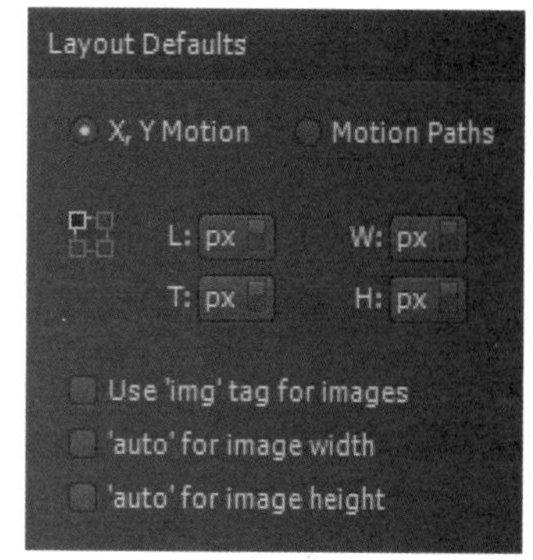

图 1-67

提示：

使用 Edge Animate 工具栏中的绘图工具在舞台中绘制图形时，无论在工具栏中设置了什么背景颜色、边框颜色和布局方式，后期都可以通过选中舞台中的对象，在“Properties（属性）”面板中对这些属性进行修改。

提示：

将光标停留在工具栏的工具图标上，稍等片刻即可显示关于该工具的名称及快捷键的提示内容。

1.5.2 舞台

舞台是用户在 Edge Animate 中制作网页动画时放置图形内容的区域，这些图形内容包括绘制的图形、输入的文本和导入的素材等。如果需要在舞台中定位对象，可以借助标尺和参考线。

Edge Animate 工作界面中的舞台相当于在网页浏览器窗口中播放该网页动画时显示动画效果的区域，在 Edge Animate 中还可以对舞台的显示比例等进行设置，如图 1-68 所示。

图 1-68

在 Edge Animate 中可以同时打开或编辑多个文件，如果需要切换到在舞台中编辑的文件，可以在文件名称上单击，在弹出的下拉列表中选择需要编辑的文件，如图 1-69 所示。即可切换到该文件的编辑状态，在舞台中显示该文件的效果，如图 1-70 所示。

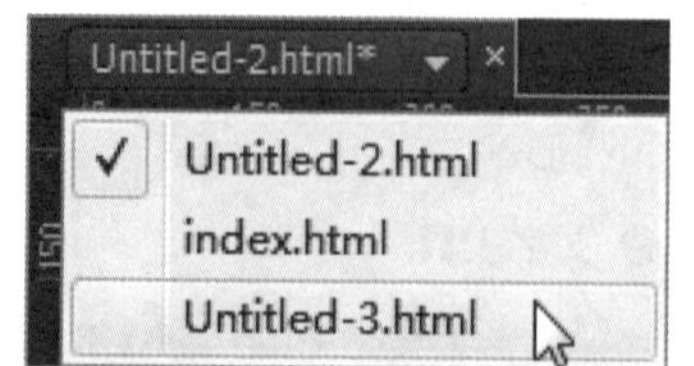

图 1-69

图 1-70

提示：

如果需要关闭单个文件，可以切换到该文件的编辑状态中，单击该文件名称右侧的“Close（关闭）”按钮，即可关闭当前文件，或者执行“File（文件）>Close（关闭）”命令也可以关闭当前文件。还可以按快捷键 Ctrl+W，快速关闭当前文件。

● Center the stage in the browser or parent container（在浏览器或父容器中居中显示）

单击“the stage in the browser or parent container（在浏览器或父容器中居中显示）”按钮，可以使舞台以垂直居中和水平居中的方式显示文件内容，如图 1-71 所示为当前舞台的显示效果，如图 1-72 所示为单击“the stage in the browser or parent container（在浏览器或父容器中居中显示）”按钮后舞台的显示效果。

图 1-71

图 1-72

● 缩放比例

该选项用于调整舞台的缩放比例，舞台默认是以 100% 显示的。可以在该选项上单击，当显示为时直接输入缩放的百分比数值，还可以将光标移至该选项上方，当光标显示为双向箭头时，拖曳鼠标可以调整舞台的缩放比例。

● 播放头当前位置

此处显示的是当前“Timeline（时间轴）”面板中播放头所处的位置。如果需要在舞台中显示指定位置的画面，可以在该选项上单击，当显示为时，输入需要跳转到的时间，即可在舞台中查看该时间的画面。

● 时间定位点位置

此处用于显示播放头与时间定位点之间的时间差。

● 警告信息

当舞台右下角出现或图标时，说明当前文件中有相应的警告信息，单击该图标，可以显示“notification（警告）”面板，显示当前文件中的警告信息，如图 1-73 所示。

图 1-73

提示：

文件出现警告信息，并不代表文件出错，而是给用户一些说明和提示，例如导入的素材名称被软件自动修改或者所制作的动画效果必须在某版本以上的浏览器中浏览等说明信息。

● 面板菜单

单击舞台右上角的“面板菜单”按钮，将弹出面板菜单，用于对面板进行操作，如图 1-74 所示。

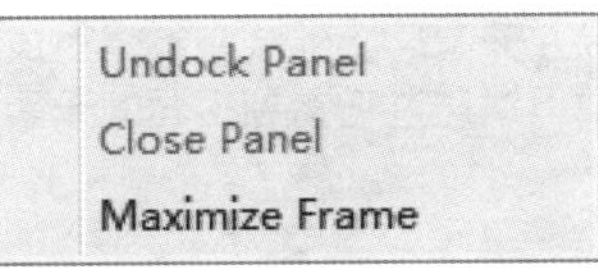

图 1-74

Undock Panel（取消面板停靠）：执行该命令，可以解除面板在 Edge Animate 工作界面中的停靠属性，成为一个独立的面板。注意，舞台不可以执行该命令。

Close Panel（关闭面板）：执行该命令，可以在

Edge Animate 工作界面中关闭该面板。注意，舞台不可以执行该命令，也就是说舞台在 Edge Animate 工作界面中始终是显示的。

Maximize Frame（最大化面板）：执行该命令，将隐藏 Edge Animate 工作界面中的其他面板，将当前面板最大化显示，如图 1-75 所示。

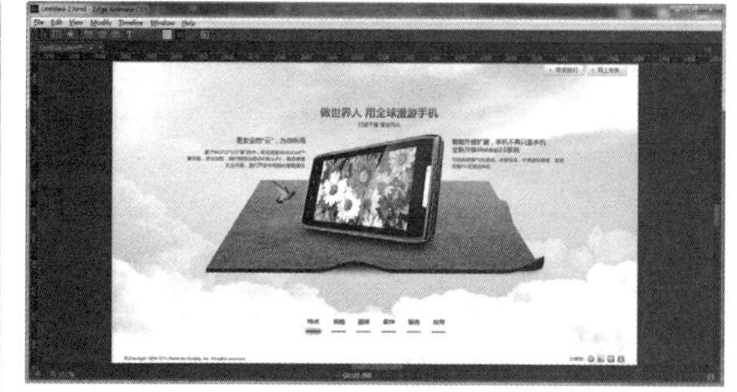

图 1-75

提示：

当面板最大化显示后，可以在面板菜单中执行“Restore Frame Size（恢复面板大小）”命令，将该面板恢复到之前的大小和位置，并显示出 Edge Animate 工作界面中的其他面板。

1.5.3 “Timeline（时间轴）”面板

“Timeline（时间轴）”面板是 Edge Animate 工作界面的核心组成部分，动画的制作和编辑工作的大部分操作都是在该面板中进行的，该面板是进行素材组织和操作的主要区域。当添加不同的素材后，将产生多层效果，然后通过层的控制来完成动画的制作，如图 1-76 所示。

图 1-76

文件中的元素层列在“Timeline（时间轴）”面板的左侧列表中，每个元素层中包含的帧显示在该元素层右侧的一行中。“Timeline（时间轴）”面板顶部的时间轴标题指示时间，播放头指示当前在舞台中显示的是该时间的画面。在播放动画效果时，播放头按从左至右的顺序播放时间轴中的内容。

在“Timeline（时间轴）”面板的下方提供了一些对时间轴显示效果的辅助工具选项，可以帮助用户更方便地使用“Timeline（时间轴）”面板。

提示：

元素层就像透明的纸张一样，在舞台上一层层地向上叠加。元素层可以帮助用户组织文件中的图形和文字，用户可以在元素层上绘制和编辑对象，而不会影响其他元素层上的对象。如果一个元素层上没有内容，那么就可以透过它看到下面的元素层。

1.5.4 “Properties（属性）”面板

在“Properties（属性）”面板中可以很容易地访问舞台或所选中的其他对象的常用属性，从而简化动画的创建过程。用户可以在“Properties（属性）”面板中更改对象或舞台的属性，而不必执行用于控制这些属性的菜单命令。

根据当前选中的对象，“Properties（属性）”面板可以显示当前舞台、文本、图形、位图和符号等的信息和设置，如图 1-77 所示为不同对象的“属性”面板。

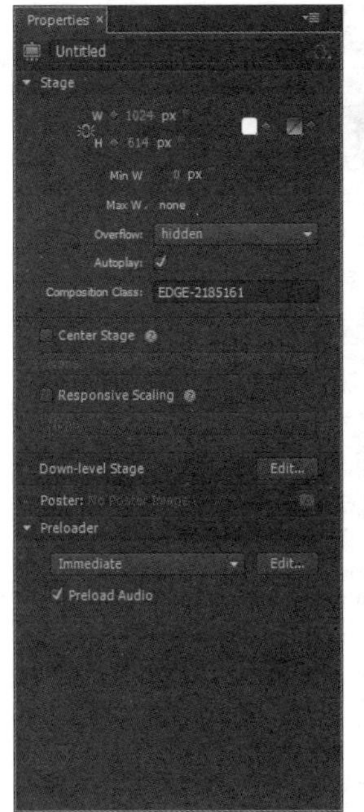 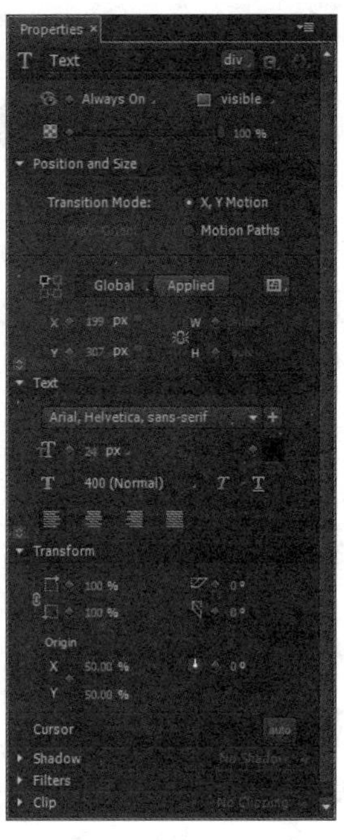 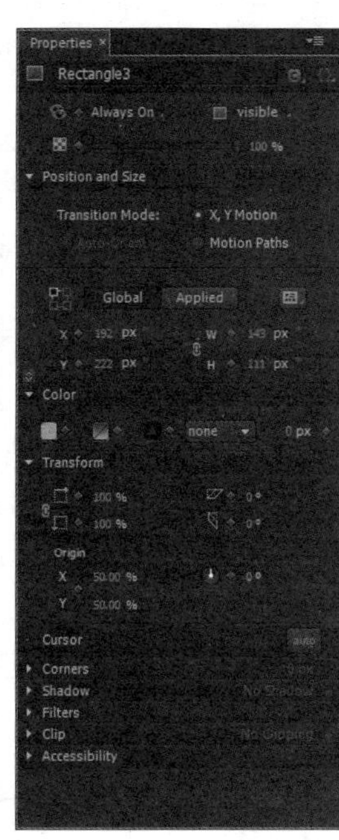 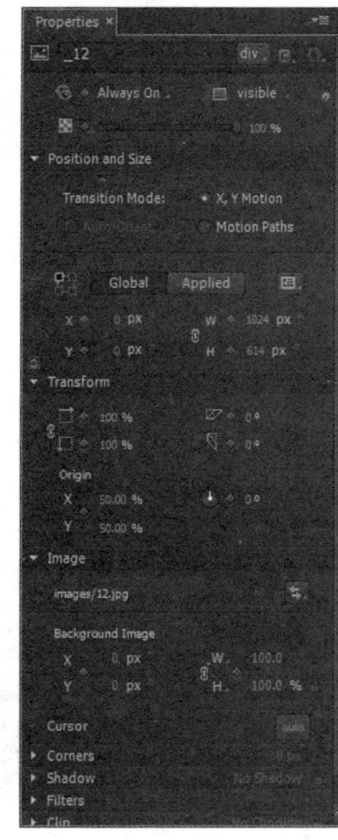

图 1-77

1.5.5 “Elements（元素）”面板

“Elements（元素）”面板默认显示在 Edge Animate 工作界面中的右上角，执行“Window（窗口）>Elements（元素）”命令，可以在工作界面中显示或隐藏“Elements（元素）”面板，如图 1-78 所示。

在“Elements（元素）”面板中显示了所有在当前文件舞台中使用的元素，这些元素与舞台中的对象和“Timeline（时间轴）”面板中的元素层是相互对应的，当在“Elements（元素）”面板中单击选中某个元素时，则会在舞台中选中该元素对象，并且在“Timeline（时间轴）”面板中选中该元素层。

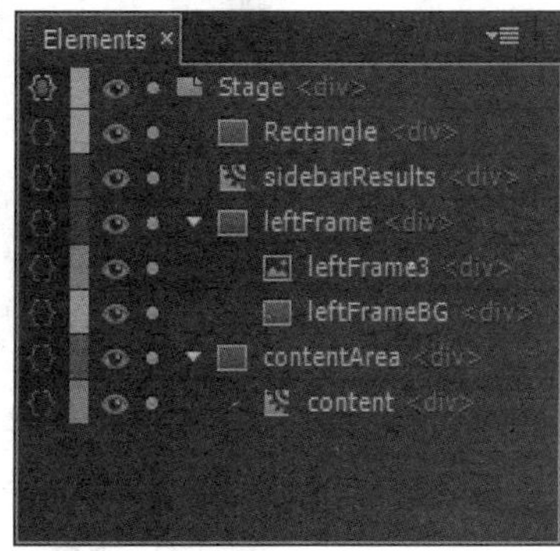

图 1-78

1.5.6 “Library（库）”面板

“Library（库）”面板用于存放和组织导入到动画中的对象，包括位图、符号、音频、字体和脚本。“Library（库）”面板默认显示在 Edge Animate 工作界面中的右侧中间，执行“Window（窗口）> Library（库）”命令，可以在工作界面中显示或隐藏“Library（库）”面板，如图 1-79 所示。

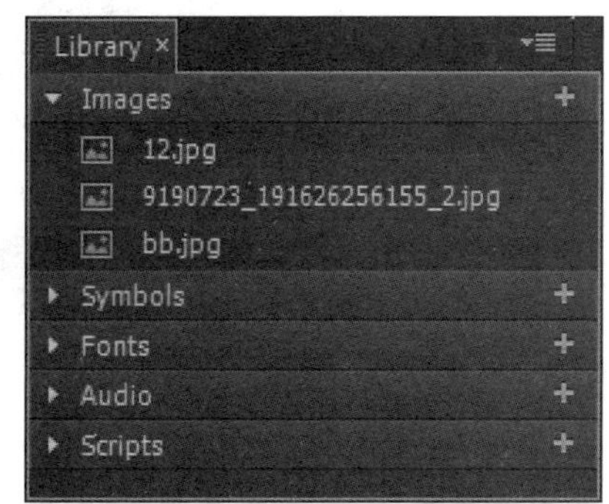

图 1-79

● Images（位图）

在该选项区中显示导入到当前文件中的所有位图素材，可以直接将需要使用的素材拖入到舞台中应用。

● Symbols（符号）

在该选项区中显示导入到当前文件中的所有符号，可以直接将需要使用的符号拖入到舞台中应用。

● **Fonts（字体）**

在该选项区中显示导入到当前文件中的字体。

● **Audio（音频）**

在该选项区中显示导入到当前文件中的所有音频素材，可以直接将需要添加的音频拖入到舞台中应用。

● **Scripts（脚本）**

在该选项区中显示导入到当前文件中的所有脚本。

提示：

在“Library（库）”面板中单击选项名称前的三角形图标，可以展开或折叠该选项区中的内容，单击选项或其右侧的“Add（添加）”按钮，可以在弹出的对话框中选择需要导入的素材，将所选择素材导入到“Library（库）”面板中。

“Library（库）”面板与“Elements（元素）”面板比较类似，但它们是完全不同的两个面板，在“Library（库）”面板中存储的是导入到文件中不同类型的素材，而在“Elements（元素）”面板中的是目前已经在舞台中使用的元素素材。

1.5.7 “Lessons（教程）”面板

默认情况下，在 Edge Animate 工作界面的右侧显示“Lessons（教程）”面板，执行“Window（窗口）>Lessons（教程）”命令，可以在工作界面中显示或隐藏“Lessons（教程）”面板，如图 1-80 所示。在“Lessons（教程）”面板中单击某个教程选项，即可显示该教程的内容，如图 1-81 所示。

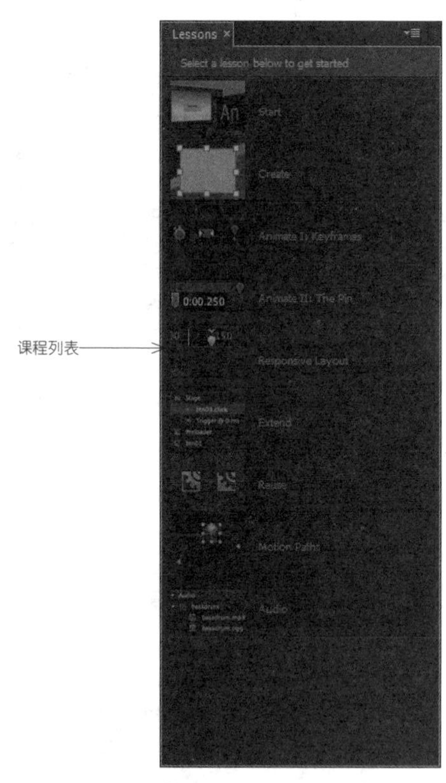

图 1-80

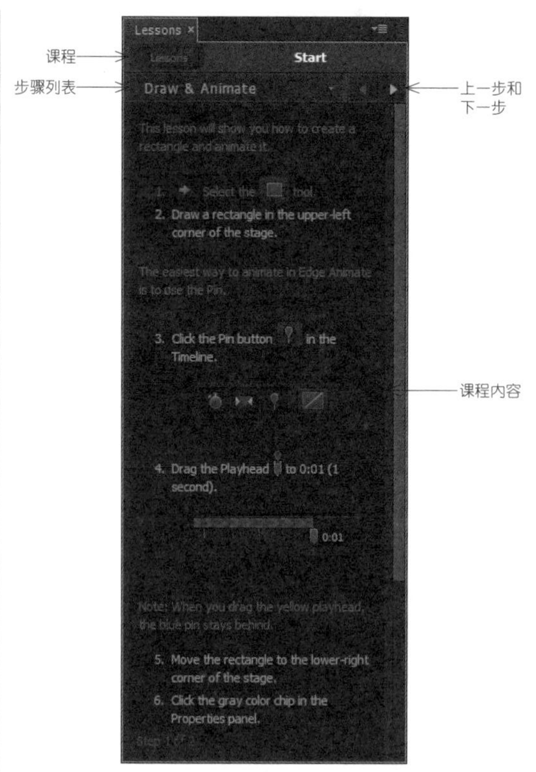

图 1-81

● **课程列表**

Edge Animate 中默认提供了 9 个学习课程，分别针对 Edge Animate 中不同的功能，用户可以在列表中单击选择需要学习的课程。

● **课程**

单击“Lessons（课程）”按钮，返回到课程列表中，重新选择需要学习的课程。

● **步骤列表**

单击该按钮，可以在弹出的列表中显示该课程的步骤列表，选择相应的步骤可以快速跳转到该步骤进行学习，如图 1-82 所示。

● **上一步和下一步**

单击“上一步”按钮◀，可以切换到该课程的前一步；单击“下一步”按钮▶，可以切换到该课程的后一步。

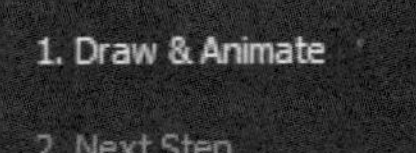

图 1-82

● **课程内容**

该部分显示的是当前课程的详细信息，用户可以根据课程内容进行学习。

1.6 自定义 Edge Animate 工作界面

Edge Animate 工作界面中的窗口面板较多，在实际的使用过程中，用户可以根据自己的使用习惯对 Edge Animate 工作界面进行设置和调整，本节将向读者介绍如何对 Edge Animate 工作界面进行设置。

1.6.1 手动调整默认工作界面

在 Edge Animate 软件的实际操作使用时，经常需要调整某些窗口或面板的大小，例如，想仔细查看舞台中的内容时，就需要将舞台放大；而当“Timeline（时间轴）”面板中的元素层较多时，将“Timeline（时间轴）”面板拉高放大，操作起来就方便一些。在 Edge Animate 工作界面中，可以使用鼠标拖曳方式改变工作界面中各面板区域的大小。

将光标移至工作界面中的“Properties（属性）”面板与舞台窗口之间时，其光标指针会变为双向箭头，此时按住鼠标左键左右拖曳，可以横向改变“Properties（属性）”面板与舞台窗口的宽度，如图 1-83 所示。

图 1-83

将光标移至工作界面中舞台窗口与“Timeline（时间轴）”面板之间时，其光标指针会变为上下双向箭头，此时按住鼠标左键上下拖曳，可以纵向改变舞台窗口与“Timeline（时间轴）”面板的高度，如图 1-84 所示。

图 1-84

将光标移至“Properties（属性）”面板、舞台窗口和“Timeline（时间轴）”面板三者之间时，其光标指针会变成四向箭头，此时按住鼠标左键上下左右拖曳，可以同时调整这三个面板的宽度和高度。

1.6.2 自定义工作界面

在 Edge Animate 软件中，允许用户自定义属于自己的 Edge Animate 工作界面，用户可以将工作界面调整到适合自己的需要后，将该工作界面保存，这样就可以轻松地进入专属于自己的工作界面了。

自测 3 自定义 Edge Animate 工作界面

视频：光盘\视频\第 1 章\自定义 Edge Animate 工作界面 .swf　源文件：无

01 打开 Edge Animate 软件，执行“File（文件）>New（新建）”命令，或按快捷键 Ctrl+N，新建文件，进入 Edge Animate 默认工作界面，如图 1-85 所示。

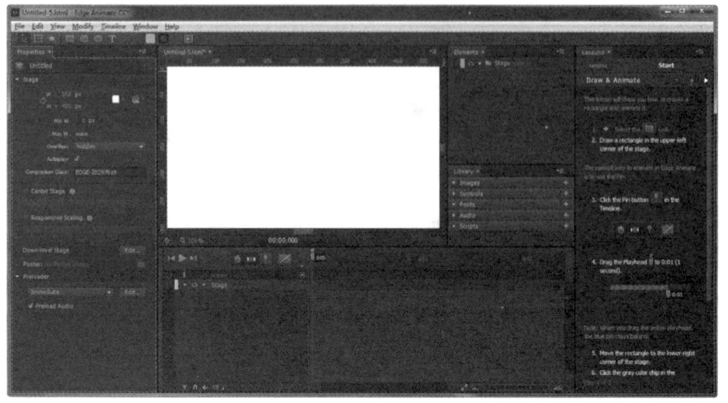

图 1-85

02 单击“Lessons（教程）”面板上的“Close（关闭）”按钮，或执行“Window（窗口）>Lessons（教程）”命令，将“Lessons（教程）”面板在工作区中隐藏，如图 1-86 所示。

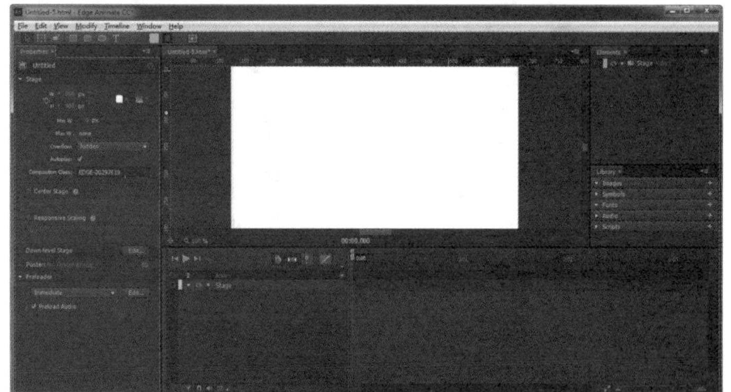

图 1-86

03 单击“Library（库）”面板右上角的按钮，在弹出的面板菜单中选择“Undock Panel（取消面板停靠）”选项，使该面板成为一个独立的浮动面板，如图 1-87 所示。

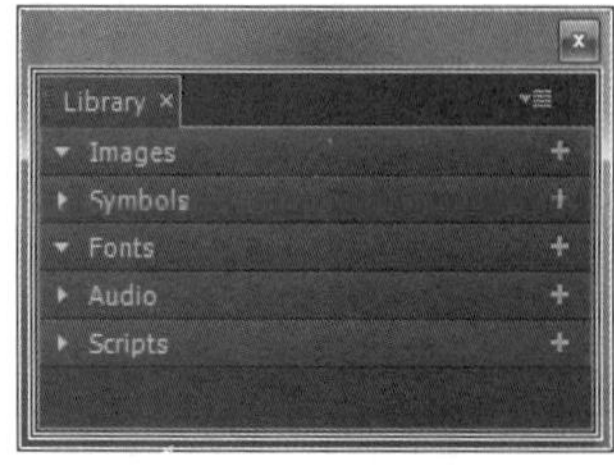

图 1-87

04 在“Library（库）”面板名称上单击拖曳，将其拖至“Elements（元素）”面板名称旁，当显示为如图 1-88 所示的状态时，释放鼠标左键，即可将“Library（库）”面板与“Elements（元素）”面板组合在一起，如图 1-89 所示。

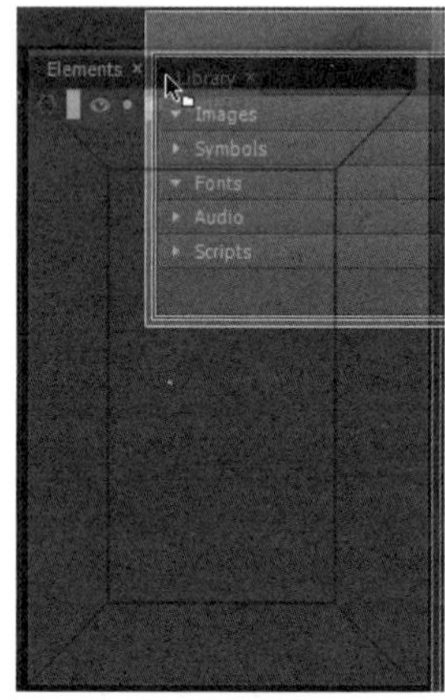

图 1-88

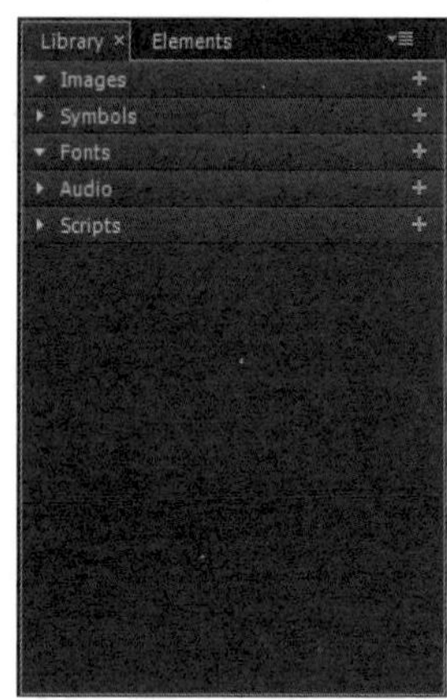

图 1-89

05 如果需要将“Elements（元素）”面板放置在“Library（库）”面板之前，可以在“Library（库）”面板名称上单击拖曳，将至拖至“Elements（元素）”面板名称的右侧，释放鼠标即可，如图 1-90 所示。

06 完成自定义工作界面的设置后，可以看到 Edge Animate 工作界面的整体效果，如图 1-91 所示。

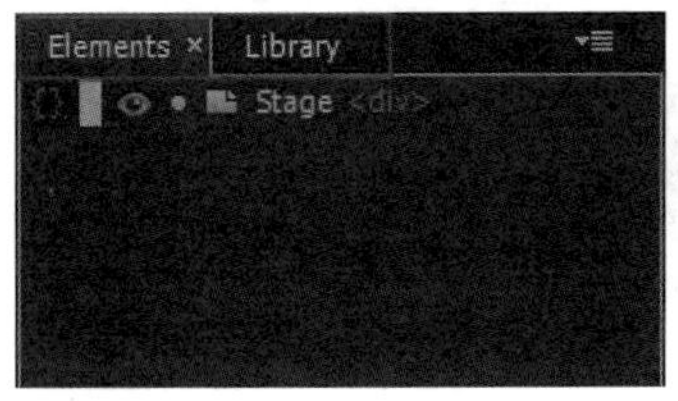

图 1-90

07 执行“Window（窗口）>Workspace（工作区）>New Workspace（新建工作区）”命令，弹出“New Workspace（新建工作区）”对话框，输入自定义工作区的名称，如图 1-92 所示。

图 1-92

提示：

取消面板停靠后，该面板成为一个独立的浮动面板，可以拖曳该面板窗口，使其放置在工作界面中任何的位置。

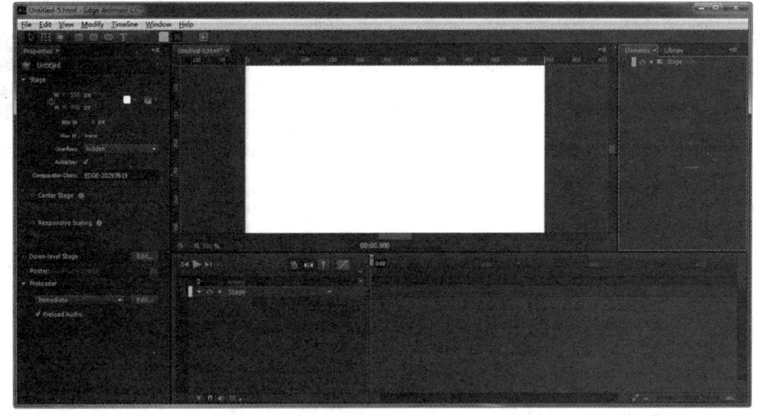
图 1-91

08 单击“OK（确定）”按钮，将当前工作界面进行保存。在“Window（窗口）”菜单中的“Workspace（工作区）”子菜单中即可看到刚刚自定义的工作界面，如图 1-93 所示。

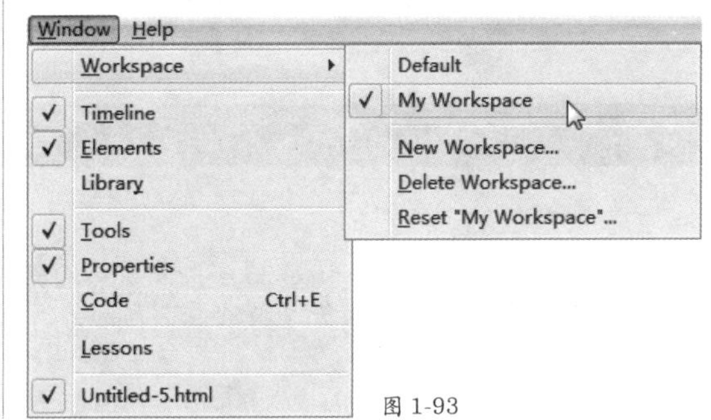

图 1-93

1.6.3 删除工作界面

如果需要删除自定义的工作界面，可以执行“Window（窗口）>Workspace（工作区）>Delete Workspace（删除工作区）”命令，弹出“Delete Workspace（删除工作区）”对话框，如图 1-94 所示。可以在“Name（名称）”下拉列表中选择需要删除的工作区名称，单击“OK（确定）”按钮，即可删除该工作区。

图 1-94

提示：

当前正在使用的工作区名称不会出现在“Delete Workspace（删除工作区）”对话框中的“Name（名称）”下拉列表中，也就是说，当前正在使用的工作区不可以被删除。

1.6.4 复位工作界面

在 Edge Animate 工作界面中进行操作时，有时难免会对面板的大小和位置进行调整，如果需要恢复到该工作界面的默认效果时，可以执行“Window（窗口）>Workspace（工作区）>Reset（复位）”命令，如图 1-95 所示，弹出“Reset Workspace（复位工作区）”对话框，并显示提示信息，如图 1-96 所示，单击“Yes（是）”按钮，即可将工作界面恢复到原始的默认状态。

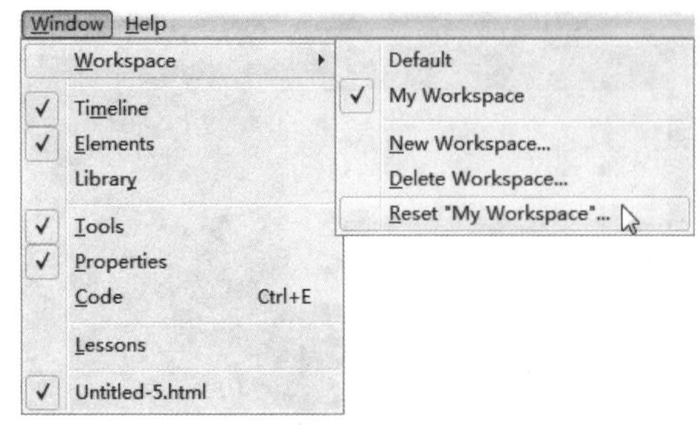

图 1-95

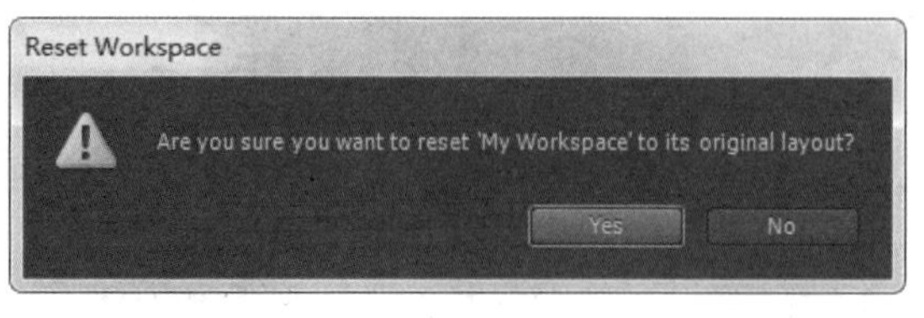

图 1-96

Edge Animate 默认有一个工作界面布局，如果需要切换到该工作界面中，可以执行“Window（窗口）>Workspace（工作区）>Default（默认）”命令，即可切换到 Edge Animate 默认的工作界面中。

提示：

在“Reset（复位）”菜单名称后引号中的名称为当前工作区的名称，引号中的名称根据用户当前工作区名称的不同而不同。

1.7 本章小结

本章主要是引领读者快速地认识了全新的 Adobe Edge Animate CC 并入门，对于刚刚接触 Edge Animate 软件的读者而言，本章的内容非常重要，必须首先了解软件中各部分，以及各面板的功能和作用，这样才能够展开对软件的学习。

第②章 掌握 Edge Animate 的基本操作

掌握 Edge Animate 的基本操作

在启动 Edge Animate 软件后，如果想进行编辑工作，必须先创建一个新的项目，这也是 Edge Animate 最基本的操作之一，只有创建好了项目，才能进行其他任何的编辑工作。本章主要讲解 Edge Animate 的基本操作方法，如创建项目、保存项目和应用标尺和辅助线等相关操作。

本章知识点：

- 掌握新建 Edge Animate 项目文件的方法
- 掌握舞台属性的设置方法
- 掌握快照和下级舞台的设置方法
- 掌握打开和关闭 Edge Animate 项目文件的方法
- 掌握保存 Edge Animate 项目文件的方法
- 了解 Edge Animate 的辅助功能
- 掌握使用 Edge Animate 模板制作动画的方法

最新设计活动

2.1 新建 Edge Animate 项目文件

启动 Edge Animate 软件后，需要新建 Edge Animate 项目文件，这是 Edge Animate 最基本的操作之一。在 Edge Animate 软件中提供了多样化的新建项目文件的方法，不仅可以方便用户使用，还可以有效地提高工作效率。

2.1.1 新建空白的 Edge Animate 项目文件

在 Edge Animate 软件中有两种新建空白项目文件的方法，一种是直接在欢迎界面中单击“Create New（新建文件）”按钮，如图 2-1 所示，即可新建一个默认设置的空白 Edge Animate 项目文件；另一种方法是执行“File（文件）>New（新建）”命令，或按快捷键 Ctrl+N，同样可以新建一个默认的空白 Edge Animate 项目文件。进入该项目文件的操作界面，如图 2-2 所示。

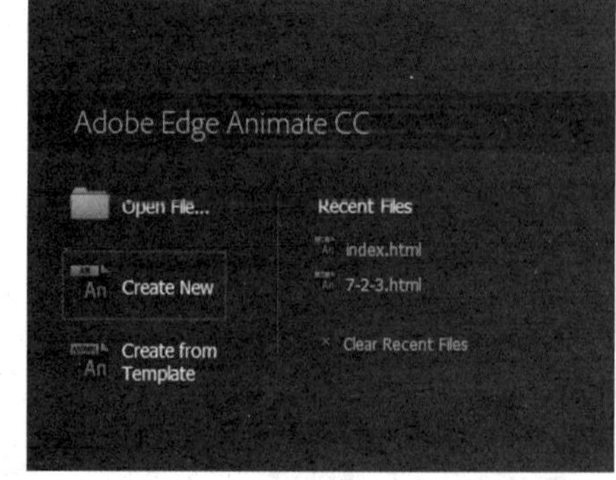

图 2-1

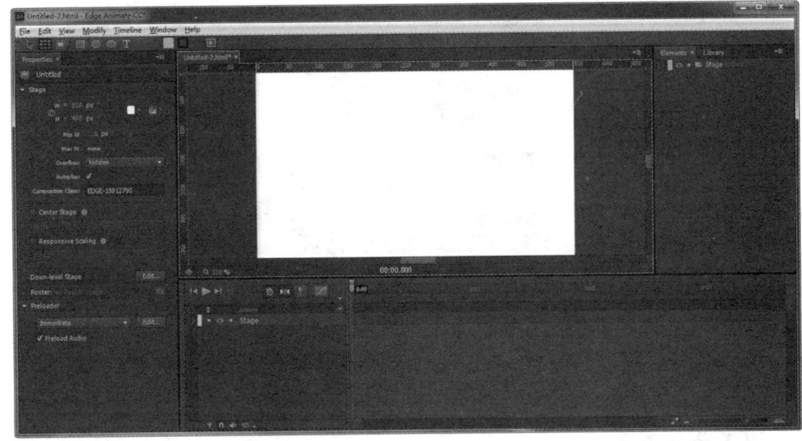

图 2-2

提示：

在 Edge Animate 中新建的项目文件的默认尺寸为 550px X 400px，背景颜色为白色，完成项目文件的新建后，可以在“Properties（属性）”面板中对所新建的项目文件的属性进行设置，从而调整到需要的尺寸大小和背景颜色。

2.1.2 设置舞台属性

完成 Edge Animate 项目文件的创建后，需要对该项目文件的舞台属性进行设置，从而使其适合用户所需要制作的网页动画尺寸，可以在“Properties（属性）”面板中对新建的项目文件的舞台属性进行设置，如图 2-3 所示。

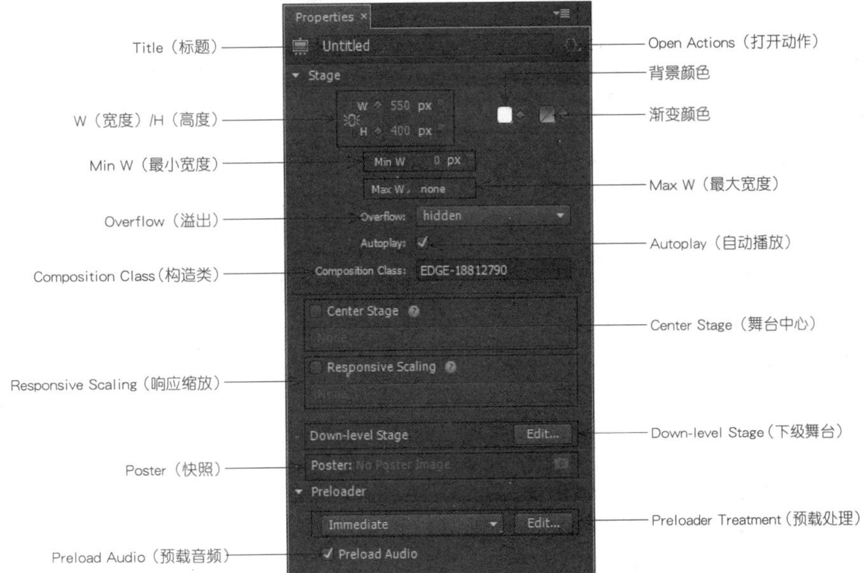

图 2-3

● **Title（标题）**

该选项用于设置项目文件的标题，默认的项目文件标题为 Untitled，可以在该文本框中输入项目文件标题。

● **Open Actions（打开动作）**

单击“Open Actions（打开动作）”按钮，可以在弹出的窗口中为舞台添加 JavaScript 动作脚本代码，如图 2-4 所示。

● **W（宽度）/H（高度）**

“W（宽度）”选项用于设置项目文件舞台的宽度；“H（高度）”选项用于设置项目文件舞台的高度。

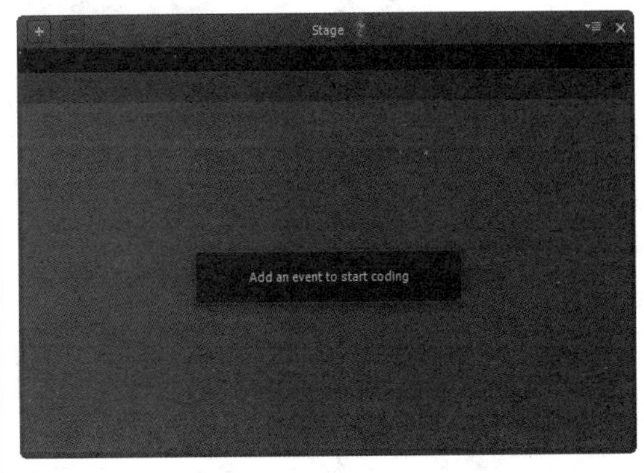

图 2-4

如果单击“Link Width and Height（锁定宽高比）”图标，该图标变为形状，锁定宽度比，修改“W（宽度）”或“H（高度）”选项中的任意一个值，另一个值会自动变化，从而保持固定的宽高比。再次单击图标，该图标变为形状，解除宽高比锁定状态。

“W（宽度）”或“H（高度）”选项提供了两种单位设置，默认为“px（像素）”，单击该单位图标，可以将其切换为“%（百分比）”单位。

● **背景颜色**

该选项用于设置舞台的背景颜色，单击颜色图标，弹出颜色设置窗口，在该窗口中可以设置舞台的背景颜色，如图 2-5 所示。

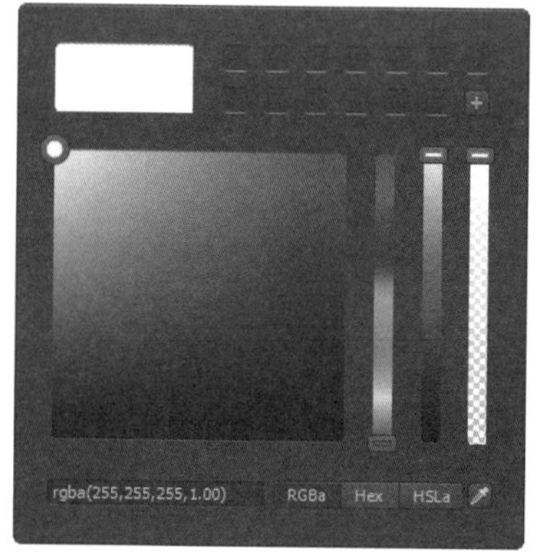

图 2-5

● **渐变颜色**

该选项用于为舞台设置渐变色背景，单击颜色图标，弹出渐变颜色设置窗口，在该窗口中可以设置相应的线性或径向渐变颜色，如图 2-6 所示。

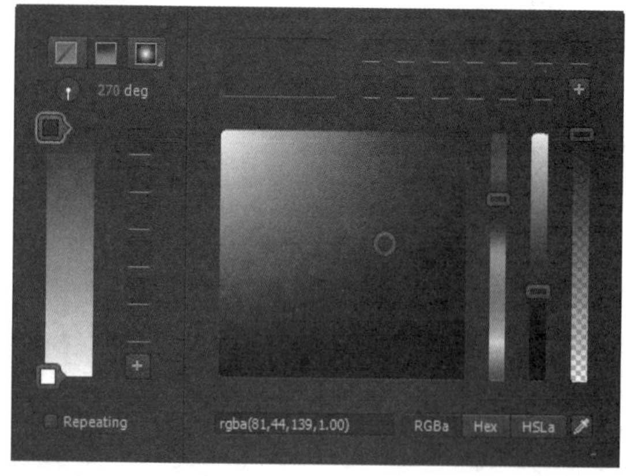

图 2-6

● **Min W（最小宽度）**

该属性用于设置舞台的最小宽度，该属性的默认值为 0px，不允许设置负值。

● **Max W（最大宽度）**

该属性用于设置舞台的最大宽度，该属性的默认值为“none（默认）”，即没有最大宽度限制，如果需要设置该属性值，可以在属性名称上单击，在弹出的列表中取消“none（默认）”选项的选中状态，即可设置该属性的值，如图 2-7 所示。

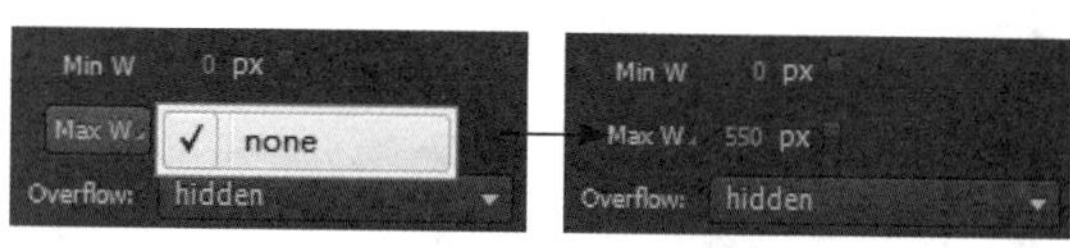

图 2-7

● **Overflow（溢出）**

该选项用于设置舞台的溢出处理方式，在该选项的下拉列表中提供了 4 个属性值可供选择，默认选中“hidden（隐藏）”选项，如图 2-8 所示。

visible（可见）：如果选择该选项，则舞台中如果有内容溢出，溢出部分依然可见。

hidden（隐藏）：如果选择该选项，则舞台中如果有内容溢出，溢出部分将会自动隐藏。

scroll（滚动）：如果选择该选项，则舞台无论内容是否溢出，都会自动添加滚动条。

auto（自动）：如果选择该选项，则舞台中有内容溢出，将自动添加滚动条以便查看溢出内容。

提示：

内容溢出指的是内容的宽度或高度超出了所包含元素的宽度或高度。

● **Autoplay（自动播放）**

选中该复选框，则在预览该动画时，自动播放动画效果。默认情况下，选中该复选框。

● **Composition Class（构造类）**

该属性用于设置项目文件的构造类名称，通常不需要用户设置。

● **Center Stage（舞台中心）**

该选项可以设置项目文件在网页中预览时的居中显示对齐方式，选中该选项，可以在该选项的下拉列表中选择对齐方式，如图 2-9 所示。

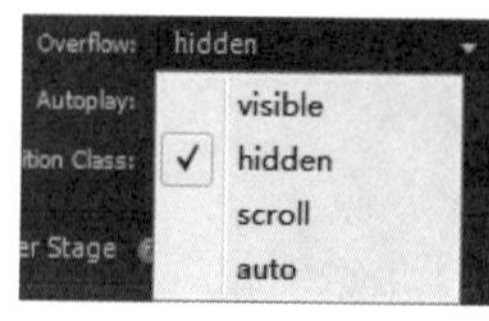

图 2-8

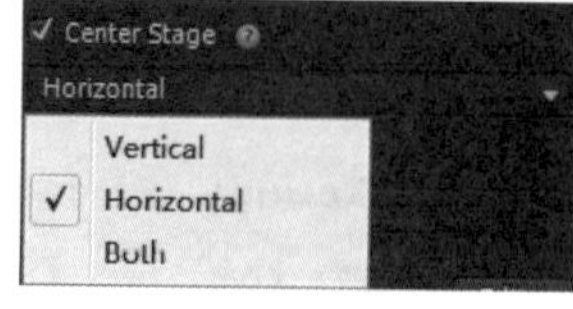

图 2-9

Vertical（垂直）：选择该选项，可以设置项目文件在浏览器中预览时垂直居中显示。

Horizontal（水平）：选择该选项，可以设置项目文件在浏览器中预览时水平居中显示。

Both（两者）：选择该选项，可以设置项目文件在浏览器中预览时在垂直和水平两个方向上均居中显示。

● **Responsive Scaling（响应缩放）**

选中该选项，可以将项目文件设置为响应缩放，在该选项的下拉列表中可以设置响应缩放的属性，如图 2-10 所示。

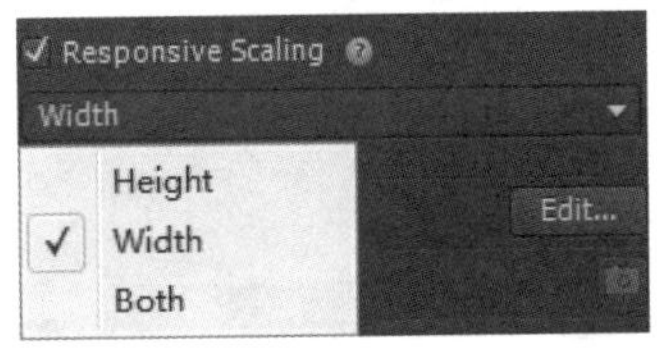

图 2-10

Height（高度）：选择该选项，可以设置项目文件的宽度自动进行缩放。

Width（宽度）：选择该选项，可以设置项目文件的高度自动进行缩放。

Both（两者）：选择该选项，可以设置项目文件的宽度和高度同时自动进行缩放。

提示：

"Responsive Scaling（响应缩放）"选项的设置主要是为了使所制作的项目文件能够在不同的移动设备中适应其屏幕尺寸。

● **Down-level Stage（下级舞台）**

该选项用于设置下级舞台的效果，单击该选项右侧的"Edit（编辑）"按钮Edit...，可以进入下级舞台的编辑状态，并调整下级舞台的显示效果，如图 2-11 所示。

图 2-11

提示：

在 Edge Animate 中所制作的动画大多都是基于 HTML5 的，而低版本的浏览器并不支持，为了解决低版本浏览器的显示问题，可以在下级舞台中制作一个低版本浏览器可以显示的替代内容，这样就能够解决低版本浏览器无法显示的问题了。

● **Poster（快照）**

该选项用于为当前的舞台效果创建一张快照。单击该选项右侧的"Capture stage as poster image（从舞台捕获快照）"按钮，在弹出的对话框中单击"Capture（捕获）"按钮，如图 2-12 所示，即可从当前舞台捕获快照图像。

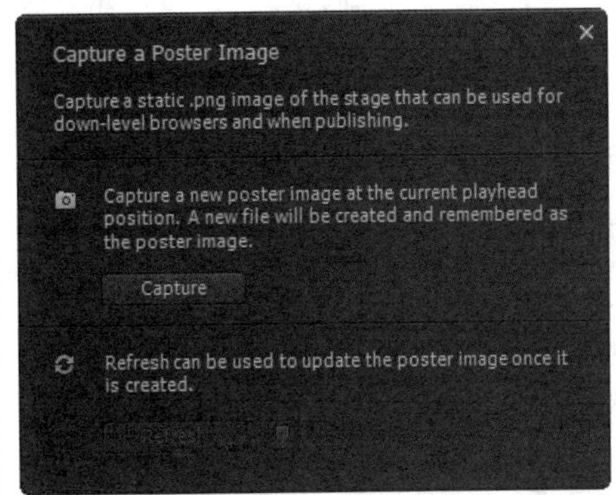

图 2-12

● **Preloader Treatment（预载处理）**

该选项用于设置项目文件在浏览器中的预载方式，在该选项的下拉列表中包含两种方式，如图 2-13 所示。

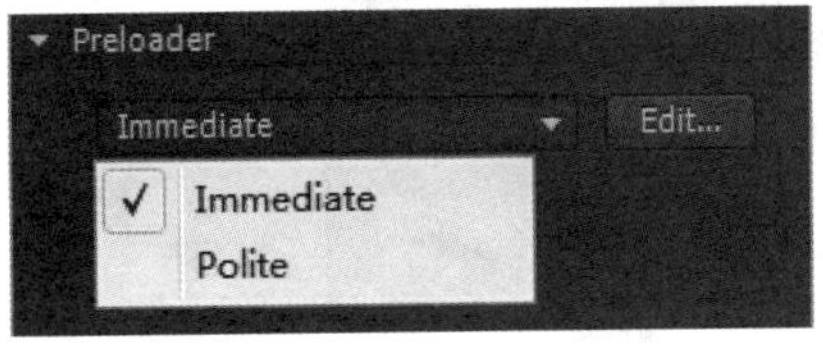

图 2-13

● **Preload Audio（预览音频）**

选中该选项，可以在播放项目文件时预览项目文件中的音频效果。默认情况下，选中该选项。

2.1.3 创建快照与下级浏览器舞台

完成项目文件的制作后，可以为项目文件创建快照并将快照应用于下级浏览器舞台，这样可以使低版本浏览器的显示效果与所制作的项目文件的显示效果保持一致。

在项目文件的舞台空白位置单击，不要选中任何舞台中的对象，即可选中舞台，如图 2-14 所示。在"Properties（属性）"面板上的"Poster（快照）"选项中可以为当前舞台创建快照，在"Down-level Stage（下级舞台）"选项中可以为下级舞台制作显示效果，如图 2-15 所示。

图 2-14

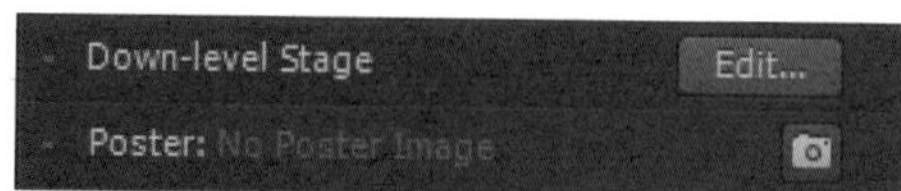

图 2-15

提示：

如果需要为当前舞台的项目文件创建快照，那么当前文件必须是一个已经保存的文件，否则无法创建快照。

单击"Poster（快照）"选项右侧的"Capture stage as poster image（从舞台捕获快照）"按钮，在弹出窗口中显示快照的相关说明内容，单击"Capture（捕获）"按钮，如图 2-16 所示，即可将当前的舞台画面捕获为快照，在弹出的窗口中显示相应的操作提示，如图 2-17 所示。

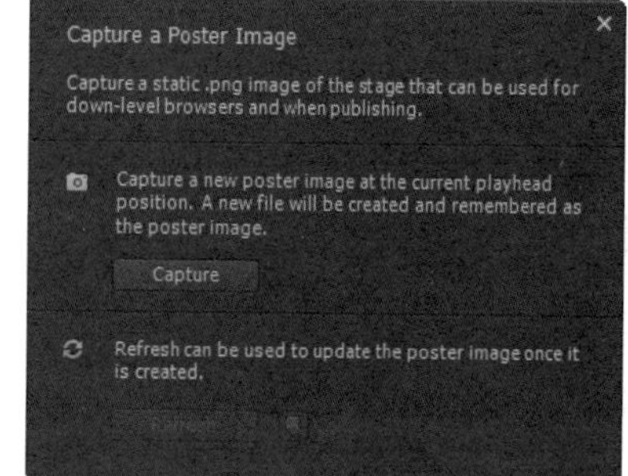

图 2-16

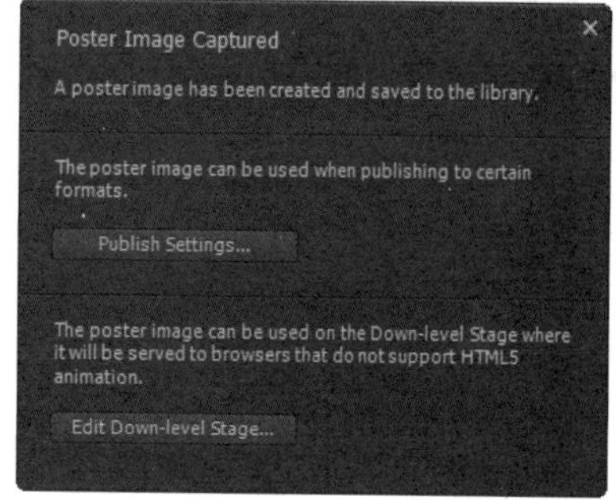

图 2-17

完成快照的捕获后，会自动在"Library（库）"面板中的"Images（图像）"选项区中存储刚刚捕获的快照图像 Poster.png，如图 2-18 所示。在"Properties（属性）"面板上的"Poster（快照）"选项后将显示刚刚捕获的快照，如图 2-19 所示。

提示：

在 Edge Animate 中可以为舞台创建多个快照图像，所创建的多个快照图像会按顺序放置在"Library（库）"面板中的"Images（图像）"选项区中。

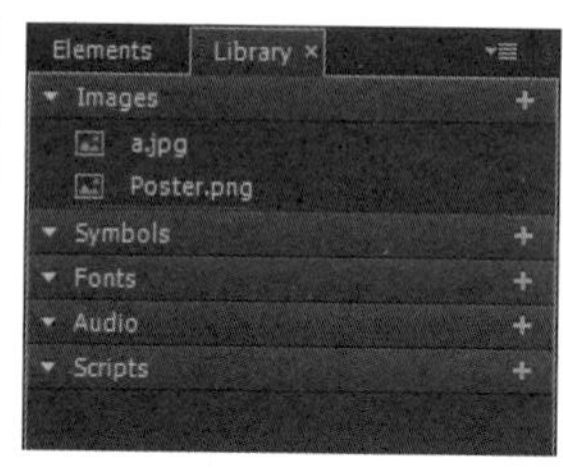

图 2-18

图 2-19

完成舞台快照的创建后，即可将所创建的快照图像设置为下级舞台的图像。单击"Properties（属性）"面板上的"Down-level Stage（下级舞台）"选项后的"Edit（编辑）"按钮，进入下级舞台的编辑状态，如图 2-20 所示。在"Properties（属性）"面板中可以看到所创建的最近一次快照信息，如图 2-21 所示。

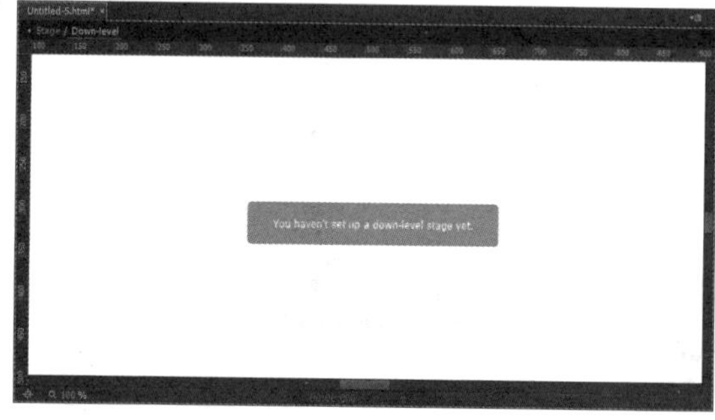
图 2-20

图 2-21

单击"Poster（快照）"选项后的"Insert（插入）"按钮，即可将所创建的快照插入到舞台中，如图 2-22 所示。完成快照的插入后，在"Properties（属性）"面板中显示快照的相关属性设置，如图 2-23 所示。

图 2-22

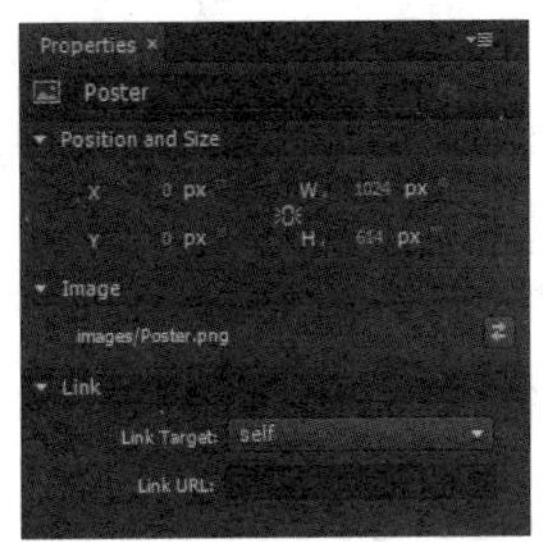

图 2-23

提示：

完成下级舞台的制作后，可以单击项目文件名称下方的"Stage（舞台）"链接 Stage / Down-level，返回到项目文件的舞台中，退出下级舞台的编辑状态。

2.1.4 设置项目文件的预载方式

如果在 Edge Animate 中所制作的动画文件比较大，可以为文件设置预载方式，这样就可以在显示动画文件之前显示其加载过程。在 Edge Animate 中提供了多种 JavaScript 预载方式可供选择，并不需要用户编写任何的代码，非常方便。

图 2-24

如果需要为项目文件设置预载方式，可以选中舞台，单击"Properties（属性）"面板上"Preloader（预载）"选项卡中的"Edit（编辑）"按钮，如图 2-24 所示，进入预载舞台的编辑界面中，如图 2-25 所示。

单击"Properties（属性）"面板上的"Insert Preolader Clip-Art（插入预载模板）"按钮，如图 2-26 所示。在弹出的窗口中提供了 6 种预设的文件预载效果可供用户选择，如图 2-27 所示。

图 2-25

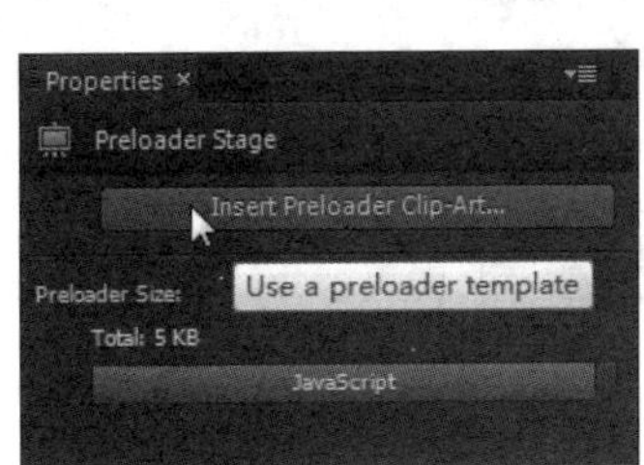

图 2-26

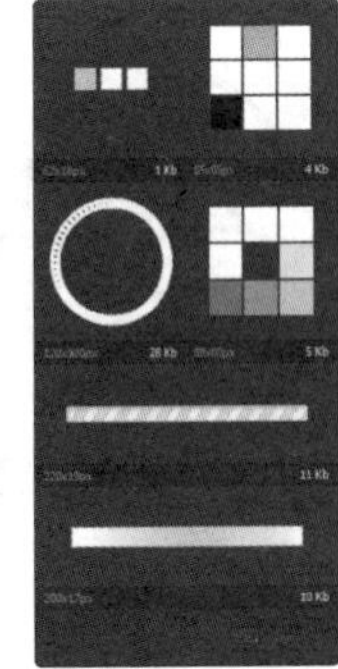

图 2-27

在弹出窗口中选中某一种预设的预载效果，单击"Insert（插入）"按钮，如图 2-28 所示。即可将选中的预载效果插入到预载舞台中，如图 2-29 所示。完成预载效果的插入后，在"Properties（属性）"面板中显示预载的相关属性设置选项，如图 2-30 所示。

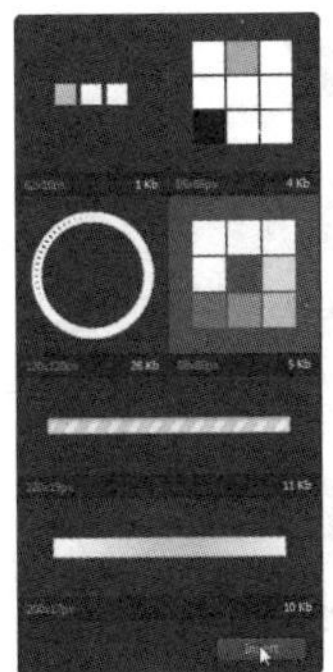

图 2-28

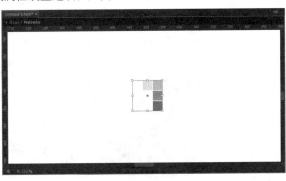

图 2-29

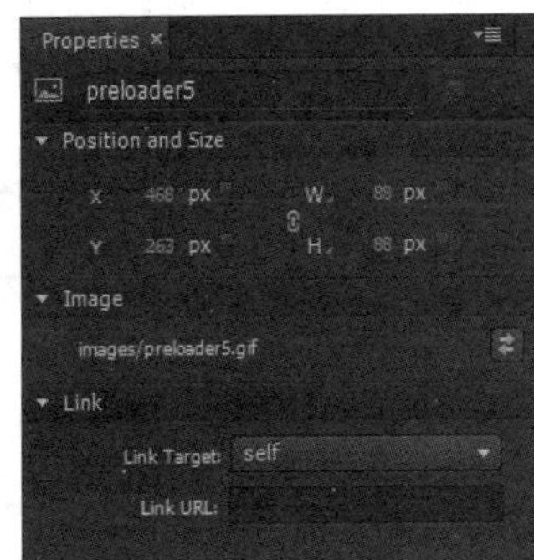

图 2-30

提示：

插入到预载舞台中的预载效果，默认放置在舞台水平与垂直居中的位置，并且显示为默认的大小，用户可以在舞台中直接调整预载效果的大小和位置，也可以通过“Properties（属性）”面板对预载效果进行调整。

2.1.5 从模板新建 Edge Animate 项目文件

在 Edge Animate 中不仅可以创建空白的项目文件，还可以创建基于 Edge Animate 模板的项目文件，直接在所创建的基于模板的项目文件中进行动画制作，提高工作效率。

如果需要从模板新建 Edge Animate 项目文件，可以在 Edge Animate 的欢迎界面中单击“Create from Template（从模板新建）”按钮，如图 2-31 所示。或者执行“File（文件）>Create from Template（从模板新建）”命令，弹出“Templates（模板）”对话框，在该对话框中选择需要的模板文件，单击“Open（打开）”按钮，如图 2-32 所示，即可从模板新建 Edge Animate 项目文件。

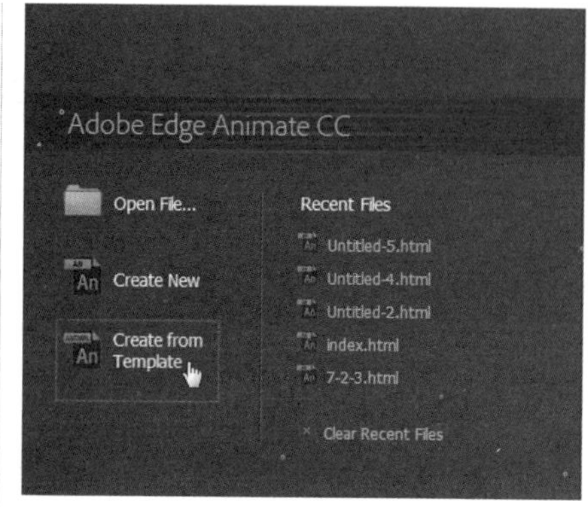

图 2-31

图 2-32

2.2 打开 / 关闭 Edge Animate 项目文件

在上一节中已经向读者介绍了如何在 Edge Animate 中创建一个空白项目文件，以及如何对项目文件的舞台属性进行设置，本节将向读者介绍如何在 Edge Animate 中打开和关闭 Edge Animate 项目文件。

2.2.1 打开 Edge Animate 项目文件

在 Edge Animate 中打开 Edge Animate 项目文件的方法有多种，可以执行“File（文件）>Open（打开）”命令，弹出“Open（打开）”对话框，在该对话框中选择需要打开的 Edge Animate 项目文件，如图 2-33 所示。单击“打开”按钮，即可在 Edge Animate 软件中打开所选择的项目文件，如图 2-34 所示。

图 2-33

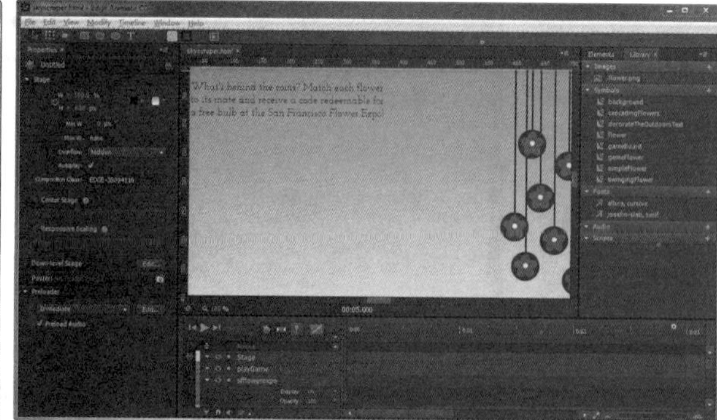

图 2-34

提示：

在 Edge Animate 中除了可以使用菜单命令打开项目文件外，还可以单击 Edge Animate 欢迎界面中的“Open File（打开文件）”按钮，或按快捷键 Ctrl+O，打开所需要的文件。如果需要打开最近打开过的文件，可以进入“File（文件）>Open Recent（打开最近的文件）”子菜单，选择相应的文件即可。

2.2.2 关闭 Edge Animate 项目文件

通过执行“File（文件）>Close（关闭）”命令，可以关闭当前项目文件，也可以单击该项目文件舞台窗口左上角，文件名称旁的“Close（关闭）”按钮☒，或者按快捷键 Ctrl+W，关闭当前文件。执行“File（文件）>Close All（全部关闭）”命令，可以关闭所有在 Edge Animate 中已打开的项目文件。

提示：

在关闭项目文件时，并不会因此而退出 Edge Animate，如果既要关闭所有文件又要退出 Edge Animate，可以执行“File（文件）>Exit（退出）”命令，或单击 Edge Animate 软件界面右上角的关闭按钮，退出即可。

2.3 保存 Edge Animate 项目文件

在制作 Edge Animate 动画的过程中，为了保证文件的安全并避免所编辑的内容丢失，应该养成随时保存的好习惯，在保存时可以对文件的路径、文件名、文件类型等进行设置。

2.3.1 直接保存 Edge Animate 项目文件

完成 Edge Animate 文件的制作后，如果想要覆盖之前的文件，只需要执行“File（文件）> Save（保存）”命令，如图 2-35 所示，或按快捷键 Ctrl+S，即可保存该文件，并覆盖相同文件名的文件。

如果项目文件是新创建的文件，并且从未保存过，则执行“File（文件）> Save（保存）”命令，将弹出“Save As（另存为）”对话框，需要指定文件的保存位置和名称，如图 2-36 所示。

Edge Animate 保存的文件比较特殊，保存后将生成一个名为 edge_includes 的文件夹和多个文件，如图 2-37 所示。这些文件一起构成一个完整的 Edge Animate 项目文件，必须将一个 Edge Animate 项目文件的相关文件放置在同一个目录中，从而避免项目文件的效果出错。

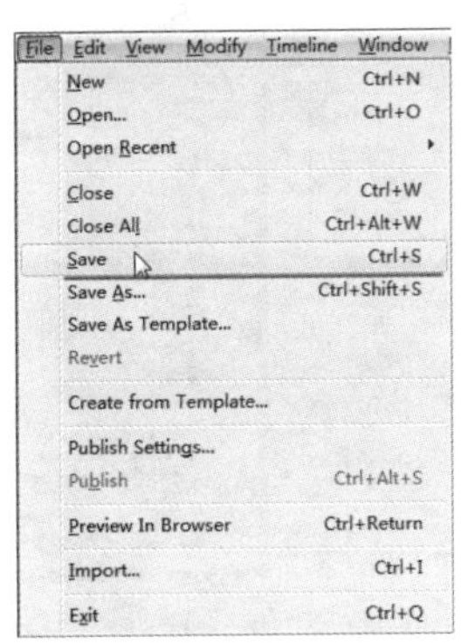

图 2-35

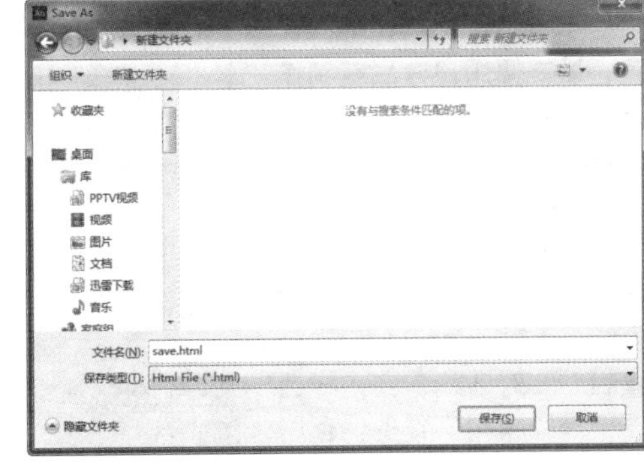

图 2-36

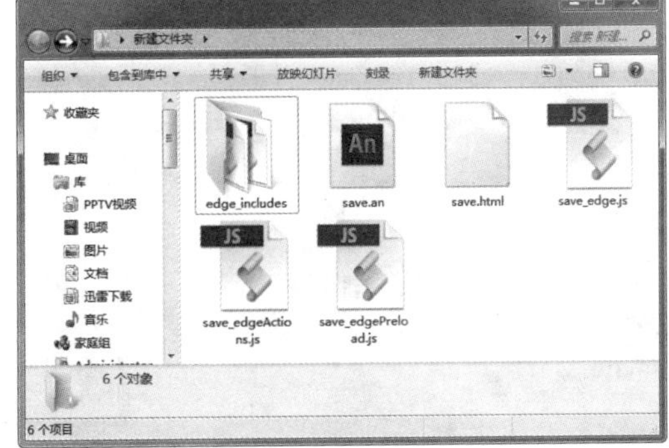

图 2-37

● **edge_includes 文件夹**

在该文件夹中存储了两个 jQuery 文件，包括 edge.3.0.0.min.js 和 jquery-2.0.3.min.js，这两个文件提供了 jQuery 效果库，为所制作动画效果提供支持。

● **.an 文件**

该文件用于跟踪用户所制作的 Edge Animate 动画效果。

● **.html 文件**

该文件为所制作的 Edge Animate 项目文件的源文件，可以直接在浏览器中打开该文件，浏览所制作的动画效果。

● **.js 文件**

自动生成 3 个 .js 文件，在这 3 个文件中保存了所制作的 Edge Animate 动画中所需要的 JavaScript 脚本代码，确保 Edge Animate 动画效果的正常显示。

2.3.2 另存为 Edge Animate 项目文件

如果需要将文件保存到不同的位置，或对其名称进行修改，可以执行“File（文件）> Save As（另存为）”命令，如图 2-38 所示。或按快捷键 Ctrl+Shift+S，弹出“Save As（另存为）”对话框，在该对话框中设置文件名和文件路径，再单击“保存”按钮，如图 2-39 所示，完成文件的保存。

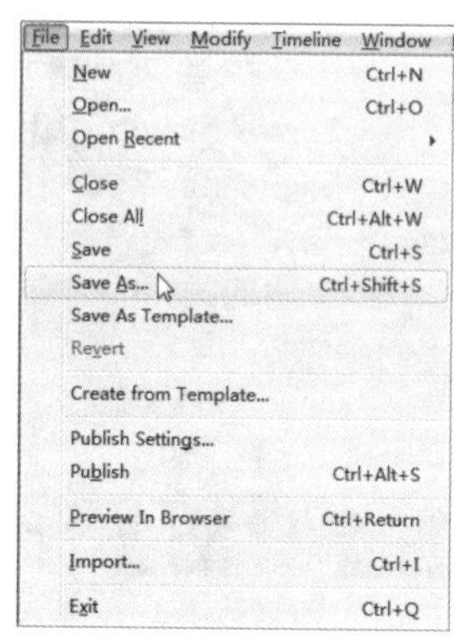

图 2-38

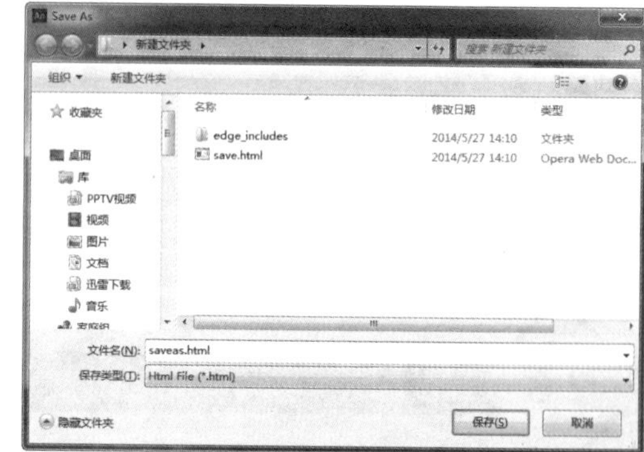

图 2-39

2.3.3 另存为 Edge Animate 模板文件

将 Edge Animate 文件另存为模板文件就是指将该文件使用模板中的格式进行保存，以方便用户今后在制作 Edge Animate 文件时直接进行使用。

执行“File（文件）>Save As Template（另存为模板）”命令，如图 2-40 所示，弹出“Save As Template（另存为模板）”对话框，在该对话框中设置模板文件的保存路径并输入模板文件名称，如图 2-41 所示。

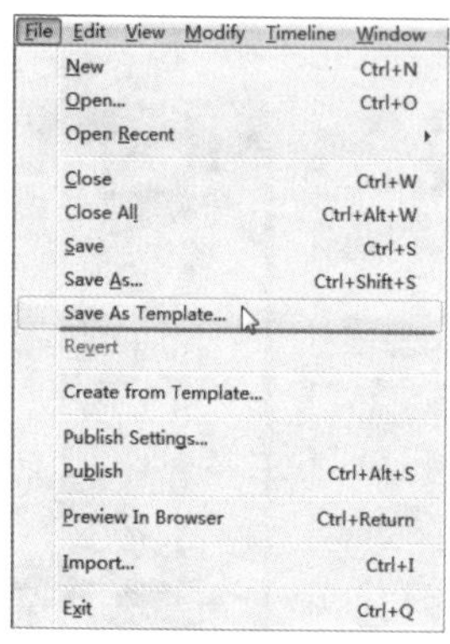

图 2-40

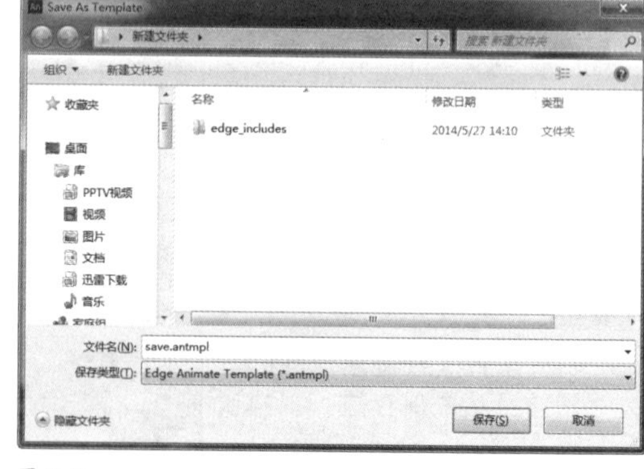

图 2-41

单击“保存”按钮，弹出“Import Template（导入模板）”对话框，如图 2-42 所示。单击“是”按钮，可以直接将所保存的模板文件导入到“Templates（模板）”对话框中，如果单击“否”按钮，则只保存模板文件，不将模板文件导入到“Templates（模板）”对话框，下次需要使用该模板文件，可以再将其导入使用。

提示：

在实际的操作中，为了节省时间、提高工作效率，我们经常使用快捷键 Ctrl+S 或另 Ctrl+Shift+S，快速保存或另存一份 Edge Animate 文件。

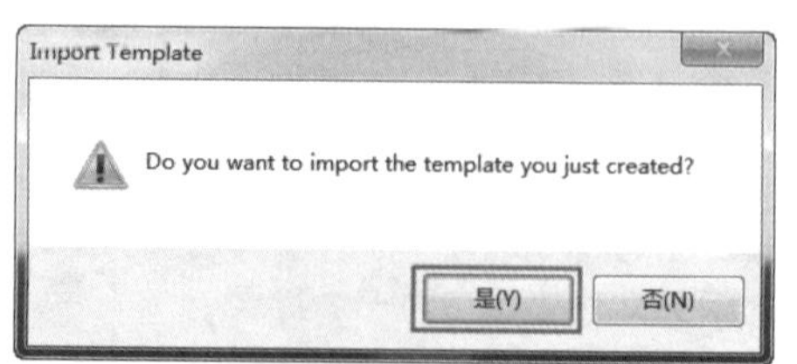

图 2-42

2.4 应用标尺和辅助线

Edge Animate 提供了“标尺”、“辅助线”等辅助工具，使用它们不仅能够提高设计师的工作效率，而且可以提高动画作品的质量。但是这些辅助工具对所创作的动画作品本身并不会产生任何实际效果，只是在动画制作过程中起到辅助作用。

2.4.1 显示 / 隐藏舞台标尺

在 Edge Animate 中，标尺能够起到精确定位的作用，系统默认情况下，标尺显示在舞台的左侧和上方，用户可以根据设计过程的实际需要，显示或隐藏标尺。

执行“View（视图）>Rulers（标尺）”命令，如图 2-43 所示，可以看到在舞台区域的左侧和上方的标尺会被隐藏，如图 2-44 所示。

	Zoom In	Ctrl+=
	Zoom Out	Ctrl+-
	Actual Size	Ctrl+1
✓	Rulers	Ctrl+R
	Guides	Ctrl+;
	Snap to Guides	Ctrl+Shift+;
	Lock Guides	Shift+Alt+;
	Smart Guides	Ctrl+U
✓	Stage Hints	H
	Preloader Stage	
	Down-level Stage	

图 2-43

图 2-44

再次执行“View（视图）>Rulers（标尺）”命令，如图 2-45 所示，可以看到在舞台区域的左侧和上方会显示出标尺，如图 2-46 所示。

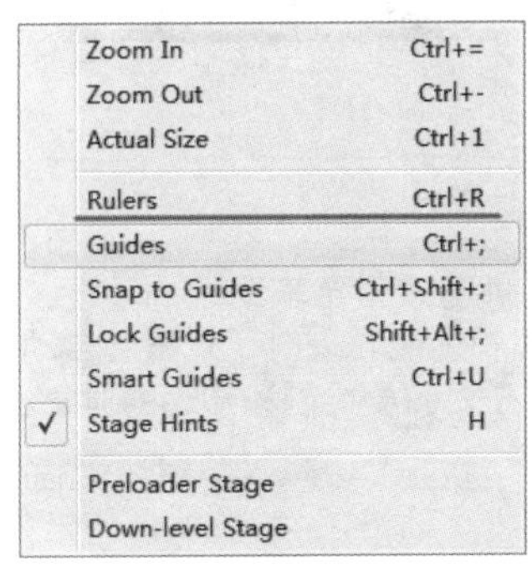

图 2-45

图 2-46

提示：

除了以上介绍的通过执行命令显示 / 隐藏标尺的方法之外，还可以按快捷键 Ctrl+ R，同样可以达到上述效果。另外，需要注意的是，显示和隐藏标尺只对当前文档有效，并不影响其他文档标尺的使用。

2.4.2 创建辅助线

在 Edge Animate 中创建辅助线不但可以对舞台的位置进行规划，而且可以对动画中元素的对齐排列情况进行检查，另外它还有自动吸附的功能。

执行“File（文件）>Import（导入）”命令，在舞台中导入相应的素材，如图 2-47 所示，显示标尺，将鼠标指针移至上方标尺中，向下单击拖曳，即可创建一条水平方向的辅助线，如图 2-48 所示。如果将鼠标指针移至左侧标尺并向右单击拖曳，即可创建一条垂直方向的辅助线。

图 2-47

2.4.3 贴紧至辅助线

Edge Animate 中提供了贴紧至辅助线的功能，当需要移动的对象距离辅助线较近时，对象会自动贴紧辅助线，这样有利于对齐要绘制和移动的对象。

选中舞台中的对象，执行“View（视图）>Snap to Guides（贴紧至辅助线）”命令，如图 2-49 所示，开启该功能，拖曳鼠标移动对象时，对象会紧贴着辅助线进行移动，如图 2-50 所示。

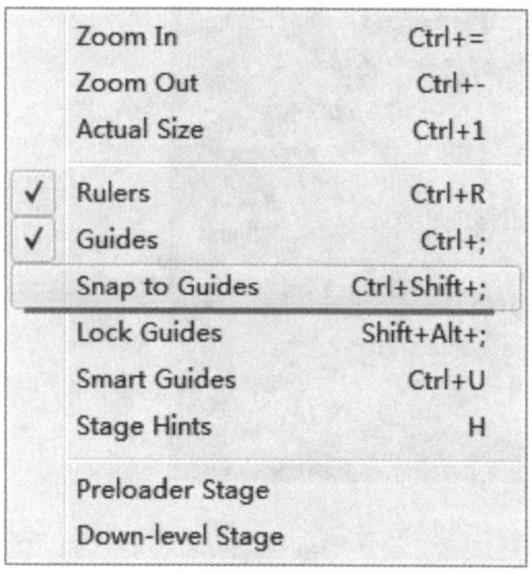

	Zoom In	Ctrl+=
	Zoom Out	Ctrl+-
	Actual Size	Ctrl+1
✓	Rulers	Ctrl+R
✓	Guides	Ctrl+;
	Snap to Guides	Ctrl+Shift+;
	Lock Guides	Shift+Alt+;
	Smart Guides	Ctrl+U
	Stage Hints	H
	Preloader Stage	
	Down-level Stage	

图 2-49

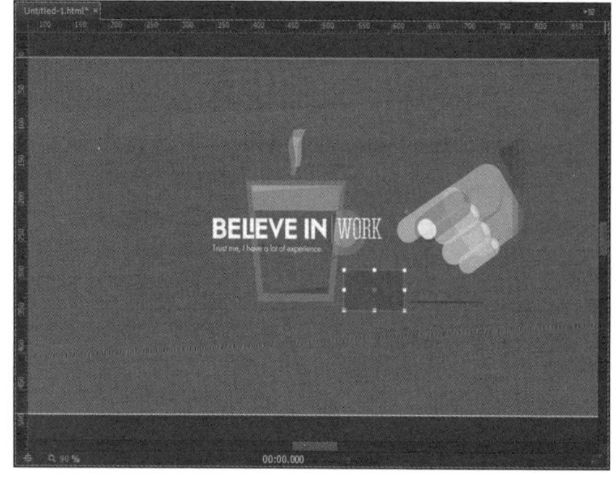

图 2-50

图 2-48

2.4.4 显示 / 隐藏辅助线

辅助线为制作出美观、井然有序的动画效果起到了很大的辅助作用，默认情况下，辅助线在舞台中是显示的，根据动画制作的需要，在制作过程中可以灵活地控制辅助线的显示和隐藏。

执行“View（视图）>Guides（辅助线）”命令，如图 2-51 所示，可以将舞台中的辅助线显示出来，如图 2-52 所示。

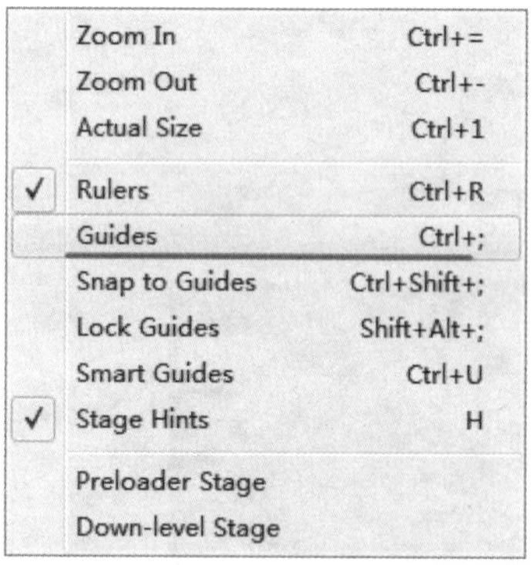

	Zoom In	Ctrl+=
	Zoom Out	Ctrl+-
	Actual Size	Ctrl+1
✓	Rulers	Ctrl+R
	Guides	Ctrl+;
	Snap to Guides	Ctrl+Shift+;
	Lock Guides	Shift+Alt+;
	Smart Guides	Ctrl+U
✓	Stage Hints	H
	Preloader Stage	
	Down-level Stage	

图 2-51

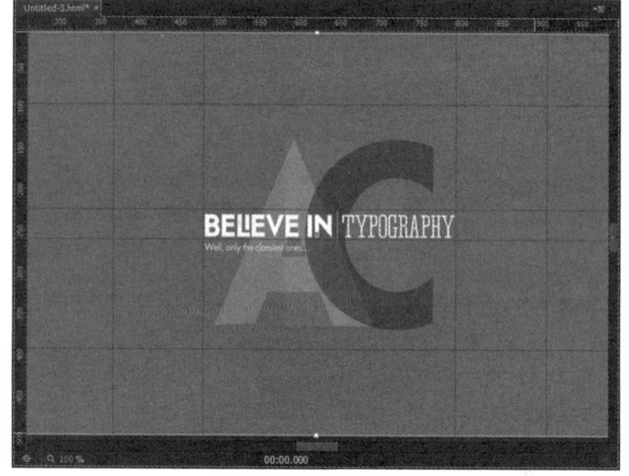

图 2-52

再次执行“View（视图）>Guides（辅助线）”命令，如图 2-53 所示，可以将舞台中的辅助线隐藏，

如图 2-54 所示。

	Zoom In	Ctrl+=
	Zoom Out	Ctrl+-
	Actual Size	Ctrl+1
✓	Rulers	Ctrl+R
✓	Guides	Ctrl+;
	Snap to Guides	Ctrl+Shift+;
	Lock Guides	Shift+Alt+;
	Smart Guides	Ctrl+U
✓	Stage Hints	H
	Preloader Stage	
	Down-level Stage	

图 2-53

图 2-54

2.5 使用模板制作 Edge Animate 动画

在 Edge Animate 软件中并没有集成 Edge Animate 模板，但是在 Adobe 官方网站中提供了 Edge Animate 模板的下载，可以通过 Edge Animate 模板快速制作出相应的动画效果。

2.5.1 制作网站图片展示动画

Edge Animate 模板实际上就是已经编辑完成的具有完整动画架构的文件，并且拥有强大的互动扩充功能。本节将通过在 Adobe 官方网站中下载 Edge Animate 模板，并使用该模板制作网站图片展示动画效果。

自测 1 制作网站图片展示动画

视频：光盘 \ 视频 \ 第 2 章 \ 制作网站图片展示动画 .swf

源文件：光盘 \ 源文件 \ 第 2 章 \ 制作网站图片展示动画 \2-5-1.html

01 执行“File（文件）>Create From Template（从模板新建）”命令，弹出“Templates（模板）”对话框，单击“Browse Templates Online（在线浏览模板）”按钮，如图 2-55 所示。自动在浏览器窗口中打开 Adobe 官方网站并显示所提供的几种 Edge Animate 模板，如图 2-56 所示。

图 2-55

图 2-56

02 单击相应的 Edge Animate 模板后的“Download（下载）”按钮，可以下载该 Edge Animate 模板，如图 2-57 所示。完成该 Edge Animate 模板的下载后，将下载的 .zip 压缩文件解压，可以看到所下载的 Edge Animate 模板文件，如图 2-58 所示。

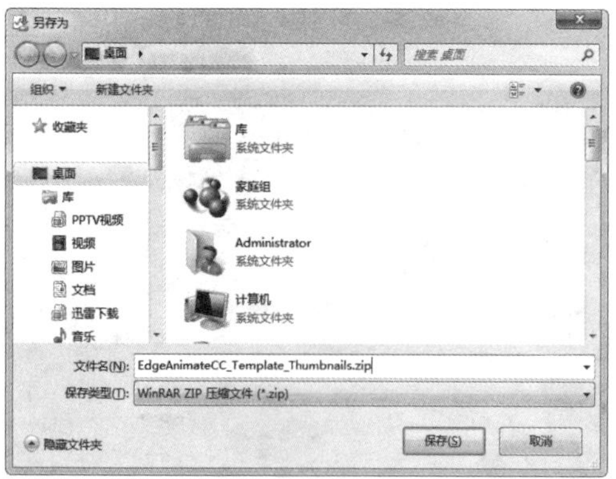
图 2-57

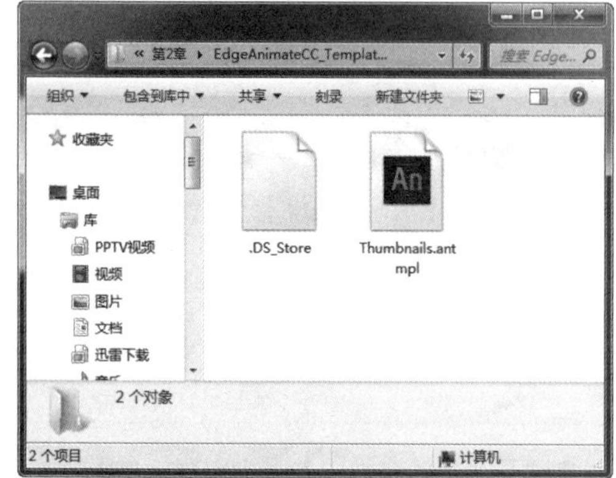
图 2-58

03 返回到 Edge Animate 软件中，单击“Templates（模板）”对话框中的“Import（导入）”按钮，弹出“Import Template（导入模板）”对话框，选择下载的模板文件，如图 2-59 所示。单击“打开”按钮，导入该模板文件，选中刚导入的模板文件，单击“Open（打开）”按钮，如图 2-60 所示。

04 基于所选择的Edge Animate模板新建项目文件，效果如图 2-61 所示。执行“File（文件）>Save As（另存为）”命令，将该文件保存为“光盘\源文件\第 2 章\制作网站图片展示动画\2-5-1.html”，如图 2-62 所示。

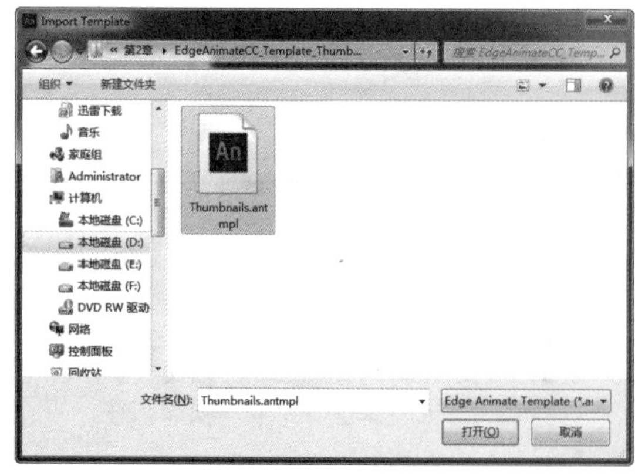
图 2-59

图 2-60

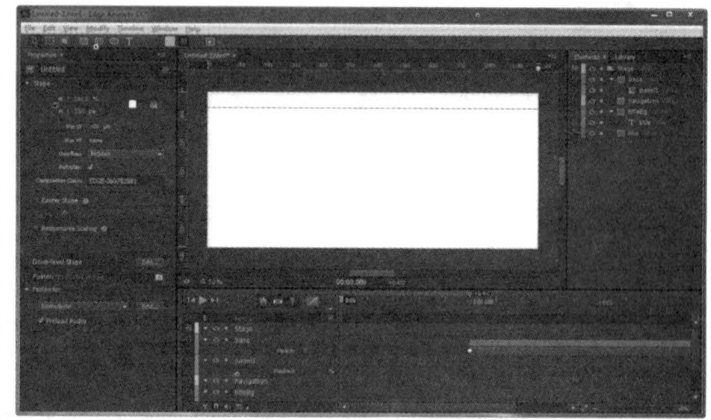
图 2-61

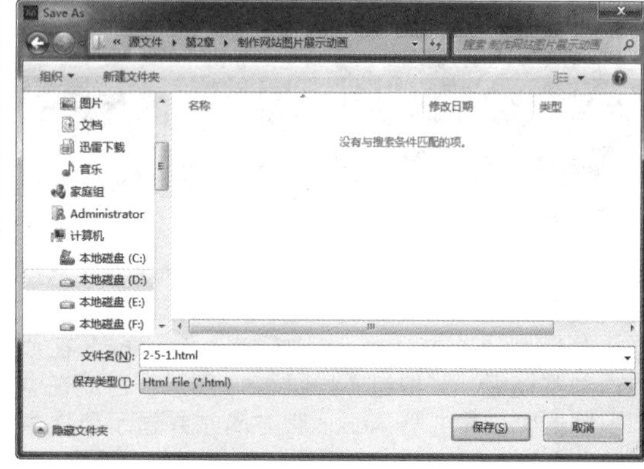
图 2-62

05 在舞台中双击相应的文字，进入文字编辑状态，如图 2-63 所示。修改文字内容，修改完成后关闭文字输入窗口，如图 2-64 所示。

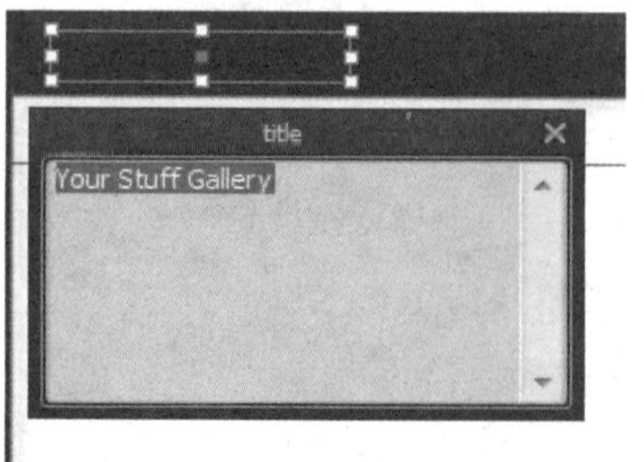

图 2-63

06 打开“Library（库）”面板，可以看到动画中的多个符号元素，如图 2-65 所示。双击 Panel1 符号元素，进入该符号的编辑舞台中，如图 2-66 所示。

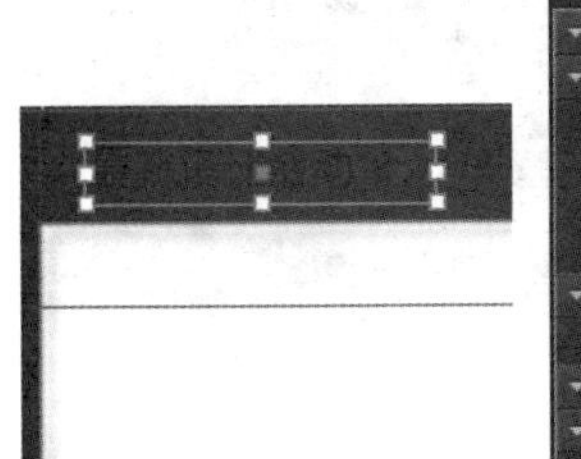
图 2-64

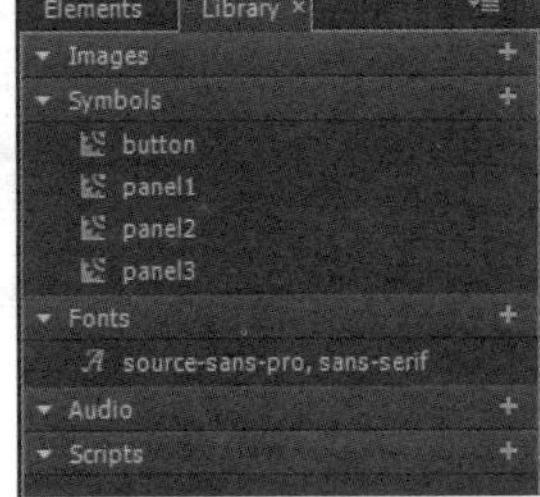

图 2-65

图 2-66

07 执行“File（文件）>Import（导入）”命令，导入图像“光盘\源文件\第 2 章\素材\a01.jpg”，如图 2-67 所示。选中导入的素材图像，在“Properties（属性）”面板中设置“W（宽度）”为 100%，如图 2-68 所示。

图 2-67

图 2-68

08 单击“Properties（属性）”面板上“Opacity（透明度）”属性前的“Add Keyframe（添加关键帧）”图标，插入关键帧，并设置该属性值为 0%，如图 2-69 所示。在“Timeline（时间轴）”面板中拖曳播放头至 00:01:600 的位置，如图 2-70 所示。

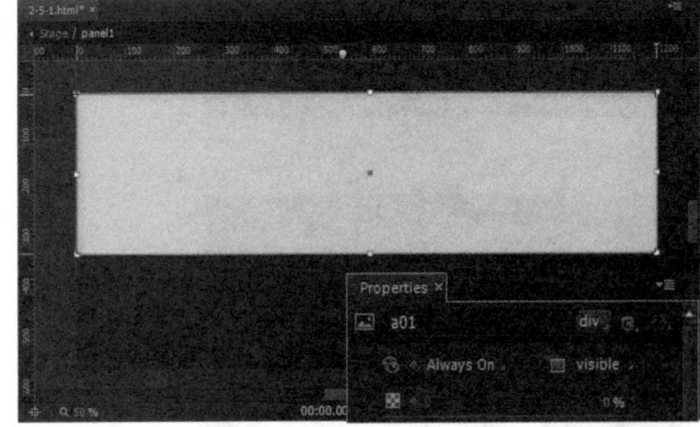

图 2-69

图 2-70

09 在“Properties（属性）”面板上设置该图像的“Opacity（透明度）”属性为 100%，效果如图 2-71 所示。在时间轴中自动创建动画过渡效果，如图 2-72 所示。

图 2-71

图 2-72

10 按住 Ctrl 键分别单击 myText 和 Background 层，同时选中这两个元素层，如图 2-73 所示。执行“Edit（编辑）>Delete（删除）”命令，将选中的层删除，如图 2-74 所示。

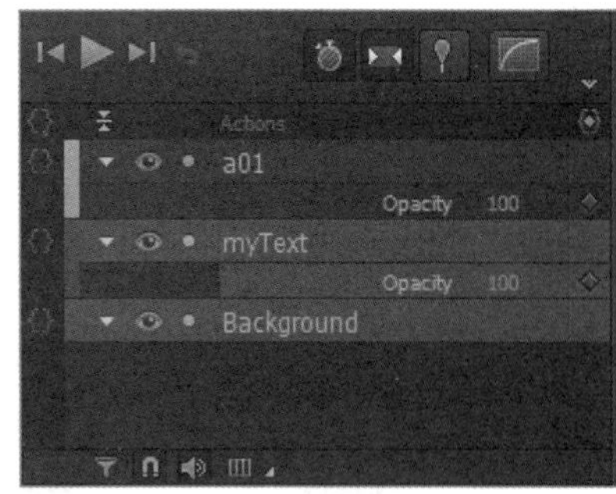

图 2-73

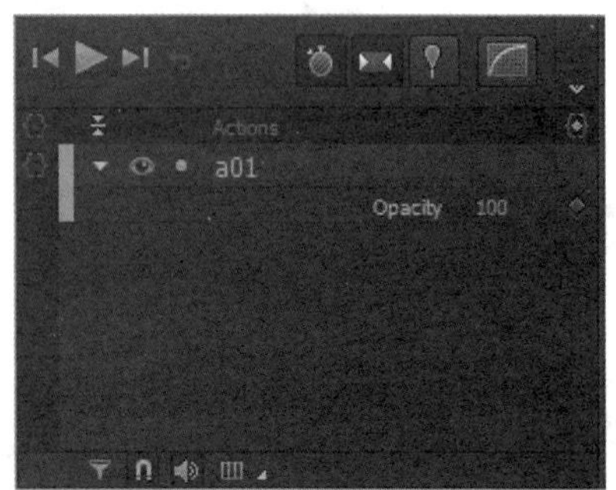

图 2-74

11 采用相同的制作方法，分别对“Library（库）”面板中的 panel2 和 panel3 两个符号元素进行修改，如图 2-75 所示。

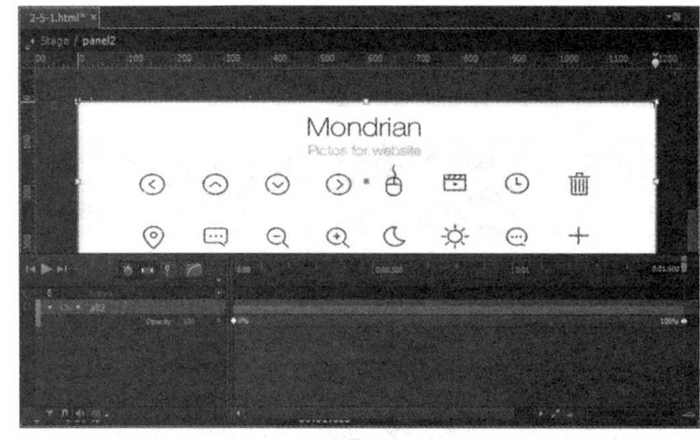

图 2-75

12 完成该动画的制作，执行“File（文件）>Save（保存）”命令，保存文件。执行“File（文件）>Preview In Browser（在浏览器预览）”命令，可以看到动画的效果，如图 2-76 所示。

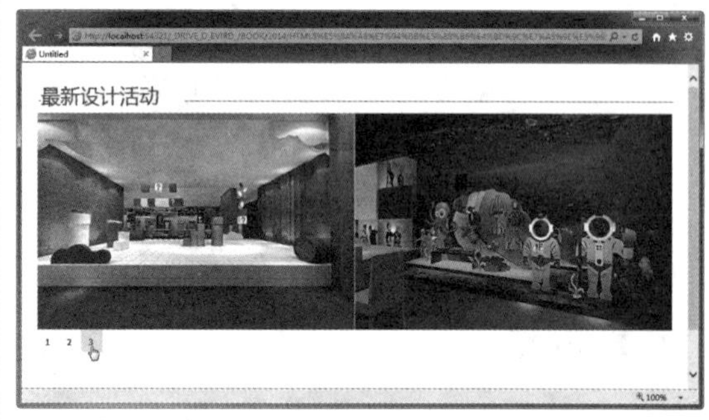

图 2-76

2.5.2 制作文章展示动画

在 Edge Animate 中，使用模板创建的项目文件，只需要根据用户自身的需要修改、替换相应的内容即可快速地创建出属于自己的动画效果。接下来通过使用 Adobe 官方网站提供的 Article Browser 模板制作文章展示动画。

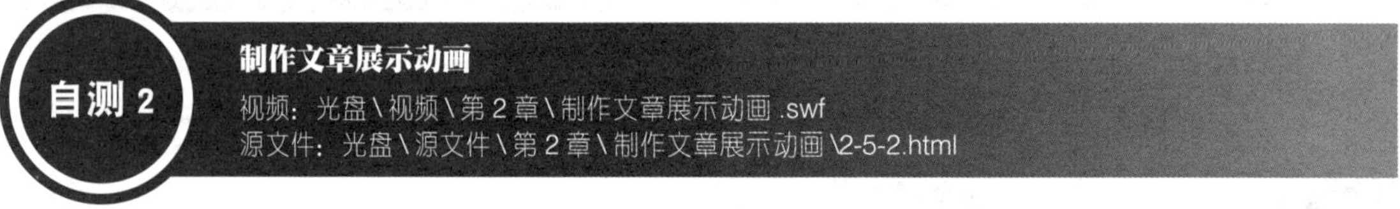

自测 2
制作文章展示动画
视频：光盘\视频\第 2 章\制作文章展示动画 .swf
源文件：光盘\源文件\第 2 章\制作文章展示动画\2-5-2.html

01 执行“File（文件）>Create From Template（从模板新建）”命令，弹出“Templates（模板）”对话框，选择 Article Browser 模板，如图 2-77 所示。单击“Open（打开）”按钮，创建基于该模板的文件，如图 2-78 所示。

图 2-77

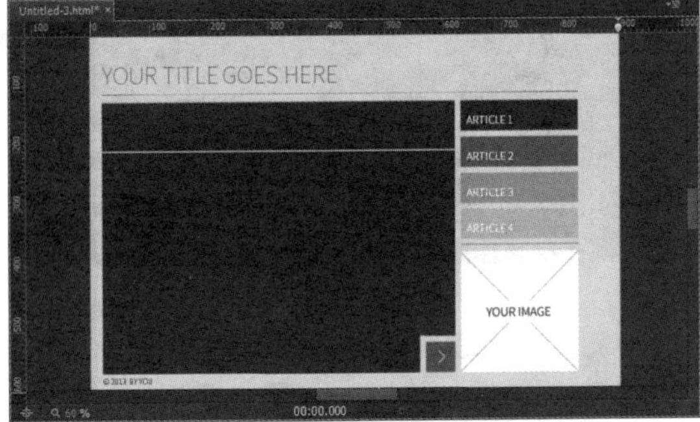

图 2-78

提示：

此处所选择的名为 Article Browser 模板是事先从 Adobe 官方网站上下载并导入到“Templates（模板）”对话框中的，用户可以根据上一节介绍的方法从 Adobe 官方网站下载并导入该模板。

02 执行“File（文件）>Save As（另存为）”命令，将该文件保存为“光盘 \ 源文件 \ 第 2 章 \ 制作文章展示动画 \2-5-2.html”，如图 2-79 所示。选中舞台中相应的文字，并分别对文字进行修改，如图 2-80 所示。

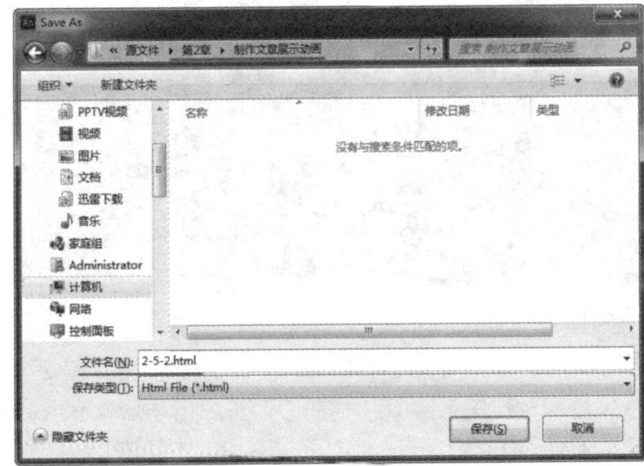

图 2-79

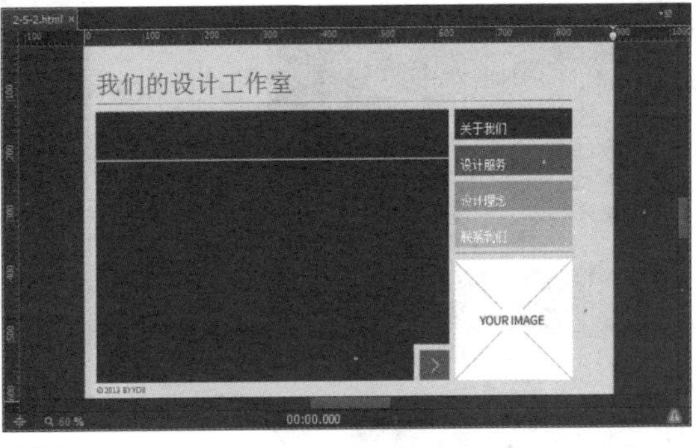

图 2-80

03 选中舞台中的“YOUR IMAGE”图像，执行“File（文件）>Import（导入）”命令，导入素材图像“光盘 \ 源文件 \ 第 2 章 \ 素材 \b01.jpg”，如图 2-81 所示。选中刚导入的素材图像，在“Properties（属性）”面板中设置其属性与“YOUR IMAGE”图像属性相同，效果如图 2-82 所示。

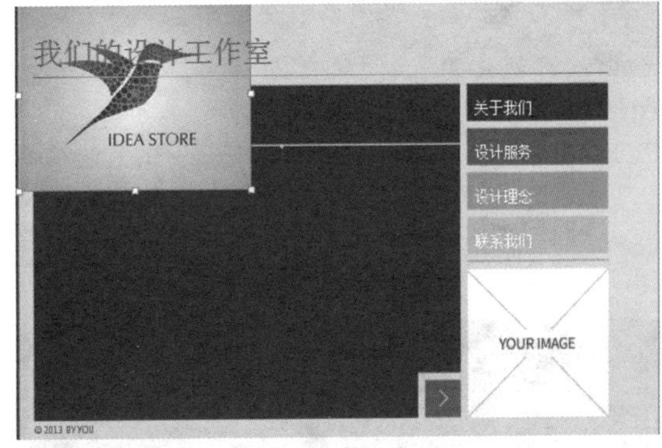

图 2-81

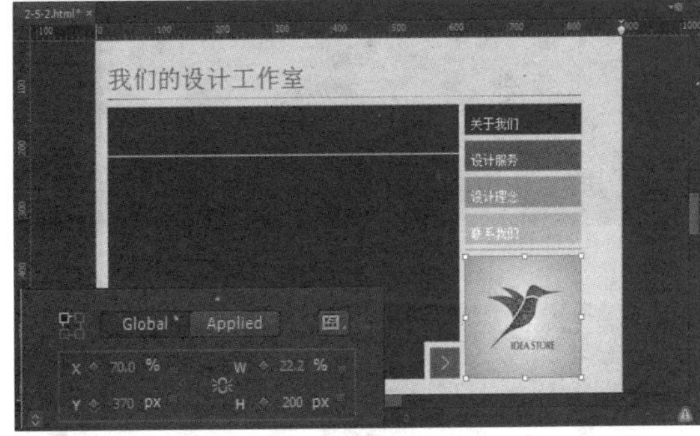

图 2-82

04 在“Timeline（时间轴）”面板中选中 placeholderImage2 层，如图 2-83 所示，并将其删除。打开“Library（库）”面板，可以看到该文件中所创建的 4 个符号元素，如图 2-84 所示。

提示：

符号元素类似于 Flash 中的影片剪辑元件，在符号元素中包含了独立的时间轴动画，关于符号元素将在后面的章节中进行详细介绍。

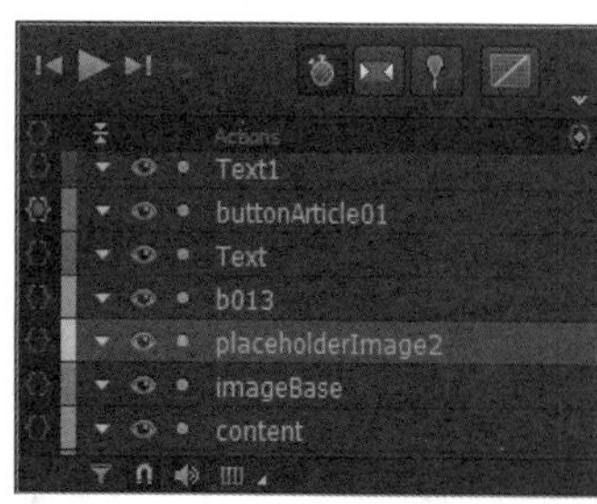

图 2-83

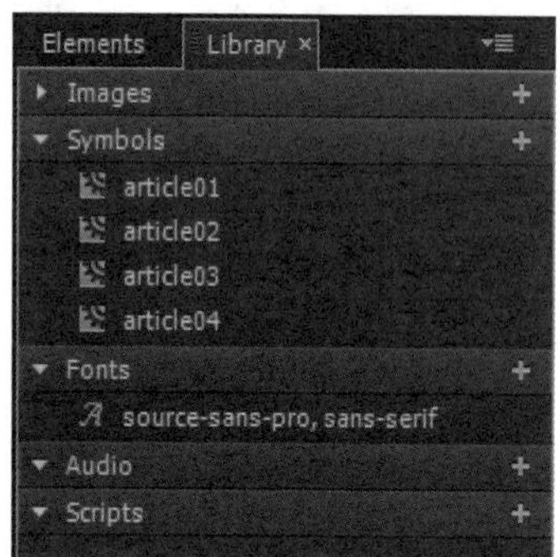

图 2-84

05 双击名为“article01”的符号元素，进入该符号元素的舞台中，如图 2-85 所示。拖曳“Timeline（时间轴）”面板上的播放头，找到动画中第一部分文字内容，如图 2-86 所示。

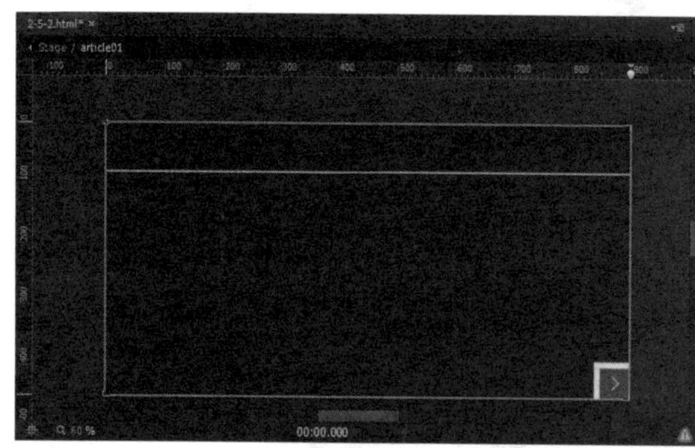

图 2-85

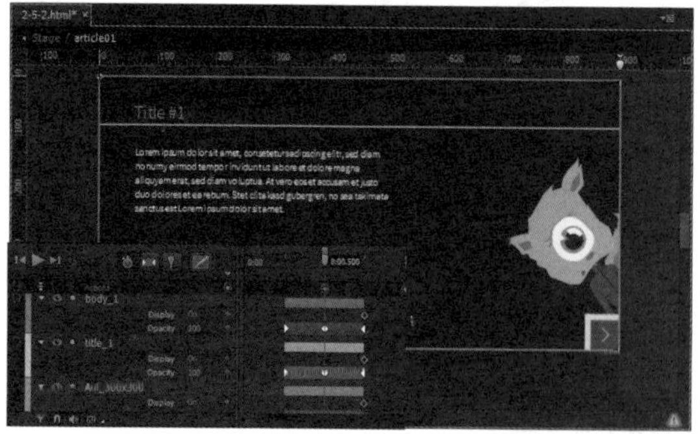

图 2-86

06 对舞台中的文字内容进行修改，如图 2-87 所示。拖曳“Timeline（时间轴）”面板上的播放头，找到动画中第二部分文字内容，如图 2-88 所示。

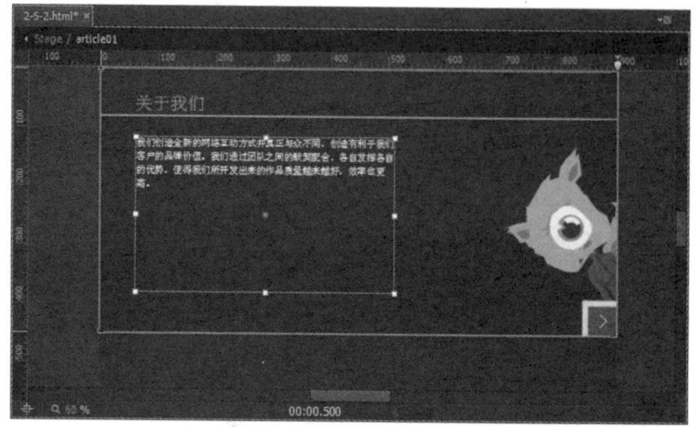

图 2-87

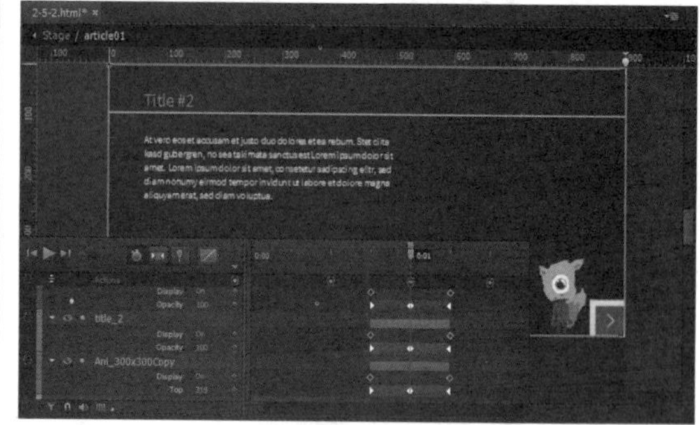

图 2-88

07 对舞台中的文字内容进行修改，如图 2-89 所示。拖曳“Timeline（时间轴）”面板上的播放头，找到动画中第三部分文字内容，如图 2-90 所示。

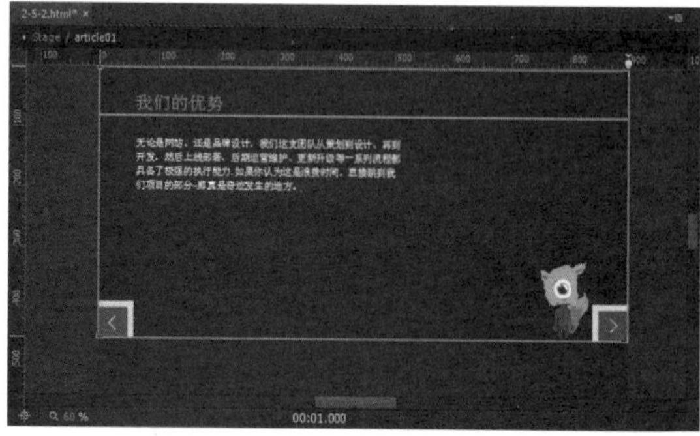

图 2-89

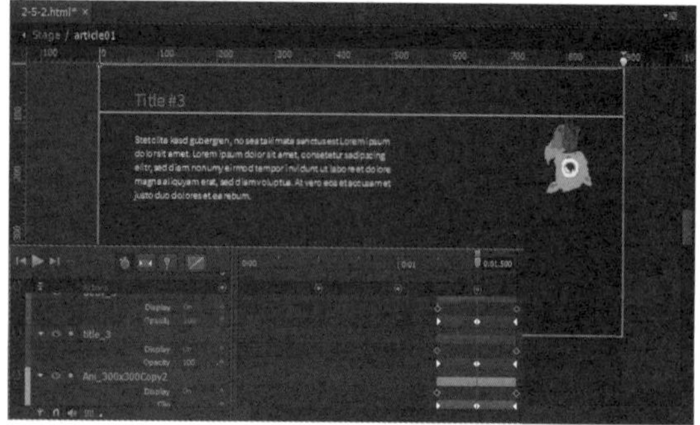

图 2-90

08 对舞台中的文字内容进行修改，如图 2-91 所示。采用相同的制作方法，分别对 article02、article03 和 article04 符号中的内容进行修改，如图 2-92 所示。

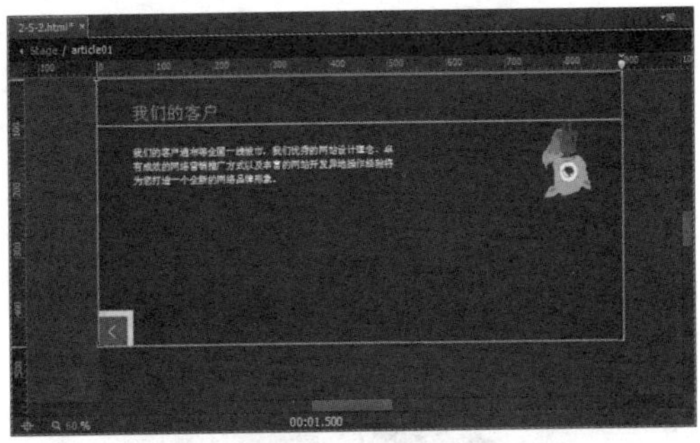

图 2-91

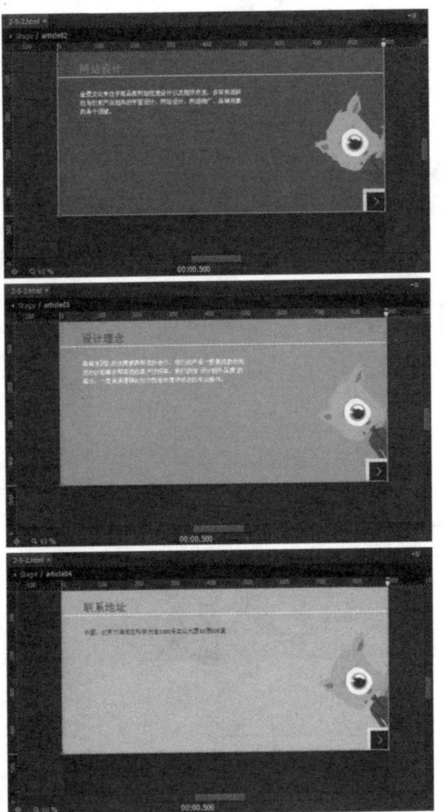

图 2-92

02 执行“File（文件）>Save（保存）”命令，保存文件。执行“File（文件）>Preview In Browser（在浏览器预览）”命令，可以看到动画的效果，如图 2-93 所示。

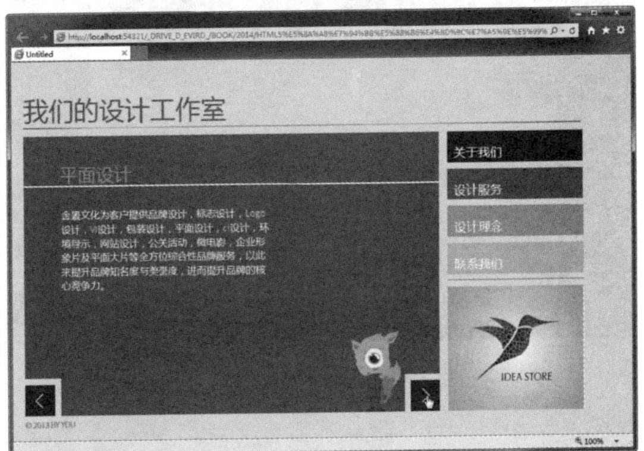

图 2-93

提示：

在模板文件中已经编写好相应的 JavaScript 脚本代码，在基于该模板新建的文件中，只要不更改动画的效果，就不需要修改脚本代码，只需要修改或替换相应的内容即可。

2.5.3 制作选项卡式面板

选项卡式面板是网页中非常常见的一种内容交互表现形式，可以在较小的网页空间中显示较多的信息内容。在 Adobe 官方网站中提供了选项卡式面板的 Edge Animate 模板，通过该模板可以在 Edge Animate 中轻松地制作出选项卡式面板。

制作选项卡式面板

光盘\视频\第 2 章\制作选项卡式面板 .swf

源文件：光盘\源文件\第 2 章\制作选项卡式面板\2-5-3.html

01 执行“File（文件）>Create From Template（从模板新建）”命令，弹出“Templates（模板）”对话框，选择 TabViewer 模板，如图 2-94 所示。单击“Open（打开）”按钮，创建基于该模板的文件，如图 2-95 所示。

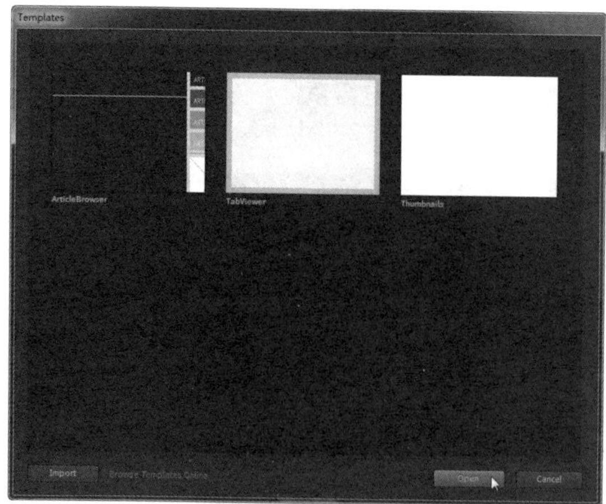
图 2-94

图 2-95

提示：

此处所选择的 TabViewer 模板是事先从 Adobe 官方网站上下载并导入到“Templates（模板）”对话框中的，用户可以根据前面介绍的方法从 Adobe 官方网站下载并导入该模板。

02 执行“File（文件）>Save As（另存为）”命令，将该文件保存为“光盘\源文件\第 2 章\制作选项卡式面板\2-5-3.html”，如图 2-96 所示。单击“Timeline（时间轴）”面板中“Stage（舞台）”层左侧的“Open Action（打开动作）”按钮，如图 2-97 所示。

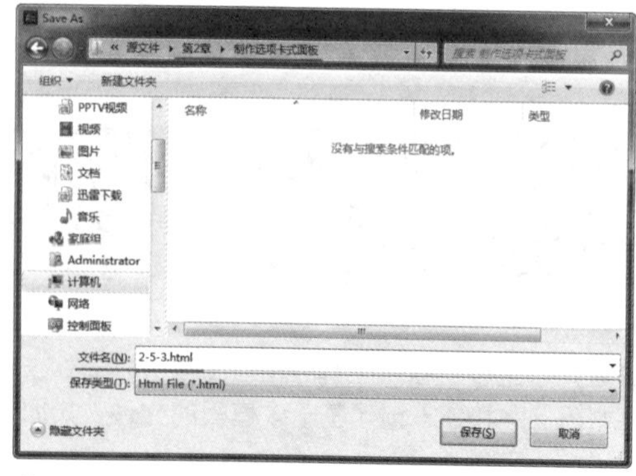
图 2-96

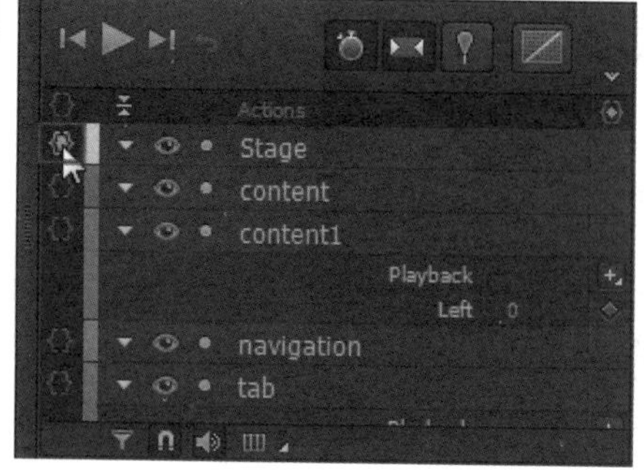

图 2-97

03 在弹出的动作脚本窗口中显示了为舞台元素添加的 JavaScript 脚本代码，如图 2-98 所示。切换到 creationComplete 脚本中，找到相应的脚本代码，如图 2-99 所示。

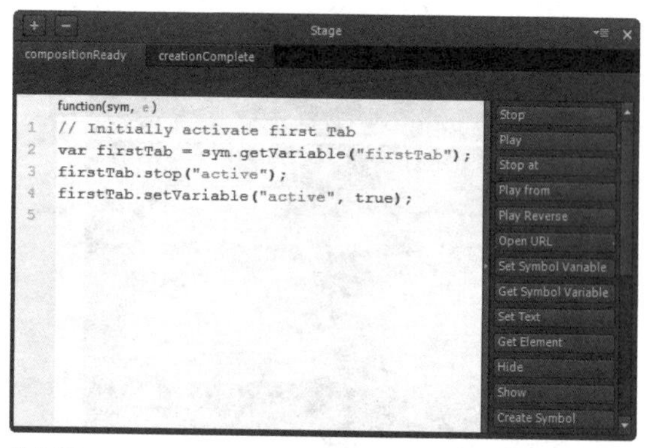

图 2-98

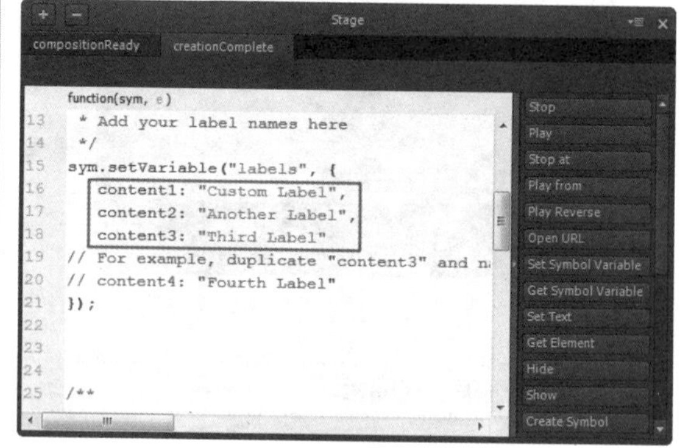

图 2-99

提示：

在该动画中，选项卡的数据和选项卡的名称都是在 JavaScript 脚本代码中进行控制的，此处需要修改各选项卡中的名称，则必须在 JavaScript 脚本代码中找到相应的代码进行修改。

04 对相应的代码进行修改，如图 2-100 所示。接着修改各选项卡中的内容，在“Library（库）”面板中可以看到动画中相应的符号元素，如图 2-101 所示。

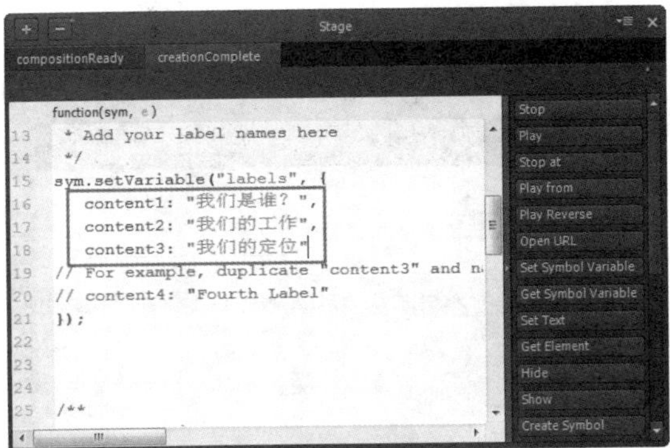

图 2-100

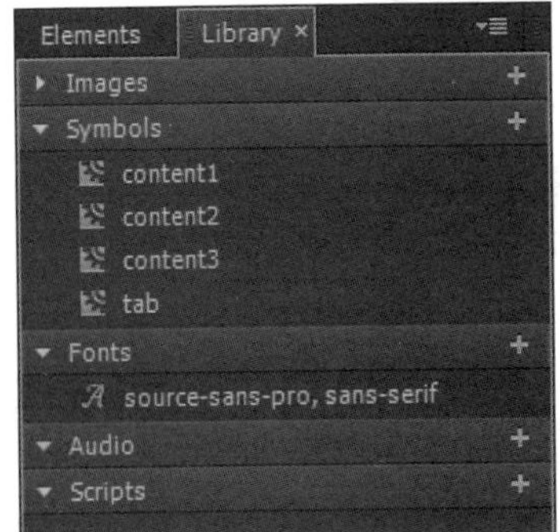

图 2-101

05 双击名为 content1 的符号元素，进入该符号的编辑舞台，在“Timeline（时间轴）”面板中拖曳播放头至 0:0 位置，如图 2-102 所示。可以在舞台中看到效果，如图 2-103 所示。

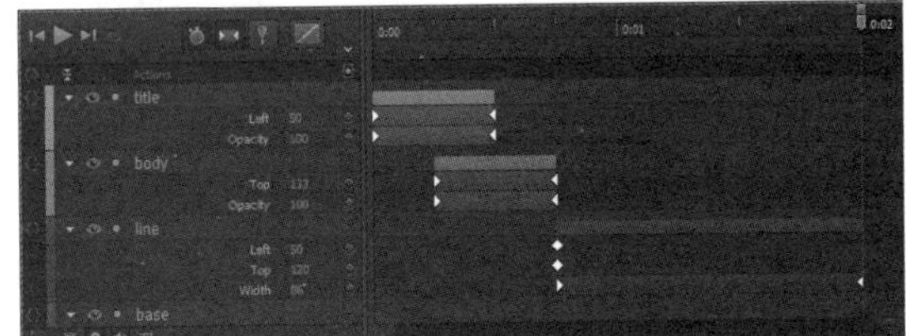

图 2-102

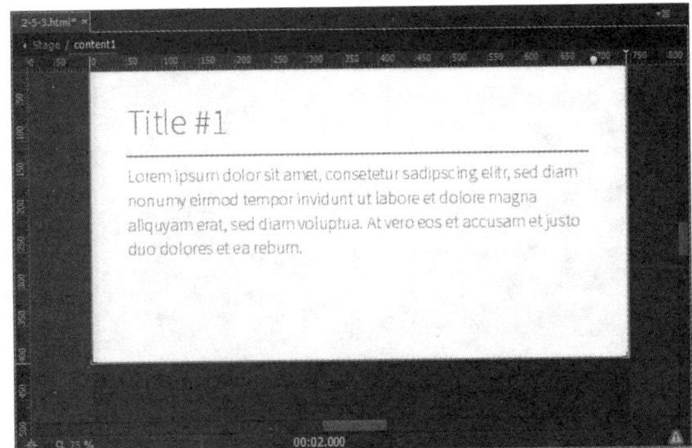

图 2-103

06 在舞台中对默认的文字内容进行修改，如图 2-104 所示。采用相同的制作方法，可以分别对名称为 content2 和 content3 的符号元素中的文字内容进行修改，如图 2-105 所示。

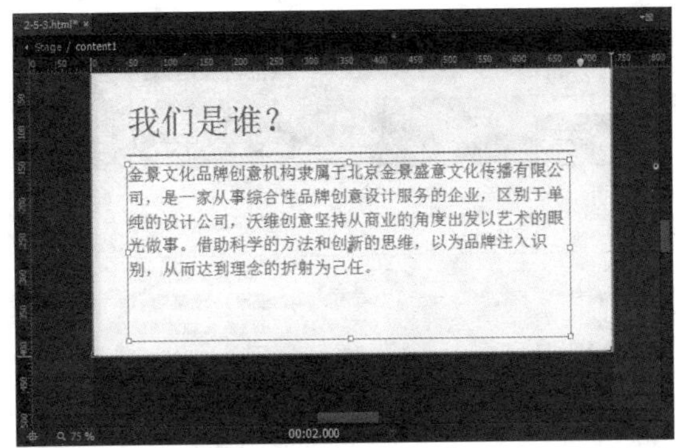

图 2-104

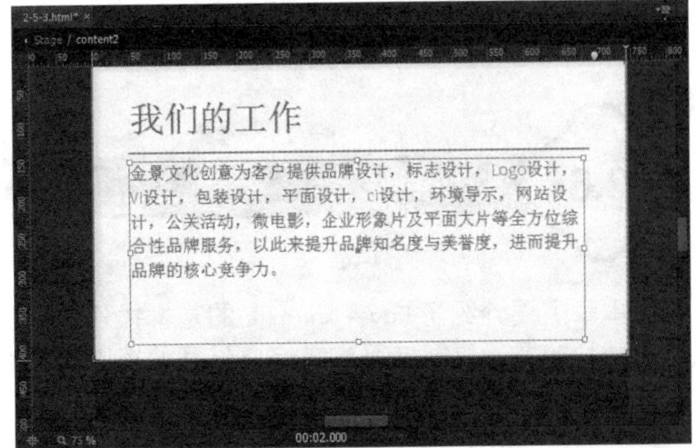

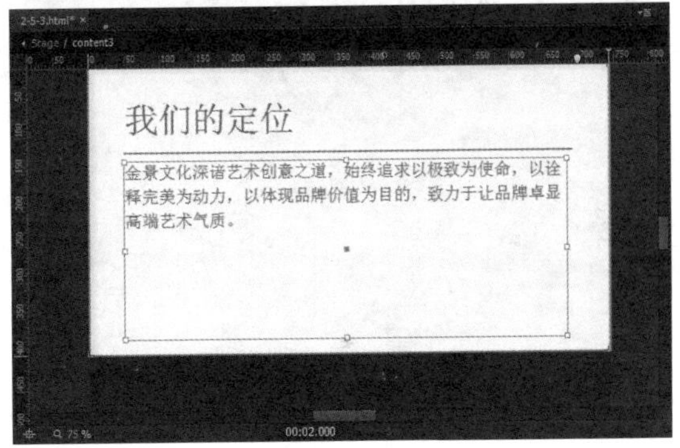

图 2-105

07 执行“File（文件）>Save（保存）”命令，保存文件。执行“File（文件）>Preview In Browser（在浏览器预览）”命令，可以看到动画的效果，如图 2-106 所示。

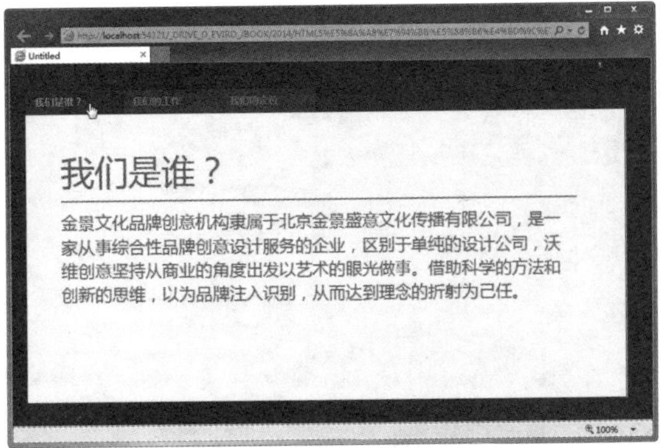

图 2-106（1）

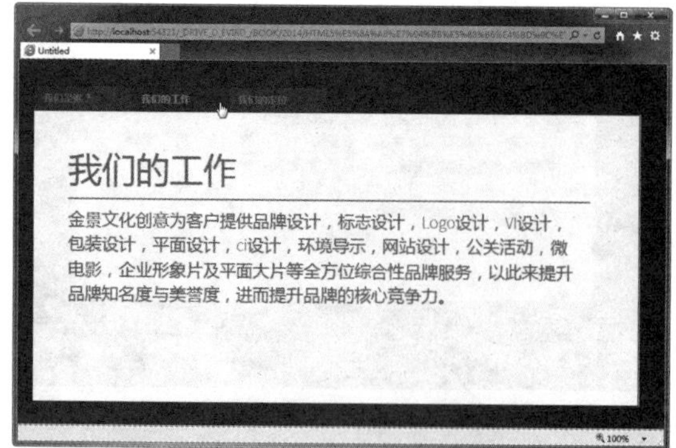

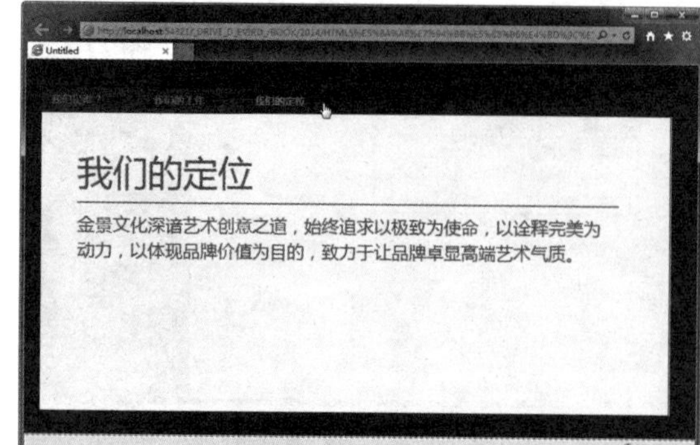

图 2-106（2）

2.6 本章小结

本章主要介绍了 Edge Animate 的基本操作，通过对相关知识点进行系统与详细的讲解，希望读者能够学会使用本章所讲解的基本操作。只有熟练掌握这些操作方法，才能在动画制作过程中达到得心应手的效果，从而制作出精美的动画作品。

第③章 图形的创建与操作

图形的创建与操作

在 Edge Animate 中提供了基本绘图工具，可以在动画中绘制出矩形、圆角矩形和椭圆形，通过对所绘制出图形的属性进行设置，可以为图形添加多种不同的效果，还可以在 Edge Animate 中导入外部素材，从而丰富动画的效果。本章将向读者介绍如何在 Edge Animate 中绘制基本图形和导入外部素材，并且通过各种属性的设置实现各种效果。

本章知识点:

- 掌握 Edge Animate 中各种绘图工具的使用
- 掌握对象属性的设置
- 了解 Edge Animate 支持导入的素材类型
- 掌握在 Edge Animate 中导入外部素材的方法
- 掌握在 Edge animate 中对象的对齐、分布和排列的方法

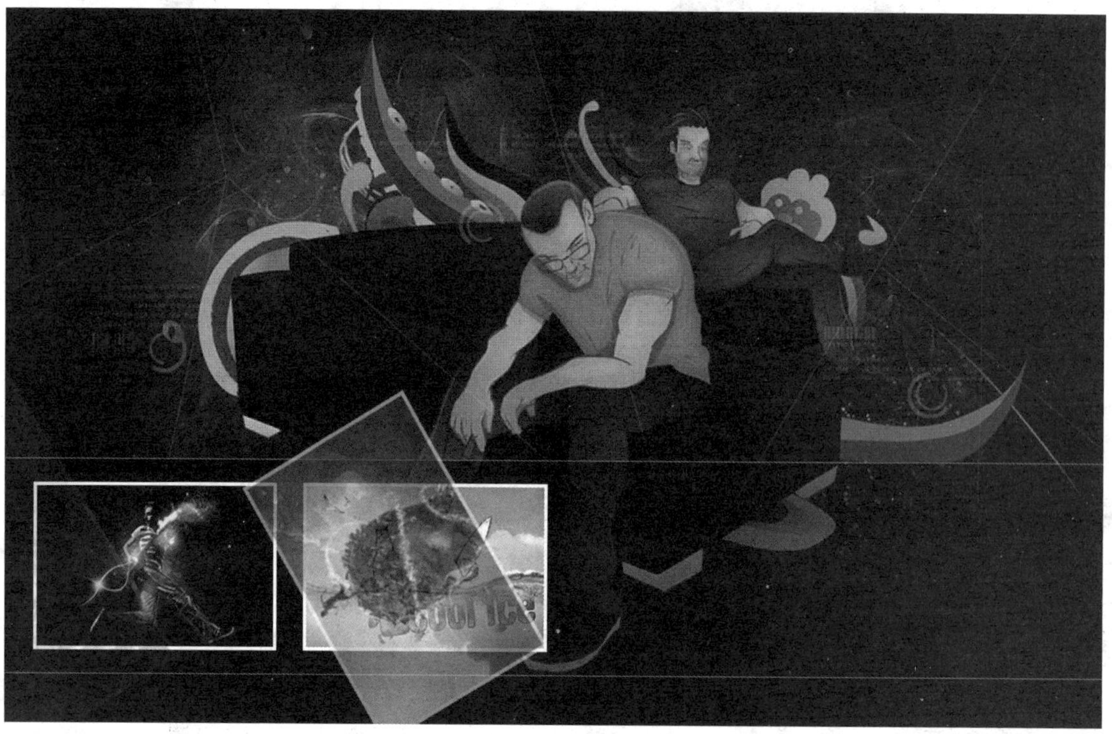

3.1 使用 Edge Animate 中的基本绘图工具

在 Edge Animate 中提供了基本图形的绘制功能，在动画制作过程中，可以根据动画的需要绘制出一些基本的图形，使用不同的选项设置，可以实现多种不同的图形效果。本节将向读者介绍 Edge Animate 中的基本绘图工具。

3.1.1 认识 Edge Animate 中的绘图工具

在 Edge Animate 的工具栏中提供了 3 种基本图形绘制工具，分别是“Rectangle Tool（矩形工具）”、“Rounded Rectangle Tool（圆角矩形工具）”和“Ellipse Tool（椭圆工具）”，如图 3-1 所示。

矩形工具 圆角矩形工具 椭圆工具

图 3-1

● **"Rectangle Tool（矩形工具）"**

使用该工具可以在舞台中绘制出矩形和正方形。通过在"Properties（属性）"面板中对相关属性进行设置，可以将所绘制的矩形转换为圆角矩形。

● **"Rounded Rectangle Tool（圆角矩形工具）"**

使用该工具可以在舞台中绘制出圆角矩形。通过在"Properties（属性）"面板中对相关属性进行设置，可以将所绘制的圆角矩形转换为矩形。

● **"Ellipse Tool（椭圆工具）"**

使用该工具可以在舞台中绘制出椭圆形和正圆形。

3.1.2 绘制矩形

单击工具栏中的"Rectangle Tool（矩形工具）"按钮，或按快捷键 M，光标在舞台中呈现十字状态，单击拖曳至合适的位置和大小，释放鼠标，即可在舞台中绘制出一个的矩形，如图 3-2 所示。同时在"Timeline（时间轴）"面板上自动生成名称为"Rectangle（矩形）"的元素层，如图 3-3 所示。

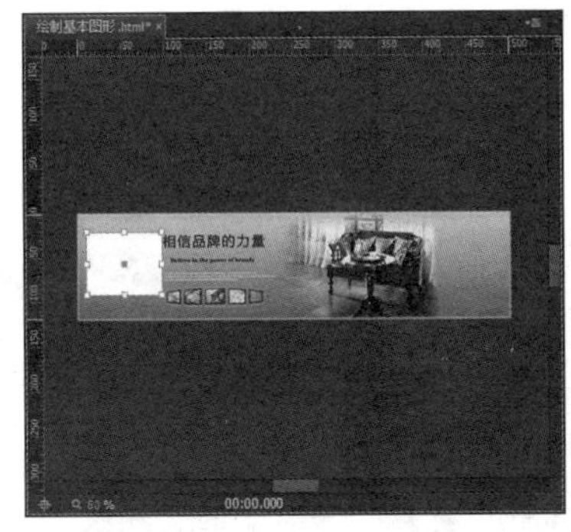

图 3-2

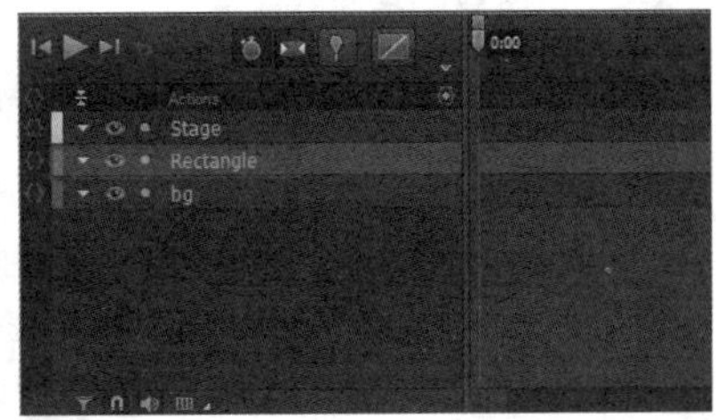

图 3-3

3.1.3 绘制圆角矩形

单击工具栏中的"Rounded Rectangle Tool（圆角矩形工具）"按钮，或按快捷键 R，光标在舞台中呈现十字状态，单击拖曳至合适的位置和大小，释放鼠标，即可在舞台中绘制出一个圆角矩形，如图 3-4 所示。同时在"Timeline（时间轴）"面板上自动生成名称为"RoundRect（圆角矩形）"的元素层，如图 3-5 所示。

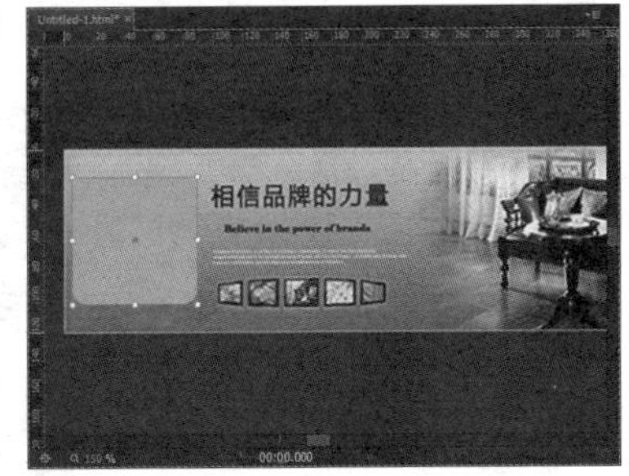

图 3-4

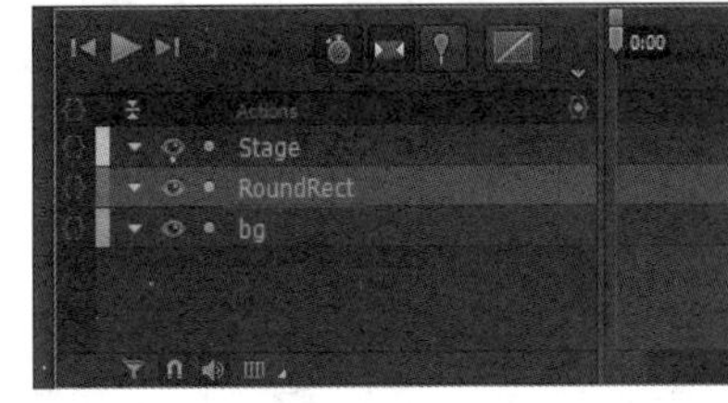

图 3-5

3.1.4 绘制椭圆形

单击工具箱中的"Ellipse Tool（椭圆工具）"按钮，或按快捷键 O，光标在舞台中呈现十字状态，单击拖曳至合适位置和大小，释放鼠标，即可在舞台中绘制出一个椭圆形，如图 3-6 所示。同时在"Timeline（时间轴）"面板上自动生成名称为"Ellipse（椭圆）"的元素层，如图 3-7 所示。

图 3-6

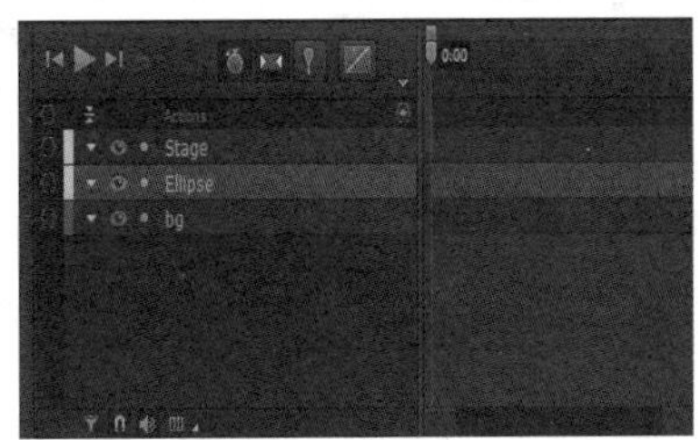

图 3-7

提示：

在 Edge Animate 中使用“Rectangle Tool（矩形工具）”、“Rounded Rectangle Tool（圆角矩形工具）”和“Ellipse Tool（椭圆工具）”绘制基本图形时，按住 Shift 键的同时单击拖曳鼠标，可以绘制出正方形、正圆角矩形和正圆形。

3.2 图形属性设置

在舞台中完成基本图形的绘制后，选中所绘制的图形，在“Properties（属性）”面板中提供了多种不同类型的属性设置，通过这些属性的设置可以控制图形在舞台中的大小、位置和阴影等属性。

3.2.1 设置显示与隐藏属性

选中绘制的图形，在“Properties（属性）”面板顶部的选项区域中可以设置图形的标题、显示与隐藏、溢出和不透明度等属性，如图 3-8 所示。

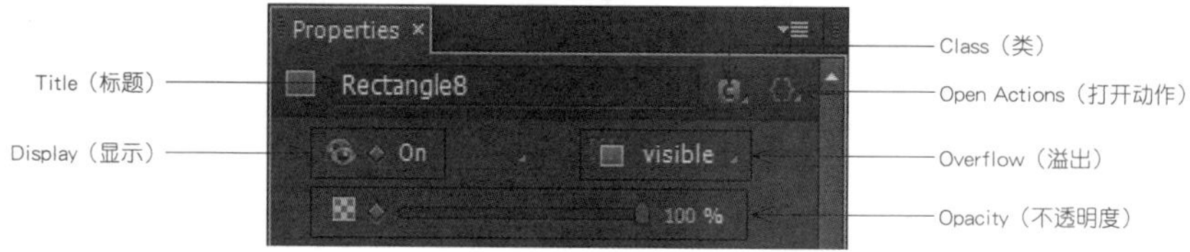

图 3-8

● **Title（标题）**

该选项用于设置所选中图形的标题。默认情况下，在 Edge Animate 中会为所绘制图形分配一个标题，可以直接在该选项文本框中输入图形的标题名称。

提示：

默认情况下，在舞台中绘制的矩形标题名称为 Rectangle，如果绘制了多个矩形，则标题名称按 Rectangle2、Rectangle3……顺序命名。注意，如果修改了图形的标题名称，则“Timeline（时间轴）”面板中该元素层的名称会一同进行修改。

● **“Class（类）”按钮**

该选项用于为所选中的图形应用相应的类 CSS 样式。单击该按钮，可以在弹出的文本框中直接输入所需要应用的类 CSS 样式的名称，如图 3-9 所示。

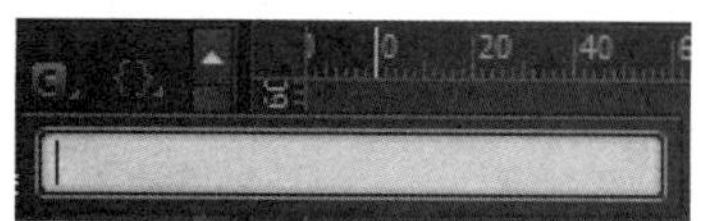

图 3-9

● **Open Actions（打开动作）**

单击“Open Actions（打开动作）”按钮，可以在弹出的窗口中为所选中的图形添加 JavaScript 动作脚本代码，如图 3-10 所示。

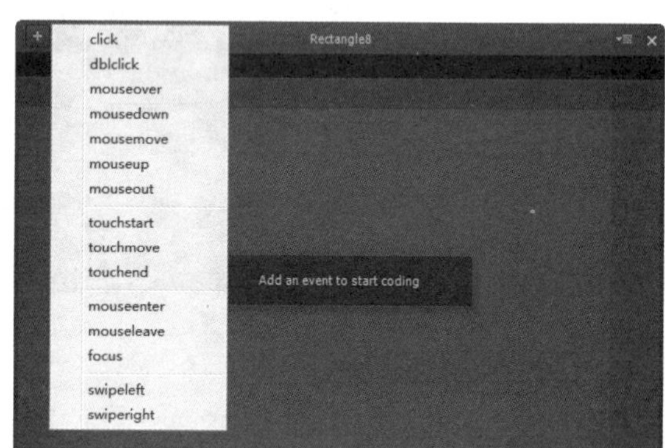

图 3-10

● **Display（显示）**

该属性用于设置图形在舞台中的显示和隐藏，默认情况下，图形在舞台中显示。在该选项的下拉列表中提供了 3 个选项可供选择，如图 3-11 所示。

如果设置该属性值为 Off，则该图形在舞台中隐藏；如果设置该属性值为 On，则该图形在舞台中显示；如果设置该属性值为 Always On，则表示不为该图形设置 Display 属性，图形在舞台中始终显示。

● **Overflow（溢出）**

当对象的内容超出其指定的高度及宽度，通过该属性可以设置内容溢出时的处理方法。在该选项的下拉列表中提供了 4 个选项可供选择，如图 3-12 所示。

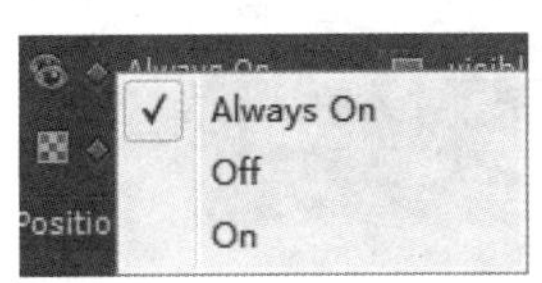

图 3-11

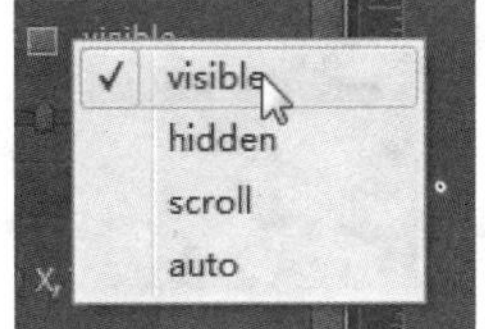

图 3-12

如果设置该属性值为 visible，则表示当内容超出图形区域时不剪切内容也不添加滚动条，超出部分正常显示。

如果设置该属性值为 hidden，则表示当内容超出图形区域时，将隐藏超出部分。

如果设置该属性值为 scroll，则表示始终为该图形区域添加滚动条，从而适应内容的溢出。

如果设置该属性值为 auto，则表示只有当内容超出图形区域时，才显示滚动条，以便查看溢出的内容。

● **opacity（不透明度）**

该属性用于设置图形的不透明度，默认情况下，图形的不透明度为 100%。可以直接拖曳该选项的滑块，调整图形的不透明度值，取值范围为 0%～100%，不可以为负数。如图 3-13 所示为设置图形的"opacity（不透明度）"属性值为 40% 的效果。

图 3-13

自测 1 制作图像渐显动画

视频：光盘 \ 视频 \ 第 3 章 \ 制作图像渐显动画 .swf
源文件：光盘 \ 源文件 \ 第 3 章 \ 制作图像渐显动画 \3-2-1.html

01 执行"File（文件）>New（新建）"命令，新建空白文件。执行"File（文件）>Save（保存）"命令，将文件保存为"光盘 \ 源文件 \ 第 3 章 \ 制作图像渐显动画 \3-2-1.html"。

02 在"Properties（属性）"面板中对舞台相关属性进行设置，如图 3-14 所示，舞台效果如图 3-15 所示。

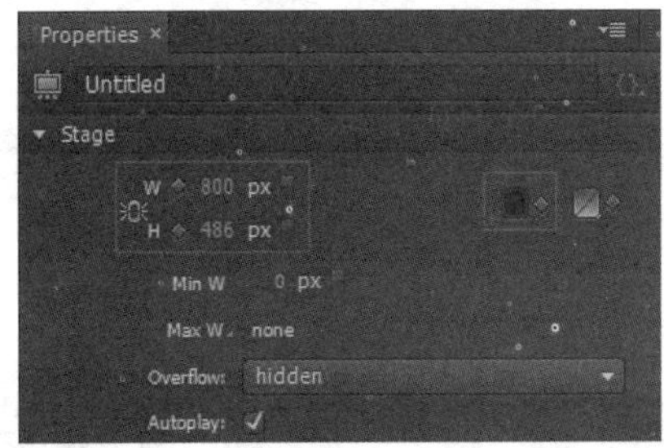

图 3-14

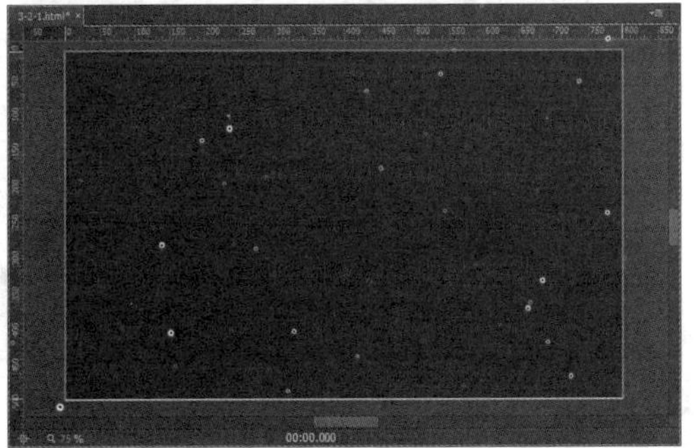

图 3-15

03 执行"File（文件）>Import（导入）"命令，弹出"Import（导入）"对话框，选择需要导入的素材"光盘 \ 源文件 \ 第 3 章 \ 素材 \a32101.jpg"，如图 3-16 所示。单击"打开"按钮，导入该素材图像，如图 3-17 所示。

图 3-16

图 3-17

04 选中刚导入的素材图像，在“Properties（属性）”面板中设置“Opacity（不透明度）”属性为0%，并单击该属性的“Add Keyframe（添加关键帧）”按钮◆，如图3-18所示。舞台中的对象完全透明，并在“Timeline（时间轴）”面板中当前位置添加关键帧，如图3-19所示。

图 3-18

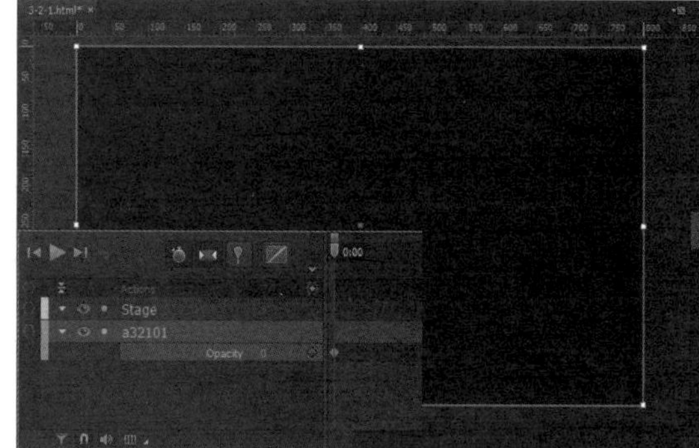

图 3-19

提示：

在Edge Animate中可以导入多种格式的素材图像，导入到Edge Animate中的素材图像，在“Properties（属性）”面板中可设置的属性与在舞台中绘制的基本图形的属性基本相同。

05 在“Timeline（时间轴）”面板中拖曳播放头至0:02的位置，如图3-20所示。选中舞台中所导入的素材图像，在“Properties（属性）”面板中设置“Opacity（不透明度）”属性为100%，如图3-21所示。

图 3-20

图 3-21

06 在“Timeline（时间轴）”面板上的播放头位置，会自动为“Opacity（不透明度）”属性添加关键帧，如图3-22所示。舞台效果如图3-23所示。

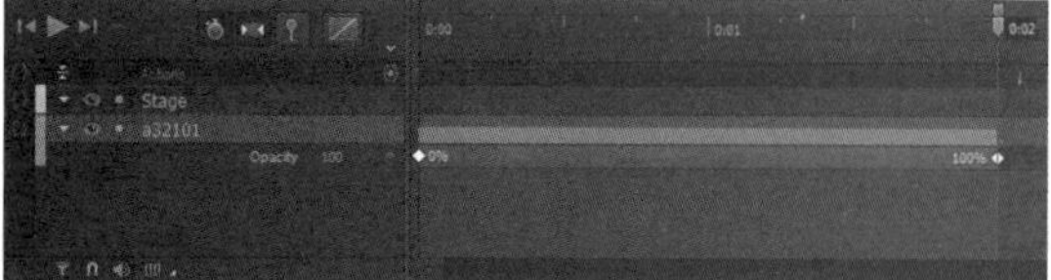

图 3-22

图 3-23

07 完成动画效果的制作，执行“File（文件）>Save（保存）”命令，保存文件。执行“File（文件）>Preview In Browser（在浏览器中预览）”命令，效果如图3-24所示。

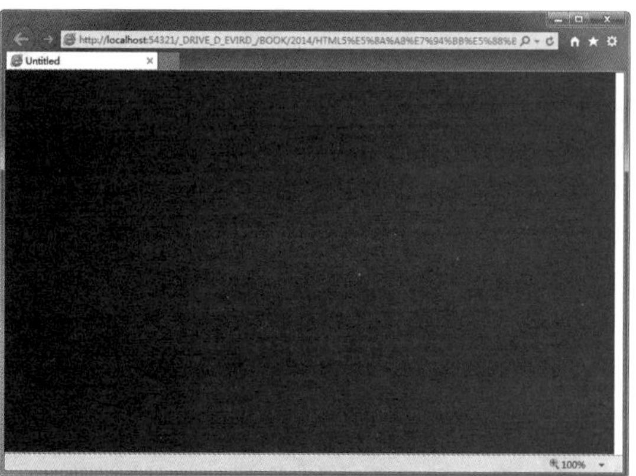

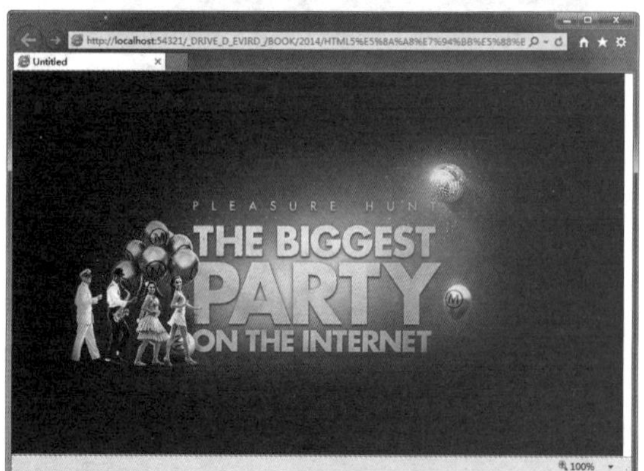

图 3-24

3.2.2 设置位置和大小属性

在“Properties（属性）”面板中单击“Position and Size（位置和大小）”选项区左侧的■按钮，展开该选项区，在该选项区中可以对图形的位置和大小等属性进行设置，如图 3-25 所示。

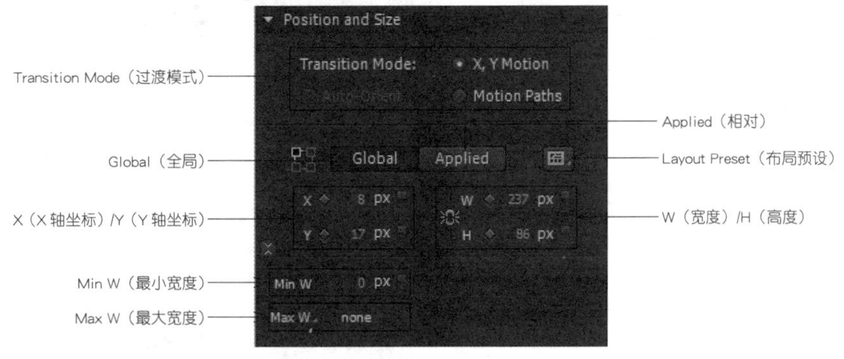

图 3-25

● **Transition Mode（过渡模式）**

该选项用于设置图形动画的过渡模式，有两个选项可供选择，“X,Y Motion(X,Y 轴运动)”和“Motion Paths（运动路径）”，默认选中“X,Y Motion（X,Y 轴运动）”单选按钮。

如果选择“Motion Paths（运动路径）”单选按钮，可以开启运动路径过渡模式，则在创建图形位置移动的动画效果时，会显示图形的运动路径，并且可以对运动路径进行调整，如图 3-26 所示。

图 3-26

当启用“Motion Paths（运动路径）”过渡模式时，会自动选中“Auto-Orient（自动方向）”复选框，可以自动根据运动路径旋转图形的方向。

● **Global（全局）**

单击选中该按钮，则该图形对象的位置相对于舞台的原点（即 0,0 坐标）位置。

● **Applied（相对）**

单击选中该按钮，则该图形对象的位置可以相对于舞台左上角、右上角、右下角和左下角四个顶点进行设置。

单击“Applied（相对）”按钮，则“X（X 轴坐标）”和“Y（Y 轴坐标）选项”变为“L（左）”和“T（上）”选项，可以设置图形对象相对于舞台左边缘和上边缘的距离，如图 3-27 所示。

图 3-27

单击“Applied（相对）”按钮，其设置相对于右上角，则可以设置“R（右）”和“T（上）”选项，设置图形对象相对于舞台右边缘和上边缘的距离，如图 3-28 所示。

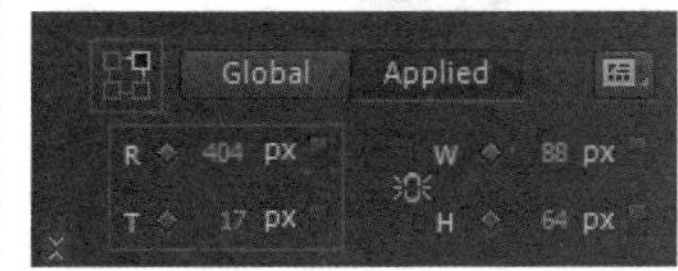

图 3-28

单击“Applied（相对）”按钮，其设置相对于右下角，则可以设置“R（右）”和“B（下）”选项，设置图形对象相对于舞台右边缘和下边缘的距离，如图 3-29 所示。

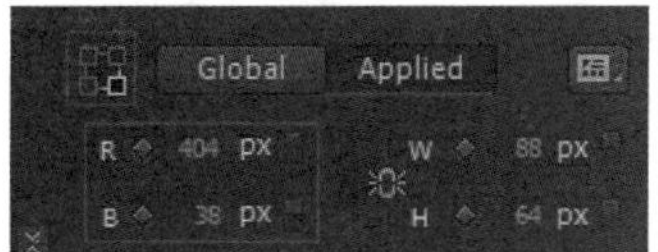

图 3-29

单击“Applied（相对）”按钮，其设置相对于左下角，则可以设置“L（左）”和“B（下）”选项，设置图形对象相对于舞台左边缘和下边缘的距离，如图 3-30 所示。

图 3-30

● **Layout Preset（布局预设）**

该选项用于设置所选中图形使用预设的响应式布局。单击“Layout Preset（布局预设）”按钮■，可以弹出“Layout Preset（布局预设）”窗口，如图 3-31 所示。

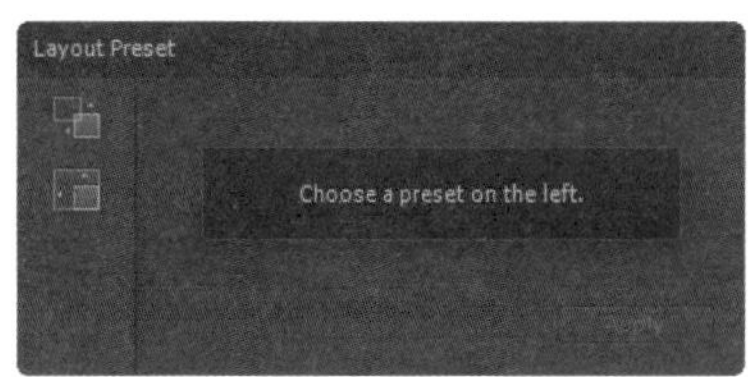

图 3-31

提示：

布局预设功能主要是为了实现对象的位置和尺寸，按照相对于父元素的比例进行设置，这样就能实现在不同的设备中浏览动画时，动画能够自适应设备的大小。

在“Layout Preset（布局预设）”窗口单击“Scale Position（缩放位置）”按钮，显示缩放位置说明，如图 3-32 所示，单击“Apply（运用）”按钮，可以应用缩放位置的设置。

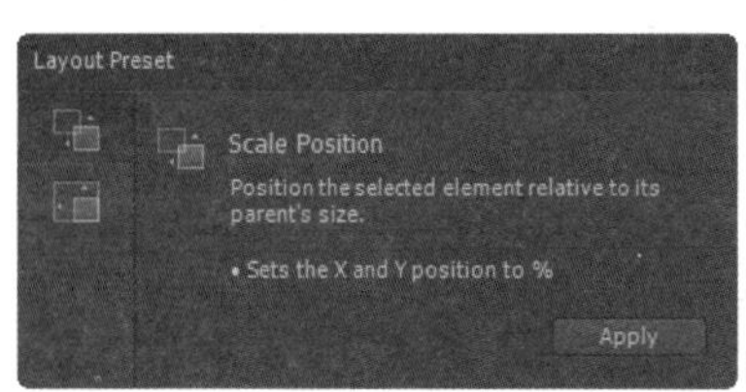

图 3-32

提示：

启用缩放位置功能后，所选中图形对象的位置将转变为相对于父元素的位置，位置选项所设置的值将自动转变为相应的百分比数值，如图 3-33 所示。

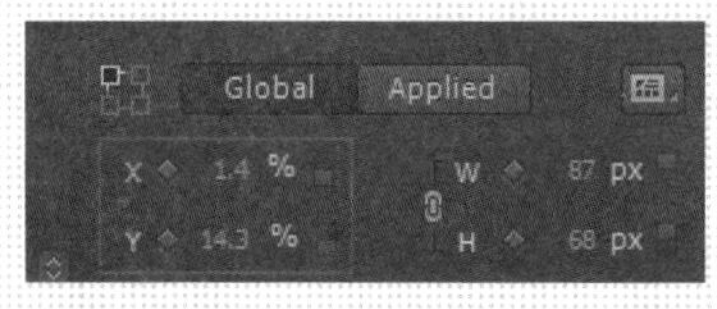

图 3-33

在“Layout Preset（布局预设）”窗口中单击“Scale Size（缩放尺寸）”按钮，显示缩放尺寸说明，如图 3-34 所示，单击“Apply（运用）”按钮，可以应用缩放尺寸设置。

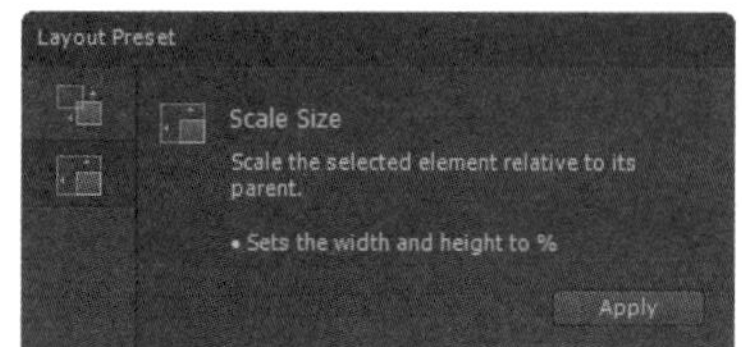

图 3-34

提示：

启用缩放尺寸功能后，所选中图形对象的尺寸将转变为相对于父元素的尺寸，宽度和高度选项所设置的值将自动转变为相应的百分比数值，如图 3-35 所示。

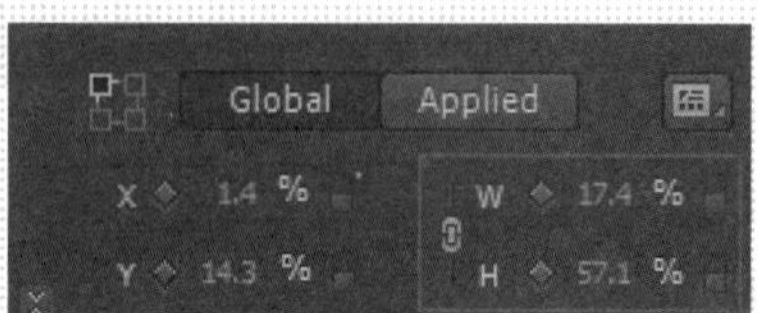

图 3-35

● **X（X 轴坐标）/Y（Y 轴坐标）**

该选项分别用于设置图形对象在舞台中 X 轴和 Y 轴的位置，这两个选项会根据所选择的定位方式的不同而发生变化。

● **W（宽度）/H（高度）**

“W（宽度）”选项用于设置选中图形的宽度；“H（高度）”选项用于设置选中图形的高度。

● **Min W（最小宽度）**

该属性用于设置图形的最小宽度，该属性的默认值为 0px，不允许设置负值。

● **Max W（最大宽度）**

该属性用于设置图形的最大宽度，该属性的默认值为“none（默认）”，即没有最大宽度限制，如果需要设置该属性值，可以在属性名称上单击，在弹出的选项中取消“none（默认）”选项的选中状态，即可设置该属性的值，如图 3-36 所示。

图 3-36

自测 2 制作路径运动动画

视频：光盘\视频\第 3 章\制作路径运动动画 .swf
源文件：光盘\源文件\第 3 章\制作路径运动动画\3-2-2.html

01 执行“File（文件）>New（新建）”命令，新建空白文件。执行“File（文件）>Save（保存）”命令，将文件保存为“光盘\源文件\第 3 章\制作路径运动动画\3-2-2.html”。

02 在“Properties（属性）”面板中对舞台相关属性进行设置，如图 3-37 所示。执行“File（文件）>Import（导入）”命令，导入素材图像“光盘\源文件\第 3 章\素材\a32201.jpg”，如图 3-38 所示。

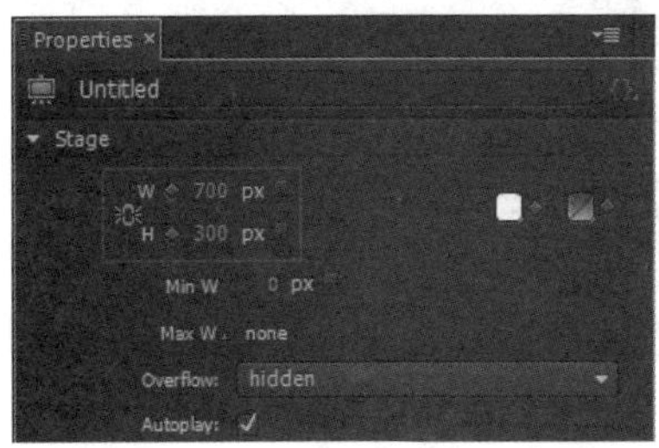

图 3-37

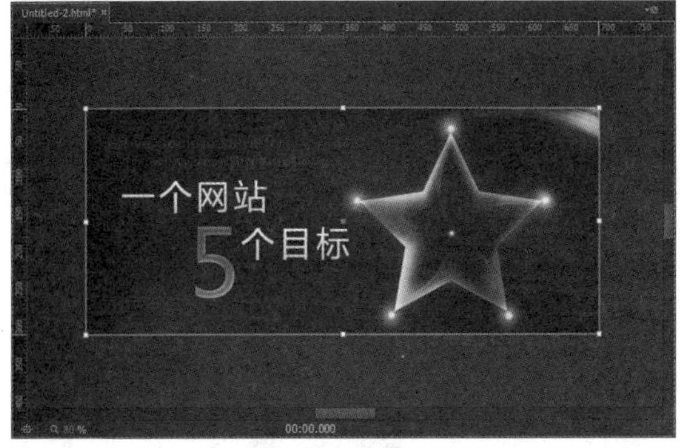

图 3-38

03 使用“Ellipse Tool（椭圆工具）”，打开颜色窗口，设置背景颜色，如图 3-39 所示。按住 Shift 键在舞台中绘制一个正圆形，如图 3-40 所示。

图 3-39

图 3-40

04 选中刚绘制的正圆形，在“Properties（属性）”面板中设置“Transition Mode（过渡模式）”为“Motion Paths（运动路径）”，单击“X”和“Y”属性之间的“Add Keyframe（添加关键帧）”按钮，如图 3-41 所示。

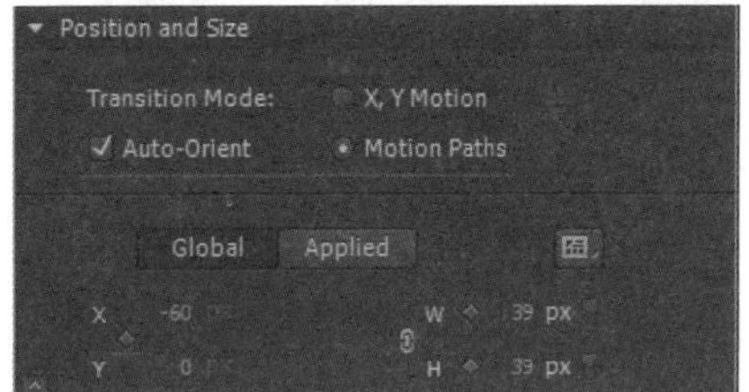

图 3-41

05 在“Timeline（时间轴）”面板中将播放头拖至 0:02 的位置，如图 3-42 所示。在舞台中移动正圆形至合适的位置，自动创建运动路径，如图 3-43 所示。

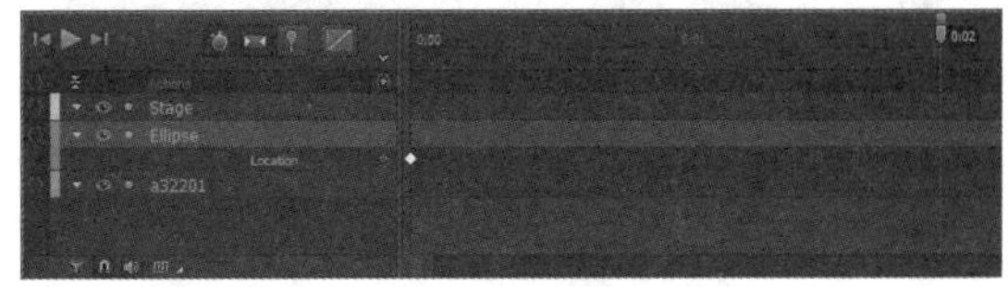

图 3-42

图 3-43

06 光标移至运动路径上合适的位置单击，添加一个锚点，拖曳该锚点调整运动路径，如图 3-44 所示。采用相同的制作方法，可以在运动路径上再次添加锚点并调整该锚点的位置，如图 3-45 所示。

图 3-44

图 3-45

提示：

将光标移至运动路径上方时会显示操作提示，直接单击即可在运动路径上添加锚点。如果按住 Ctrl 键并拖曳运动路径，可以调整运动路径的位置；如果按住 Alt 键并拖曳运动路径，可以对运动路径进行旋转操作；如果同时按住 Ctrl+Alt 键并拖曳运动路径，可以对运动路径同时进行旋转和缩放操作。

07 在“Properties（属性）”面板上分别单击“W（宽度）”、“H（高度）”和“Opacity（不透明度）”选项的“Add Keyframe（添加关键帧）”按钮◆，插入关键帧，如图 3-46 所示。

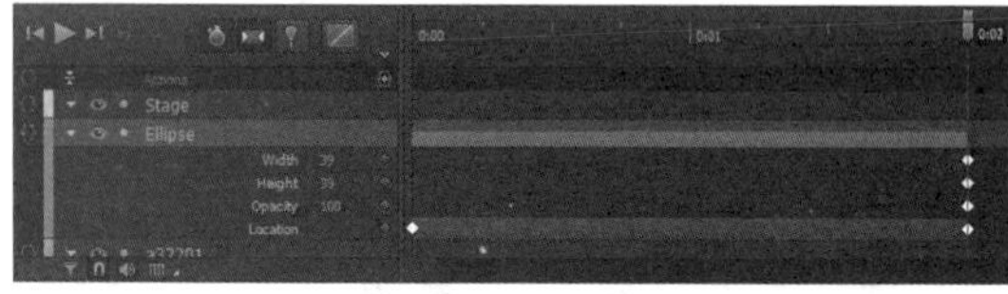

图 3-46

08 在“Timeline（时间轴）”面板中将播放头移至 0:03 位置，在舞台中将正圆形等比例放大，并设置其“Opacity（不透明度）”属性为 0%，如图 3-47 所示。“Timeline（时间轴）”面板如图 3-48 所示。

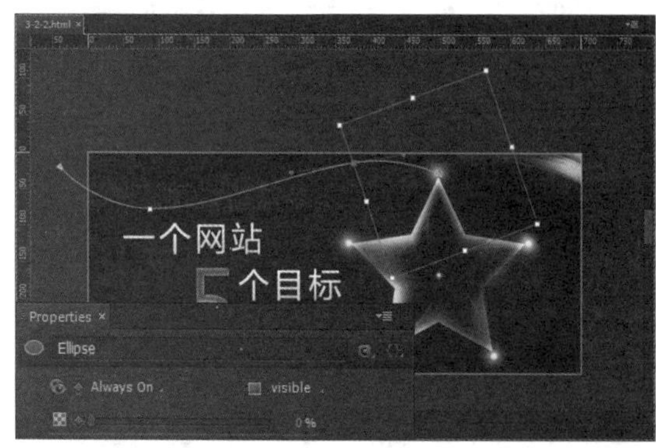

图 3-47

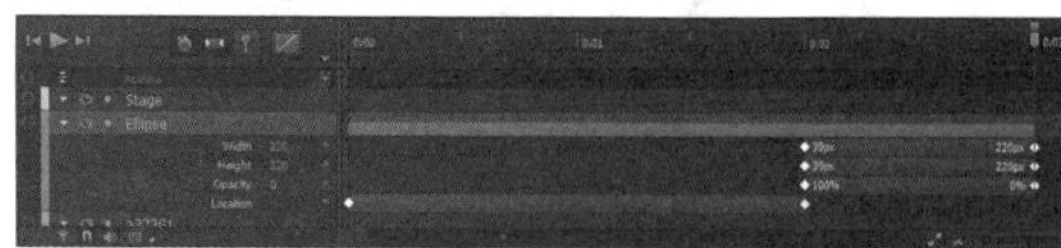

图 3-48

09 采用相同的制作方法，可以在舞台中绘制正圆形，并完成其他正圆形动画效果的制作，舞台效果如图 3-49 所示，“Timeline（时间轴）”面板如图 3-50 所示。

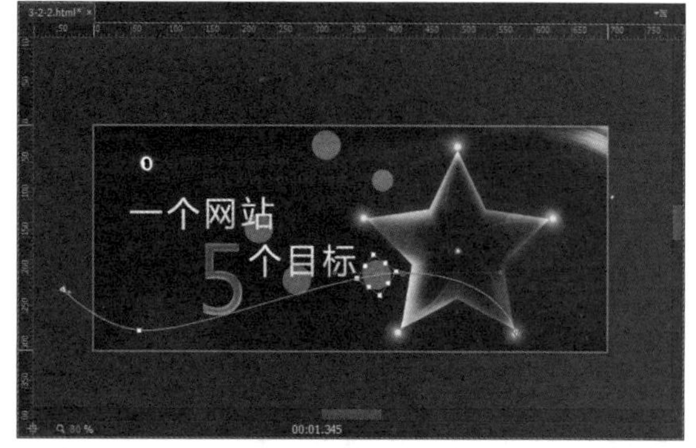

图 3-49

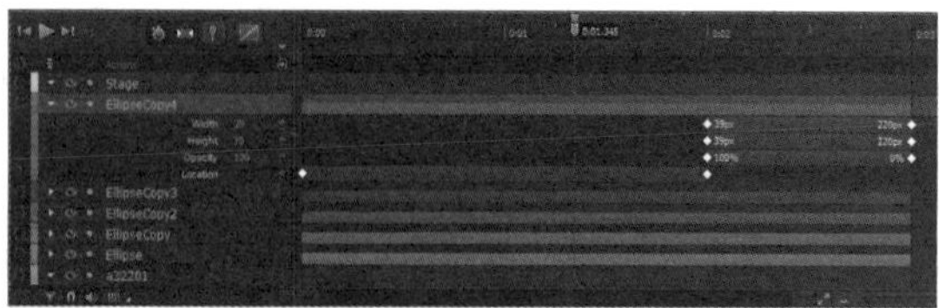

图 3-50

10 完成动画效果的制作，执行“File（文件）>Save（保存）”命令，保存文件。执行“File（文件）>Preview In Browser（在浏览器中预览）”命令，在浏览器中预览最终效果，如图 3-51 所示。

图 3-51

3.2.3 设置颜色和边框属性

在“Properties（属性）”面板中单击“Color（颜色）”选项区左侧的▶图标，展开“Color（颜色）”选项区，在该选项区中可以设置图形的背景颜色、边框颜色等属性，如图 3-52 所示。

图 3-52

● **背景颜色**

该选项用于设置图形对象的颜色。单击该选项的色块，弹出颜色窗口，可以设置图形的颜色，如图 3-53 所示。

图 3-53

● **渐变颜色**

该选项用于为图形对象设置渐变颜色。单击该选项色块，弹出渐变颜色窗口，可以为图形设置渐变颜色，如图 3-54 所示。

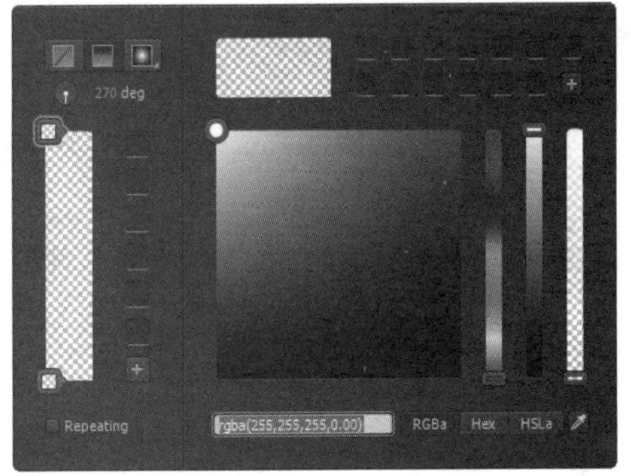

图 3-54

● **边框颜色**

该选项用于设置图形对象的边框颜色，单击该选项的色块，弹出颜色窗口，设置图形边框的颜色。

提示：

如果设置边框宽度为 0px 时，则无论设置任何一种边框颜色都是看不到效果的。

● **边框样式**

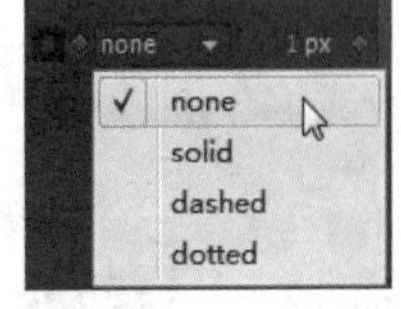

图 3-55

该选项用于设置图形对象边框的样式，在该选项的下拉列表中提供了 4 个选项，如图 3-55 所示。

如果选择 none 选项，则图形边框样式为无，即不显示图形边框。

如果选择 solid 选项，则图形边框样式为实线。

如果选择 dashed 选项，则图形边框样式为虚线，如图 3-56 和图 3-57 所示。

图 3-56

图 3-57

提示：

如果只单独设置对象边框的颜色和样式，对象边框也有效果，因为系统会自动默认对象边框宽度为 1px。但是如果单独设置对象边框的颜色，那么边框不会有任何效果。

3.2.4 设置纯色

在颜色窗口中，有多种设置颜色的方法，主要通过对颜色的色相、明度和不透明度进行设置，得到需要的颜色，如图 3-58 所示。

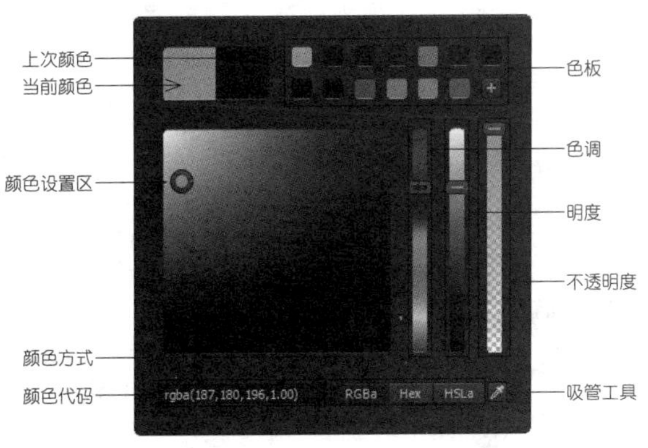

图 3-58

● **当前颜色**

此处显示的为当前所设置的颜色。

● **上次颜色**

此处显示的为对象上次设置颜色，单击此处，可以快速将对象恢复为上次所设置颜色。

● **色板**

该部分显示的为在颜色窗口中预设的颜色，颜色窗口中默认是没有预设颜色的。用户可以在设置一种常用的颜色后，单击+按钮，即可将当前颜色添加到色块中，如图 3-59 所示。下次需要使用该颜色时，只需要在色板中单击该颜色即可，不需要再重新设置颜色。

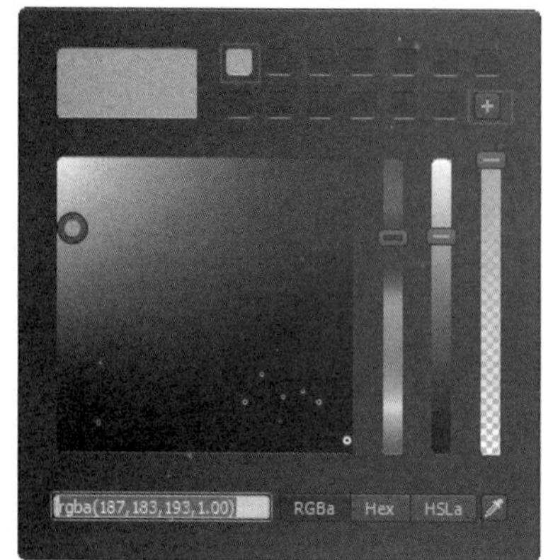

图 3-59

如果用户需要在色板中删除预设颜色，只需要选中需要删除的预设颜色，将其拖曳至色板外，释放鼠标，即可删除该预设颜色。

提示：

色板最多可以添加 13 种预设颜色，当超过 13 种预设颜色时，会删除最后一个预设颜色，添加当前的颜色。

● **颜色设置区**

颜色设置区显示当前所选色调的颜色，在该区域中拖曳鼠标可以选择颜色。

● **色调**

该选项用于设置当前颜色的色调，拖曳该选项的滑块，可以选择所需要的色调。

● **明度**

该选项用于设置当前颜色的明度，拖曳该选项的滑块，可以设置当前颜色的明暗度。当滑块滑至始端时，当前颜色为白色；当滑块滑至末端时，当前颜色为黑色。

● **不透明度**

该选项用于设置当前颜色的不透明度，拖曳该选项的滑块，调整当前颜色的不透明度度。当滑块滑至始端时，当前颜色完全不透明；当滑块滑至末端时，当前颜色完全透明。

● **颜色代码**

在该选项文本框中显示的是当前颜色的颜色设置代码，也可以手动在该文本框中输入相应的颜色代码从而设置相应的颜色。

● **颜色方式**

在该部分提供了 3 种颜色设置方式，分别是 RGBa、Hex 和 HSLa。

RGBa 方式：其中 R、G、B 分别表示红色、绿色和蓝色 3 种原色所占的比重，a 表示颜色的不透明度。

Hex 方式：使用 16 进制颜色值表示颜色。如果单击该按钮，可以看到颜色代码文本框中显示的颜色代码，如图 3-60 所示。

图 3-60

HSLa 方式：HSL 色彩模式是工业界的一种颜色标准，通过对色调（H）、饱和度（S）和亮度（L）3 个颜色通道的改变，以及它们之间的叠加关系来获得各种颜色。a 表示颜色的不透明度。如果单击该按钮，可以看到颜色代码文本框中显示的颜色值，如图 3-61 所示。

图 3-61

● **吸管工具**

单击该按钮，将光标移至舞台中，可以从舞台中吸取一种颜色作为所设置对象的颜色，如图 3-62 所示。

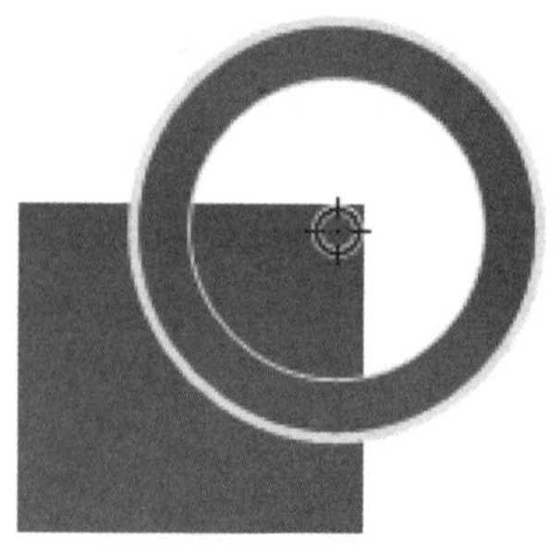
图 3-62

3.2.5 设置渐变颜色

在 Edge Animate 中，不但可以为图形设置纯色，还可以为图形设置渐变颜色，打开渐变颜色窗口，在该窗口中可以设置图形所需要的渐变颜色，如图 3-63 所示。

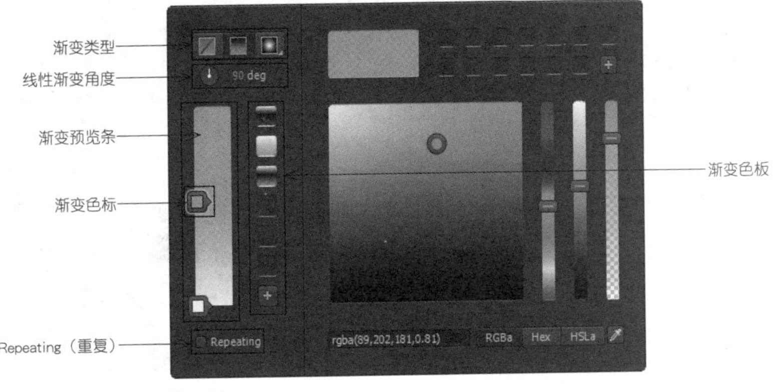

图 3-63

● 渐变类型

在渐变窗口中提供了 3 种设置渐变颜色的方式，分别为“none（无）”、“linear（线性）”和“radial（径向）”。

如果单击“none（无）”按钮，则不为所选中的图形对象填充渐变颜色。

如果单击“linear（线性）”按钮，则可以在渐变颜色窗口中设置渐变颜色，为图形对象填充线性渐变效果，如图 3-64 所示。

如果单击“radial（径向）”按钮，则可以在渐变颜色窗口中设置渐变颜色，为图形对象填充径向渐变效果，如图 3-65 所示。

图 3-64

图 3-65

● 线性渐变角度

该选项用于设置线性渐变颜色的填充角度，可以两种方法进行设置，一种是直接在图标上拖曳鼠标调整线性渐变的填充角度；另一种是直接在线性渐变角度数值上单击，直接输入渐变填充角度。如图 3-66 所示为填充不同角度线性渐变的效果。

图 3-66

● 渐变预览条

显示当前所设置的渐变颜色，单击预设好的渐变颜色，该渐变颜色就为当前的渐变色。

提示：

如果所选择的渐变类型为径向渐变，则该部分显示的是径向渐变 X 轴和 Y 轴中心点的位置设置选项，如图 3-67 所示。通过设置 X 和 Y 选项，可以设置径向渐变的中心点。

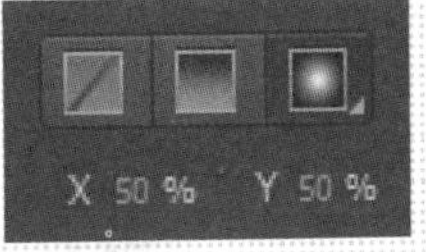

图 3-67

● 渐变色标

选择色标并拖曳，可以调整色标的位置，从而改变渐变色的混合位置。单击渐变预览条的任意位置都可以添加新的“渐变色标”，如图 3-68 所示。如果需要删除“渐变色标”，可以将该渐变色标拖曳至渐变预览条外，删除该“渐变色标”。

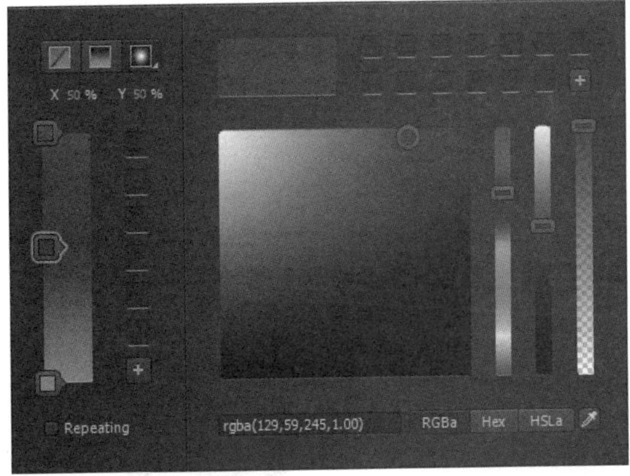

图 3-68

● 渐变色板

渐变色板可以预设 6 种渐变颜色，渐变色板有 6 个小方格，每个方格中可以设置一种渐变色。渐变色板中的颜色是需要提前预设的，可以直接选取使用。单击渐变色板下方的按钮，添加当前的渐变颜色到渐变色板方格中。将鼠标移至渐变色板方格中，并单击拖曳至渐变色板外释放鼠标，即可删除预设好的渐变颜色。

● **Repeating（重复）**

选中该复选框，调整渐变滑块的位置，可以重复所设置的渐变颜色，从而实现重复渐变颜色填充的效果，如图 3-69 所示。

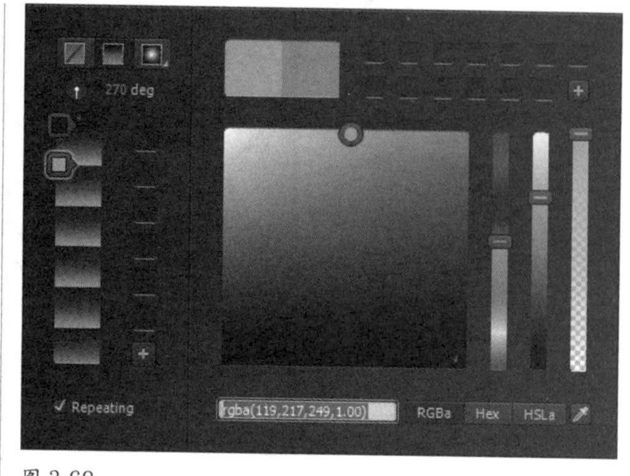

图 3-69

3.2.6 设置变换属性

在“Properties（属性）”面板中单击“Transform（变换）”选项区左侧的图标，展开“Transform（变换）”选项区，如图 3-70 所示。在该选项区中可以对图形对象进行旋转、缩放、倾斜等操作。

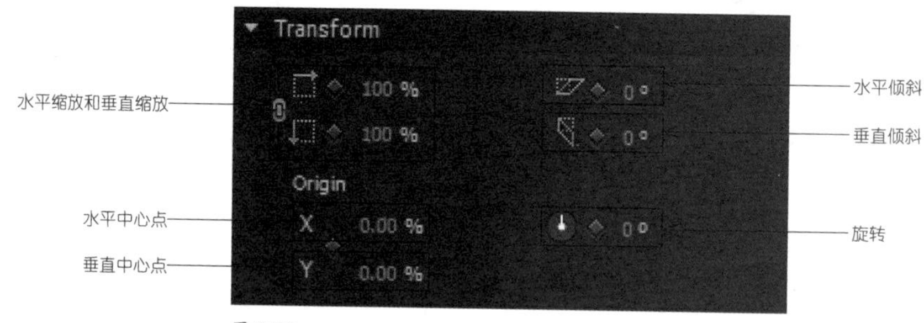

图 3-70

● **水平缩放和垂直缩放**

此处的两个选项分别用于对所选图形对象进行水平和垂直缩放处理。一般情况下会对图形对象进行等比例缩放。如果需要分别设置不同的缩放值，可以单击图标，图标显示为形状，此时可以分别为水平和垂直缩放设置不同的参数。

● **水平倾斜**

该选项用来设置图形对象在水平方向的倾斜角度。可以直接在该选项数值上拖曳鼠标进行调整，也可以单击并输入倾斜角度值。如图 3-71 所示为对图形进行水平倾斜处理前后的效果。

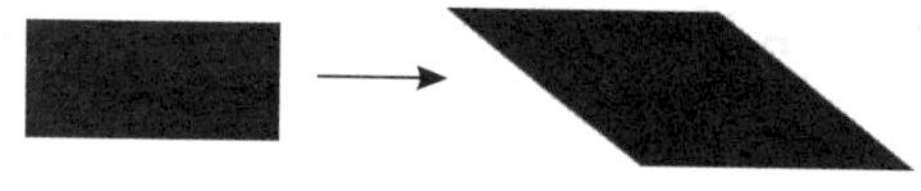

图 3-71

● **垂直倾斜**

该选项用来设置图形对象在垂直方向的倾斜角度。可以直接在该选项数值上拖曳鼠标进行调整，也可以单击并输入倾斜角度值。

● **水平中心点**

该选项用于设置图形对象的水平中心点位置，默认情况下，对象的水平中心点位置在 50% 的位置，通过设置该选项，可以改变对象水平中心点的位置，如图 3-72 所示。

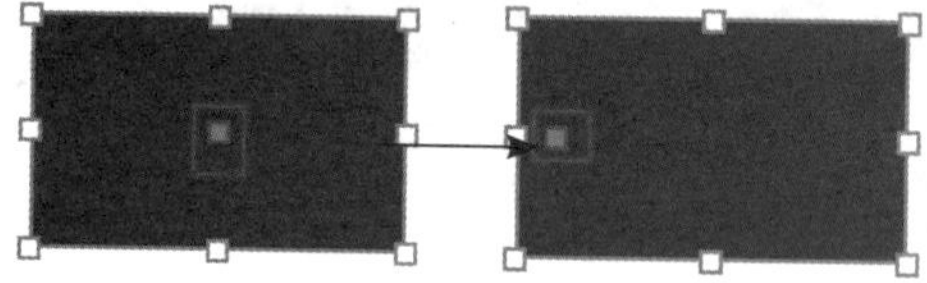

图 3-72

● **垂直中心点**

该选项用于设置图形对象的垂直中心点位置，默认情况下，对象的垂直中心点位置在 50% 的位置，通过设置该选项，可以改变对象垂直中心点的位置，如图 3-73 所示。

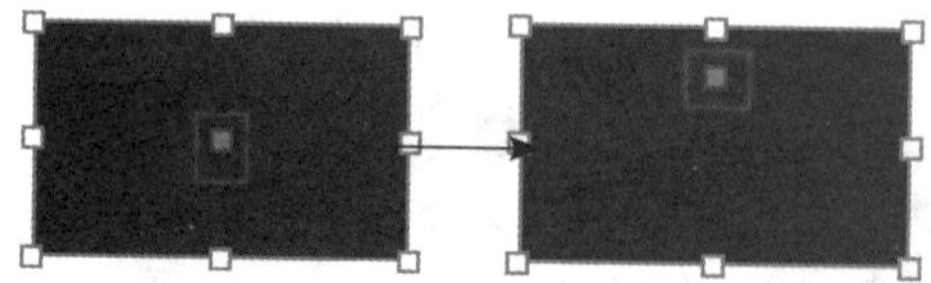

图 3-73

提示：

对图形对象进行缩放、旋转等操作时，都是依照对象的中心点位置进行的，如果对象的中心点不同，所产生的效果也将不同。

● **旋转**

该选项用于设置所选图形对象的旋转角度，取值范围为 0 ~ 360。旋转是以图形中心点进行的。如图 3-74 所示为对图形对象进行旋转的效果。

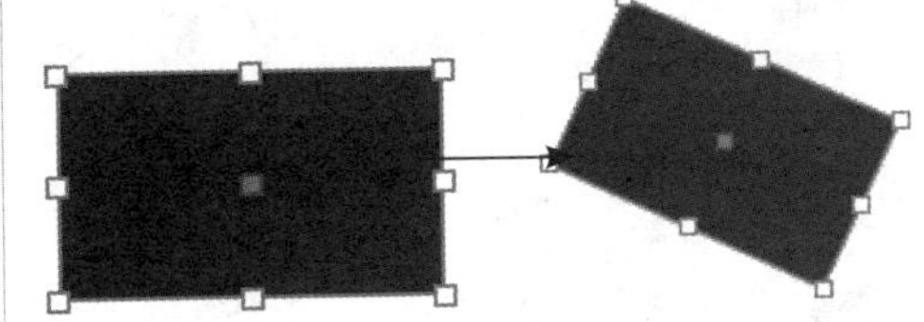

图 3-74

自测 3 制作图片旋转入场动画

视频：光盘 \ 视频 \ 第 3 章 \ 制作图片旋转入场动画 .swf
源文件：光盘 \ 源文件 \ 第 3 章 \ 制作图片旋转入场动画 \3-2-6.html

01 执行“File（文件）>New（新建）”命令，新建空白文件。执行“File（文件）>Save（保存）”命令，将文件保存为“光盘 \ 源文件 \ 第 3 章 \ 制作图片旋转入场动画 \3-2-6.html”。

02 在“Properties（属性）”面板中对舞台相关属性进行设置，如图 3-75 所示。执行“File（文件）>Import（导入）”命令，导入素材图像“光盘 \ 源文件 \ 第 3 章 \ 素材 \a32601.jpg”，如图 3-76 所示。

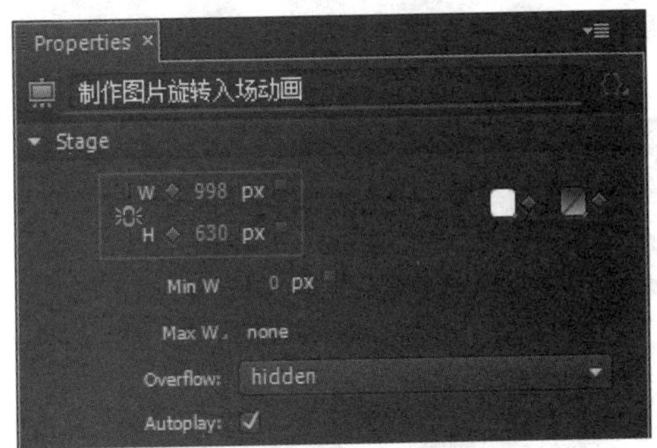

图 3-75

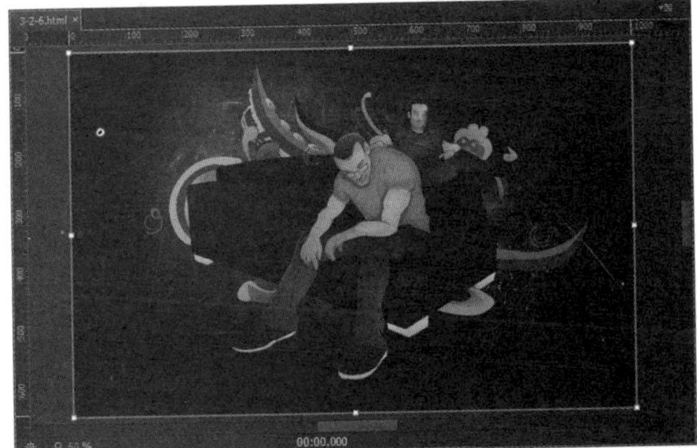

图 3-76

03 使用“Rectangle Tool（矩形工具）”，在舞台中绘制一个矩形，如图 3-77 所示。选中刚绘制的矩形，在“Properties（属性）”面板中设置其背景颜色为 rgba（0,0,0,0.45），边框颜色为 rgba（255,255,255,0.45），其他设置如图 3-78 所示，舞台中的矩形效果如图 3-79 所示。

图 3-77

图 3-78

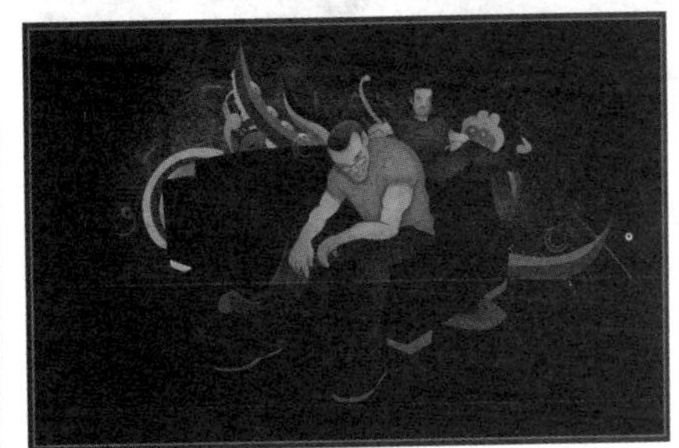

图 3-79

04 选中舞台中的矩形，在“Properties（属性）”面板中设置“W（宽度）”属性，并单击该选项的“Add Keyframe（添加关键帧）”按钮，插入关键帧，如图 3-80 所示。在“Timeline（时间轴）”面板中将播放头移至 0:01 位置，如图 3-81 所示。

图 3-80

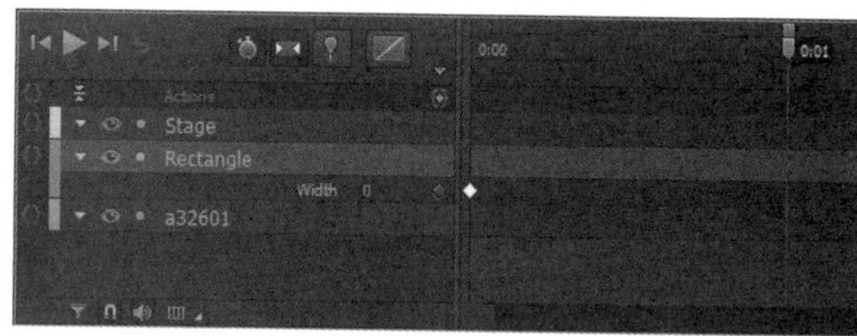

图 3-81

05 在“Properties（属性）”面板中设置“W（宽度）”属性，如图3-82所示，“Timeline（时间轴）”面板如图3-83所示。

图 3-82

图 3-83

06 执行“File（文件）>Import（导入）”命令，导入素材图像“光盘\源文件\第3章\素材\a32602.jpg”，如图3-84所示。在“Timeline（时间轴）”面板中将播放头移至0:00.500位置，在“Properties（属性）”面板中设置相应的属性，并插入相应的关键帧，如图3-85所示。

07 在舞台中可以看到该图像素材的效果，如图3-86所示，“Timeline（时间轴）”面板如图3-87所示。

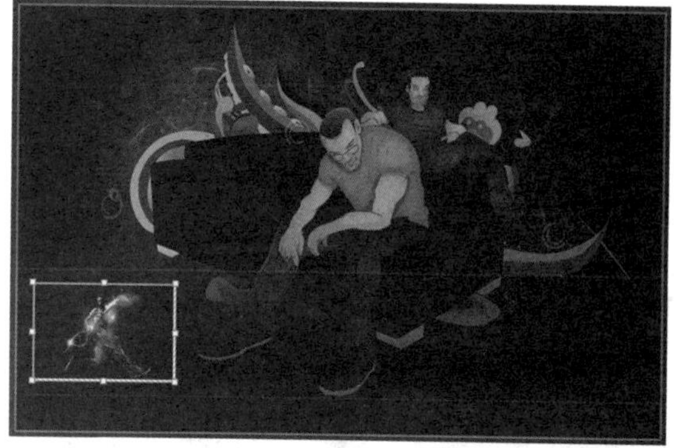

图 3-84

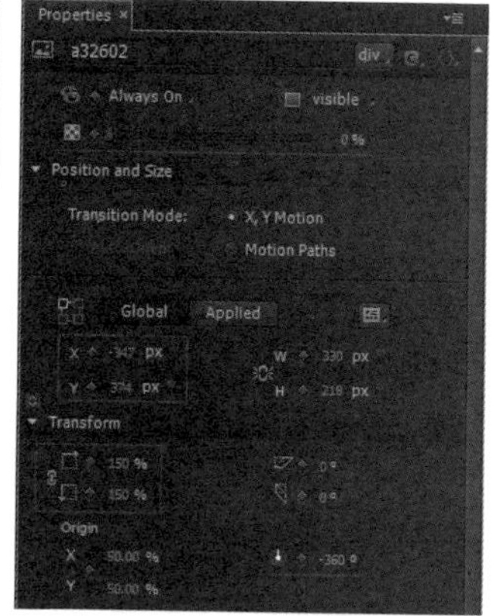

图 3-85

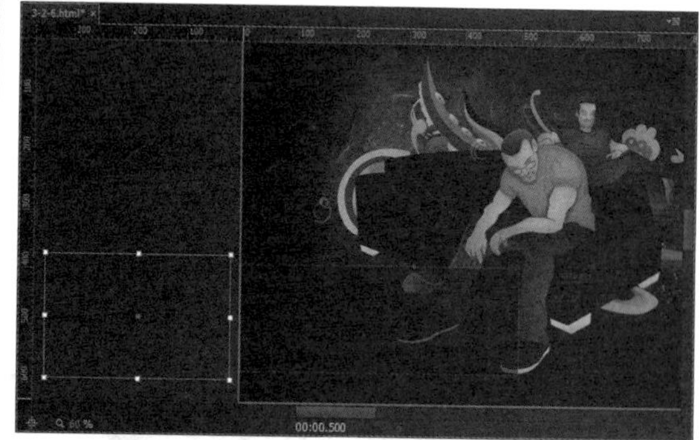

图 3-86

图 3-87

08 将播放头拖至0:01.500位置，在“Properties（属性）”面板中设置图像素材的相应属性，如图3-88所示，舞台效果如图3-89所示，“Timeline（时间轴）”面板如图3-90所示。

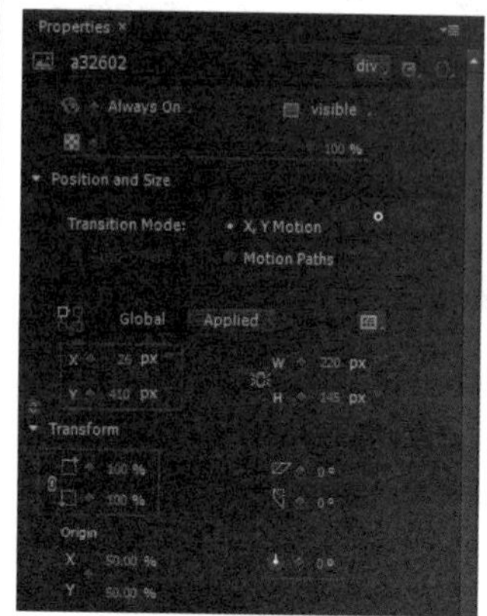

图 3-88

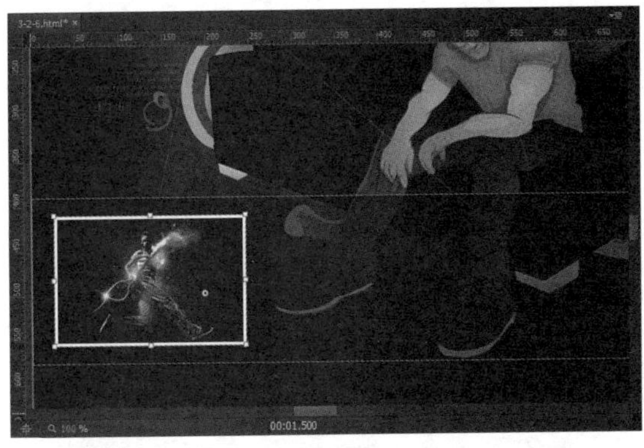

图 3-89

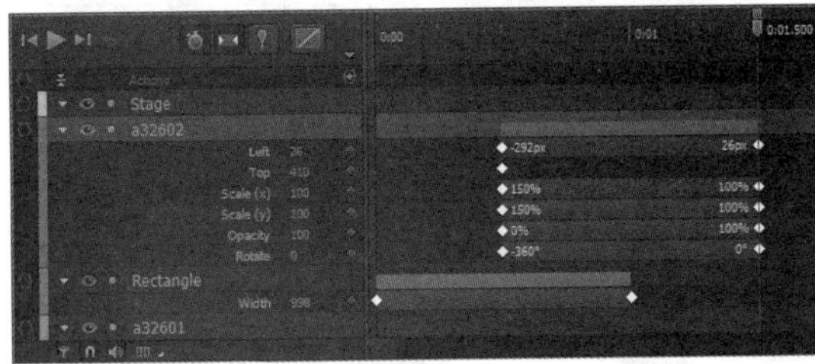

图 3-90

09 执行"File（文件）>Import（导入）"命令，导入素材图像"光盘\源文件\第 3 章\素材\a32603.jpg"，如图 3-91 所示。在"Timeline（时间轴）"面板中将播放头移至 0:01 位置，在"Properties（属性）"面板中设置相应的属性，并插入相应的关键帧，如图 3-92 所示。

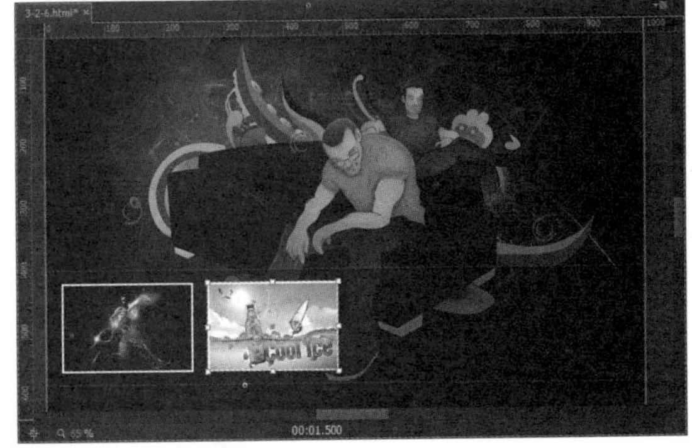

图 3-91

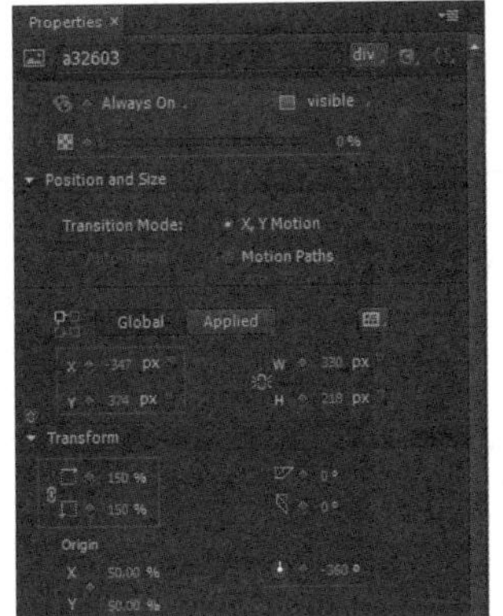

图 3-92

10 在舞台中可以看到该图像素材的效果，如图 3-93 所示，"Timeline（时间轴）"面板如图 3-94 所示。

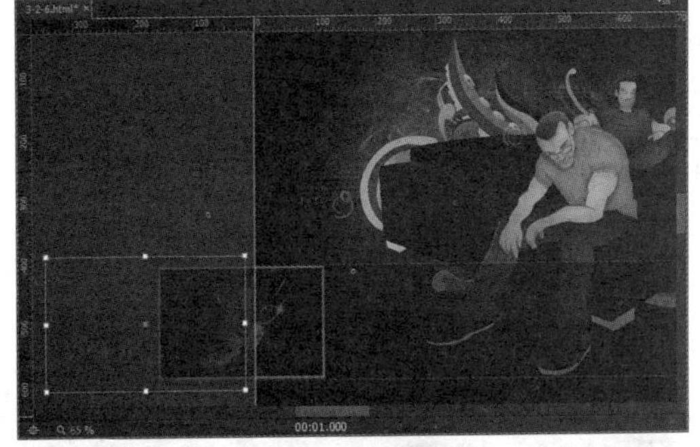

图 3-93

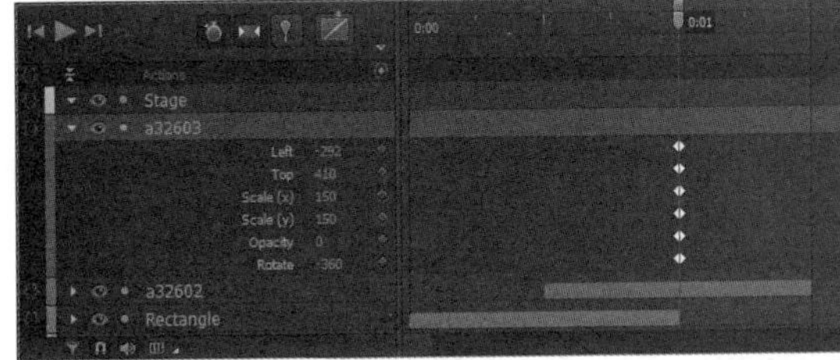

图 3-94

11 将播放头拖至 0:02 位置，在"Properties（属性）"面板中设置图像素材设置相应的属性，如图 3-95 所示，舞台效果如图 3-96 所示，"Timeline（时间轴）"面板如图 3-97 所示。

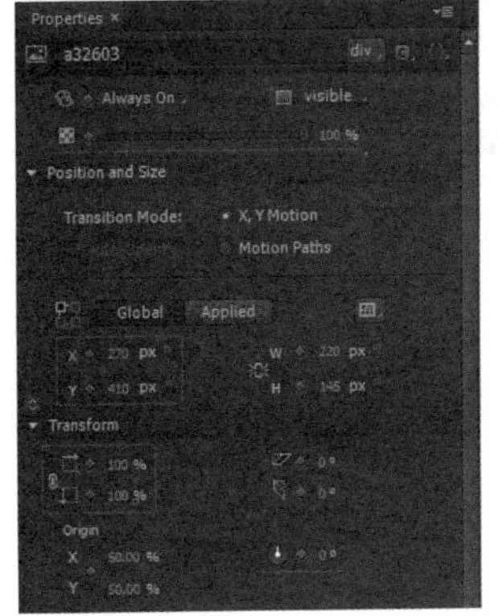

图 3-95

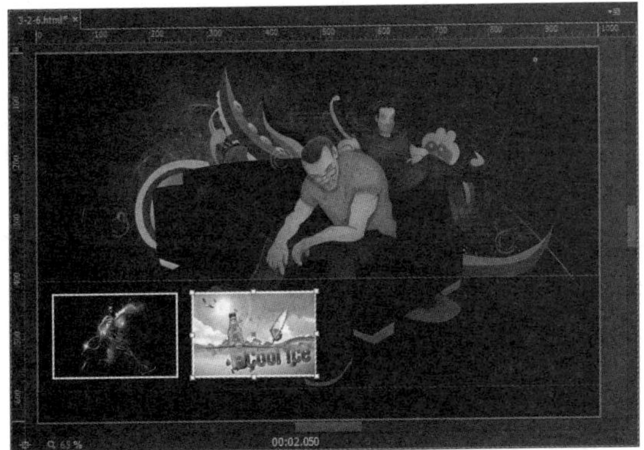

图 3-96

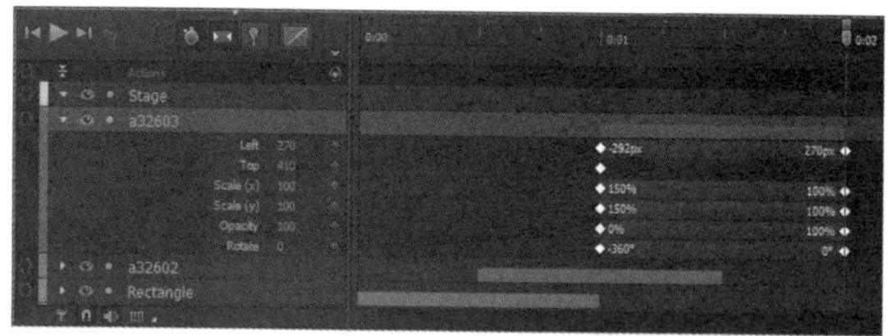

图 3-97

12 采用相同的制作方法，可以导入其他素材并完成动画效果的制作，舞台效果如图 3-98 所示，“Timeline（时间轴）”面板如图 3-99 所示。

图 3-98

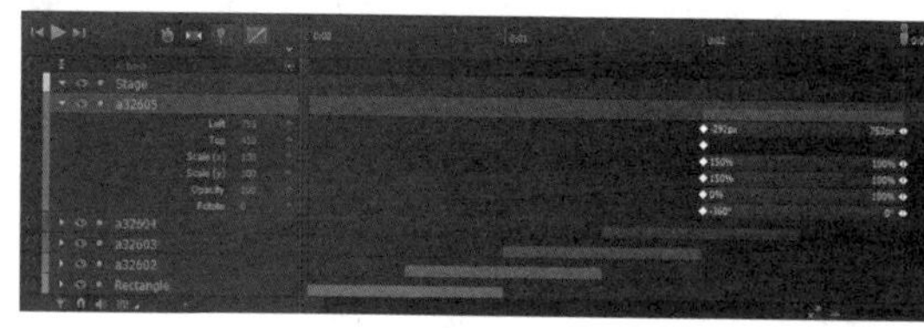

图 3-99

13 完成动画效果的制作，执行“File（文件）>Save（保存）”命令，保存文件。执行“File（文件）>Preview In Browser（在浏览器中预览）”命令，效果如图 3-100 所示。

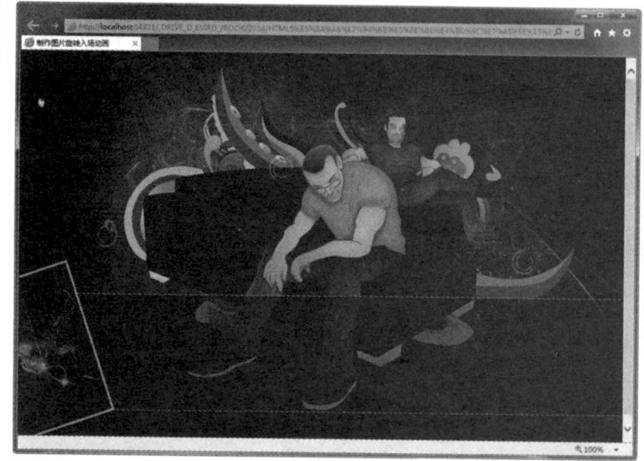

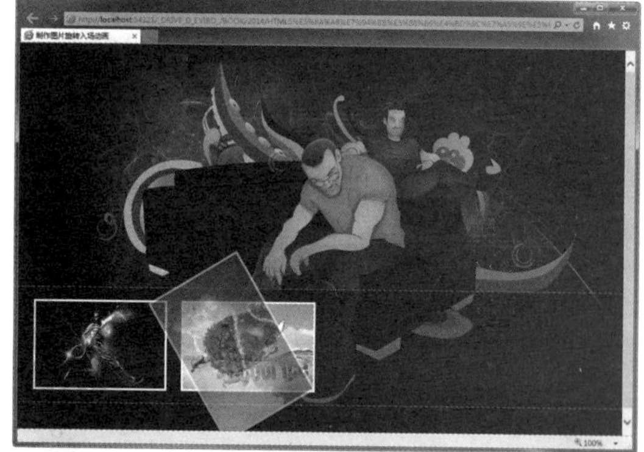

图 3-100

3.2.7 设置光标效果

在“Properties（属性）”面板中单击“Cursor（光标）”选项区右侧的auto按钮，在弹出的窗口中可以选择所需要的光标效果，如图 3-101 所示。

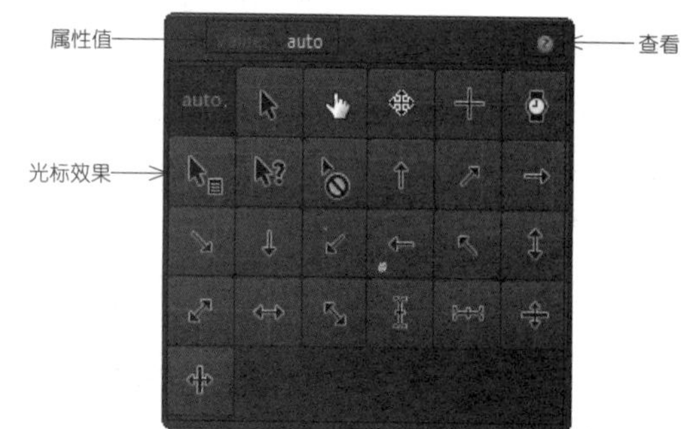

图 3-101

● **属性值**

此处显示的是所选择光标效果的属性值，每个光标效果都有对应的属性值。

● **查看**

鼠标移至?图标上方时，会显示出当前所选择光标效果的 CSS 样式代码。

● **光标效果**

在该区域中提供了 25 种光标效果可供用户选择，单击选中需要的光标效果，则在动画浏览过程中，当鼠标移至该对象上方时会显示所设置的光标效果。

自测 4 实现特殊光标效果

视频：光盘 \ 视频 \ 第 3 章 \ 实现特殊光标效果 .swf
源文件：光盘 \ 源文件 \ 第 3 章 \ 实现特殊光标效果 \3-2-7.html

01 执行“File（文件）>New（新建）”命令，新建空白文件。执行“File（文件）>Save（保存）”命令，将文件保存为“光盘 \ 源文件 \ 第 3 章 \ 实现特殊光标效果 \3-2-7.html”。

02 在“Properties（属性）”面板中对舞台相关属性进行设置，如图 3-102 所示。执行“File（文件）>Import（导入）”命令，导入素材图像“光盘 \ 源文件 \ 第 3 章 \ 素材 \a32701.jpg”，如图 3-103 所示。

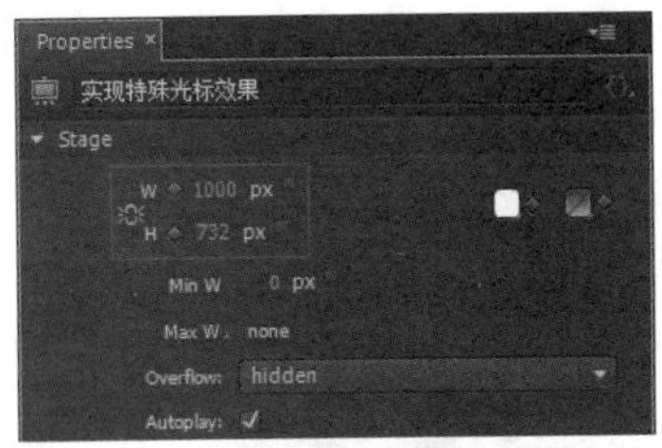

图 3-102

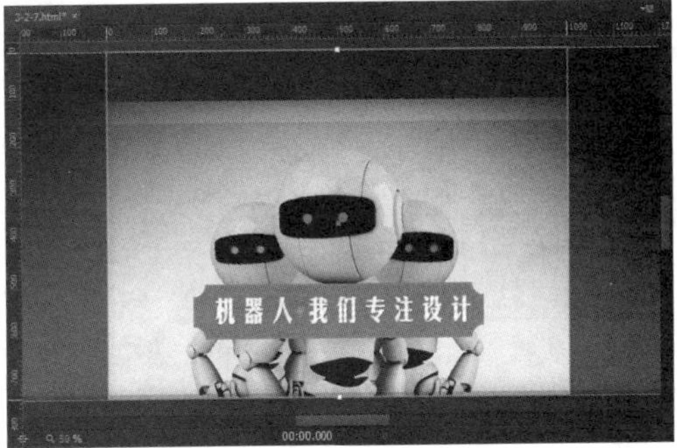

图 3-103

03 执行“File（文件）>Import（导入）”命令，导入素材图像“光盘 \ 源文件 \ 第 3 章 \ 素材 \a32702.jpg”，如图 3-104 所示。选中刚导入的素材图像，在“Properties（属性）”面板中单击“Cursor（光标）”选项区右侧的“auto（自动）”按钮，在弹出窗口中单击选择所需要的光标效果，如图 3-105 所示。

图 3-104

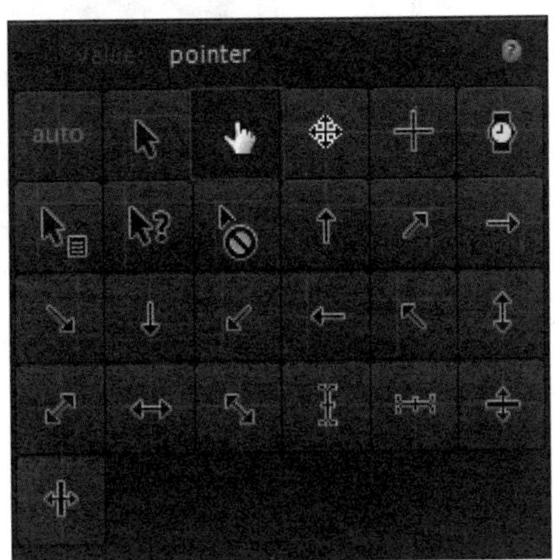

图 3-105

04 完成光标效果的设置，执行“File（文件）>Save（保存）”命令，保存文件。执行“File（文件）>Preview In Browser（在浏览器中预览）”命令，效果如图 3-106 所示。

图 3-106

3.2.8 设置角效果

在"Properties（属性）"面板中单击"Corners（角）"选项区左侧的▶图标，可以展开"Corners（角）"选项区，在该选项区中可以对所绘制图形的角效果进行设置，如图 3-107 所示。

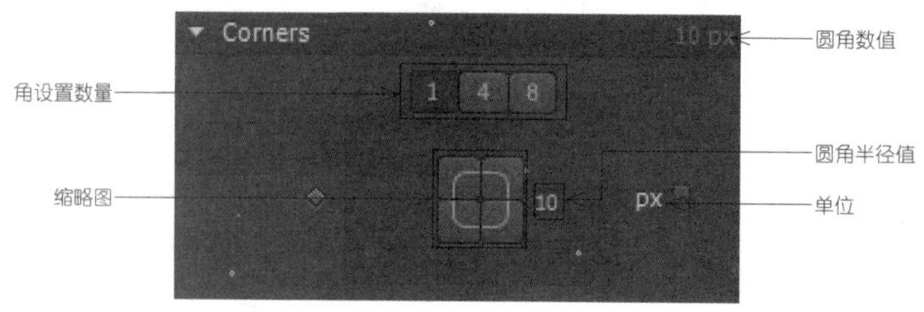

图 3-107

● **角设置数量**

在该选项区中提供了 3 个按钮，用于选择所需要设置的角的数量。

单击 1 按钮，在下方的圆角半径设置区域中提供了 1 个圆角半径值的设置，如图 3-108 所示。设置该圆角半径值，可以为所选中的图形对象的 4 个角应用相同的圆角半径值，如图 3-109 所示。

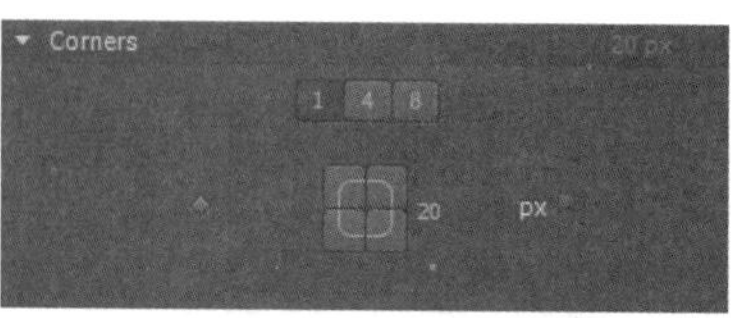

图 3-108

图 3-109

单击 4 按钮，在下方的圆角半径设置区域中提供 4 个圆角半径值的设置，如图 3-110 所示。可以为所选的图形对象的 4 个角分别设置不同的圆角半径值，如图 3-111 所示。

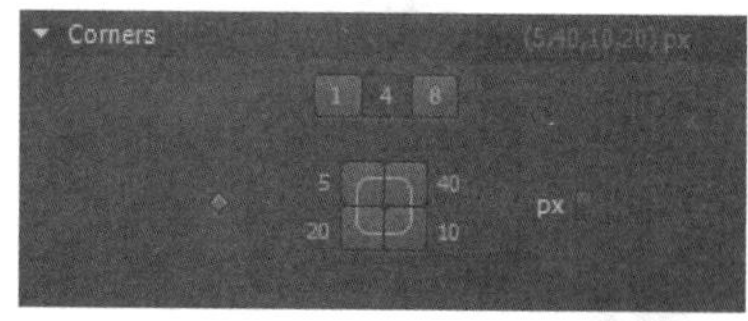

图 3-110

图 3-111

单击 8 按钮，在下方的圆角半径设置区域中提供 8 个圆角半径值的设置，如图 3-112 所示。可以为所选图形对象的 4 个角分别设置不同的 8 个圆角半径值，如图 3-113 所示。

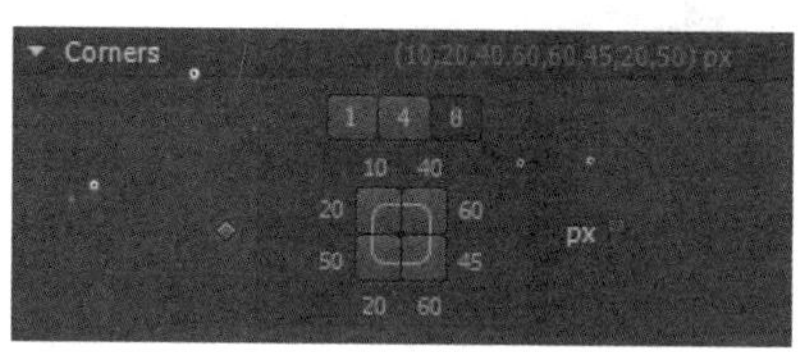

图 3-112

图 3-113

提示：

与 CSS 样式相同，在 Edge Animate 中最多可以对图形对象圆角的 8 个值分别进行设置，从而实现更复杂的圆角效果。

● **圆角数值**

在该区域显示的是当前所设置对象的圆角半径值和单位。

● **圆角半径值**

该选项用于设置圆角半径值的大小，可以通过在该数值上拖曳鼠标或单击输入的方式来设置该值的大小。

● **单位**

该选项用于设置圆角半径值的单位，默认单位是"px（像素）"，单击 px 按钮，可以将单位切换为"%（百分比）"，再次单击 % 图标，又可以将单位切换回"px（像素）"。

● **缩略图**

在缩略图任意一个角上单击，可以发现被单击的角变成直角，颜色变成深灰色，不能对该角设置圆角半径值，如图 3-114 所示。再次单击该角，直角又变成圆角，可以对该角设置圆角半径值，如图 3-115 所示。

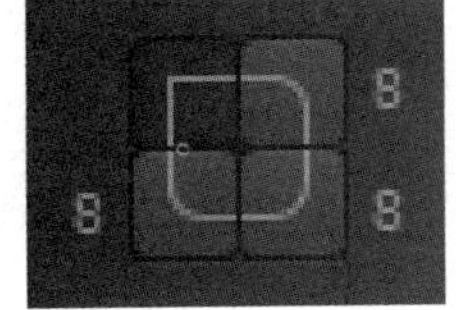

图 3-114

图 3-115

3.2.9 设置投影效果

在“Properties（属性）”面板中单击“Shadow（阴影）”选项区左侧的▶图标，可以展开“Shadow（阴影）”选项区，此时选项区中的选项不能进行设置，单击该选项区右侧的“开关”按钮■，即可开启阴影选项设置。在该选项区中可以设置图形对象的阴影方式、阴影颜色、阴影大小等属性，如图 3-116 所示。

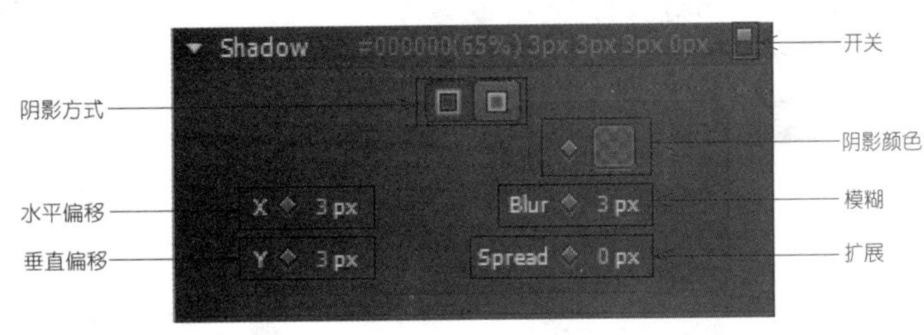

图 3-116

● **开关**

该选项用于是否开启对象的投影效果，只有在开启状态下，才可以对“Shadow（阴影）”选项区中的选项进行设置。

● **阴影方式**

此处提供了两种为对象添加阴影的方式，分别是“Drop Shadow（投影）”和“Inset Shadow（内阴影）”。应用“投影”效果，是模拟阳光照射物体产生的阴影，如图 3-117 所示。“内阴影”效果可以在图形的内边缘添加阴影，使图形看起来有立体效果，如图 3-118 所示。

图 3-117

图 3-118

● **水平偏移**

该选项用于设置阴影在水平方向上的偏移值。

● **垂直偏移**

该选项用于设置阴影在垂直方向上的偏移值。

● **阴影颜色**

该选项用于设置对象的阴影颜色，单击该按钮，可以在弹出的颜色窗口中设置阴影颜色，如图 3-119 所示。

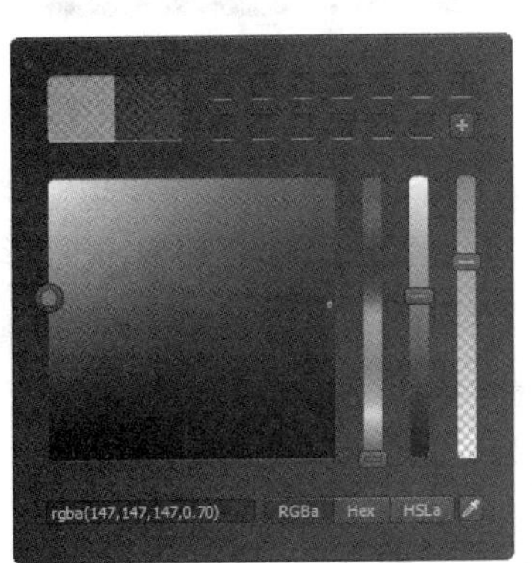

图 3-119

● **模糊**

该选项用于设置阴影边缘的模糊范围，值越高，模糊范围越大，值越低，模糊范围越小。

● **扩展**

该选项用于设置阴影在原基础上的扩展范围，值越大，阴影扩展范围就越大。

自测 5

制作图像阴影动画

视频：光盘 \ 视频 \ 第 3 章 \ 制作图像阴影动画 .swf
源文件：光盘 \ 源文件 \ 第 3 章 \ 制作图像阴影动画 \3-2-9.html

01 执行“File（文件）>New（新建）”命令，新建空白文件。执行“File（文件）>Save（保存）”命令，将文件保存为“光盘 \ 源文件 \ 第 3 章 \ 制作图像阴影动画 \3-2-9.html”。

02 在“Properties（属性）”面板中对舞台相关属性进行设置，如图3-120所示。执行“File（文件）>Import（导入）”命令，导入素材图像“光盘\源文件\第3章\素材\a32901.jpg”，如图3-121所示。

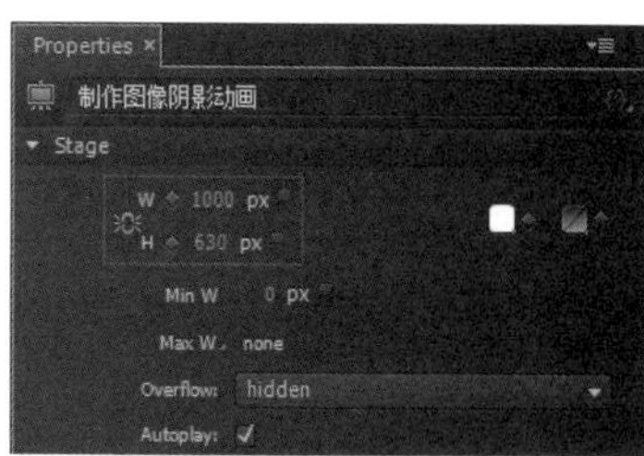

图 3-120

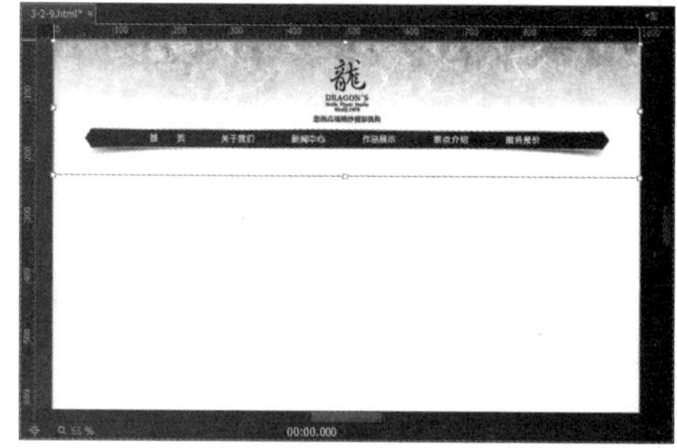

图 3-121

03 使用“Rectangle Tool（矩形工具）”，在舞台中绘制一个矩形，在“Properties（属性）”面板中设置其背景颜色为#FFFFFF，边框颜色为#7a3d1f，其他设置如图3-122所示，舞台中的矩形效果如图3-123所示。

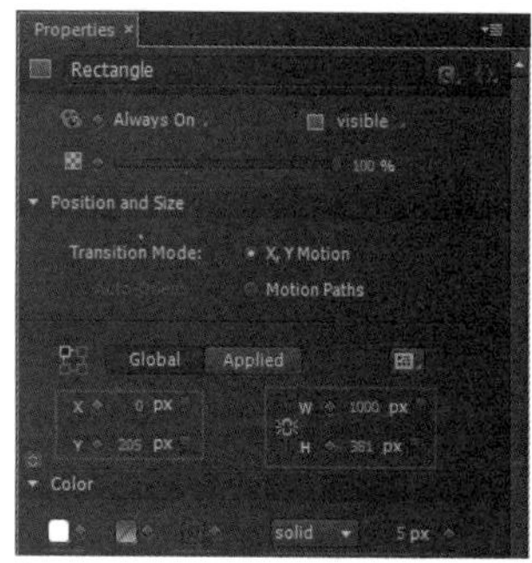

图 3-122

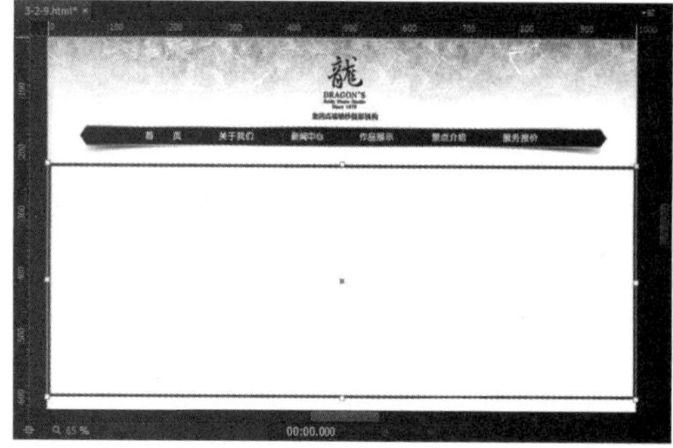

图 3-123

04 选中舞台中的矩形，在“Properties（属性）”面板中的“Corners（角）”选项区中单击 4 按钮，设置矩形4个角的圆角半径，如图3-124所示，舞台的矩形效果如图3-125所示。

图 3-124

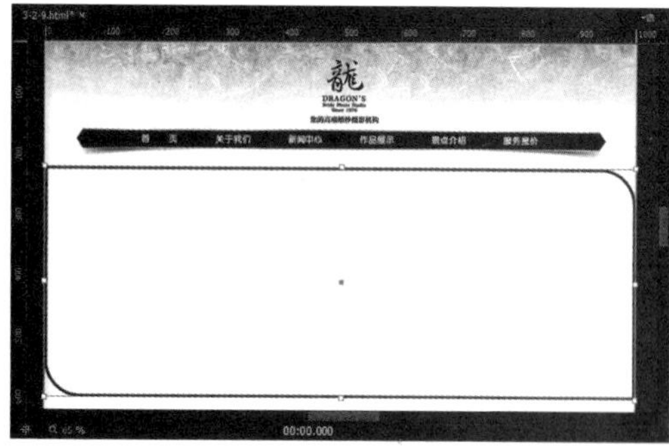

图 3-125

05 在“Properties（属性）”面板上开启“Shadow（阴影）”属性，设置相应的参数，并为相应参数添加关键帧，如图3-126所示，“Timeline（时间轴）”面板如图3-127所示。

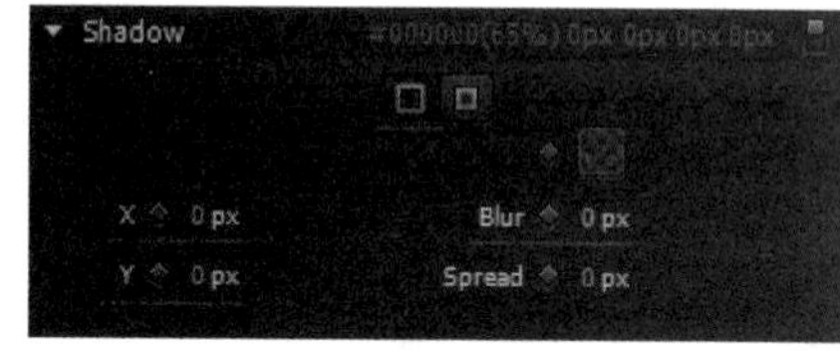

图 3-126

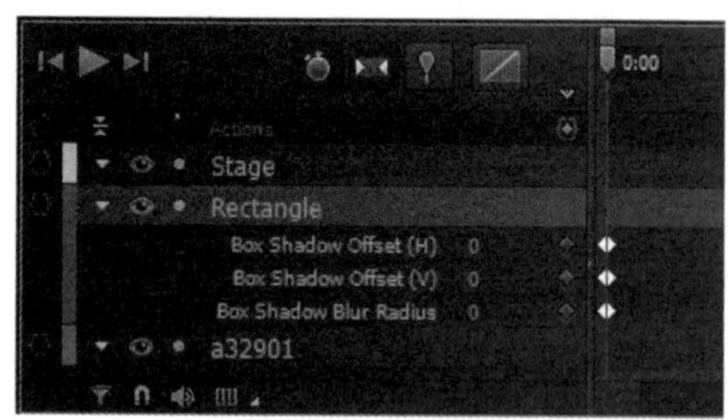

图 3-127

06 在“Timeline（时间轴）”面板中拖曳播放头至0:01位置，在“Properties（属性）”面板中的“Shadow（阴影）”选项区中对相关属性进行设置，如图3-128所示，“Timeline（时间轴）”面板如图3-129所示。

07 执行“File（文件）>Import（导入）”命令，导入素材图像“光盘\源文件\第3章\素材\a32901.jpg”，如图3-130所示。选中该素材图像，在“Properties（属性）”面板中对“Corners（角）”选项区中的属性进行设置，如图3-131所示。

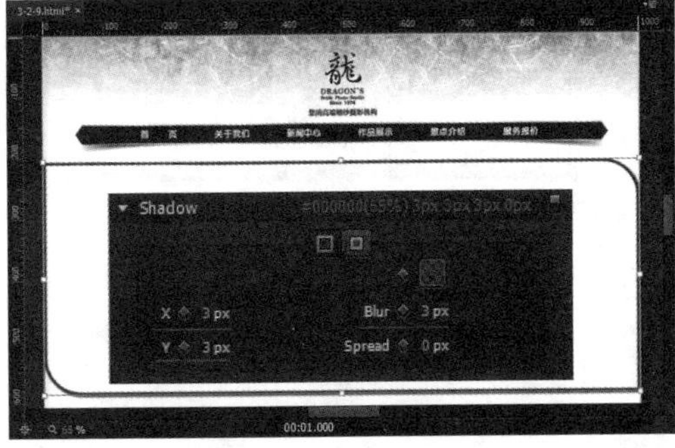
图 3-128

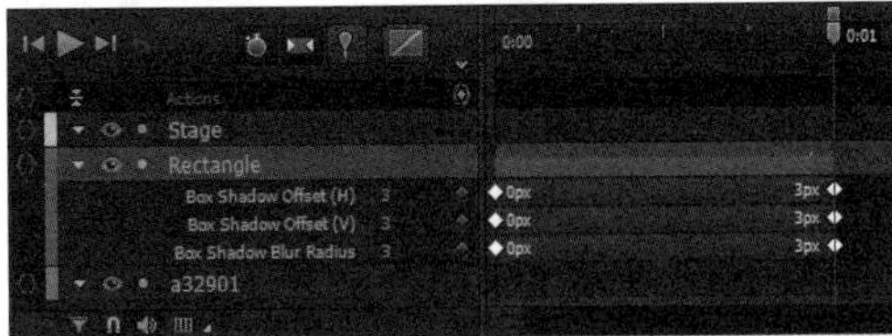
图 3-129

图 3-130

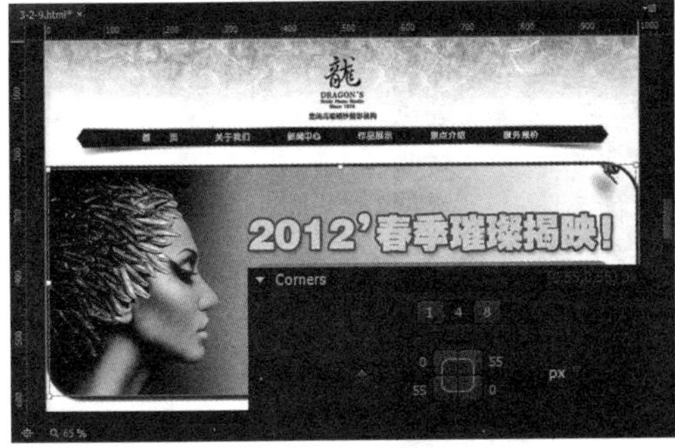
图 3-131

08 在“Properties（属性）”面板中设置“Opacity（不透明度）”属性为 0%，并为该属性添加关键帧，如图 3-132 所示，“Timeline（时间轴）”面板如图 3-133 所示。

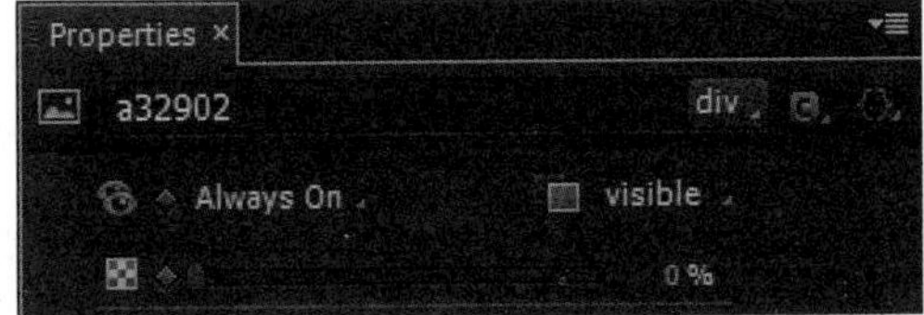
图 3-132

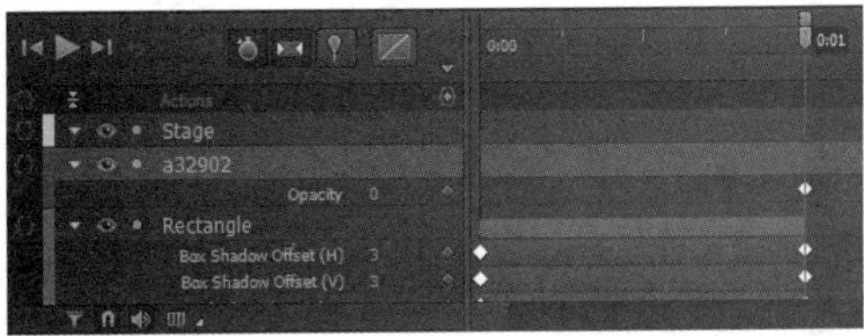
图 3-133

09 在“Timeline（时间轴）”面板中拖曳播放头至 0:02 位置，在“Properties（属性）”面板中设置“Opacity（不透明度）”值为 100%，“Timeline（时间轴）”面板如图 3-134 所示。在“Properties（属性）”面板中开启“Shadow（阴影）”功能，添加内阴影效果，设置阴影颜色为 rgba（0,0,0,0.30），其他选项如图 3-135 所示。

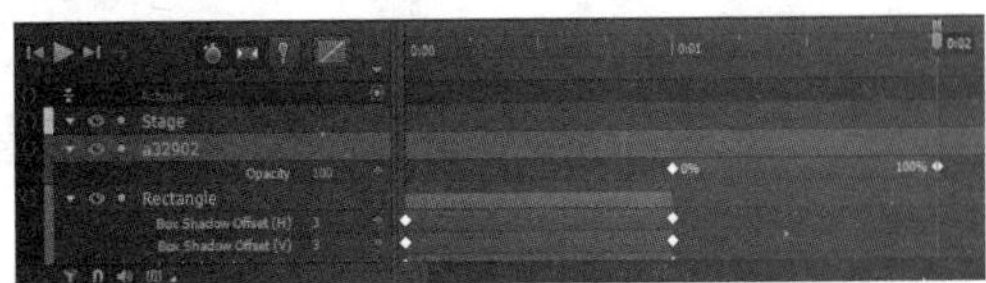
图 3-134

图 3-135

10 在“Properties（属性）”面板上的“Shadow（阴影）”选项区中单击相关属性的“Add Keyframe（添加关键帧）”按钮◆，插入关键帧，如图 3-136 所示。在“Timeline（时间轴）”面板中将播放头拖至 0:03 位置，在“Properties（属性）”面板上的“Shadow（阴影）”选项区中对相关选项进行设置，如图 3-137 所示。

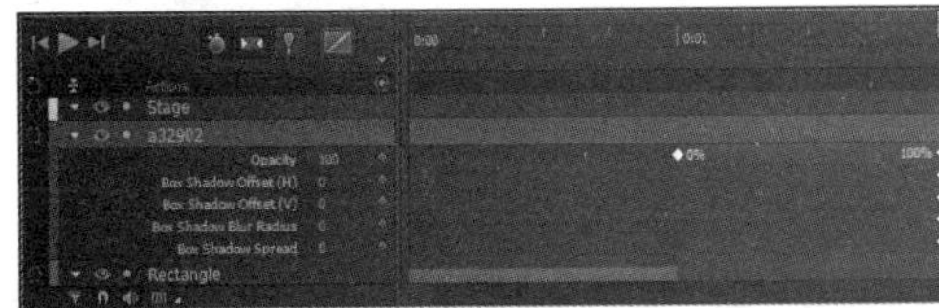
图 3-136

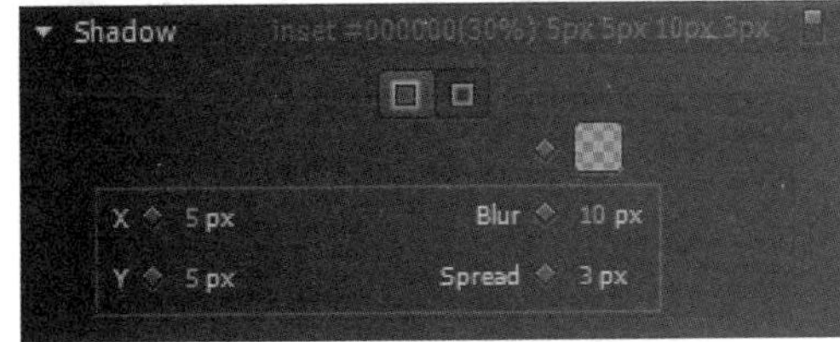
图 3-137

11 舞台效果如图 3-138 所示，“Timeline（时间轴）”面板如图 3-139 所示。

图 3-138

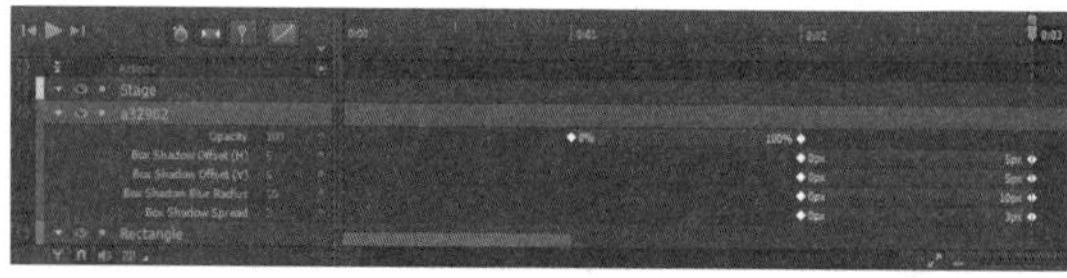

图 3-139

12 完成动画效果的制作，执行“File（文件）>Save（保存）”命令，保存文件。执行“File（文件）>Preview In Browser（在浏览器中预览）”命令，效果如图 3-140 所示。

图 3-140

3.2.10 设置对象滤镜效果

在“Properties（属性）”面板中单击“Filters（滤镜）”选项区左侧的图标，可以展开“Filters（滤镜）”选项区，在该选项区中可以为对象设置 8 种滤镜特效，如图 3-141 所示。

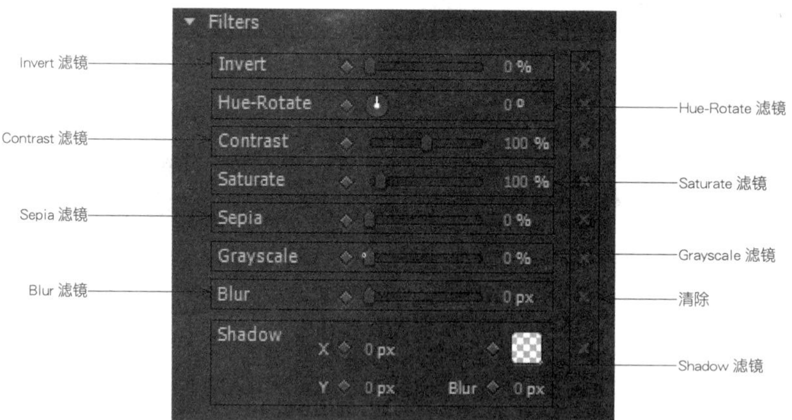

图 3-141

● Invert 滤镜

通过设置 invert 滤镜，可以把对象的色彩、饱和度和亮度值全部反转，产生一种十分形象的底片或负片效果，设置该选项值为 100% 时，效果如图 3-142 所示。

图 3-142

● Hue-Rotate 滤镜

该滤镜的作用是改变图形对象的色调，通过设置该滤镜值，可以调整图形对象的色调，如图 3-143 所示为设置该滤镜值为 180° 的效果。

图 3-143

● Contrast 滤镜

该滤镜的作用是改变图形对象的对比度。Contrast 滤镜取值范围是 0% ～ 200%，默认值是 100%，当设置的值高于 100% 时，对比度增强，设置的值低于 100% 时，对比度减弱。设置该滤镜值为 200% 时，效果如图 3-144 所示。

图 3-144

● Saturate 滤镜

该滤镜的作用是调整图形对象的饱和度，该滤镜的取值范围为 0% ～ 1 000%，当值为 0% 时，图形对象的色彩饱和度最低，当值为 1 000% 时，图形对象的色彩饱和度最高。如图 3-145 所示为设置该滤镜值为 30% 的效果。

图 3-145

● Sepia 滤镜

使用该滤镜可以将图形对象处理成复古老照片效果。Sepia 滤镜的取值范围是 0% ～ 100%，设置该滤镜值为 100%，效果如图 3-146 所示。

图 3-146

● Blur 滤镜

该滤镜的作用是改变图形对象的清晰度。Blur 滤镜的取值范围是 0 ～ 300px，设置该滤镜值为 3px，效果如图 3-147 所示。

图 3-147

● Grayscale 滤镜

使用该滤镜可以将图形对象变成灰色，轻松实现黑白的效果。设置该滤镜数值为 100%，效果如图 3-148 所示。

图 3-148

● Shadow 滤镜

该滤镜的作用是为图形对象添加阴影效果。Shadow 滤镜设置的方法与“Shadow（阴影）”选项区中的设置方法相同，设置 Shadow 滤镜效果如图 3-149 所示。

图 3-149

● 清除

对某个滤镜选项进行设置后，该图标变成黑色，单击该图标，可以清除对该滤镜所进行的设置，恢复为默认值。

3.2.11 设置裁切属性

在“Properties（属性）”面板中单击“Clip（裁切）”选项区左侧的图标，可以展开“Clip（裁切）”选项区，此时该选项区中的选项不能进行设置，单击右侧的“开关”按钮，即可开启裁切选项设置，如图 3-150 所示。在该选项区中可以对图形对象四边分别进行裁切，从而实现隐藏部分图形对象的效果。

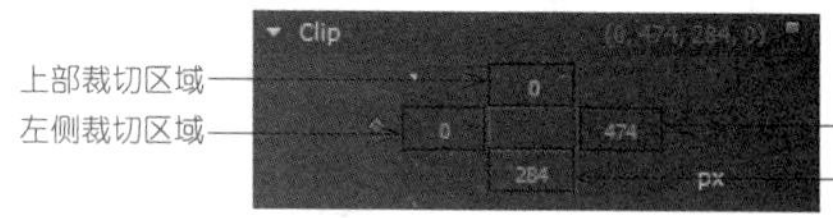

图 3-150

● 上部裁切区域

默认数值为 0，将鼠标放在数字上，通过拖曳鼠标更改数值，可以看到被裁切的图形对象的边缘发生了变化。当数值为负值时，增加上部的区域。设置上部裁切区域为 60 的效果，如图 3-151 所示。

图 3-151

● 左侧裁切区域

默认数值为 0，输入数值或者将鼠标放在数字上，通过拖曳鼠标更改数值，可以看到被裁切的图形对象的左边缘发生变化。当数值为负值时，增加左侧的区域。设置左侧裁切区域为 40 的效果，如图 3-152 所示。

图 3-152

● 右侧裁切区域

默认数值为被裁切图形对象的宽度，输入数值或者将鼠标放在数字上，通过拖曳鼠标更改数值，可以看到被裁切的图形对象右侧边缘发生了变化。当数值超过图形对象的宽度时，增加右侧的区域。设置右侧裁切区域为 380 的效果，如图 3-153 所示。

图 3-153

● 下部裁切区域

默认数值为被裁切图形对象的高度，输入数值或者将鼠标放在数字上，通过拖曳鼠标更改数值，可以看到被裁切的图形对象下边缘发生变化。当数值超过图形对象的高度时，增加下部的区域。设置下部裁切区域为 200px 的效果，如图 3-154 所示。

图 3-154

自测 6 制作图像遮罩显示动画

视频：光盘\视频\第 3 章\制作图像遮罩显示动画 .swf
源文件：光盘\源文件\第 3 章\制作图像遮罩显示动画\3-2-11.html

01 执行“File（文件）>New（新建）”命令，新建空白文件。执行“File（文件）>Save（保存）”命令，将文件保存为“光盘\源文件\第 3 章\制作图像遮罩显示动画\3-2-11.html”。

02 在“Properties（属性）”面板中设置舞台的背景颜色为 #c74665，对其他属性进行设置，如图 3-155 所示，舞台效果如图 3-156 所示。

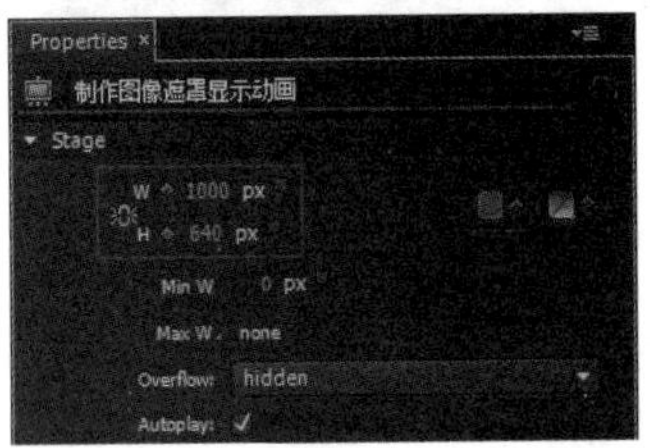

图 3-155

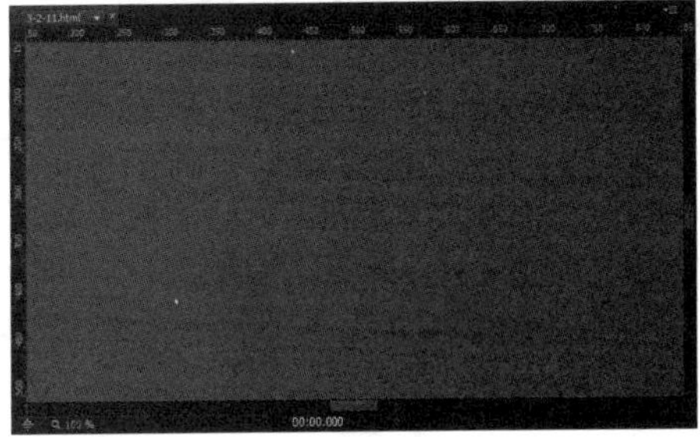

图 3-156

03 执行“File（文件）>Import（导入）”命令，导入素材图像“光盘\源文件\第 3 章\素材\a321101.jpg”，如图 3-157 所示。在“Properties（属性）”面板中开启“Clip（裁切）”功能，单击该属性的“Add Keyframe（添加关键帧）”按钮◆，插入关键帧，如图 3-158 所示。

图 3-157

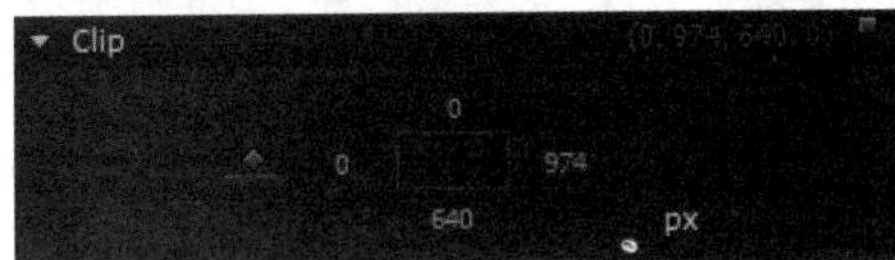

图 3-158

04 在“Properties（属性）”面板上的“Clip（裁切）”选项区中设置上部裁切区域为 640，如图 3-159 所示，舞台中的效果如图 3-160 所示。

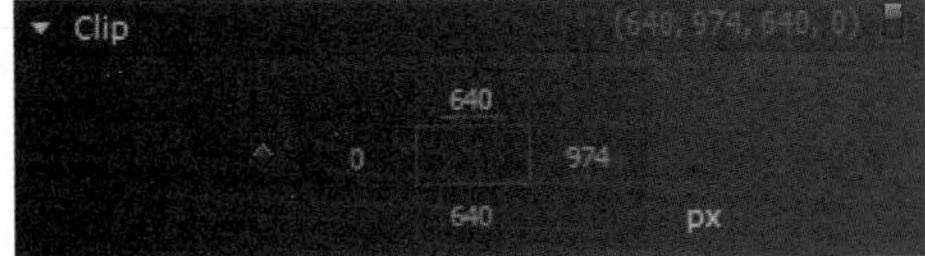

图 3-159

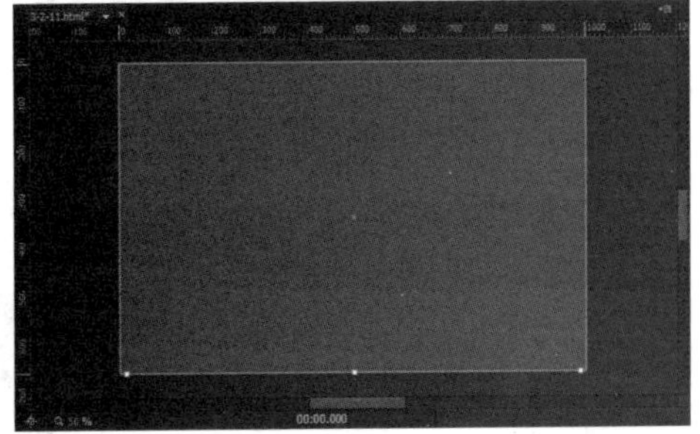

图 3-160

05 在“Timeline（时间轴）”面板中将播放头移至 0:02 位置，在“Properties（属性）”面板上的“Clip（裁切）”选项区中设置上部裁切区域为 0，如图 3-161 所示，舞台中的效果如图 3-162 所示，“Timeline（时间轴）”面板如图 3-163 所示。

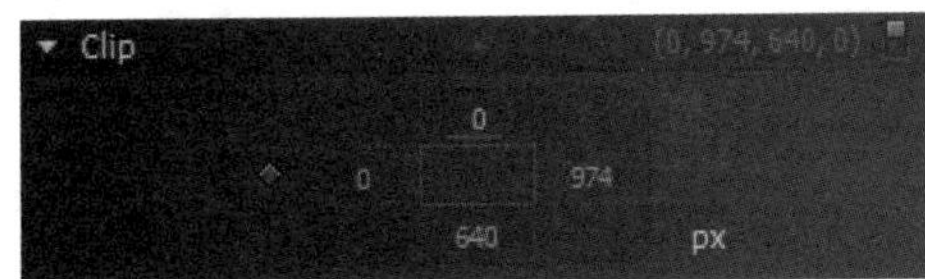

图 3-161

图 3-162

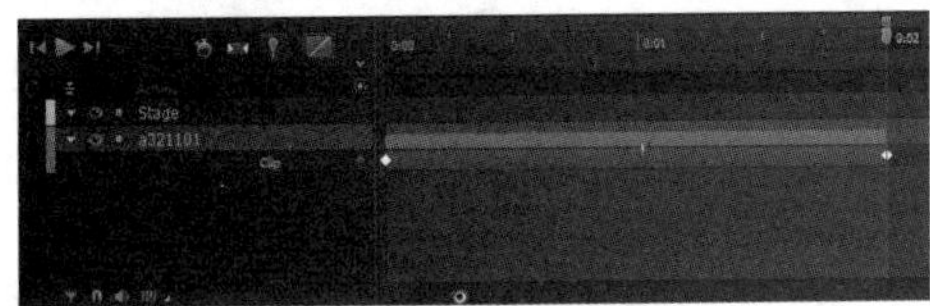

图 3-163

06 完成动画效果的制作，执行“File（文件）>Save（保存）”命令，保存文件。执行“File（文件）>Preview In Browser（在浏览器中预览）”命令，效果如图3-164所示。

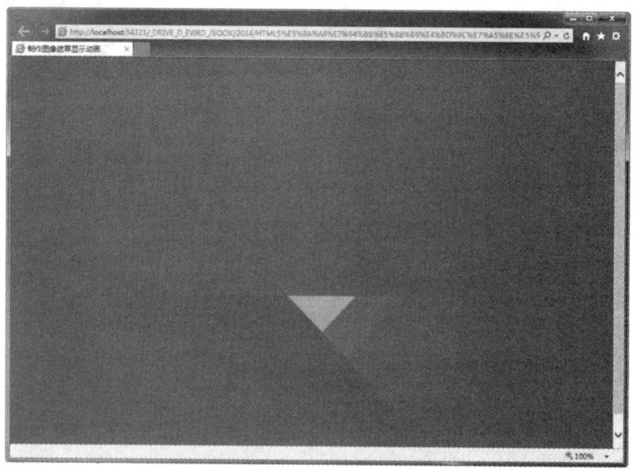

图 3-164

3.2.12 设置对象的可访问性

在“Properties（属性）”面板中单击“Accessibility（可访问性）”选项区左侧的▶图标，可以展开“Accessibility（可访问性）”选项区，在该选项区中可以设置对象的辅助功能属性，如图3-165所示。

图 3-165

● **Title（标题）**

该属性用于设置所选中对象的标题名称，可以直接在该属性后的文本框中输入需要设置的标题名称。

● **Tab Index（Tab 键索引）**

该选项用于设置所选中对象的Tab键顺序，可以输入一个数字以指定该对象的Tab键顺序。

提示：

当所制作的动画中有其他对象，并且需要用户使用Tab键以特定顺序访问这些对象时，设置Tab键索引就会非常有用。

3.3 导入外部元素

在Edge Animate中除了可以绘制图形和输入文字外，还可以将外部素材导入到Edge Animate文档中使用，从而方便网页动画的制作。本节将向读者介绍在Edge Animate中所支持的外部素材格式，以及如何导入和使用外部素材。

3.3.1 支持的图像素材格式

在制作Edge Animate动画时，常常需要通过导入外部图像来获取素材，这样的获取方式更加方便、表现力也较为丰富，因而，外部图像对于制作动画作品是必不可少的。

在Edge Animate中，执行“File（文件）>Import（导入）”命令，或按快捷键Ctrl+R，可以弹出“Import（导入）”对话框，如图3-166所示。在该对话框中的“All Formats（所有格式）”下拉列表中可以看到Edge Animate所支持的4种图像素材格式，如图3-167所示。

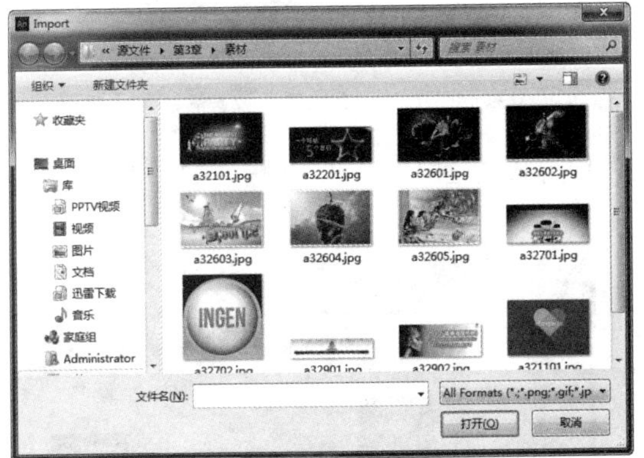

图 3-166

All Formats (*.;*.png;*.gif;*.jpg;*.jpeg;*.svg;*.;*.mp3;*.ogg;*.oga;*.wav;*.m4a;*.aac)
PNG File (*.png)
GIF File (*.gif)
JPG File (*.jpg;*.jpeg)
SVG File (*.svg)
AAC File (*.m4a;*.aac)
MP3 File (*.mp3)
WAV File (*.wav)
OGG File (*.ogg;*.oga)

图 3-167

● **PNG 文件**

PNG（Portable Network Graphics，便携式网络图形）是一种无损压缩的位图格式，也是目前 Adobe 推荐使用的一种位图图像格式。

PNG 图像支持最低 8 位到最高 48 位彩色、16 位灰度图像和 Alpha 通道（透明通道），压缩比比较大，由于这些原因，PNG 图像的使用越来越广泛。

提示：

由于 PNG 图像兼有以上 GIF 与 JPEG 两种图像格式的优点，即支持 256 色以上的颜色数目，又支持透明背景。所以，如果需要在 Edge Animate 中导入透明背景的高品质图像，建议采用 PNG 格式。

● **GIF 文件**

GIF（Graphics Interchange Format，图形交换格式）是一种支持 256 色、多帧动画，以及 Alpha 通道（透明）的压缩图像格式。

在表现图像方面，GIF 格式所占磁盘空间最小，但效果也几乎是最差的。Edge Animate 可以方便地导入 GIF 格式图像。如果导入的 GIF 图像包含动画，Edge Animate 还可以对动画的各帧进行编辑。

● **JPG 文件**

JPEG（Join Photographic Experts Group，联合图像专家组）格式是目前互联网中应用最广泛的位图有损压缩图像格式。JPEG 格式的图像支持按照图像的保真品质进行压缩，共分 12 个等级。通常可以保证图像较好的清晰度和磁盘占用空间平衡的级别为第 8 级。

● **SVG 文件**

SVG 格式是基于可扩展标记语言（XML）的用于描述二维可缩放矢量图形（Scalable Vector Graphics）的一种图形格式。SVG 是 W3C（国际互联网标准组织）在 2000 年 8 月制定的一种新的二维矢量图形格式，也是规范中的网络矢量图形标准。SVG 严格遵从 XML 语法，并且使用文本格式的描述性语言来描述图像内容，因此是一种和图像分辨率无关的矢量图形格式。现在的 Web 浏览器都支持 SVG 格式图像。

提示：

SVG 格式提供了目前网络流行的 GIF、PNG 和 JPEG 格式没有的功能——可以任意放大图形显示，但绝不会以牺牲图像质量为代价；可以在 SVG 图像中保留可编辑属性；SVG 格式文件比 JPEG、GIF 和 PNG 格式的文件要小，因此下载很快。

3.3.2 导入位图素材

位图图像是由许多点组成的，这些点被称为“像素”。当许多不同颜色的像素组合在一起，便构成了一幅完整的图像。位图图像弥补了矢量图像的缺陷，它能够制作出颜色和色调变化丰富的图像，可以逼真地表现出自然界的景观，同时也可以很容易地在不同软件之间调用文件。

自测 7

导入位图素材

视频：光盘\视频\第 3 章\导入位图素材 .swf

源文件：光盘\源文件\第 3 章\导入位图素材\3-3-2.html

01 执行“File（文件）>New（新建）”命令，新建空白文件。执行“File（文件）>Save（保存）”命令，将文件保存为“光盘\源文件\第 3 章\导入位图素材\3-3-2.html”。

02 在“Properties（属性）”面板中对舞台的相关属性进行设置，如图 3-168 所示，舞台效果如图 3-169 所示。

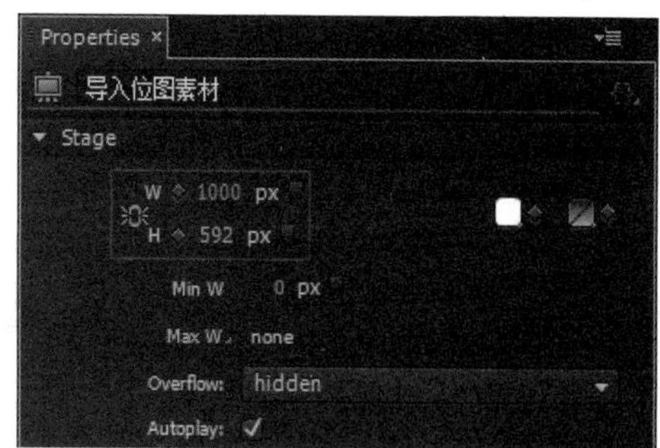

图 3-168

图 3-169

03 执行“File（文件）>Import（导入）”命令，弹出“Import（导入）”对话框，选择需要导入的位图素材“光盘\源文件\第3章\素材\a33201.jpg”，如图 3-170 所示。单击“打开”按钮，即可将该位图素材导入到舞台中，如图 3-171 所示。

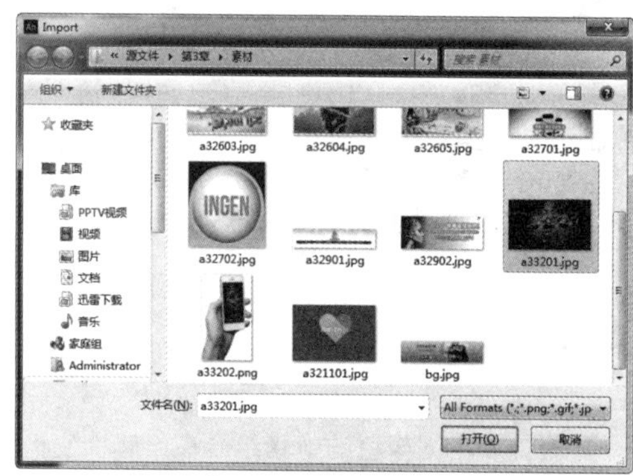

图 3-170

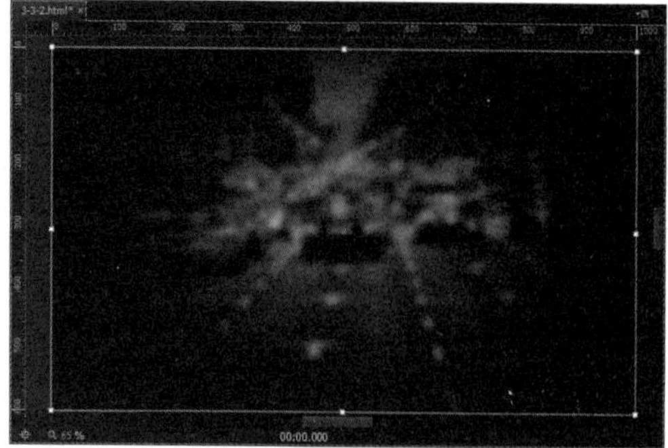

图 3-171

04 再次执行“File（文件）>Import（导入）”命令，弹出“Import（导入）”对话框，选择需要导入的位图素材“光盘\源文件\第3章\素材\a33202.png”，如图 3-172 所示。单击“打开”按钮，即可将该位图素材导入到舞台中，如图 3-173 所示。

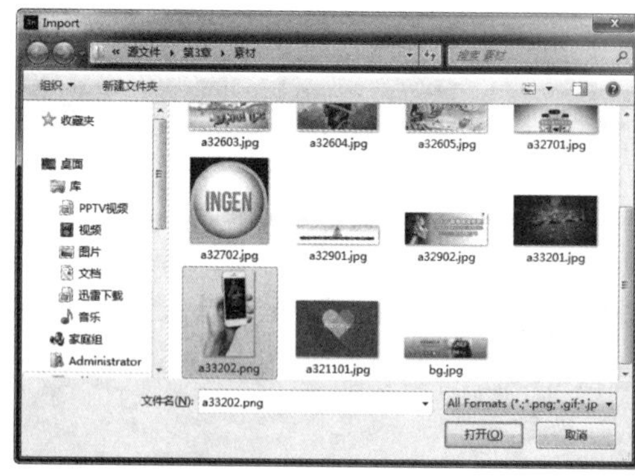

图 3-172

图 3-173

提示：

PNG 文件是一种无损压缩的文件格式，并且自带 Alpha 通道，PNG 图像无像素的区域将以透明的方式显示。

05 选中刚导入的素材图像，光标移至图像的任意一个角点上，按住 Shift 键拖曳鼠标，将图像等比例缩小，并调整到合适的位置，如图 3-174 所示。

图 3-174

提示：

将位图素材导入到舞台后，可以直接拖曳素材，调整素材在舞台中的位置，还可以通过拖曳素材的角点调整素材的大小，也可以选中该素材，在“Properties（属性）”面板中通过属性设置，调整其大小和位置。

06 执行“File（文件）>Save（保存）”命令，保存文件。执行“File（文件）>Preview In Browser（在浏览器中预览）”命令，效果如图 3-175 所示。

图 3-175

3.3.3 导入矢量图素材

在 Edge Animate 中除了可以导入位图素材，还可以导入矢量素材，但是在 Edge Animate 中只能导入 SVG 格式的矢量图像。

执行“File（文件）>Import（导入）”命令，弹出“Import（导入）”对话框，选择需要导入的矢量图素材“光盘\源文件\第 3 章\素材\a33301.svg”，如图 3-176 所示。单击“打开”按钮，即可将该矢量图素材导入到舞台中，如图 3-177 所示。

图 3-176

图 3-177

提示：

矢量图像也称为“面向对象的图像”，例如 Illustrator、CorelDraw、AutoCAD 等软件都是以矢量图形为基础进行创作的。矢量文件中每个对象都具有颜色、形状、轮廓、大小和屏幕位置等属性。矢量图像文件所占字节数较少，可以任意放大、缩小，而不影响图像的质量。

用户可以将 .ai 或 .eps 格式的矢量图形在 Illustrator 中打开，将该文件另存为 .svg 格式，从而导入到 Edge Animate 中使用。

提示：

在 Edge Animate 中导入的素材名称必须是以英文或下画线开头的英文或字母组合，否则在导入素材时会弹出提示对话框，提示素材名称不符合要求，如图 3-178 所示。单击“OK（确定）”按钮，Edge Animate 会自动在所导入的素材名称前面添加下画线。

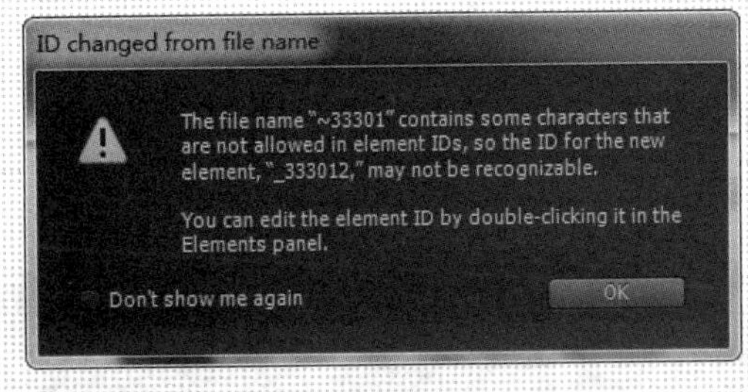

图 3-178

3.3.4　支持的音频素材格式

音频是一个优秀动画作品中必不可少的重要元素之一，在 Edge Animate 动画中导入音频可以使 Edge Animate 动画效果更加丰富，并且对动画本身起到很大的烘托作用，使动画作品增色不少。在“Import（导入）”对话框中的“All Formats（所有格式）”下拉列表中可以看到 Edge Animate 支持的 4 种音频文件格式，如图 3-179 所示。

All Formats (*.;*.png;*.gif;*.jpg;*.jpeg;*.svg;*.;*.mp3;*.ogg;*.oga;*.wav;*.m4a;*.aac)
PNG File (*.png)
GIF File (*.gif)
JPG File (*.jpg;*.jpeg)
SVG File (*.svg)
AAC File (*.m4a;*.aac)
MP3 File (*.mp3)
WAV File (*.wav)
OGG File (*.ogg;*.oga)

图 3-179

● **AAC 文件**

AAC（Advanced Audio Coding，高级音频编辑），是一种基于 MPEG-2 的音频编码技术，也是一种专为声音数据设计的文件压缩格式，与 MP3 不同，AAC 格式采用了全新的算法进行编码，更加高效。

提示：

AAC 格式音频文件的优点是相对于 MP3 格式的，其音质更佳，文件更小。ACC 格式的音频缺点是 ACC 格式属于有损压缩格式，与时下流行的 APE、FLAC 等无损格式相比音质存在本质上的差距。

● **MP3 文件**

MP3 格式的全称是“Moving Picture Experts Group Audio Layer III”。简单地说，MP3 就是一种音频压缩技术，由于这种压缩方式的全称为“MPEG Audio Layer 3”，所以人们简称它为“MP3”。MP3 是利用 MPEG Audio Layer 3 的技术，将音乐以 1:10 甚至 1:12 的压缩率，压缩成容量较小的文件，MP3 格式能够在音质损失很小的情况下把文件压缩到更小的程度，而且还非常好地保持了原来的音质。

● **WAV 文件**

WAV 格式是微软公司推出的一种声音文件格式,也称为“波形声音文件”,是最早的数字音频格式，被 Windows 平台及其应用程序广泛支持。WAV 格式支持许多压缩算法，支持多种音频位数、采样频率和声道,采用 44.1KHz 的采样频率,16 位量化位数，因此 WAV 的音质与 CD 相差无几，但 WAV 格式对存储空间的需求太大，不便于交流和传播。

提示：

WAV 来源于对声音模拟波形的采样，用不同的采样频率对声音的模拟波形进行采样，可以得到一系列离散的采样点，以不同的量化位数（8 位或 16 位）把这些采样点的值转换成二进制数，然后存入磁盘，这就产生了声音的 WAV 文件，即波形文件。使用 Microsoft Sound System 软件的 Sound Finder 可以将 AIF SND 和 VOD 文件转换为 WAV 格式。

● **OGG 文件**

OGG 格式的全称是“OGG Vobis”，是一种新的音频压缩格式，类似于 MP3 等的音乐格式。OGG 格式是完全免费、开放和没有专利限制的。OGG 格式文件可以不断地进行大小和音质的改良，而不影响现在的编码器或播放器使用。

3.3.5　制作图像淡入淡出动画

前面已经了解了在 Edge Animate 中所支持的图像素材格式，以及在 Edge Animate 中导入外部素材的方法，本节通过一个简单的图像淡入淡出动画的制作，让读者掌握导入素材图像，以及对素材图像属性进行设置的方法。

自测 8　制作图像淡入淡出动画

视频：光盘 \ 视频 \ 第 3 章 \ 制作图像淡入淡出动画 .swf
源文件：光盘 \ 源文件 \ 第 3 章 \ 制作图像淡入淡出动画 \3-3-5.html

01 执行“File（文件）>new（新建）”命令，如图 3-180 所示，新建空白文件。执行“File（文件）>Save（保存）”命令，将文件保存为“光盘 \ 源文件 \ 第 3 章 \ 制作图像淡入淡出动画 \3-3-5.html”。

02 在“Properties（属性）”面板中对舞台的相关属性进行设置，如图 3-181 所示。执行“File（文件）>Import（导入）”命令，导入素材图像“光盘 \ 源文件 \ 第 3 章 \ 素材 \a33501.jpg”，如图 3-182 所示。

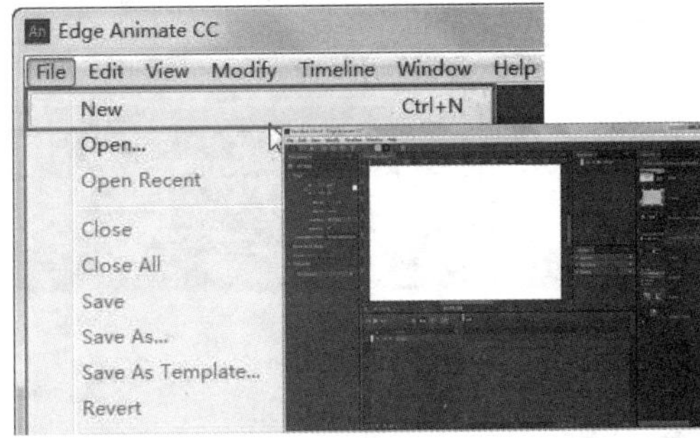

图 3-180

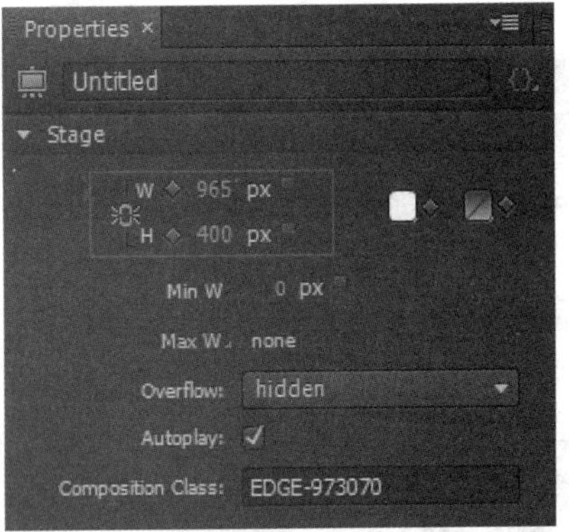

图 3-181

图 3-182

03 激活“Timeline（时间轴）”面板上的“Auto-Keyframe Mode（自动关键帧）”和“Auto-Transition Mode（自动过渡帧）”功能，如图 3-183 所示。

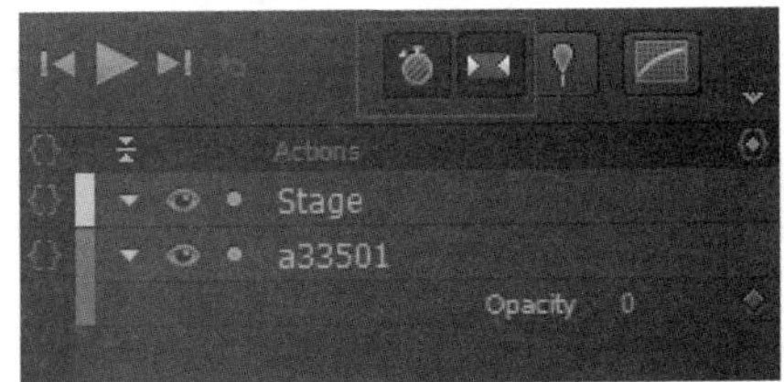

图 3-183

04 选中刚导入的素材图像，在“Properties（属性）”面板中设置“Opacity（不透明度）”属性为 0%，并为该属性插入关键帧，如图 3-184 所示，舞台效果如图 3-185 所示。

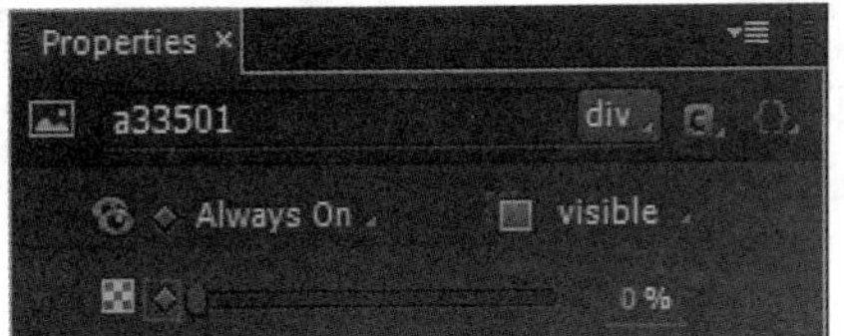

图 3-184

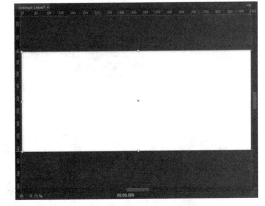
图 3-185

05 在“Timeline（时间轴）”面板中将播放头移至 00:01 位置，在“Properties（属性）”面板中设置素材的“Opacity（不透明度）”属性为 100%，“Timeline（时间轴）”面板如图 3-186 所示，舞台效果如图 3-187 所示。

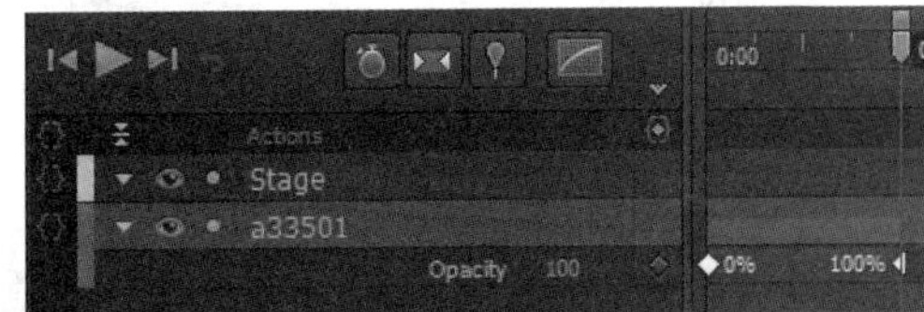

图 3-186

图 3-187

06 将播放头移至 00:02 位置，选中图像素材，单击“Properties（属性）”面板中“Opacity（不透明度）”属性的“Add Keyframe（添加关键帧）”按钮◆，插入关键帧。将播放头移至 00:03 位置，在“Properties（属性）”面板中设置“Opacity（不透明度）”属性为 0%，“Timeline（时间轴）”面板如图 3-188 所示。

图 3-188

07 执行“File（文件）>Import（导入）”命令，导入素材图像“光盘\源文件\第 3 章\素材\a33502.jpg”，如图 3-189 所示。

图 3-189

08 将播放头移至 00:02 位置，在“Properties（属性）”面板中设置“Opacity（透明度）”为 0%，并为该属性插入关键帧，将播放头移至 00:03 位置，在“Properties（属性）”面板中设置“Opacity（透明度）”为 100%，“Timeline（时间轴）”面板如图 3-190 所示。

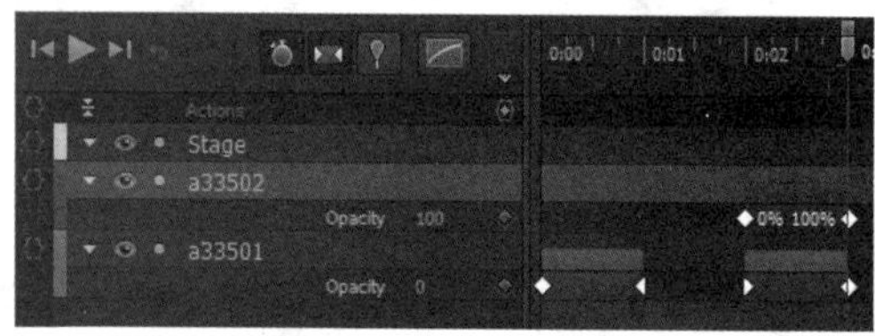

图 3-190

09 将播放头移至 00:04 位置，单击“Properties（属性）”面板中的“Opacity（不透明度）”属性的“Add Keyframe（添加关键帧）”按钮◆，插入关键帧。将播放头移至 00:05 位置，在“Properties（属性）”面板中设置“Opacity（透明度）”为 0%，“Timeline（时间轴）”面板如图 3-191 所示。舞台效果如图 3-192 所示。

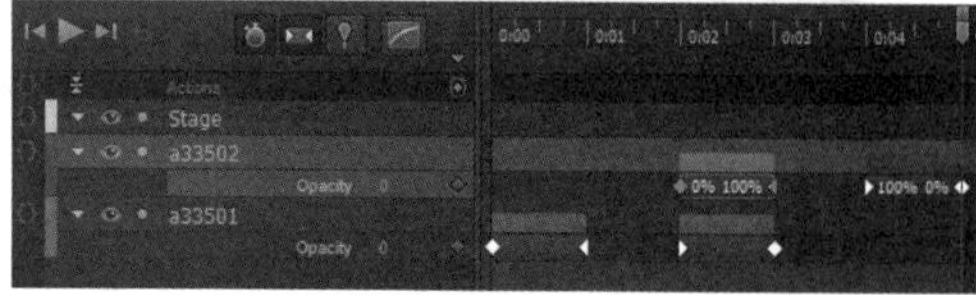

图 3-191

10 采用相同的制作方法，导入其他素材图像并完成淡入淡出动画效果的制作。将播放头移至 00:09 位置，单击“Insert Trigger（插入触发器）”按钮，如图 3-193 所示。

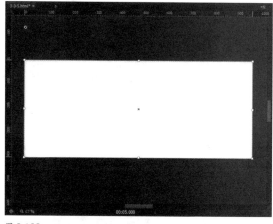

图 3-192

图 3-193

11 在弹出的“Trigger（触发器）”对话框中单击右侧的“Play from”按钮，修改相应的代码，如图 3-194 所示。

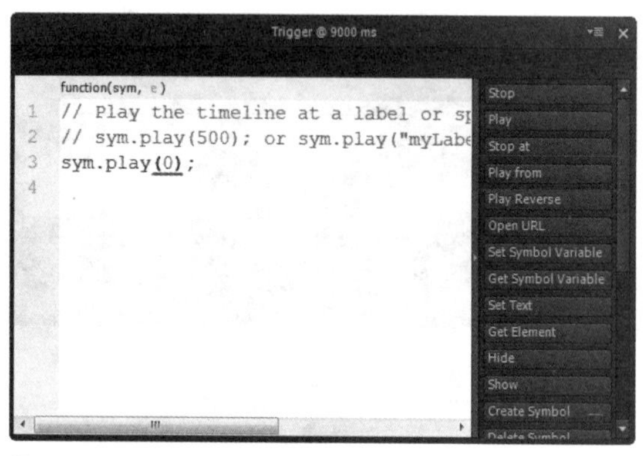

图 3-194

提示：

在动画结束的时间添加该代码，使其跳转到 0 秒的位置继续播放，这样就可以保持动画效果在网页中循环播放。

12 完成该动画的制作，执行“File（文件）>Save（保存）”命令，保存文件。执行“File（文件）>Preview In Browser（在浏览器中预览）”命令，预览动画效果，如图 3-195 所示。

图 3-195

3.4 多对象操作

在 Edge Animate 的动画制作过程中，常常会使用到多个对象，在对多个对象进行处理时，首先需要同时选中多个需要进行操作的对象，再通过菜单命令进行操作。本节将向读者介绍在 Edge Animate 中如何对多个对象进行对齐、分布和排列的方法。

3.4.1 对齐操作

当需要将几个对象进行对齐操作时，可以通过执行“Modify（修改）>Align（对齐）”子菜单中的命令，对所选中的多个对象进行对齐操作。

在 Edge Animate 中新建项目文件，并在舞台中导入多个素材图像，如图 3-196 所示。在舞台中选中多个需要进行对齐操作的对象，如图 3-197 所示。

图 3-196

图 3-197

提示：

使用“Selection Tool（选择工具）”，按住 Shift 键在舞台中分别单击需要同时选中的对象，即可同时选中多个对象。

在“Modify（修改）>Align（对齐）”子菜单中提供了 Edge Animate 中所有的对齐命令，如图 3-198 所示。执行“Top（顶对齐）”命令，可以将所选中的多个对象沿着顶部边缘对齐，效果如图 3-199 所示。

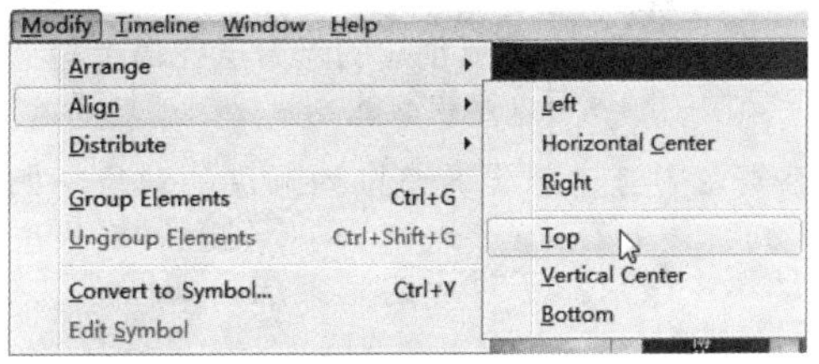

图 3-198

图 3-199

3.4.2 分布操作

当在舞台中选中两个以上对象时，执行“Modify（修改）>Distribute（分布）”子菜单中的命令，如图 3-200 所示，可以对选中的对象进行分布操作。

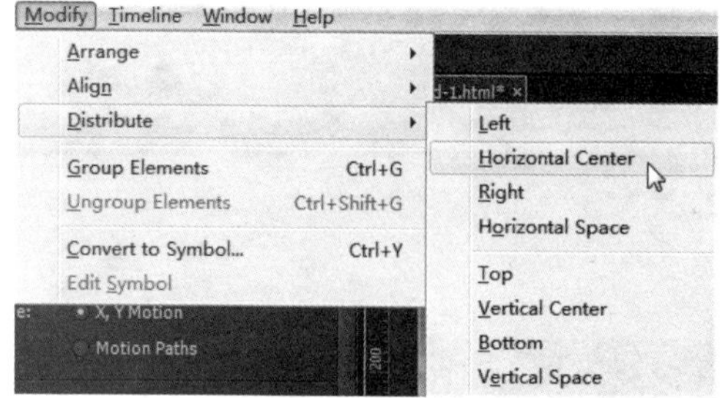

图 3-200

例如，在舞台中同时选中多个需要进行分布操作的对象，如图 3-201 所示。执行“Modify（修改）>Distribute（分布）>Horizontal Center（水平居中分布）”命令，将以选中的多个对象的水平中心线为参考分布对象，效果如图 3-202 所示。

图 3-201

图 3-202

提示：

关于“Modify（修改）”菜单中的“Align（对齐）”和“Distribute（分布）”子菜单命令的功能，在第 1 章 1.6.4 节已经进行了详细介绍，读者可以进行实际操作查看具体效果。

3.4.3 排列操作

在 Edge Animate 中，元素层的顺序决定了对象的层叠顺序，元素层的顺序是根据元素层创建的先后时间进行排列的，最新创建的元素层在最上面，但是元素层的顺序可以是更改的。

在舞台中选中需要调整排列顺序的对象，如图 3-203 所示。在“Timeline（时间轴）”面板中将自动选中该对象所对应的元素层，如图 3-204 所示。

图 3-203

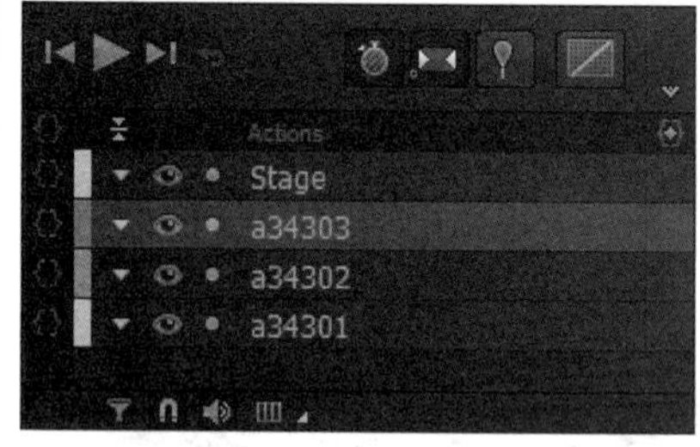

图 3-204

执行“Modify（修改）>Arrange（排列）>Send Backward（下移一层）”命令，或按快捷键 Ctrl+[，如图 3-205 所示。即可将所选中的对象向下移动一层，如图 3-206 所示。

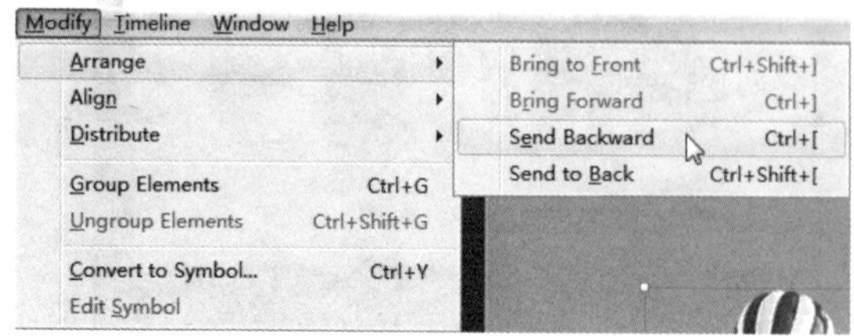

图 3-205

图 3-206

在“Timeline（时间轴）”面板中，可以看到该对象所对应的元素层也自动下移一层，如图 3-207 所示。除了可以执行“Modify（修改）>Arrange（排列）”子菜单中的命令调整对象排列顺序外，还可以直接在舞台中需要调整顺序的对象上单击鼠标右键，在弹出菜单中执行“Arrange（排列）”子菜单中的命令，调整对象的排列顺序，如图 3-208 所示。

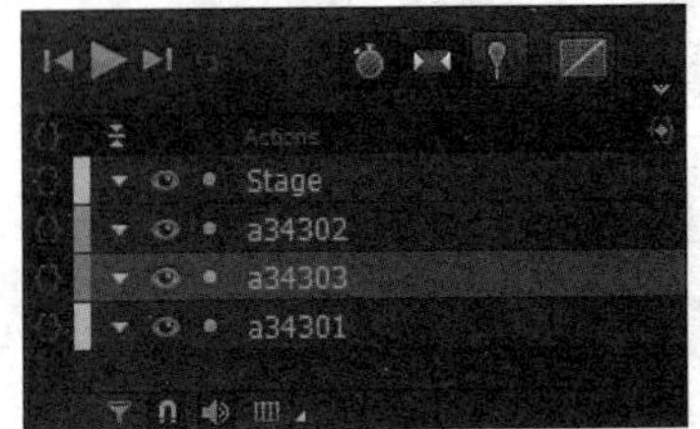

图 3-207

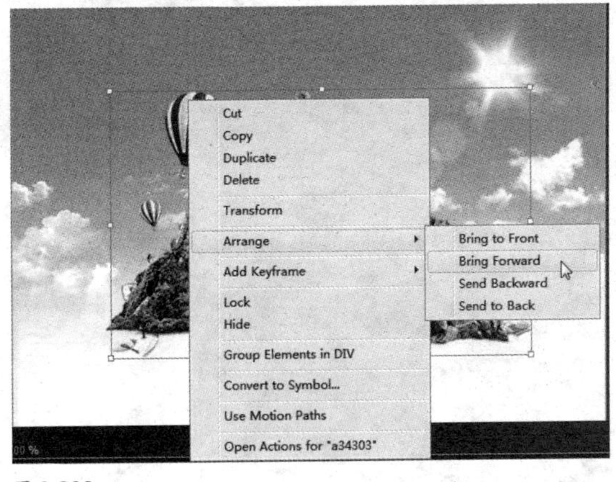

图 3-208

提示：

在 Edge Animate 中“Stage（舞台）”是一个特殊的对象，该对象始终位于所有对象的下方，并且不可以调整该对象的排列顺序。在“Timeline（时间轴）”面板中“Stage（舞台）”元素层始终显示在所有元素层的最上方。

3.5 本章小结

本章向读者介绍了如何使用 Edge Animate 中的基本绘图工具在文档中绘制基本图形，以及在 Edge Animate 中导入外部素材图像的方法，并且还介绍了在 Edge Animate 中对图形对象各种属性设置的方法和技巧。对象属性的设置是本章的重点，对象属性的设置是 Edge Animate 动画的基础，读者需要认真理解每种属性的功能。

第④章 添加文本和格式化文本

添加文本和格式化文本

在动画的制作过程中，文字内容必不可少，同时也是非常重要的元素之一。在 Adobe Edge Animate CC 中可以很轻松地在动画中添加文字。但是在 Adobe Edge Animate CC 中输入文字的方式与其他软件有所不同，并且只有完成文字的输入后才可以对文字的相关属性进行设置，本章将主要讲解在 Adobe Edge Animate CC 中输入和格式化文本的方法和技巧。

本章知识点：

- 掌握在 Edge Animate 中添加文字的方法
- 掌握在 Edge Animate 中各种文本属性的设置方法
- 掌握 Web 字体和中文字体的添加方法
- 了解如何为文字添加特效
- 掌握在 Edge Animate 中设置文字链接的方法

4.1 在动画中添加文字

文字是传递信息的重要手段，也是必不可少的一部分，动画不能直接表达出需要表达的意思，需要文字来加以说明，明确主题。随着时间的发展，动画和文字已经融为一体。

4.1.1 在动画中添加文字的几种方法

在 Adobe Edge Animate CC 中有多种在文档中添加文字内容的方法，其中最常用的是使用“Text Tool（文本工具）”在文档中输入文字，接下来简单介绍在 Adobe Edge Animate CC 中输入文字的方法。

● **使用“Text Tool（文本工具）”**

在工具栏中单击“Text Tool（文本工具）”按钮T，（或按快捷键 T），在舞台中单击或者单击拖曳鼠标创建一个文本框，在弹出的“Text（文本）”对话框中输入文字，如图 4-1 所示，输入的文字会显示在舞台中，文本框的大小会随着输入文字的多少和大小自动进行改变。完成文字的输入后，直接关闭“Text（文本）”对话框即可。如果需要输入多个段落文字时，按 Enter 键可以进行段落文字的输入。

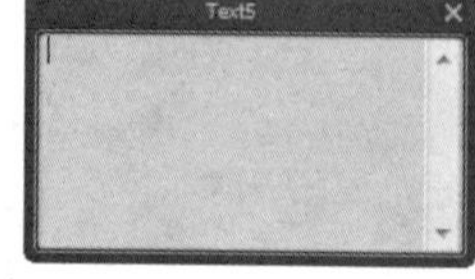

图 4-1

● 使用“Copy（复制）”和“Paste（粘贴）”命令

在需要输入长篇文本的情况下，可以使用复制粘贴的方法，将需要输入的文本复制，使用“Text Tool（文本工具）”在舞台中创建一个文本框，在弹出的“Text（文本）”对话框中按快捷键 Ctrl+V，粘贴所需要的文本，同时舞台上会显示所粘贴的文本内容。

● 打开 HTML 文件

在 Edge Animate 中执行“File（文件）>Open（打开）”命令，在弹出的“Open（打开）”对话框中选择需要打开的纯文本 HTML 文件，单击“打开”按钮，即可使用该 HTML 文件中的文本内容。

4.1.2 在动画中添加文字

了解了在 Adobe Edge Animate CC 中添加文字的基本方法，接下来通过实例操作使读者更好地掌握在文档中输入和设置文字的方法。

在动画中添加文字

视频：光盘\视频\第 4 章\在动画中添加文字 .swf

源文件：光盘\源文件\第 4 章\在动画中添加文字\4-1-2.html

01 执行“File（文件）>New（新建）”命令，新建空白文件。执行“File（文件）>Save（保存）”命令，将文件保存为“光盘\源文件\第 4 章\在动画中添加文字\4-1-2.html”。

02 在“Properties（属性）”面板中对舞台的相关属性进行设置，如图 4-2 所示，舞台效果如图 4-3 所示。

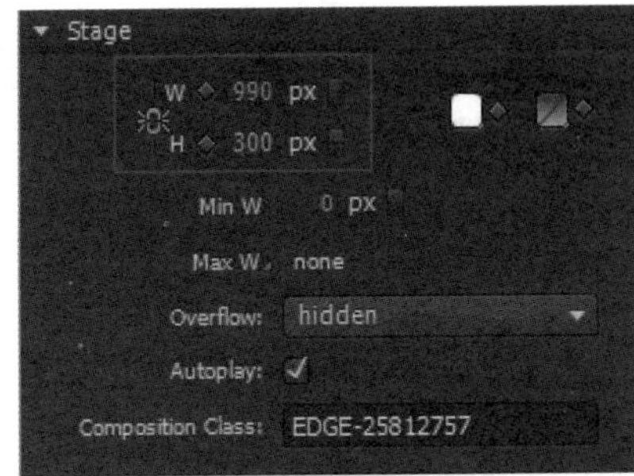

图 4-2

图 4-3

03 执行“File（文件）>Import（导入）”命令，弹出“Import（导入）”对话框，选择需要导入的素材“光盘\源文件\第 4 章\素材\a41102.jpg”，如图 4-4 所示。单击“打开”按钮，导入该素材图像，如图 4-5 所示。

图 4-4

图 4-5

04 在“Library（库）”面板中，单击“Fonts（字体）”选项区右侧的“Add Web Font（添加 Web 字体）”按钮，如图 4-6 所示。弹出“Edge Web Fonts”对话框，选中需要的字体，单击“Add Font（添加字体）”按钮，如图 4-7 所示。

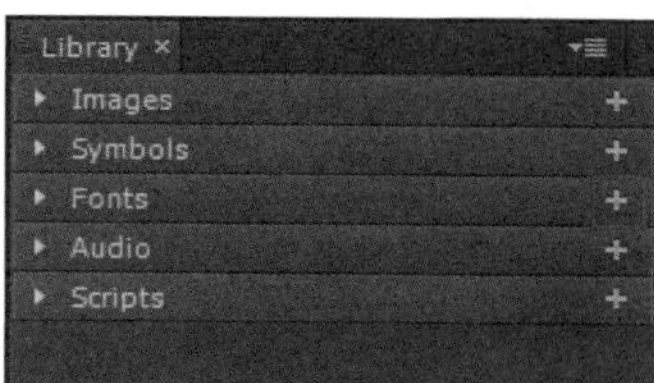

图 4-6

图 4-7

提示：

在 Adobe Edge Animate CC 中预设的字体较少，只有 12 种字体组合，如果需要在动画中使用其他的字体则必须先添加需要使用的字体，这样才能够在动画中使用相应的字体效果。

05 完成字体的添加后，单击工具栏中的“Text Tool（文本工具）”按钮T，在舞台中合适的位置单击拖曳鼠标，绘制一个文本框，在弹出的“Text（文本）”对话框中输入文本，如图 4-8 所示。在“Properties（属性）”面板中展开“Text（文本）”选项区中的选项，如图 4-9 所示。

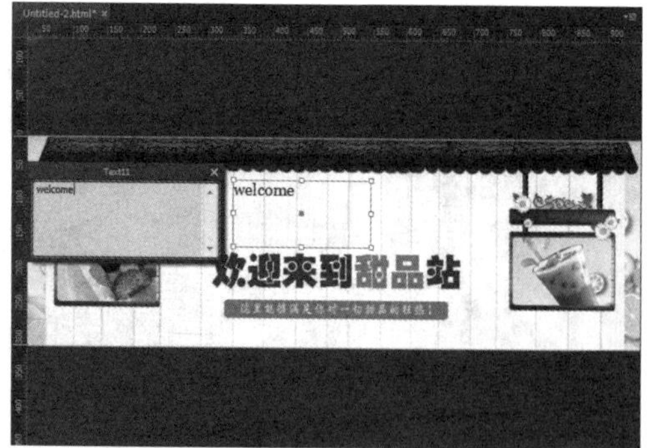

图 4-8

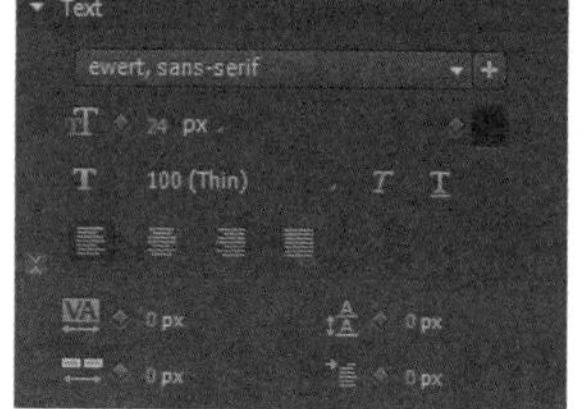

图 4-9

06 在字体下拉列表中选择刚添加的 Web 字体，如图 4-10 所示。在“Text（文本）”选项区中设置其他文字属性，如图 4-11 所示。

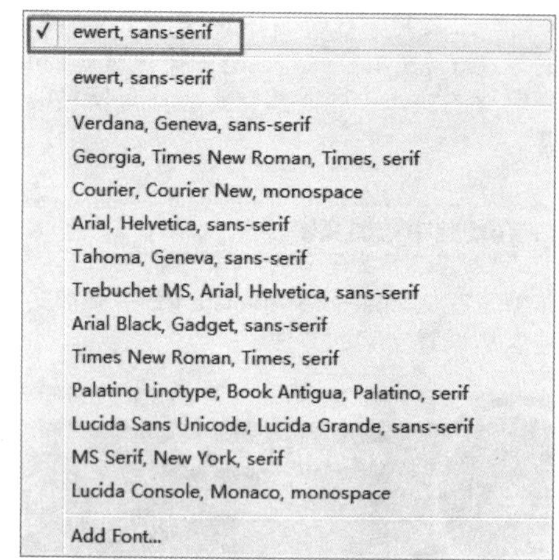

图 4-10

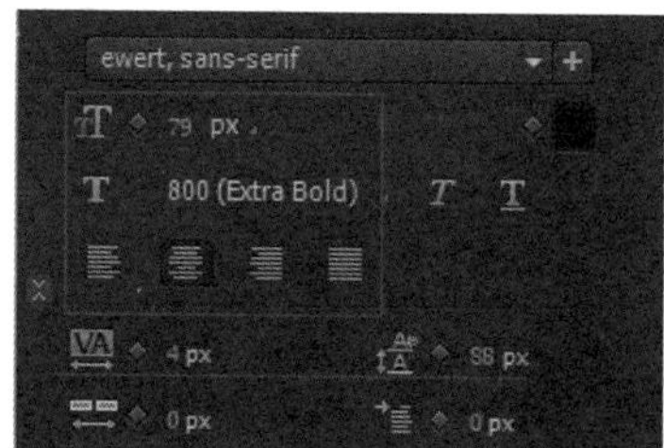

图 4-11

07 单击文本颜色选项，弹出颜色设置窗口，设置文本颜色，如图 4-12 所示。完成文字属性的设置，执行“File（文件）>Save（保存）”命令，保存文件，执行“File（文件）>Preview In Browser（在浏览器中预览）”命令，效果如图 4-13 所示。

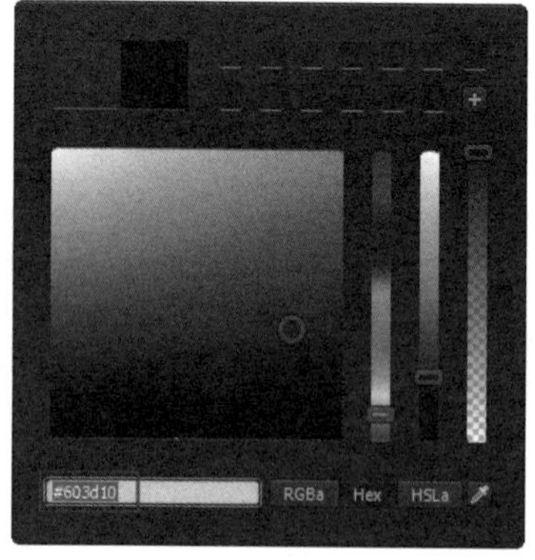

图 4-12

图 4-13

4.2 设置文字属性

在文档中添加了文本，那么文本属性的设置就是必不可少的。通过文本属性的设置，可以使一段普通的文本变得更加整洁，更具有装饰性。本节将向读者介绍如何在 Adobe Edge Animate CC 中设置文本属性的方法。

在“Properties（属性）”面板中的“Text（文本）”选项区中，可以对文字的属性进行精确的设置，如改变字体、字符的大小、字距、颜色和行距等，如图 4-14 所示。

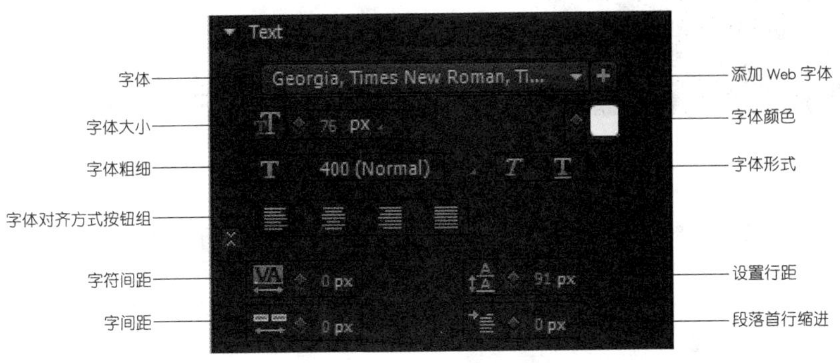

图 4-14

● 字体

在该选项的下拉列表中可以选择需要设置的字体。在 Adobe Edge Animate CC 中默认提供了 12 种字体组合可供选择，如图 4-15 所示。

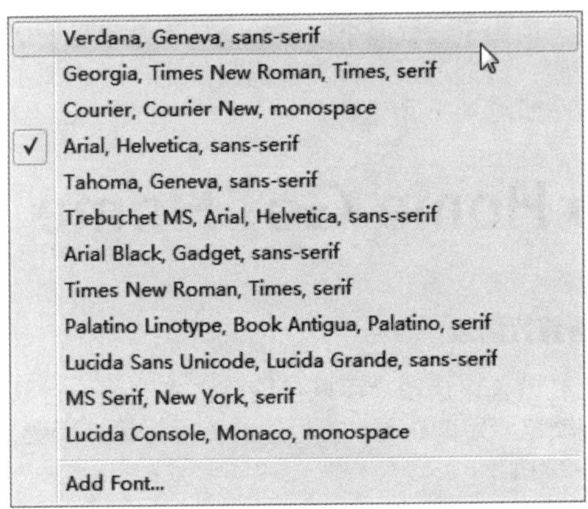

图 4-15

提示：

如果需要使用这 12 种字体组合以外的字体，可以在下拉列表中选择“Add Font（添加字体）”选项，在弹出的对话框中添加其他需要使用的字体。

● 添加 Web 字体

单击该按钮，可以在弹出的对话框中添加 Web 字体，如图 4-16 所示。所添加的字体将出现在字体下拉列表中。

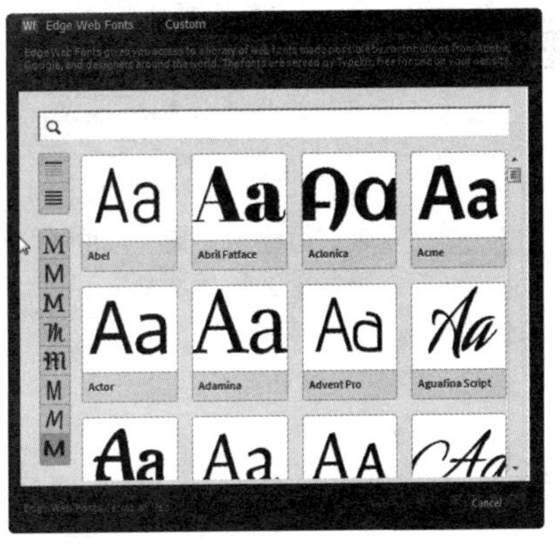

图 4-16

● 字体大小

该选项用于设置文本的字体大小，可以单击数字直接输入数值，也可以把鼠标放在数字上，当鼠标变成如图 4-17 所示的形状时，左右拖曳鼠标来改变字体大小。单击数字后面的单位 px ，弹出字体大小单位选项，如图 4-18 所示，可以选择字体大小的单位。

图 4-17

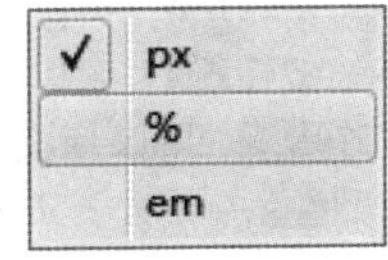

图 4-18

● 字体颜色

该选项用于设置文字颜色，单击该选项色块，弹出颜色设置窗口，如图 4-19 所示，可以设置文字的颜色。

hsla(207,20%,38%,1.00)
RGBa
Hex
HSLa

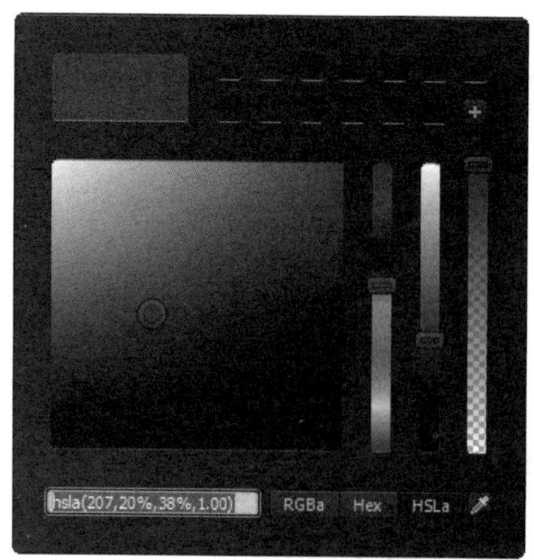

图 4-19

● **字体粗细**

该选项用于设置字体粗细，在该选项的下拉列表中提供了 9 个选项，如图 4-20 所示。

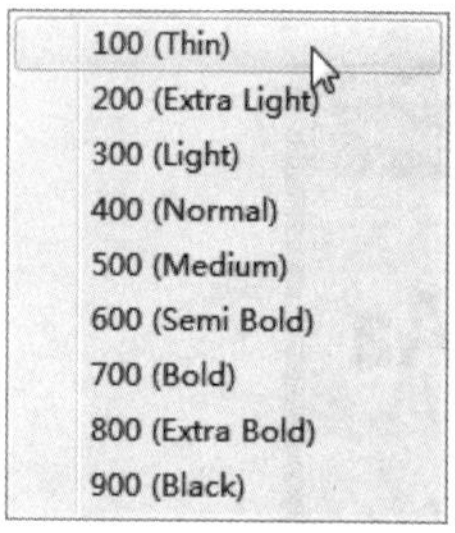

100 (Thin)
200 (Extra Light)
300 (Light)
400 (Normal)
500 (Medium)
600 (Semi Bold)
700 (Bold)
800 (Extra Bold)
900 (Black)

图 4-20

提示：

并不是所有字体都提供了 9 种字体粗细的预设选项，大多数字体只有两三种字体粗细预设，所以用户在设置字体粗细时，可以在该下拉列表中进行尝试设置，从而设置合适的字体粗细。

● **字体形式**

在该部分提供了两种字体形式的设置选项，单击“字体倾斜”按钮，可以将文字设置为倾斜效果，如图 4-21 所示。单击“字体下画线”按钮，可以为文字添加下画线效果，如图 4-22 所示。

Go Home

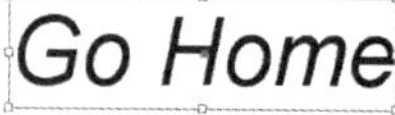

图 4-21

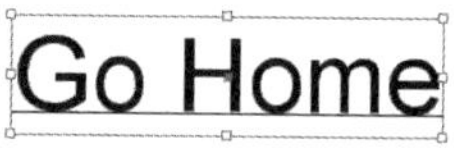

Go Home

图 4-22

● **字体对齐方式按钮组**

在该部分提供了文字对齐方式的设置选项，单击“左对齐”按钮，可以使文字居左对齐；单击“居中对齐”按钮，可以使文字居中对齐；单击“右对齐”按钮，可以使文字居右对齐；单击“两端对齐”按钮，可以使文字两端对齐，末行文字居左对齐，如图 4-23 所示。

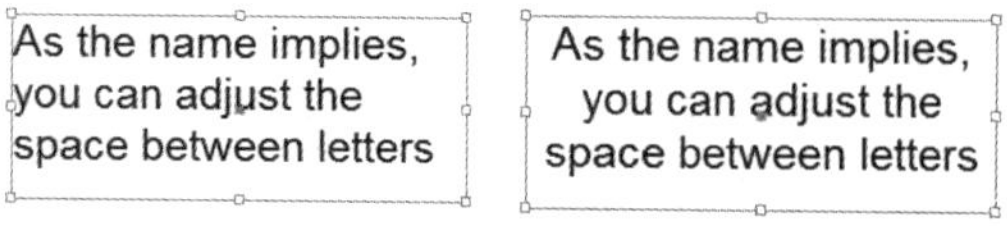

As the name implies, you can adjust the space between letters
As the name implies, you can adjust the space between letters

（左对齐）　（居中对齐）

As the name implies, you can adjust the space between letters
As the name implies, you can adjust the space between letters

（右对齐）　（两端对齐）

图 4-23

● **字符间距**

该选项用于设置文字的字符间距，可以在该选项数值上单击输入数值或者在数值上左右拖曳鼠标对该属性值进行设置，如图 4-24 所示为设置不同的字符间距的效果。

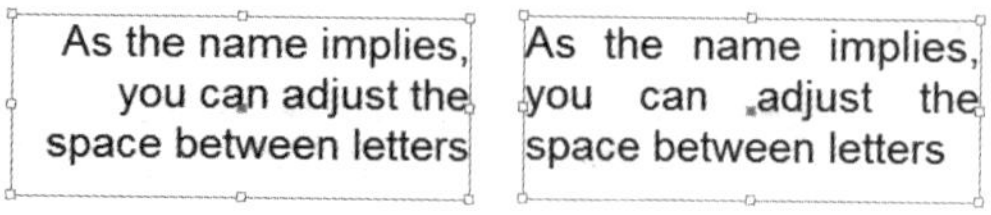

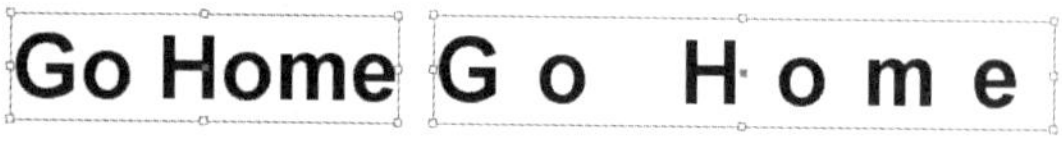

Go Home
G o H o m e

图 4-24

● **设置行距**

行距是指两行文字之间的基线距离。可以在该选项数值上单击输入数值或者在数值上左右拖曳鼠标设置文字的行距，如图 4-25 所示为设置不同行距的效果。

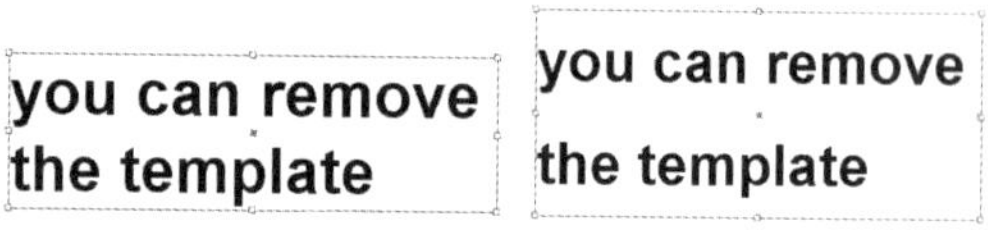

you can remove the template
you can remove the template

图 4-25

● **字间距**

该选项用于设置两个完整的词（不是字母）之间的距离，该选项只对英文单词起作用，对中文不起作用，如图 4-26 所示。

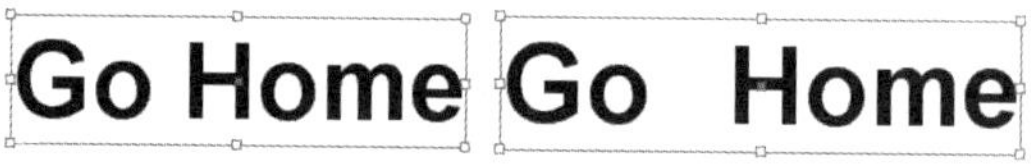

Go Home
Go Home

图 4-26

● **段落首行缩进**

通过设置该选项，可以使段落文本的第一行从左向右缩进一定的距离，首行外的各行都保持不变，如图 4-27 所示。

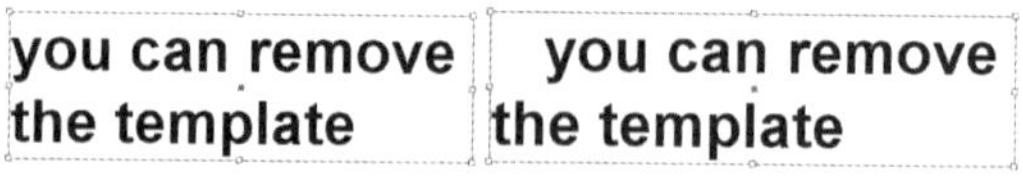

you can remove the template
you can remove the template

图 4-27

提示：

在“Properties（属性）”面板上的“Text（文本）”选项区中所设置的各种字体属性都是与网页中 CSS 样式属性一一对应的，如果用户对 CSS 样式中设置文本属性的相关 CSS 样式比较熟悉，那么对于 Edge Animate 中文字属性的设置应该可以很轻松地理解和应用。

4.3 添加字体

在网页动画中常常会使用一些特殊的字体，在 Edge Animate 中预设的字体往往并不能满足用户的需要，不过在 Edge Animate 中可以添加多种 Web 字体，从而使动画中的字体应用更加丰富。

4.3.1 添加 web 文字

单击“Properties 属性”面板上的“Text（文本）”选项区中的“Add a web font（添加一个 Web 字体）”按钮，或者在字体下拉列表中选择“Add Font（添加字体）”选项，都可以弹出添加 Web 字体对话框，如图 4-28 所示。

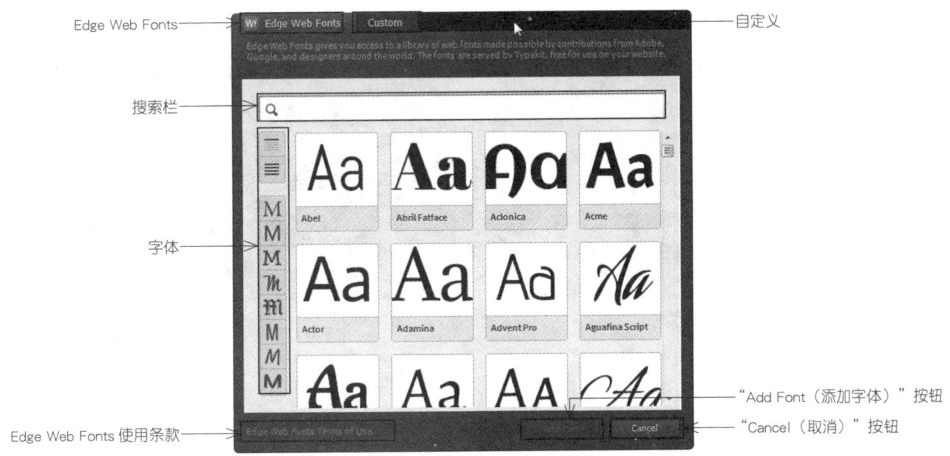

图 4-28

● **Edge Web Fonts**

该选项卡中的字体由全世界设计师通过 Adobe 免费提供，字体通过使用方式的不同进行分类，用户根据自己的需要选择相应的字体。

● **搜索栏**

用户如果知道需要的字体名称，可以在该处直接输入字体名称，快速找到自己需要的字体，如图 4-29 所示。

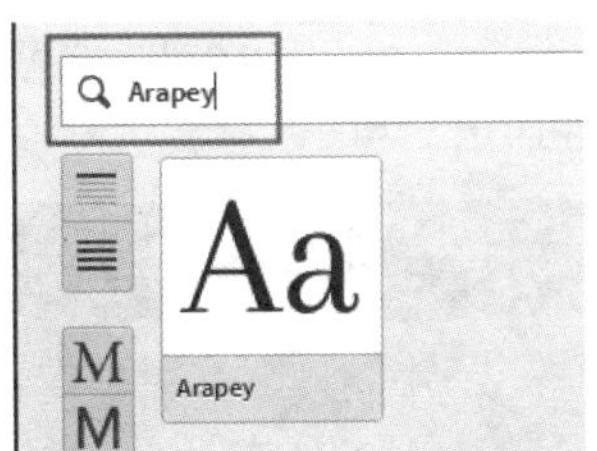

图 4-29

● **字体**

单击任意一个图标会出现与之相对应的字体供用户选择，如图 4-30 所示。

● **Edge Web Fonts Terms of Use（Edge Web Fonts 使用条款）**

单击该选项，可以弹出浏览器窗口并自动显示 Adobe 官方网站，在该网页中详细描述了字体的使用规范和条款，如图 4-31 所示。

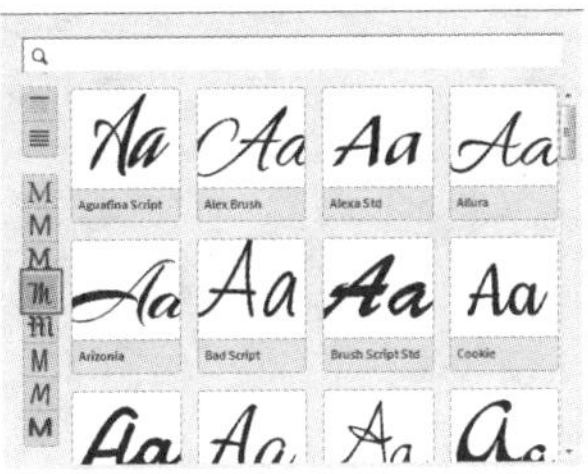

图 4-30

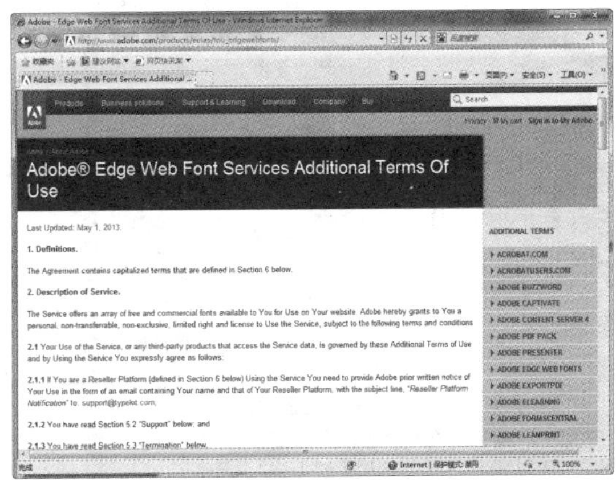

图 4-31

● **"Add Font（添加字体）"按钮**

当用户在窗口中选择了需要添加的 Web 字体后，单击该按钮，即可在字体下拉列表中添加该 Web 字体。

● **"Cancel（取消）"按钮**

如果用户不需要添加 Web 字体，可以单击该按钮，关闭添加 Web 字体窗口。

● **Custom（自定义）**

单击该选项卡，可以切换到"Custom（自定义）"选项卡，用户可以根据自己的需要自定义添加需要的字体，如图 4-32 所示，

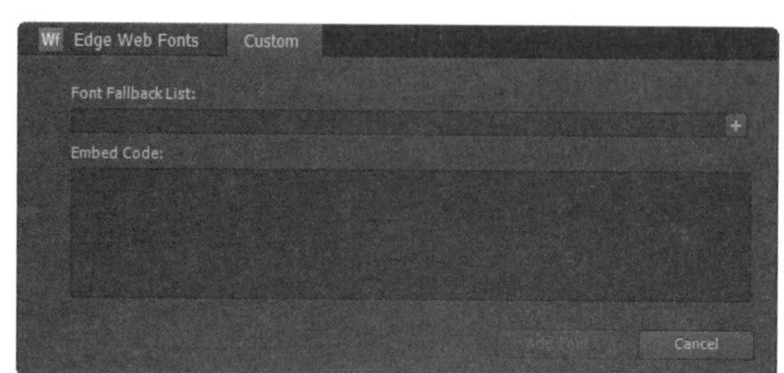

图 4-32

单击"Font Fallback List（字体后备列表）"选项后的+按钮，弹出下拉列表，列表中的字体都是 Edge Web Fonts 面板中没有提供的字体，如图 4-33 所示。

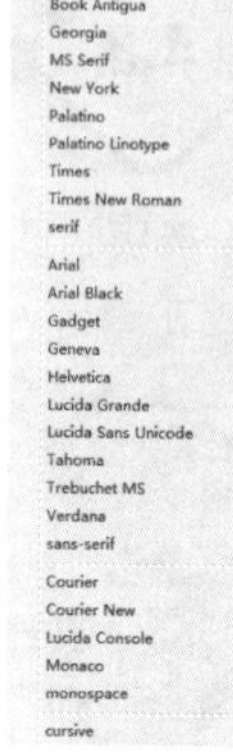

图 4-33

用户如果觉得"Edge Web Fonts"选项卡和"Font Fallback List（字体后备列表）"中的字体还是不够用，可以使用浏览器打开"谷歌字体"（免费的），把喜欢的字体代码复制到"Embed Code（嵌入代码）"文本框中，单击"Add Font（添加文字）"按钮，即可使用该字体，如图 4-34 所示。

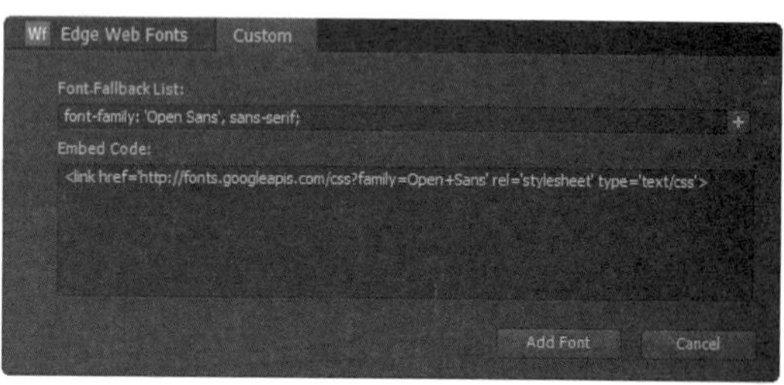

图 4-34

4.3.2 添加中文字体

Adobe Edge Animate 中提供了很多英文字体供用户选择和使用，并且提供了许多的 Web 字体可供添加，但是 Web 字体都是英文字体，并没有提供中文字体，如果用户需要在 Edge Animate 中使用中文字体，则需要自己添加本地的中文字体。本节将向读者介绍如何在 Adobe Edge Animate 中添加中文字体的方法。

单击"Library（库）"面板中"Fonts（字体）"选项右侧的"Add Web Font（添加 Web 字体）"按钮+，可以弹出添加 Web 字体对话框，如图 4-35 所示。

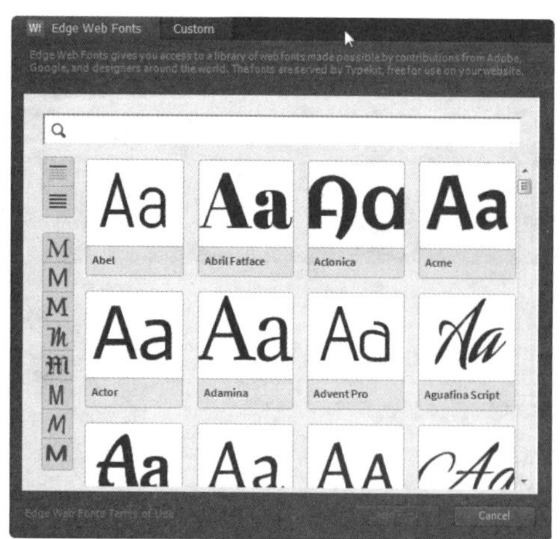

图 4-35

提示：

单击"属性"面板上的"Text（文本）"选项区中的"Add a web font（添加一个 Web 字体）"按钮+，或者在字体下拉列表中选择"Add Font（添加字体）"选项，同样可以弹出添加 Web 字体对话框。

单击"Custom（自定义）"选项卡，切换到"Custom（自定义）"选项设置界面，在"Font Fallback List（字体后备列表）"文本框中输入需要添加的中文字体名称，单击"Add Font（添加文字）"按钮，即可完成中文字体的添加，如图 4-36 所示。

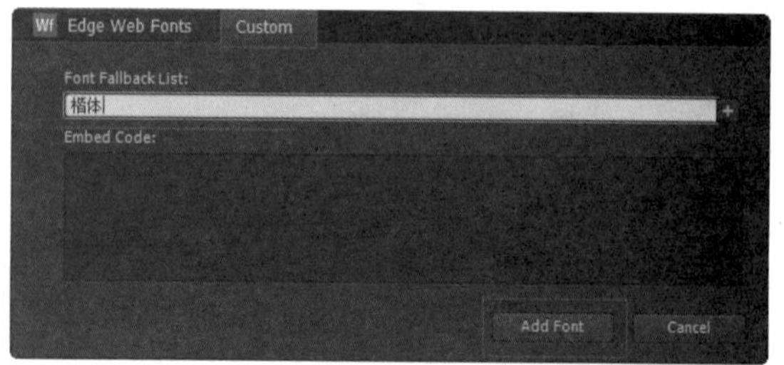

图 4-36

完成中文字体的添加后，用户可以在"Library（库）"面板中的"Fonts（字体）"选项区中看到刚添加的中文字体，如图 4-37 所示。也可以在

"Properties（属性）"面板中的"Text（文本）"选项区中的字体下拉列表中看到所添加的中文字体，如图 4-38 所示。

图 4-37

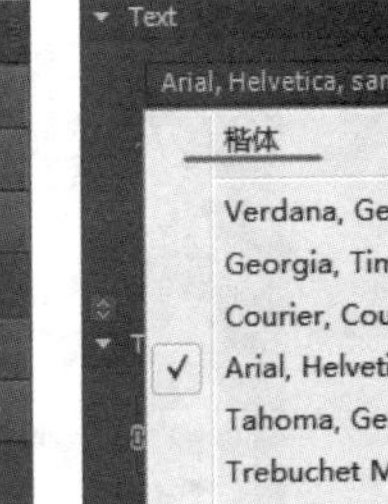

图 4-38

提示：

用户在使用字体的时候，每次添加的字体（包括中文字体和 Web 字体），在新建一个新的项目文档中都会丢失，需要用户重新添加，才能使用。

自测 2 制作网站静态广告

视频：光盘\视频\第 4 章\制作网站静态广告 .swf
源文件：光盘\源文件\第 4 章\制作网站静态广告\4-3-2.html

01 执行"File（文件）>New（新建）"命令，新建空白文件。执行"File（文件）>Save（保存）"命令，将文件保存为"光盘\源文件\第 4 章\制作网站静态广告\4-3-2.html"。

02 在"Properties（属性）"面板中对舞台相关属性进行设置，如图 4-39 所示。执行"File（文件）>Import（导入）"命令，导入素材图像"光盘\源文件\第 4 章\素材\a43201.jpg"，如图 4-40 所示。

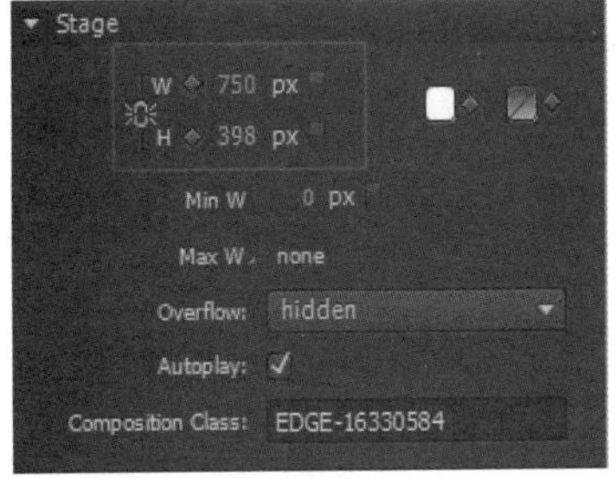

图 4-39

图 4-40

03 单击工具栏中"Text Tool（文本工具）"按钮 T，在舞台中合适的位置单击拖曳鼠标，绘制一个文本框，在弹出的"Text（文本）"窗口中输入文本，如图 4-41 所示。在"Properties(属性)"面板上的"Text（文本）"选项区中的字体下拉列表中选择"Add Font(添加字体)"选项，如图 4-42 所示。

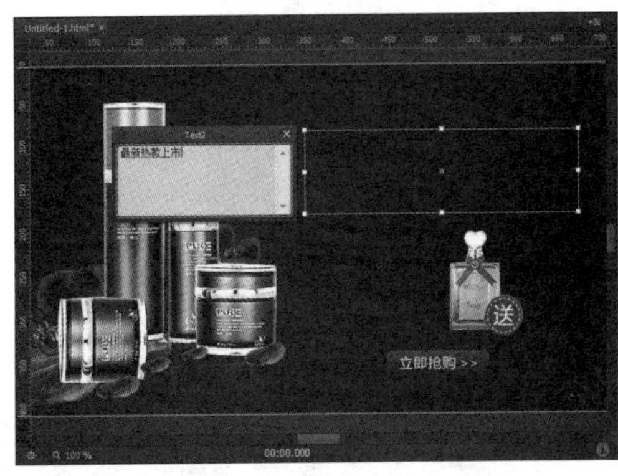

图 4-41

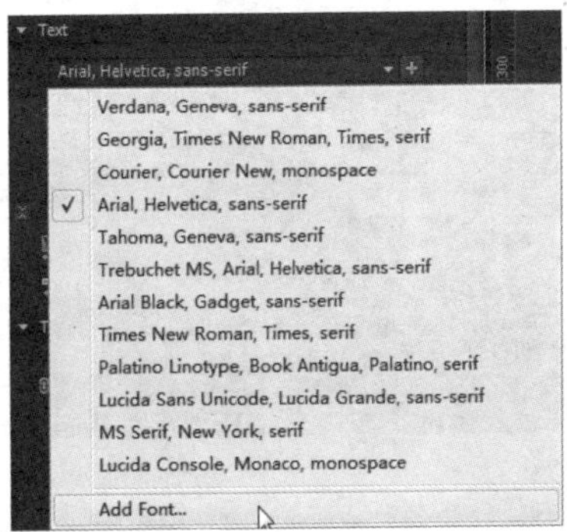

图 4-42

04 弹出添加 Web 字体对话框，单击"Custom（自定义）"选项卡，切换到"Custom（自定义）"选项设置界面中，如图 4-43 所示。在"Font Fallback List（字体后备列表）"文本框中输入需要添加的中文字体名称，如图 4-44 所示。

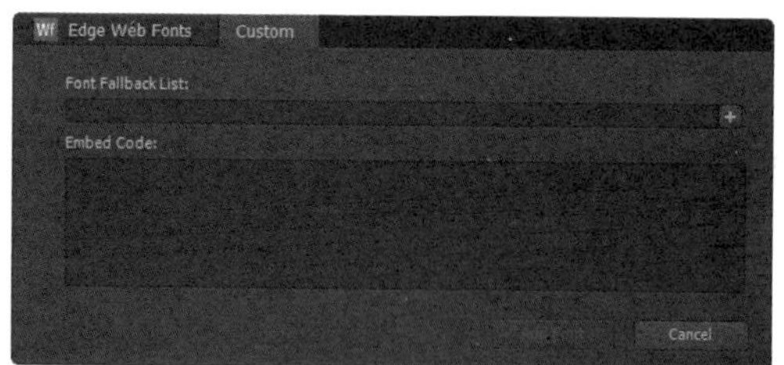

图 4-43

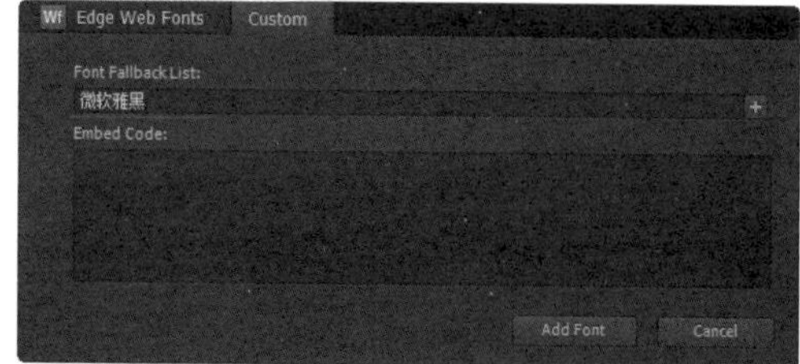

图 4-44

05 单击“Add Font（添加字体）”按钮，完成该中文字体的添加。在“Properties（属性）”面板中的“Text（文本）”选项区中对文字的相关属性进行设置，如图 4-45 所示。

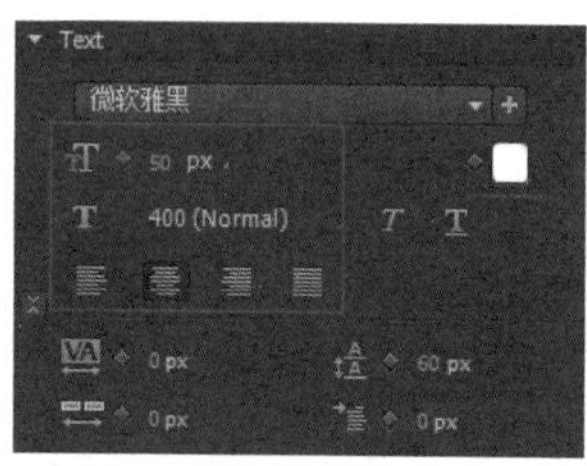

图 4-45

06 完成文字属性的设置，在舞台中可以看到文字的效果，如图 4-46 所示。采用相同的制作方法，完成其他文字的输入和设置，如图 4-47 所示。

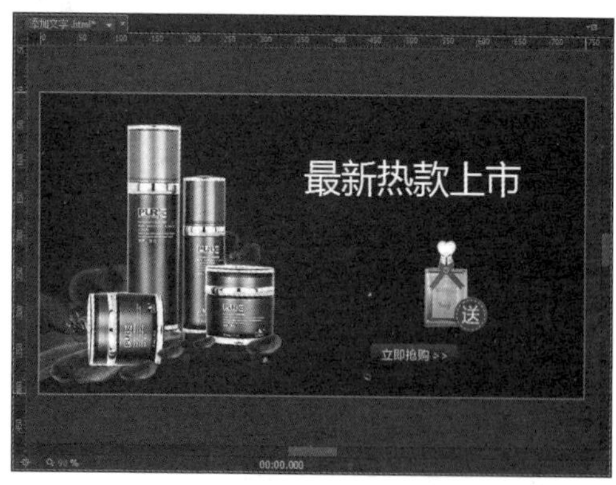

图 4-46

07 使用“Text Tool（文本工具）”，在舞台中单击拖曳鼠标，绘制一个文本框，在弹出的“Text（文本）”窗口中输入文本，如图 4-48 所示。在“Properties（属性）”面板中的“Text（文本）”选项区中对文字的相关属性进行设置，如图 4-49 所示。

08 完成文字属性的设置，执行“File（文件）>Save（保存）”命令，保存文件。执行“File（文件）>Preview In Browser（在浏览器中预览）”命令，效果如图 4-50 所示。

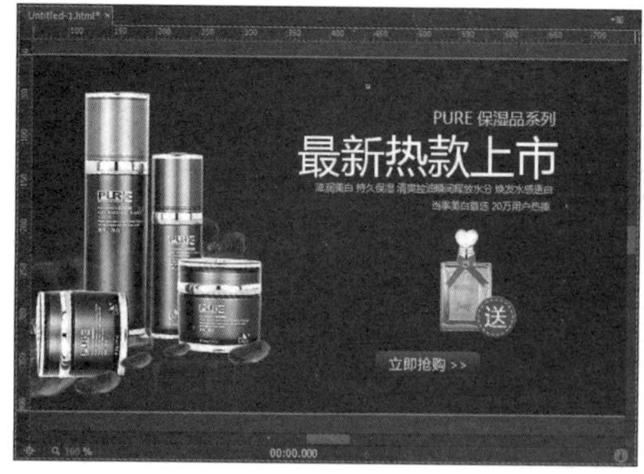

图 4-47

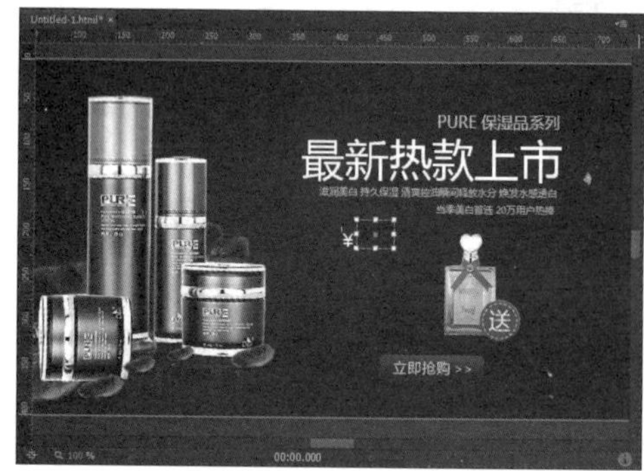

图 4-48

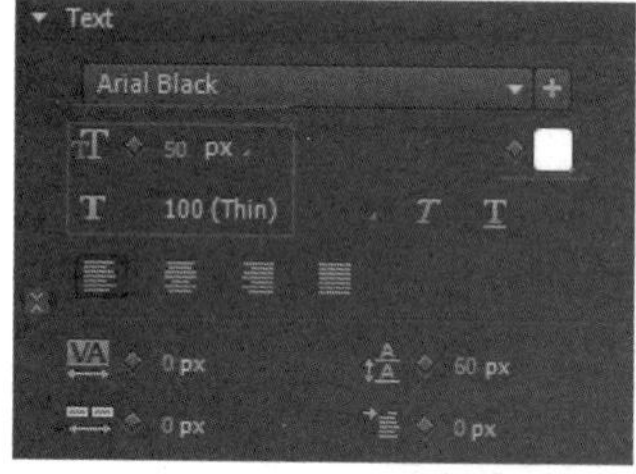

图 4-49

图 4-50

提示：

本案例中所用到的字体都是在计算机中已经下载好的，如果用户在制作案例的时候想用特别的字体，需要在网上下载，字体安装完毕后，在 Adobe Edge Animate 添加即可使用。

4.4 剪切文本边缘

在 Adobe Edge Animate 中为用户提供了简单的方法来剪切文本框，就是使用“Clip（裁切）”属性，通过设置该属性可以将过大的文本框修整齐，也可以把文本框中的文字裁切成一半，达到不一样的视觉效果。

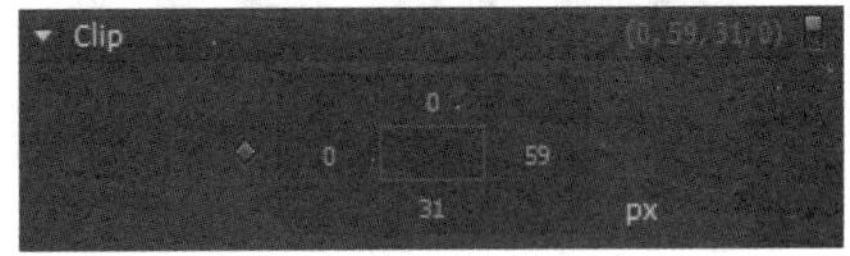

图 4-51

在“Properties（属性）”面板中单击“Clip（裁切）”选项区右侧的按钮，开启“Clip（裁切）”属性设置，可以在该选项区中对上、下、左、右 4 个方向的裁切值进行设置，如图 4-51 所示。

自测 3 制作文本裁切动画

视频：光盘\视频\第 4 章\制作文本裁切动画 .swf
源文件：光盘\源文件\第 4 章\制作文本裁切动画\4-4.html

01 执行“File（文件）>New（新建）”命令，新建空白文件。执行“File（文件）>Save（保存）”命令，将文件保存为“光盘\源文件\第 4 章\制作文本裁切动画\4-4.html”。

02 在“Properties（属性）”面板中对舞台相关属性进行设置，如图 4-52 所示。执行“File（文件）>Import（导入）”命令，导入素材图像“光盘\源文件\第 4 章\素材\a44101.jpg”，如图 4-53 所示。

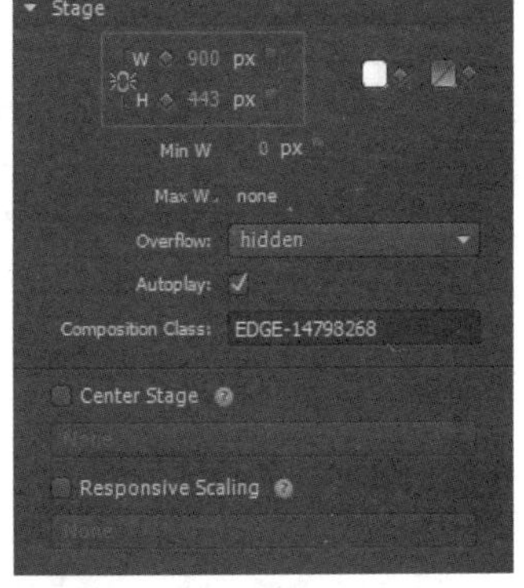

图 4-52

图 4-53

03 单击工具栏中的“Rectangle Tool（矩形工具）”按钮，在舞台中绘制一个矩形，如图 4-54 所示。激活时间轴上的“Auto-Keyframe Mode（自动关键帧）”、“Auto-Transition Mode（自动过渡帧）”和“Toggle Pin（设置时间定位点）”选项，如图 4-55 所示。

图 4-54

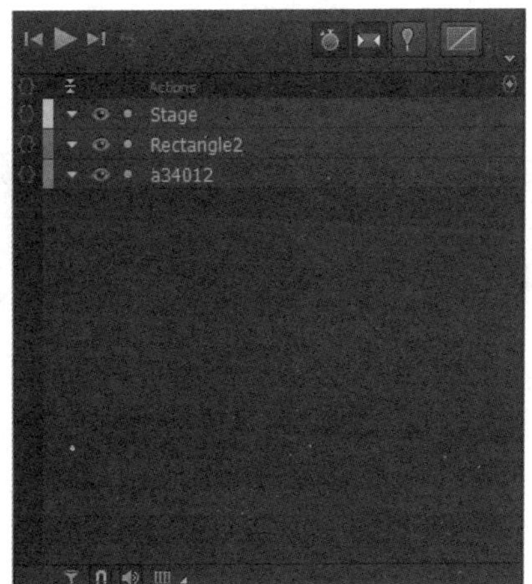

图 4-55

04 选中矩形，单击“Properties(属性)”面板中的“Clip（裁切）”选项区右侧的■按钮，开启“Clip（裁切）”属性设置，具体设置如图 4-56 所示。在舞台中可以看到矩形的效果，如图 4-57 所示。

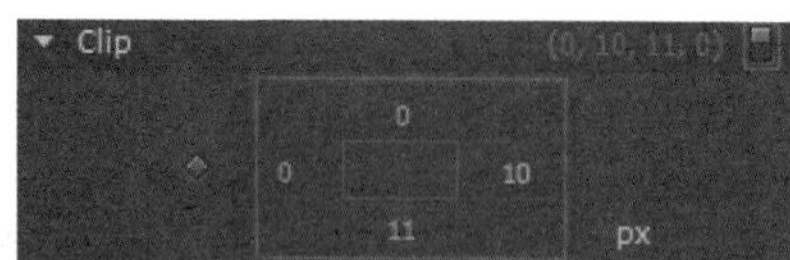

图 4-56

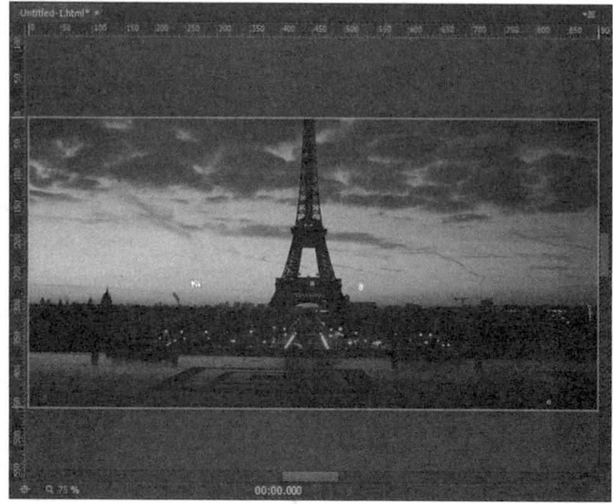
图 4-57

05 在“Timeline(时间轴)”面板中拖曳播放头到0:01位置，设置“Clip(裁切)”属性，如图 4-58 所示。在舞台中可以看到矩形的效果，如图 4-59 所示。

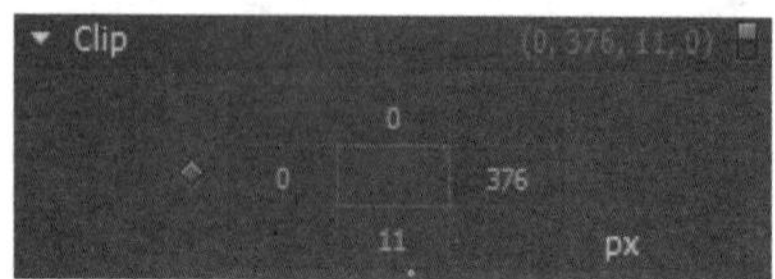

图 4-58

图 4-59

06 使用“Text Tool（文本工具）”，在舞台中输入文本，设置文本属性，如图 4-60 所示。舞台中的文本效果如图 4-61 所示。

07 在0:01位置，设置“Clip(裁切)”参数，如图 4-62 所示。在舞台中可以看到文本裁切的效果，如图 4-63 所示。

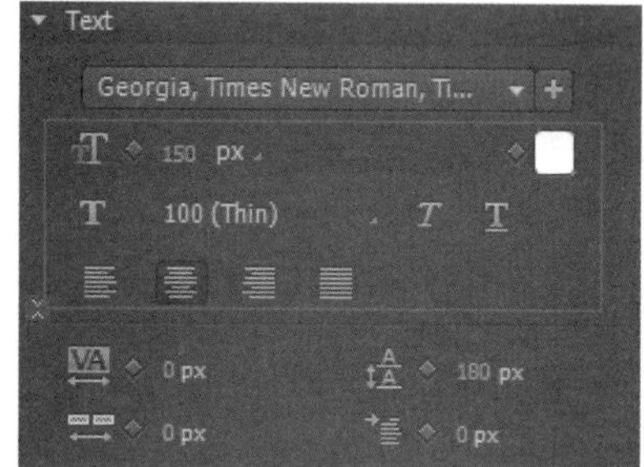

图 4-60

图 4-61

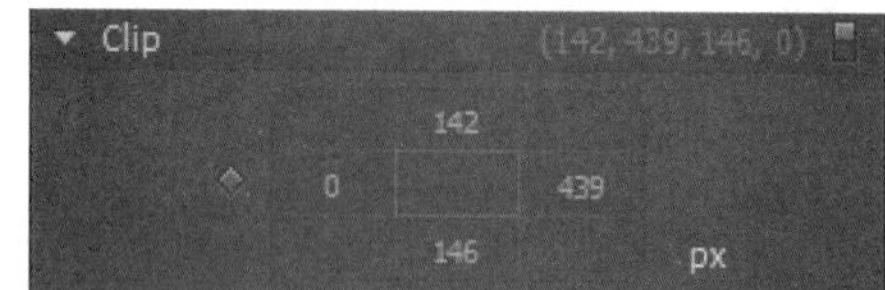

图 4-62

图 4-63

08 在“Timeline（时间轴）”面板中拖曳播放头到0:02.500位置，设置“Clip（裁切）”属性值，如图 4-64 所示。在舞台中可以看到文本裁切的效果，如图 4-65 所示。

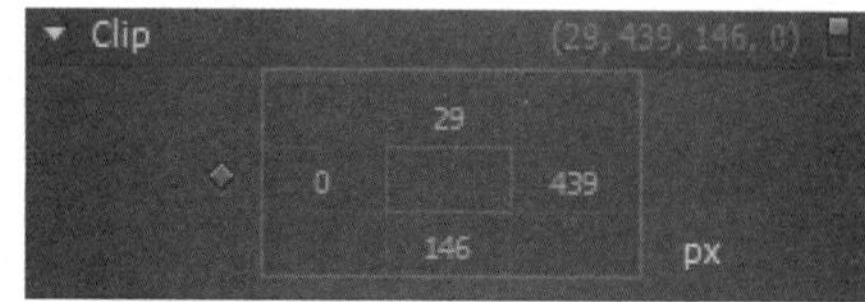

图 4-64

图 4-65

09 完成裁切文本动画效果制作，在“Timeline（时间轴）”面板中可以看到时间轴的效果，如图 4-66 所示。

图 4-66

10 执行“File（文件）>Save（保存）”命令，保存文件。执行“File（文件）>Preview In Browser（在浏览器中预览）”命令，在浏览器中预览动画效果，如图 4-67 所示。

图 4-67

4.5 使用文字特效

在 Adobe Edge Animate 中制作文字特效不像在其他网页软件中那么麻烦，省去了编写代码的繁琐，通过使用“Timeline（时间轴）”和“Properties（属性）”面板就可以制作出想要的文字特效。本节将向读者介绍如何在 Adobe Edge Animate 中制作各种文字特效。

4.5.1 阴影效果

添加阴影效果是一种使文字看起来更具有层次感和空间感的方法，在添加阴影的同时用户还可以对阴影的位置、颜色和清晰度等进行相应的设置，以达到需要的效果。

自测 4 制作阴影文字动画

视频：光盘 \ 视频 \ 第 4 章 \ 制作阴影文字动画 .swf
源文件：光盘 \ 源文件 \ 第 4 章 \ 制作阴影文字动画 \4-5-1.html

01 执行“File（文件）>New（新建）”命令，新建空白文件。执行“File（文件）>Save（保存）”命令，将文件保存为“光盘 \ 源文件 \ 第 4 章 \ 制作阴影文字动画 \4-5-1.html”。

02 在“Properties（属性）”面板中对舞台相关属性进行设置，如图 4-68 所示。执行“File（文件）>Import（导入）”命令，导入素材图像“光盘 \ 源文件 \ 第 4 章 \ 素材 \a45101.jpg”，如图 4-69 所示。

03 单击“Library（库）”面板中“Fonts（字体）”选项区右侧的“Add Web Font（添加 Web 文字）”按钮，弹出添加 Web 字体对话框，如图 4-70 所示。

04 单击“Custom（自定义）”选项卡，切换到该选项卡中，在“Font Fallback List（字体后备列表）”文本框中输入需要的字体名称，单击“Add Font（添加字体）”按钮，完成字体的添加，如图 4-71 所示。

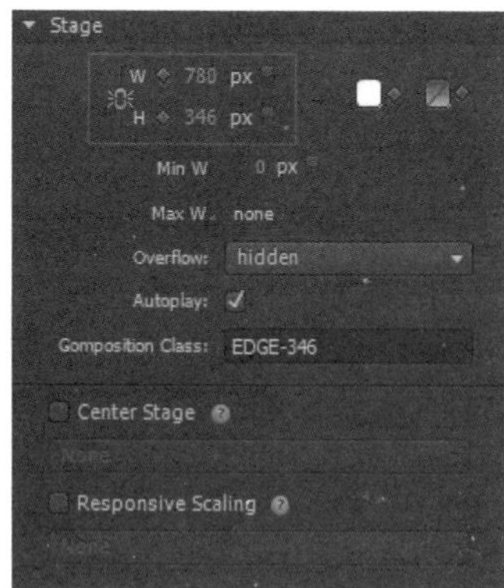

图 4-68

图 4-69

图 4-70

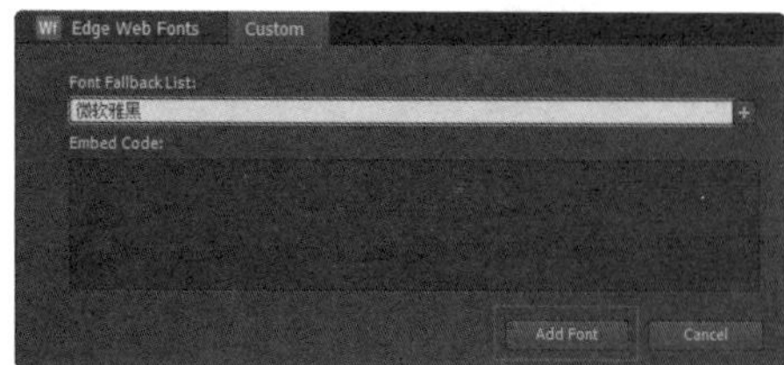

图 4-71

05 使用“Text Tool（文字工具）”，在舞台中合适的位置单击拖曳鼠标，绘制一个文本框，在“Text（文本）”窗口中输入文字，如图 4-72 所示。

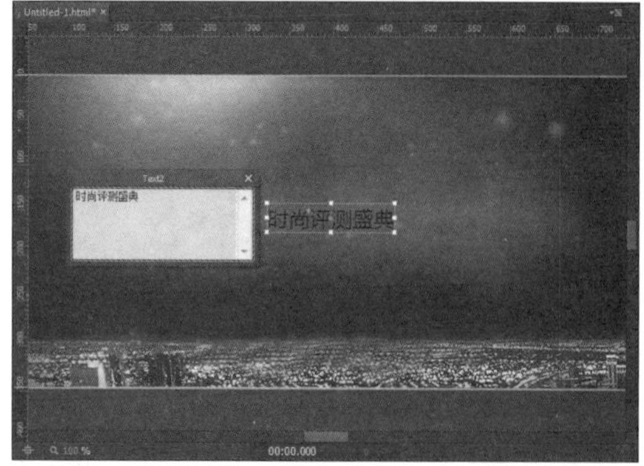

图 4-72

06 在“Properties（属性）”面板中的“Text（文本）”选项区中设置文字的相关属性，如图 4-73 所示。在舞台中可以看到文字的效果，如图 4-74 所示。

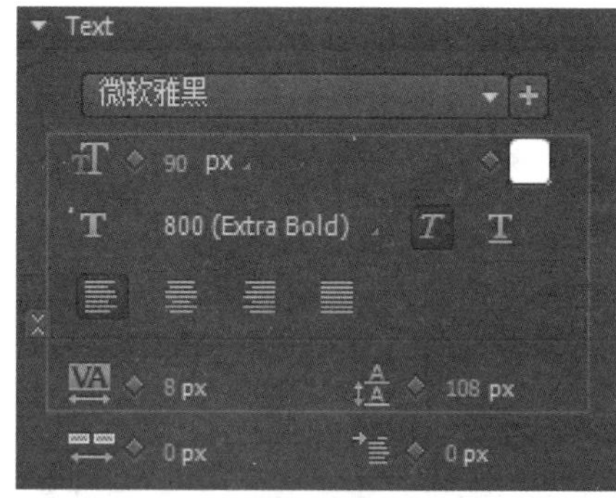

图 4-73

图 4-74

07 单击“Properties（属性）”面板中的“Shadow（阴影）”选项区右侧的■按钮，开启“Shadow（阴影）”属性设置，如图 4-75 所示。单击“阴影颜色”色块，在弹出的设置颜色窗口中设置阴影颜色，如图 4-76 所示。

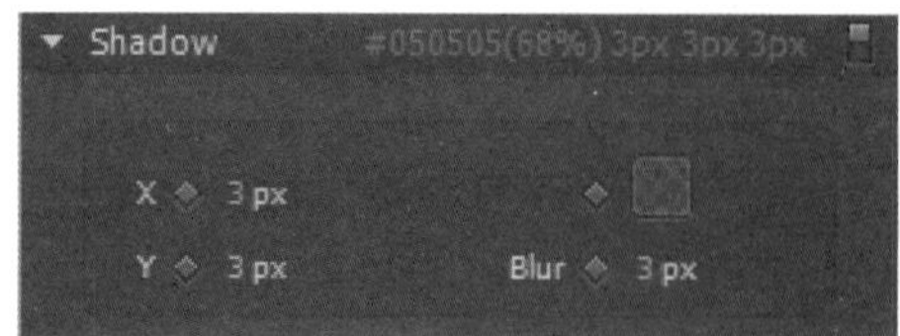

图 4-75

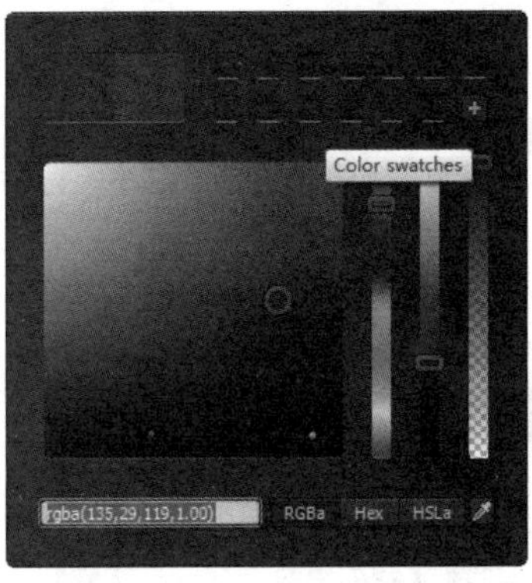

图 4-76

08 设置“Shadow（阴影）”选项区内的其他选项，如图 4-77 所示。在舞台中可以看到为文字添加的阴影效果，如图 4-78 所示。

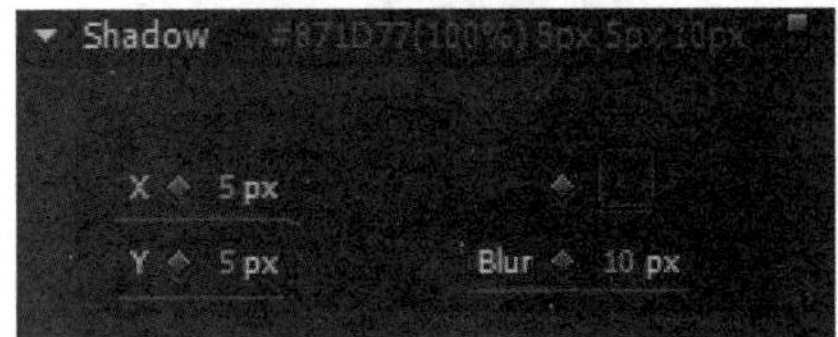

图 4-77

图 4-78

09 激活“Timeline（时间轴）”面板上的“Auto-Keyframe Mode（自动关键帧）”、“Auto-Transition Mode（自动过渡帧）”和“Toggle Pin（设置时间定位点）”功能，如图 4-79 所示。单击工具栏中的“Transform Tool（变换工具）”按钮，将文字等比例缩小，如图 4-80 所示。

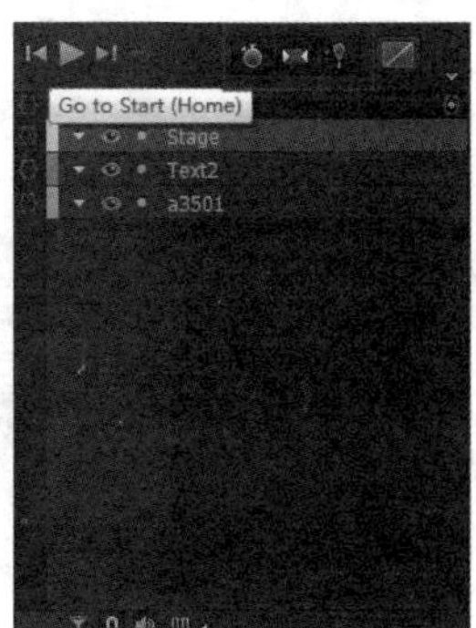

图 4-79

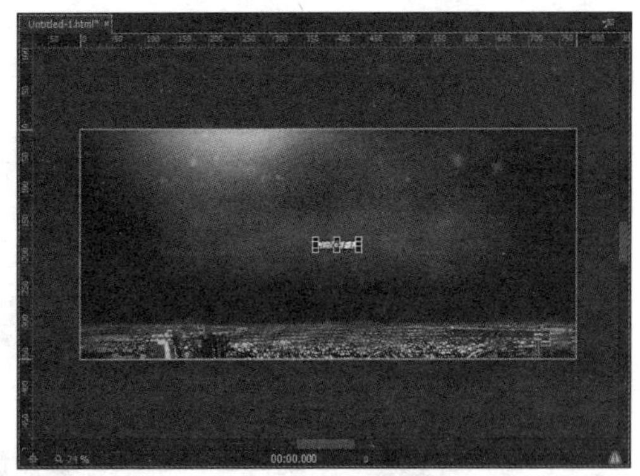

图 4-80

10 在“Properties（属性）”面板中设置“Opacity（不透明度）”属性为 0%，如图 4-81 所示，舞台效果如图 4-82 所示。

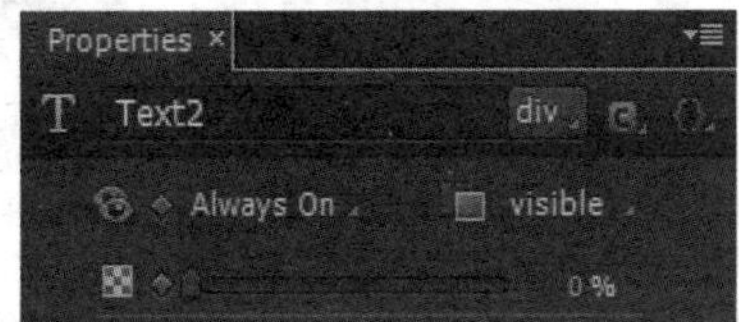

图 4-81

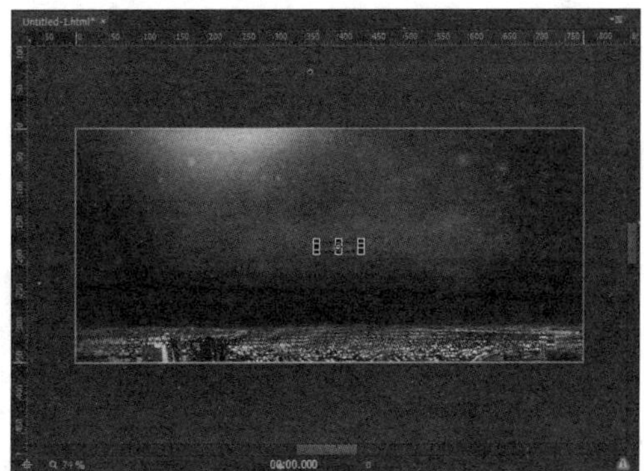

图 4-82

11 在“Timeline（时间轴）”面板中拖曳播放头到 0:01 位置，如图 4-83 所示。使用“Transform Tool（变换工具）”，将文字等比例放大，在“Properties（属性）”面板中设置“Opacity（不透明度）”属性为 100%，如图 4-84 所示。

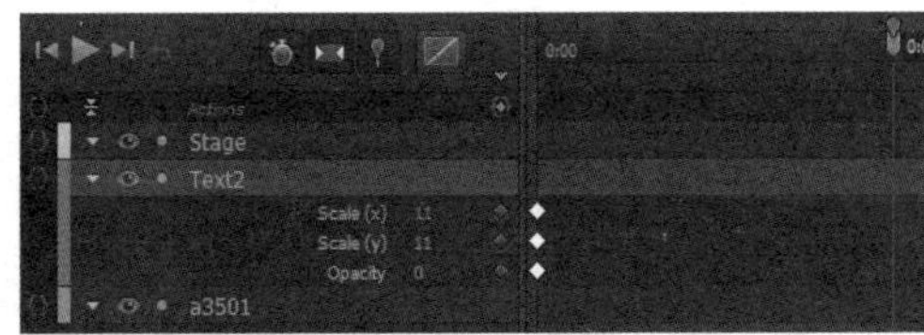

图 4-83

Properties
Text2 div
Always On visible
100 %

图 4-84

12 在“Timeline（时间轴）”面板的播放头位置自动添加关键帧，如图4-85所示，舞台效果如图4-86所示。

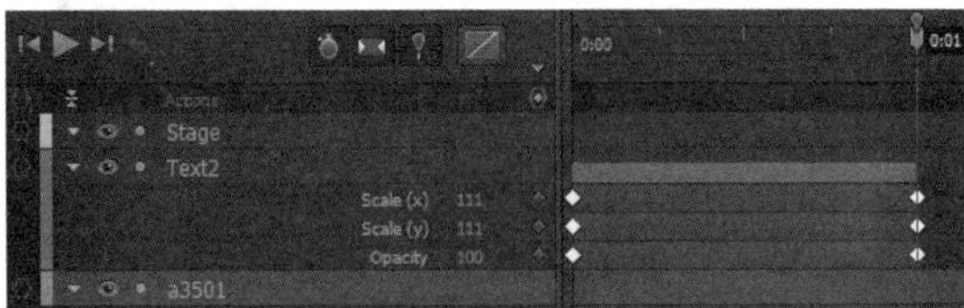

图 4-85

图 4-86

13 使用“Text Tool（文字工具）”，在舞台中输入相应的文本，并对文本的相关属性进行设置，如图4-87所示。将文本向上移动，并在“Properties（属性）”面板中设置“Opacity（不透明度）”属性为0%，如图4-88所示。

图 4-87

图 4-88

14 在“Timeline（时间轴）”面板中将播放头移至0:01.500位置，将文本向下移动，并在“Properties（属性）”面板中设置“Opacity（不透明度）”属性为100%，如图4-89所示，“Timeline（时间轴）”面板如图4-90所示。

图 4-89

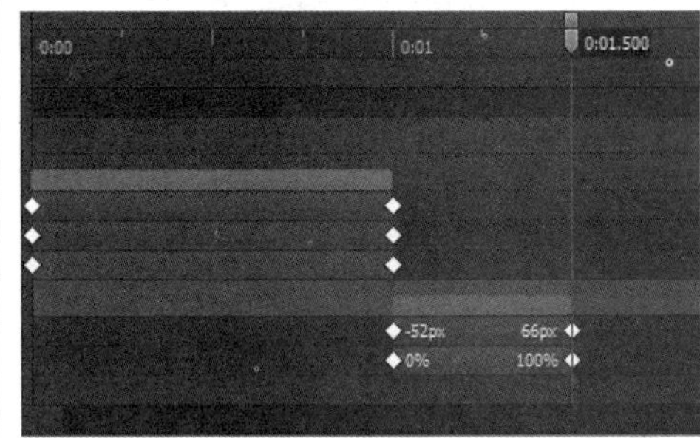

图 4-90

15 完成阴影文字动画效果的制作，执行“File（文件）>Save（保存）”命令，保存文件。执行“File（文件）>Preview In Browser（在浏览器中预览）”命令，在浏览器中预览动画效果，如图4-91所示。

图 4-91

4.5.2 弹跳效果

一个静态的文本加上缓动效果会让整个文本具有很强的动感、更吸引眼球，用户可以根据运动规律，运用添加关键帧的方式，进行弹跳效果的制作，也可以直接使用 Edge Animate 软件中自带的缓动效果来制作文字弹跳效果。

自测 5　制作文字弹跳动画

视频：光盘 \ 视频 \ 第 4 章 \ 制作文字弹跳动画 .swf
源文件：光盘 \ 源文件 \ 第 4 章 \ 制作文字弹跳动画 \4-5-2.html

01 执行“File（文件）>New（新建）”命令，新建空白文件。执行“File（文件）>Save（保存）”命令，将文件保存为“光盘 \ 源文件 \ 第 4 章 \ 制作文字弹跳动画 \4-5-2.html”。

02 在“Properties（属性）”面板中对舞台相关属性进行设置，如图 4-92 所示。执行“File（文件）>Import（导入）”命令，导入素材图像“光盘 \ 源文件 \ 第 4 章 \ 素材 \a45201.jpg”，如图 4-93 所示。

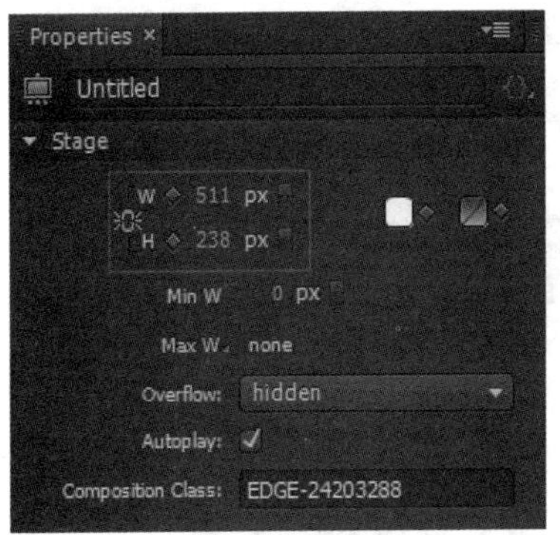

图 4-92

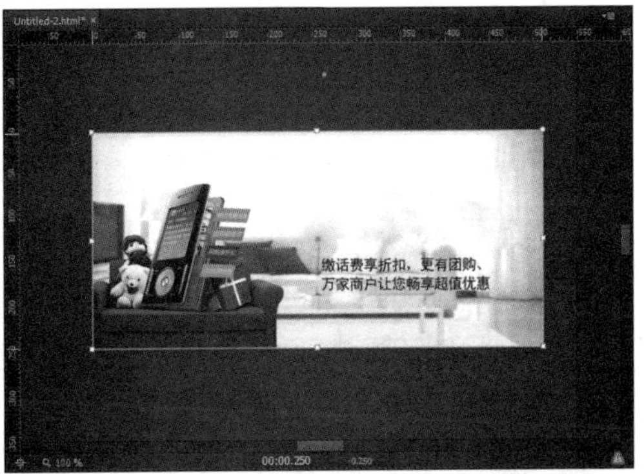

图 4-93

03 使用“Text Tool（文本工具）”，在舞台中合适的位置单击拖曳鼠标，绘制一个文本框，在“Text（文本）”窗口中输入文字，如图 4-94 所示。

04 在“Properties（属性）”面板中的“Text（文本）”选项区中设置文本的相关属性，如图 4-95 所示。在舞台中可以看到文字的效果，如图 4-96 所示。

图 4-94

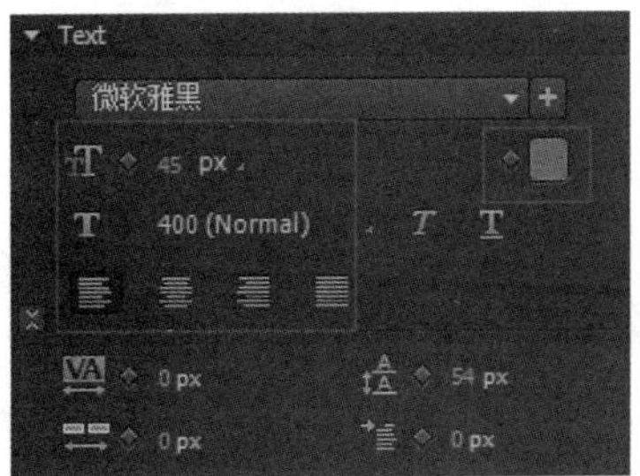

图 4-95

图 4-96

05 采用相同的制作方法，可以在舞台中输入其他文字，如图 4-97 所示。分别选中所输入的文字，单击“Properties（属性）”面板中“Position and Size（位置和大小）”选项区中 Y 选项的“Add Keyframe（添加关键帧）”按钮，为各文字在当前位置添加关键帧，如图 4-98 所示。

图 4-97

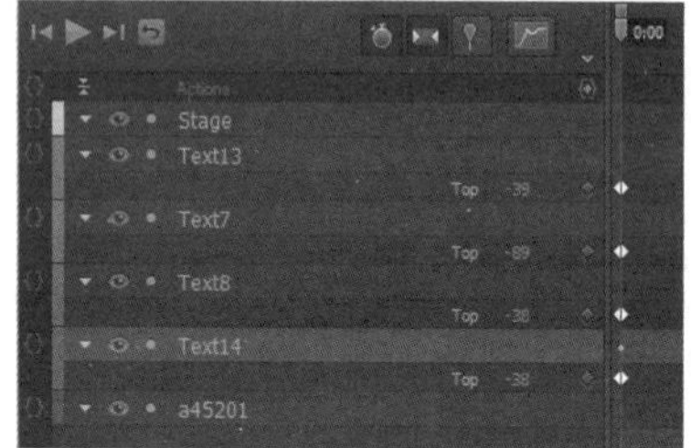
图 4-98

06 按住 Shift 键分别单击舞台中的多个文字，同时选中多个文字，并将文字向上移动，如图 4-99 所示。在“Timeline（时间轴）”面板中拖曳播放头到 00:01 位置，将选中的多个文字向下移动到合适的位置，如图 4-100 所示。“Timeline（时间轴）”面板如图 4-101 所示。

图 4-99

图 4-100

图 4-101

07 在“Timeline（时间轴）”面板中拖曳鼠标，选中所有文字动画，如图 4-102 所示。单击“Timeline（时间轴）”上的“Easing（缓动）”按钮，弹出“Easing（缓动）”对话框，选择需要应用的缓动效果，如图 4-103 所示。

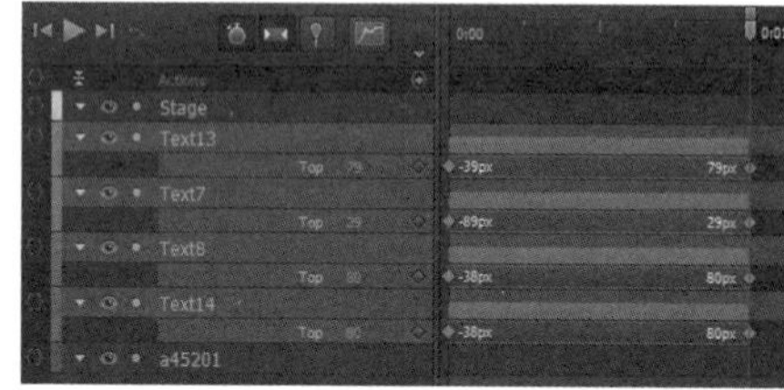
图 4-102

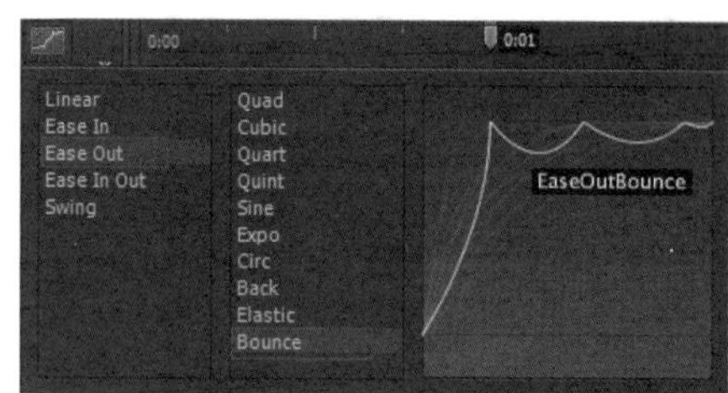

图 4-103

08 完成文字弹跳动画的制作，执行“File（文件）>Save（保存）”命令，保存文件。执行“File（文件）>Preview In Browser（在浏览器中预览）”命令，在浏览器中预览动画效果，如图 4-104 所示。

图 4-104

4.5.3 设置文字链接

在网页中，文字链接是很重要的一部分，一个网站有很多内容，但是不可能这么多内容都放在首页里，此时需要文字链接将其链接到另一个网页，使用户看到想看到的内容。在 Edge Animate 中制作动画，同样可以轻松地为文字设置链接。

自测 6　创建文字链接

视频：光盘\视频\第 4 章\创建文字链接 .swf

源文件：光盘\源文件\第 4 章\创建文字链接效果\4-5-3.html

01 执行"File（文件）>New（新建）"命令，新建空白文件。执行"File（文件）>Save（保存）"命令，将文件保存为"光盘\源文件\第 4 章\创建文字链接\4-5-3.html"。

02 在"Properties（属性）"面板中对舞台相关属性进行设置，如图 4-105 所示。执行"File（文件）>Import（导入）"命令，导入素材图像"光盘\源文件\第 4 章\素材\a45301.jpg"，如图 4-106 所示。

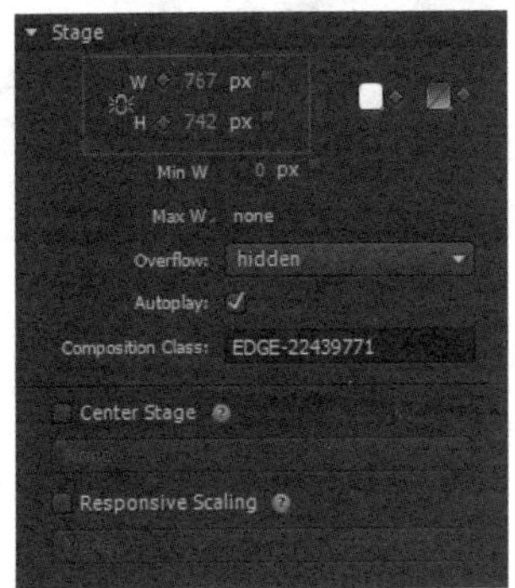

图 4-105

图 4-106

03 单击"Library（库）"面板中的"Fonts（字体）"选项区右侧的"Add Web Font（添加 Web 文字）"按钮，弹出添加 Web 字体对话框，如图 4-107 所示。单击"Custom（自定义）"选项卡，切换到该选项卡中，在"Font Fallback List（字体后备列表）"文本框中输入需要添加的字体名称，单击"Add Font（添加字体）"按钮，如图 4-108 所示。

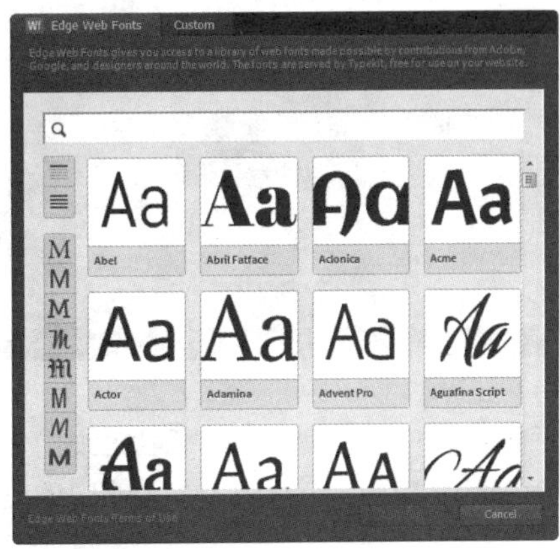

图 4-107

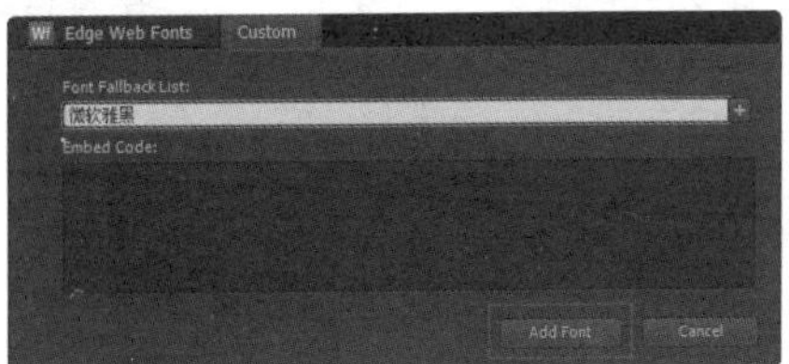

图 4-108

04 使用"Text Tool（文字工具）"，在舞台中合适的位置单击拖曳鼠标，绘制一个文本框，在"Text（文本）"窗口中输入文字，如图 4-109 所示。在"Properties（属性）"面板中的"Text（文本）"选项区中设置文字的相关属性，如图 4-110 所示。在舞台中可以看到文字的效果，如图 4-111 所示。

图 4-109

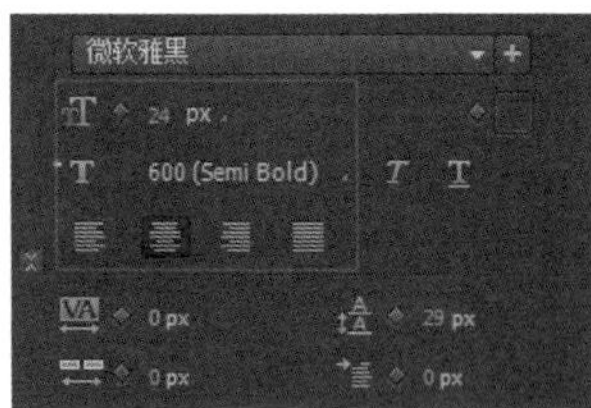

图 4-110

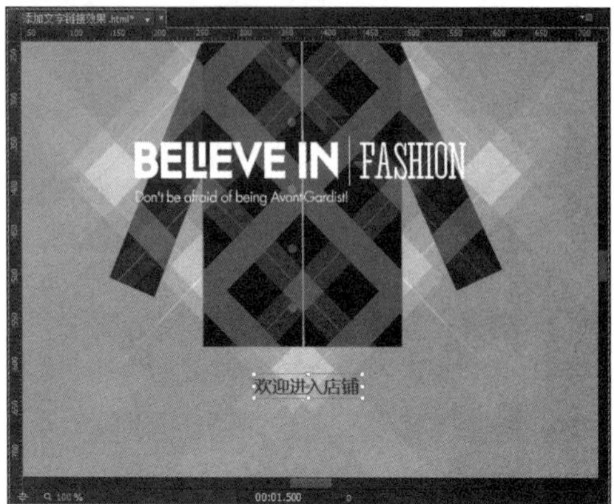

图 4-111

05 激活“Timeline（时间轴）”面板上的“Auto-Keyframe Mode（自动关键帧）”、“Auto-Transition Mode（自动过渡帧）”和“Toggle Pin（设置时间定位点）”功能，如图 4-112 所示。使用“Transform Tool（变换工具）”，在舞台中将文字等比例缩小，如图 4-113 所示。

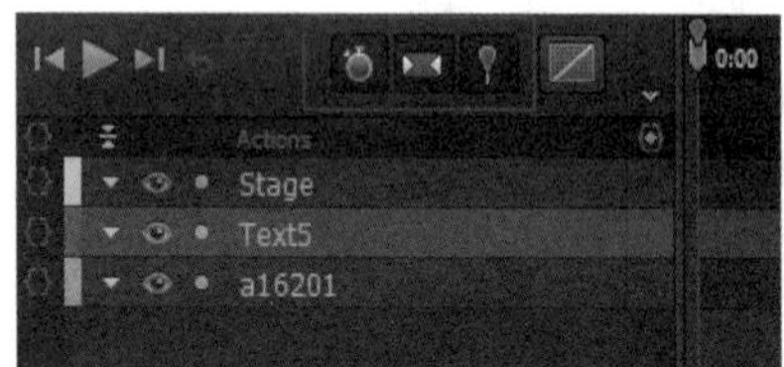

图 4-112

图 4-113

06 在“Properties（属性）”面板中的“Text（文本）”选项区中单击文本颜色按钮，在弹出的颜色设置窗口中设置文本颜色，如图 4-114 所示。在舞台中可以看到文字的效果，如图 4-115 所示。

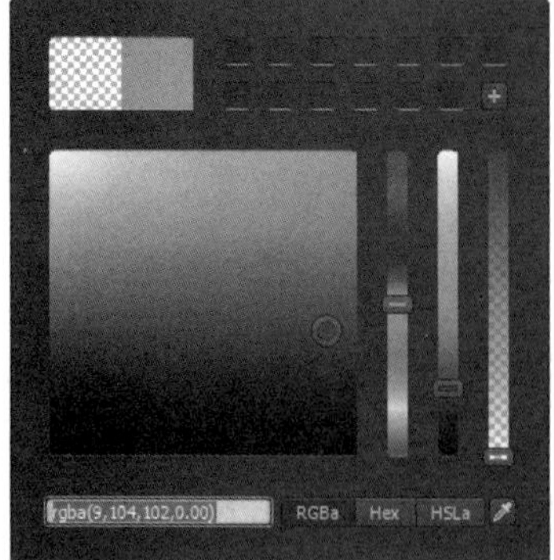

图 4-114

图 4-115

提示：

此处是通过设置文字颜色的透明度来实现文字在舞台中完全透明的效果的，除了可以使用该方法外，还可以在“Properties（属性）”面板中设置“Opacity（不透明度）”属性来实现文字在舞台中的透明效果。

07 拖曳“Timeline（时间轴）”面板上的播放头到 00:01.00 位置，将文字等比例放大，如图 4-116 所示，“Timeline（时间轴）”面板如图 4-117 所示。

图 4-116

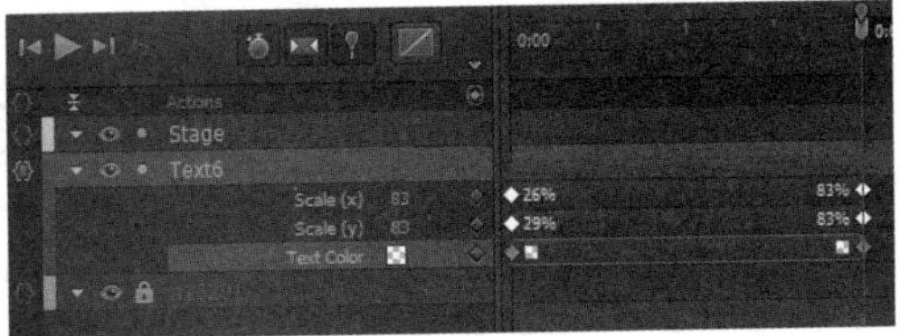

图 4-117

08 在“Properties（属性）”面板中的“Text（文本）”选项区中单击文本颜色按钮，在弹出的颜色设置窗口中设置文本颜色，如图 4-118 所示。在舞台中可以看到文字的效果，如图 4-119 所示。

图 4-118

图 4-119

09 拖曳“Timeline（时间轴）”面板上的播放头到 00:01.250 位置。在“Properties（属性）”面板中的“Text（文本）”选项区中单击文本颜色按钮，在弹的颜色设置窗口中设置文本颜色，如图 4-120 所示。在舞台中可以看到文字的效果，如图 4-121 所示。

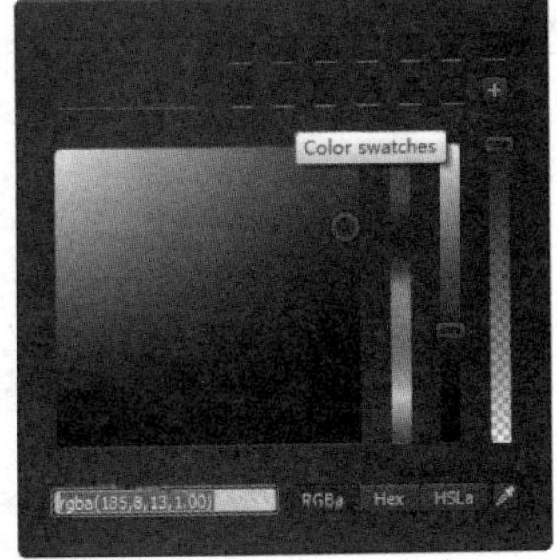

图 4-120

图 4-121

10 拖曳“Timeline（时间轴）”面板上的播放头到 00:01.500 位置，修改字体颜色与之前相同，如图 4-122 所示，“Timeline（时间轴）”面板如图 4-123 所示。

图 4-122

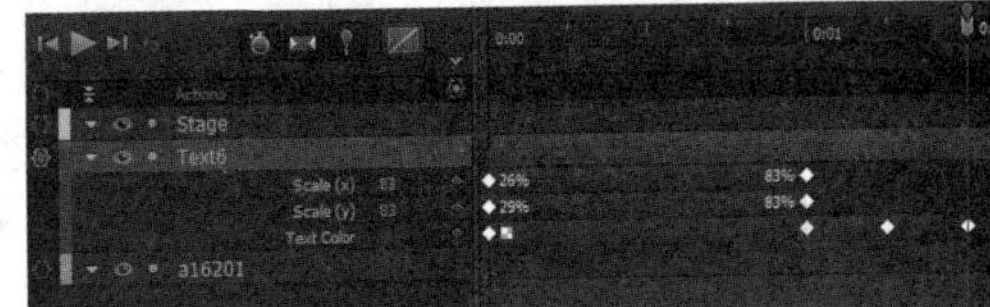

图 4-123

11 单击“Timeline（时间轴）”面板左侧的“Open Actions（打开动作）”按钮，弹出“动作”对话框，单击对话框左上角的按钮，在弹出菜单中选择 mouseover 选项，如图 4-124 所示。选择相应的选项后，会在对话框中显示代码编写窗口，在右侧单击 Play 按钮，即可在“动作”对话框中添加相应的脚本代码，如图 4-125 所示。

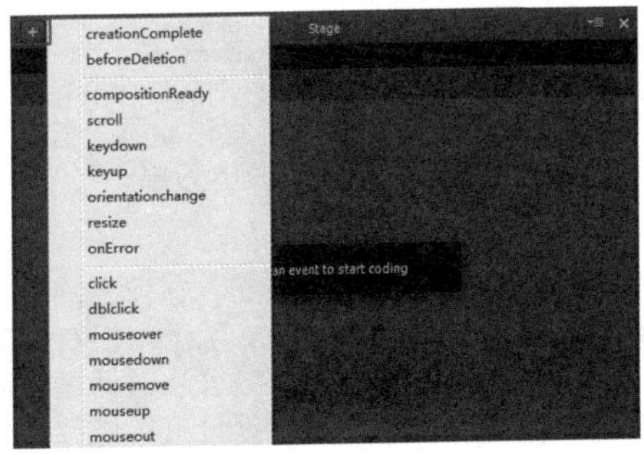

图 4-124

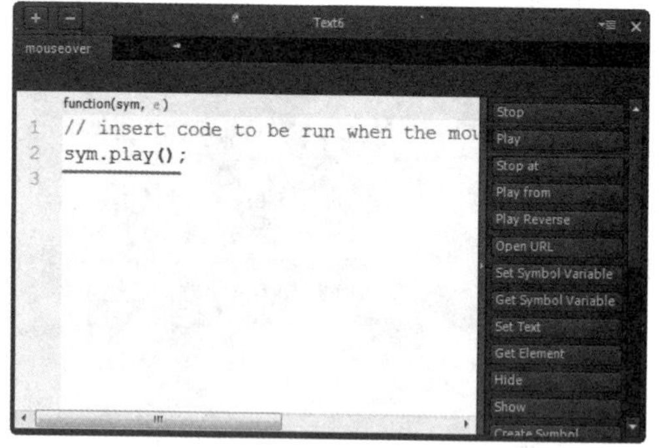
图 4-125

12 单击该对话框左上角的+按钮，在弹出的菜单中选择 mouseout 选项，如图 4-126 所示。在右侧单击 Play 按钮，即可在“动作”对话框中添加相应的脚本代码，如图 4-127 所示。

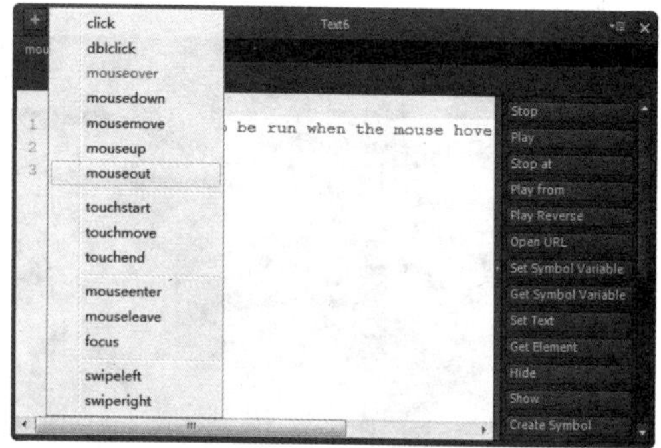
图 4-126

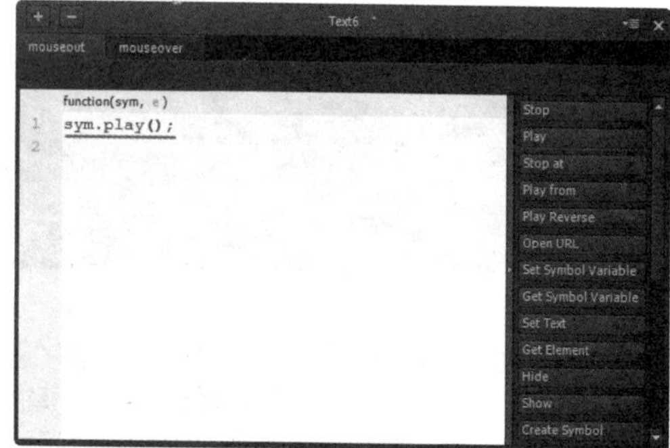
图 4-127

提示：

mouseover 表示鼠标移至该文字上方时；mouseout 表示鼠标移开该文字上方时。通过添加这两个事件，并分别设置动作为 play，实现鼠标移至文字上方时播放时间轴动画，鼠标移开文字上方时播放时间轴动画的效果。

13 单击对话框左上角的+按钮，在弹出的菜单中选择 click 选项，如图 4-128 所示。在右侧单击 Open URL 按钮，即可在“动作”对话框中添加相应的脚本代码，对链接地址进行修改，如图 4-129 所示。

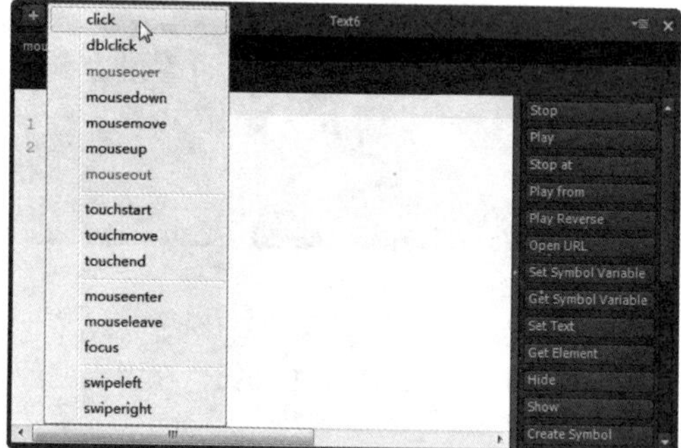
图 4-128

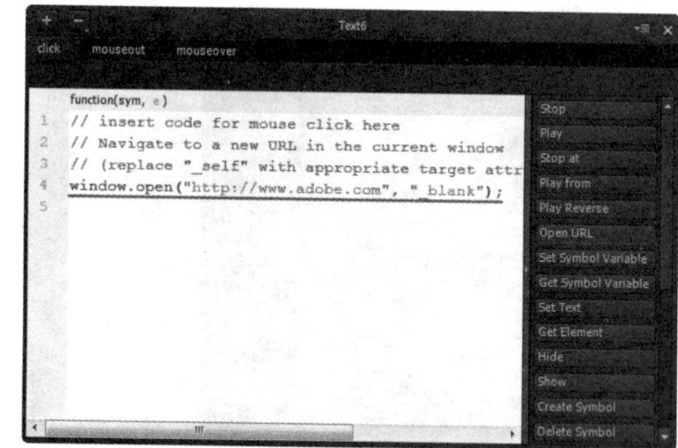
图 4-129

提示：

click 事件表示单击该文字时，click 事件与 Open URL 动作结合使用，可以实现单击文字跳转到相应的链接地址，从而实现文字链接的效果。

14 拖曳“Timeline（时间轴）”面板上的播放头到 00:01 位置，单击“Insert Trigger（插入触发器）”按钮，如图 4-130 所示。在弹出的“Tigger（触发器）”对话框中单击右侧的 Stop 按钮，插入相应的脚本代码，如图 4-131 所示。

图 4-130

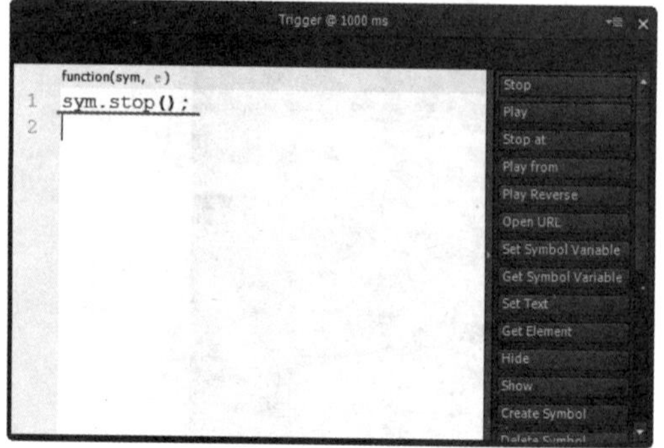
图 4-131

提示：

触发器用于控制时间轴动画的播放、停止、跳转等。此处插入的触发器并添加 stop 脚本，表示当时间轴动画播放到当前位置时停止播放。

15 采用相同的制作方法，将播放头移至 00:01.250 位置，插入触发器并添加相同的代码，如图 4-132 所示。拖曳播放头到 00:01.500 位置，单击“Insert Trigger（插入触发器）”按钮，在弹出的“Tigger（触发器）”对话框中单击右侧的 Stop at 按钮，插入相应的脚本代码，并设置相应的值，如图 4-133 所示。

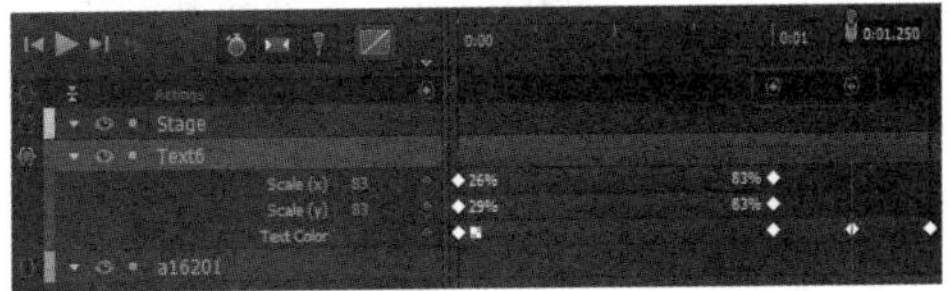

图 4-132

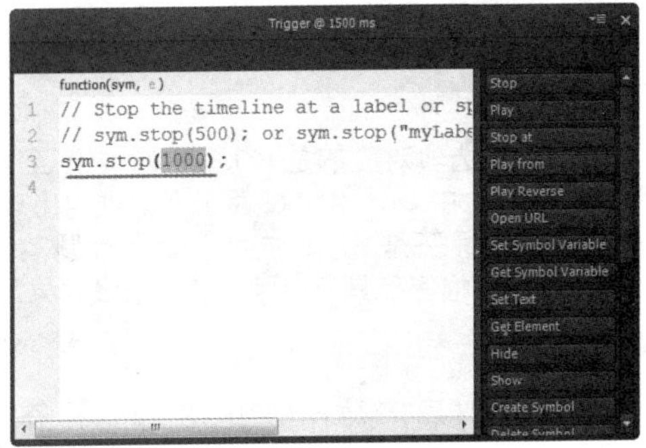

图 4-133

提示：

此处插入的触发器并添加 stop at 脚本，表示当时间轴动画播放到当前位置时跳转到指定的位置并停止播放。此处输入的 1 000 表示 1 000 毫秒，即“Timeline（时间轴）”面板中的 0:01 位置。

16 完成代码的输入，选中舞台中的链接文本，在“Properties（属性）”面板中单击“Cursor（光标）”选项区右侧的 按钮，在弹出的窗口中选择相应光标效果，如图 4-134 所示。

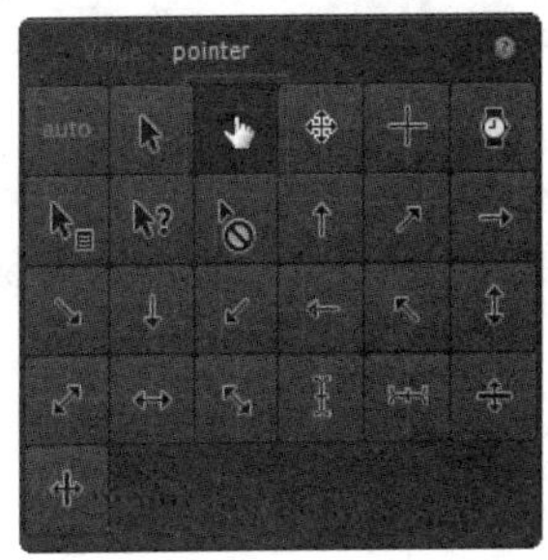

图 4-134

17 完成文字链接的创建，执行“File（文件）>Save（保存）”命令，保存文件。执行“File（文件）>Preview In Browser（在浏览器中预览）”命令，在浏览器中预览动画效果，如图 4-135 所示。单击动画中设置链接的文字，即可打开相应的网页，如图 4-136 所示。

图 4-135

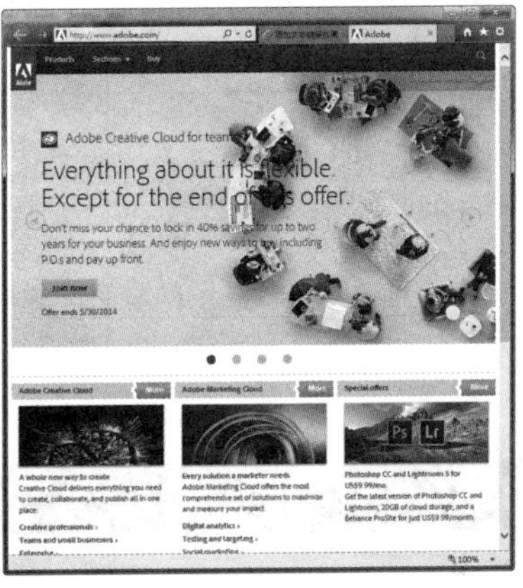

图 4-136

提示：

通过本实例的制作，读者可以了解在 Edge Animate 动画中超链接是通过 Open URL 动作来实现的。关于 Edge Animate 动画中脚本的编写，将在后面的章节中进行详细介绍。

4.6 Edge Animate 中的 HTML 标签

在 Edge Animate 中制作动画时，常常会使用到一些标准的 HTML 标签。用户可以在制作动画的过程中为所创建的文本应用相应的 HTML 标签，这样做的好处是，可以帮助用户统一不同标签中文本的格式。例如，所有段落 <p> 标签中的文字显示为 12 像素大小，而所有标签 <H1> 标签中的文字显示为 24 像素大小。

选中舞台中输入的文字，单击“Properties（属性）”面板上的“Title（标签）”文本框后的按钮，如图 4-137 所示，在弹出的菜单中可以选择需要环绕该文本的 HTML 标签，如图 4-138 所示。默认情况下，使用 div 标签对文本进行环绕。

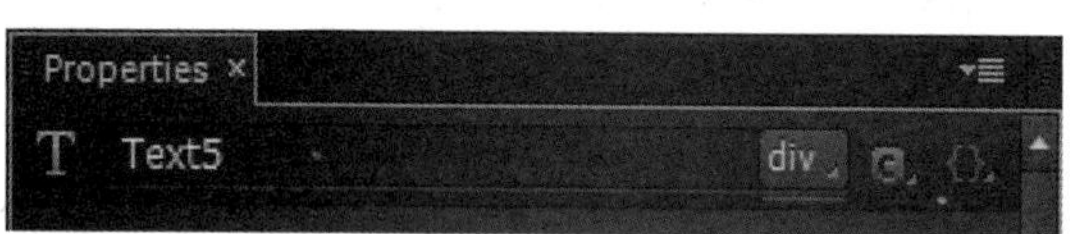

图 4-137

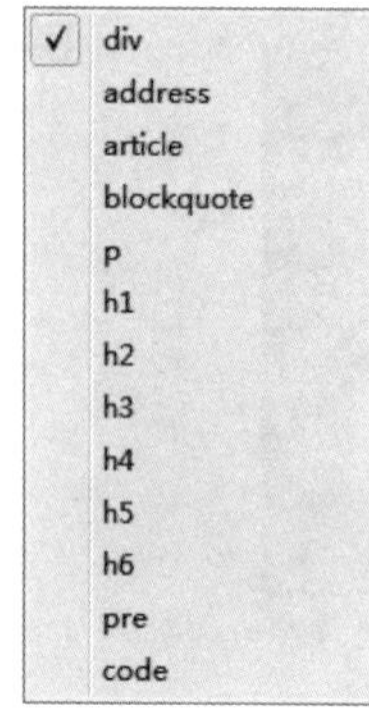

图 4-138

● **div**

该选项对应的是 HTML 中的 <div> 标签，在 HTML 代码中 <div> 标签是成对出现的，有开始标签就必须有结束标签 </div>。<div> 标签用来在 HTML 文档中定义一个部分，通过使用该标签可以将文档分割为独立的、不同的部分。<div> 标签可以用作严格的组织工具，并且不使用任何格式与其关联。

● **address**

该选项对应的是 HTML 中的 <address> 标签，在 HTML 代码中 <address> 标签是成对出现的，有开始标签就必须有结束标签 </address>。<address> 标签用于标记该文档的作者和提供详细的联系方式。

● **article**

该选项对应的是 HTML 中的 <article> 标签，该标签是 HTML5 新增的标签，同样需要成对出现。<article> 标签用于标示文章的内容。

● **blockquote**

该选项对应的是 HTML 中的 <blockquote> 标签，在 HTML 代码中 <blockquote> 标签是成对出现的，常使用 <blockquote> 标签来定义块引用。<blockquote> 与 </blockquote> 之间的所有文本都会从常规文本中分离出来，经常会在左、右两边进行缩进，而且有时会使用斜体。

● **p**

该选项对应的是 HTML 中的 <p> 标签，在 HTML 代码中 <p> 标签是成对出现的。<p> 标签是 HTML 中最常见的标签之一，用于标示文档中的一个段落文本。

● **h1 至 h6**

h1 至 h6 选项对应的是 HTML 中的 <h1> 至 <h6> 标签，在 HTML 中 <h1> 至 <h6> 标签都是成对出现的。<h1> 至 <h6> 标签是 HTML 中用于定义标题效果的标签，每一个标签都具有一种默认的预设效果。

● **pre**

该选项对应的是 HTML 中的 <pre> 标签，在 HTML 代码中 <pre> 标签是成对出现的。<pre> 标签用于定义预格式化文本，被包围在 <pre> 与 </pre> 标签之间的文本通常会保留空格和换行符，文本也会呈现等宽字体。

● **code**

code 选项对应的是 HTML 中的 <code> 标签，在 HTML 代码中 <code> 标签是成对出现的。<code> 标签用于定义计算机代码文本，使其可用于特殊格式化文本。

4.7 本章小结

本章主要是引领读者快速掌握文本的一些简单使用方法，如何添加文本、设置文本的属性、添加一些简单的文本特效、设置文字的链接等。希望读者通过本章的学习，可以掌握在 Adobe Edge Animate 中添加和设置文本，以及制作文字动画的方法和技巧。

第⑤章 使用时间轴制作动画

使用时间轴制作动画

在 Edge Animate 中制作动画效果，“Timeline（时间轴）”面板的应用是必不可少的，几乎所有的动画都需要在“Timeline（时间轴）”面板中完成。在动画制作中，元素的移动、形状的改变、颜色的变化，这些属性都会在时间轴上通过关键帧的运用达到想要的效果。在本章节中将向读者介绍“Timeline（时间轴）”面板的应用方法和技巧，并且通过动画实例的制作使读者掌握如何在时间轴中制作动画。

本章知识点：

- 了解元素层的功能
- 掌握编辑元素层的方法
- 了解元素层的状态
- 认识“TimeLine（时间轴）”面板
- 掌握“Timeline（时间轴）”面板的基本操作方法
- 掌握缓动效果的使用方法

5.1 关于元素层

元素层犹如堆在一起的透明纤维纸，在不包含内容的元素层区域中，可以看到下面元素层中的内容，元素层有助于管理动画、控制动画，每个元素层之间的动画互不影响。

5.1.1 元素层的类型

在 Edge Animate 项目文档中，导入的素材、绘制的图形、输入的文字等都会自动创建相应的元素层，通过元素层可以更好地管理舞台的元素。本节将向读者介绍 Edge Animate 中元素层的类型，如图 5-1 所示。

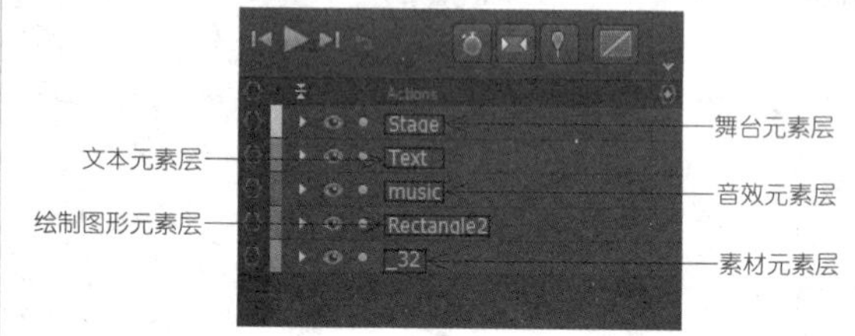

图 5-1

● **舞台元素层**

创建新文档时会出现默认的元素层，该元素层出现在所有其他元素层的上方，通过该元素层可以控制动画文档的整体属性。

● **文本元素层**

使用工具栏中的“Text Tool（文本工具）”在舞台中绘制文本框，并输入文本，在“Timeline（时间轴）”面板上会自动创建文本元素层。

● **音效元素层**

执行“File（文件）>Import（导入）”命令，导入音频素材，在“Timeline（时间轴）”面板上会生成该音频素材元素层。

● **绘制图形元素层**

使用工具栏上的三个绘图工具在舞台上绘制图形，在“Timeline（时间轴）”上会出相应的图形元素层，如使用“Rectangle Tool（矩形工具）”在舞台上绘制矩形，“Timeline（时间轴）”上则会出现默认名称为“Rectangle”的元素层。

● **素材元素层**

在 Edge Animate 文档中导入外部素材图像时，“Timeline（时间轴）”面板中就会出名称为图像文件名称的素材元素层。

5.1.2 创建元素层

添加元素层的方法很简单，在 Edge Animate 中创建一个空白文档，会默认创建一个“Stage（舞台）”元素层，如图 5-2 所示。

图 5-2

用户可以使用工具栏上的三个绘图工具或者“Text Tool（文本工具）”在舞台上绘制图形或输入文本，“Timeline（时间轴）”面板上会自动生成相应的元素层，如图 5-3 所示。

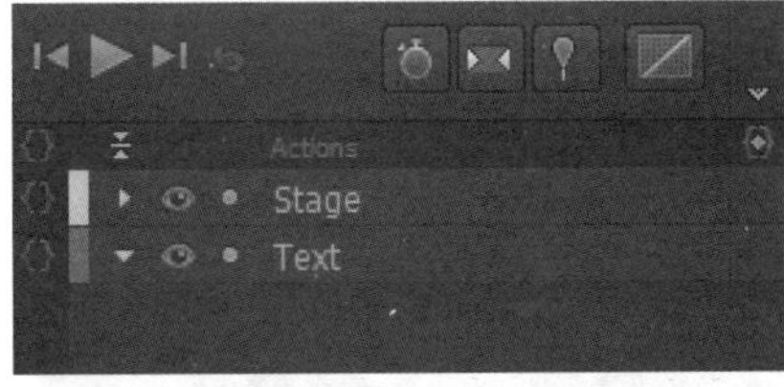

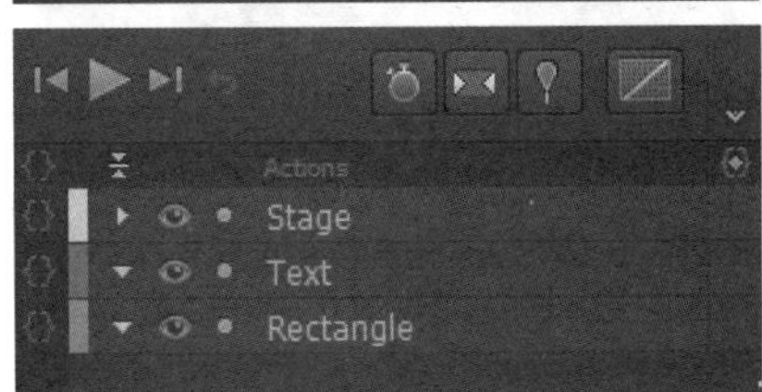

图 5-3

提示：

与 Flash 和 Photoshop 不同，在 Edge Animate 中不可以新建空白元素层，只能通过用户导入素材、在舞台上绘制图形和输入文本等操作，才会在“Timeline（时间轴）”面板中自动生成相应的元素层。

5.1.3 选择元素层

选择元素层是对元素层内的元素进行更改的前提，可以通过单击“Timeline（时间轴）”面板中的元素名称来实现。当某个元素层被选中，此时舞台上的任何操作都是针对该元素层的。

1. 选择单个元素层

将鼠标移至“Timeline（时间轴）”面板的某个元素层上，单击鼠标即可选中单个元素层，如图 5-4 所示。

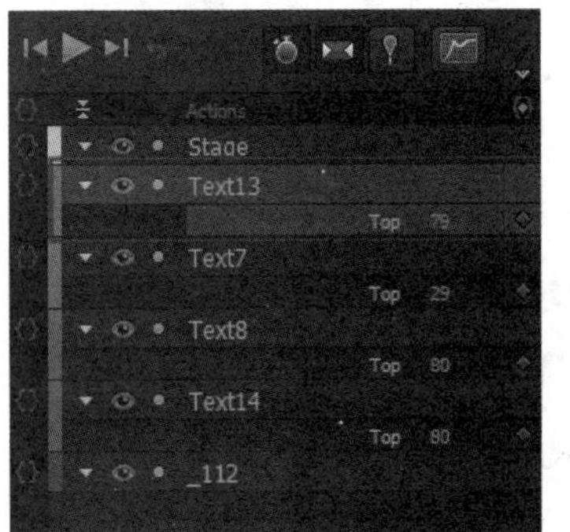

图 5-4

2. 选择连续的多个元素层

将鼠标移至“Timeline（时间轴）”面板的“Stage（舞台）”元素层上，单击鼠标的同时按住 Shift 键，然后单击 Text14 元素层，可以选择多个连续的元素层，即选择了从 Stage 至 Text14 连续的多个元素层，如图 5-5 所示。

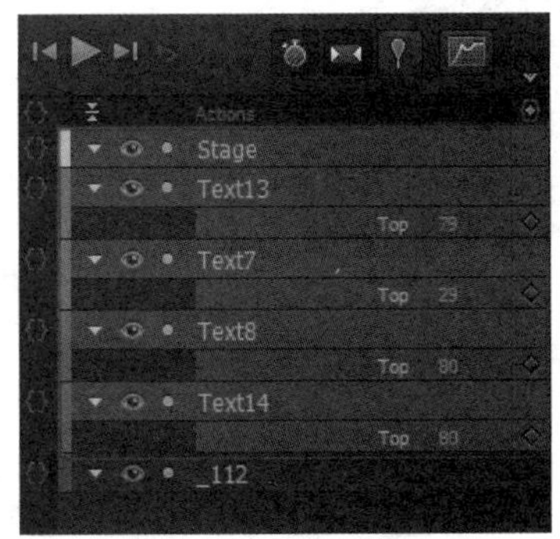

图 5-5

3. 选择不连续的多个元素层

将鼠标移至“Timeline（时间轴）”面板的 Text13 元素层上，单击鼠标的同时按住 Ctrl 键，再单击需要选择的其他元素层，即可选择不连续的多个元素层，如图 5-6 所示。

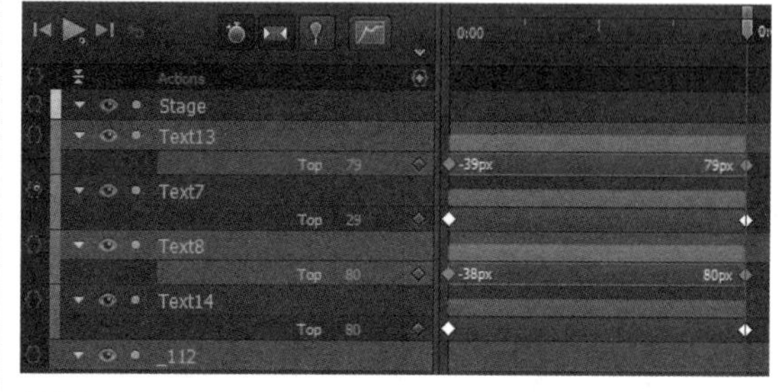

图 5-6

5.2 编辑元素层

在 Edge Animate 中元素层的使用是非常重要的，在制作 Edge Animate 动画的过程中，用户可以根据不同的情况对元素层进行编辑。

5.2.1 为元素层重命名

如果需要为元素层重命名，只需要在元素层名称上双击鼠标，该元素层名称变为可编辑状态，输入新的元素层名称即可，如图 5-7 所示。

在动画制作过程中，有些元素层的名称可能比较长，无法完全看清元素层的全名，如图 5-8 所示。此时可以通过拖曳“Timeline（时间轴）”面板中元素层区域与时间轴区域中间的分栏调整元素层区域的宽度，如图 5-9 所示。

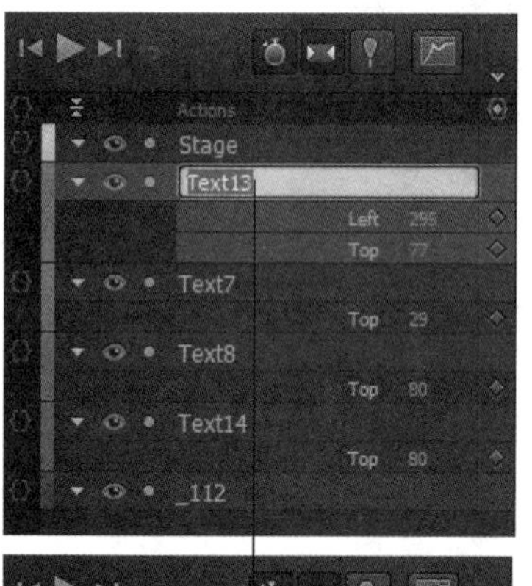

图 5-7

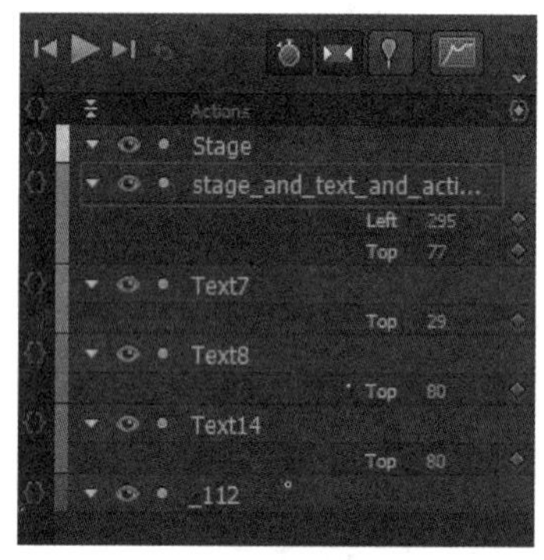

图 5-8

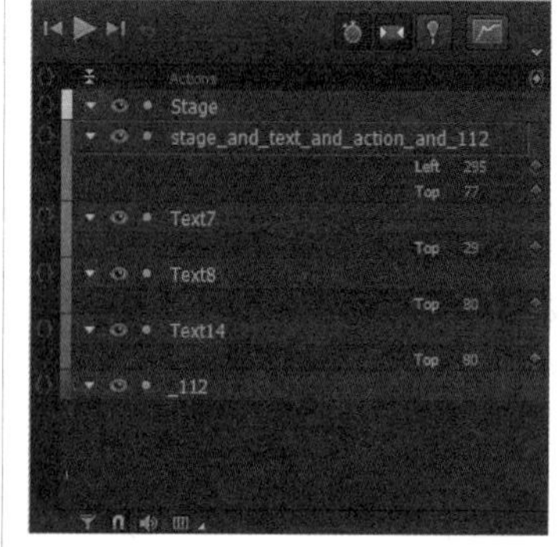

图 5-9

提示：

除了可以在“Timeline（时间轴）”面板中通过双击元素层名称的方法对元素层进行重命名外，还可以在“Elements（元素）”面板中双击该元素的名称，对其重命名，元素被重命名后，该元素所在的元素层的名称也会被一同修改。

5.2.2 复制元素层

当用户需要制作出两个相同的图形时，如果重新绘制会很麻烦，也浪费时间，此时可以通过复制元素层的方法，快速得到两个相同的图形，操作起来也非常方便、快捷。

当元素层处于被选中状态时，执行“Edit（编辑）>Duplicate（重复）”命令，如图5-10所示，可以原位复制粘贴所选中的元素，复制得到的元素层的名称为“原元素层名称+Copy”，如图5-11所示。

Undo Duplicate	Ctrl+Z
Redo	Ctrl+Shift+Z
Cut	Ctrl+X
Copy	Ctrl+C
Paste	Ctrl+V
Paste Special	▸
Duplicate	Ctrl+D
Select All	Ctrl+A
Transform	
Delete	Del
Keyboard Shortcuts...	Alt+K

图5-10

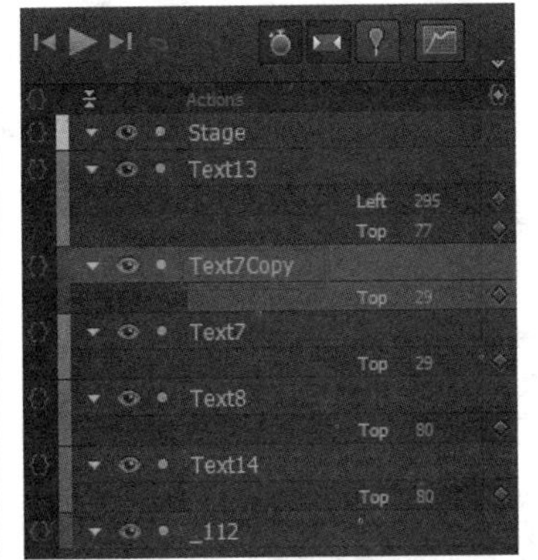

图5-11

除了可以使用“Duplicate（重复）”命令，原位复制所选中的元素层之外，还可以通过执行“Edit（编辑）>Copy（复制）”命令，再执行“Edit（编辑）>Paste（粘贴）”命令，复制并粘贴所选中的元素层。

提示：

除了可以执行菜单命令对元素进行复制操作外，还可以通过在文档窗口中选中需要复制的元素，按住Alt键的同时拖曳鼠标，同样可以复制元素。

5.2.3 调整元素层顺序

在制作Edge Animate动画时，元素层的顺序是很重要的，元素层的顺序决定了位于该元素层上的对象或元素是否覆盖其他元素层上的内容，还是被其他元素层上的内容覆盖，因此改变元素层的排列顺序，也就是改变了元素层上的对象或元素与其他元素层中的对象或元件在视觉上的表现形式。

调整元素层顺序的方法很简单，选中“Elements（元素）”面板上需要调整的元素层，向上拖曳需要调整的元素层，此时会产生线段，如图5-12所示。当拖曳至要调整的位置时，释放鼠标，此时需要调整的元素层就移动到了需要调整的位置，如图5-13所示。

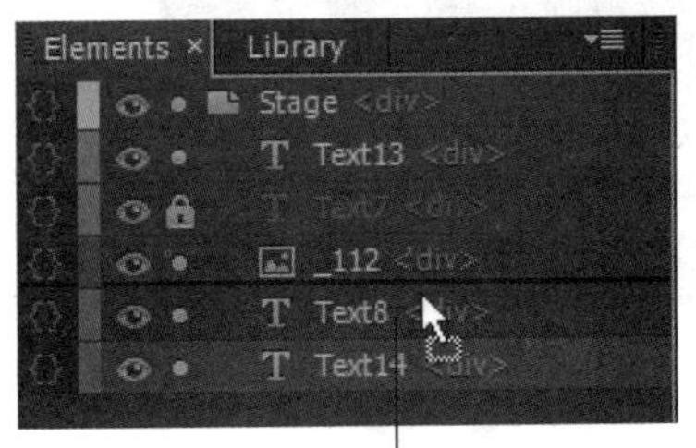

图5-12

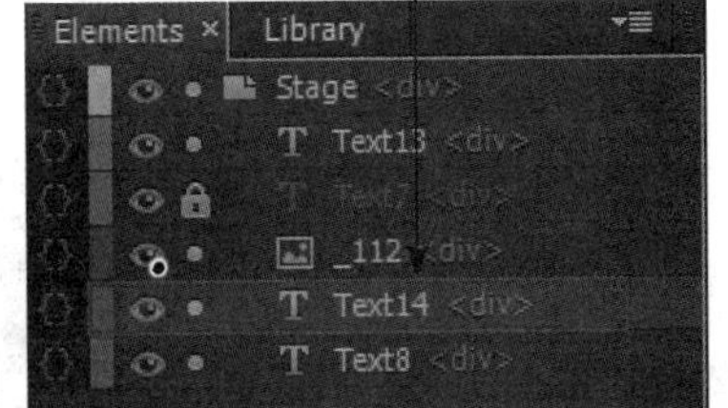

图5-13

提示：

“Stage（舞台）”元素层是一个特殊的元素层，它始终位于所有元素层的上方，任何其他元素层都不能位于“Stage（舞台）”元素层的上方，但是，“Stage（舞台）”元素层中的对象始终位于其他元素的下方。

提示：

注意，在“Timeline（时间轴）”面板中，不能通过拖曳元素层的方法调整元素层的叠放顺序，只能通过在“Elements（元素）”面板中进行调整。

5.2.4 展开 / 折叠元素层属性

在 Edge Animate 中制作动画时，常常为元素设置相应的属性并添加属性关键帧，所设置的属性会显示在该元素的元素层下方，有时因为属性太多，为了方便可以把属性折叠起来，有时用户在需要设置属性的时候也会展开属性。

单击“Timeline（时间轴）”面板上元素层前的▶按钮，此时该元素层下方会显示该元素层中对象所设置的相关属性，如图 5-14 所示。再次单击元素层前的▼按钮，可以折叠该元素层的属性，如图 5-15 所示。

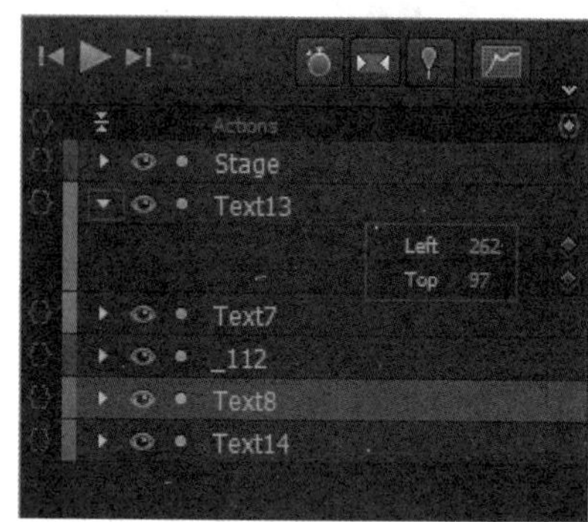

图 5-14

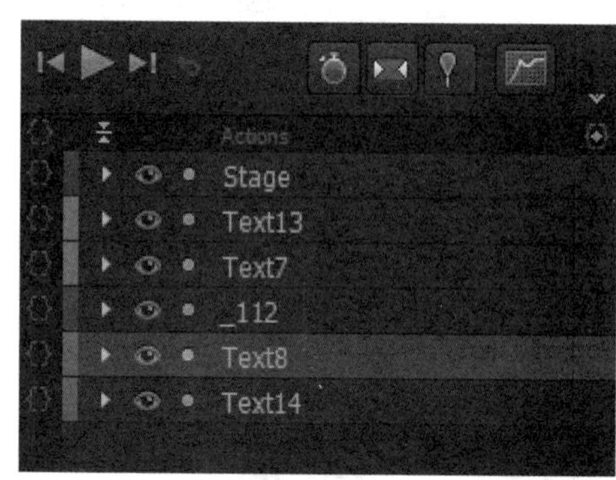

图 5-15

如果想一次性全部展开或全部折叠属性，单击“Timeline（时间轴）”面板上的“Expand/Collapse Lanes（展开 / 折叠轨道）”按钮，即可展开所有元素层的属性，如图 5-16 所示。再次单击该按钮，即可折叠所有元素层的属性，如图 5-17 所示。

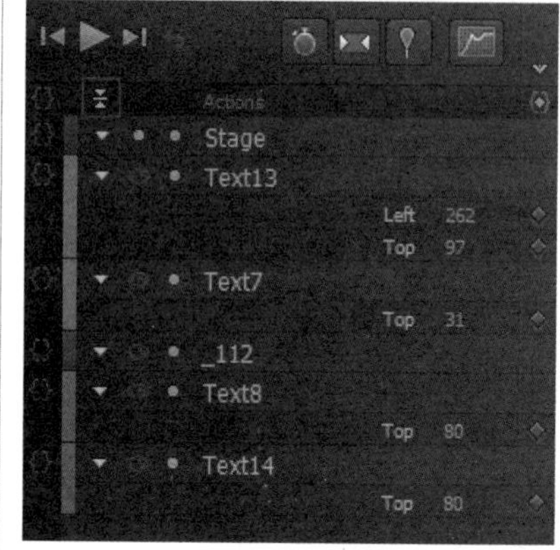

图 5-16

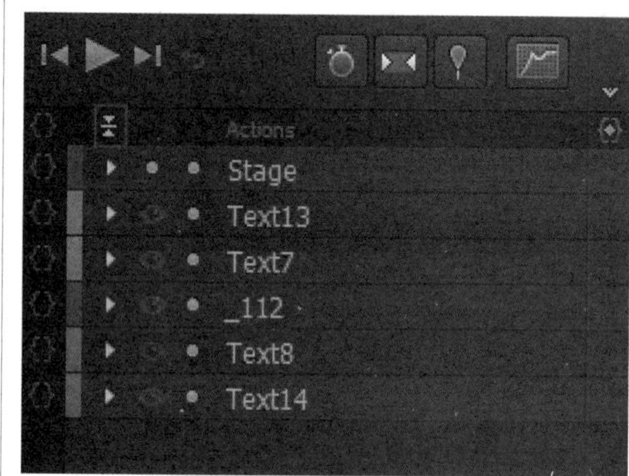

图 5-17

5.2.5 设置元素层颜色

元素层的颜色主要用来与其他元素层相区别，并没有其他的用途。在每个元素层被创建时，系统会自动为元素层分配一个颜色，用户可以根据自己的需要改变元素层的颜色，从而使元素层与其他的元素层区分开。

如果需要修改元素层的颜色，可以单击元素层前的色块，会弹出颜色选择条，如图 5-18 所示。单击选择相应的颜色，即可更改该元素层的颜色为所选择的颜色，如图 5-19 所示。

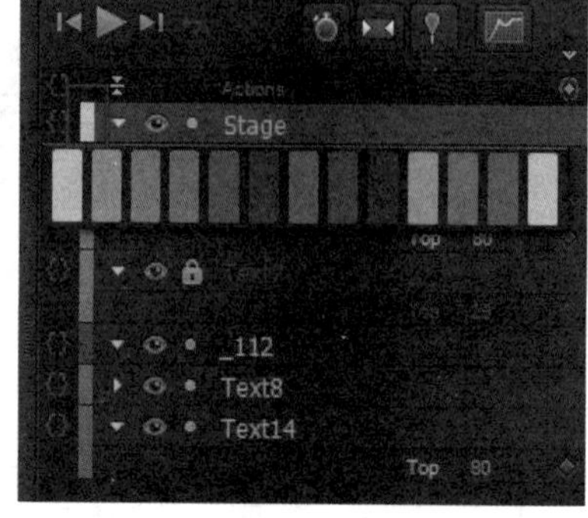

图 5-18

图 5-19

5.3 元素层的状态

元素层的状态决定了该元素层上的对象，在舞台中是否显示或能否被编辑，在上一节中已经向读者介绍了元素层的基本编辑方法，在本节中介绍如何显示/隐藏元素层和锁定/解锁元素层等操作。

5.3.1 显示和隐藏元素层

在实际操作过程中，为了便于查看、编辑各个元素层的内容，有时候需要将某些元素层隐藏起来，等操作完成后再重新将元素层显示出来。

如果需要显示或隐藏元素层，可以在“Timeline（时间轴）”面板中单击该元素层左侧的“Set Element Visibility（设置元素可见性）”按钮，如图 5-20 所示。此时眼睛图标变成了实心小圆点，表示该元素层处于隐藏状态，如图 5-21 所示。再次单击该位置，即可显示该元素层。

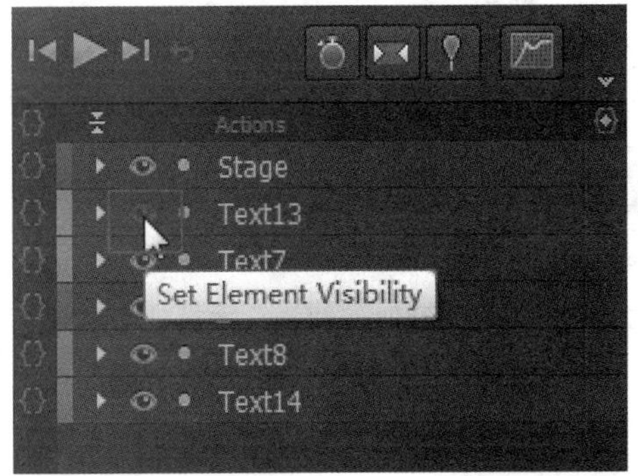

图 5-20

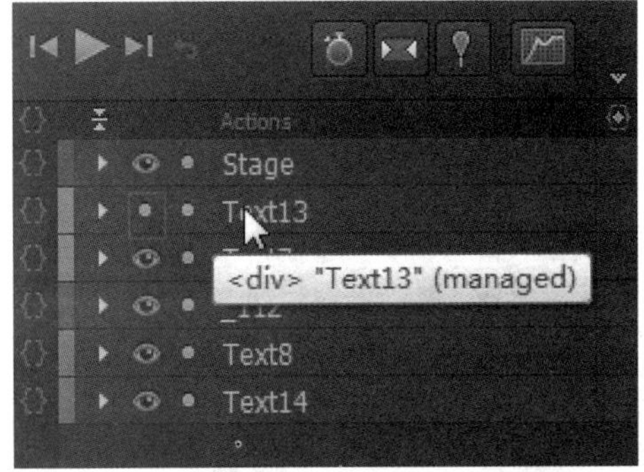

图 5-21

如果需要一次性隐藏所有的元素层，可以直接单击“Stage（舞台）”元素层左侧的“Set Element Visibility（设置元素可见性）”按钮，如图 5-22 所示，则舞台中的所有元素层都会被隐藏。如果需要将所有的元素层都重新显示出来，可以再次单击“Stage（舞台）”元素层左侧的“Set Element Visibility（设置元素可见性）”按钮，如图 5-23 所示。

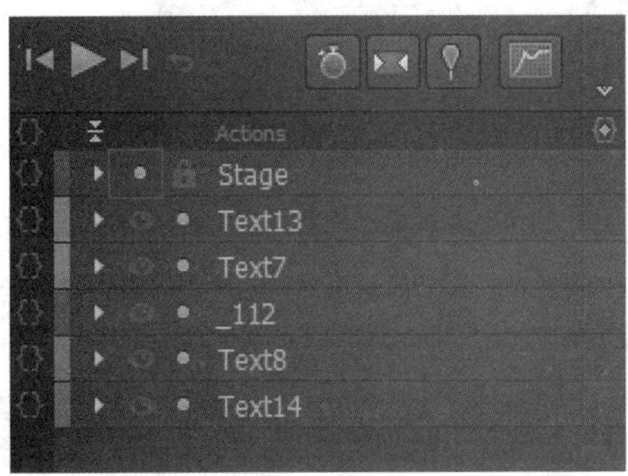

图 5-22

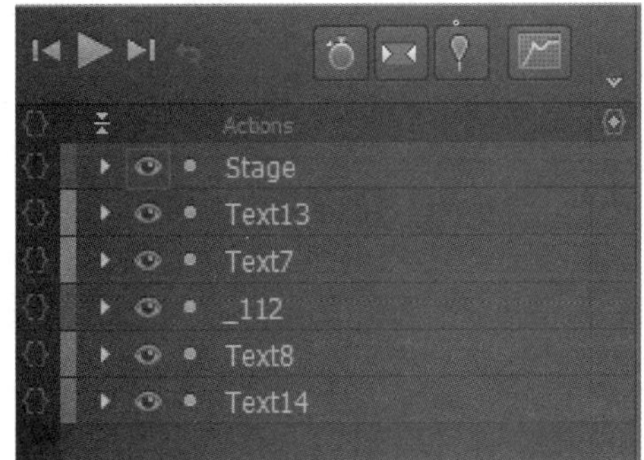

图 5-23

提示：

如果需要同时显示或隐藏连续的多个元素层，可以按住鼠标左键在元素层左侧的“Set Element Visibility（设置元素可见性）”这一列垂直拖曳鼠标，即可同时显示或隐藏多个连续的元素层。当元素层被隐藏后，在文档中将看不到该元素层中的对象，也不可以对该元素层中的对象进行编辑。

5.3.2 锁定和解锁元素层

如果当前文档中拥有多个元素层，在对某一个元素层中的对象进行操作时，为了避免影响到其他元素层中的内容，可以将其他元素层进行锁定，被锁定的元素层中的内容将不可以被选中和编辑。

在“Timeline（时间轴）”面板中单击需要锁定的元素层名称左侧的“Lock Element（锁定元素）”按钮，此时图标变亮并且元素层名称变暗，表示该元素层已经被锁定，如图 5-24 所示。如果需要对元素层解除锁定，可以单击“Unlock Element（解锁元素）”按钮，即可解除对该元素层的锁定，如图 5-25 所示。

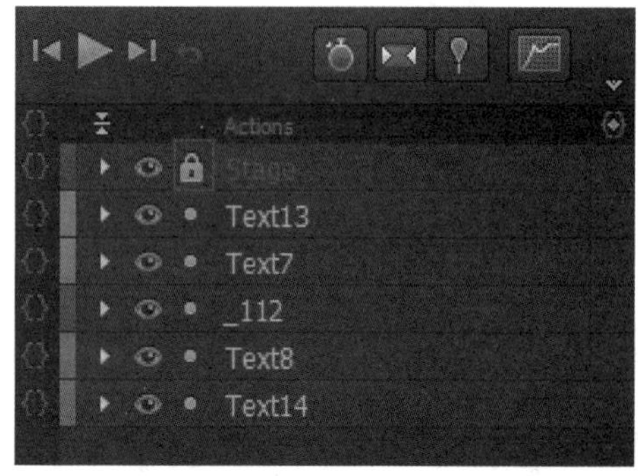

图 5-24

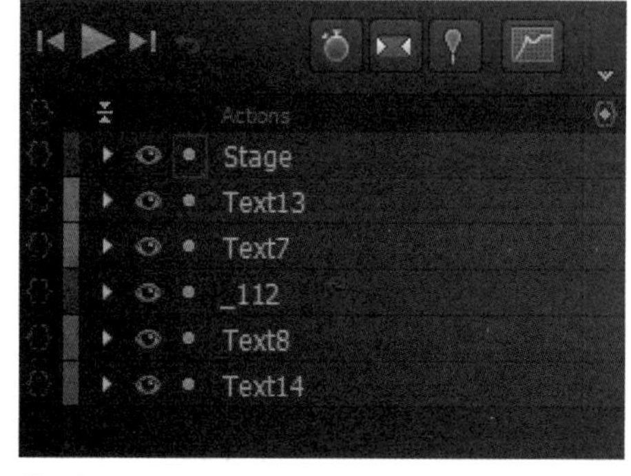

图 5-25

提示：

如果需要同时锁定或解锁连续的多个元素层，可以按住鼠标左键在元素层左侧的“Lock Element（锁定元素）”这一列垂直拖曳鼠标，即可同时锁定或解锁多个连续的元素层。当元素层被锁定后，在文档中将不能选中该元素层中的对象，不能对该元素层中的对象进行编辑。

5.4 “Timeline（时间轴）”面板

“Timeline（时间线）”面板是制作动画的主要操作面板，在“Timeline（时间线）”面板中可以通过对元素层上的内容进行修改或设置达到想要的效果。在本节中将重点向读者介绍动画制作的核心“Timeline（时间轴）”面板的使用方法。

5.4.1 认识“Timeline（时间轴）”面板

在制作动画时，“Timeline（时间轴）”面板是进行动画作品创作的核心部分，“时间轴”面板从大体上可以分为左侧的图层操作区和右侧的时间操作区，如图 5-26 所示。

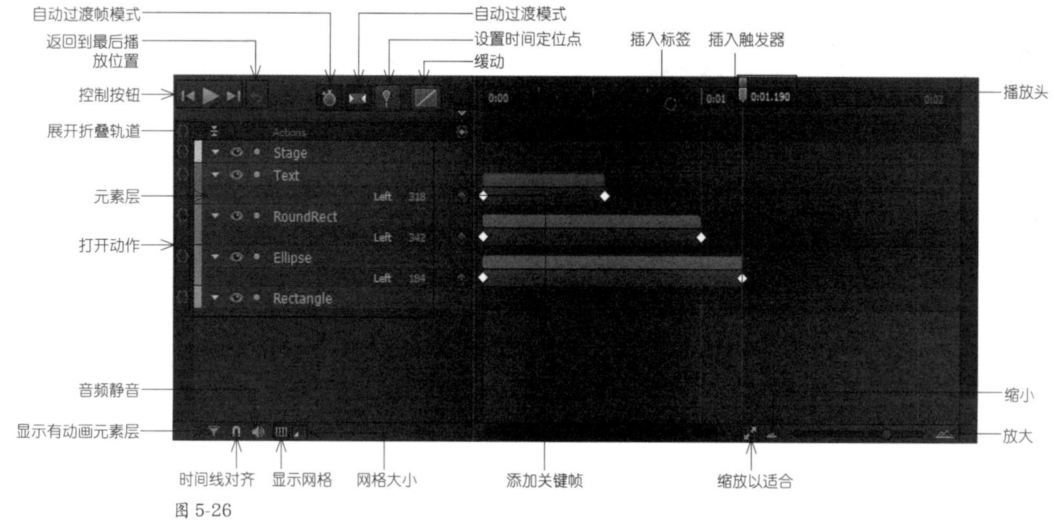

图 5-26

● **控制按钮**

用来执行播放动画的相关操作。单击“Play（播放）”按钮，开始播放时间轴动画，再次单击该按钮可以暂停时间轴动画的播放；单击“GO to Start（转到开始）”按钮，可以快速将“Timeline（时间轴）”面板中的播放头移至时间轴的开始位置；单击“GO to Over（转到结束）”按钮，可以快速将“Timeline（时间轴）”面板中的播放头移至时间轴的结束位置。

● **“Return to Last Position（返回到最后播放位置）”按钮**

在播放时间轴动画的过程中或时间轴动画播放结束时，该按钮可用。单击该按钮，可以将播放头返回到最后播放的位置。

● **“Auto-Keyframe Mode（自动关键帧模式）”按钮**

单击该按钮，可以开启自动关键帧功能。当开启该功能时，Edge Animate会自动记录对象属性的变化并自动在时间轴中插入关键帧。默认情况下，该按钮为激活状态，即开启自动关键帧功能。

● **“Auto-Transition Mode（自动过渡模式）”按钮**

单击该按钮，可以开启自动过渡功能。当开启自动过渡功能后，在制作动画的过程中将自动创建关键帧之间的过渡效果。默认情况下，该按钮为激活状态，即开启自动过渡模式。

● **“Toggle Pin（设置时间定位点）”按钮**

单击该按钮，可以在“Timeline（时间轴）”面板上的播放头当前位置显示一个时间定位点，拖曳播放头时会显示时间差。默认情况下，该按钮为未激活状态，即不开启该功能。

● **“Easing（缓动）”按钮**

在“Timeline（时间轴）”面板中选中某一段动画过渡，单击该按钮，可以在弹出的面板中选择一种预设的缓动动画效果，如图5-27所示。可以为所选中的动画过渡应用所选择的缓动动画效果。

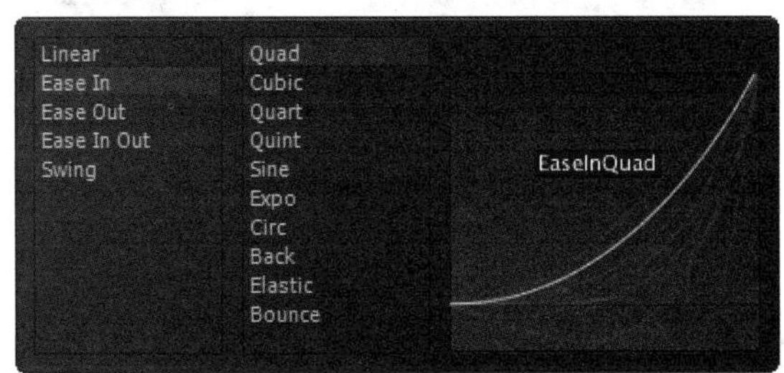

图 5-27

● **播放头**

用于显示时间轴当前播放位置或操作位置，可以对其进行拖曳，定位需要操作的时间点。

● **“Insert Label（插入标签）”按钮**

单击该按钮，可以在“Timeline（时间轴）”面板中当前播放头位置插入一个自定义名称的标签。

● **“Expand/Collapse Lanes（展开/折叠轨道）”按钮**

没有选中任何元素层时，单击该按钮，可以展示或折叠所有元素层的属性轨道；当选中某一个元素层时，单击该按钮，则可以展开或折叠该元素层的轨道。

● **“Insert Trigger（插入触发器）”按钮**

单击该按钮，可以在“Timeline（时间轴）”面板中当前播放头位置插入针对时间轴的触发器，可以在弹出的“Trigger（触发器）”对话框中输入相应的脚本代码，如图5-28所示。

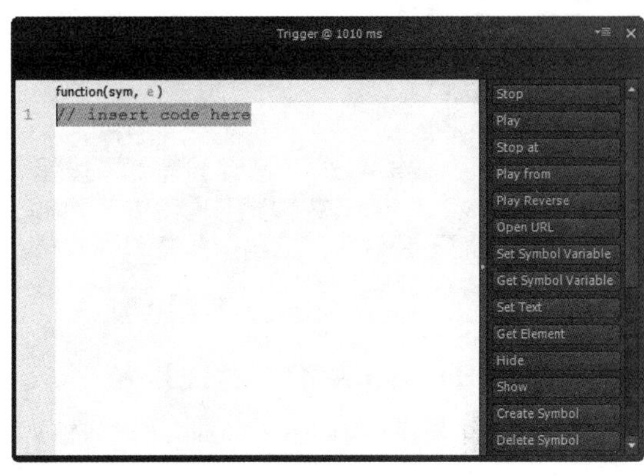

图 5-28

● **“Open Actions（打开动作）”按钮**

在每个元素层的左侧都有“Open Actions（打开动作）”按钮，单击该按钮，可以为该元素层添加触发器动作，可以在弹出的“Trigger（触发器）”对话框中输入相应的脚本代码。

● **元素层**

用于管理舞台中的元素，每个元素都会自动生成一个元素层。

● **“Add Keyframe（添加关键帧）”按钮**

单击该按钮，可以在“Timeline（时间轴）”面板中播放头的位置，为当前属性插入关键帧。

● **“Only Show Animated Elements（显示有动画的元素层）”按钮**

单击该按钮，该按钮为激活状态，则在“Timeline（时间轴）”面板中只显示包含动画的元素层，不包含动画的元素层将会被隐藏。默认情况下，该按钮为未激活状态，即在“Timeline（时间轴）”面板中显示所有元素层。

● **“Timeline Snapping（时间线对齐）”按钮**

单击激活该按钮时，拖曳元素层上的关键帧会出现一条白色的对齐线，拖曳到离时间点较近时会自动吸附上去，如图5-29所示。默认情况下，该按钮为激活状态。

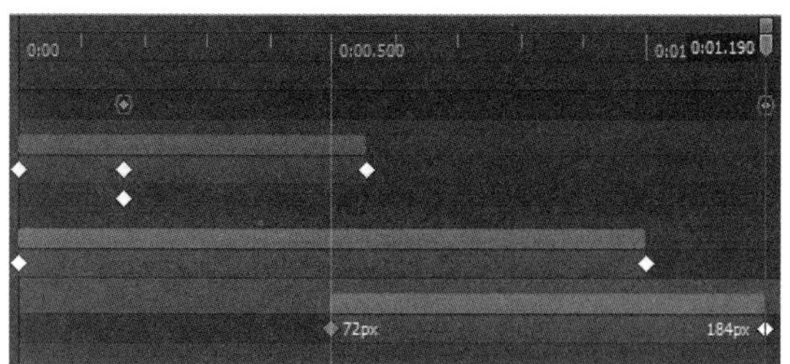

图 5-29

● **“Mute Audio（音频静音）”按钮**

单击该按钮，可以将“Timeline（时间轴）”面板中的音频素材静音。默认情况下，该按钮为激活状态。

> **提示：**
>
> 此处的“Mute Audio（音频静音）”按钮只针对在 Edge Animate 中预览时间轴中的动画时起作用，而不会对在浏览器中预览动画效果或导出的文件中的音频起作用。

● **“Show Grid（显示网格）”按钮**

单击激活该按钮，可以在“Timeline（时间轴）”面板中显示网格。默认情况下，该按钮为未激活状态，即不显示“Timeline（时间轴）”面板的网格。

● **“Grid Size（网格大小）”按钮**

当单击激活“Show Grid（显示网格）”按钮时，在“Timeline（时间轴）”面板中显示网格，可以单击该按钮，在弹出的菜单中选择网格的大小，如图 5-30 所示。

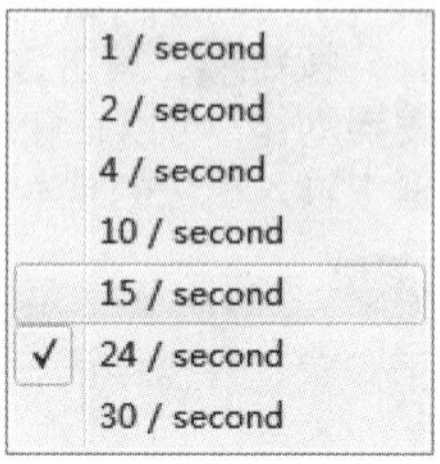

1 / second
2 / second
4 / second
10 / second
15 / second
✓ 24 / second
30 / second

图 5-30

● **“Zoom Timeline to Fit（缩放时间轴以适合）”按钮**

单击该按钮，可以自动调整“Timeline（时间轴）”面板的显示比例，以显示面板中所有的关键帧，如图 5-31 所示。

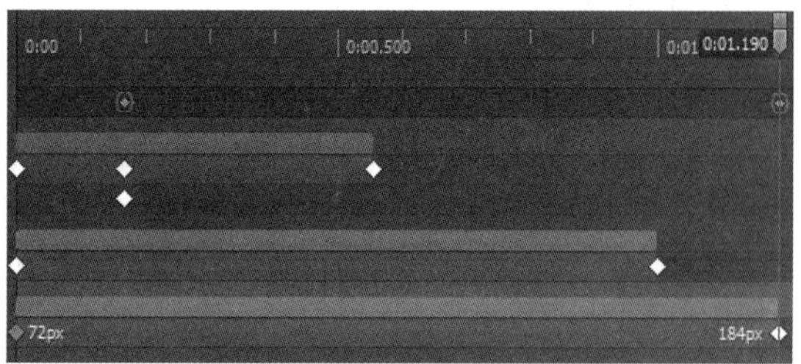

图 5-31

● **“Zoom Timeline Out（缩小时间轴）”** 

单击该按钮，可以缩小“Timeline（时间轴）”面板的显示比例，如图 5-32 所示。

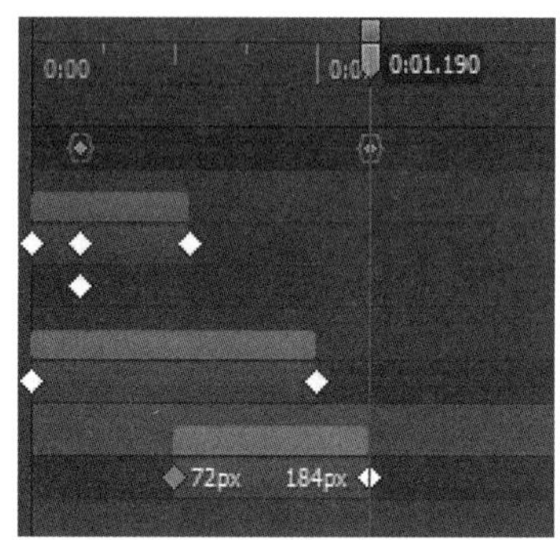

图 5-32

● **“Zoom Timeline In（放大时间轴）”** 

单击该按钮，可以放大“Timeline（时间轴）”面板的显示比例，如图 5-33 所示。

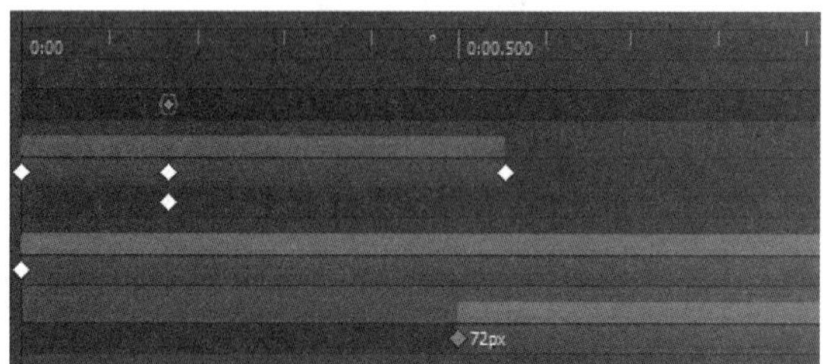

图 5-33

5.4.2 使用快捷键控制时间轴

对动画时间轴进行控制的方法有很多种，不仅可以通过上一节介绍的“Timeline（时间轴）”面板中按钮进行控制，还可以通过执行“Timeline（时间轴）”菜单中的命令进行控制。除此之外，用户还可以通过快捷键的方式，更加快捷、高效地对动画时间轴进行控制。对动画时间轴进行控制的快捷键如下表所示。

动画时间轴控制快捷键

播放时间轴动画或停止时间轴动画的播放。	执行“Timeline（时间轴）>Play/Stop（播放 / 停止）”命令	Space
快速将“Timeline（时间轴）”面板中的播放头移至时间轴的开始位置。	执行“Timeline（时间轴）>Go to Start（转到开始）”命令	Home

快速将“Timeline（时间轴）”面板中的播放头移至时间轴的结束位置。	执行“Timeline（时间轴）> Go to end（转到结束）”命令	End
将“Timeline（时间轴）”面板中的播放头移至当前位置的上一个关键帧的位置。	执行“Timeline（时间轴）>Go to Previous Keyframe（转到上一关键帧）”命令	Ctrl+ 左方向键
将“Timeline（时间轴）”面板中的播放头移至当前位置的下一个关键帧的位置。	执行“Timeline（时间轴）>Go to Next Keyframe（转到下一关键帧）”命令	Ctrl+ 右方向键
放大“Timeline（时间轴）”面板的显示比例。	执行“Timeline（时间轴）>Zoom In（放大）”命令	=
缩小“Timeline（时间轴）”面板的显示比例。	执行“Timeline（时间轴）>Zoom out（放大）”命令	-
自动调整“Timeline（时间轴）”面板的显示比例，以显示面板中所有的关键帧。	执行“Timeline（时间轴）>Zoom to Fit（缩放以适合）”命令	\
开启和关闭时间轴轨道的吸附功能。	执行“Timeline（时间轴）>Snapping（捕捉）”命令	Alt+;
在“Timeline（时间轴）”面板中的当前播放头位置插入一个自定义名称的标签。	执行“Timeline（时间轴）>Insert Label（插入标签）”命令	Ctrl+L
在“Timeline（时间轴）”面板的当前播放头位置插入针对时间轴的触发器。	执行“Timeline（时间轴）>Insert Trigger（插入触发器）”命令	Ctrl+T
开启和关闭自动关键帧功能。	执行“Timeline（时间轴）>Auto-Keyframe Mode（自动关键帧模式）”命令	K
开启和关闭自动过渡功能。	执行“Timeline（时间轴）>Auto-Transition Mode（自动过渡模式）”命令	X
在“Timeline（时间轴）”面板中展开或折叠所选中元素层的属性设置选项。	执行“Timeline（时间轴）>Expand/Collapse Selected（展开 / 折叠所选）”命令	Ctrl +.
在“Timeline（时间轴）”面板中展开或折叠所有元素层的属性设置选项。	执行“Timeline（时间轴）>Expand/Collapse All（展开 / 折叠全部）”命令	Ctrl+Shift+.
在“Timeline（时间轴）”面板的播放头当前位置显示一个时间定位点。	执行“Timeline（时间轴）>Toggle Pin（设置时间定位点）”命令	P
交换播放头与时间定位点的位置。	执行“Timeline（时间轴）>Flip Playhead and Pin（翻转播放头和时间定位点）”命令	Shift+P

5.5 “Timeline（时间轴）”面板的基本操作

在 Edge Animate 中制作的动画，大多都是通过在“Timeline（时间轴）”面板中制作出来的，可见“Timeline（时间轴）”面板在 Edge Animate 动画制作过程中是非常重要的，本节将向读者介绍有关“Timeline（时间轴）”面板的基本操作方法。

5.5.1 设置“Timeline（时间轴）”面板网格

在“Timeline（时间轴）”面板中显示网格，可以有效地辅助时间轴动画的制作。通过网格，用户可以在“Timeline（时间轴）”面板中更加精细地控制动画的时间。

如果需要在“Timeline（时间轴）”面板中显示网格，可以单击“Timeline（时间轴）”面板上的“Show Grid（显示网格）”按钮，即可在“Timeline（时间轴）”面板中显示网格，如图 5-34 所示。

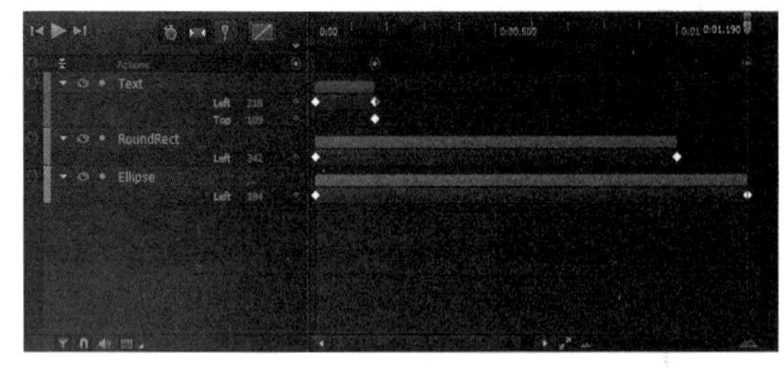

图 5-34

单击“Timeline（时间轴）”面板上的“Show Grid（显示网格）”按钮右侧的“Grid Size（网格大小）”按钮，可以在弹出的菜单中选择预设的网格大小，如图 5-35 所示。

在网格大小菜单中提供了 7 种预设的网格大小选项，从上至下网格线依次精细。例如，选择“30/second”选项，则可以看到“Timeline（时间轴）”面板中的网格线效果如图 5-36 所示。

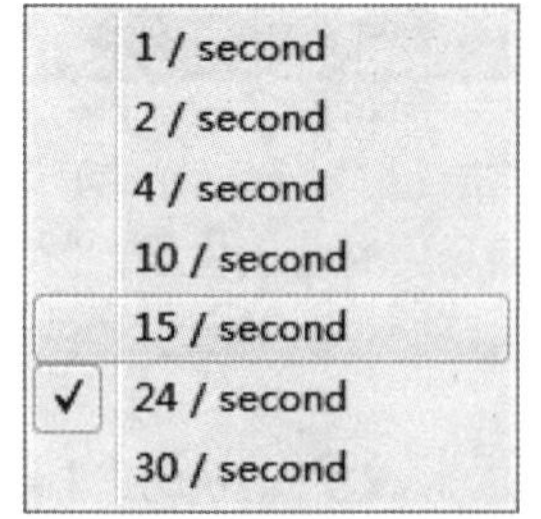

图 5-35

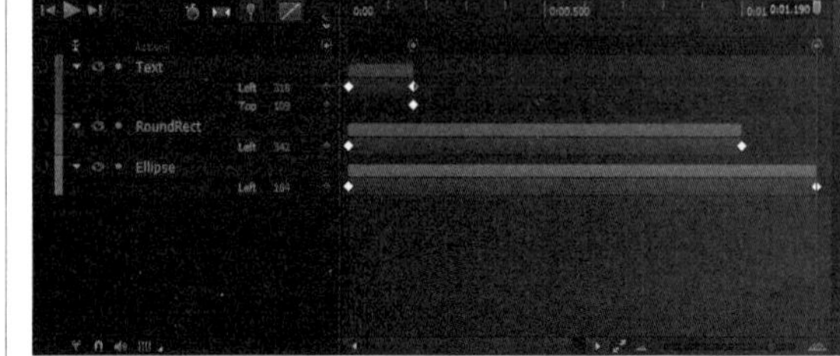

图 5-36

如果希望隐藏“Timeline（时间轴）”面板中的网格，可以再次单击“Show Grid（显示网格）”按钮，即可隐藏“Timeline（时间轴）”面板中的网格。

5.5.2 在“Timeline（时间轴）”面板中添加标签

标签就跟书签一样，在动画制作过程中非常有用，它可以用来标示时间轴上某个时间点的名称，也可以为某个动画时间点添加注释和说明，还可以在动画播放完毕后跳转到指定的标签位置重新播放。例如，当用户把动画播放完毕后，想从中间的某一段开始播放，只需要在那一段动画的时间点添加一个标签，在跳转代码中输入标签名称，动画就会从用户设置的标签处开始播放动画。

拖曳播放头到需要插入标签的位置，单击“Timeline（时间轴）”面板上的“Insert Label（插入标签）”按钮，即可在当前播放头位置插入标签，如图 5-37 所示。

默认的标签名称以 Label1、Label2、Label3……顺序进行命名，当刚插入标签时，标签名称为可编辑状态，用户可以直接输入一个自定义的标签名称，完成标签名称的输入后，直接按 Enter 键即可，如图 5-38 所示。

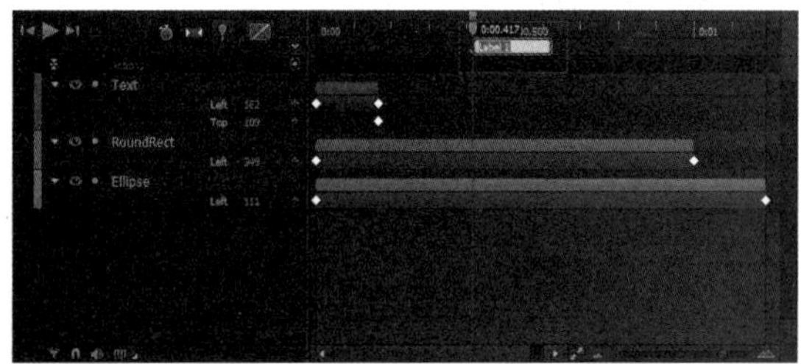

图 5-37

图 5-38

5.5.3 编辑标签

在“Timeline（时间轴）”面板中在相应的时间点插入标签后，还可以对标签进行移动、编辑、删除等操作。

如果需要移动标签的位置，可以单击选中需要移动的标签，将光标移至该标签上方，光标显示为手形，如图 5-39 所示。拖曳标签即可移动标签的位置，如图 5-40 所示。

如果需要对标签进行重命名，可以在需要重命名的标签上双击，标签名称即变为可编辑状态，可以重新输入新的标签名称，如图 5-41 所示。除此之外，还可以在标签上单击鼠标右键，在弹出的快捷菜单中提供了 3 种编辑命令，分别是“Cut（剪切）”、“Copy（复制）”和“Delete（删除）”，如图 5-42 所示，分别用于对标签进行剪切、复制和删除操作。

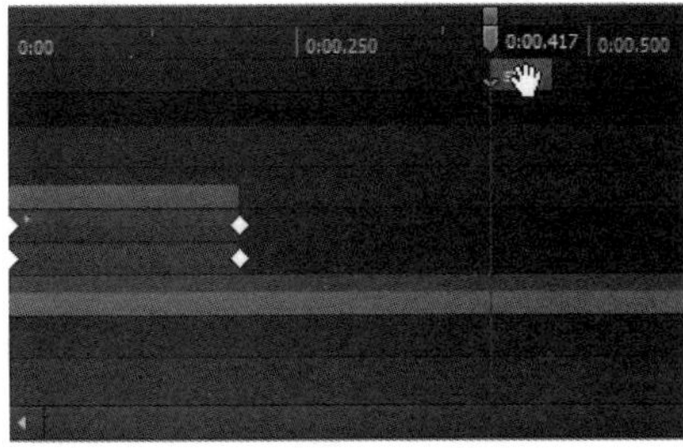
图 5-39

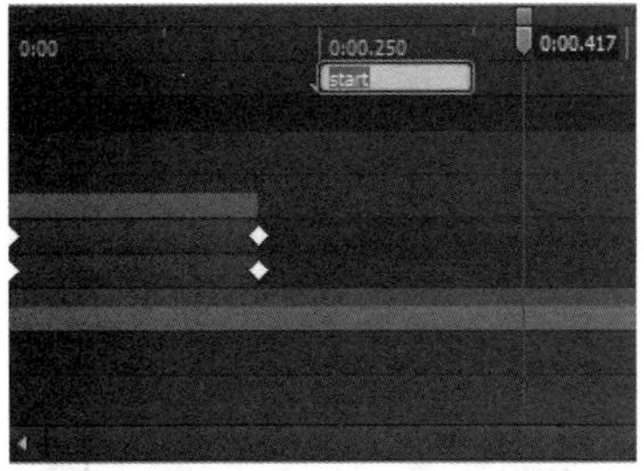
图 5-41

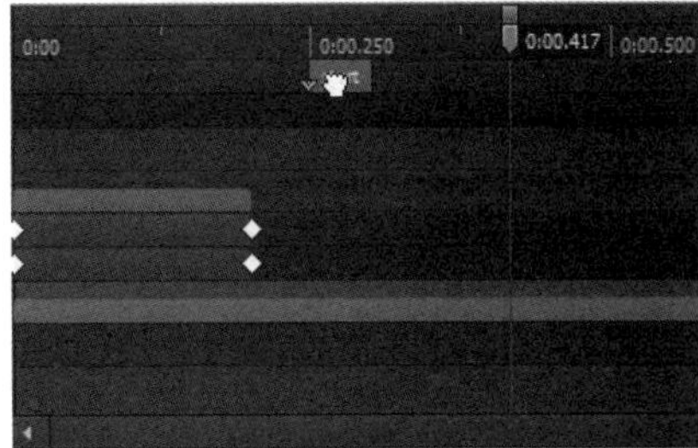
图 5-40

图 5-42

5.5.4 制作开场动画

通过前面内容的学习，相信读者已经了解了“Timeline（时间轴）”面板的基本操作方法，接下来通过一个网站开场动画的案例，使读者能够更清楚地掌握“Timeline（时间轴）”面板的操作方法。

自测 1

制作开场动画

视频：光盘\视频\第 5 章\制作开场动画 .swf

源文件：光盘\源文件\第 5 章\制作开场动画\5-5-4.html

01 执行“File（文件）>New（新建）”命令，新建空白文件。执行“File（文件）>Save（保存）”命令，将文件保存为“光盘\源文件\第 5 章\制作开场动画\5-5-4.html”。

02 在“Properties（属性）”面板中设置背景颜色为渐变颜色，在渐变颜色窗口中设置渐变颜色为 RGB(9,71,153) 和 RGB(25,107,184)，如图 5-43 所示。在“Properties（属性）”面板中对其他属性进行设置，如图 5-44 所示。完成“Properties（属性）”面板的设置，可以看到舞台的效果，如图 5-45 所示。

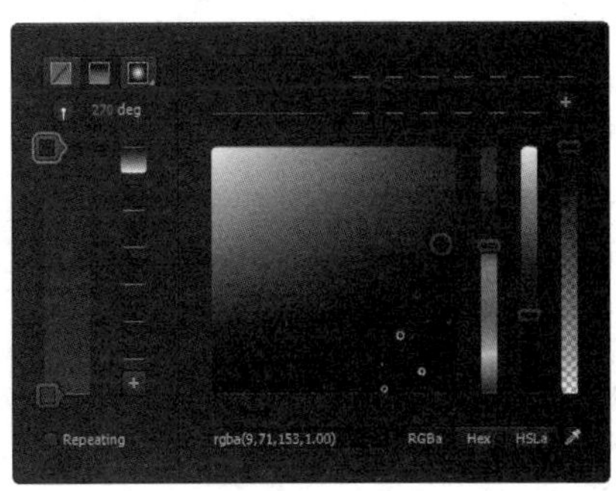
图 5-43

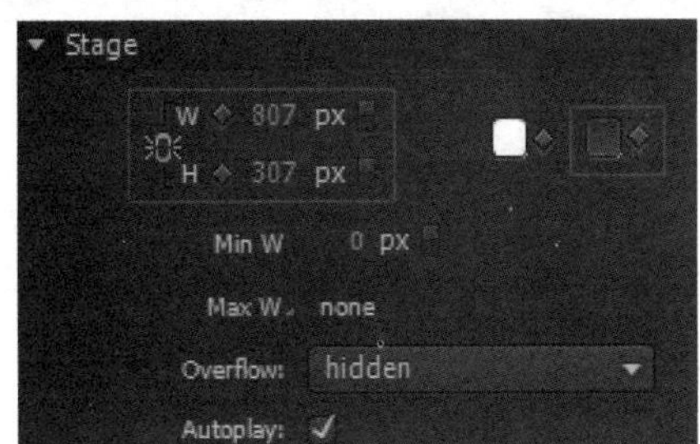

图 5-44

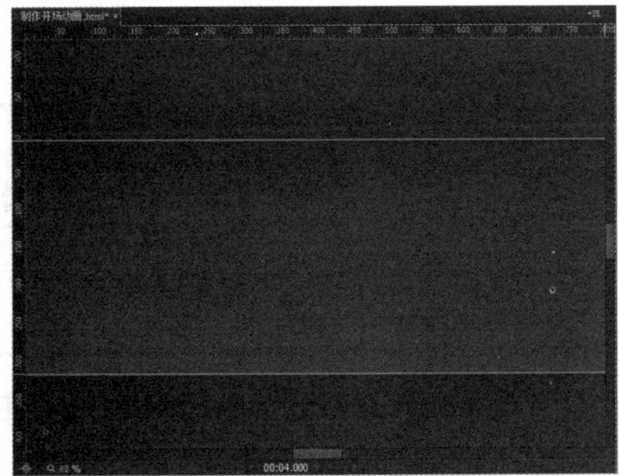
图 5-45

03 执行“File（文件）>Import（导入）”命令，弹出“Import（导入）”对话框，选择需要导入的位图素材“光盘\源文件\第5章\素材\a55402.jpg”，如图5-46所示。单击“打开”按钮，即可将该位图素材导入到舞台中，如图5-47所示。

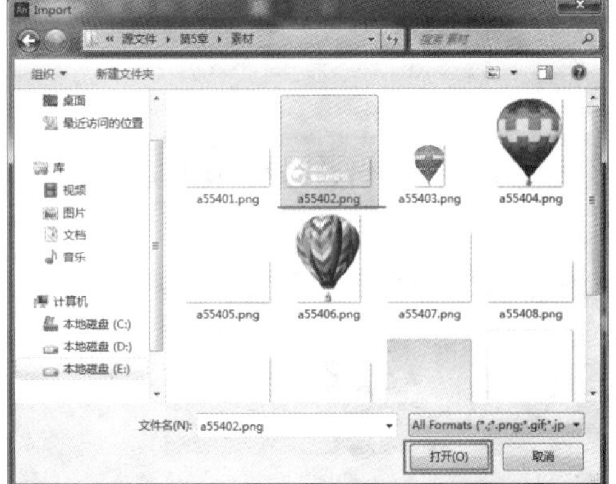

图 5-46

图 5-47

04 在“Timeline（时间轴）”面板中将播放头移至00:02位置，在“Properties（属性）”面板中设置“Opacity（透明度）”为0%，并为该属性插入关键帧，如图5-48所示。将播放头移至00:04位置，在“Properties（属性）”面板中设置“Opacity（透明度）”为100%，“Timeline（时间轴）”面板如图5-49所示。

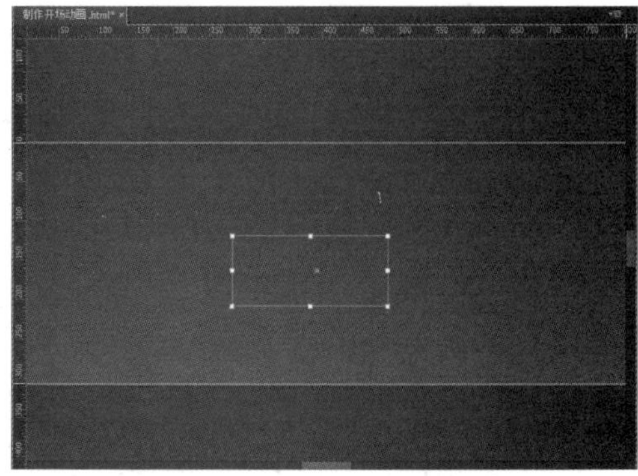

图 5-48

图 5-49

05 执行“File（文件）>Import（导入）”命令，弹出“Import（导入）”对话框，选择需要导入的位图素材“光盘\源文件\第5章\素材\a55406.jpg”，如图5-50所示。单击“打开”按钮，即可将该位图素材导入到舞台中，如图5-51所示。

图 5-50

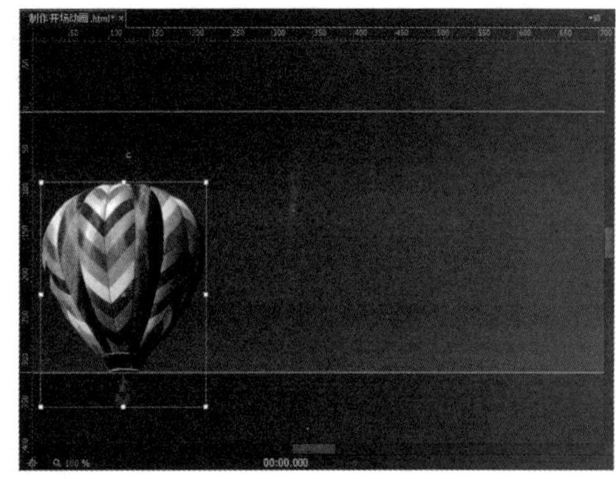

图 5-51

06 将播放头移至起始处，单击“Properties（属性）”面板中的“Position and Size（位置和大小）”选项区中Y选项的“Add Keyframe（添加关键帧）”按钮◆，添加关键帧，“Timeline（时间轴）”面板如图5-52所示。将播放头移至00:01.750位置，调整图像至合适位置，舞台效果如图5-53所示。

图 5-52

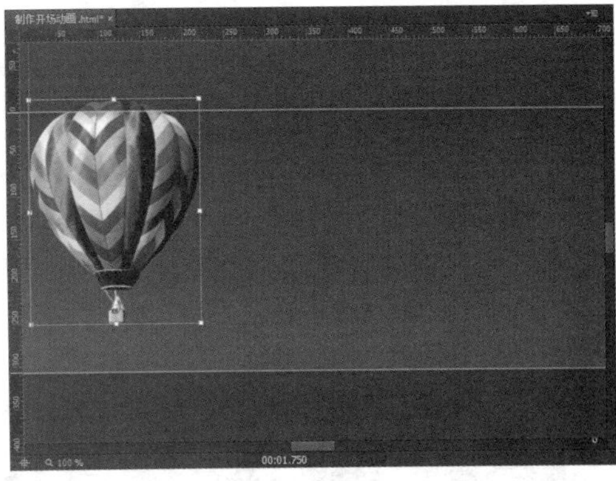

图 5-53

07 将播放头移至 00:03.500 位置，调整图像位置，如图 5-54 所示，“Timeline（时间轴）”面板如图 5-55 所示。

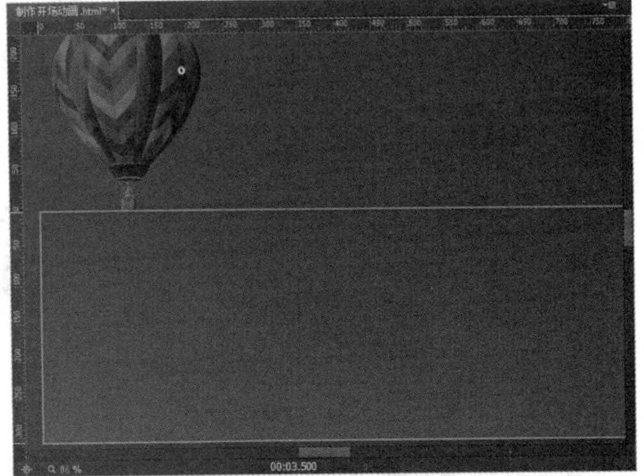

图 5-54

图 5-55

08 采用相同的制作方法，可以导入其他素材图像，并完成动画效果的制作，如图 5-56 所示，“Timeline（时间轴）”面板如图 5-57 所示。

图 5-56

图 5-57

09 执行“File（文件）>Import（导入）”命令，导入素材图像“光盘\源文件\第 5 章\素材\a55407.jpg”，如图 5-58 所示。单击“打开”按钮，即可将该位图素材导入到舞台中，如图 5-59 所示。

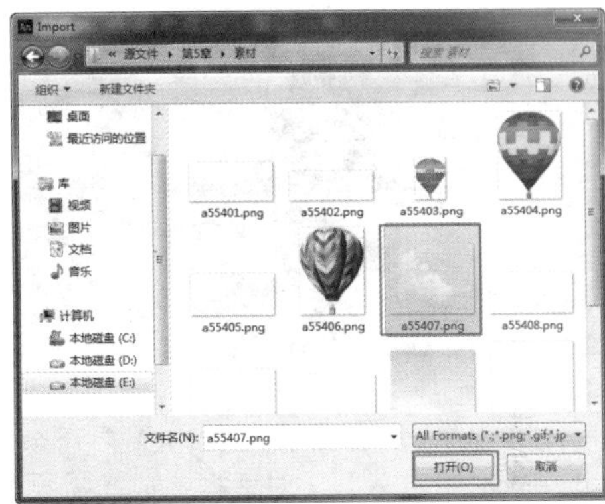

图 5-58

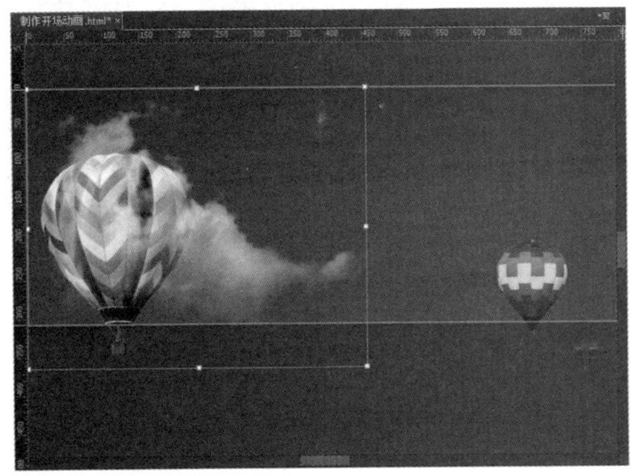

图 5-59

10 选中刚导入的素材图像，单击“Properties（属性）”面板中“Opacity（不透明度）”属性的“Add Keyframe（添加关键帧）”按钮◆，插入关键帧，如图 5-60 所示。将播放头移至 00:01.750 位置，在“Properties（属性）”面板中设置“Opacity（不透明度）”属性为 0%，效果如图 5-61 所示。“Timeline（时间轴）”面板上会自动生成相应的过渡帧，如图 5-62 所示。

图 5-60

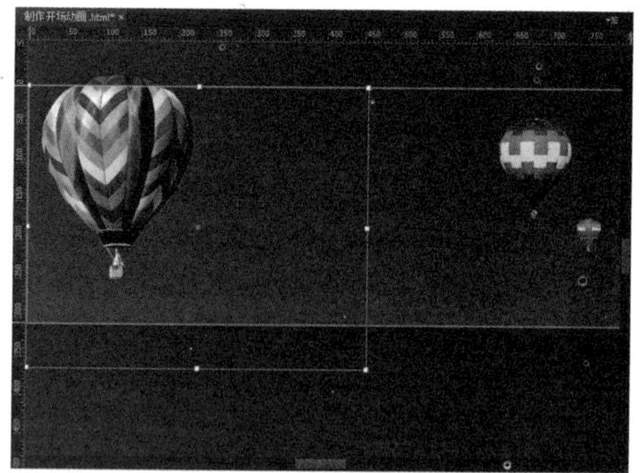
图 5-61

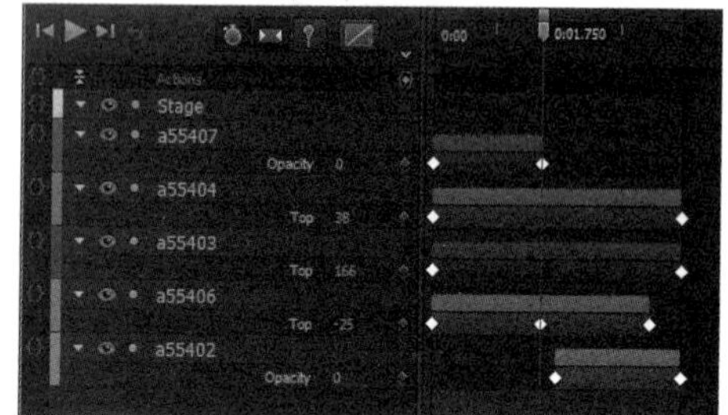
图 5-62

11 执行“File（文件）>Import（导入）”命令，弹出“Import（导入）”对话框，选择需要导入的位图素材“光盘\源文件\第5章\素材\a55410.jpg”，如图 5-63 所示。单击“打开”按钮，即可将该位图素材导入到舞台中，如图 5-64 所示。

图 5-63

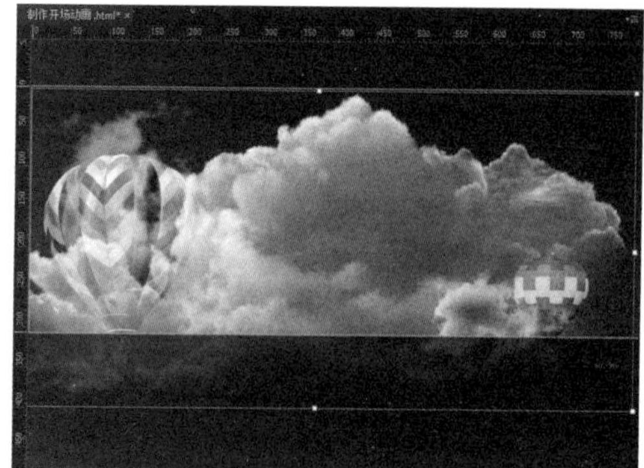
图 5-64

12 单击“Properties（属性）”面板中“Opacity（不透明度）”属性的“Add Keyframe（添加关键帧）”按钮，插入关键帧，再分别单击“Position and Size（位置和大小）”选项区中 X、Y、W、H 等属性的“Add Keyframe（添加关键帧）”按钮，添加关键帧，“Timeline（时间轴）”面板如图 5-65 所示，在文档窗口中调整图像位置，如图 5-66 所示。

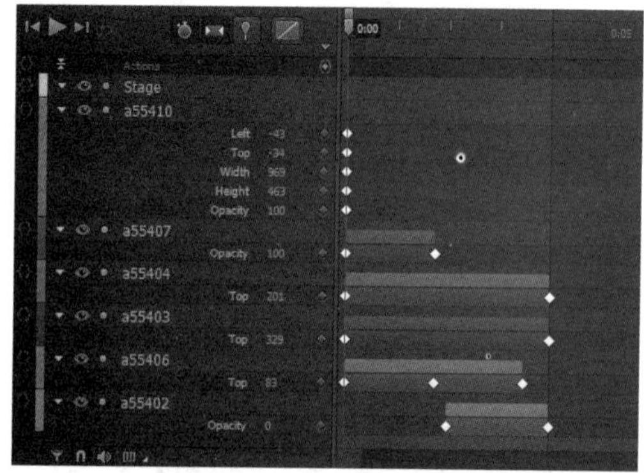
图 5-65

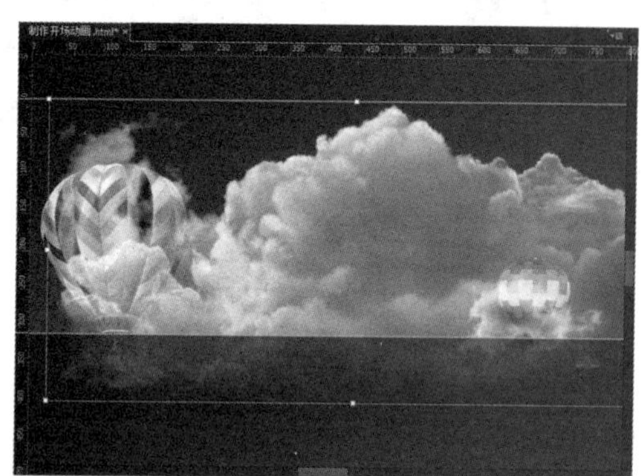
图 5-66

13 将播放头移至 00:03.500 位置，在“Properties（属性）”面板中设置“Opacity（不透明度）”属性为 0%，在文档窗口中调整图像位置和大小，如图 5-67 所示，“Timeline（时间轴）”面板如图 5-68 所示。

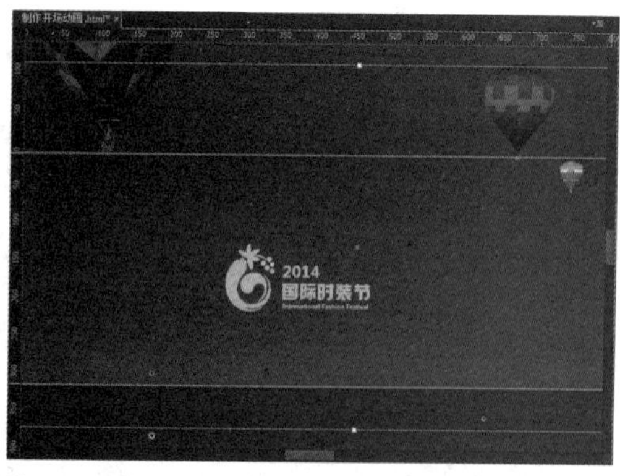

图 5-67

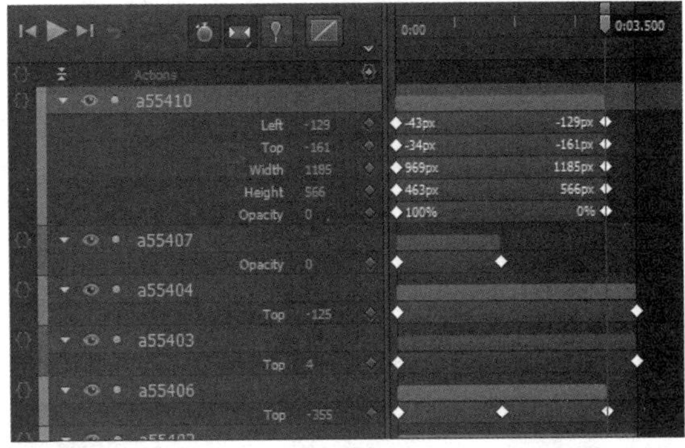

图 5-68

11 采用相同的制作方法，导入其他素材图像并完成动画的制作。执行“File（文件）>Save（保存）”命令，保存文件。执行“File（文件）>Preview In Browser（在浏览器中预览）”命令，预览动画效果，如图 5-69 所示。

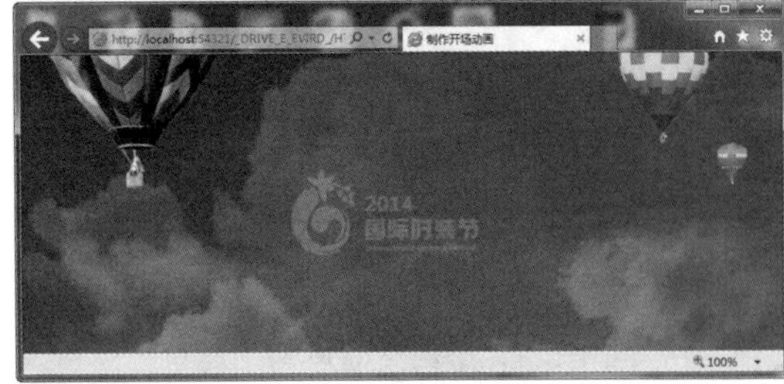

图 5-69

5.6 使用缓动效果

在 Edge Animate 中还为动画预设了缓动效果，只需要选中相应的动画，选择合适的缓动效果即可为所选动画应用缓动效果，从而提高动画制作的效率。本节将向读者介绍 Edge Animate 中的缓动效果，以及如何为动画应用缓动效果的方法。

5.6.1 缓动效果详解

单击“Timeline（时间轴）”面板上的“Easing（缓动）”按钮，弹出缓动效果设置面板，如图 5-70 所示，可以在该面板中选择所需要应用的预设缓动效果。

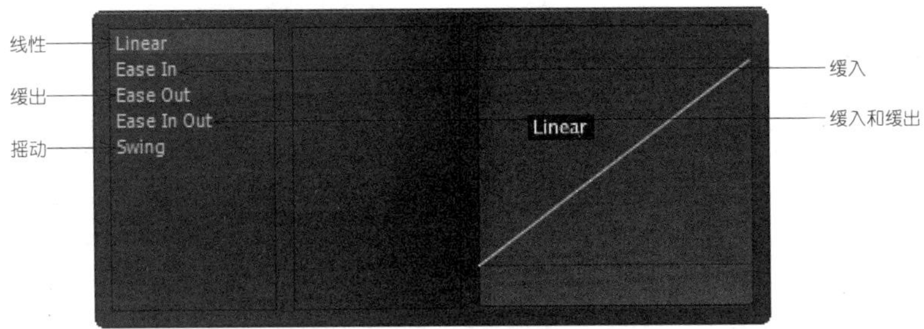

图 5-70

● Linear（线性）

选中“Linear（线性）”选项，在预览图中可以看到“Linear（线性）”的效果图。在运用效果之前，用户必须选中一段动画，选中“Linear（线性）”选项，双击使用该效果。播放动画，舞台中的元素做直线匀速运动。

● Ease In（缓入）

选中“Ease In（缓入）”选项，在右侧提供了 10 种“Ease In（缓入）”效果选项，如图 5-71 所示。

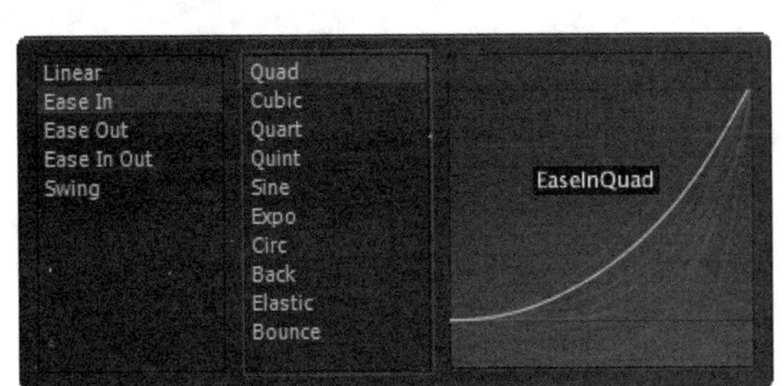

图 5-71

双击选中其中任意一种“Ease In（缓入）”效果，即可为所选中的动画应用该缓入的动画效果，缓入动画效果会自动应用在选中动画的起始位置。

● **Ease out（缓出）**

选中“Ease Out（缓出）”选项，在右侧提供了10种“Ease out（缓出）”效果选项，如图5-72所示。

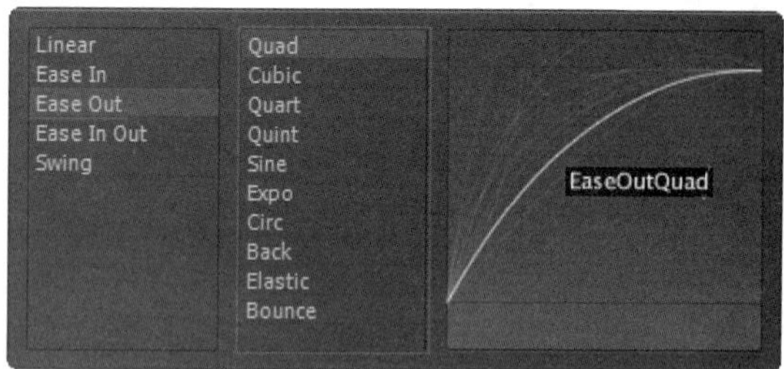

图 5-72

双击选中其中任意一种“Ease Out（缓出）”效果，即可为所选中的动画应用该缓出动画效果，缓出动画效果会自动应用在选中动画的结束位置。

● **Ease In Out（缓入和缓出）**

选中“Ease In Out”（缓入和缓出）选项，在右侧提供了10种“Ease In Out（缓入和缓出）”效果选项，如图5-73所示。

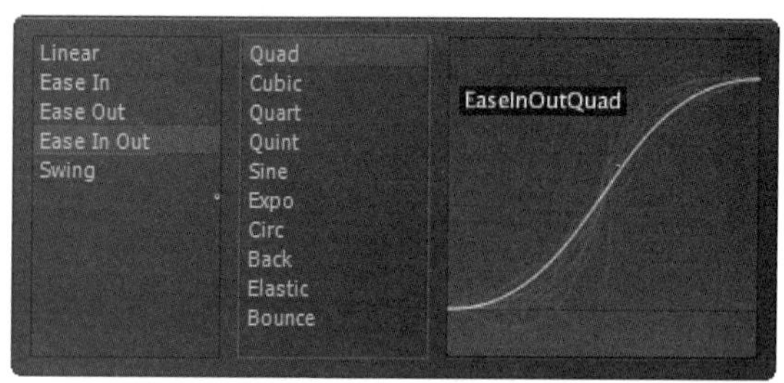

图 5-73

双击选中其中任意一种“Ease In Out（缓入和缓出）”效果，即可为所选动画应用该缓入和缓出动画效果。其中，缓入动画效果会自动应用在选中动画的起始位置；缓出动画效果会自动应用在选中动画的结束位置。

● **Swing（摇动）**

选中“Swing（摇动）”选项，在预览图中可以看到“Linear（线性）”的效果图，如图5-74所示。

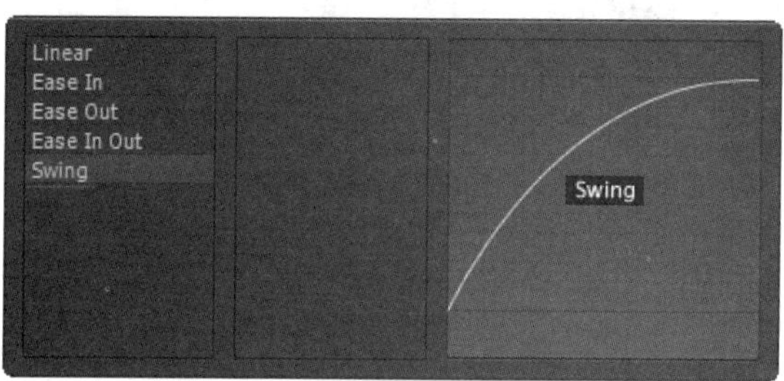

图 5-74

双击“Swing（摇动）”选项，即可为所选动画应用该缓动效果。摇动动画效果会使动画产生先快后慢的效果。

提示：

Edge Animate预设的缓动效果并不是特别明显，用户在为动画添加缓动效果后，需要仔细观察动画的变化。

5.6.2 制作网站广告条

了解了Edge Animate中的缓动效果，接下来通过一个网站广告条动画案例，使读者更好地理解如何为动画添加缓动效果。

自测 2

制作网站广告条

视频：光盘\视频\第5章\制作网站广告条.swf

源文件：光盘\源文件\第5章\制作网站广告条\5-6-2.html

01 执行“File（文件）>New（新建）”命令，新建空白文件。执行“File（文件）>Save（保存）”命令，将文件保存为“光盘\源文件\第5章\制作网站广告条\5-6-2.html”。

02 在“Properties（属性）”面板中对舞台相关属性进行设置，如图5-75所示。执行“File（文件）>Import（导入）”命令，导入素材图像“光盘\源文件\第5章\素材\a57101.jpg”，如图5-76所示。

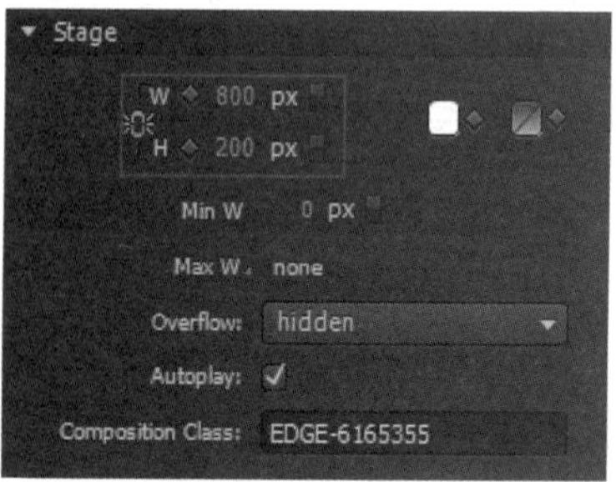

图 5-75

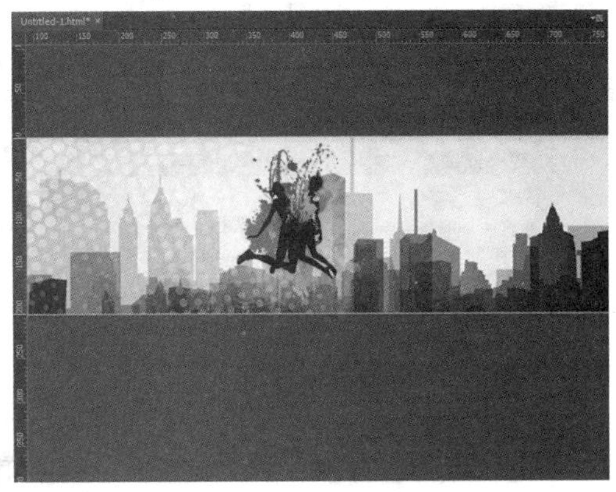

图 5-76

03 使用“Text Tool（文字工具）”，在舞台中单击并输入文字，在“Properties（属性）”面板中的“Text（文本）”选项区中对文字的相关属性进行设置，设置文字颜色为 RGB（255,120,1），如图 5-77 所示。在舞台中可以看到输入的文字效果，如图 5-78 所示。

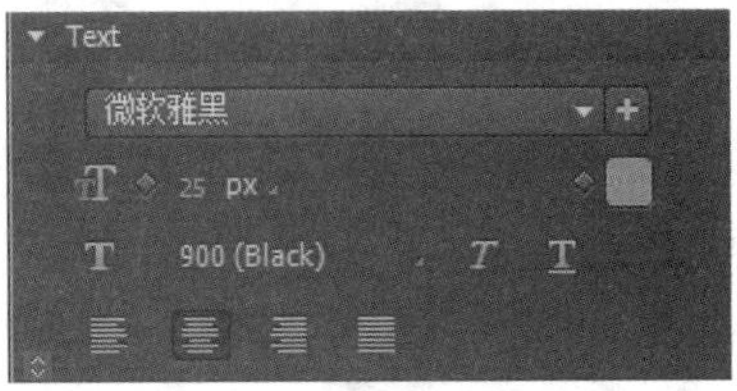

Text
微软雅黑
25 px
900 (Black)

图 5-77

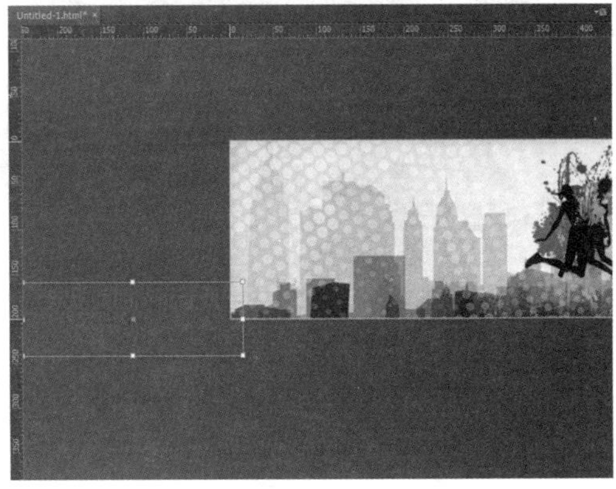

图 5-78

04 单击“Properties（属性）”面板中的“Position and Size（位置和大小）”选项区中 X 属性的“Add Keyframe（添加关键帧）”按钮，添加关键帧，“Timeline（时间轴）”面板如图 5-79 所示。将播放头移至 00:00.500 位置，在舞台中将文字水平向右移动至合适的位置，如图 5-80 所示。

0:00
Actions
Stage
Text
Left
a57101

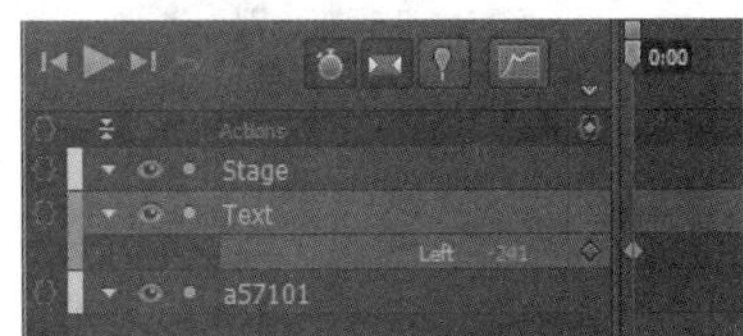

图 5-79

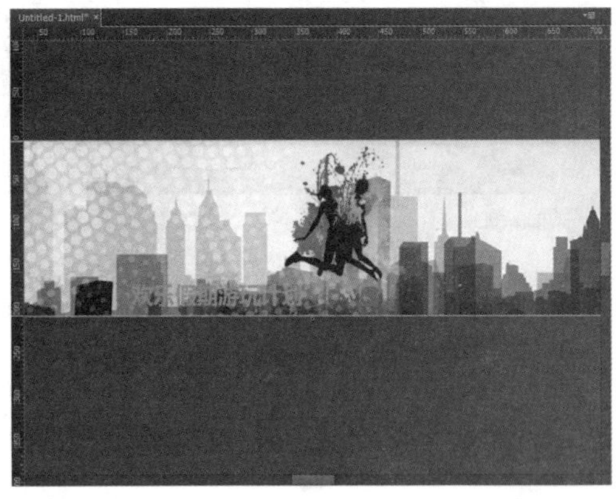

图 5-80

05 将播放头移至 00:04 位置，在舞台中将文字水平向右移动至合适位置，如图 5-81 所示，“Timeline（时间轴）”面板如图 5-82 所示。

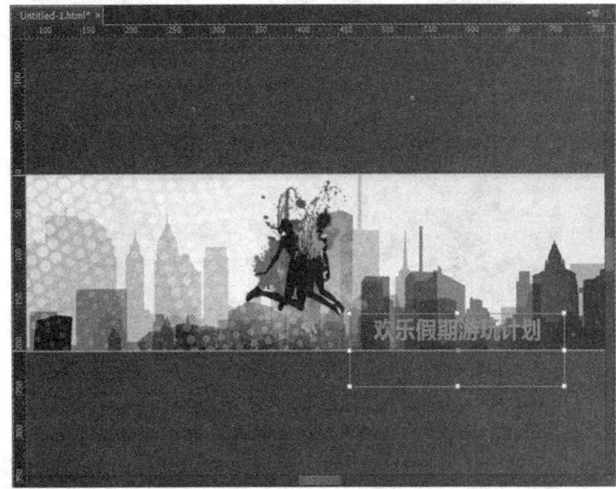

欢乐假期游玩计划

图 5-81

0:00
0:04
Actions
Stage
Text
Left
463
131px
463px
Text Color
a57101

图 5-82

06 将播放头移至 00:04.500 位置，在舞台中将文字水平向右移至合适位置，如图 5-83 所示，“Timeline（时间轴）”面板如图 5-84 所示。

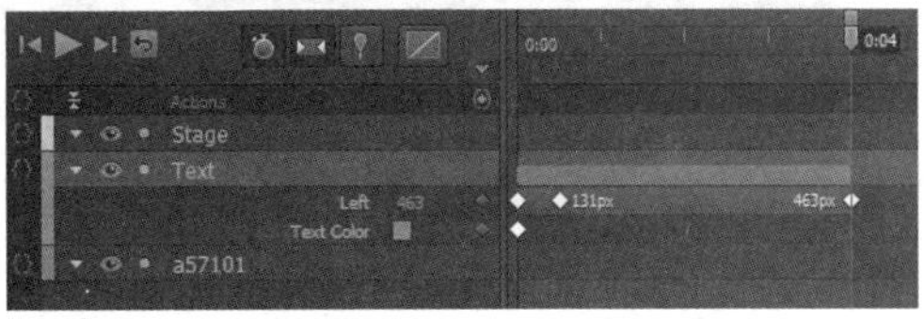

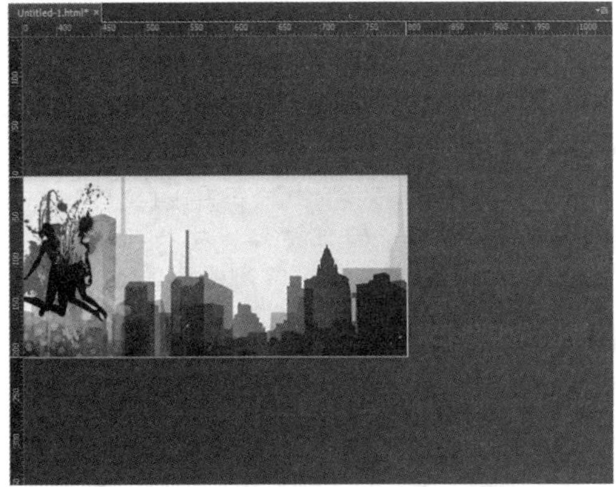

图 5-83

图 5-84

07 采用相同的制作方法，可以在舞台中输入其他的文字，如图 5-85 所示。选中刚输入的文字，将播放头移至 00:04.500 位置，单击“Properties（属性）”面板中的“Position and Size（位置和大小）”选项区中 Y 属性的“Add Keyframe（添加关键帧）”按钮，添加关键帧，“Timeline（时间轴）”面板如图 5-86 所示。

图 5-85

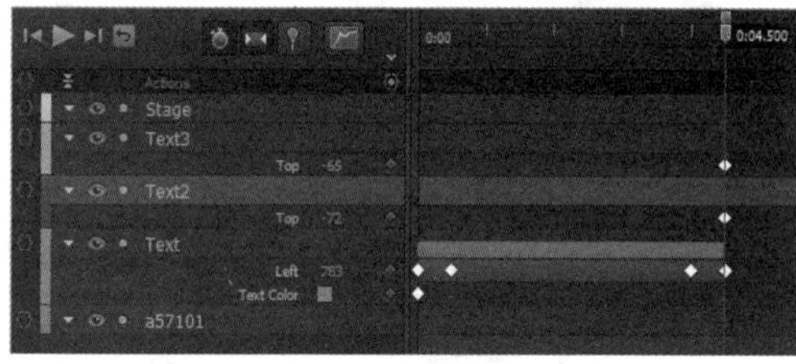
图 5-86

08 将播放头移至 00:05.250 位置，在舞台中将文字垂直向下移至合适位置，如图 5-87 所示，“Timeline（时间轴）”面板如图 5-88 所示。

09 在“Timeline（时间轴）”面板中拖曳鼠标，同时选中 Text2 和 Text3 元素层上的文字动画，如图 5-89 所示。单击“Timeline（时间轴）”面板上的“Easing（缓动）”按钮，在弹出窗口中单击应用相应的缓动效果，如图 5-90 所示。

10 完成动画效果的制作，执行“File（文件）>Save（保存）”命令，保存文件。执行“File（文件）>Preview In Browser（在浏览器中预览）”命令，在浏览器中预览动画效果，如图 5-91 所示。

图 5-87

图 5-88

图 5-89

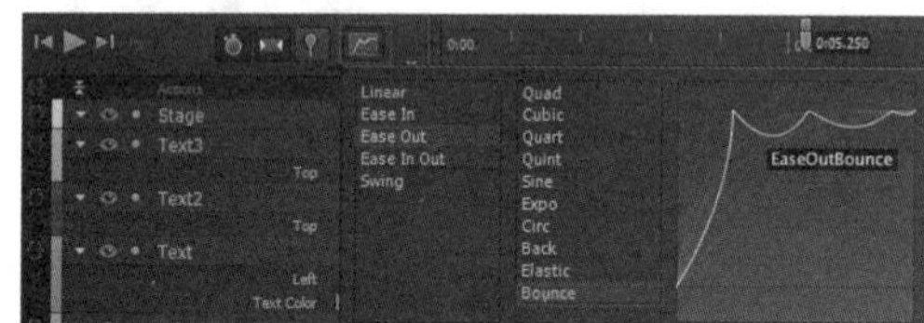

图 5-90

图 5-91

5.6.3 制作纸飞机飞行动画

通常情况下，时间轴中的动画效果都是直线运动的，当然在 Edge Animate 中可以改变动画的运动轨迹，使其产生曲线运动效果，类似 Flash 中的运动引导层动画。在本节中将带领读者完成一个曲线运动动画的制作，在该动画的制作过程中，读者需要重点掌握曲线运动动画的制作方法。

自测 3 制作纸飞机飞行动画

视频：光盘 \ 视频 \ 第 5 章 \ 制作纸飞机飞行动画 .swf
源文件：光盘 \ 源文件 \ 第 5 章 \ 制作纸飞机飞行动画 \5-6-3.html

01 执行“File（文件）>New（新建）”命令，新建空白文件。执行“File（文件）>Save（保存）”命令，将文件保存为“光盘 \ 源文件 \ 第 5 章 \ 制作纸飞机飞行动画 \5-6-3.html”。

02 在“Properties（属性）”面板中对舞台相关属性进行设置，如图 5-92 所示，舞台效果如图 5-93 所示。

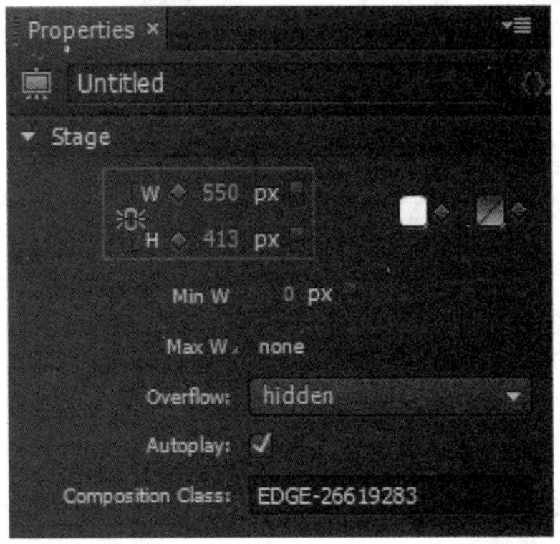

图 5-92

图 5-93

03 执行“File（文件）>Import（导入）”命令，弹出“Import（导入）”对话框，选择需要导入的素材“光盘 \ 源文件 \ 第 5 章 \ 素材 \a57301.jpg”，如图 5-94 所示。单击“打开”按钮，导入该素材图像，如图 5-95 所示。

04 执行“File（文件）>Import（导入）”命令，弹出“Import（导入）”对话框，选择需要导入的素材“光盘 \ 源文件 \ 第 5 章 \ 素材 \a57302.jpg”，如图 5-96 所示。单击“打开”按钮，导入该素材图像，如图 5-97 所示。

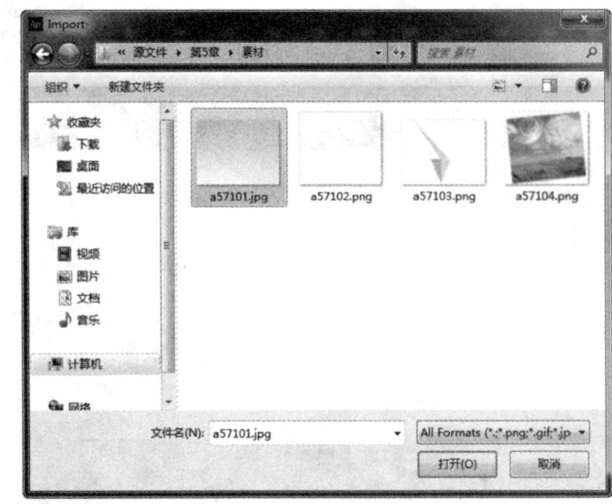

图 5-94

图 5-95

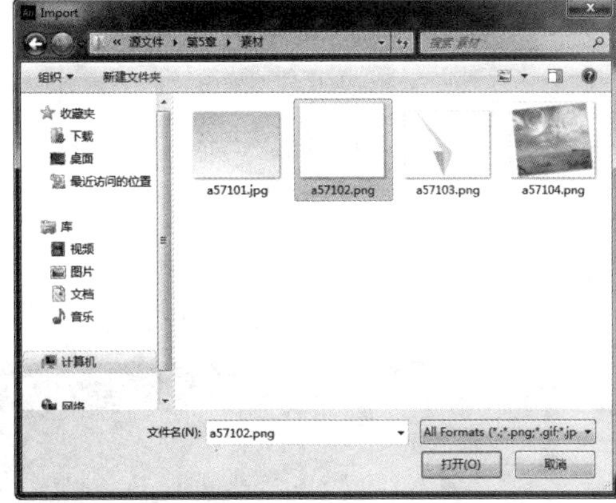

图 5-96

图 5-97

05 选中刚导入的素材图像，在“Properties（属性）”面板中设置“Opacity（不透明度）”属性为 0%，并单击该属性的“Add Keyframe（添加关键帧）”按钮◆，如图 5-98 所示。选中舞台元素，将其移动到合适位置，如图 5-99 所示。

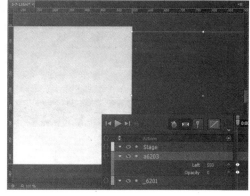

图 5-98

图 5-99

06 在“Timeline（时间轴）”面板中拖曳播放头至 0:00.500 位置，如图 5-100 所示。选中舞台中的素材图像，在“Properties（属性）”面板中设置“Opacity（不透明度）”属性为 100%，将其移至合适的位置，如图 5-101 所示。

图 5-100

图 5-101

07 在“Timeline（时间轴）”面板上的播放头位置，会自动为“Opacity（不透明度）”属性和位置属性添加关键帧，如图 5-102 所示，舞台效果如图 5-103 所示。

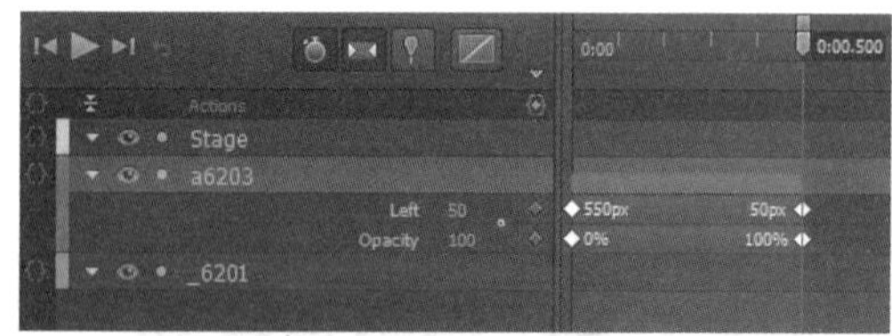

图 5-102

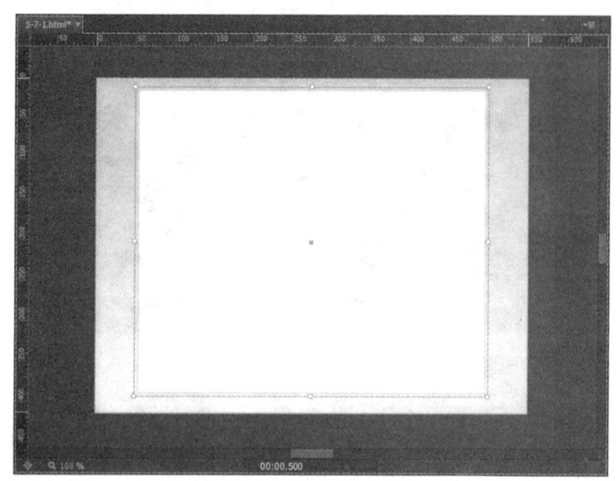

图 5-103

08 执行“File（文件）>Import（导入）”命令，弹出“Import（导入）”对话框，选择需要导入的素材“光盘\源文件\第 5 章\素材\a57303.jpg”，如图 5-104 所示。单击“打开”按钮，导入该素材图像，如图 5-105 所示。

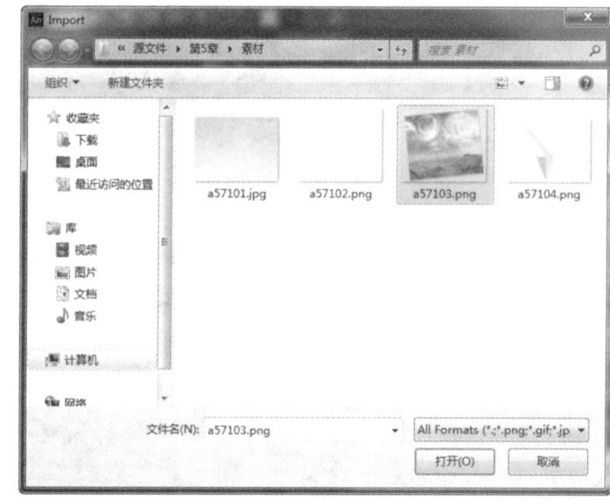

图 5-104

图 5-105

09 在“Timeline（时间轴）”面板中拖曳播放头至 0:00.800 位置，如图 5-106 所示。选中刚导入的素材图像，在“Properties（属性）”面板中设置“Opacity（不透明度）”属性为 0%，并单击该属性的“Add Keyframe（添加关键帧）”按钮◆，如图 5-107 所示。舞台中的对象完全透明，选中舞台元素，将其移动到合适位置，如图 5-108 所示。

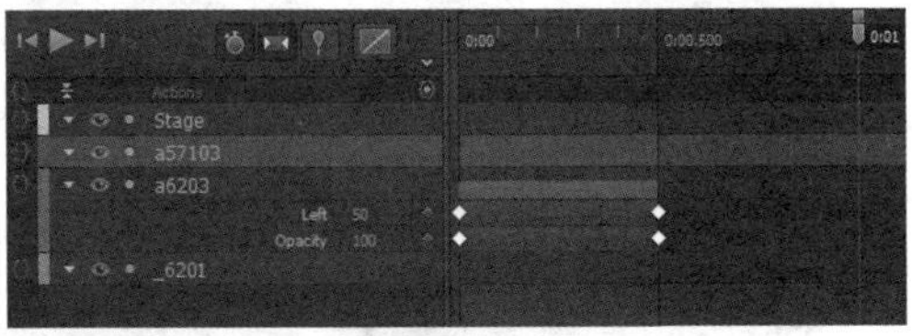

图 5-106

图 5-107

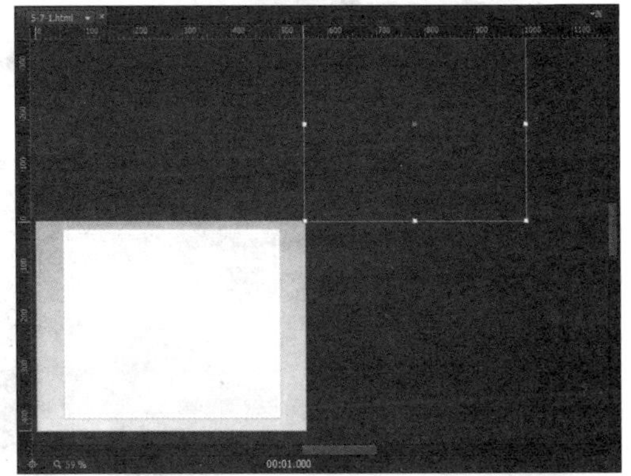

图 5-108

10 将播放头移至 0:01.300 位置，在“Properties（属性）”面板中设置“Opacity（不透明度）”属性为 100%，如图 5-109 所示。选中舞台中的素材图像，将其移动至合适的位置，如图 5-110 所示，“时间轴”面板如图 5-111 所示。

图 5-109

图 5-110

图 5-111

11 执行“File（文件）>Import（导入）”命令，弹出“Import（导入）”对话框，选择需要导入的素材“光盘\源文件\第 5 章\素材\a57304.jpg”，如图 5-112 所示。单击“打开”按钮，导入该素材图像，并调整到合适的位置，如图 5-113 所示。

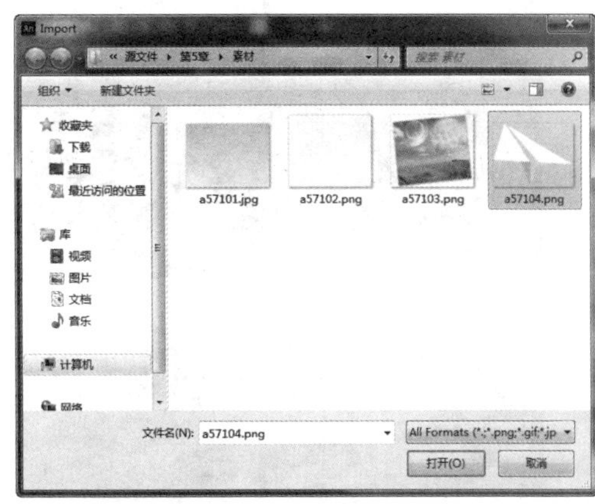

图 5-112

12 选中刚导入的素材，将播放头移至 0:01.500 位置，如图 5-114 所示。在“Properties（属性）”面板的“Position and Size（位置和大小）”选项区中选中“Motion Paths（运动路径）”选项，勾选“Auto-Orient（自动方向）”复选框，单击 X 和 Y 选项的“Add Keyframe（添加关键帧）”按钮◆，如图 5-115 所示。

图 5-113

图 5 114

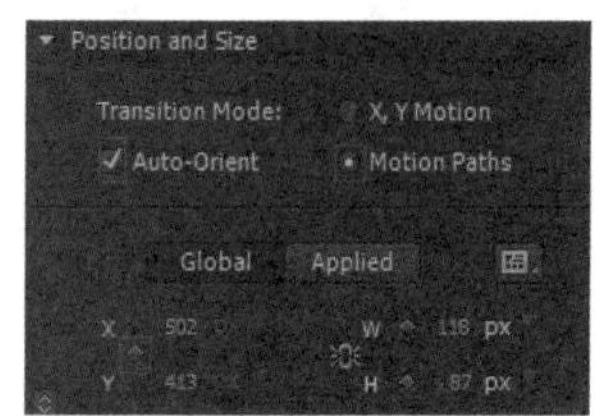

图 5-115

13 将播放头移至 0:04 位置，如图 5-116 所示。选中舞台上的元素，并调整到合适的位置，可以看到两个关键帧之间的运动路径，如图 5-117 所示。在“Timeline（时间轴）”面板中的播放头位置会自动添加关键帧，如图 5-118 所示。

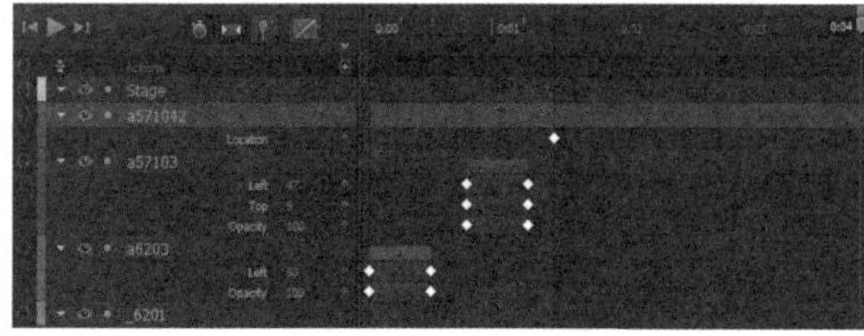
图 5-116

图 5-117

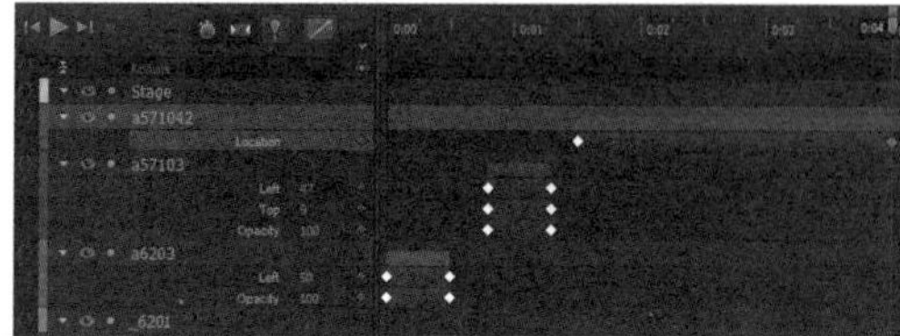
图 5-118

14 把鼠标放在蓝色运动轨迹线上，鼠标会变成钢笔状，如图 5-119 所示。单击拖曳蓝色运动轨迹线，可调整运动轨迹，如图 5-120 所示。采用相同的制作方法，可以完成运动轨迹线的调整，如图 5-121 所示。

图 5-119

图 5-120

图 5-121

15 完成动画效果的制作，执行“File（文件）>Save（保存）”命令，保存文件。执行“File（文件）>Preview In Browser（在浏览器中预览）”命令，在浏览器中预览动画效果，如图 5-122 所示。

图 5-122

5.6.4 制作模糊入场动画

本实例将制作模糊入场动画的效果，通过为元素应用模糊滤镜使元素产生模糊的效果，再通过普通的时间轴动画与缓动效果的结合使用，实现该动画的效果。

自测 4

制作模糊入场动画

视频：光盘\视频\第 5 章\制作模糊入场动画 .swf

源文件：光盘\源文件\第 5 章\制作模糊入场动画\5-6-4.html

01 执行“File（文件）>New（新建）”命令，新建空白文件。执行“File（文件）>Save（保存）”命令，将文件保存为“光盘\源文件\第 5 章\制作模糊入场动画\5-6-4.html”。

02 在“Properties（属性）”面板中对舞台相关属性进行设置，如图 5-123 所示。执行“File（文件）>Import（导入）”命令，导入素材图像“光盘\源文件\第 5 章\素材\a57401.jpg”，如图 5-124 所示。

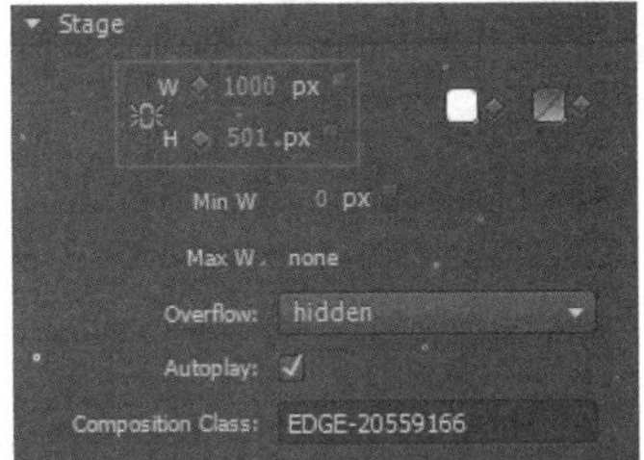

图 5-123

图 5-124

03 执行“File(文件)>Import(导入)”命令，弹出“Import（导入）”对话框，选择需要导入的素材“光盘\源文件\第 5 章\素材\a57402.jpg”，如图 5-125 所示。单击“打开”按钮，导入该素材图像，调整到合适的位置，如图 5-126 所示。

图 5-125

图 5-126

04 单击“Properties（属性）”面板中的“Position and Size（位置和大小）”选项区中Y属性和“Filters（滤镜）”选项区中的“Blur（模糊）”属性的“Add Keyframe（添加关键帧）”按钮◆，设置Blur参数值为50px，如图5-127所示。“Timeline（时间轴）”面板如图5-128所示。

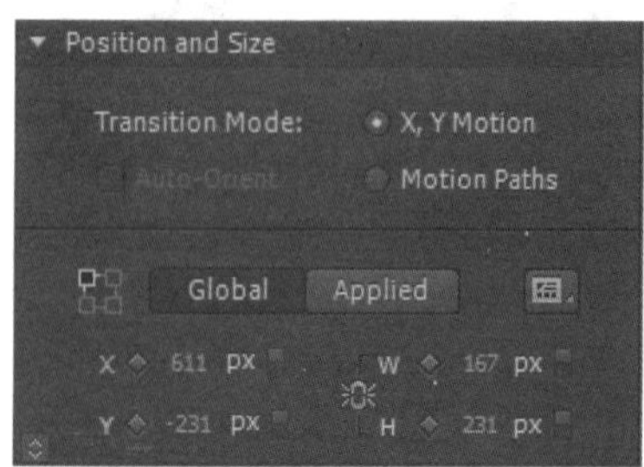

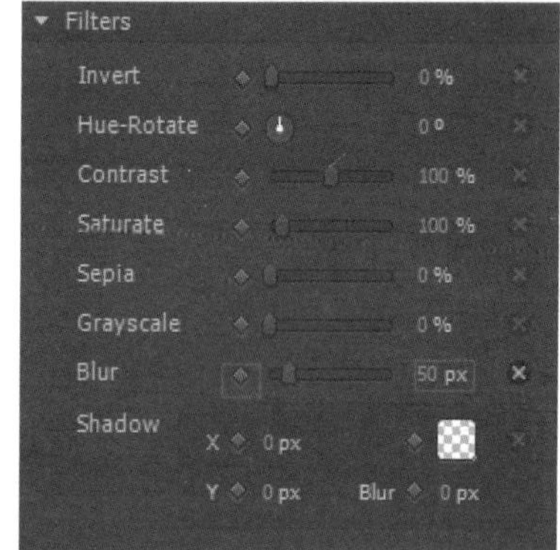

图 5-127

图 5-128

05 将播放头移至00:00.750位置，将素材图像垂直向下移至合适位置，设置“Blur（模糊）”参数值为0px，效果如图5-129所示，“Timeline（时间轴）”面板如图5-130所示。

图 5-129

图 5-130

06 选中时间轴上的动画，如图5-131所示。单击“Timeline（时间轴）”面板上的“Easing（缓动）”按钮，在弹出窗口中选择合适的缓动效果应用，如图5-132所示。

图 5-131

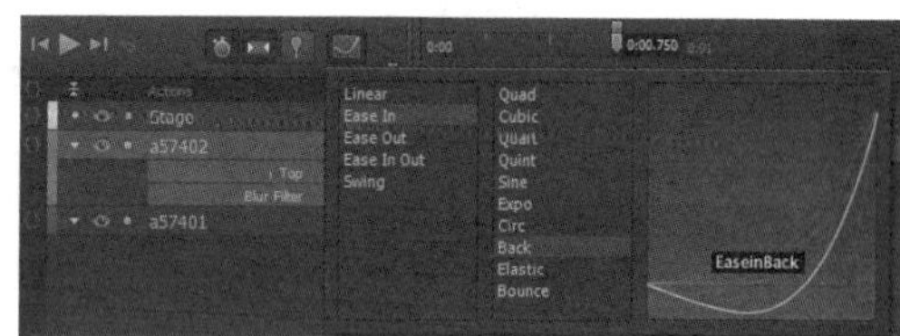

图 5-132

07 将播放头移至00:00.850位置，在“Properties（属性）”面板中单击“Opacity（不透明度）”属性的“Add Keyframe（添加关键帧）”按钮◆，添加关键帧，如图5-133所示，“Timeline（时间轴）”面板如图5-134所示。

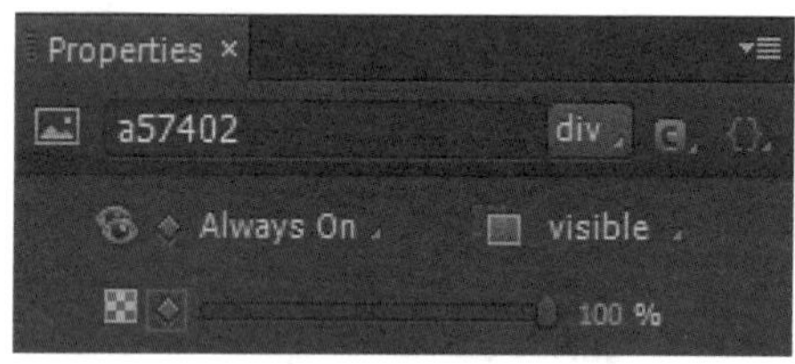

图 5-133

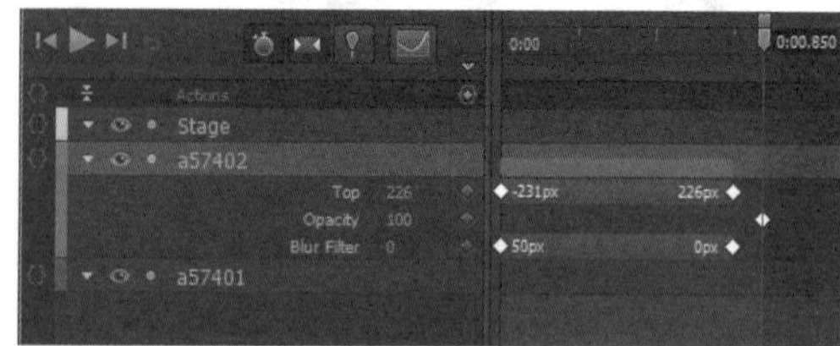

图 5-134

08 采用相同的制作方法，分别在00:00.950、00:01.050、00:01.150、00:01.250位置，单击“Properties（属性）”面板中“Opacity（不透明度）”的“Add Keyframe（添加关键帧）”按钮◆，添加关键帧。分别为其设置“Opacity（不透明度）”属性为0%、100%、0%、100%，如图5-135所示，“Timeline（时间轴）”面板如图5-136所示。

图 5-135

图 5-136

09 采用相同的制作方法，导入素材。单击“Properties（属性）”面板上的“Position and Size（位置和大小）”选项区中 X、Y、W、H 属性和“Filters（滤镜）”选项区内的“Blur（模糊）”属性的“Add Keyframe（添加关键帧）”按钮◆，添加关键帧，“Timeline（时间轴）”面板如图 5-137 所示。设置“Blur（模糊）”属性值为 50px，将素材图像调整至合适的大小和位置，如图 5-138 所示。

图 5-137

图 5-138

10 将播放头移至 00:02.250 位置，调整图像的位置及大小，设置“Blur（模糊）”属性值为 0px，效果如图 5-139 所示，“Timeline（时间轴）”面板如图 5-140 所示。

图 5-139

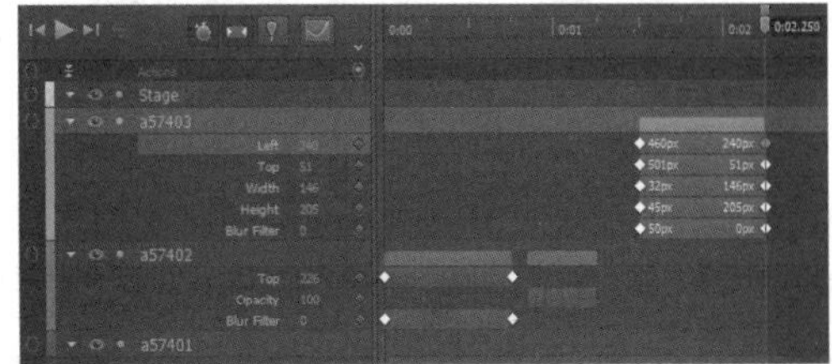

图 5-140

11 选中时间轴上的图像动画，如图 5-141 所示。单击“Timeline（时间轴）”面板上的“Easing（缓动）”按钮，在弹出窗口中选择合适的缓动效果应用，如图 5-142 所示。

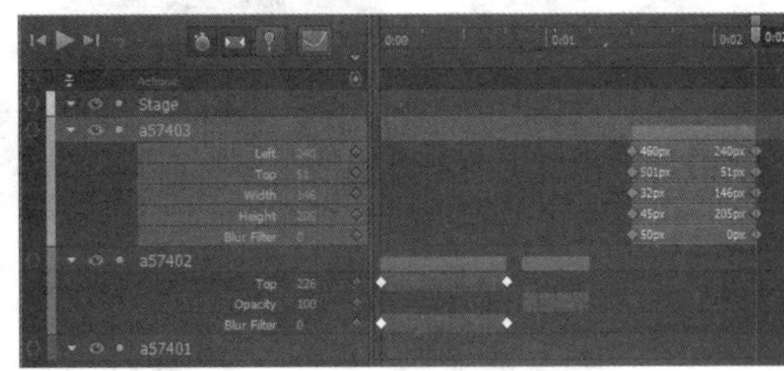

图 5-141

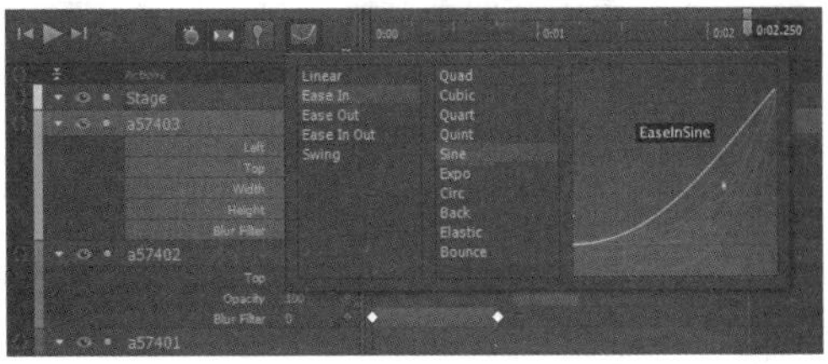

图 5-142

12 将播放头移至 00:02.350 位置，在“Properties（属性）”面板中单击“Opacity（不透明度）”属性的“Add Keyframe（添加关键帧）”按钮◆，添加关键帧，如图 5-143 所示，“Timeline（时间轴）”面板如图 5-144 所示。

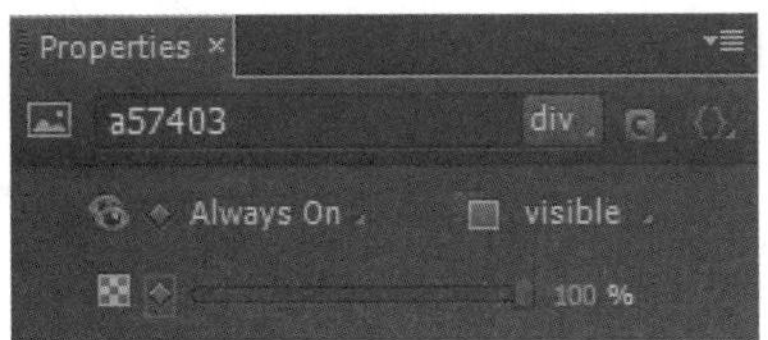

图 5-143

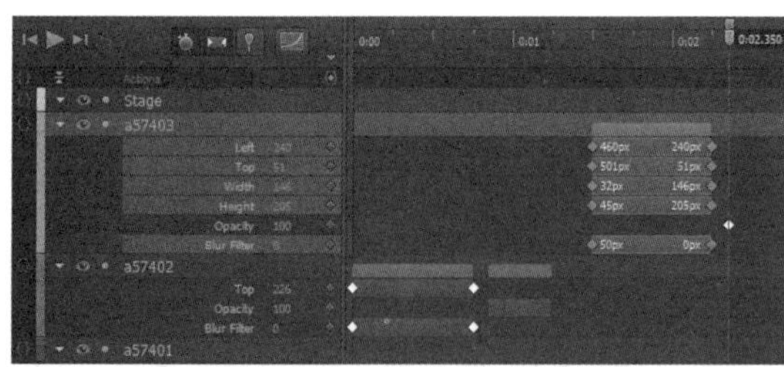
图 5-144

13 采用相同的制作方法，分别在 00:02.450、00:02.550、00:02.650、00:02.750 位置，单击“Properties（属性）”面板中“Opacity（不透明度）”属性的“Add Keyframe（添加关键帧）”按钮，添加关键帧。分别为其设置“Opacity（不透明度）”属性值为 0%、100%、0%、100%，效果如图 5-145 所示，“Timeline（时间轴）”面板如图 5-146 所示。

图 5-145

14 完成动画效果的制作，执行“File（文件）>Save（保存）”命令，保存文件。执行“File（文件）>Preview In Browser（在浏览器中预览）”命令，在浏览器中预览动画效果，如图 5-147 所示。

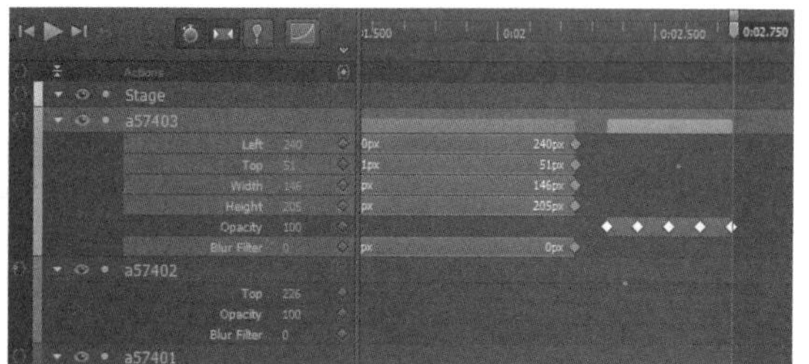
图 5-146

图 5-147

提示：

因为 IE11 并不支持 CSS 样式中的滤镜效果，所以此处使用的是 Chrome 浏览器对动画进行预览。

5.7 本章小结

本章重点向读者介绍了 Edge Animate 中最重要的“Timeline（时间轴）”面板的使用和操作，只有熟练的掌握“Timeline（时间轴）”面板的使用才能够在制作动画的过程中得心应用。在本章中还通过多个典型的时间轴动画案例的制作讲解，希望读者能够更加轻松的掌握“Timeline（时间轴）”面板的操作以及不同类型动画的制作方法。

第⑥章 使用触发器动作

使用触发器动作

互联网巨大的魅力在于其具有交互性，与静态的报纸或杂志等传统媒体相比，使用鼠标点击或手指轻滑，就可以产生相应的交互效果。网站如何才能够有效的吸引浏览者的注意力，无疑交互性操作是最为重要的一点。在 Edge Animate 中可以制作出强大的具有交互性的动画效果，而这些交互性的动态效果，在 Edge Animate 中都是通过强大的触发器动作来实现的。本章将向读者介绍 Edge Animate 中的触发器动作，以及如何使用触发器动作制作出强大的交互动画。

本章知识点：

- 了解触发器
- 掌握为元素添加触发器动作的方法
- 理解各种触发事件
- 理解各种触发动作
- 掌握为舞台添加触发器动作的方法
- 掌握为时间轴添加触发器动作的方法
- 掌握标签与触发器动作的综合应用

6.1 了解触发器

在 Edge Animate 中为开发人员提供了触发器功能，开发人员可以自己选择所需要的触发器事件，例如鼠标单击对象或者动画播放到结束位置等。有了触发器事件后还可以指定该事件发生后所需要执行的触发器动作，从而使动画产生交互性。

6.1.1 什么是触发器

在交互式动画的制作过程中，触发器动作是必不可少的功能。Edge Animate 中的触发器动作是一种添加在动画中的 JavaScript 脚本代码，设计者可以将触发器动作添加到动画中的任意对象，从而实现浏览者与动画之间的交互，以多种方式改变动画的播放或引起某次任务的执行。

触发器动作可以简单的理解为某一件触发事件发生，从而执行某种触发动作的执行。在 Edge Animate 中可以将触发器动作应用到多种对象，例如舞台、时间轴、图形和文本等，不同的对象具有不同的触发事件，如图 6-1 所示为矩形图形的触发事件，如图 6-2 所示为时间轴的触发事件。

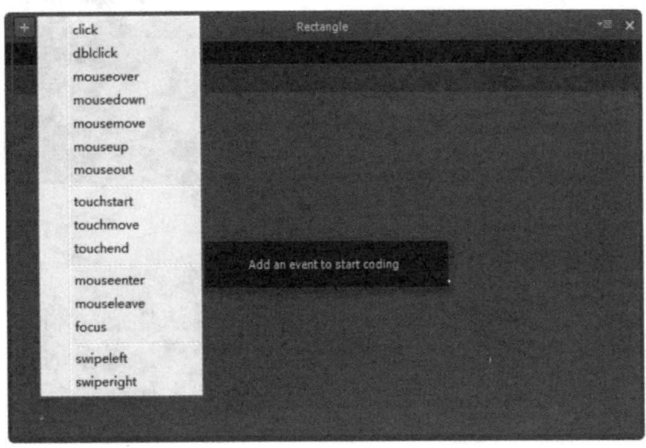

图 6-1

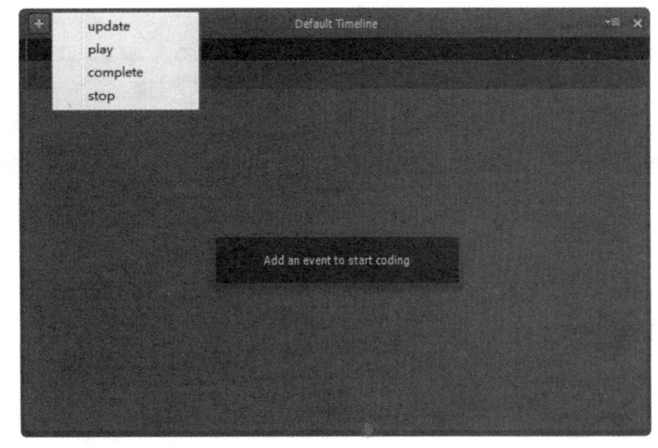

图 6-2

提示：

在“Trigger（触发器）”面板中用户可以先选择一种触发事件，再指定发生该触发事件时需要执行的动作。

6.1.2 “Trigger（触发器）”对话框

在 Edge Animate 中，添加和编辑触发器动作的操作都需要用到“Trigger（触发器）”对话框。在 Edge Animate 中，在多个位置都提供了打开“Trigger（触发器）”对话框的“Open Actions（打开动作）”按钮{}，如图 6-3 所示。

单击“Open Actions（打开动作）”按钮{}，即可弹出“Trigger（触发器）”对话框，默认弹出“Trigger（触发器）”对话框时会自动显示触发事件列表，以便用户选择一种触发事件，如图 6-4 所示。选择相应的触发事件后，即可在“Trigger（触发器）”对话框中设置相应的触发动作，如图 6-5 所示。

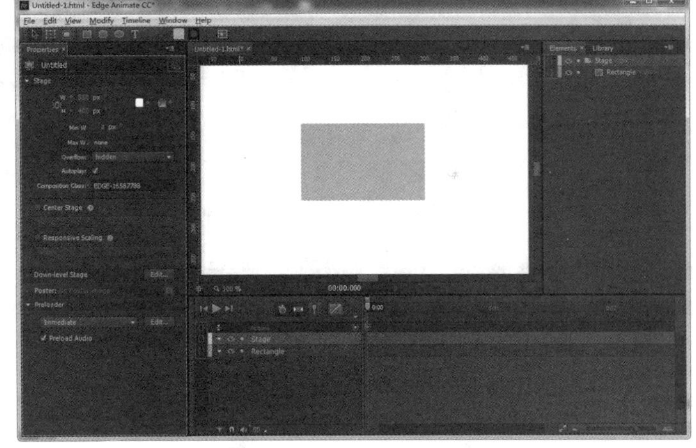

图 6-3

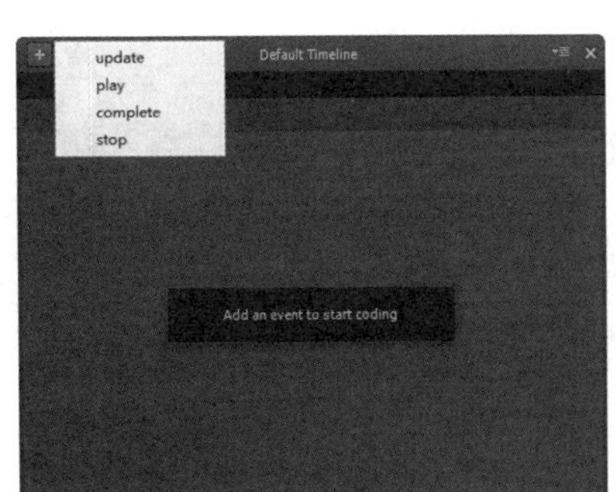

图 6-4

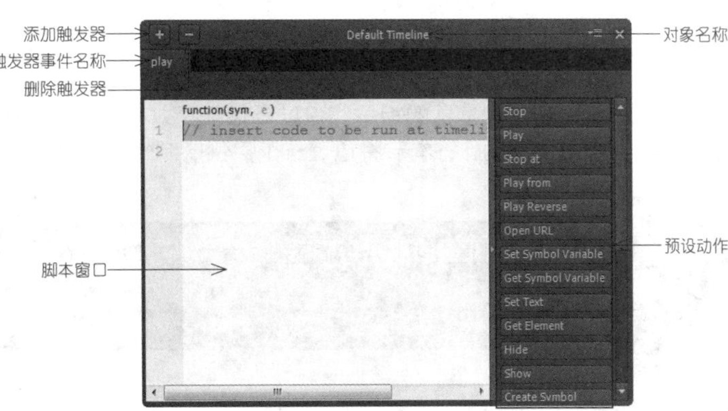

图 6-5

● **添加触发器**

单击“添加触发器”按钮，可以在弹出菜单中选择需要应用于所选择对象的触发器事件，如图6-6所示。

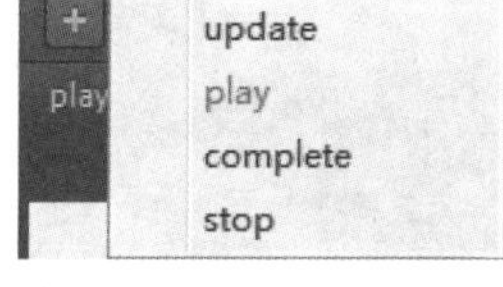

图 6-6

提示：

不可以为同一个对象重复添加相同的触发器事件。

● **删除触发器**

单击“删除触发器”按钮，可以删除当前所添加的触发器动作。

提示：

如果为对象添加了多个触发器动作，则在“Trigger（触发器）”对话框中单击选择需要删除的触发器事件名称，再单击“删除触发器”按钮，即可删除选中的触发器动作。

● **对象名称**

此处显示的是当前所选中的添加触发器动作的对象名称。

● **预设动作**

完成触发器事件的选择后，在“Trigger（触发器）”对话框的右侧将显示可用于该触发事件的触发动作列表，单击相应的动作按钮，即可在添加该触发动作，并在脚本窗口中显示相应的脚本代码，如图6-7所示。

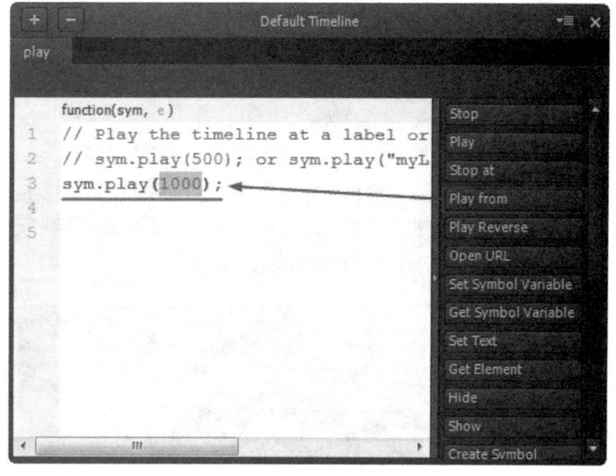

图 6-7

● **脚本窗口**

选择触发器事件并添加触发器动作后，将自动在脚本窗口中生成相应的脚本代码，很多时候都需要在脚本窗口中对所生成的脚本代码进行设置和调整。

提示：

如果对象没有添加触发器动作，则该对象旁边的“Open Actions（打开动画）”按钮显示为灰色的空大括号，如果对象添加了触发器动作，则该对象旁边的“Open Actions（打开动画）”按钮显示为浅灰色，并且在大括号内部显示实心小方块。

6.2 使用触发器动作

在动画中添加了触发器动作，实际上是添加了编写好的 JavaScript 或 jQuery 脚本代码，只不过在 Edge Animate 中将编写脚本代码的操作简单化了，使得没有程序编写经验的设计者也能够轻松的制作出具有交互效果的动画。

6.2.1 为元素添加触发器动作

前面已经介绍了触发器的相关知识以及如何为对象添加触发器。在 Edge Animate 中可以为几乎所有元素和对象添加触发器动作，本节将通过一个实例的制作，使读者掌握如何为动画中的元素添加触发器动作。

自测 1 控制元素的显示与隐藏

视频：光盘\视频\第6章\控制元素的显示与隐藏.swf
源文件：光盘\源文件\第6章\控制元素的显示与隐藏\6-2-1.html

01 执行“File（文件）>New（新建）”命令，新建空白文件。执行“File（文件）>Save（保存）”命令，将文件保存为“光盘\源文件\第6章\控制元素的显示与隐藏\6-2-1.html”。

02 在“Properties（属性）”面板中对舞台相关属性进行设置，如图6-8所示。舞台效果如图6-9所示。

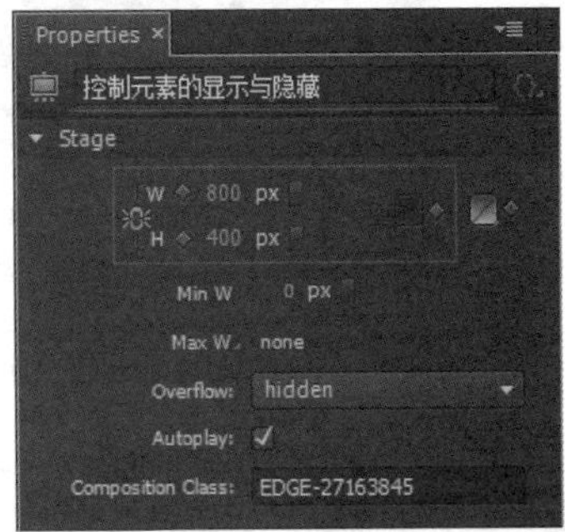

图 6-8

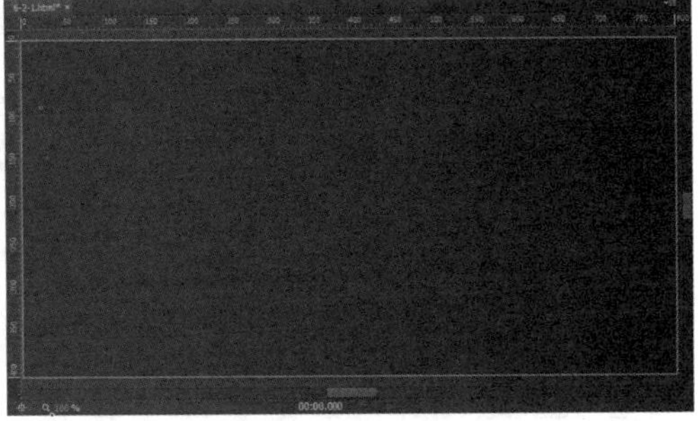

图 6-9

提示：

在 Edge Animate 中创建一个新的项目文档后，最好能够在“Properties（属性）”面板上的“Title（标题）”文本框中设置动画的标题，此处所设置的标题在浏览器中预览动画时将显示在浏览器的标题栏中。如果没有设置项目文档的标题，则在浏览器中预览动画时，在浏览器标题栏中将显示默认的文档标题 Untitled。

03 执行“File（文件）>Import（导入）”命令，导入素材图像“光盘\源文件\第6章\素材\a62101.jpg”，如图6-10所示。相同的方法，分别导入其他两个素材，并分别调整至舞台中合适的位置，如图6-11所示。

图 6-10

图 6-11

04 在舞台中单击选中需要设置的对象，如图6-12所示。在“Properties（属性）”面板上的“Title（标题）”文本框中该对象的标题名称，如图6-13所示。

图 6-12

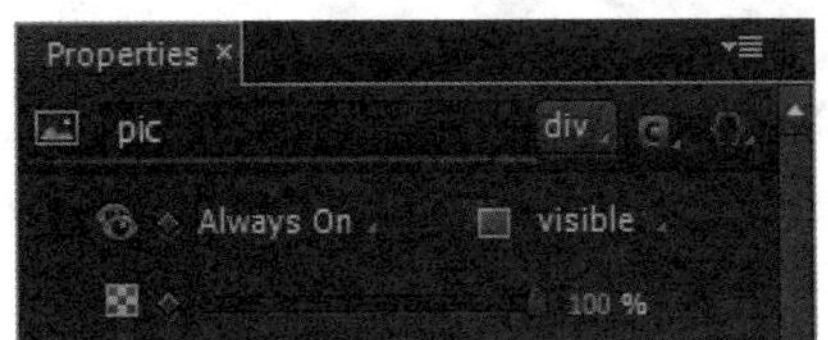

图 6-13

提示：

在 Edge Animate 文档中导入素材时，会自动将素材的名称作为该素材的标题。此处对所选中的素材标题进行修改，是为了便于在触发器动作脚本中对该标题名称的素材进行控制。

05 设置该对象的“display（显示）”属性为Off，如图6-14所示。在舞台中可以看到所选中的对象被隐藏，如图6-15所示。

06 在舞台中单击选中需要添加触发器动作的对象，如图6-16所示。在该对象上单击鼠标右键，在弹出菜单中选择“Open Actions for（打开动作）”命令，如图6-17所示。

图 6-14

图 6-15

图 6-16

图 6-17

提示：

除了可以在对象上单击鼠标右键，在弹出菜单中选择“Open Actions for（打开动作）”选项，打开“Trigger（触发器）”对话框外。还可以在舞台中选中对象，在“Timeline（时间轴）”面板中将自动选中该元素层，单击该元素层左侧的“Open Actions（打开动作）”按钮，同样可以弹出“Trigger（触发器）”对话框。

07 弹出“Trigger（触发器）”对话框并显示触发事件下拉菜单，选择 mouseover 选项，如图 6-18 所示。在对话框右侧单击 Show 按钮，添加该动作，如图 6-19 所示。

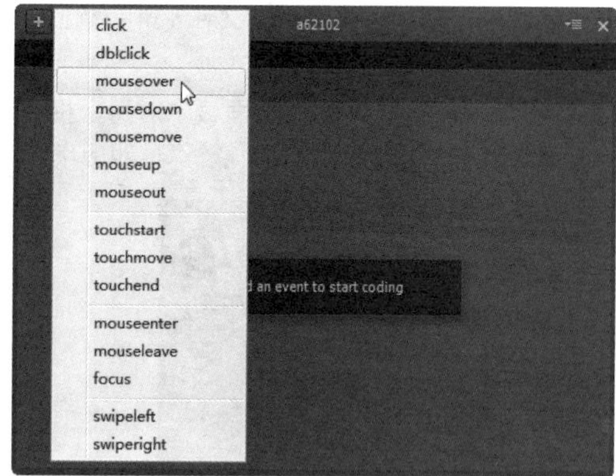

图 6-18

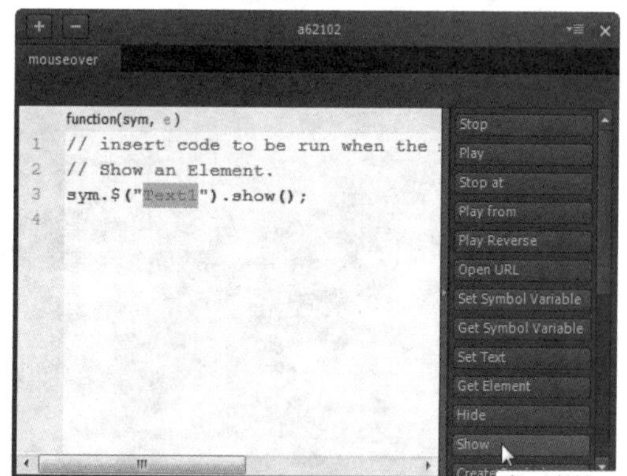

图 6-19

提示：

mouseover 触发器事件表示当鼠标移至该对象上方时，Show 动作表示显示指定标题名称的对象。

08 在“Trigger（触发器）”对话框中将自动添加的脚本中 Text1 文字修改为 pic，如图 6-20 所示。单击“Trigger（触发器）”对话框左上角的“添加触发器”按钮 + ，在弹出菜单中选择 mouseout 选项，如图 6-21 所示。

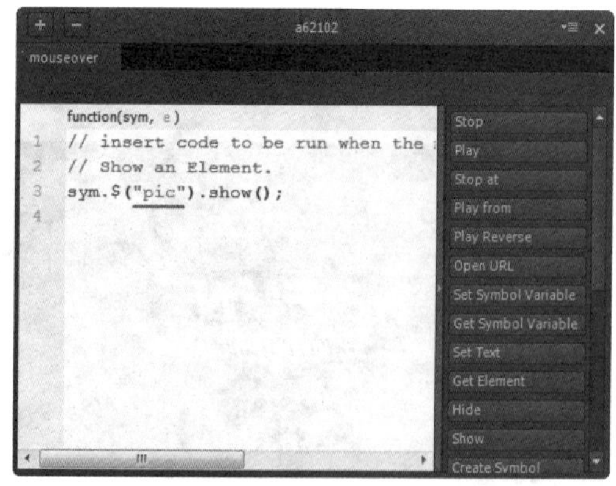

图 6-20

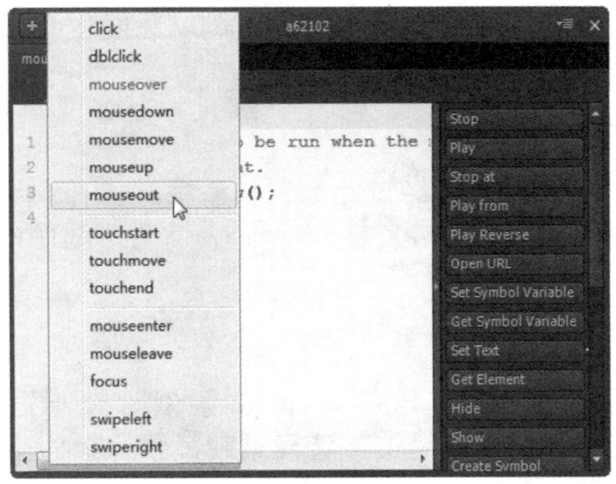

图 6-21

提示：

添加 Show 动作后，在脚本窗口中默认生成相应的 JavaScript 脚本代码，其中 Text1 名称为默认的显示元素的标题名称，需要用户手动将该名称修改为自己所制作的项目中需要显示的元素的标题名称。

09 在对话框右侧单击 Hide 按钮，添加该动作，在脚本窗口中将 Text1 文字修改为 pic，如图 6-22 所示。完成触发器动作的添加，单击“Trigger（触发器）”对话框右上角的“关闭”按钮，关闭该对话框，在“Timeline（时间轴）”面板中可以看到该元素层右侧的“Open Actions（打开动作）”按钮显示为大括号中实点方块，表示该层中的元素添加了触发器动作，如图 6-23 所示。

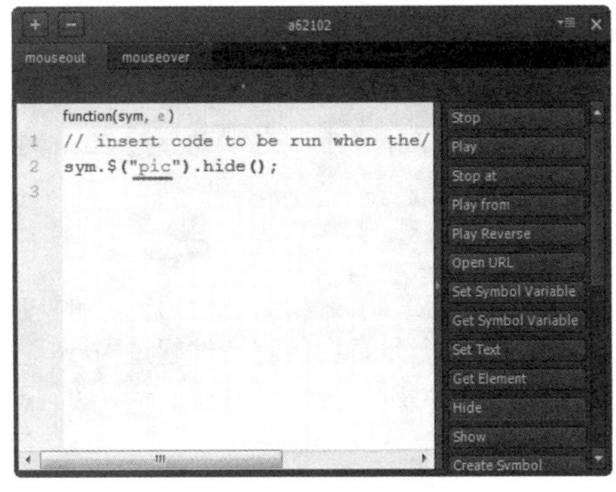

图 6-22

6.2.2 触发事件详解

为对象添加触发器动作时首先需要选择触发事件，所选择对象不同，触发事件也会有所不同。当初次打开“Trigger（触发器）”对话框时，会自动弹出触发事件下拉列表，用户也可以单击“Trigger（触发器）”对话框左上角的“添加触发器”按钮，在弹出菜单中选择需要添加的触发事件，如图 6-25 所示。

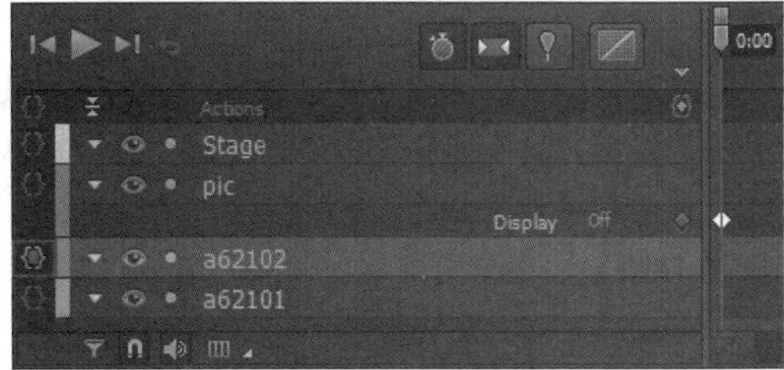

图 6-23

提示：

mouseout 触发器事件表示当鼠标移至该对象以外时，Hide 动作表示隐藏指定标题名称的对象。

10 完成元素显示与隐藏效果的制作，执行“File（文件）>Save（保存）”命令，保存文件。执行“File（文件）>Preview In Browser（在浏览器中预览）”命令，在浏览器中预览动画，如图 6-24 所示。

图 6-24

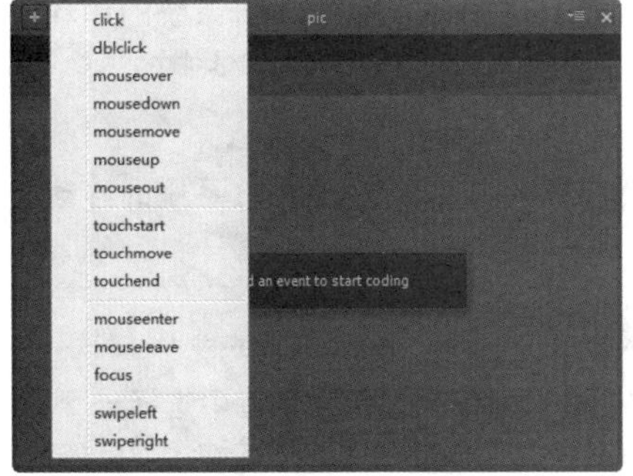

图 6-25

● **click**

该触发事件表示当单击元素时。当鼠标指针停留在元素上方，然后按下并松开鼠标左键时，就会发生一次 click 事件。

● **dblclick**

该触发事件表示当双击元素时。在很短的时间内发生两次 click，即是一次 dblclick 事件。

● **mouseover**

该触发事件表示当鼠标指针位于元素上方时。该触发事件常常会与 mouseout 事件一起使用。

● **mousedown**

当鼠标指针移动到元素上方，并按下鼠标按键时，就会发生 mousedown 事件。与 click 事件不同，mousedown 事件仅需要鼠标按钮被按下，而不需要松开即可发生。

● **mousemove**

当鼠标指针在指定的元素中移动时，就会发生 mousemove 事件。

提示：

用户把鼠标移动一个像素，就会发生一次 mousemove 事件，处理所有 mousemove 事件会耗费系统资源，谨慎使用该事件。

● **mouseup**

当在元素上释放鼠标按键时，就会发生 mouseup 事件。与 click 事件不同，mouseup 事件仅需要释放鼠标按键。

● **mouseout**

该触发事件表示当鼠标指针移出元素上方时。该触发事件常常会与 mouseover 事件一起使用。

● **touchstart**

该事件是针对 iPhone 和 Android 系统的移动设备的，当手指放在元素上时，就会发生 touchstart 事件。

● **touchmove**

该事件是针对 iPhone 和 Android 系统的移动设备的，当手指拖曳元素时，就会发生 touchmove 事件。

● **touchend**

该事件是针对 iPhone 和 Android 系统的移动设备的，当手指从元素上移开时，就会发生 touchend 事件。

● **mouseenter**

当鼠标指针经过元素时，就会发生 mouseenter 事件。该事件常常会与 mouseleave 事件一起使用。

提示：

mouseover 与 mouseenter 触发事件不同，无论鼠标指针经过被选元素或其子元素，都会触发 mouseover 事件。只有在鼠标指针经过被选元素时，才会触发 mouseenter 事件。

● **mouseleave**

当鼠标指针离开元素时，就会发生 mouseleave 事件。该事件常常会与 mouseenter 事件一起使用。

提示：

mouseout 与 mouseleave 触发事件不同，无论鼠标指针离开被选元素或其子元素，都会触发 mouseout 事件。只有在鼠标指针离开被选元素时，才会触发 mouseleave 事件。

● **focus**

当元素获得焦点时，就会发生 focus 事件。当通过鼠标单击选中元素或通过 Tab 键定位到元素时，该元素就会获得焦点。

● **swipeleft**

该事件是针对 iPhone 和 Android 系统的移动设备的，用户在某个元素上向左滑动超过 30px 时，就会触发 swipeleft 事件。

● **swiperight**

该事件是针对 iPhone 和 Android 系统的移动设备的，用户在某个元素上向右滑动超过 30px 时，就会触发 swiperight 事件。

提示：

事件用于设置当前所选择对象上触发动作的事件。一个对象可以有多个触发事件，根据所选择对象的不同，在触发器事件弹出菜单中所显示的事件选项也会有所不同。

6.2.3 触发动作详解

在“Trigger（触发器）”对话框中选择一个触发事件后，即可在“Trigger（触发器）”对话框右侧显示相应的触发动作，单击相应的触发动作即可添加该触发动作代码，如图 6-26 所示。

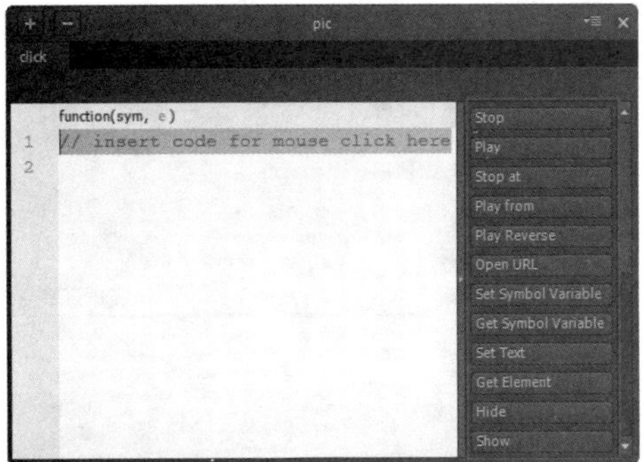

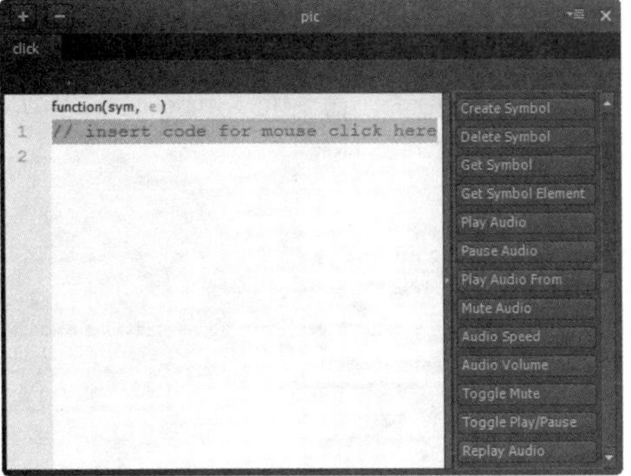

图 6-26

● **Stop**

单击该按钮，可以在脚本窗口中插入 stop 动作脚本，6-27 所示，可以在当前位置停止当前正在运行的动画。

```
function(sym, e)
// insert code for mouse click here
sym.stop();
```

图 6-27

● **Play**

单击该按钮，可以在脚本窗口中插入 play 动作脚本，如图 6-28 所示，使用该动作可以从当前位置播放动画。

```
function(sym, e)
// insert code for mouse click here
sym.play();
```

图 6-28

● **Stop at**

单击该按钮，可以在脚本窗口中插入 stop 动作脚本，并且提示用户输入需要停止的位置，如图 6-29 所示，使用该动作可以跳转到指定位置并停止动画播放。

```
function(sym, e)
// insert code for mouse click here
// Stop the timeline at a label or s
// sym.stop(500); or sym.stop("myLab
sym.stop(1000);
```

图 6-29

● **Play from**

单击该按钮，可以在脚本窗口中插入 play 动作脚本，并且提示用户输入需要播放的位置，如图 6-30 所示，使用该动作可以跳转到指定位置并开始播放动画。

```
function(sym, e)
// insert code for mouse click here
// Play the timeline at a label or s
// sym.play(500); or sym.play("myLab
sym.play(1000);
```

图 6-30

● **Play Reverse**

单击该按钮，可以在脚本窗口中插入 playReverse 动作脚本，如图 6-31 所示，使用该动作可以反转动画的播放。

```
function(sym, e)
// insert code for mouse click here
sym.playReverse();
```

图 6-31

● **Open URL**

单击该按钮，可以在脚本窗口中插入 window.open 动作脚本，如图 6-32 所示，用于创建超链接，会提示用户修改脚本中的链接地址和链接打开方式。

```
function(sym, e)
// insert code for mouse click here// Navigate
// (replace "_self" with appropriate target at
window.open("http://www.adobe.com", "_self");
```

图 6-32

● **Set Symbol Variable**

单击该按钮，可以在脚本窗口中插入 setVariable 动作脚本，如图 6-33 所示，用于为符号设置变量并赋予变量值。

```
function(sym, e)
// insert code for mouse click here
// Set the value of a Symbol variable
sym.setVariable("myVariableName", "variableValue");
```

图 6-33

● **Get Symbol Variable**

单击该按钮，可以在脚本窗口中插入 getVariable 动作脚本，如图 6-34 所示，用于获取符号变量的值。

```
function(sym, e)
// insert code for mouse click here
// Get the value of a Symbol variable
var myVariable = sym.getVariable("myVariableName");
```

图 6-34

● **Set Text**

单击该按钮，可以在脚本窗口中插入相关动作脚本，如图 6-35 所示，用于改变动画中某个元素中的文本内容。

```
function(sym, e)
// insert code for mouse click here
// Change the text of an element
sym.$("Text").html("NewText");
```

图 6-35

提示：

需要将 Text 文字修改为需要动画中需要替换文字的元素的标题名称，将 NewText 文字修改为替换的文字内容。

● Get Element

单击该按钮，可以在脚本窗口中插入相关动作脚本，如图 6-36 所示，用于获取动画中指定的元素，需要将 Text1 文字修改为需要获取的元素标题名称。

```
function(sym, e)
// insert code for mouse click here
// Gets an element. For example,
// var element = sym.$("Text2");
// element.hide();
var element = sym.$("Text1");
```

图 6-36

● Hide

单击该按钮，可以在脚本窗口中插入 hide 动作脚本，如图 6-37 所示，用于在动画中隐藏指定的元素，需要将 Text1 文字修改为需要隐藏的元素标题名称。

```
function(sym, e)
// insert code for mouse click here
// Hide an Element.
sym.$("Text1").hide();
```

图 6-37

● Show

单击该按钮，可以在脚本窗口中插入 show 动作脚本，如图 6-38 所示，用于在动画中显示指定的元素，需要将 Text1 文字修改为需要显示的元素标题名称。

```
function(sym, e)
// insert code for mouse click here
// Show an Element.
sym.$("Text1").show();
```

图 6-38

● Create Symbol

单击该按钮，可以在脚本窗口中插入相关动作脚本，如图 6-39 所示，用于创建一个符号作为指定父元素的子元素，需要将 Symbol1 文字修改为所创建的字元素名称，将 ParentElement1 文字修改为指定的父元素名称。

```
function(sym, e)
// insert code for mouse click here
// Create an instance element of a symbol as a child of the
// given parent element
var mySymbolObject = sym.createChildSymbol("Symbol 1", "ParentElement1");
```

图 6-39

● Delete Symbol

单击该按钮，可以在脚本窗口中插入 deleteSymbol 动作脚本，如图 6-40 所示，用于删除动画中符号的实例元素，需要将 Symbol1 文字修改为所要删除的实例元素名称。

```
function(sym, e)
// insert code for mouse click here
// Delete an element that is an instance of a symbol
// (getSymbol looks up the symbol object for a symbol instance element)
sym.getSymbol("Symbol1").deleteSymbol();
```

图 6-40

● Get Symbol

单击该按钮，可以在脚本窗口中插入 getSymbol 动作脚本，如图 6-41 所示，用于调用一个指定名称的符号元素，需要将 Symbol1 文字修改为需要调用的符号元素名称。

```
function(sym, e)
// insert code for mouse click here
// Use this to target events and elements inside
// For example:
// var mySymbolObject = sym.getSymbol("Symbol2");
// mySymbolObject.play(); will play the timeline
// mySymbolObject.$("myElement").hide(); will hid
var mySymbolObject = sym.getSymbol("Symbol1");
```

图 6-41

● Get Symbol Element

单击该按钮，可以在脚本窗口中插入 getSymbolElement 动作脚本，如图 6-42 所示，用于获取 jQuery 处理的 Edge Animate 符号元素。

```
function(sym, e)
// insert code for mouse click here
// Get the jQuery handle for the element an
var symbolElement = sym.getSymbolElement();
```

图 6-42

● Play Audio

单击该按钮，可以在脚本窗口中插入相关动作脚本，如图 6-43 所示，用于播放指定元素名称的音频，需要将 my_audio_element 文字修改为音频元素的名称。

```
function(sym, e)
// insert code for mouse click here
// Play the audio track.
sym.$("my_audio_element")[0].play();
```

图 6-43

● **Pause Audio**

单击该按钮，可以在脚本窗口中插入相关动作脚本，如图 6-44 所示，用于暂停指定元素名称的音频，需要将 my_audio_element 文字修改为音频元素的名称。

```
function(sym, e)
// insert code for mouse click here
// Pause the audio track.
sym.$("my_audio_element")[0].pause();
```

图 6-44

● **Play Audio From**

单击该按钮，可以在脚本窗口中插入相关动作脚本，如图 6-45 所示，用于跳转到指定元素名称音频的指定时间位置并播放，需要将 my_audio_element 文字修改为音频元素的名称。

```
function(sym, e)
// insert code for mouse click here
// Jump to a playback time (in seconds).
sym.$("my_audio_element")[0].currentTime = 2;
```

图 6-45

提示：

currentTime 属性用于设置跳转到的时间位置，以秒计算，默认为 2，用户可以手动修改该值。

● **Mute Audio**

单击该按钮，可以在脚本窗口中插入相关动作脚本，如图 6-46 所示，用于将指定元素名称音频静音，需要将 my_audio_element 文字修改为音频元素的名称。

```
function(sym, e)
// insert code for mouse click here
// Mute the audio track. Change to false to
sym.$("my_audio_element")[0].muted = true;
```

图 6-46

● **Audio Speed**

单击该按钮，可以在脚本窗口中插入相关动作脚本，如图 6-47 所示，用于控制指定元素名称的音频的播放速度，需要将 my_audio_element 文字修改为音频元素的名称。

```
function(sym, e)
// Control the playback speed of the audio track.
sym.$("my_audio_element")[0].playbackRate = 0.5;
```

图 6-47

● **Audio Volume**

单击该按钮，可以在脚本窗口中插入相关动作脚本，如图 6-48 所示，用于控制指定元素名称的音频的音量大小，需要将 my_audio_element 文字修改为音频元素的名称。

```
function(sym, e)
// insert code for mouse click here
// Sets the volume of the audio track
sym.$("my_audio_element")[0].volume = 0.2;
```

图 6-48

● **Toggle Mute**

单击该按钮，可以在脚本窗口中插入相关动作脚本，如图 6-49 所示，用于设置指定元素名称的音频的静音开启与关闭切换，需要将 my_audio_element 文字修改为音频元素的名称。

```
function(sym, e)
// insert code for mouse click here
// Sets a toggle to turn mute on or off
var audio = sym.$("my_audio_element")[0];
audio.muted = !audio.muted;
```

图 6-49

● **Toggle Play/Pause**

单击该按钮，可以在脚本窗口中插入相关动作脚本，如图 6-50 所示，用于设置指定元素名称的音频的播放与暂停切换，需要将 my_audio_element 文字修改为音频元素的名称。

```
function(sym, e)
// insert code for mouse click here
// Sets a toggle to play or pause the audio track
var audio = sym.$("my_audio_element")[0];
if (audio.paused) {
    audio.play();
} else {
    audio.pause();
}
```

图 6-50

● **Replay Audio**

单击该按钮，可以在脚本窗口中插入相关动作脚本，如图 6-51 所示，用于设置指定元素名称的音频重新播放，无论当前播放状态，需要将 my_audio_element 文字修改为音频元素的名称。

```
function(sym, e)
// insert code for mouse click here
// Replays audio from the beginning, regard
var audio = sym.$("my_audio_element")[0];
audio.currentTime = 0;
if (audio.paused) {
    audio.play();
}
```

图 6-51

提示：

动作是一段预先编写好的 JavaScript 或 jQuery 代码，可用于执行相应的功能。Edge Animate 中提供了多个动作选项可供选择，单击相应的动作按钮，即可生成相应的动作代码，用户还可以在脚本窗口中对生成的动作代码进行相应的修改和调整。

6.2.4 为文本元素添加触发器动作

掌握了为图形对象添加触发器动作的方法，本节将通过实例的形式讲解如何为动画中的文本元素添加触发器动作，通过触发器动作来改变动画中的文本内容。

自测 2　改变动画中的文本内容

视频：光盘\视频\第 6 章\改变动画中的文本内容 .swf

源文件：光盘\源文件\第 6 章\改变动画中的文本内容\6-2-4.htm

01 执行“File（文件）>New（新建）”命令，新建空白文件。执行“File（文件）>Save（保存）”命令，将文件保存为“光盘\源文件\第 6 章\改变动画中的文本内容\6-2-4.html”。

02 在“Properties（属性）”面板中对舞台相关属性进行设置，如图 6-52 所示。执行“File（文件）>Import（导入）”命令，导入素材图像“光盘\源文件\第 6 章\素材\a62401.jpg”，如图 6-53 所示。

图 6-52

图 6-53

03 使用“Text Tool（文本工具）”，在舞台中单击，在弹出的“Text（文本）”窗口中输入相应的文字，在“Properties（属性）”面板上的“Text（文本）”选项区中对相关属性进行设置，如图 6-54 所示，在舞台中可以看到文本的效果，如图 6-55 所示。

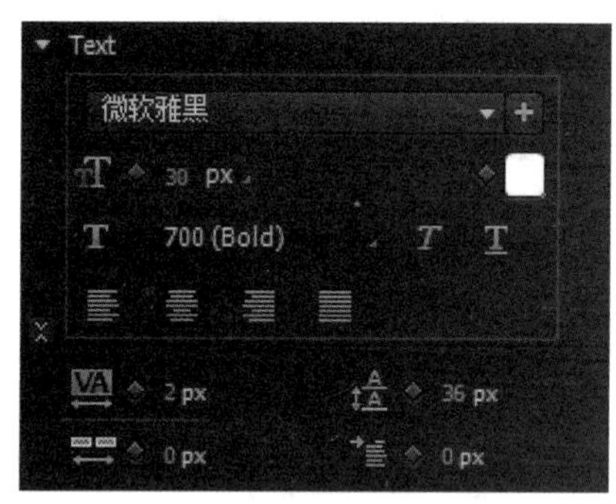

图 6-54

图 6-55

提示：

此处所设置的字体是“微软雅黑”字体，是添加到字体下拉列表中的，在第 4 章中已经详细讲解了添加字体的方法。

04 在舞台中选中文本框，在“Properties（属性）”面板中设置“Title（标题）”属性为 title，如图 6-56 所示。使用“Text Tool（文本工具）”，采用相同的制作方法，在舞台中输入文字并对文字属性进行设置，如图 6-57 所示。

图 6-56

图 6-57

05 在舞台中选中刚输入的文字，在“Properties（属性）”面板中设置“Title（标题）”属性为enterweb，如图6-58所示。单击“Properties（属性）”面板上“Cursor（光标）”选项右侧的“auto（自动）”按钮，在弹出面板中选择合适的光标效果，如图6-59所示。

图 6-58

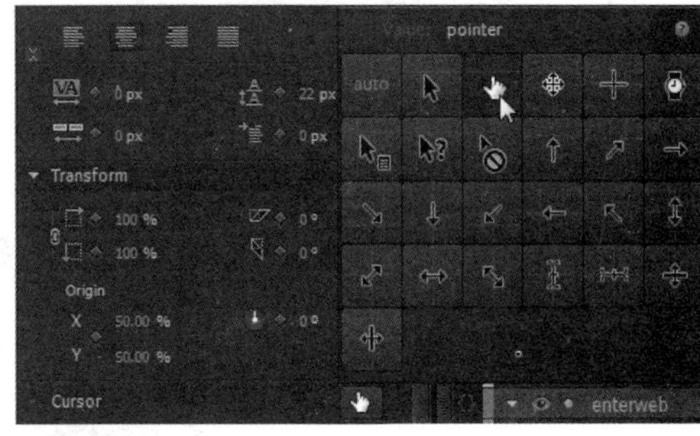

图 6-59

06 在舞台中选中“>> 进入网站”文字，在“Timeline（时间轴）”面板中单击该元素层左侧的“Open Actions（打开动作）”按钮，如图6-60所示。弹出“Trigger（触发器）”对话框并自动显示触发事件列表，如图6-61所示。

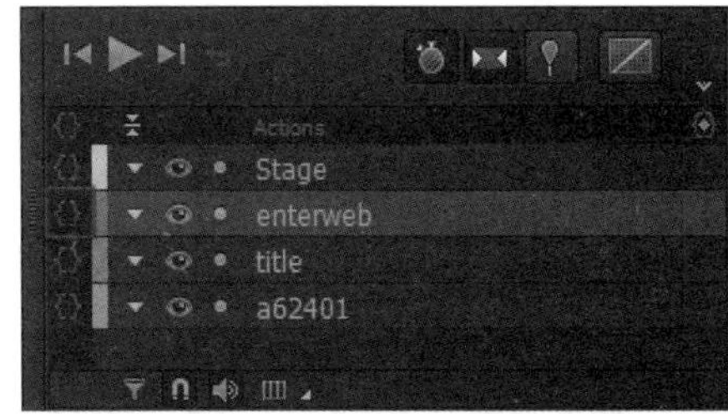

图 6-60

07 选择mouseover触发事件，在“Trigger（触发器）”对话框右侧单击“Set Text”按钮，添加脚本并进行修改，如图6-62所示。单击对话框左上角的“添加触发器”按钮，在弹出菜单中选择mouseout选项，在话框右侧单击“Set Text”按钮，添加脚本并进行修改，如图6-63所示。

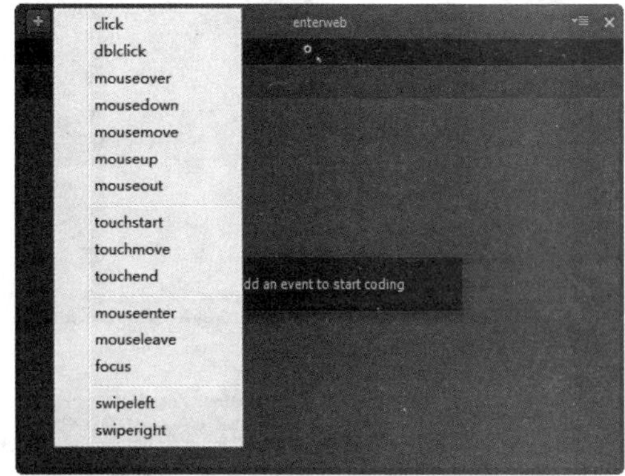

图 6-61

提示：

此处除了可以使用步骤中的方法打开“Trigger（触发器）”对话框外，还可以使用上一个案例中所使用的方法，在文字上单击鼠标右键，在弹出菜单中选择“Open Actions for（打开动作）”选项，同样可以打开“Trigger（触发器）”对话框。

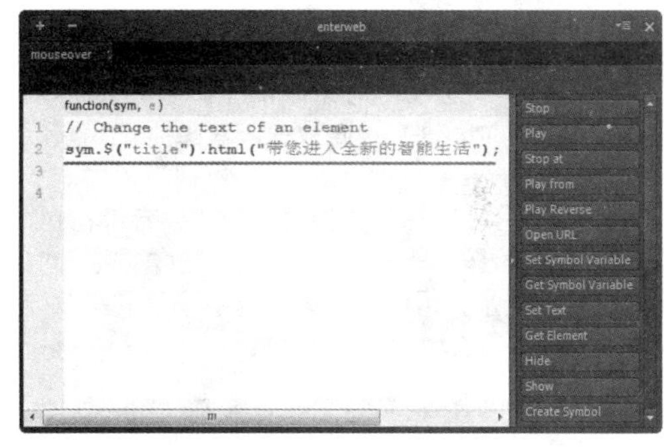

图 6-62

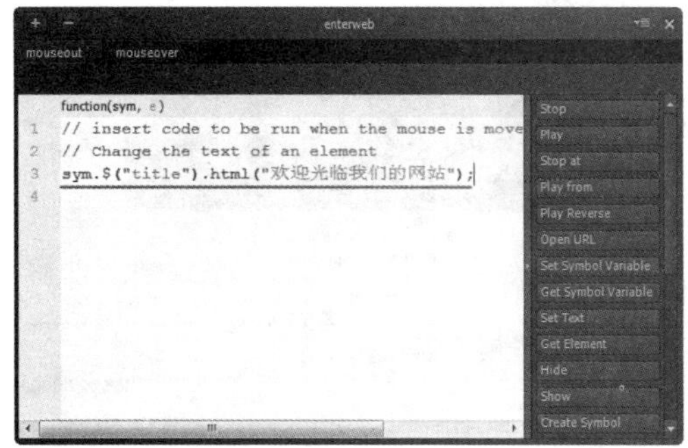

图 6-63

08 单击“Trigger（触发器）”对话框左上角的“添加触发器”按钮，在弹出菜单中选择Click

选项，如图 6-64 所示。在话框右侧单击“Open URL”按钮，添加脚本并进行修改，如图 6-65 所示。

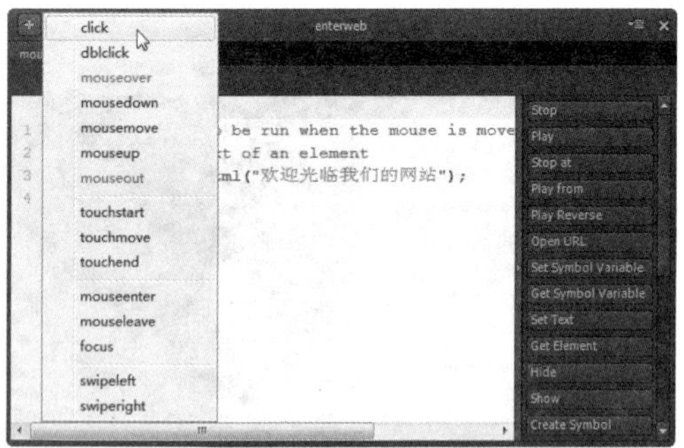

图 6-64

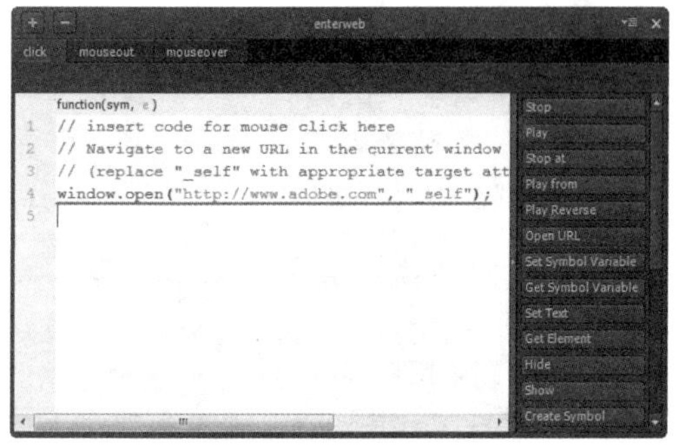

图 6-65

09 完成改变动画文本内容的制作，执行“File（文件）>Save（保存）”命令，保存文件。执行“File（文件）>Preview In Browser（在浏览器中预览）”命令，在浏览器中预览动画，如图 6-66 所示。

图 6-66

6.2.5 编辑触发器动作

在动画中为某个对象添加了触发器动作后，在“Timeline（时间轴）”面板中该对象所在元素层左侧的“Open Actions（打开动作）”按钮显示为浅灰色的大括号，并且在大括号中将显示为实心方块，如图 6-67 所示。单击该按钮即可弹出“Trigger（触发器）”对话框，如图 6-68 所示，可以对为该元素所添加的触发器动作进行添加、删除和修改编辑操作。

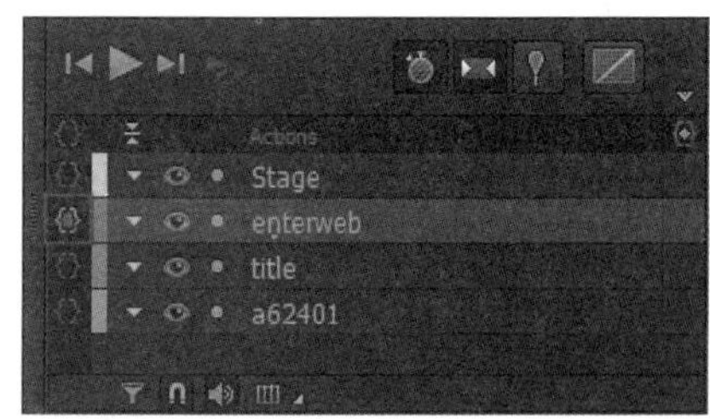

图 6-67

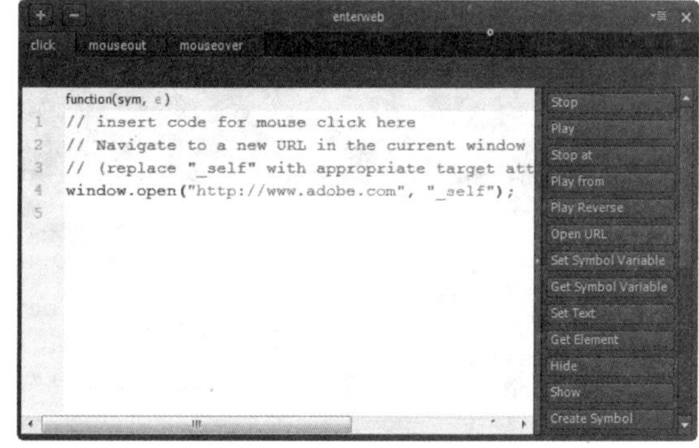

图 6-68

6.2.6 删除触发器动作

如果在动画中为元素所添加的触发器动作错误，还可以将所添加的触发器动作删除，删除触发器动作的方法非常简单，在“Trigger（触发器）”对话框中选择需要删除的触发器事件选项卡，单击“Trigger（触发器）”对话框左上角的“删除触发器”按钮，即可删除该触发器动作，如图 6-69 所示。

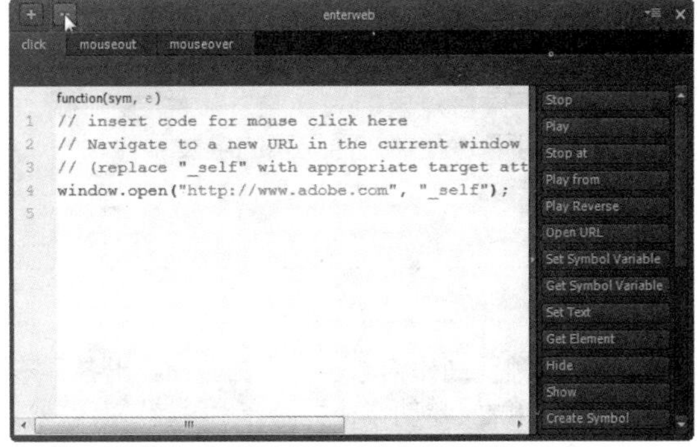

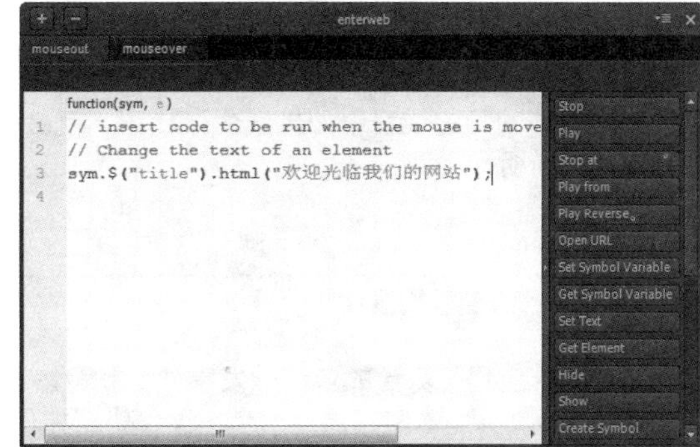

图 6-69

6.3 舞台触发器使用技巧

在上一节中已经介绍了如何为舞台中的元素添加触发器动作，除了可以为普通的元素对象添加触发器动作外，在 Edge Animate 中还可以为舞台对象添加触发器动作，舞台对象属性比较特殊的对象，在本节中将介绍为舞台添加触发器动作的方法和技巧。

6.3.1 舞台触发事件详解

舞台是 Edge Animate 文档中的特殊对象，他是动画中其他所有元素的容量，所有的动画元素都是被安排在舞台中的。舞台的触发事件与其他普通元素对象有所不同，拥有专门针对舞台对象的触发器事件。

在“Timeline（时间轴）”面板中单击“Stage（舞台）”元素层左侧的“Open Actions（打开动作）”按钮，如图 6-70 所示。即可弹出舞台的“Trigger（触发器）”对话框，并自动显示针对舞台的触发事件菜单，如图 6-71 所示。

图 6-70

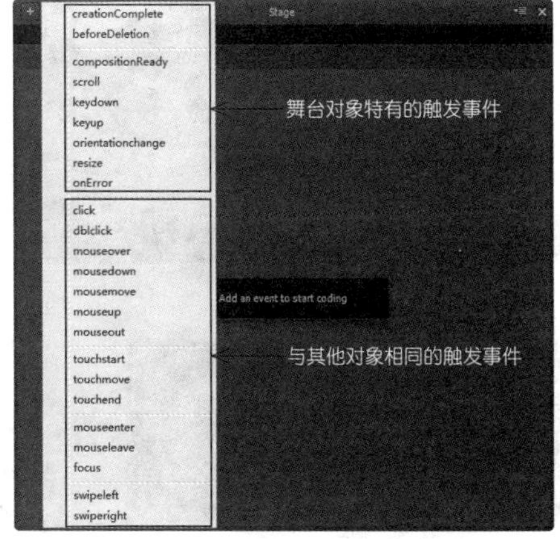

图 6-71

● **creationComplete**

编写相应的代码，当指定的符号创建完成后，即可触发 creationComplete 事件，需要用户手动编写相应的脚本代码。

● **beforeDeletion**

当指定的符号被删除之前即可触发 beforeDeletion 事件，需要用户手动编写相应的脚本代码。

● **compositionReady**

当该事件被触发时，由浏览器完全加载动画组成的各部分，需要用户手动编写相应的脚本代码。

● **scroll**

当用户滚动舞台元素时，就会触发 scroll 事件。

● **keydown**

当用户在舞台中按下所设置的键盘上的某个按键时，就会触发 keydown 事件。

● **keyup**

当用户在舞台中按下所设置的键盘上的某个按键并释放该按键时，就会触发 keyup 事件。

● **orientationchange**

orientationchange 事件主要用于手机浏览器，作用于触发手机的横屏和竖屏之间的切换。可以根据这个事件，改变手机在横屏和竖屏的显示状态。

● **resize**

当调整浏览器窗口大小时，就会触发 resize 事件。

● **onError**

onError 事件会在动画加载过程中发生错误时被触发。在加载动画的过程中如果发生了错误，就会调用该事件句柄。

提示：

可用于舞台对象的其他触发事件与前面所介绍的可用于动画中普通元素的触发事件相同，这里不再进行介绍。

6.3.2 为舞台添加触发器动作

了解了可应用于舞台的各种触发事件，就可以通过触发事件与触发动作相结合，为舞台创建出各种不同的动态交互效果。本节将通过一个小案例讲解如何通过为舞台添加触发器动作使页面产生翻转过渡效果。

自测 3

实现键盘控制页面切换效果

视频：光盘 \ 视频 \ 第 6 章 \ 实现键盘控制页面切换效果 .swf
源文件：光盘 \ 源文件 \ 第 6 章 \ 实现键盘控制页面切换效果 \6-3-2.html

01 执行"File（文件）>New（新建）"命令，新建空白文件。执行"File（文件）>Save（保存）"命令，将文件保存为"光盘 \ 源文件 \ 第 6 章 \ 实现键盘控制页面切换效果 \6-3-2.html"。

02 在"Properties（属性）"面板中对舞台相关属性进行设置，如图 6-72 所示。执行"File（文件）>Import（导入）"命令，导入素材图像"光盘 \ 源文件 \ 第 6 章 \ 素材 \a63201.jpg"，如图 6-73 所示。

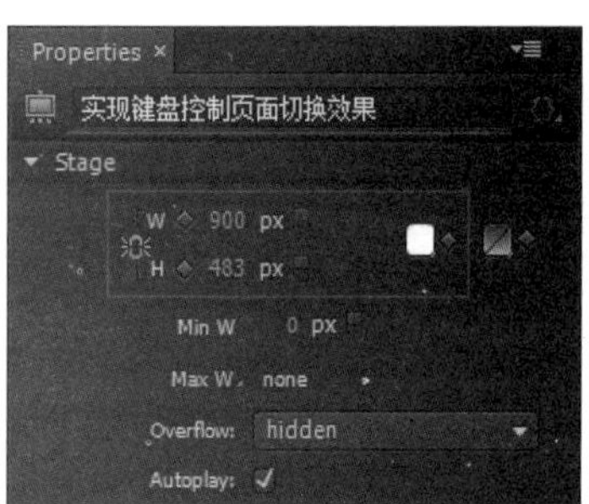

图 6-72

图 6-73

03 在"Properties（属性）"面板上的"Position and Size（位置和大小）"选项区中单击 Y 选项的"Add Keyframe（添加关键帧）"按钮，如图 6-74 所示。在播放头当前位置插入 Y 属性关键帧，如图 6-75 所示。

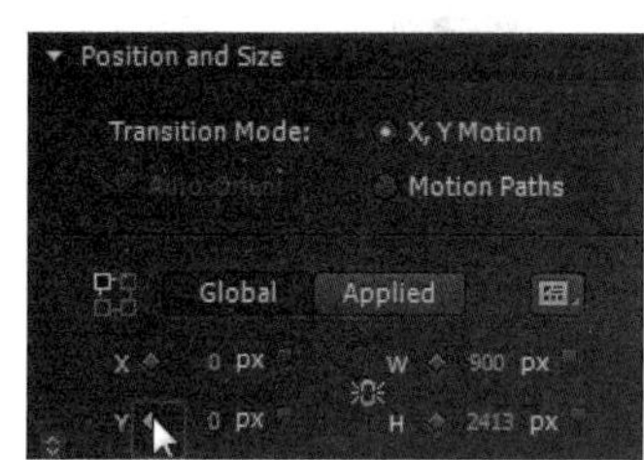

图 6-74

图 6-75

04 在"Timeline（时间轴）"面板中拖曳播放头至 0:00.500 位置，在舞台中将素材向上移动，调整到合适的位置，如图 6-76 所示。在播放头当前位置会自动插入关键帧，如图 6-77 所示。

图 6-76

图 6-77

05 拖曳播放头至 0:01 位置，在舞台中将素材向上移动，调整到合适的位置，如图 6-78 所示。在播放头当前位置会自动插入关键帧，如图 6-79 所示。

图 6-78

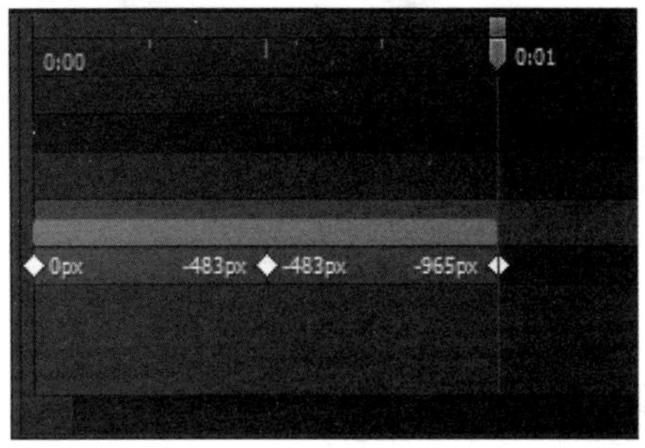

图 6-79

06 采用相同的制作方法，可以在相应的位置将素材图像向上移动，制作动画效果，舞台效果如图 6-80 所示，“Timeline（时间轴）”面板的效果如图 6-81 所示。

图 6-80

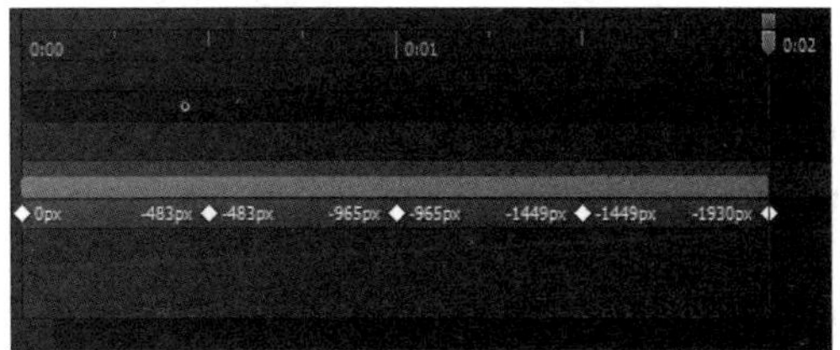

图 6-81

07 将播放头移至 0:00 的位置，单击“Timeline（时间轴）”面板上的“Insert Trigger（插入触发器）”按钮，如图 6-82 所示。弹出“Trigger（触发器）”对话框，单击对话框右侧的 Stop 按钮，添加相应的脚本代码，如图 6-83 所示。

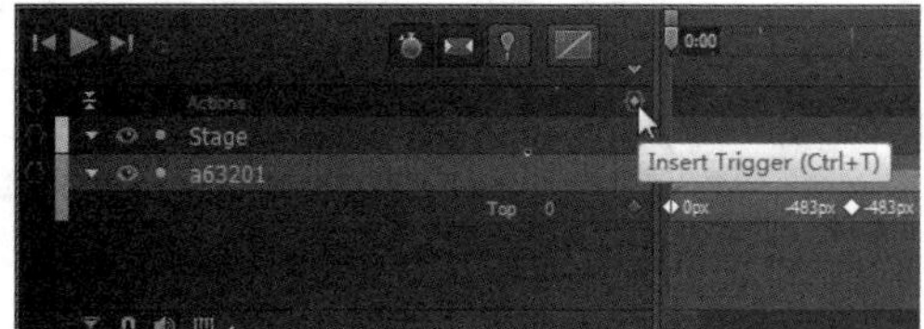

图 6-82

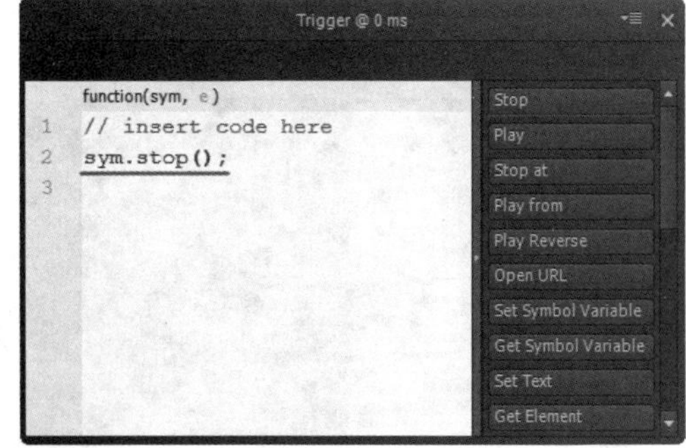

图 6-83

提示：

此处是为时间轴添加触发器动作，方法与前面介绍的为普通元素添加触发器动作的方法有所不同，需要单击“Timeline（时间轴）”面板上的“Insert Trigger（插入触发）”按钮，才能添加针对时间轴的触发器动作。

08 单击“Trigger（触发器）”对话框右上角的“关闭”按钮，关闭对话框，可以看到“Timeline（时间轴）”面板的效果，如图 6-84 所示。采用相同的制作方法，在各关键帧位置插入 stop 脚本代码，如图 6-85 所示。

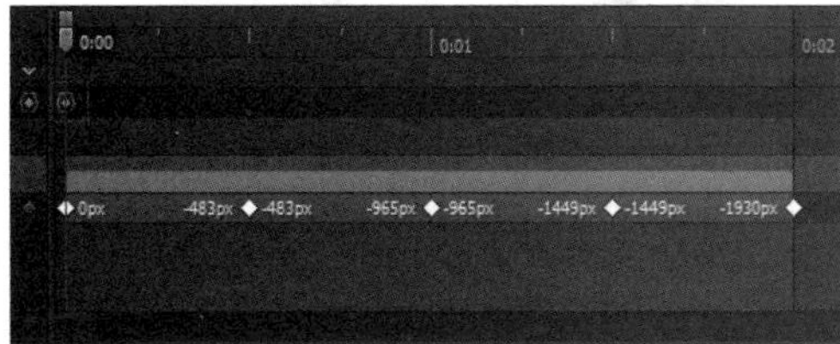

图 6-84

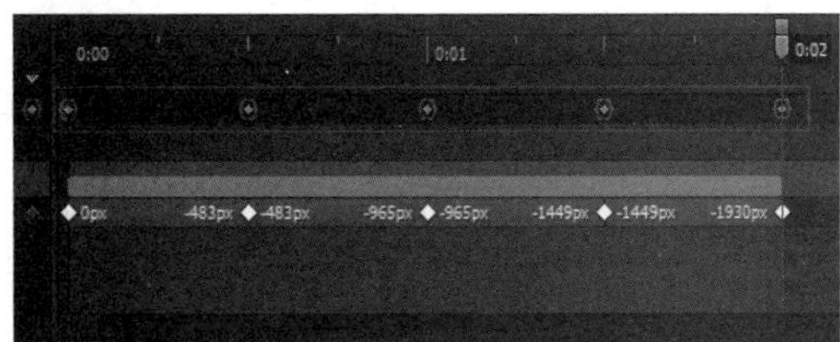

图 6-85

09 在“Timeline（时间轴）”面板中单击选中“Stage（舞台）”层，单击该元素层左侧的“Open Actions（打开动作）”按钮，如图 6-86 所示。弹出“Trigger（触发器）”对话框，并在显示的触发事件菜单中选择 keydown 选项，如图 6-87 所示。

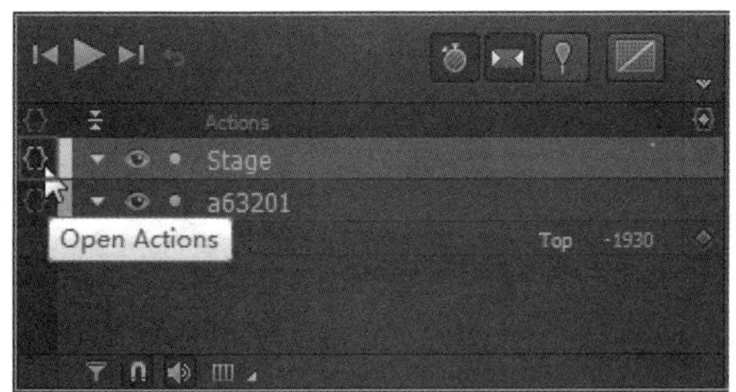

图 6-86

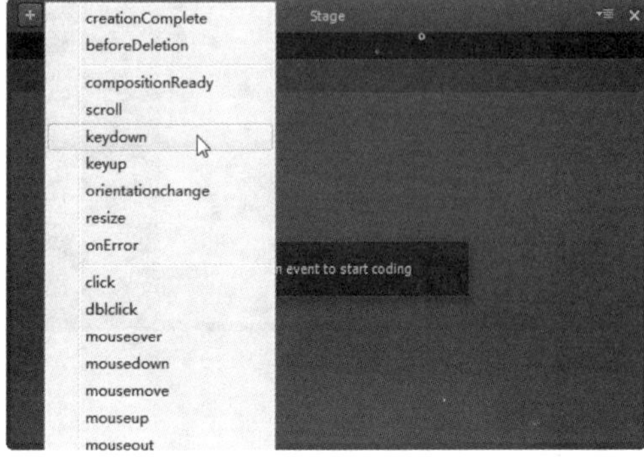

图 6-87

提示：

除了可以单击“Stage（舞台）”层左侧的“Open Actions（打开动作）”按钮，打开舞台的“Trigger（触发器）”对话框外，还可以在选中舞台的状态下，单击“Properties（属性）”面板上的“Title（标题）”文本框后的“Open Actions（打开动作）”按钮，同样可以打开舞台的“Trigger（触发器）”对话框。

10 自动在脚本窗口中添加相应的脚本代码，如图 6-88 所示。在代码中定位光标的位置，单击对话框右侧的 Play 按钮，添加相应的脚本代码，如图 6-89 所示。

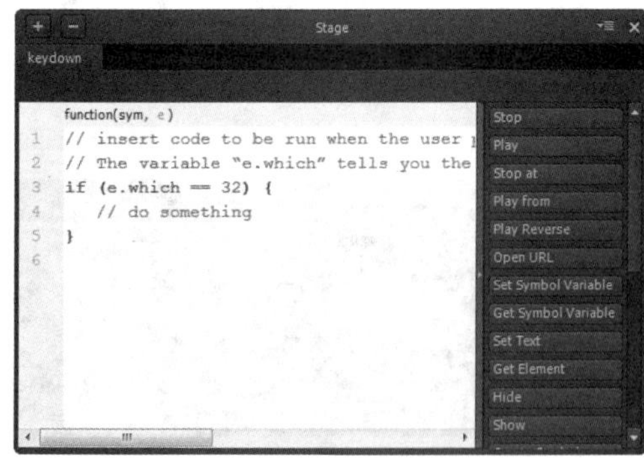

图 6-88

11 单击“Trigger（触发器）”对话框右上角的“关闭”按钮，关闭对话框。执行“File（文件）>Save（保存）”命令，保存文件。执行“File（文件）>Preview In Browser（在浏览器中预览）”命令，在浏览器中预览动画，如图 6-90 所示。当按下键盘上的空格键时，页面会自动向上翻转切换过渡，如图 6-91 所示。

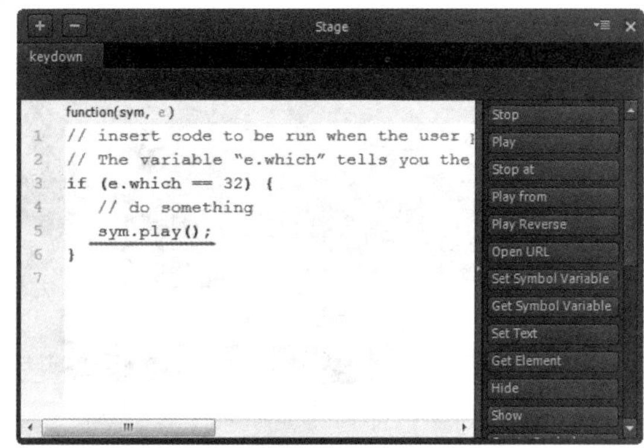

图 6-89

提示：

为舞台添加 keydown 触发事件后会自动在“Trigger（触发器）”对话框中添加相应的脚本代码，其中 e.which == 32 用于设置所按下的键盘按键，32 为键盘上空格键的代码，用户可以修改 32 为所需要的键盘按钮的代码，例如，13 为键盘上 Enter 的代码。

图 6-90

图 6-91

6.4 时间轴触发器使用技巧

在 Edge Animate 中，动画中所有的对象都是在“Timeline（时间轴）”面板中进行组织播放的。在 Edge Animate 中，除了可以为普通元素和舞台添加触发器动作外，还可以为动画时间轴添加触发器动作，在本节中将介绍为时间轴添加触发器动作的方法和技巧。

6.4.1 时间轴触发事件详解

在 Edge Animate 中可以为时间轴添加相应的触发器动作，从而对时间轴动画的播放进行控制。在“Timeline（时间轴）”面板中单击“Actions（动作）”栏左侧的“Open Timeline Actions（打开时间轴动作）”按钮，如图 6-92 所示。即可弹出时间轴的“Trigger（触发器）”对话框，并自动显示针对时间轴的触发事件菜单，如图 6-93 所示。

● **update**

当动画舞台发生改变时触发该动作，可以编写相应的脚本动作，执行相应的操作。

● **play**

当时间轴开始播放时触发该事件，可以编写相应的脚本代码，则当时间轴开始播放时执行相应的操作。

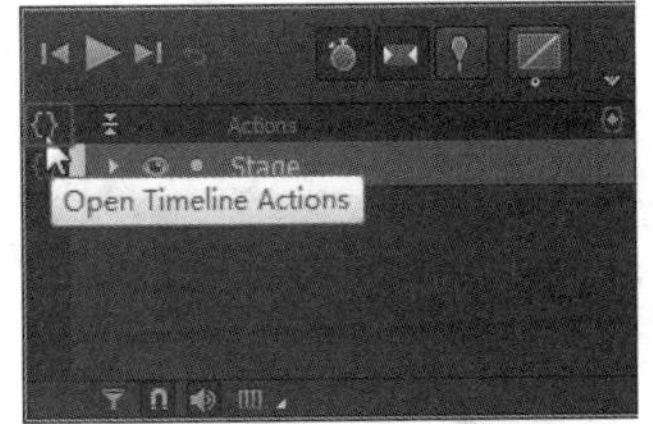

图 6-92

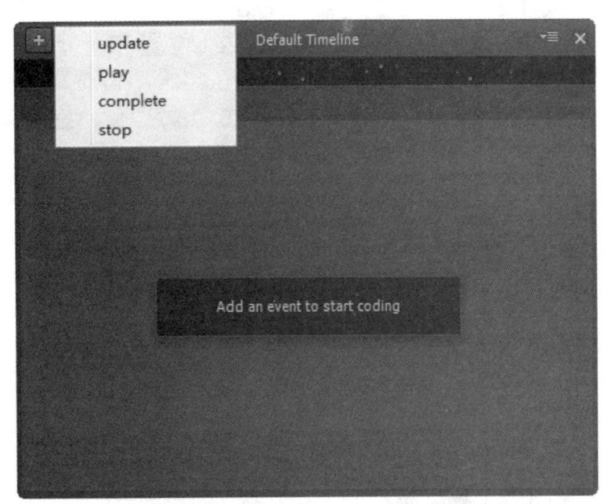

图 6-93

● **complete**

当时间轴播放到终点时触发该事件，可以编写相应的脚本动作，执行相应的操作。

● **stop**

当时间轴停止播放时触发该动作，并不一定是时间轴播放到结束位置。可以编写相应的脚本动作，执行相应的操作。

6.4.2 添加时间轴触发器使动画循环播放

最常用的时间轴触发事件是 complete，当时间轴播放头播放到时间轴的结束位置时触发。因此，设计者如果希望在时间轴中所制作的动画能够循环播放，就可以为时间轴添加 complete 事件结合相应的动作即可。

自测 4 制作广告循环滚动动画

视频：光盘 \ 视频 \ 第 6 章 \ 制作广告循环滚动动画 .swf
源文件：光盘 \ 源文件 \ 第 6 章 \ 制作广告循环滚动动画 \6-4-2.html

01 执行“File（文件）>New（新建）”命令，新建空白文件。执行“File（文件）>Save（保存）”命令，将文件保存为“光盘 \ 源文件 \ 第 6 章 \ 制作广告循环滚动动画 \6-4-2.html”。

02 在“Properties（属性）”面板中对舞台相关属性进行设置，如图 6-94 所示。执行“File（文件）>Import（导入）”命令，导入素材图像“光盘 \ 源文件 \ 第 6 章 \ 素材 \a64201.jpg”，如图 6-95 所示。

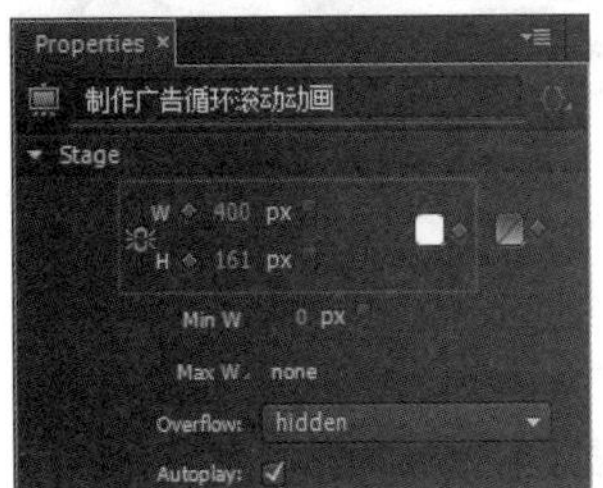

图 6-94

图 6-95

03 在“Timeline（时间轴）”面板中将播放头拖至 0:00:500 位置，在“Properties（属性）”面板上的“Position and Size（位置和大小）”选项区中单击 Y 选项的“Add Keyframe（添加关键帧）”按钮，如图 6-96 所示。在播放头当前位置插入该属性关键帧，如图 6-97 所示。

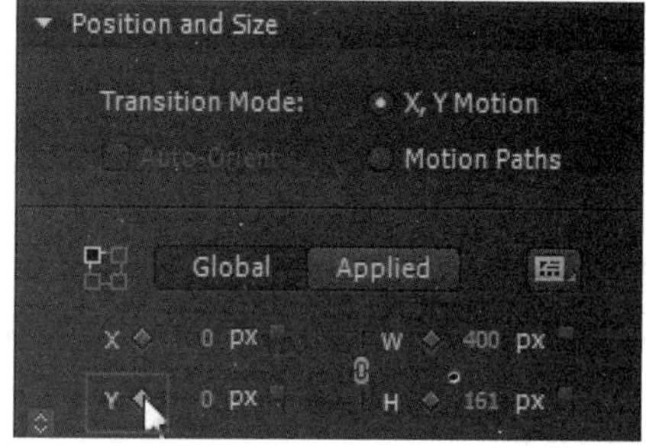

图 6-96

图 6-97

04 将播放头移至 0:00.750 位置，在舞台中选中素材图像，将其向上移动到合适的位置，如图 6-98 所示。自动创建两个关键帧之间的动画，如图 6-99 所示。

图 6-98

图 6-99

05 将播放头移至 0:00:500 位置，导入素材图像“光盘\源文件\第 6 章\素材\a64202.jpg”，调整到合适的位置，如图 6-100 所示。在“Properties（属性）”面板上的“Position and Size（位置和大小）”选项区中单击 Y 选项的“Add Keyframe（添加关键帧）”按钮，插入关键帧，如图 6-101 所示。

图 6-100

图 6-101

06 将播放头移至 0:00.750 位置，在舞台中选中素材图像，将其向上移动到合适的位置，如图 6-102 所示。自动创建两个关键帧之间的动画，如图 6-103 所示。

图 6-102

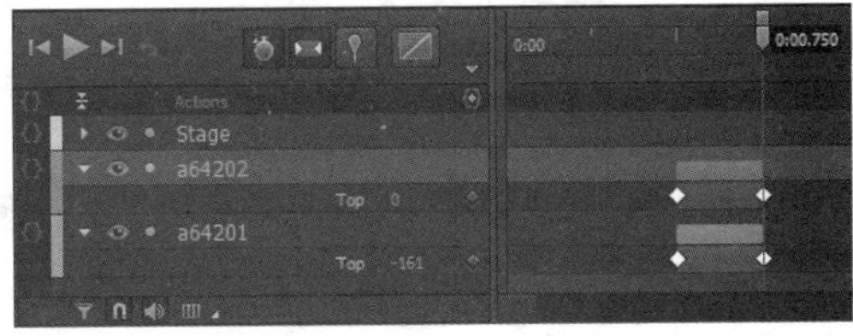

图 6-103

07 将播放头移至0:01.250位置，在“Properties（属性）”面板上的“Position and Size（位置和大小）”选项区中单击Y选项的“Add Keyframe（添加关键帧）”按钮，插入关键帧，如图6-104所示。将播放头移至0:01.500位置，在舞台中选中素材图像，将其向上移动到合适的位置，如图6-105所示。

图 6-104

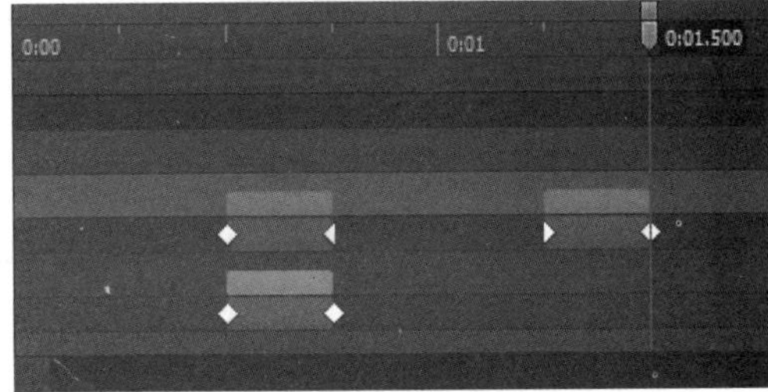

图 6-105

08 采用相同的制作方法，可以导入其他素材图像并完成动画效果的制作，舞台效果如图6-106所示，“Timeline（时间轴）”面板如图6-107所示。

图 6-106

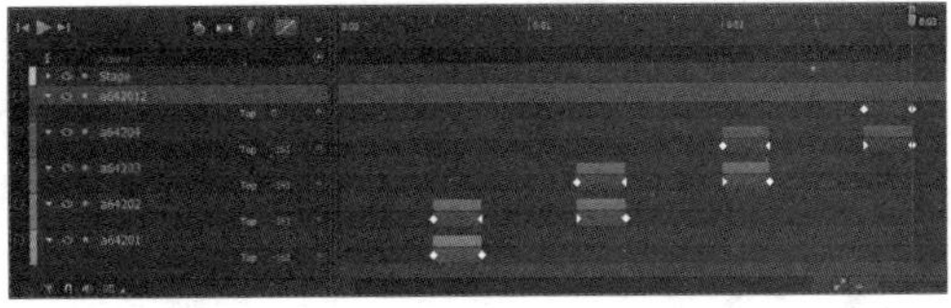

图 6-107

09 在“Timeline（时间轴）”面板中单击“Actions（动作）”栏左侧的“Open Timeline Actions（打开时间轴动作）”按钮，如图6-108所示。弹出时间轴的“Trigger（触发器）”对话框，选择complete事件，在对话框右侧单击Play按钮，添加脚本代码，如图6-109所示。

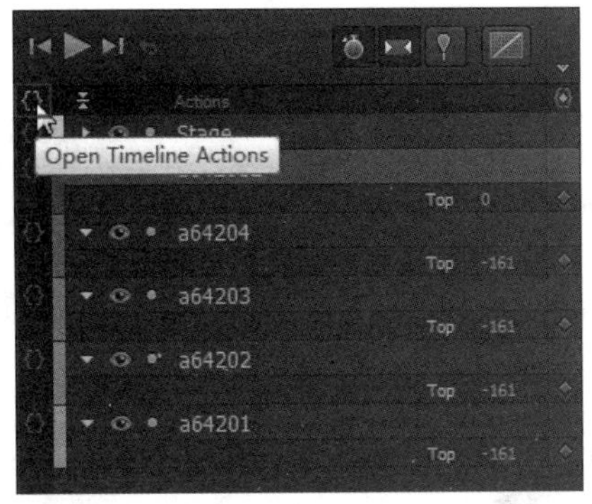

图 6-108

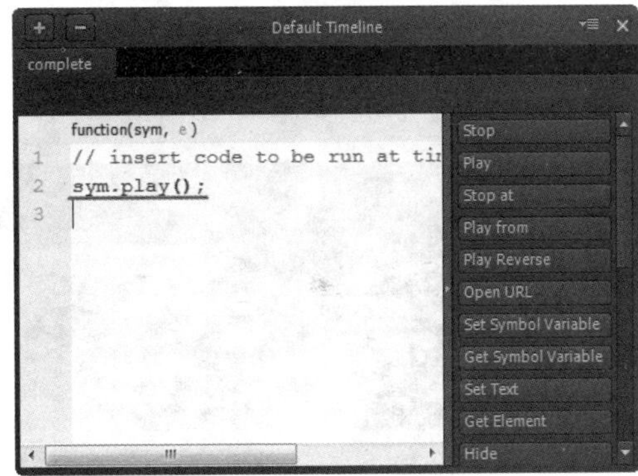

图 6-109

提示：

此处所添加的触发器动作表示当时间轴播放到结束位置时，自动返回到时间轴起始位置进行播放，这样就实现了时间轴动画的循环播放。

10 关闭“Trigger（触发器）”对话框，执行“File（文件）>Save（保存）”命令，保存文件。执行“File（文件）>Preview In Browser（在浏览器中预览）”命令，在浏览器中预览动画，可以看到动画会不断循环滚动播放，如图6-110所示。

图 6-110

6.4.3 在时间轴中使用标签

在“Timeline（时间轴）”面板上方可以精确的调整时间至千分之一秒，但时在脚本代码中对指定时间操作并不是特别方便，在 Edge Animate 中还提供了一种简单的操作方法，就是在时间轴上相应的时间点插入标签，这样更加便于在脚本代码中进行操作。

在“Timeline（时间轴）”面板中将播放头移至需要插入标签的时间位置，单击“Timeline（时间轴）”面板上的“Insert Label（插入标签）”按钮，如图 6-111 所示。即可在播放头当前时间位置插入标签，并且标签名称处于可编辑状态，如图 6-112 所示，用户可以直接输入标签名称，在空白位置单击或按 Enter 键确认标签名称，如图 6-113 所示。

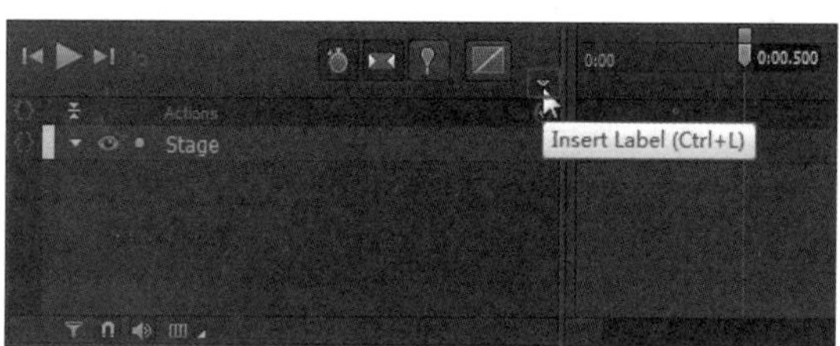

图 6-111

图 6-112

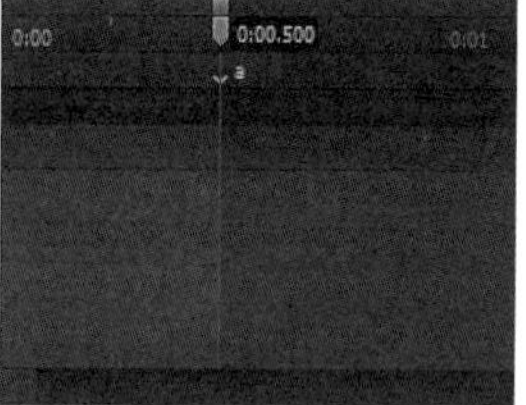

图 6-113

提示：

在“Timeline（时间轴）”面板中插入的标签默认名称为 Label1、Label2……，用户可以双击标签名称对其进行修改。在“Timeline（时间轴）”面板中插入标签后，可以在所添加的脚本代码中使用标签名称来定位动画的位置。

完成标签的插入后，还可以对所插入的标签进行编辑操作。在需要移动的标签上单击鼠标并拖曳，即可调整该标签在“Timeline（时间轴）”面板中的位置，如图 6-114 所示。

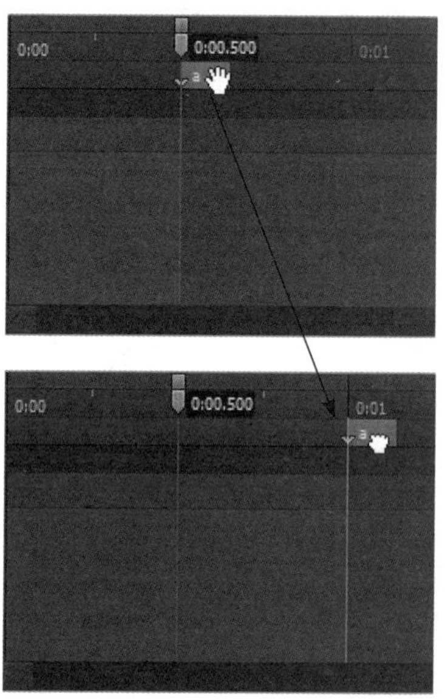

图 6-114

在标签上单击鼠标右键，可以在弹出菜单中选择相应的编辑选项，对该标题进行编辑操作，如图 6-115 所示。选择“Cut（剪切）”选项，则可以剪切该标签；选择“Copy（复制）”选项，则可以复制该标签；选择“Delete（删除）”选项，可以删除该标签。

图 6-115

提示：

在标签上单击鼠标右键，在弹出菜单中选择了“Cut（剪切）”或“Copy（复制）”选项后，将播放头移至需要粘贴标签的位置，执行“Edit（编辑）>Paste（粘贴）”命令，即可将所剪切或复制的标签粘贴到播放头当前位置。

6.4.4 添加触发器到某个时间点

在 Edge Animate 中，不但可以为整个动画时间轴添加触发器动作，从而对整个时间轴中动画的播放进行控制，还可以在“Timeline（时间轴）”面板中为指定的动画时间点添加触发器动画，从而当动画播放到该时间点时触发所添加的动作。

如果需要为指定的时间点添加触发器动作，需要在“Timeline（时间轴）”面板中将播放头移至需要添加触发器动作的时间位置，如图 6-116 所示。单击“Timeline（时间轴）”面板中的“Actions（动作）”栏右侧的“Insert Trigger（插入触发器）”按钮，如图 6-117 所示。

图 6-116

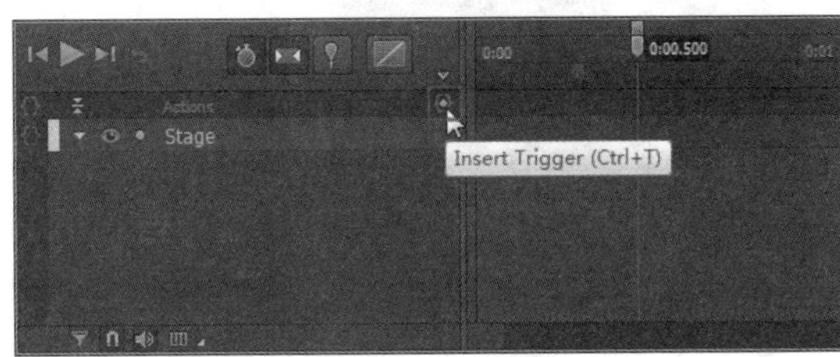

图 6-117

弹出“Trigger（触发器）”对话框，针对时间点的“Trigger（触发器）”对话框与其他对象的“Trigger（触发器）”对话框有所不同，并不需要指定触发事件，而是直接在该对话框中添加触发动作，如图 6-118 所示。完成触发器动作的设置后，单击“Trigger（触发器）”对话框右上角的“关闭”按钮，在当前时间位置将显示相应的图标，如图 6-119 所示。

提示：

针对某个时间点的触发器动作是当动画在顺序播放到该时间点时自动触发的，并不需要某种触发事件的发生，所以直接设置需要执行的动作即可，这是与其他元素对象的触发器动作最大的区别。

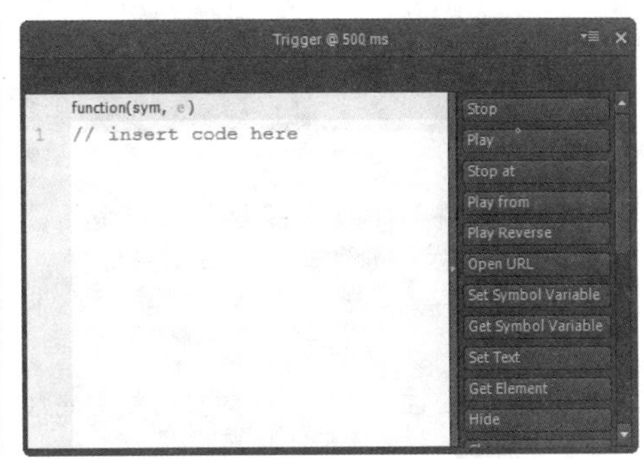

图 6-118

图 6-119

如果需要对所添加的某个时间点的触发器进行编辑，可以在该触发器图标上双击，可以弹出“Trigger（触发器）”对话框并显示该触发器上的脚本代码，如图 6-120 所示，可以对脚本代码进行重新设置。也可以在需要编辑的时间点触发器上单击鼠标右键，在弹出菜单中选择相应的编辑选项，如图 6-121 所示。

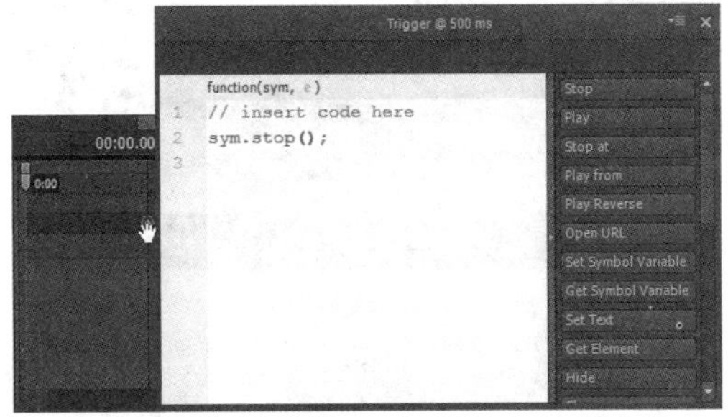

图 6-120

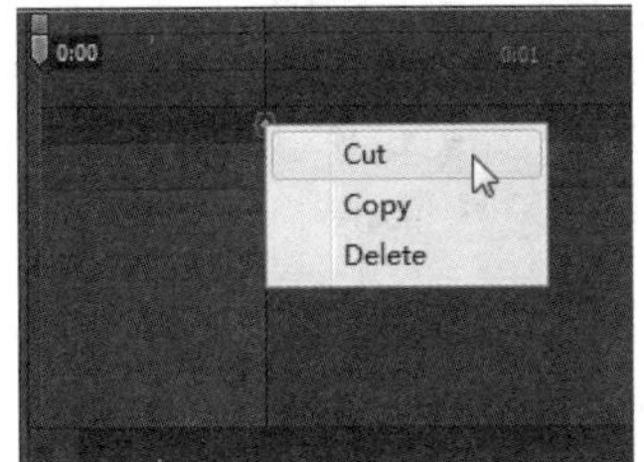

图 6-121

提示：

时间点触发器在动画制作过程中经常使用，可以在“Timeline（时间轴）”面板中的任意时间点添加触发器。时间点触发器右键菜单中的选项与上一节中所介绍的标签的右键菜单选项完全相同，其使用方法也完全相同，这里不再一一介绍。

自测 5 制作游戏宣传动画

视频：光盘\视频\第 6 章\制作游戏宣传动画 .swf
源文件：光盘\源文件\第 6 章\制作游戏宣传动画\6-4-4.html

01 执行“File（文件）>New（新建）”命令，新建空白文件。执行“File（文件）>Save（保存）”命令，将文件保存为“光盘\源文件\第 6 章\制作游戏宣传动画\6-4-4.html”。

02 在“Properties（属性）”面板中对舞台相关属性进行设置，如图 6-122 所示。执行“File（文件）>Import（导入）”命令，导入素材图像“光盘\源文件\第 6 章\素材\a64301.jpg”，如图 6-123 所示。

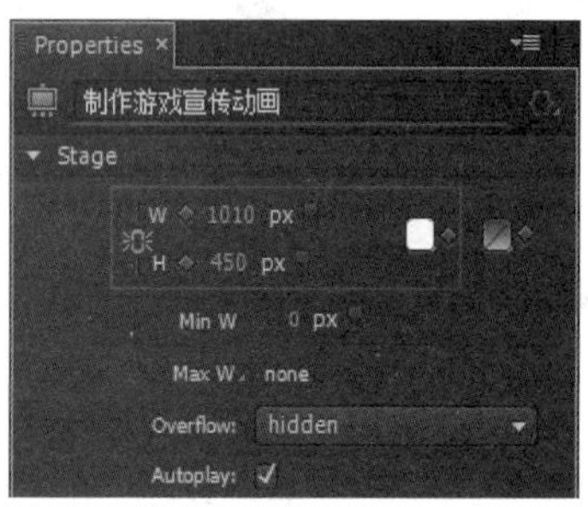

图 6-122

图 6-123

03 执行“File（文件）>Import（导入）”命令，导入素材图像“光盘\源文件\第 6 章\素材\a64302.png”，将其调整至合适的位置，如图 6-124 所示。在“Properties（属性）”面板中的“Filters（滤镜）”选项区中设置“Blur（模糊）”属性，并为该属性添加关键帧，如图 6-125 所示。

04 在“Properties（属性）”面板上的“Position and Size（位置和大小）”选项区中单击 X 选项的“Add Keyframe（添加关键帧）”按钮，插入关键帧，舞台效果如图 6-126 所示，“Timeline（时间轴）”面板如图 6-127 所示。

图 6-124

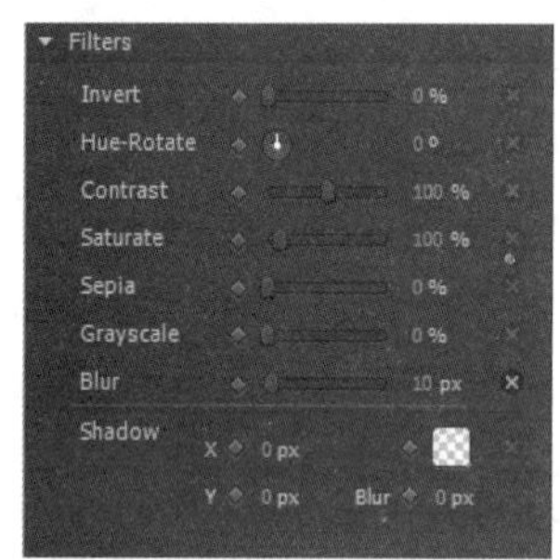

图 6-125

图 6-126

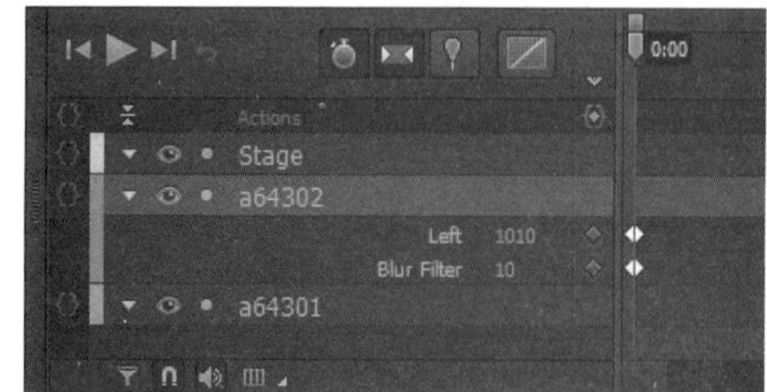

图 6-127

05 在“Timeline（时间轴）”面板中将播放头移至0:00.250位置，在舞台中将图像向左移动，并设置其“Blur（模糊）”属性为0px，如图6-128所示，“Timeline（时间轴）”面板如图6-129所示。

图 6-128

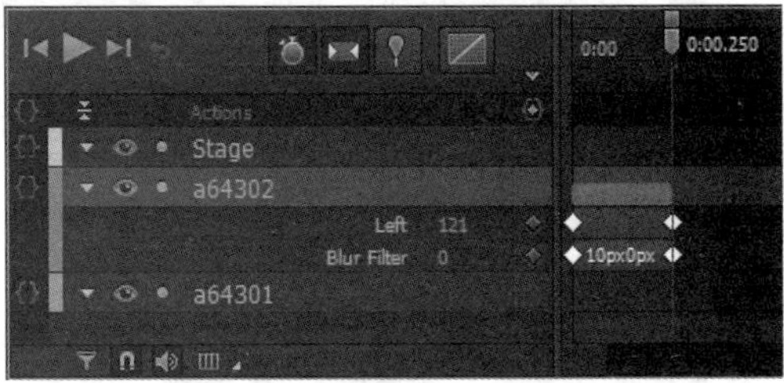

图 6-129

06 导入素材图像“光盘\源文件\第6章\素材\a64303.png”，将其调整至合适的位置，如图6-130所示。在“Properties（属性）”面板中的“Filters（滤镜）”选项区中设置“Blur（模糊）”属性为10px，并为该属性添加关键帧，如图6-131所示。

图 6-130

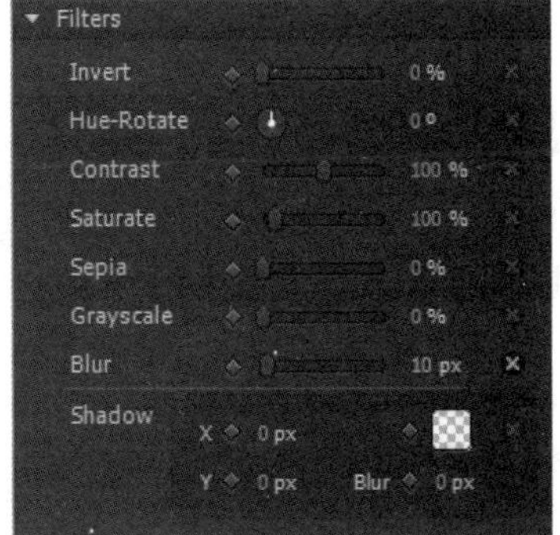

图 6-131

07 在“Properties（属性）”面板上的“Position and Size（位置和大小）”选项区中单击X选项的“Add Keyframe（添加关键帧）”按钮，插入关键帧，舞台效果如图6-132所示，“Timeline（时间轴）”面板如图6-133所示。

图 6-132

图 6-133

08 在“Timeline（时间轴）”面板中将播放头移至0:00.500位置，在舞台中将图像向左移动，并设置其“Blur（模糊）”属性为0px，如图6-134所示，“Timeline（时间轴）”面板如图6-135所示。

图 6-134

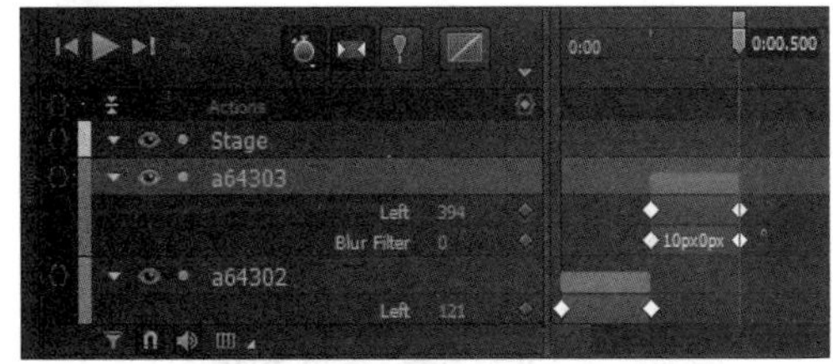

图 6-135

09 采用相同的制作方法，可以制作出其他两个游戏人物的入场动画，舞台效果如图6-136所示，“Timeline（时间轴）”面板如图6-137所示。

图 6-136

图 6-137

10 在“Timeline（时间轴）”面板中选择 a64302 元素层，将播放头移至 0:01.500 位置，在“Properties（属性）”面板上的“Position and Size（位置和大小）”选项区中单击 X 选项的“Add Keyframe（添加关键帧）”按钮，插入关键帧，如图 6-138 所示。在“Filters（滤镜）”选项区中单击 Grayscale 属性的“Add Keyframe（添加关键帧）”按钮，插入关键帧，如图 6-139 所示，“Timeline（时间轴）”面板如如图 6-140 所示。

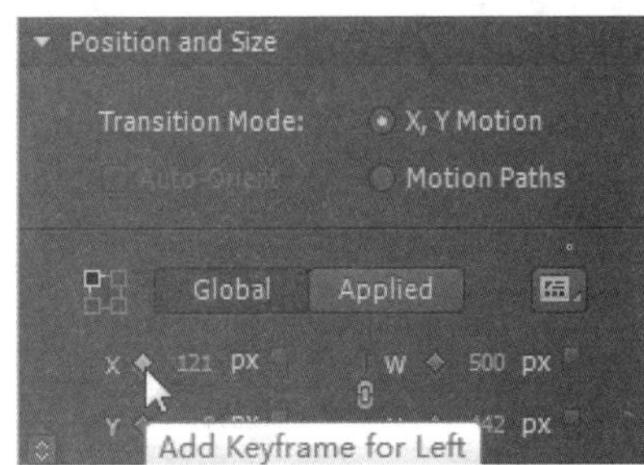

图 6-138

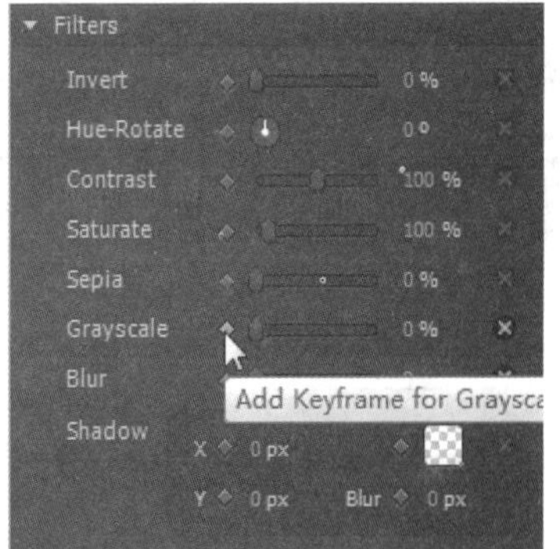

图 6-139

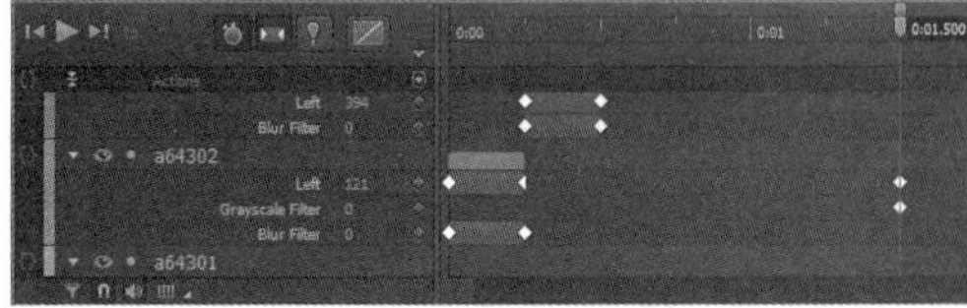

图 6-140

11 将播放头移至 0:01.750 位置，将素材向右移动，并设置 Grayscale 滤镜值为 100%，舞台效果如图 6-141 所示。将播放头移至 0:02 位置，将素材向左移动，并设置 Grayscale 滤镜值为 0%，“Timeline（时间轴）”面板如图 6-142 所示。

图 6-141

图 6-142

12 在“Timeline（时间轴）”面板中选择 a64303 元素层，将播放头移至 0:01.750 位置，根据 a64302 元素层的制作方法，完成该层上动画效果的制作，舞台效果如图 6-143 所示，“Timeline（时间轴）”面板如图 6-144 所示。

图 6-143

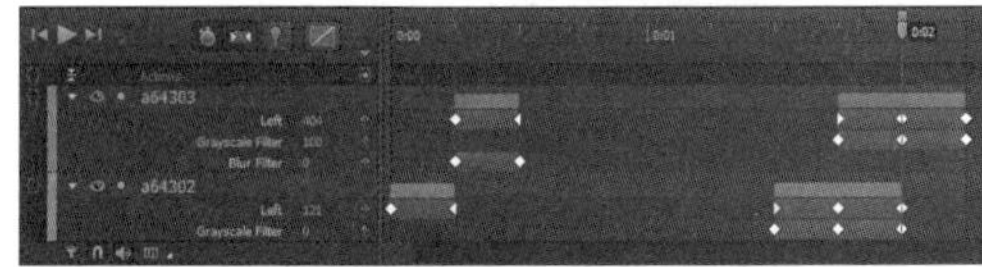

图 6-144

13 采用相同的制作方法，可以分别完成 a64305 和 a64304 元素层上动画效果的制作，舞台效果如图 6-145 所示，“Timeline（时间轴）”面板如图 6-146 所示。

图 6-145

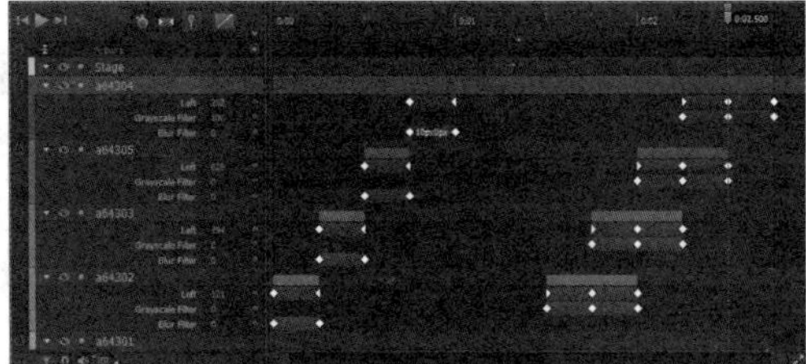

图 6-146

14 将播放头移至 0:01 位置，单击“Insert Label（插入标签）”按钮，在当前位置插入标签并将标签重命名为 again，如图 6-147 所示。将播放头移至 0:02.750 位置，单击“Inset Trigger（插入触发器）”按钮，弹出“Trigger（触发器）”对话框，单击右侧的“Play from”按钮，插入脚本代码并进行修改，如图 6-148 所示。

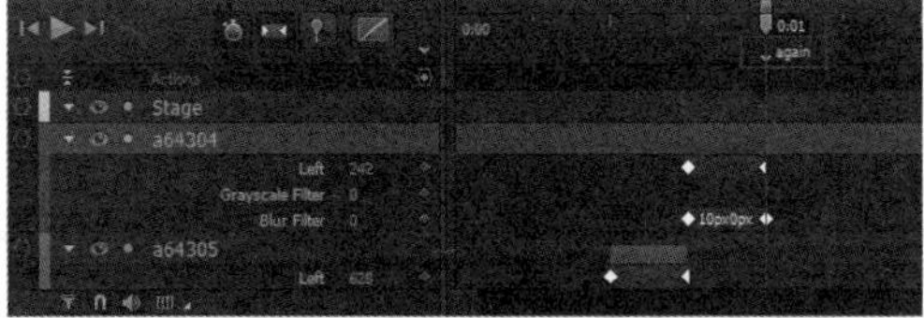

图 6-147

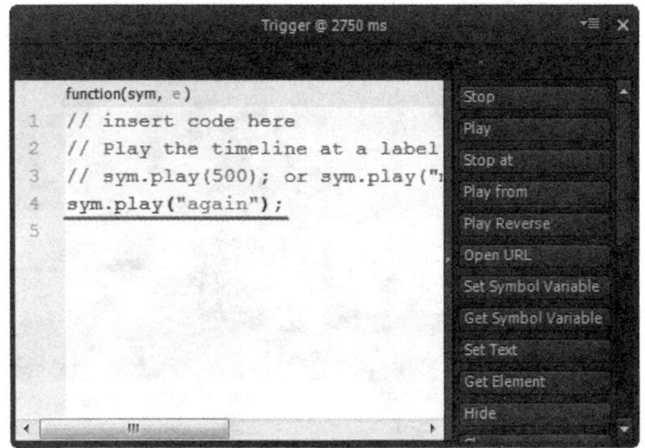

图 6-148

提示：

此处插入的是针对当前时间点的触发器，添加 Play from 动作，并设置播放的位置为所插入的标签名称，也就是当动画播放到该时间点时会自动跳转到所设置的标签名称位置进行播放。

15 关闭“Trigger（触发器）”对话框，执行“File（文件）>Save（保存）”命令，保存文件。执行“File（文件）>Preview In Browser（在浏览器中预览）”命令，在浏览器中预览动画，可以看到游戏宣传动画的效果，如图 6-149 所示。

图 6-149

提示：

此处使用 Chrome 浏览器预览动画效果，因为在 IE11 中并不支持 CSS 滤镜效果，所以在 IE11 中看不到图像模糊和图像变为灰色显示的效果。

6.5 非线性思考与设计

通过前面的学习，读者已经基本了解了在 Edge Animate 中制作动画时都是在“Timeline（时间轴）”面板中对动画元素进行组织和编辑的，是按照从左往右线性的方式进行编辑的，默认情况下，动画的播放也是按照“Timeline（时间轴）”面板中从左往右线性的方式进行播放的。但是，在 Edge Animate 中用户可以在“Timeline（时间轴）”面板中添加标签，并通过触发器动作来改变动画的默认播放方式，这样就可以不仅限于一个简单的线性时间轴。通过触发器动作与标签相结合，可以在动画过程中进行任意跳转，改变时间轴线性的播放方式。

自测 6 制作网站图片展示动画

视频：光盘 \ 视频 \ 第 6 章 \ 制作幻灯片广告动画 .swf
源文件：光盘 \ 源文件 \ 第 6 章 \ 制作幻灯片广告动画 \6-5.html

01 执行“File（文件）>New（新建）”命令，新建空白文件。执行“File（文件）>Save（保存）”命令，将文件保存为“光盘 \ 源文件 \ 第 6 章 \ 制作幻灯片广告动画 \6-5.html”。

02 在“Properties（属性）”面板中对舞台相关属性进行设置，如图 6-150 所示。执行“File（文件）>Import（导入）”命令，导入素材图像“光盘 \ 源文件 \ 第 6 章 \ 素材 \a6501.jpg”，如图 6-151 所示。

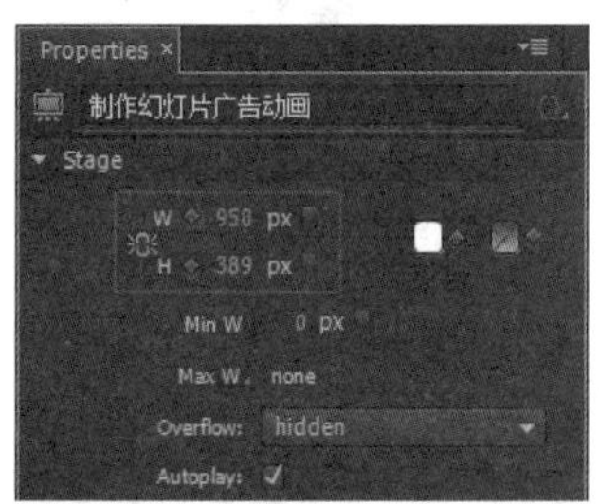

图 6-150

图 6-151

03 在“Timeline（时间轴）”面板中将播放头移至 0:01 位置，在“Properties（属性）”面板上的“Position and Size（位置和大小）”选项区中单击 X 选项的“Add Keyframe（添加关键帧）”按钮，插入关键帧，如图 6-152 所示，“Timeline（时间轴）”面板如图 6-153 所示。

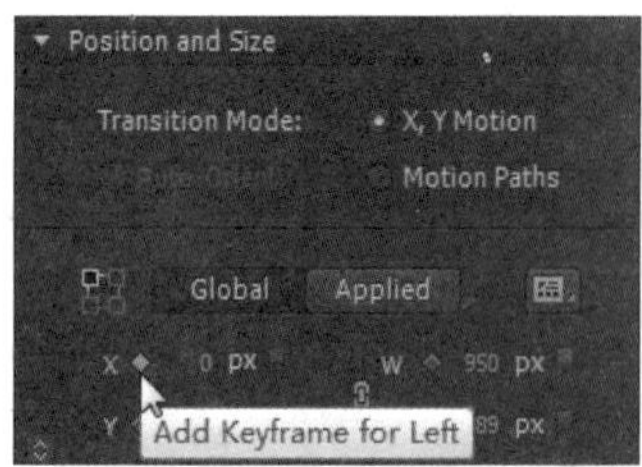

图 6-152

图 6-153

04 将播放头移至 0:01.250 位置，将舞台中的素材水平向左移动到合适的位置，如图 6-154 所示。将播放头移至 0:01 位置，导入素材图像“光盘 \ 源文件 \ 第 6 章 \ 素材 \a6502.jpg”，调整至合适的位置，如图 6-155 所示。

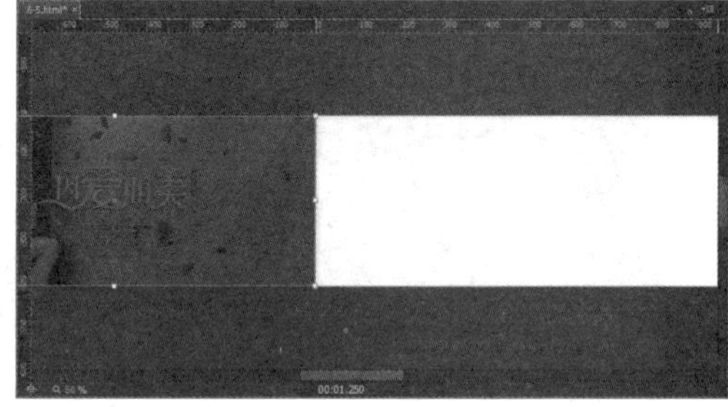

图 6-154

图 6-155

05 在“Properties（属性）”面板上的“Position and Size（位置和大小）”选项区中单击 X 选项的“Add Keyframe（添加关键帧）”按钮，插入关键帧，将播放头移至 0:01.250 位置，将素材向左移动至合适的位置，如图 6-156 所示，“Timeline（时间轴）”面板如图 6-157 所示。

06 将播放头移至 0:02.250 位置，在“Properties（属性）”面板上的“Position and Size（位置和大小）”选项区中单击 X 选项的“Add Keyframe（添加

关键帧）”按钮，插入关键帧，如图 6-158 所示。将播放头移至 0:02.500 位置，将素材水平向左移动到合适的位置，如图 6-159 所示。

图 6-156

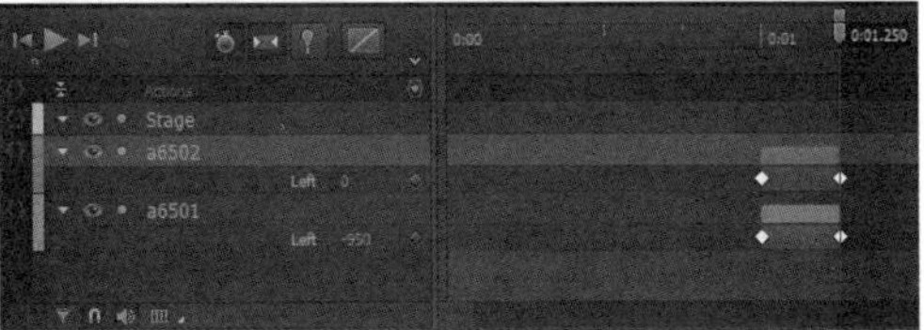

图 6-157

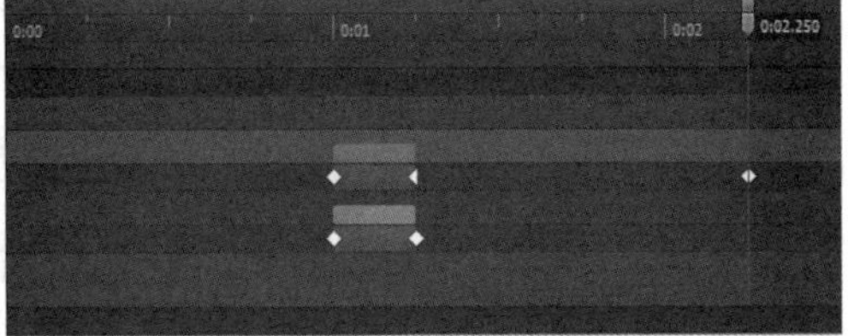

图 6-158

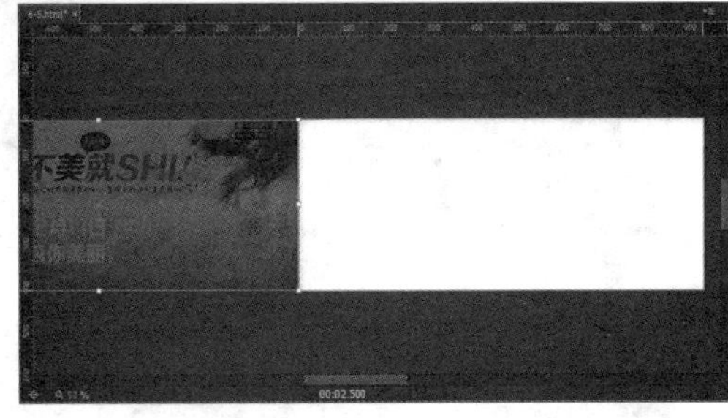

图 6-159

07 采用相同的制作方法，可以完成其他素材的切换动画效果制作，舞台效果如图 6-160 所示，“Timeline（时间轴）”面板如图 6-161 所示。

图 6-160

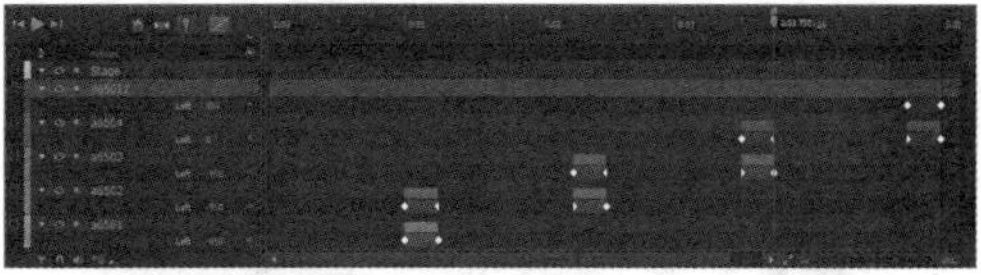

图 6-161

08 将播放头移至 0:05 位置，单击“Timeline（时间轴）”面板上的“Insert Trigger（插入触发器）”按钮，弹出“Trigger（触发器）”对话框，单击 Play from 按钮，添加动作并设置，如图 6-162 所示。将播放头移至 0:00 位置，导入素材图像“光盘\源文件\第 6 章\素材\a6505.jpg”，调整至合适的位置，如图 6-163 所示。

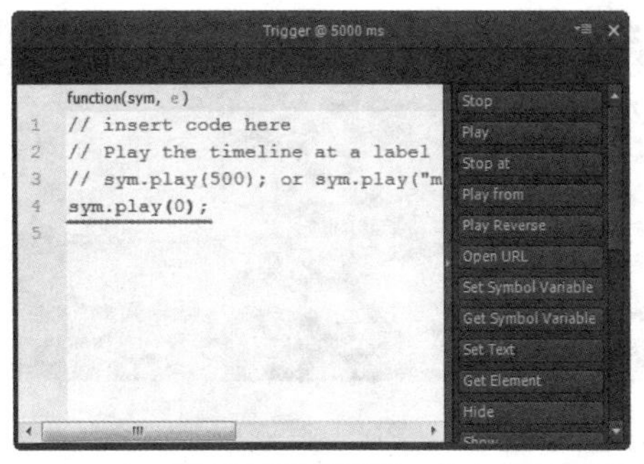

图 6-162

图 6-163

提示：

默认情况下，动画播放到时间结束位置时就会停止，此处在时间轴结束位置添加触发器动作，使其跳转到时间轴开始位置进行播放，从而实现动画的循环播放。

09 选中刚导入的素材，在“Properties（属性）”面板上设置“Cursor（光标）”属性为 Pointer，如图 6-164 所示。设置“display（显示）”属性为 Off，将其在舞台中隐藏，如图 6-165 所示。

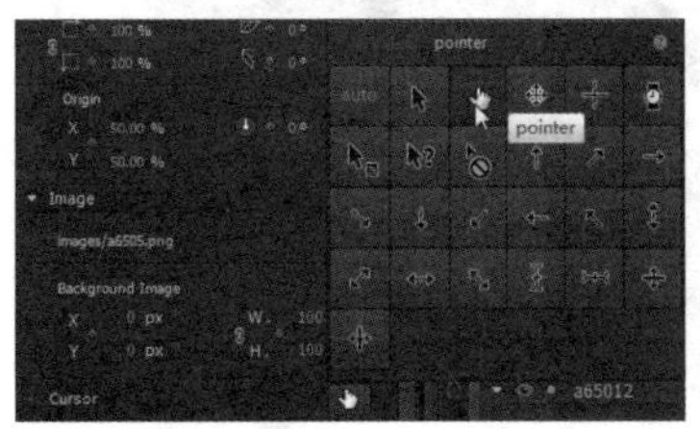

图 6-164

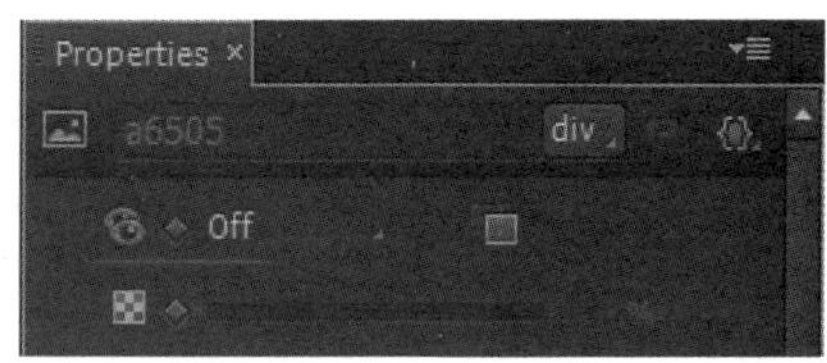

图 6-165

10 导入素材图像“光盘\源文件\第6章\素材\a6506.jpg”，调整至合适的位置，如图6-166所示。选中该素材，在“Properties（属性）”面板上设置“Cursor（光标）”属性为Pointer，设置“display（显示）”属性为Off，将其在舞台中隐藏，如图6-167所示。

图 6-166

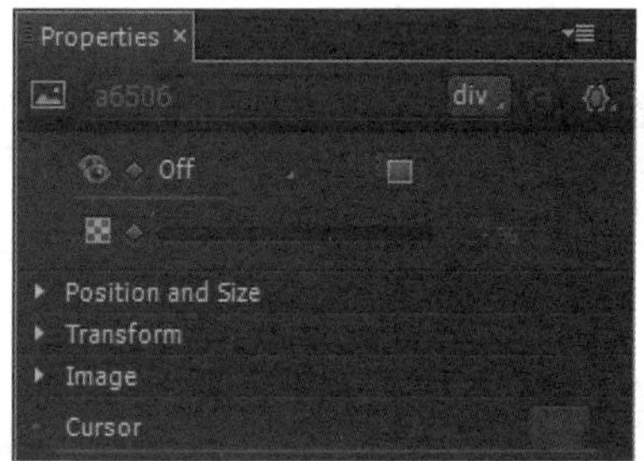

图 6-167

提示：

在该动画中左右两边的切换按钮默认情况下是隐藏的，只有当鼠标移至该动画上方时才显示。

11 在“Timeline（时间轴）”面板中单击“Stage（舞台）”元素层左侧的“Open Actions（打开动作）”按钮，如图6-168所示。弹出“Trigger（触发器）”对话框，在弹出的事件菜单中选择mouseover选项，添加相应的动作，如图6-169所示。

图 6-168

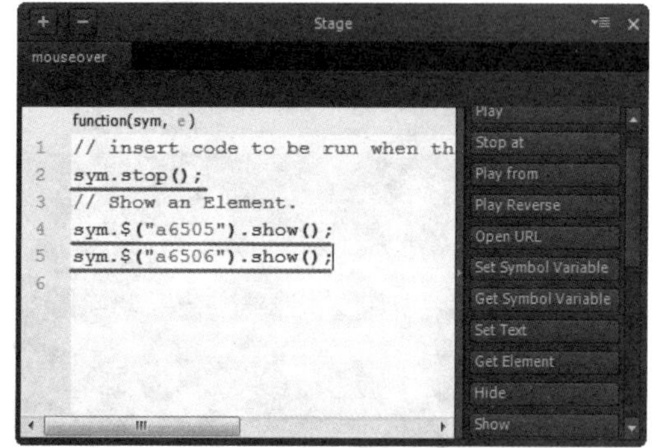

图 6-169

提示：

此处添加的触发器动作是指当鼠标移至动画上方时，动画停止播放，并且显示动画中名称为a6505和a6506的元素，即显示左右两边的切换按钮。

12 单击“Trigger（触发器）”对话框左上角的 + 按钮，在弹出菜单中选择mouseout选项，如图6-170所示。添加相应的动作，如图6-171所示。

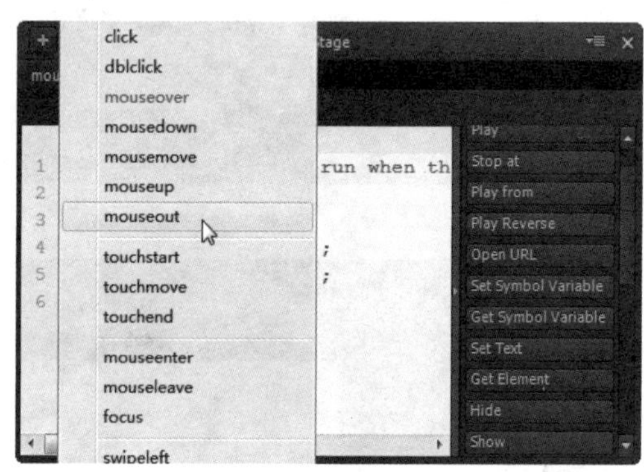

图 6-170

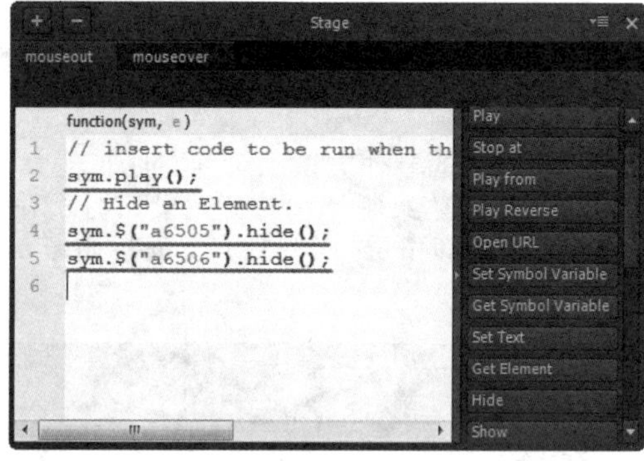

图 6-171

13 关闭“Trigger（触发器）”对话框。在“Timeline（时间轴）”面板中单击a6505元素层左侧的“Open Actions（打开动作）”按钮，如图6-172所示。弹出“Trigger（触发器）”对话框，在弹出的事件菜单中选择click选项，添加相应的动作，如图6-173所示。

图 6-172

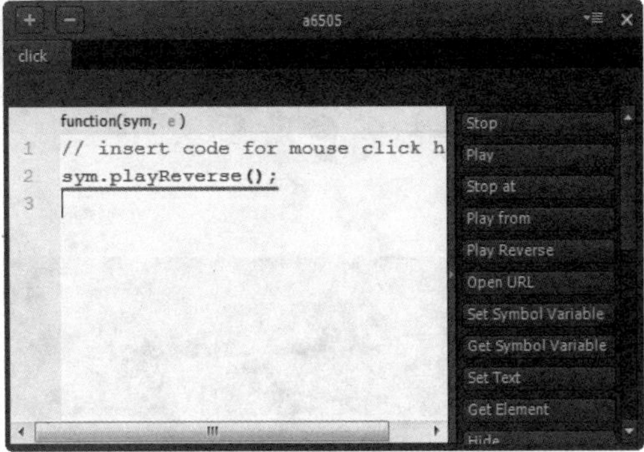

图 6-173

14 关闭“Trigger（触发器）”对话框。在“Timeline（时间轴）”面板中单击 a6506 元素层左侧的“Open Actions（打开动作）”按钮，如图 6-174 所示。弹出“Trigger（触发器）”对话框，在弹出的事件菜单中选择 click 选项，添加相应的动作，如图 6-175 所示。

图 6-174

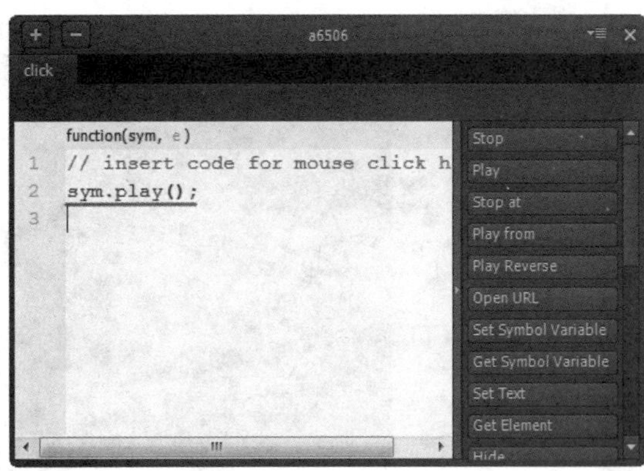

图 6-175

15 关闭“Trigger（触发器）”对话框，执行“File（文件）>Save（保存）”命令，保存文件。执行“File（文件）>Preview In Browser（在浏览器中预览）”命令，在浏览器中预览动画，可以看到可受控制的幻灯片广告动画效果，如图 6-176 所示。

图 6-176

6.6 iPhone 和 Android 触发器

在本章前面的内容中已经详细的介绍了如何在 Edge Animate 中为各种不同的元素添加触发器动作，并且配合实例的制作进行讲解。简单的触发例如单击、鼠标移至对方上方等，这些是最简单的交互形式，相信读者已经掌握了动画中常用触发器动作的使用方法。随着移动互联网的兴起，使用 iPhone、Android 智能手机和各种平板电脑的用户越来越多，HTML5 的最大优势在于，他在设计时考虑到了移动互联网革命。

在 Edge Animate 中提供了对 iPhone 和 Android 智能手机应用的支持，无论是普通元素还是舞台对象都可以添加指对手机应用的触发事件，如图 6-177 所示。

关于这些应用于 iPhone 和 Android 智能手机的触发事件，在前面的小节中已经进行了介绍，接下来通过一个案例的制作，使读者详细了解应用于 iPhone 和 Android 智能移动设备的触发事件的使用方法。

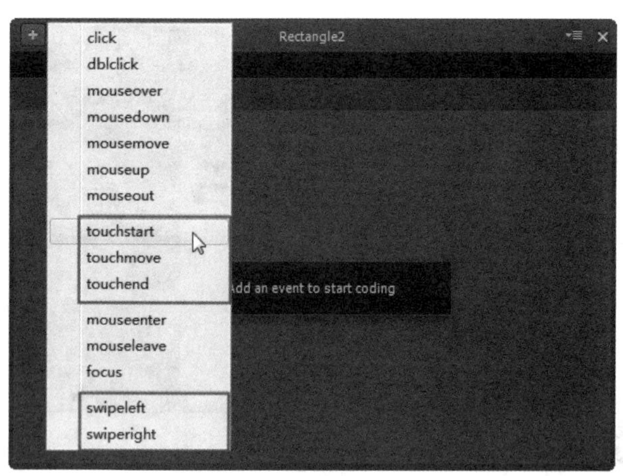

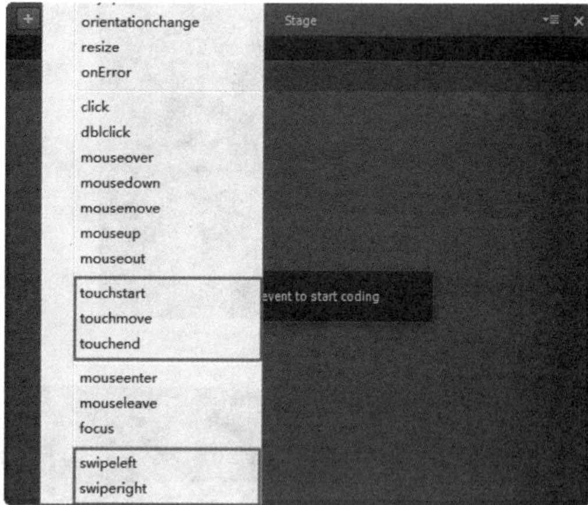

图 6-177

制作适用于手机滑动响应的动画

视频：光盘 \ 视频 \ 第 6 章 \ 制作适用于手机滑动响应的动画 .swf
源文件：光盘 \ 源文件 \ 第 6 章 \ 制作适用于手机滑动响应的动画 \6-6.html

01 执行“File（文件）>New（新建）”命令，新建空白文件。执行“File（文件）>Save（保存）”命令，将文件保存为“光盘 \ 源文件 \ 第 6 章 \ 制作适用于手机滑动响应的动画 \6-7.html”。

02 在“Properties（属性）”面板中对舞台相关属性进行设置，如图 6-178 所示。执行“File（文件）>Import（导入）”命令，导入素材图像“光盘 \ 源文件 \ 第 6 章 \ 素材 \a6601.jpg”，如图 6-179 所示。

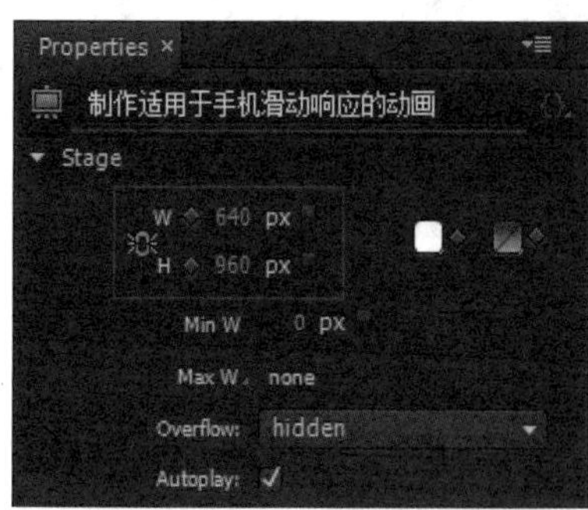

图 6-178

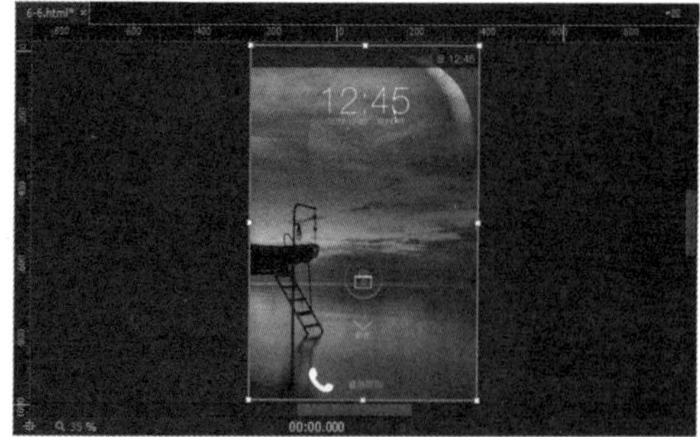

图 6-179

03 在“Properties（属性）”面板上的“Position and Size（位置和大小）”选项区中单击 X 选项的“Add Keyframe（添加关键帧）”按钮，插入关键帧，如图 6-180 所示。在“Timeline（时间轴）”面板中将播放头移至 0:00.250 位置，将舞台中的素材水平向左移动到合适的位置，如图 6-181 所示。自动创建两个关键帧之间的动画，“Timeline（时间轴）”面板如图 6-182 所示。

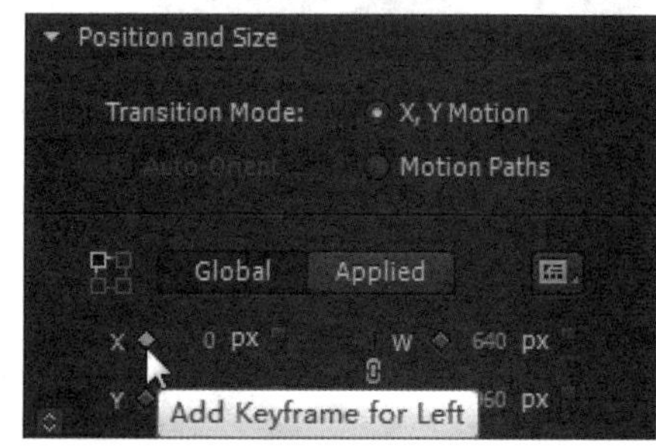

图 6-180

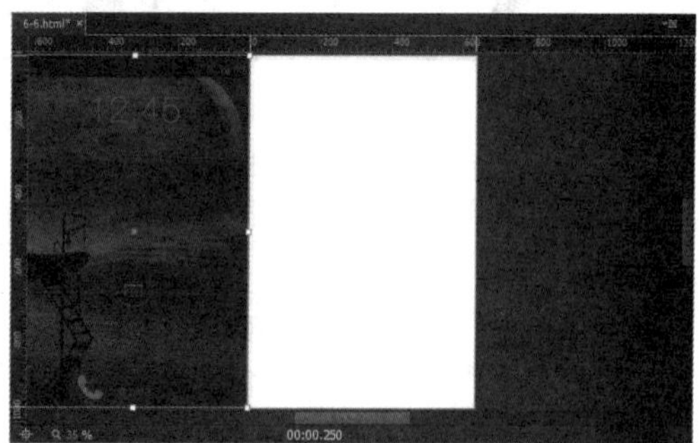

图 6-181

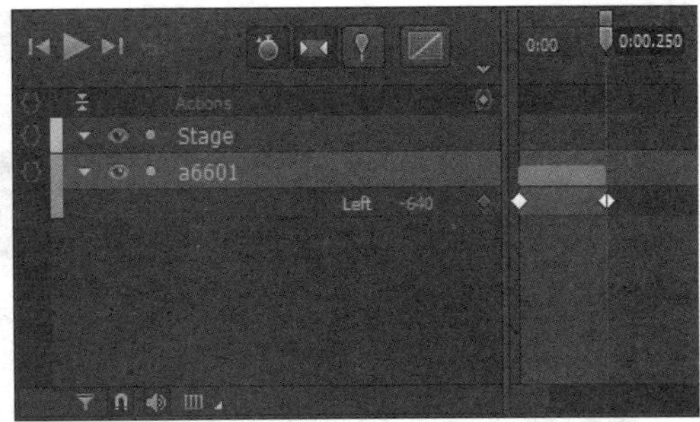

图 6-182

04 将播放头移至0:00位置，导入素材图像"光盘\源文件\第6章\素材\a6602.jpg"，将其调整至合适的位置，如图6-183所示。在"Properties（属性）"面板上的"Position and Size（位置和大小）"选项区中单击X选项的"Add Keyframe（添加关键帧）"按钮，插入关键帧。将播放头移至0:00.250位置，将舞台中的素材水平向左移动到合适的位置，如图6-184所示，"Timeline（时间轴）"面板如图6-185所示。

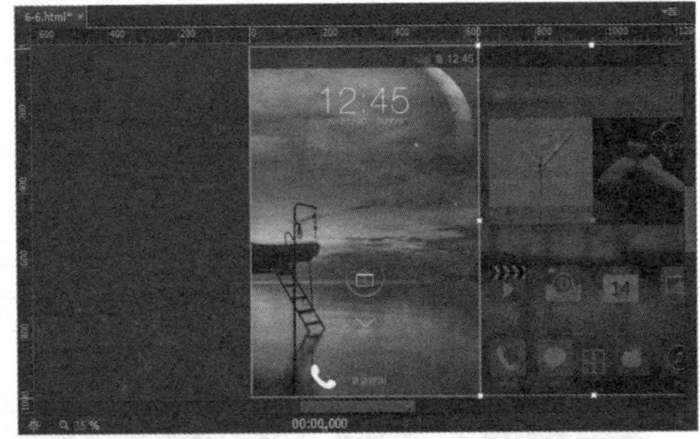

图 6-183

图 6-184

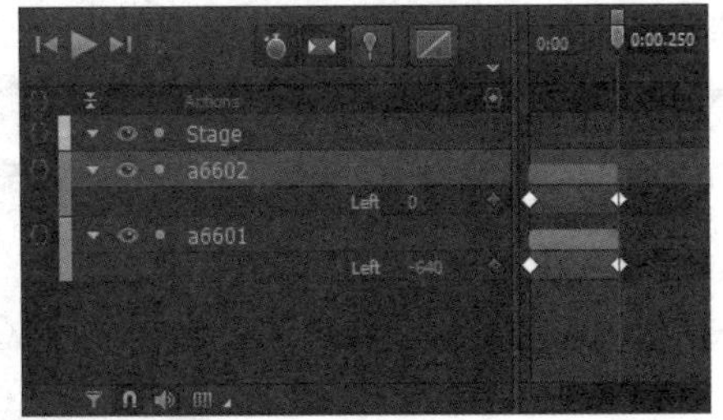

图 6-185

05 将播放头移至0:00.500位置，将舞台中的素材水平向左移动到合适的位置，如图6-186所示，"Timeline（时间轴）"面板如图6-187所示。

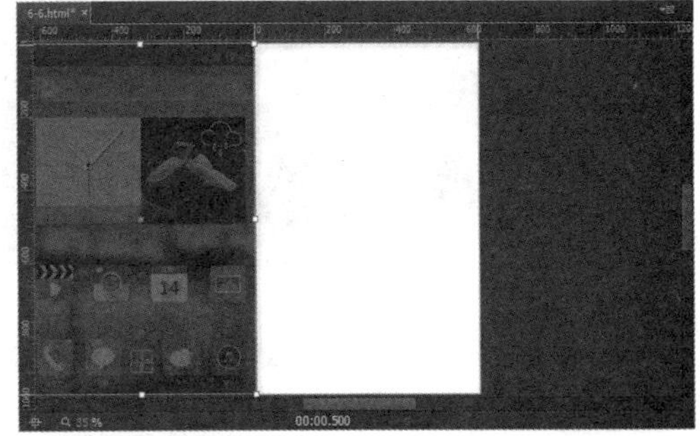

图 6-186

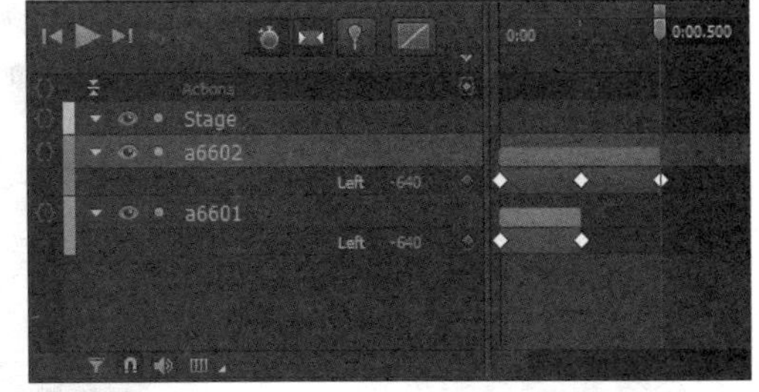

图 6-187

06 将播放头移至0:00.250位置，导入素材图像"光盘\源文件\第6章\素材\a6603.jpg"，将其调整至合适的位置，如图6-188所示。在"Properties（属性）"面板上的"Position and Size（位置和大小）"选项区中单击X选项的"Add Keyframe（添加关键帧）"按钮，插入关键帧。将播放头移至0:00.500位置，将舞台中的素材水平向左移动到合适的位置，如图6-189所示，"Timeline（时间轴）"面板如图6-190所示。

图 6-188

图 6-189

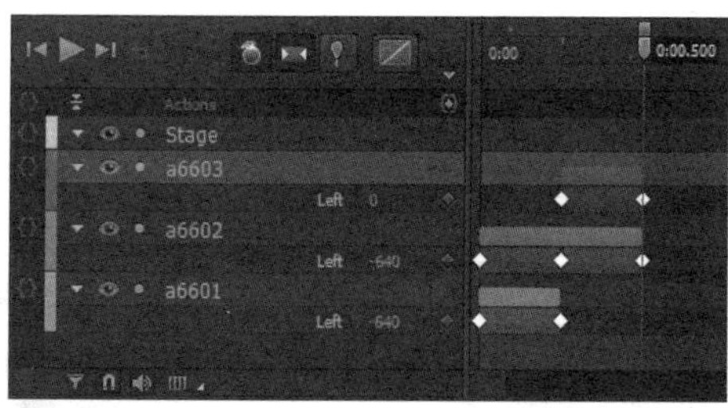

图 6-190

07 将播放头移至 0:00.750 位置，将舞台中的素材水平向左移动到合适的位置，如图 6-191 所示，“Timeline（时间轴）”面板如图 6-192 所示。

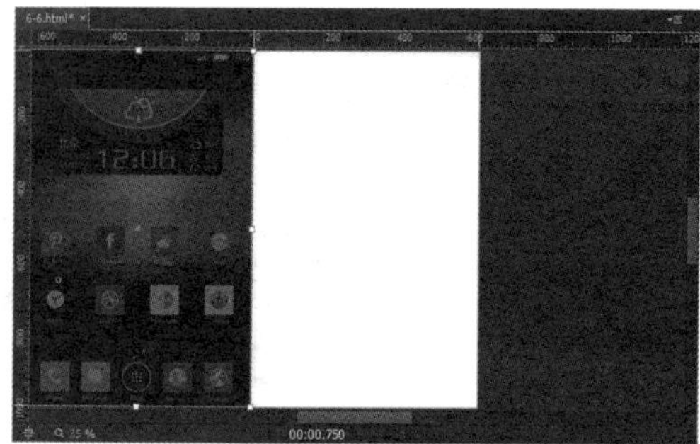

图 6-191

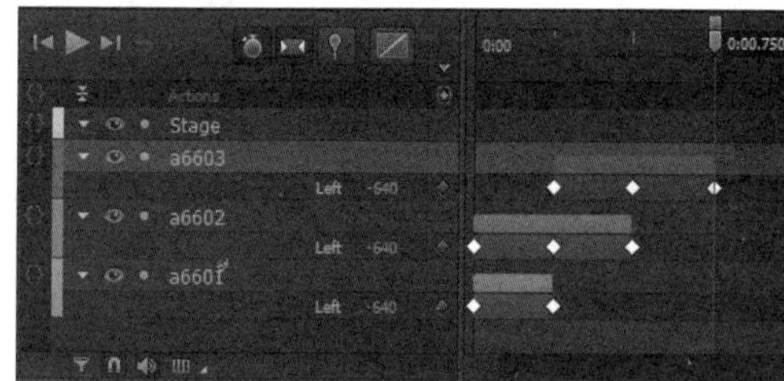

图 6-192

08 将播放头移至 0:00.500 位置，在“Library（库）”面板中的“Images（图像）”选项卡中将 a6601.jpg 图像拖入到舞台中，并调整到合适的位置，如图 6-193 所示。在“Properties（属性）”面板上的“Position and Size（位置和大小）”选项区中单击 X 选项的“Add Keyframe（添加关键帧）”按钮，插入关键帧。将播放头移至 0:00.750 位置，将舞台中的素材水平向左移动到合适的位置，如图 6-194 所示，“Timeline（时间轴）”面板如图 6-195 所示。

图 6-193

图 6-194

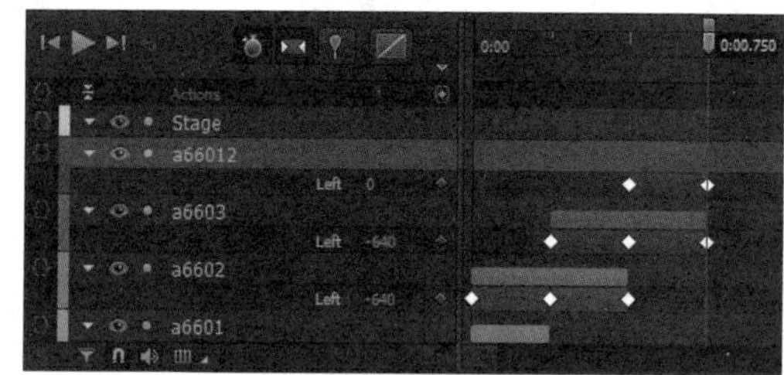

图 6-195

09 将播放头移至 0:00 位置，单击“Timeline（时间轴）”面板上的“Insert Trigger（插入触发器）”按钮，弹出“Trigger（触发器）”对话框，单击 Stop 按钮，添加动作，如图 6-196 所示。将播放头移至 0:00.250 位置，单击“Timeline（时间轴）”面板上的“Insert Trigger（插入触发器）”按钮，弹出“Trigger（触发器）”对话框，单击 Stop 按钮，添加动作，如图 6-197 所示。

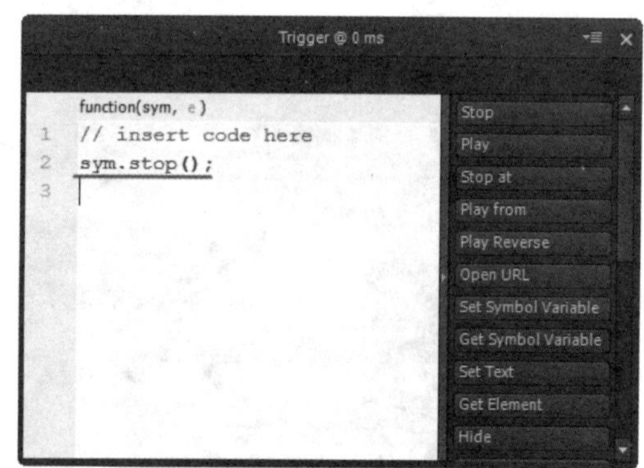

图 6-196

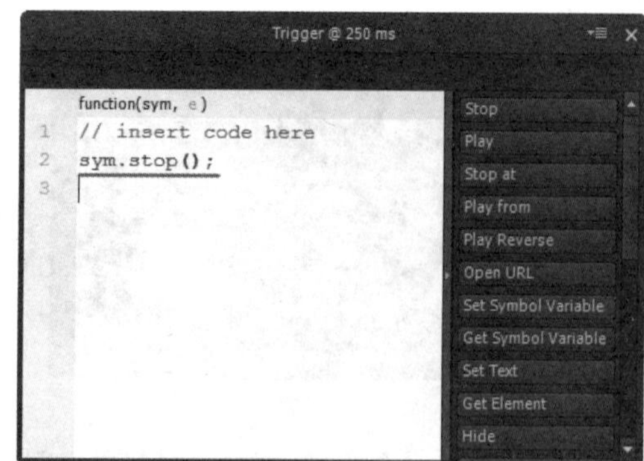

图 6-197

10 相同的制作方法，在0:00.500位置插入针对当前时间点的触发器，并设置Stop动作。将播放头移至0:00.750位置，单击“Timeline（时间轴）”面板上的“Insert Trigger（插入触发器）”按钮，，弹出“Trigger（触发器）”对话框，单击Stop at按钮，添加动作并设置，如图6-198所示，“Timeline（时间轴）”面板如图6-199所示。

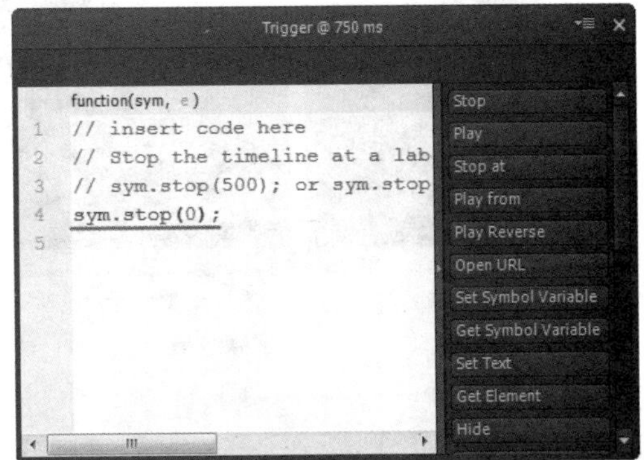

图 6-198

图 6-199

提示：

默认情况下，时间轴动画会自动播放，为了使动画不自动播放，可以在时间轴开始位置添加stop动作。其他位置添加stop动作是为了实现当一个界面切换完成后停止播放时间轴，等待触发事件发生后，再执行相应的操作。

11 在“Timeline（时间轴）”面板中单击“Stage（舞台）”元素层左侧的“Open Actions（打开动作）”按钮，如图6-200所示。弹出“Trigger（触发器）”对话框，在显示的触发事件列表中选择swipeleft选项，添加play动作，如图6-201所示。

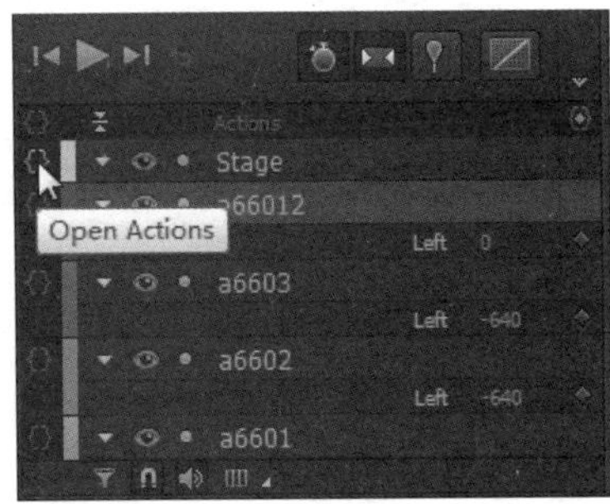

图 6-200

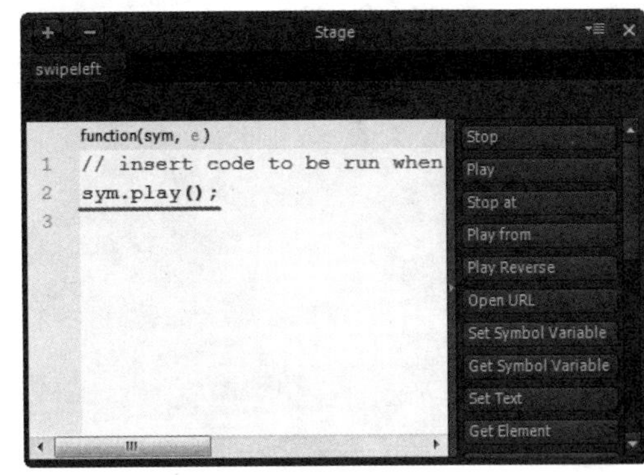

图 6-201

12 单击“Trigger（触发器）”对话框左上角的按钮，在弹出菜单中选择swiperight选项，如图6-202所示。添加playReverse动作，如图6-203所示。

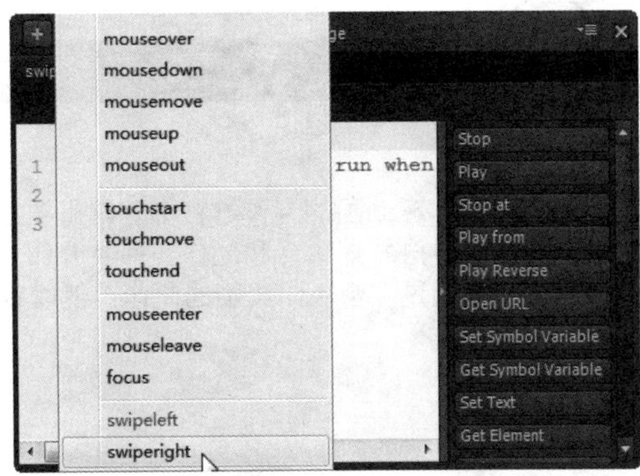

图 6-202

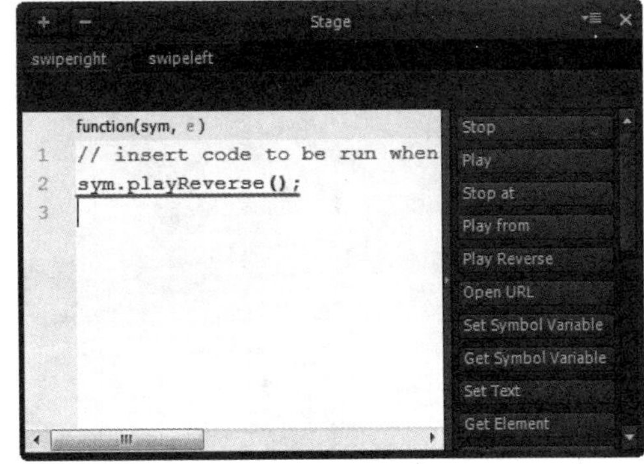

图 6-203

提示：

向左滑动超过30px时，就会触发swipeleft事件。向左滑动超过30px时，就会触发swiperight事件，PlayReverse动作是指反向播放时间轴动画。

13 关闭“Trigger（触发器）”对话框，执行“File（文件）>Save（保存）”命令，保存文件。执行“File（文件）>Preview In Browser（在浏览器中预览）”

命令，在浏览器中预览动画，可以使用鼠标模拟手指在动画中左右滑动查看动画效果，如图 6-204 所示。

图 6-204

6.7 本章小结

触发器动作在动画的制作过程中非常重要，交互式动画效果都离不开触发器动作的应用。在本章中向读者介绍了各种触发器事件和动作，并且介绍了在 Edge Animate 中为各种不同元素添加触发器动作的方法和技巧，并且通过多个不同案例的制作，使读者能够更好的掌握各种常见交互效果的制作方法。

第⑦章 符号元素在动画中的使用

符号元素在动画中的使用

在制作动画的时候，为了使动画变得更加丰富，一些元素会被使用多次，这意味着需要多次制作相同的动画，无意间大大增加了工作量，为了避免这种情况，可以在制作动画的时候为元素创建符号，在符号中制作该元素的动画，当再次需要该元素的时候，直接拖入使用即可。本章将向读者介绍符号的创建方法，以及如何使用符号制作丰富多彩的动画。

本章知识点：

- 了解关于符号的相关知识
- 掌握创建符号的多种方法
- 掌握符号的使用方法和技巧
- 掌握编辑符号的操作方法
- 理解嵌套符号的使用方法
- 掌握使用滑过变换动画创建按钮符号的方法
- 掌握导航下拉菜单动画的制作方法
- 掌握 Edge Animate 动画中创建文字标注的方法

7.1 关于符号

符号元素是一些可以重复使用的图像或动画，他们被保存在“Library（库）”面板中的“Symbols（符号）”选项区中，如图 7-1 所示。将创建的符号元素拖入到动画舞台中，即可在动画中创建一个该符号元素的实例。如果把符号元素比喻成图纸，实例就是依照图纸生产出来的产品，依照一个图纸可以生产出多个产品，同样，一个符号元素可以在舞台中拥有多个实例。修改一个符号元素时，舞台中所有的基于该符号元素的实例都会发生相应的变化。

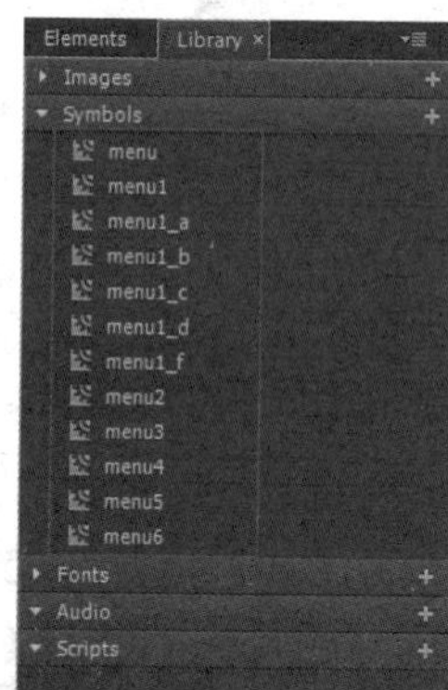

图 7-1

在 Edge Animate 动画中，使用符号元素可以显著地缩小文件的尺寸。因为保存一个符号元素比保存每一个出现在动画舞台上的元素要节省更多的空间。利用符号元素还可以加快动画的播放，因为一个符号元素在浏览器中只需要下载一次即可。

用户可以将符号元素理解为一个独立的小动画，与 Flash 中的影片剪辑元件类似。在与 Edge Animate 动画结合方面，符号元素所涉及的内容很多，是 Edge Animate 动画中比较特殊的元素也是非常重要的元素，因为从本质上来说，符号元素就是独立的动画，符号元素的时间轴独立于动画的主时间轴，可以嵌套在主动画中，并且还可以嵌套其他符号元素。Edge Animate 中的符号元素主要有以下几个特点。

● **符号元素可嵌套**

在符号元素中可以嵌套其他的符号元素，通过符号的嵌套可以使设计者在制作动画的时候思路清晰，有条理，从而做出更加复杂，丰富的动画作品。

● **动画效果一致性**

完成一个符号元素的创建后，可以在动画舞台中创建多个该符号元素的实例，这些舞台中的符号实例初始状态是完全一致的，用户可以在舞台中为每个符号实例设置不同的位置、大小、不透明度等属性，但这些符号实例的动画效果依然是保持一致的。

● **为动画元素分组**

可以将动画中的多个元素同时选中并创建为符号元素，这样就可以同时对多个元素进行相应的设置和操作，可以帮助用户节省大量的时间和精力。

● **可以快速更新动画**

用户只需要编辑存储在“Library（库）”面板中的符号元素，则动画中基于该符号元素的所有实例都会自动被更新，非常的方便、快捷。

提示：

在网页中，动画的存储信息过大则会导致网页打开的速度变得很慢，影响浏览者的情绪。因此设计者在制作网页动画的时候，符号的使用是极为重要的，善于运用符号不仅能控制文件的存储信息，还能在有限的基础上制作出更为丰富的动画。

7.2 创建符号

在 Edge Animate 中为设计者提供了多种创建符号的方法，设计者可以根据自己的需要找到适合自己的方法，例如在舞台中选择元素，单击右键转换符号，或者在菜单栏中执行相应的命令等，下面将详细的介绍符号的创建方法。

7.2.1 转换为符号

选中舞台中需要转换为符号的元素，在该元素上单击鼠标右键，在弹出的右键菜单中选择“Convert to Symbol（转换为符号）”选项，如图 7-2 所示。弹出“Create Symbol（创建符号）”对话框，在“Symbol Name（符号名称）”文本框中输入符号的名称，如图 7-3 所示。单击“OK（确定）”按钮，即可将选中的元素创建为符号。

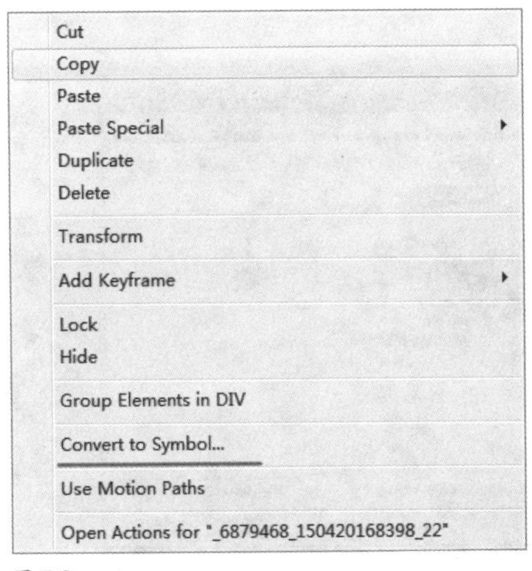

图 7-2

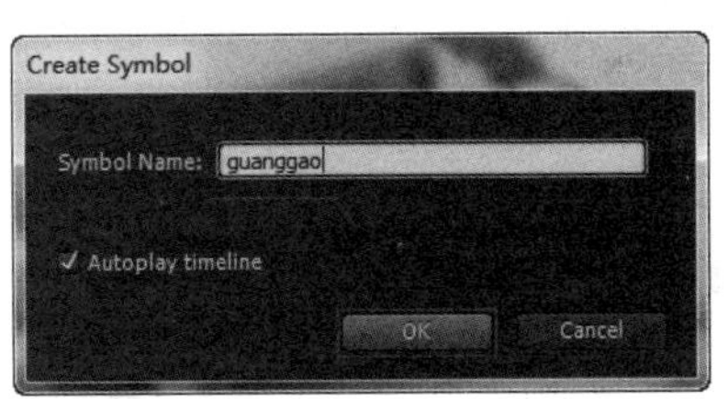

图 7-3

提示：

在舞台中选中需要转换为符号的元素，还可以执行“Modify（修改）> Convert to Symbol（转换为符号）”命令，同样可以弹出“Create Symbol（创建符号）”对话框。“Create Symbol（创建符号）”对话框中的“Autoplay timeline（自动播放时间轴）”选项默认为选中状态，即自动播放该符号时间轴动画效果。如果不希望动画在运行时自动播放该符号时间轴动画，可以取消该复选框的选中状态。

在舞台中选中需要转换为符号的元素，还可以在“Library（库）”面板中单击“Symbols（符号）”

选项区右侧的+按钮，在弹出来菜单中选择“Convert selection to symbol（转换选中的元素为符号）”选项，如图 7-4 所示。

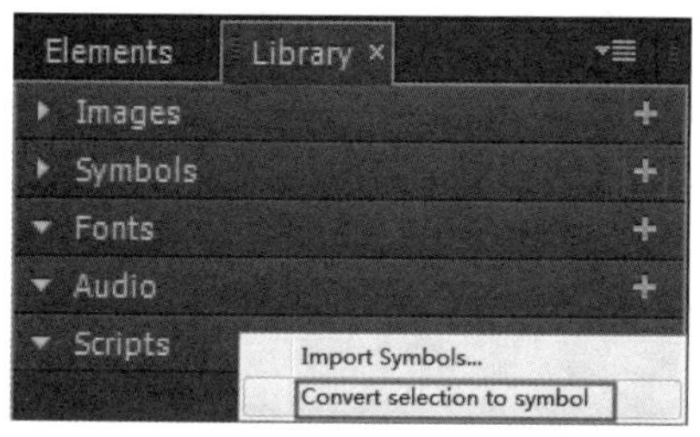

图 7-4

同样会弹出“Create Symbol（创建符号）”对话框，输入符号的名称，单击“OK（确定）”按钮，即可将选中的元素转换为符号，将元素创建为符号后，在“Timeline（时间轴）”面板中可以看到该元素层的名称会自动变为所转换的符号的名称，如图 7-5 所示。

图 7-5

7.2.2 导出符号

在 Edge Animate 中所创建的符号元素还可以将其导出，以便以在其他的文档中导入该符号元素进行使用。

如果需要将符号元素导出，可以在“Library（库）”面板中的“Symbols（符号）”选项区中需要导出的符号元素上单击鼠标右键，在弹出菜单中选择“Export（导出）”选项，如图 7-6 所示。弹出“Export Symbols to File（导出符号至文件）”对话框，浏览到需要保存导出符号的文件夹，并为导出的符号文件命名，单击“保存”按钮，即可将该符号导出为符号文件，如图 7-7 所示。

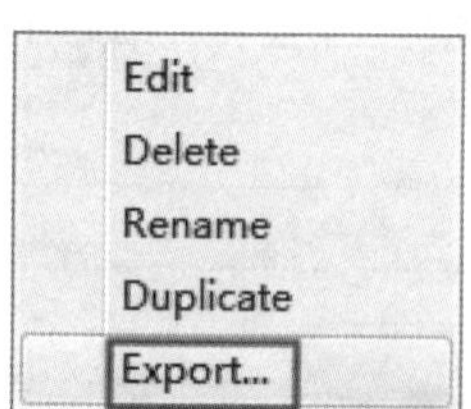

图 7-6

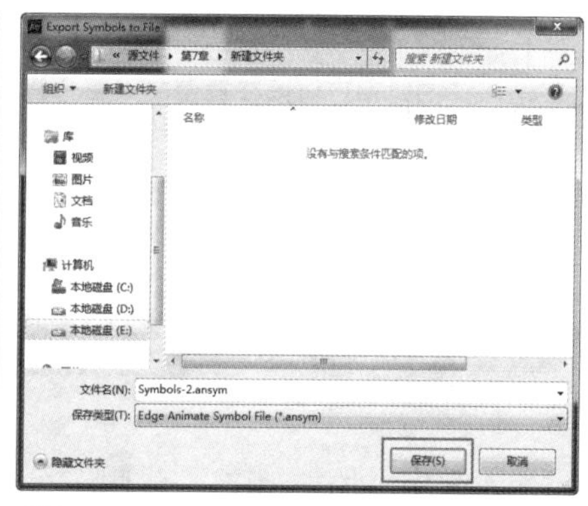

图 7-7

提示：

Edge Animate 符号元素文件的扩展名为 .ansym，该文件只能在 Edge Animate 项目文件中使用，而不可以在其他软件中使用。

7.2.3 导入符号

如果需要在 Edge Animate 文档中导入外部的符号元素进行使用，可以在“Library（库）”面板中单击“Symbols（符号）”选项区右侧+按钮，在弹出菜单中选择“Import Symbols（导入符号）”选项，如图 7-8 所示。弹出“Import Symbols（导入符号）”对话框，在该对话框中选择需要导入的符号元素文件，如图 7-9 所示。单击“打开”按钮，即可将所选中的符号元素导入到当前的 Edge Animate 文档中，并显示在“Library（库）”面板中的“Symbols（符号）”选项区中。

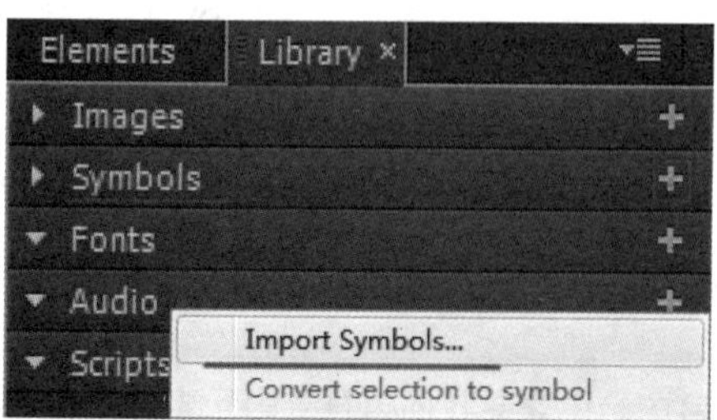

图 7-8

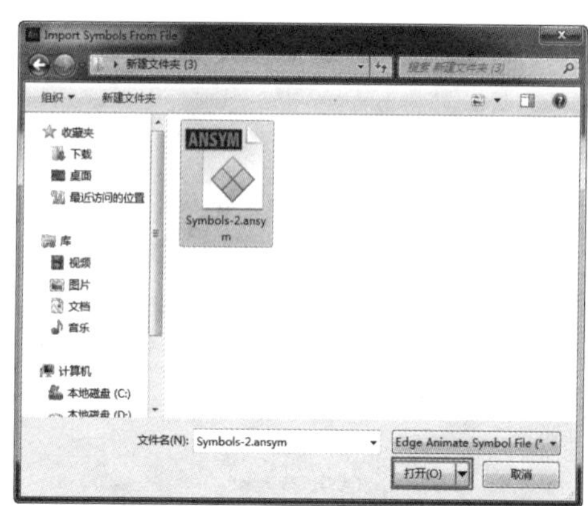

图 7-9

7.3 使用符号

符号元素在 Edge Animate 动画中的使用非常重要，在制作一些复杂的动画效果时，常常需要在符号元素中制作各部分小动画效果，再将符号元素放置到舞台中从而构成复杂的综合动画效果。在前面已经了解了符号的创建方法，在本节中将向读者介绍如何在 Edge Animate 动画中使用符号元素。

7.3.1 将符号应用到舞台

完成符号元素的创建后，可以在该符号元素中制作动画效果，符号元素中动画的制作方法与普通时间轴动画的制作方法完全相同。完成该符号动画的制作，需要将其应用到动画中才能看到其动画效果。

如果需要将符号应用到舞台中，可以在“Library（库）”面板中的单击“Symbol（符号）”选项区左侧的■按钮，展开该选项区，选中需要拖入到舞台中的符号元素，如图 7-10 所示。单击并拖动该符号至舞台中，即可在舞台中应用该符号元素，如果所应用的符号元素包含时间轴动画，则在“Timeline（时间轴）”面板中，该符号元素的元素层将显示为如图 7-11 所示。

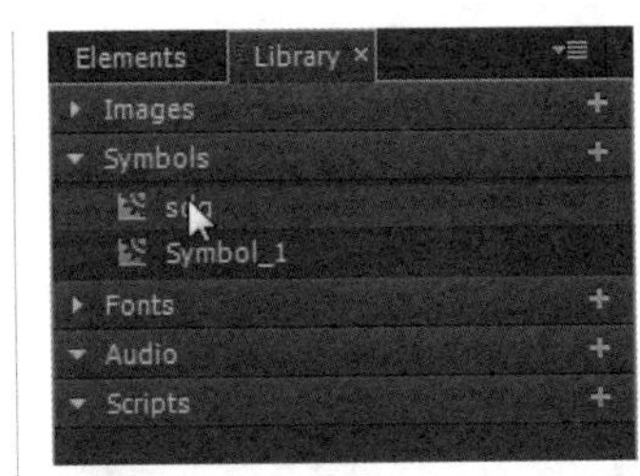

图 7-10

图 7-11

7.3.2 制作气泡动画

在本节中将通过一个气泡动画的制作向读者讲解符号的创建和使用方法，通过符号元素的使用可以快速的在动画中实现同类型元素动画的效果。

自测 1

制作气泡动画

视频：光盘 \ 视频 \ 第 7 章 \ 制作气泡动画 .swf

源文件：光盘 \ 源文件 \ 第 7 章 \ 制作气泡动画 \7-3-2.html

01 执行“File（文件）>New（新建）”命令，新建空白文件。执行“File（文件）>Save（保存）”命令，将文件保存为“光盘 \ 源文件 \ 第 7 章 \ 制作气泡动画 \7-3-2.html”。

02 在“Properties（属性）”面板中对舞台相关属性进行设置，如图 7-12 所示。执行“File（文件）>Import（导入）”命令，导入素材图像“光盘 \ 源文件 \ 第 7 章 \ 素材 \a73201.jpg”，如图 7-13 所示。

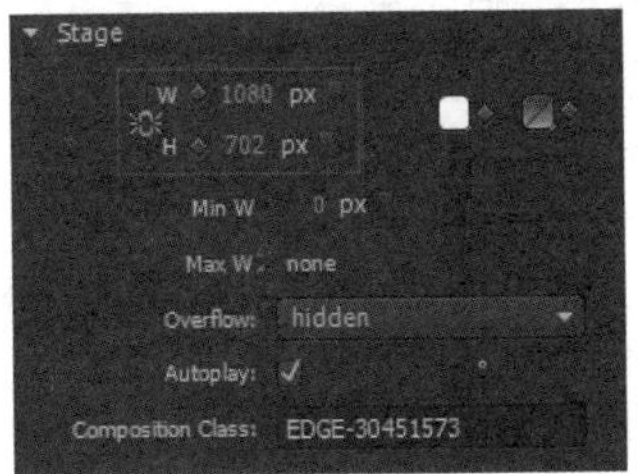

图 7-12

图 7-13

03 执行“File（文件）>Import（导入）”命令，弹出“Import（导入）”对话框，选择需要导入的素材“光盘 \ 源文件 \ 第 7 章 \ 素材 \a73201.jpg”，如图 7-14 所示。单击“打开”按钮，导入该素材图像，如图 7-15 所示。

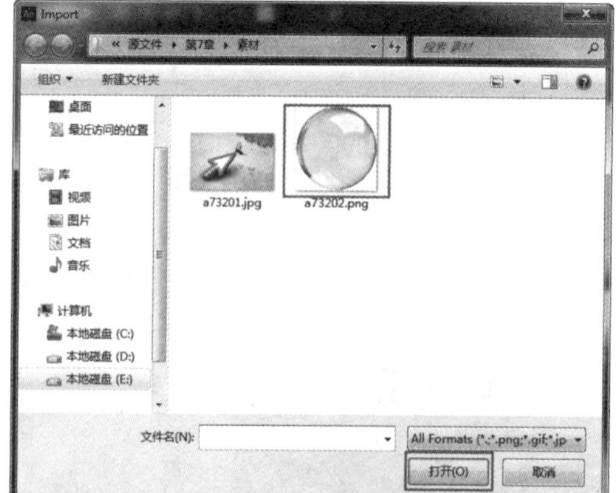

图 7-14

图 7-15

04 选中气泡图像，单击鼠标右键，在弹出菜单中选择“Convert to Symbol(转换为符号)”选项，如图 7-16 所示。在弹出的“Create Symbol（创建符号）”对话框中输入符号的名称，单击“OK（确定）”按钮，如图 7-17 所示。此时在“Library（库）”面板中可以看到所创建的名称为 qipao 的符号元素，如图 7-18 所示。

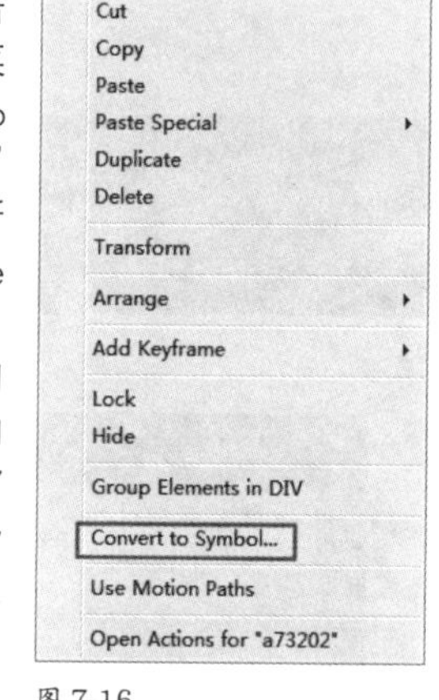

图 7-16

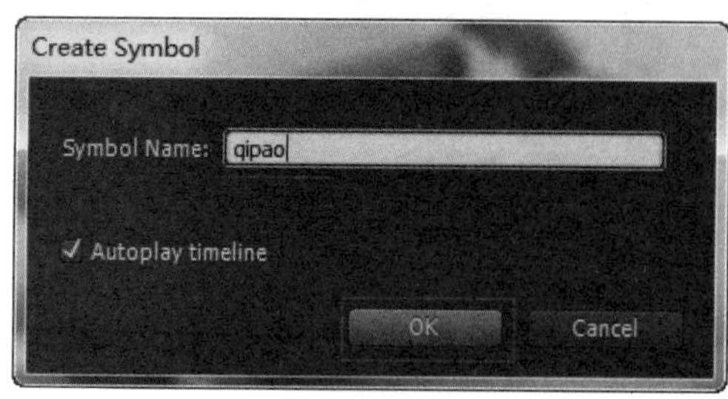

图 7-17

图 7-18

05 在舞台中双击 qipao 符号元，进入该符号的编辑状态，调整图像位置，如图 7-19 所示，在“Properties（属性）”面板的中“Position and Size（位置和大小）”选项区中选中“Motion Paths（运动路径）”选项，勾选“Auto-Orient（自动方向）”复选框，单击 X,Y 属性的“Add Keyframe（添加关键帧）”按钮，添加关键帧，如图 7-20 所示。

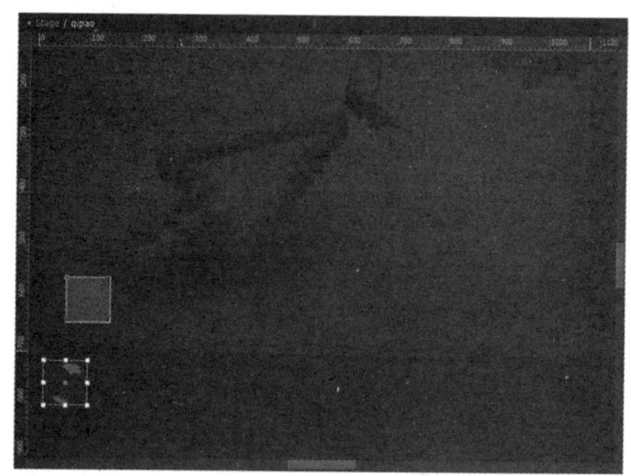

图 7-19

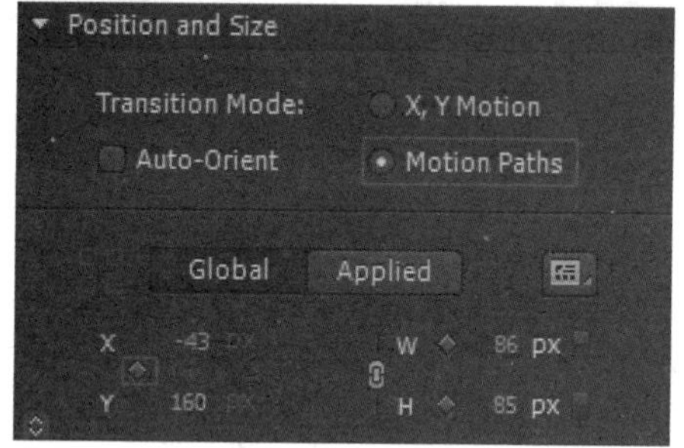

图 7-20

提示：

进入符号的编辑状态后，该符号元素以外的区域都会被半透明的黑色覆盖，这样便用于用户查看符号在动画中的位置。

06 在“Timeline（时间轴）”面板中将播放头移至 00:03 位置，在舞台中调整图像位置，如图 7-21 所示。单击并拖动蓝色运动轨迹线，完成运动轨迹的调整，如图 7-22 所示。

图 7-21

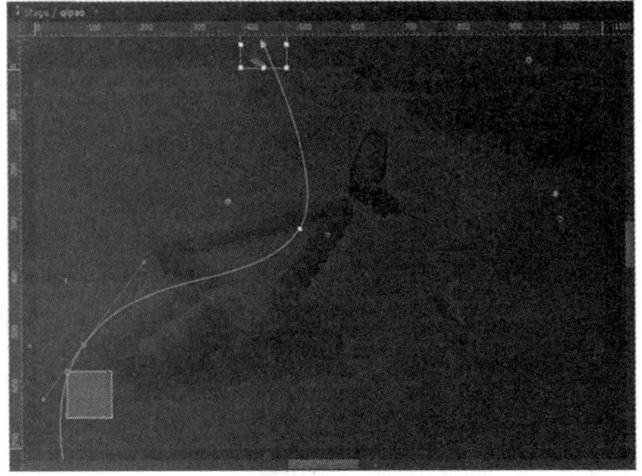

图 7-22

07 完成该符号元素中动画效果的制作，单击文档窗口左上角的“Stage（舞台）”文字，如图 7-23 所示。可以返回到动画的主舞台中，该符号元素的时间轴也发生改变，如图 7-24 所示。

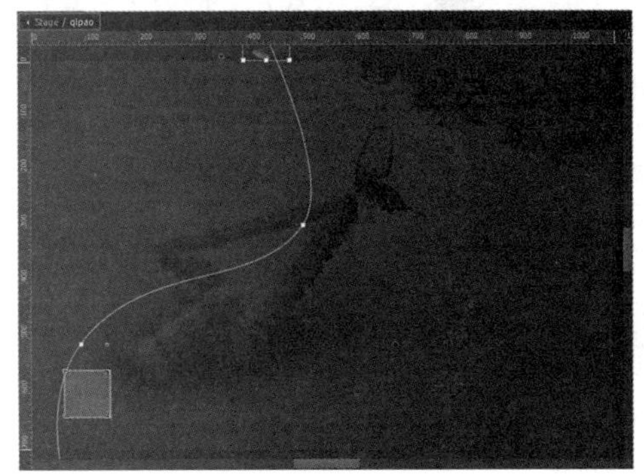

图 7-23

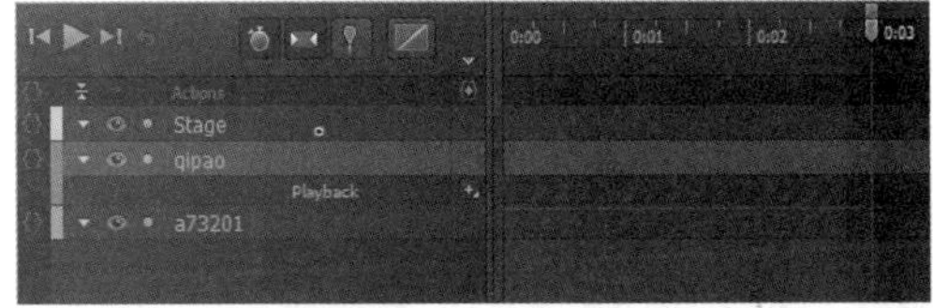

图 7-24

08 在“Library（库）”面板中的“Symbols（符号）”选项区中将名称为 qipao 的符号元素拖入到舞台中，使用“Transform Tool（变换工具）”，将其调整至合适的大小和位置，如图 7-25 所示，在“Timeline（时间轴）”面板会自动生成关键帧，如图 7-26 所示。

提示：

如果需要退出符号的编辑状态返回到动画主舞台中，除了可以单击文档窗口左上角的“Stage（舞台）”文字链接返回到动画主舞台外，还可以在符号元素舞台的空白位置双击，同样可以返回到动画的主舞台中。

图 7-25

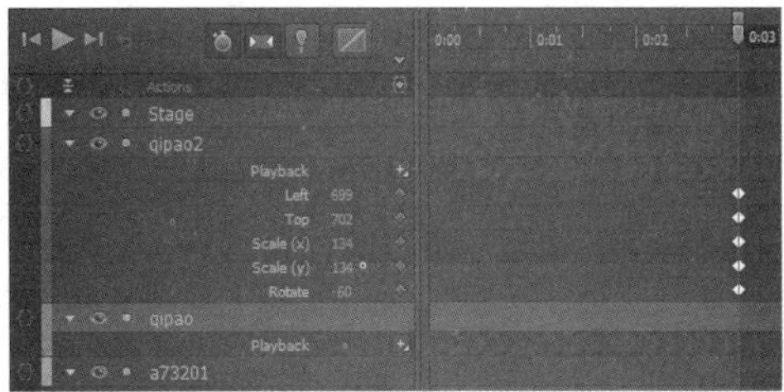

图 7-26

提示：

如果将同一个符号元素多次拖入到舞台中，即在舞台中创建该符号的多个实例，则拖入到舞台中的多个符号元素会顺序进行命名，例如再次拖入的符号元素名称为 qipao2、qipao3、……

09 采用相同的制作方法，多次将名称为 qipao 的符号元素拖入到舞台中，并分别调整到不同的大小和位置，如图 7-27 所示，“Timeline（时间轴）”面板如图 7-28 所示。

图 7-27

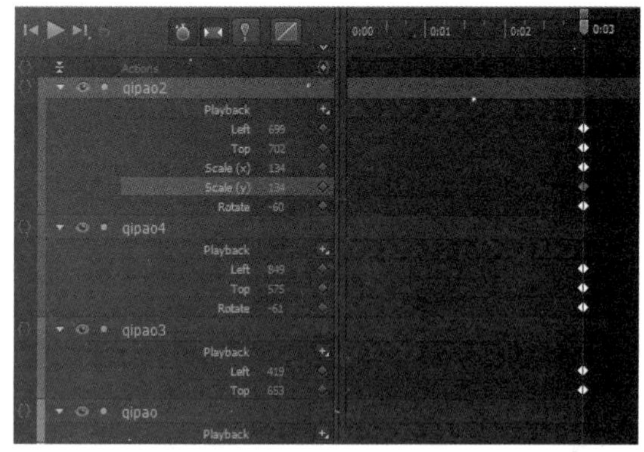

图 7-28

10 完成动画效果的制作，执行“File（文件）>Save（保存）”命令，保存文件。执行“File（文件）>Preview In Browser（在浏览器中预览）”命令，在浏览器中预览该动画效果，如图 7-29 所示。

图 7-29

7.3.3 编辑符号

在制作动画项目的实际工作中，经常要对符号进行编辑操作，在 Edge Animate 中提供了多种对符号元素进行编辑的方法。

1、使用菜单命令

选中舞台上的符号元素，执行“Modify（修改）>Edit Symbol（编辑符号）”命令，如图 7-30 所示。即可进入该符号编辑状态，舞台效果如图 7-31 所示。

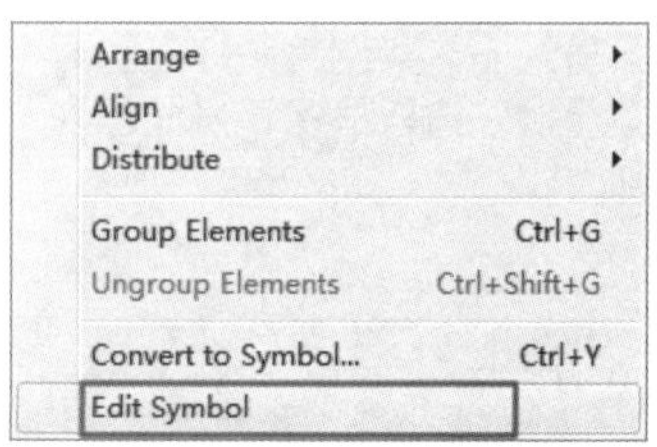

图 7-30

图 7-31

2、通过“Library（库）”面板

打开“Library（库）”面板，在该面板中单击“Symbols（符号）”选项区左侧的▶按钮，如图 7-32 所示。展开“Symbols（符号）”选项区，双击需要编辑的符号元素，即可进入该符号元素的编辑状态，如图 7-33 所示。

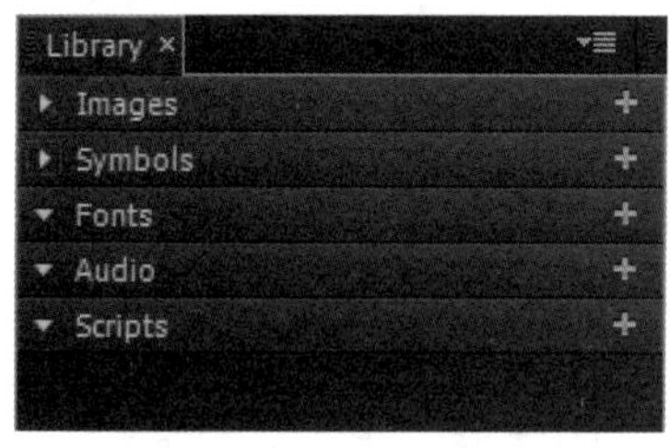

图 7-32

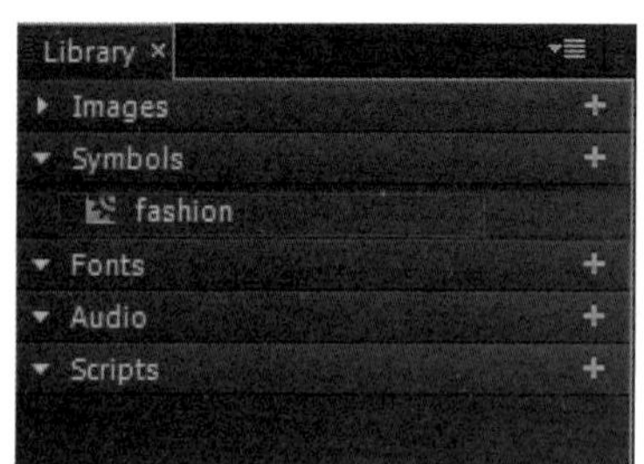

图 7-33

3、快捷方法

在需要编辑的符号元素上单击鼠标右键，在弹出菜单中选择“Edit Symbol（编辑符号）”选项，如图 7-34 所示，也可以进入该符号元素的编辑状态。还有一种更加快捷的操作方法，直接在需要编辑的符号元素上双击鼠标左键，同样可以进入该元素的编辑状态，如图 7-35 所示。

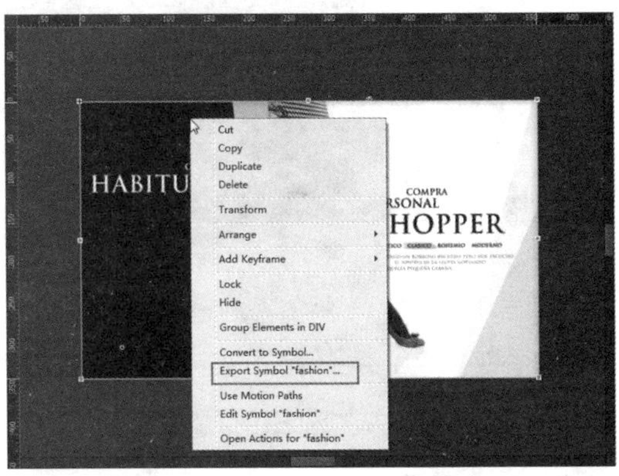

图 7-34

图 7-35

如果需要退出符号元素的编辑状态，只需要在符号舞台中双击空白区域，如图 7-36 所示，或者单击文档窗口左上角的“Stage（舞台）”文字，即可退出符号的编辑状态，返回到动画主舞台中，如图 7-37 所示。

图 7-36

图 7-37

7.3.4 复制符号

选中舞台中的符号元素，执行“Edit（编辑）>Copy（复制）”命令，可以复制该符号元素，再执行“Edit（编辑）>Paste（粘贴）”命令，如图 7-38 所示，即可得到复制的符号元素。

还可以在选中符号元素后，执行“Edit（编辑）>Duplicate（重制）”命令，可以在该符号元素当前位置得到复制的符号元素。除了执行菜单命令，还可以选中舞台上的符号元素，按住 Alt 键不放，将符号元素拖拽到一个新的位置，释放鼠标，将会在新的位置上复制得到该符号元素，如图 7-39 所示。

Edit View Modify Timeline Window Help

Undo	Ctrl+Z
Redo	Ctrl+Shift+Z
Cut	Ctrl+X
Copy	Ctrl+C
Paste	Ctrl+V
Paste Special	▸
Duplicate	Ctrl+D
Select All	Ctrl+A
Transform	
Delete	Del
Keyboard Shortcuts...	Alt+K

图 7-38

图 7-39

7.3.5 重命名符号

在制作一些复杂的 Edge Animate 动画时，常常会使用到许多的符号元素，符号元素的命名最好是能够体现其意义，这样有助于用户在动画制作过程中对符号进行区分。

如果需要为符号元素重命名，可以在"Library（库）"面板中，在需要重命名的符号元素上单击鼠标右键，在弹出菜单中选择"Rename（重命名）"选项，如图 7-40 所示。或者在该符号元素的名称上双击，即可为该符号进行重命名操作，如图 7-41 所示。

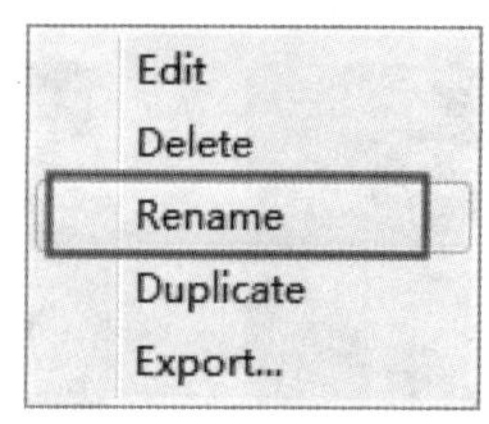

图 7-40

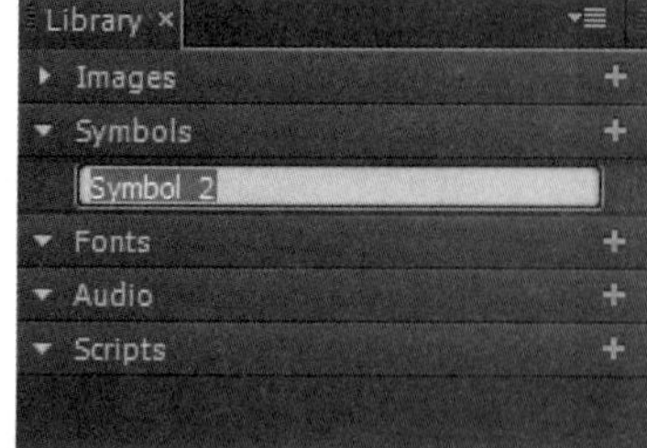

图 7-41

7.3.6 删除符号

如果需要删除符号，可以在"Library（库）"面板中需要删除的符号元素上单击鼠标右键，在弹出菜单中选择"Delete（删除）"选项，如图 7-42 所示，即可删除该符号元素。或者也可以在"Library（库）"面板中选中需要删除的符号元素，执行"Edit（编辑）>Delete（删除）"命令，如图 7-43 所示，同样可以删除选中的符号元素。

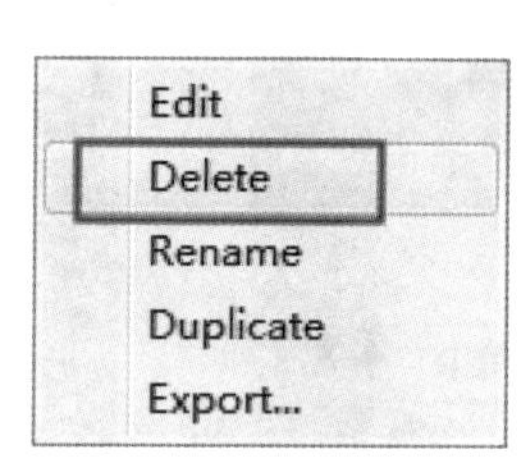

图 7-42

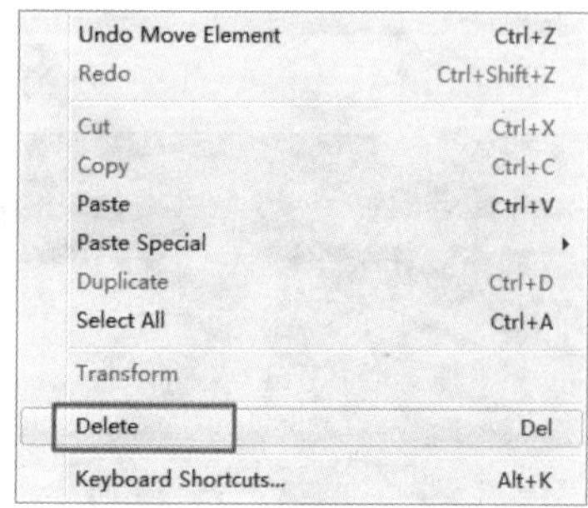

图 7-43

提示：

如果在"Library（库）"面板中将某个符号元素删除了，那么该符号在舞台中实例也会同时消失，如果只是将舞台中的符号元素实例删除，并不会影响"Library（库）"面板中的符号元素。

7.4 在符号时间轴上的运用

每个符号元素都有单独的时间轴，符号内的时间轴跟主时间轴的使用方法是一样的。在制作动画时，并不一定每个元素都需要在主间轴上制作，也可以在元素符号的时间轴上制作，这样可以避免主时间轴变得混乱，从而使动画的制作过程变得更加清晰。

Edge Animate 中的符号元素与 Flash 中的影片剪辑元件类似，在符号元素中可以包含动画，当然符号元素也可以进行嵌套，从而实现更复杂的动画效果。接下来通过一个蜜蜂飞行动画的制作，向读者介绍如何在 Edge Animate 的符号中通过嵌套的方式实现复杂的动画效果。

制作蜜蜂飞行动画

视频：光盘\视频\第 7 章\制作蜜蜂飞行动画 .swf
源文件：光盘\源文件\第 7 章\制作蜜蜂飞行动画\7-4-1.html

01 执行"File（文件）>New（新建）"命令，新建空白文件。执行"File（文件）>Save（保存）"命令，将文件保存为"光盘\源文件\第 7 章\制作蜜蜂飞行动画\7-4-1.html"。

02 在“Properties（属性）”面板中对舞台相关属性进行设置，如图7-44所示。执行“File（文件）>Import（导入）”命令，导入素材图像“光盘\源文件\第7章\素材\a74101.jpg”，如图7-45所示。

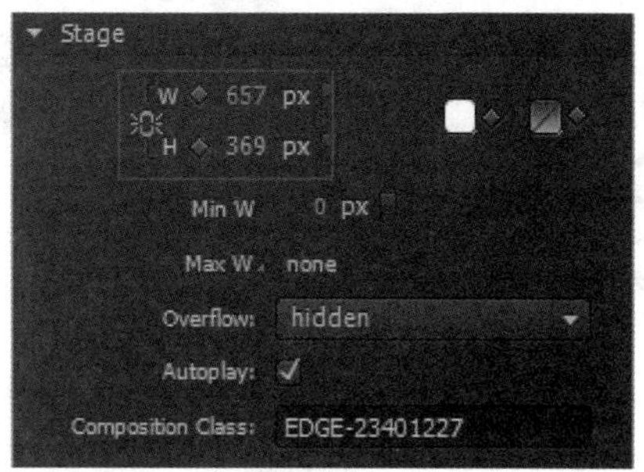

图 7-44

图 7-45

03 执行“File（文件）>Import（导入）”命令，弹出“Import（导入）”对话框，选择需要导入的素材“光盘\源文件\第7章\素材\a74102.png”，如图7-46所示。单击“打开”按钮，导入该素材图像，如图7-47所示。

04 选中该图像，单击鼠标右键，在弹出菜单中选择“Convert to Symbol（转换为符号）”选项，如图7-48所示。弹出“Create Symbol（创建符号）”对话框，输入符号名称，如图7-49所示。

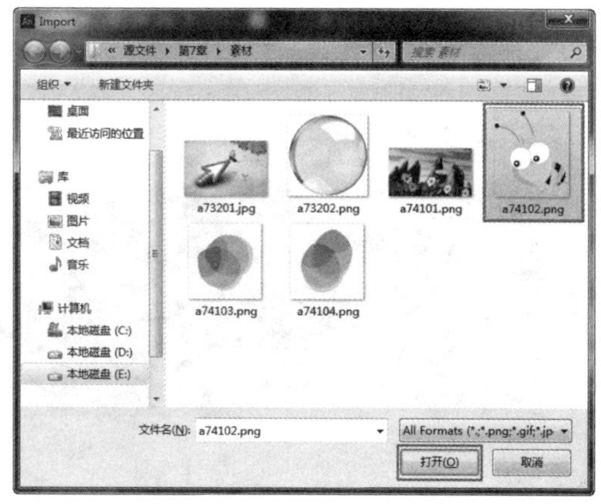

图 7-46

图 7-47

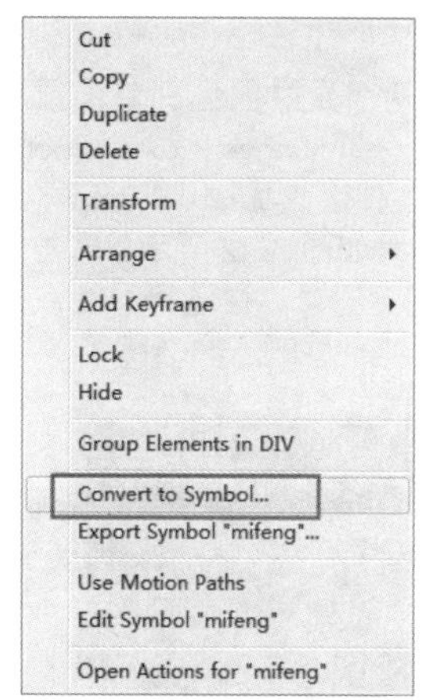

图 7-48

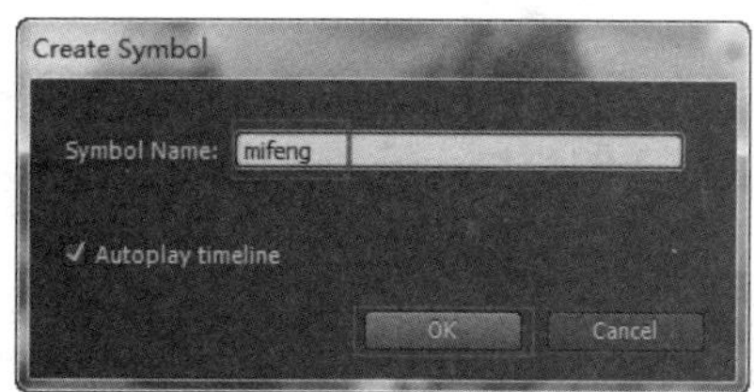

图 7-49

05 单击“OK（确定）”按钮，创建符号。在该符号上双击，进入该符号的编辑状态，如图7-50所示。执行“File（文件）>Import（导入）”命令，弹出“Import（导入）”对话框，选择需要导入的两个素材图像，如图7-51所示。

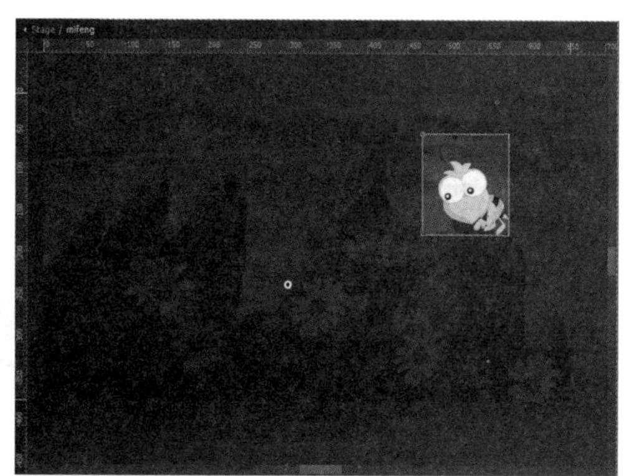

图 7-50

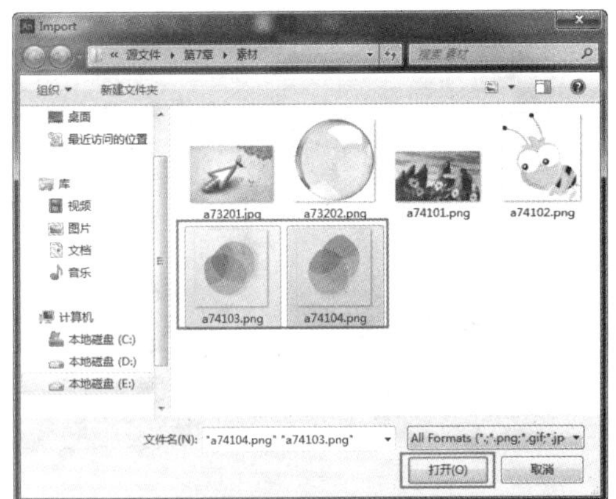

图 7-51

06 同时选中刚导入的两个素材图像，单击鼠标右键，在弹出菜单中选择“Convert to Symbol（转换为符号）”选项，弹出“Create Symbol（创建符号）”对话框，设置如图 7-52 所示。单击“OK（确定）”按钮，创建符号。在该符号上双击，进入该符号的编辑状态，如图 7-53 所示。

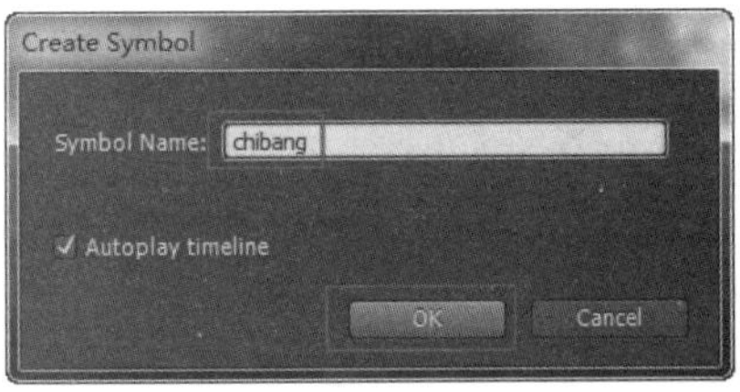

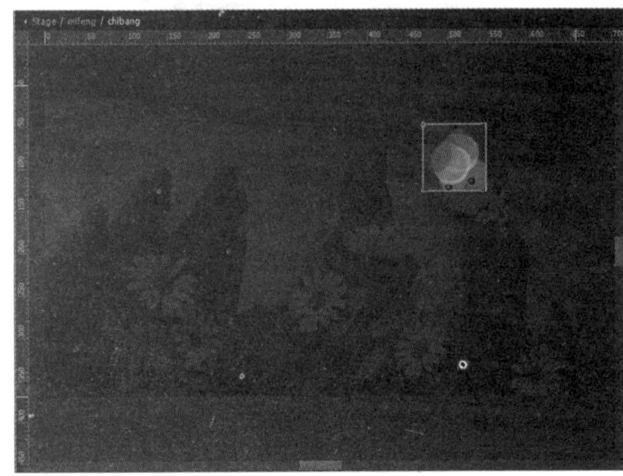

图 7-52

图 7-53

07 将符号中的两个图像调整至合适的位置，选中上层的翅膀图像，单击“Properties（属性）”面板上的“Display（显示）”属性的“Add Keyframe（添加关键帧）”按钮◆，添加关键帧，设置属性为 On，如图 7-54 所示，舞台效果如图 7-55 所示。

图 7-54

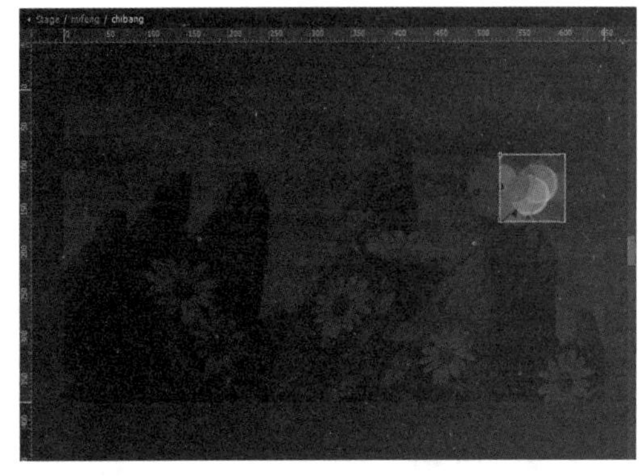

图 7-55

08 将播放头移至 00:00.040 位置，设置“Display（显示）”属性为 Off，此时最上层的图像会消失，如图 7-56 所示。在将播放头移至 00:00.080 位置，设置“Display（显示）”属性为 On，“Timeline（时间轴）”面板如图 7-57 所示。

图 7-56

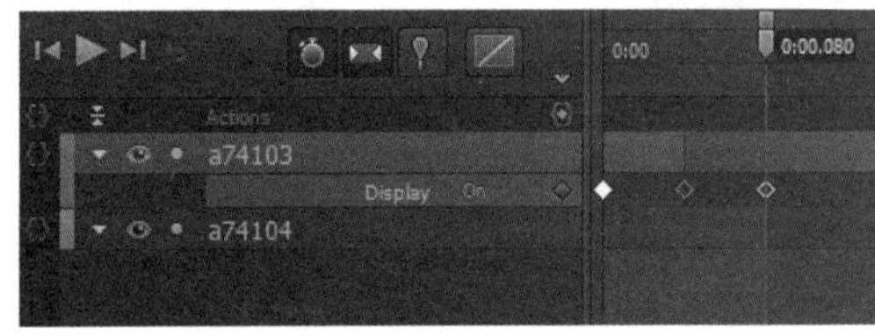

图 7-57

09 选中下层的翅膀图像，单击“Properties（属性）”面板上的“Display（显示）”属性的“Add Keyframe（添加关键帧）”按钮◆，添加关键帧，设置属性为 Off，如图 7-58 所示，舞台效果如图 7-59 所示。

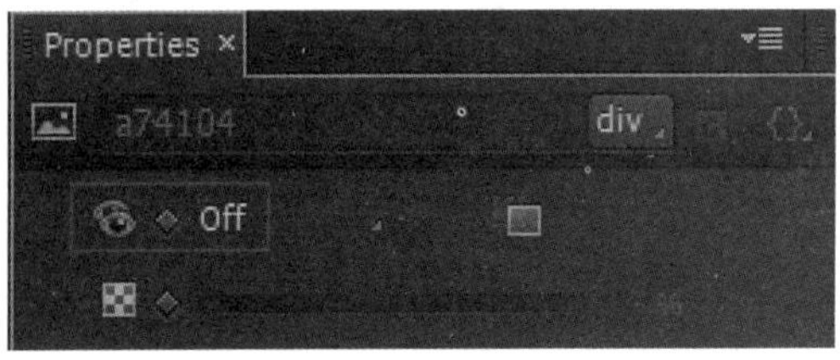

图 7-58

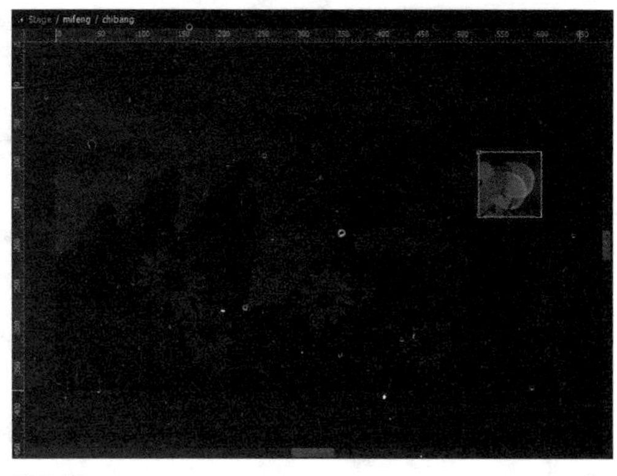

图 7-59

10 将播放头移至00:00.040位置，设置“Display（显示）”属性为On，此时下层的图像会显示，如图7-60所示。将播放头移至00:00.080位置，设置“Display（显示）”属性为Off，“Timeline（时间轴）”面板如图7-61所示。

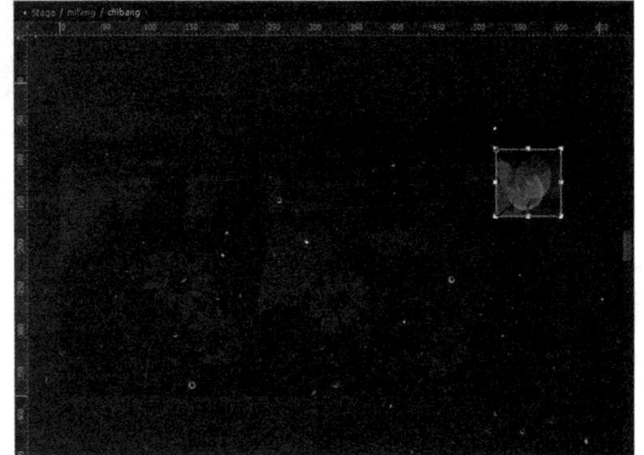

图 7-60

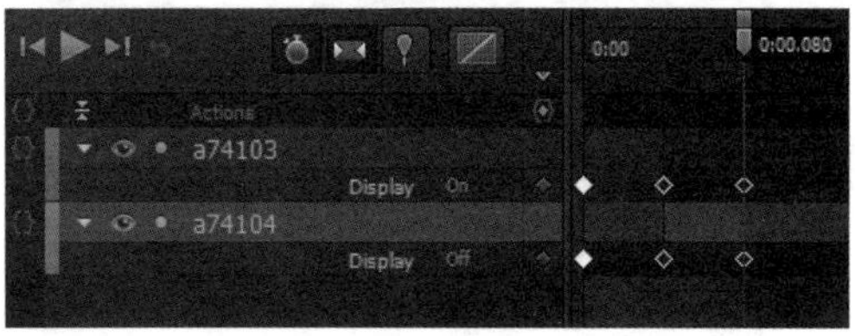

图 7-61

11 将播放头移至00:00.080位置，单击“Time line（时间轴）”面板上的“Insert Trigger（插入触发器）”按钮，如图7-62所示。在弹出的“Trigger（触发器）”对话框中添加相应的脚本代码，如图7-63所示。

图 7-62

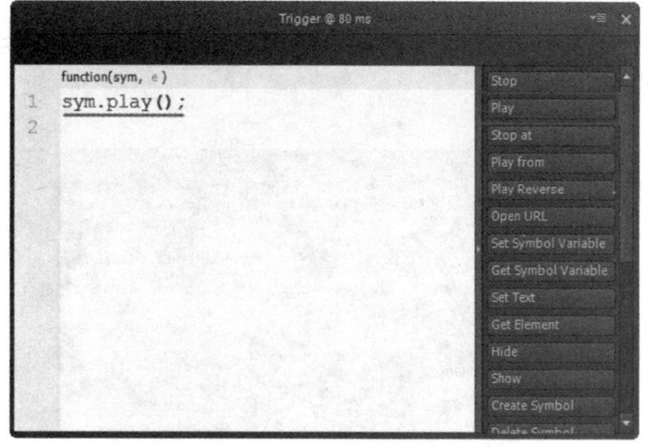

图 7-63

提示：

此处在时间轴结束位置添加play脚本，是为了实现该符号元素中的动画循环播放。

12 双击舞台台空白区域，退出chibang符号元素的编辑状态，返回到mifeng符号元素的编辑状态中，调整chibang符号元素的大小及角度，如图7-64所示。在舞台的空白区域双击，返回到动事主舞台编辑状态，如图7-65所示。

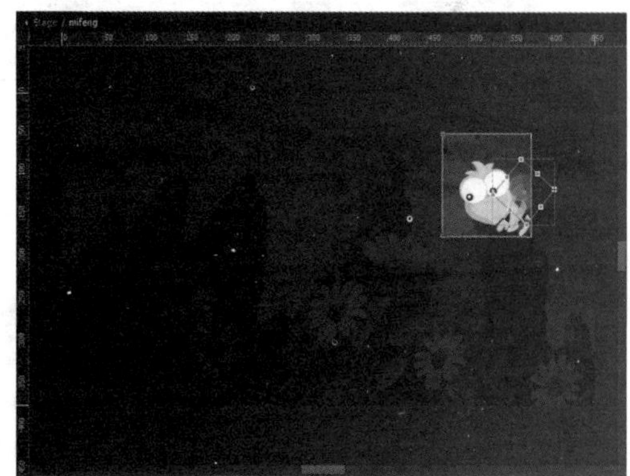

图 7-64

图 7-65

13 选中mifeng符号元素，在“Properties（属性）”面板的“Position and Size（位置和大小）”选项区中选中“Motion Paths（运动路径）”选项，单击X,Y的“Add Keyframe（添加关键帧）”按

钮◆，添加关键帧，如图 7-66 所示。在舞台中将mifeng符号元素调整到合适的位置，如图 7-67 所示。

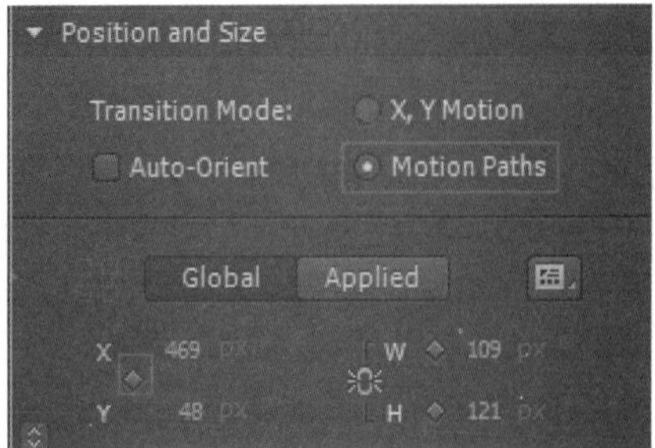

图 7-66

图 7-67

14 将播放头移至 00:03 位置，在舞台中将 mifeng 符号元素向左移动到合适的位置，如图 7-68 所示，"Time line（时间轴）"面板如图 7-69 所示。

图 7-68

图 7-69

15 单击并拖动蓝色运动轨迹线，调整运动轨迹，如图 7-70 所示。完成运动轨迹线的调整，如图 7-71 所示。

图 7-70

图 7-71

16 完成动画效果的制作，执行"File（文件）>Save（保存）"命令，保存文件。执行"File（文件）>Preview In Browser（在浏览器中预览）"命令，在浏览器中预览动画效果，如图 7-72 所示。

图 7-72

7.5 使用滑过变换动画创建按钮符号

在网页中有很多的按钮，有些按钮只是起到链接的作用，也有些按钮是有动画的。按钮动画是用户直接与动画交互的途径，学会按钮动画的制作，有助于读者在后期更好的制作其他的交互动画效果。

7.5.1 制作基础网页按钮动画

本实例制作一个基础的网页按钮动画，在该动画中主要是通过触发器动画实现两张按钮图像的相互切换，从而实现该基础按钮动画的效果。在本实例的制作过程中，希望读者掌握触发器动作实现图像切换的方法。

自测 3　制作基础网页按钮动画

视频：光盘\视频\第 7 章\制作基础网页按钮动画 .swf

源文件：光盘\源文件\第 7 章\制作基础网页按钮动画\7-5-1.html

01 执行“File（文件）>New（新建）”命令，新建空白文件。执行“File（文件）>Save（保存）”命令，将文件保存为“光盘\源文件\第 7 章\制作基础网页按钮动画\7-5-1.html”。

02 在“Properties（属性）”面板中对舞台相关属性进行设置，如图 7-73 所示。执行“File（文件）>Import（导入）”命令，导入素材图像“光盘\源文件\第 7 章\素材\a76101.jpg”，如图 7-74 所示。

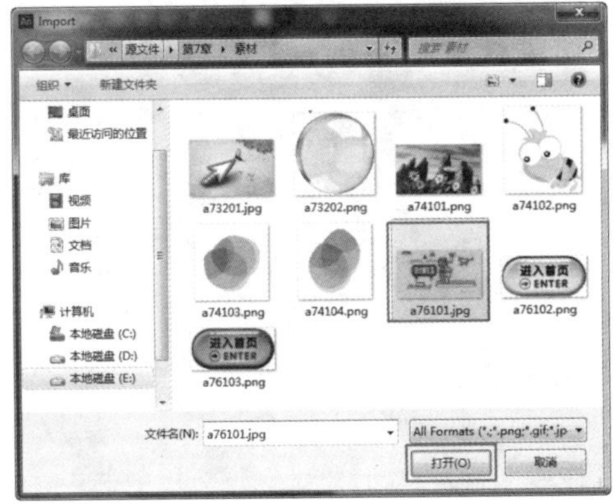

图 7-73

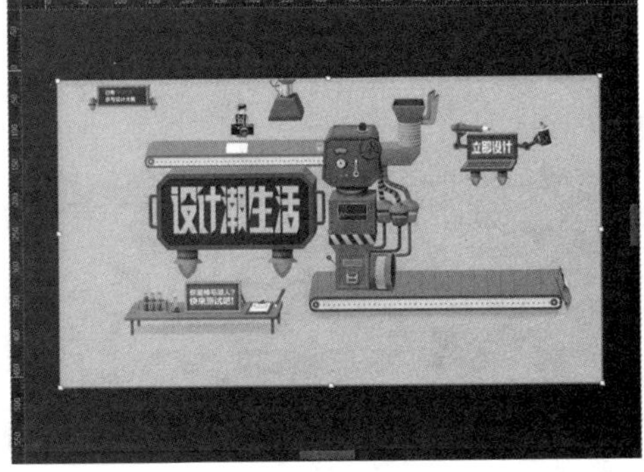

图 7-74

03 执行“File（文件）>Import（导入）”命令，弹出“Import（导入）”对话框，选择需要导入的素材“光盘\源文件\第 7 章\素材\a76102.jpg”，如图 7-75 所示。单击“打开”按钮，导入该素材图像，调整图像位置，如图 7-76 所示。

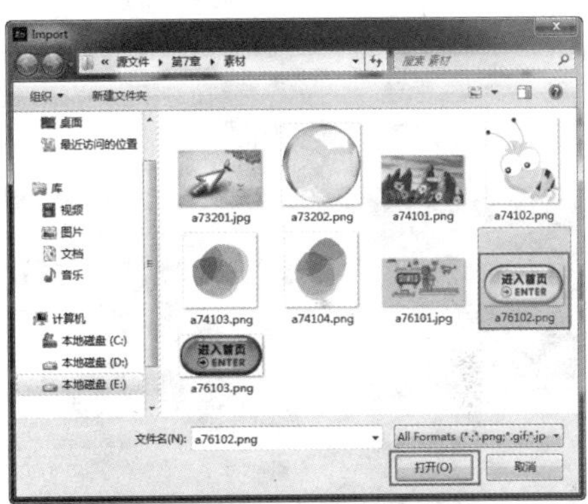

图 7-75

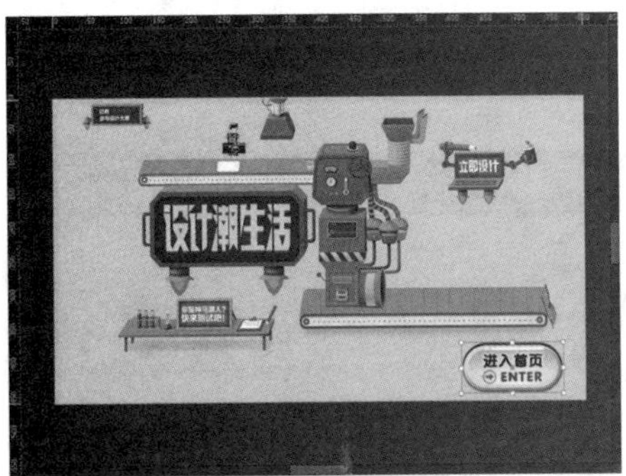

图 7-76

04 选中图像，单击鼠标右键，在弹出菜单中选择“Convert to Symbol（转换为符号）”选项，如图 7-77 所示。在弹出的“Create Symbol（创建符号）”对话框中进行设置，如图 7-78 所示。

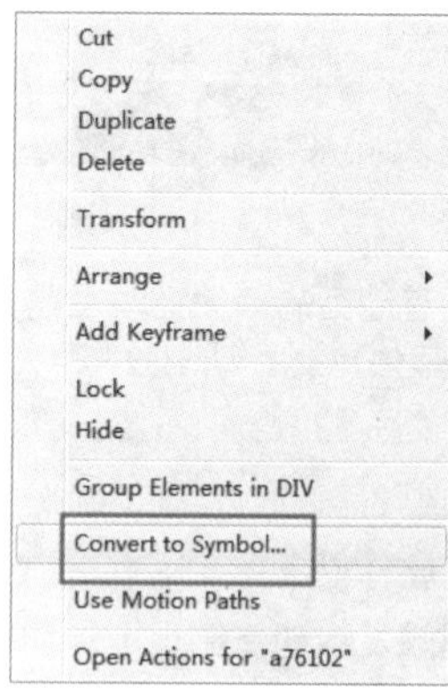

图 7-77

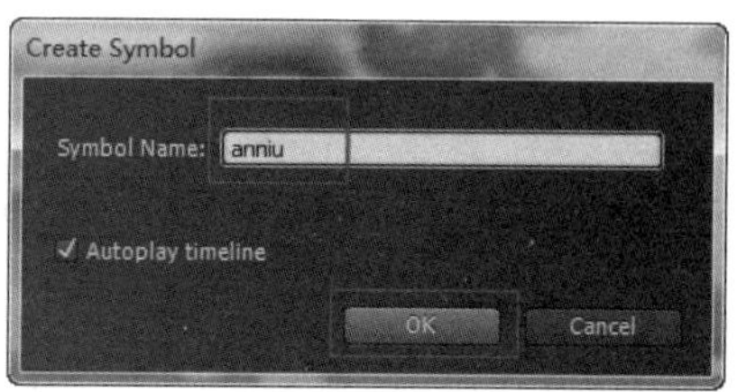

图 7-78

05 单击“OK（确定）”按钮，创建符号。双击该符号，进入该符号的编辑状态，如图 7-79 所示。执行“File（文件）>Import（导入）”命令，弹出“Import（导入）”对话框，选择需要导入的素材“光盘\源文件\第 7 章\素材\a76103.jpg”，如图 7-80 所示。单击“打开”按钮，导入素材图像，并调整到合适的位置，如图 7-81 所示。

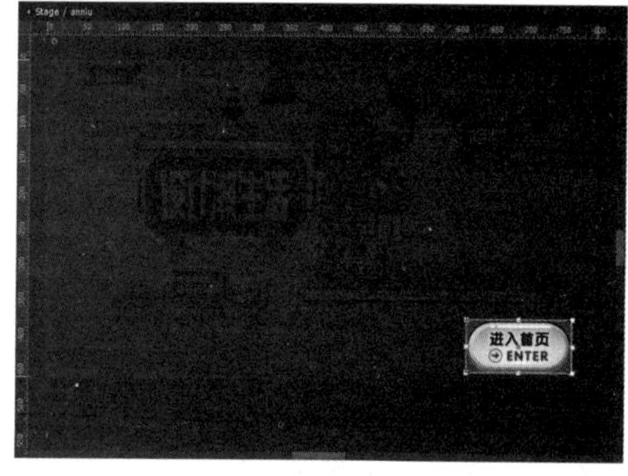

图 7-79

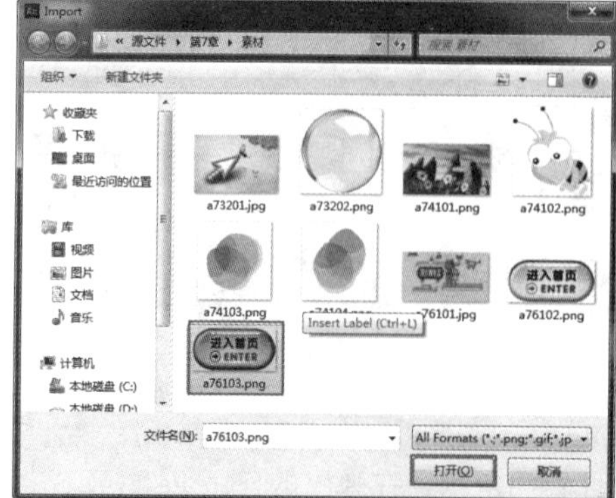

图 7-80

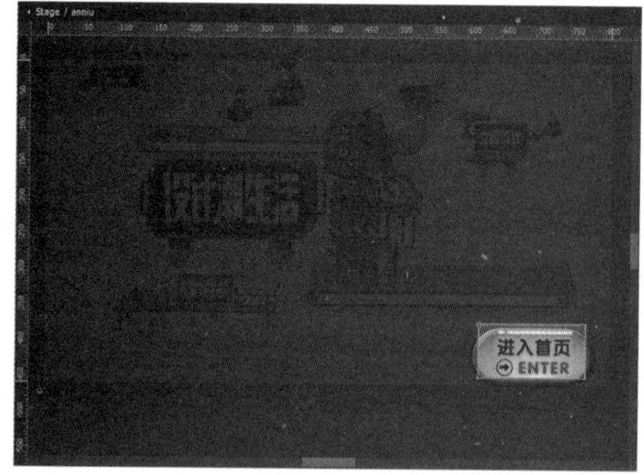

图 7-81

06 选中蓝色按钮图像，单击“Properties（属性）”面板上的“Display（显示）”属性的“Add Keyframe（添加关键帧）”按钮，添加关键帧，设置属性为 Off，如图 7-82 所示。在舞台中隐藏该元素，效果如图 7-83 所示。

图 7-82

图 7-83

07 在“Time line（时间轴）”面板中选中 a76103 元素层，单击“Open Action（打开动作）”按钮，如图 7-84 所示。弹出“Trigger（触发器）”对话框，在弹出的触发事件菜单中选择 mouseout 事件，添加相应的脚本代码，如图 7-85 所示。

图 7-84

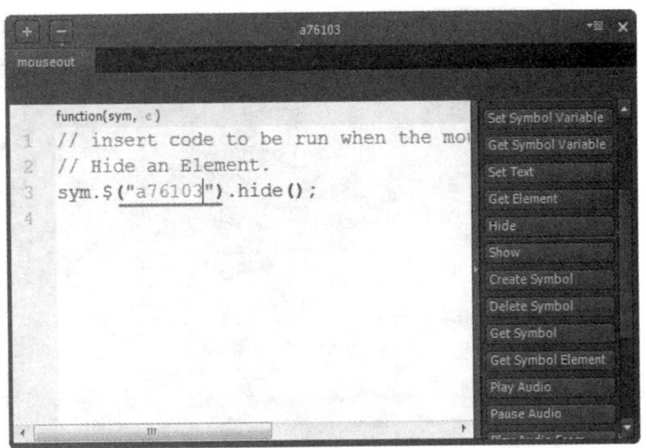

图 7-85

08 选中 a76102 元素层，单击“Open Action（打开动作）”按钮，如图 7-86 所示。弹出“Trigger（触发器）”对话框，在弹出的触发事件菜单中选择 mouseover 事件，添加相应的脚本代码，如图 7-87 所示。

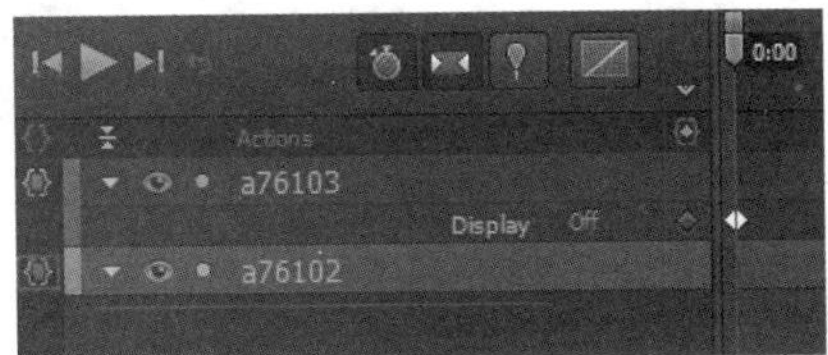

图 7-86

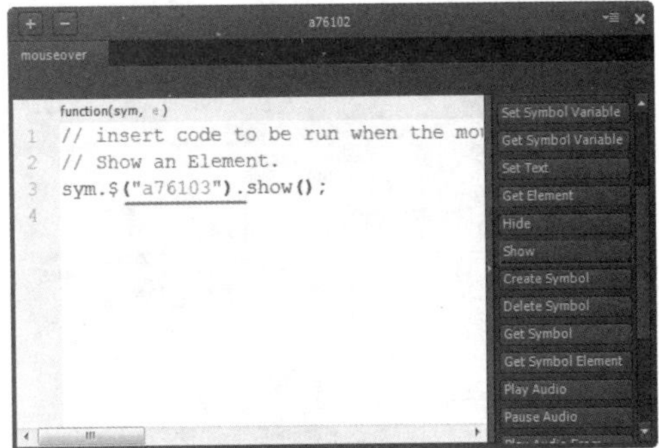

图 7-87

09 在舞台中选中按钮图像，单击“Properties（属性）”面板中的“Cursor（光标）”选项区右侧的 auto 按钮，如图 7-88 所示，在弹出的窗口中选择相应的光标效果，如图 7-89 所示。

图 7-88

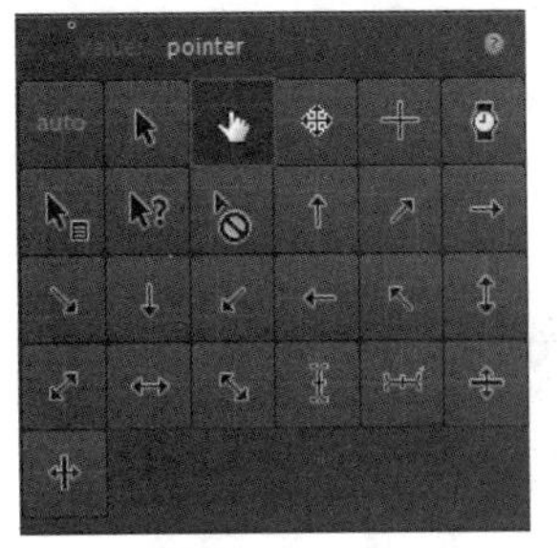

图 7-89

10 完成动画效果的制作，执行“File（文件）>Save（保存）”命令，保存文件。执行“File（文件）>Preview In Browser（在浏览器中预览）”命令，在浏览器中预览该按钮动画的效果，如图 7-90 所示。

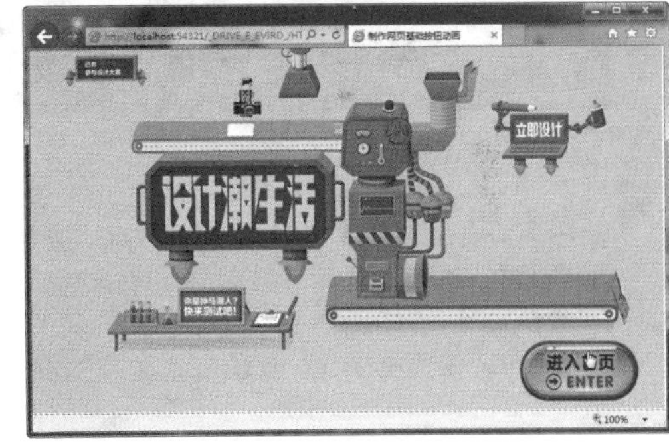

图 7-90

7.5.2 制作复杂网页按钮动画

在网页中按钮是必不可少的元素。漂亮的按钮动画不仅可以使页面更加活泼，完善，还可以使操作更加便捷。在上一节中已经向读者介绍了简单的图像切换按钮动画的制作方法，在本节中将进一步介绍更加复杂的网页按钮动画的制作。

制作复杂网页按钮动画

视频：光盘\视频\第 7 章\制作复杂网页按钮动画 .swf

源文件：光盘\源文件\第 7 章\制作复杂网页按钮动画\7-5-2.html

01 执行“File（文件）>New（新建）”命令，新建空白文件。执行“File（文件）>Save（保存）”命令，将文件保存为“光盘\源文件\第7章\制作复杂网页按钮动画\7-5-2.html”。

02 在“Properties（属性）”面板中对舞台相关属性进行设置，如图7-91所示。执行“File（文件）>Import（导入）”命令，导入素材图像“光盘\源文件\第7章\素材\a76201.jpg”，如图7-92所示。

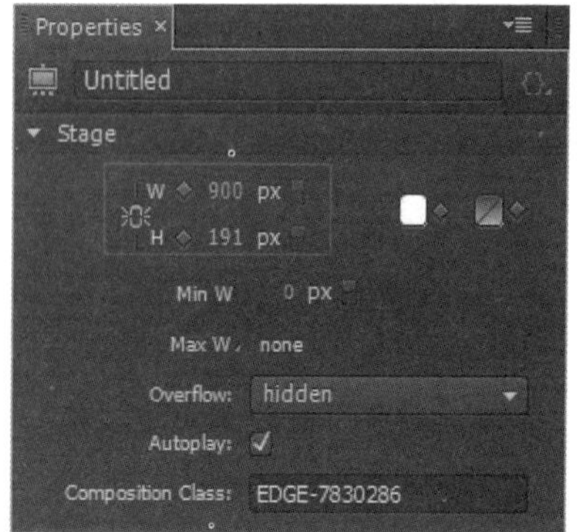

图 7-91

图 7-92

03 执行“File（文件）>Import（导入）”命令，弹出“Import（导入）”对话框，选择需要导入的素材“光盘\源文件\第7章\素材\a76208.jpg”，如图7-93所示。单击“打开”按钮，导入该素材图像，并调整到合适的位置，如图7-94所示。

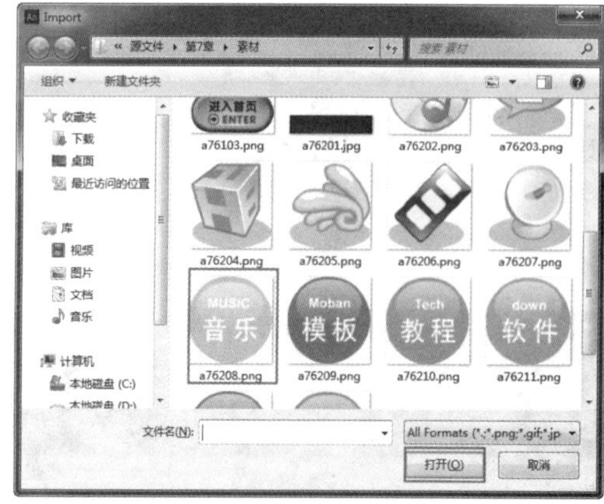

图 7-93

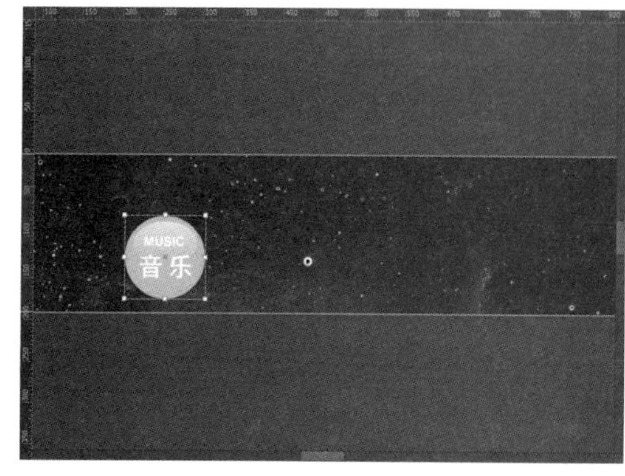

图 7-94

04 在刚导入的图像上单击鼠标右键，在弹出菜单中选择“Convert to Symbol（转换为符号）”选项，如图7-95所示。在弹出的“Create Symbol（创建符号）”对话框中进行设置，如图7-96所示。

图 7-95

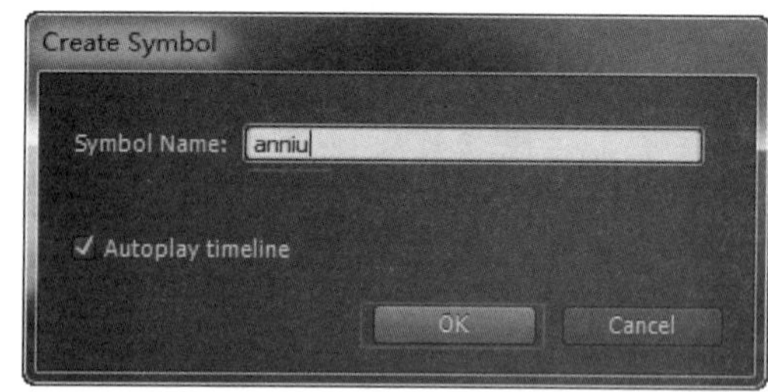

图 7-96

05 单击“OK（确定）”按钮，创建符号。双击该符号，进去该符号的编辑状态，执行“File（文件）>Import（导入）”命令，弹出“Import（导入）”对话框，选择需要导入的素材“光盘\源文件\第7章\素材\a76202.jpg”，如图7-97所示。单击“打开”按钮，导入该素材图像，如图7-98所示。

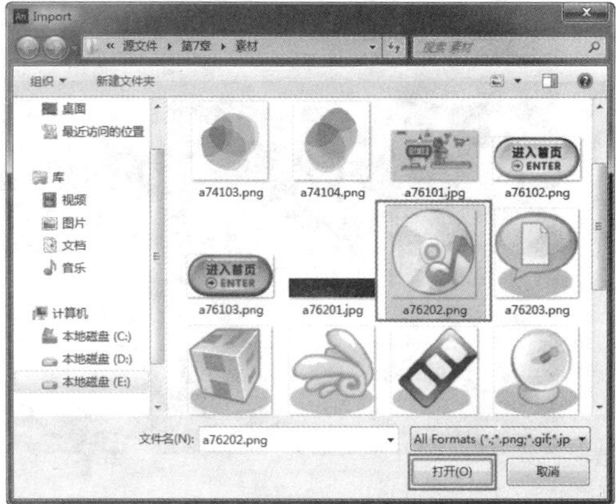

图 7-97

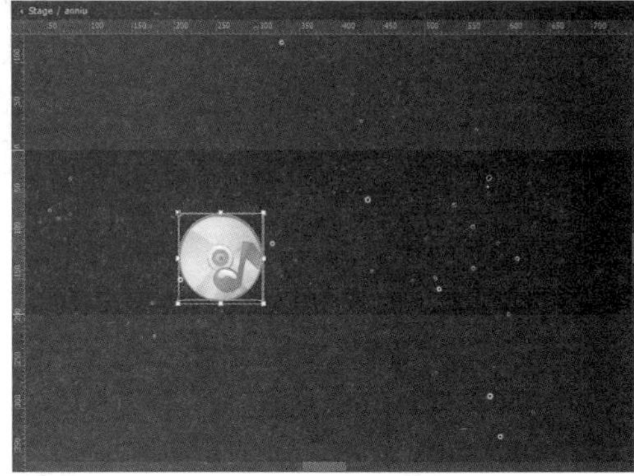

图 7-98

06 选中刚导入的素材，单击“Properties（属性）”面板中的“Opacity（不透明度）”属性和“Transform（变换）”选项区中“水平播放”和“垂直播放”属性旁边的“Add Keyframe（添加关键帧）”按钮◆，添加关键帧，如图 7-99 所示，“Timeline（时间轴）”面板如图 7-100 所示。

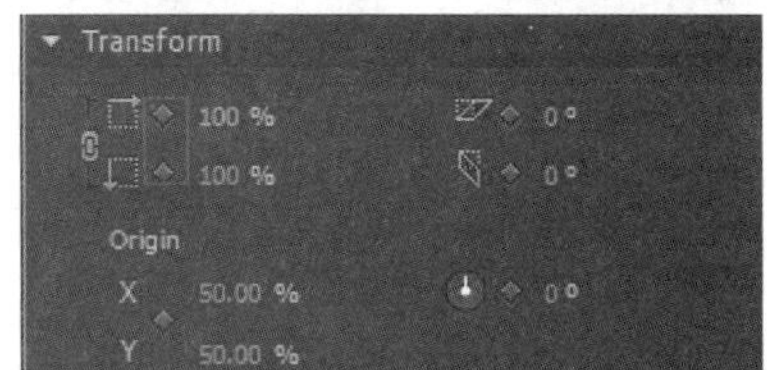

图 7-99

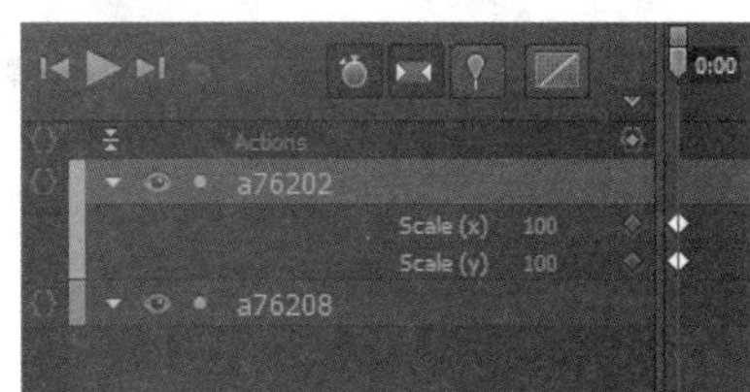

图 7-100

07 将播放头移至 00:00.250 位置，使用“Transform Tool（变换工具）”，将该素材图像等比例缩小，设置其“Opacity（不透明度）”属性为 0%，效果如图 7-101 所示，“Timeline（时间轴）”面板如图 7-102 所示。

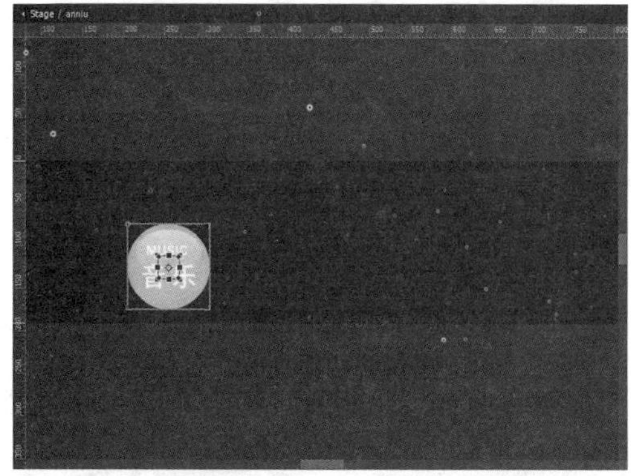

图 7-101

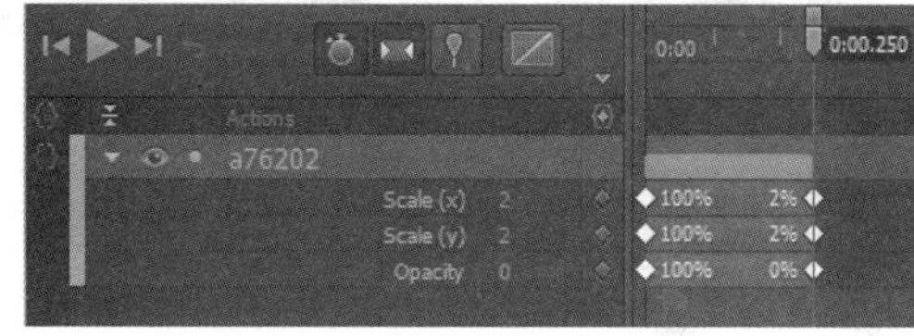

图 7-102

08 将播放头移至 00:00.500 位置，使用“Transform Tool（变换工具）”，将该素材图像等比例放大，设置其“Opacity（不透明度）”属性为 100%，效果如图 7-103 所示，“Timeline（时间轴）”面板如图 7-104 所示。

图 7-103

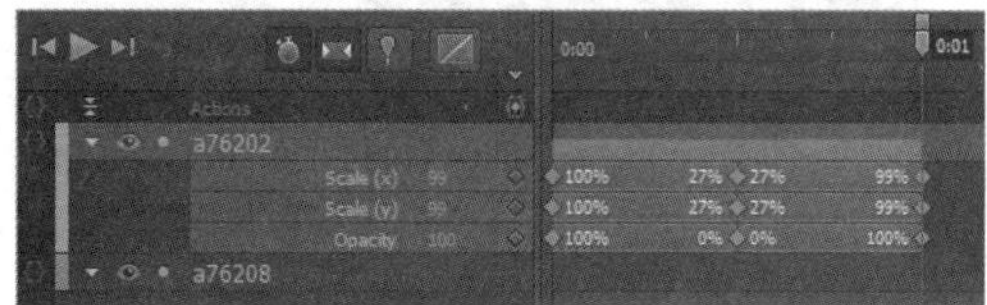

图 7-104

09 在“Timeline（时间轴）”面板中选中 a76208 元素层，在起始状态，插入同样的关键帧，设置其“Opacity（不透明度）”属性为 0%，并将其等比例缩小，如图 7-105 所示，“Timeline（时间轴）”面板如图 7-106 所示。

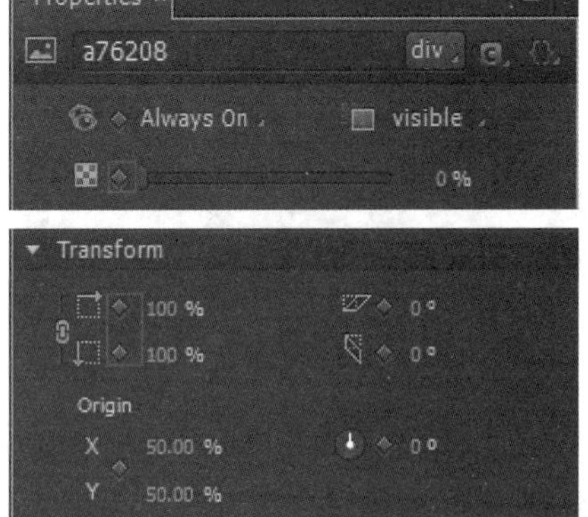

图 7-105

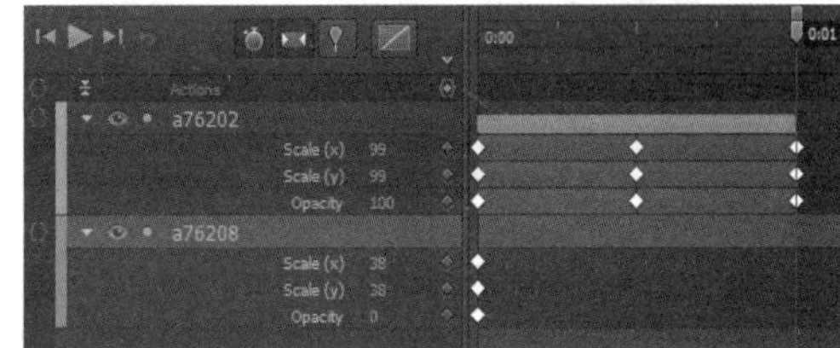
图 7-106

10 将播放头移至 00:00.250 位置，使用“Transform Tool（变换工具）”，将该素材图像等比例放大，设置其“Opacity（不透明度）”属性为 100%，效果如图 7-107 所示，“Timeline（时间轴）”面板如图 7-108 所示。

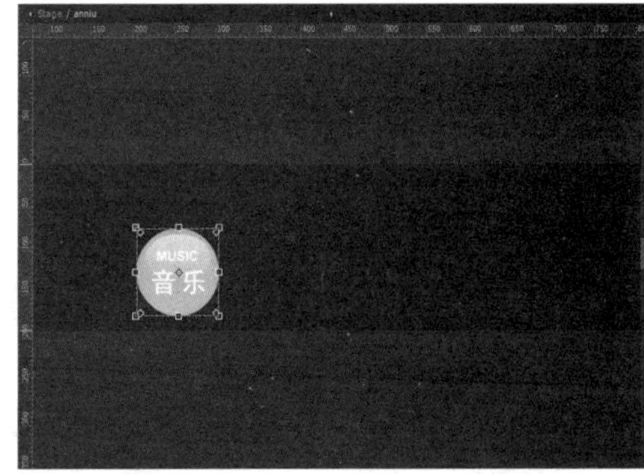

图 7-107

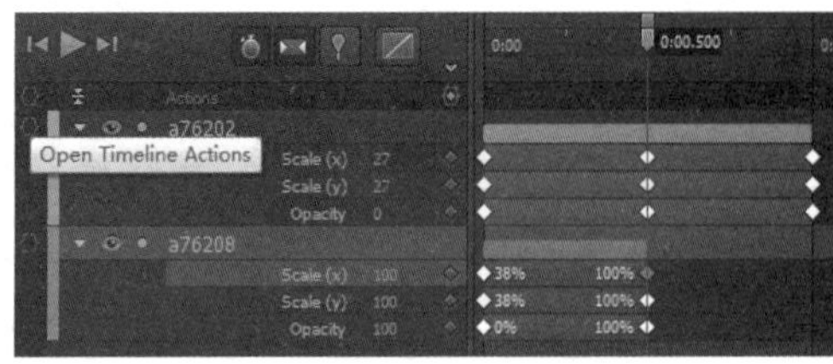

图 7-108

11 将播放头移至 00:00.500 位置，此处的设置起始位置的设置相同，效果如图 7-109 所示，“Timeline（时间轴）”面板如图 7-110 所示。

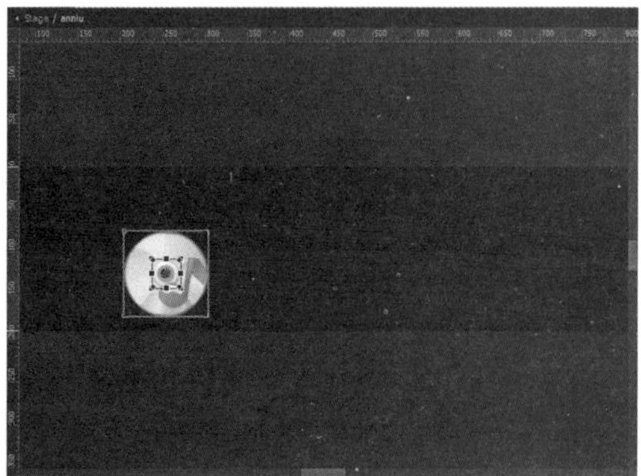
图 7-109

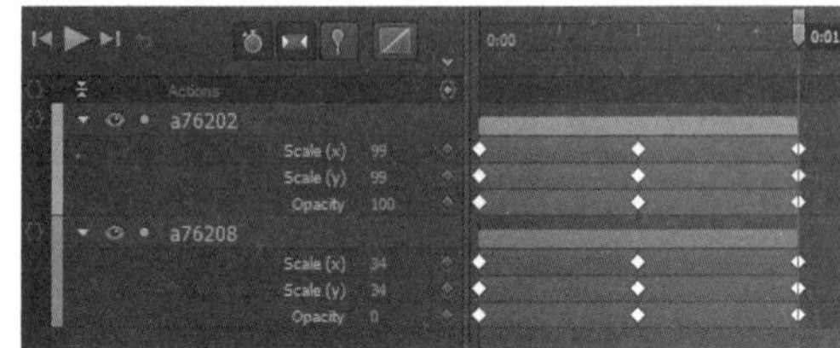
图 7-110

12 将播放头移至 00:00.250 位置，单击“Timeline（时间轴）”面板上的“Insert Trigger（插入触发器）”按钮，如图 7-111 所示。在弹出的“Trigger（触发器）”对话框中添加相应的脚本代码，如图 7-112 所示。

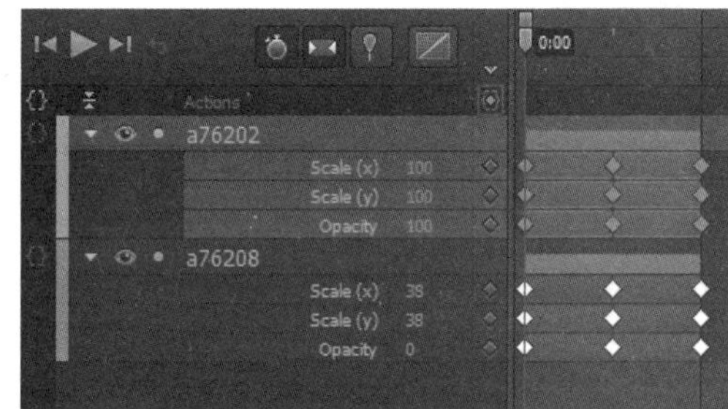

图 7-111

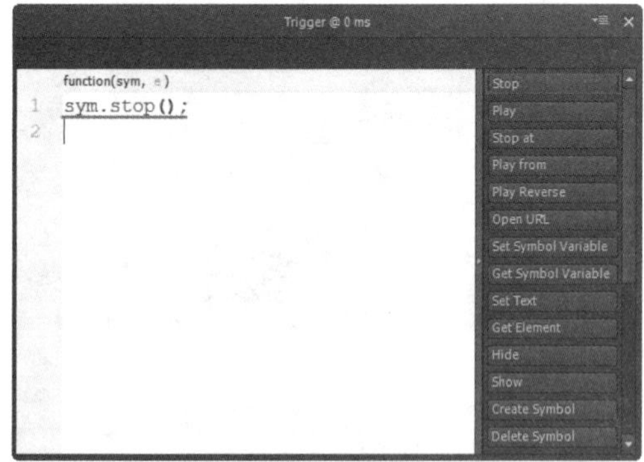

图 7-112

13 “Timeline（时间轴）”面板，如图 7-113 所示。单击舞台空白位置，选中舞台元素，在“Properties（属性）”面板中取消“AutoPlay（自动播放）”复选框的勾选，如图 7-114 所示。

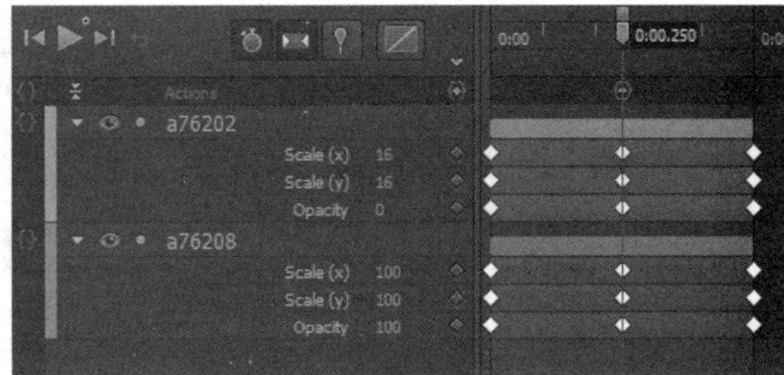

图 7-113

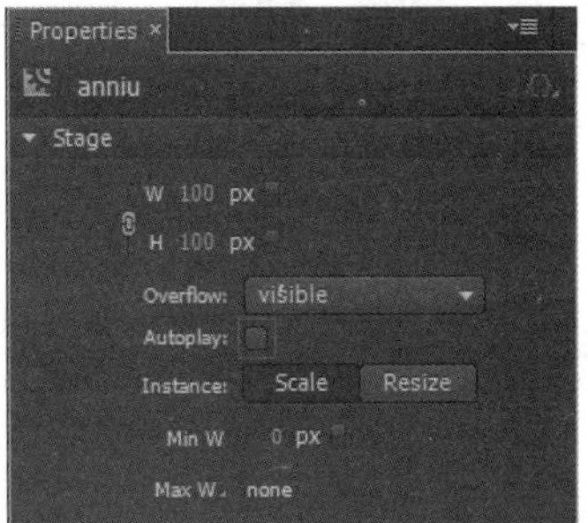

图 7-114

提示：

默认情况下，符号元素的时间轴动画会自动播放，如果不希望符号元素的时间轴动画自动播放，可以在该符号元素中的舞台属性中取消“AutoPlay（自动播放）”复选框的勾选，或者在“Create Symbol（创建符号）”对话框中取消“AutoPlay（自动播放）”复选框的勾选。

14 双击舞台的空白位置，返回动画主舞台编辑状态，在“Timeline（时间轴）”中单击 anniu 元素层左侧的 “Open Action（打开动作）”按钮，如图 7-115 所示。弹出“Trigger（触发器）”对话框，在弹出的触发事件菜单中选择 mouseenter 事件，添加相应的脚本代码，如图 7-116 所示。

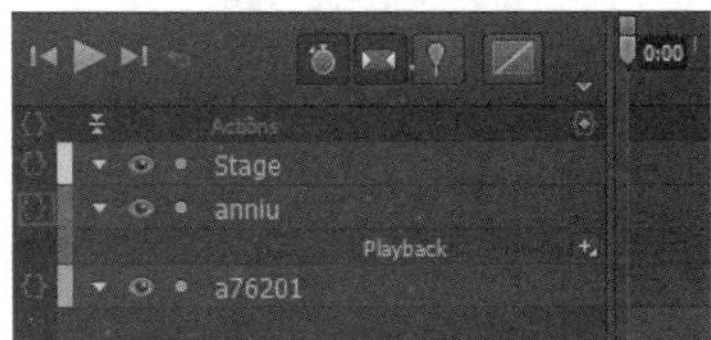

图 7-115

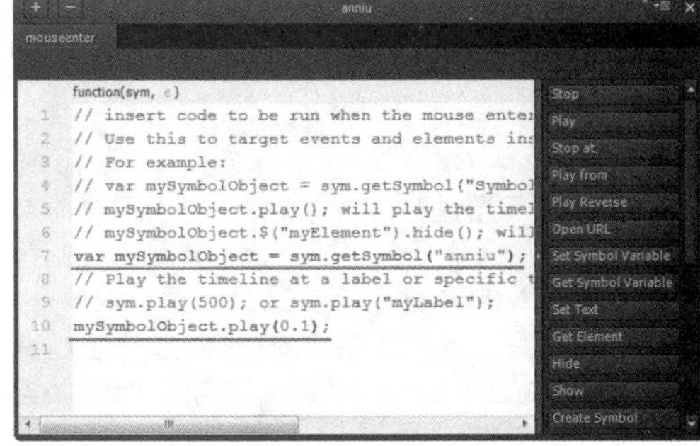

图 7-116

提示：

可以首先单击右侧的“Get Symbol”按钮，将符号元素赋值给变量，再单击右侧的“Play From”按钮，跳转到该符号元素相应的时间点开始播放动画。

15 单击“Tirgger（触发器）”对话框左上角的 按钮，在弹出的事件菜单中选择 mouseleave 事件，在脚本窗口中添加相应的脚本代码，如图 7-117 所示。

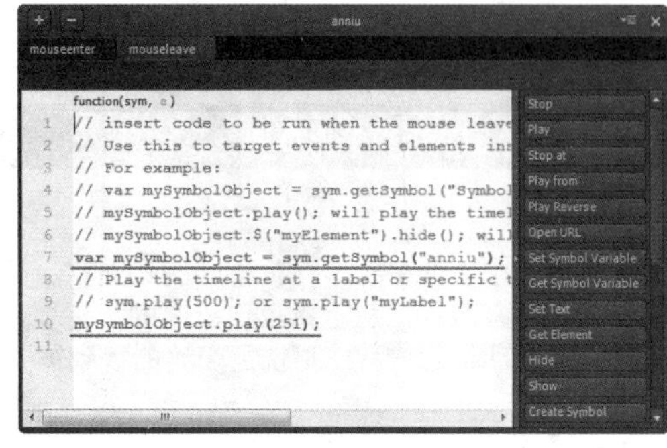

图 7-117

16 采用相同的制作方法，可以完成其他的按钮动画的制作，舞台效果如图 7-118 所示。选中所有的按钮，单击“Properties（属性）”面板上的“Cursor（光标）”选项区右侧的 按钮，在弹出窗口中选择相应的光标效果，如图 7-119 所示。

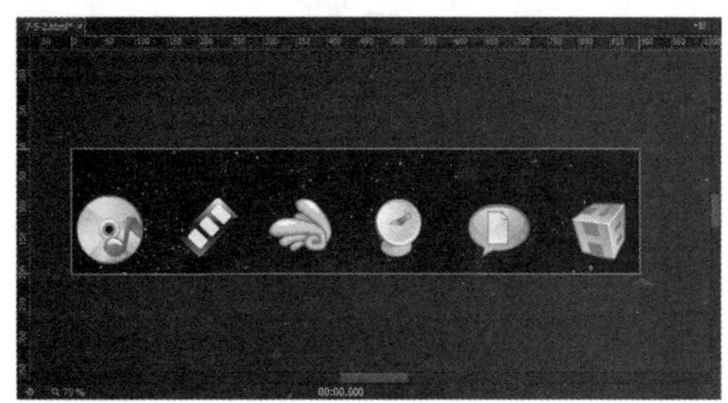

图 7-118

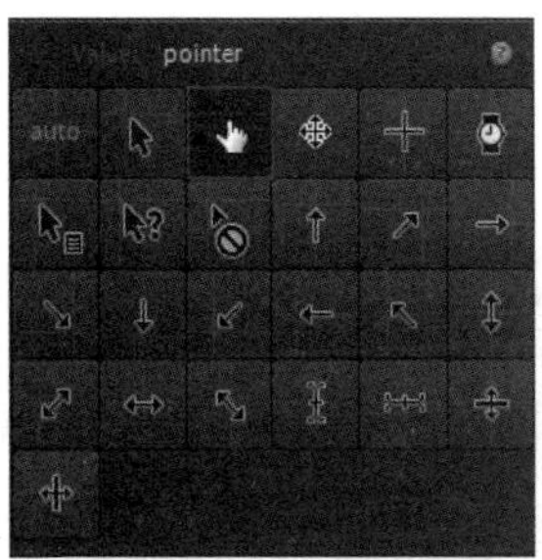

图 7-119

17 完成动画效果的制作，执行“File（文件）>Save（保存）”命令，保存文件。执行“File（文件）>Preview In Browser（在浏览器中预览）”命令，在浏览器中预览动画的效果，如图 7-120 所示。

提示：

每个按钮都制作成一个符号元素，并在符号元素中制作按钮的动画效果，并且各符号元素的名称是不同的。在主舞台中分别为各按钮符号元素添加相应的触发器动作，所添加的触发器动作与第 1 个按钮符号所添加的触发器动作大致相同，唯一不同的是符号元素的名称。

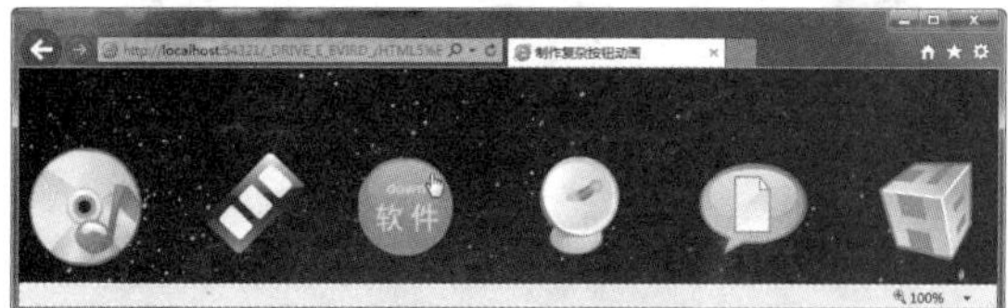

图 7-120

7.6 创建下拉菜单选项

在网页中，几乎每个网页都会有导航栏，只是形式不同而已，在导航栏中还包含着一些菜单选项，这些菜单选项有些并不是直接表现出来的，需要用户进行交互性的操作。例如鼠标单击，鼠标经过等，有了下拉菜单选项，用户可以更快更精确的找到需要的信息。

7.6.1 制作垂直导航菜单

导航菜单概括了整个网页所承载的信息，可以使用户一目了然，正因为如此，导航栏网页中的用处很大，是必不可少的一部分，本案例通过一个简单的导航栏的制作，向读者介绍导航栏的制作流程和制作时需要注意的重点。

自测 5

制作垂直导航菜单

视频：光盘\视频\第 7 章\制作垂直导航菜单 .swf

源文件：光盘\源文件\第 7 章\制作垂直导航菜单\7-6-1.html

01 执行“File（文件）>New（新建）”命令，新建空白文件。执行“File（文件）>Save（保存）”命令，将文件保存为“光盘\源文件\第 7 章\制作垂直导航菜单\7-6-1.html”。

02 在“Properties（属性）”面板中对舞台相关属性进行设置，如图 7-121 所示。执行“File（文件）>Import（导入）”命令，导入素材图像“光盘\源文件\第 7 章\素材\a77101.jpg”，如图 7-122 所示。

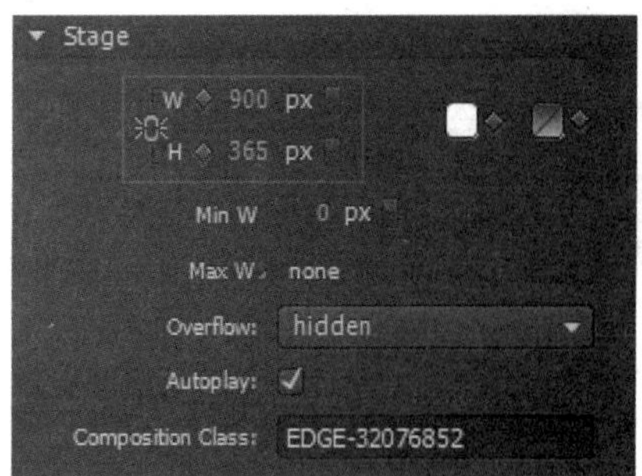

图 7-121

图 7-122

03 执行“File（文件）>Import（导入）”命令，导入素材“光盘\源文件\第 7 章\素材\a77103.jpg”，并调整至合适的位置，如图 7-123 所示。在刚导入的素材上单击鼠标右键，在弹出菜单中选择“Convert to Symbol（转换为符号）”选项，弹出“Create Symbol（创建符号）”对话框，设置如图 7-124 所示。

图 7-123

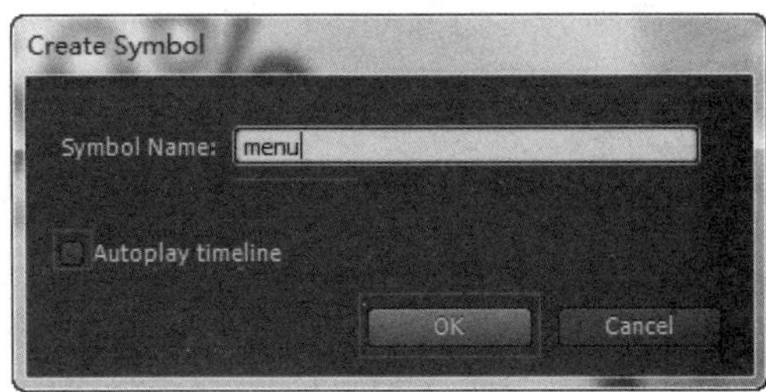

图 7-124

04 单击“OK（确定）”按钮，创建符号。双击该符号，进入该符号的编辑状态，执行“File（文件）>Import（导入）”命令，导入素材图像“光盘\源文件\第 7 章\素材\a77102.jpg”，如图 7-125 所示。

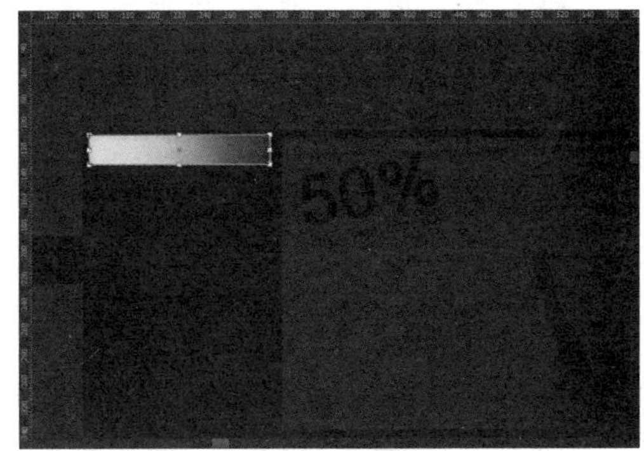

图 7-125

05 在“Timeline（时间轴）”面板中选择 a77103 元素层，单击“Properties（属性）”面板中“Opacity（不透明度）”属性的“Add Keyframe（添加关键帧）”按钮◆，添加关键帧，如图 7-126 所示，“Timeline（时间轴）”面板如图 7-127 所示。

图 7-126

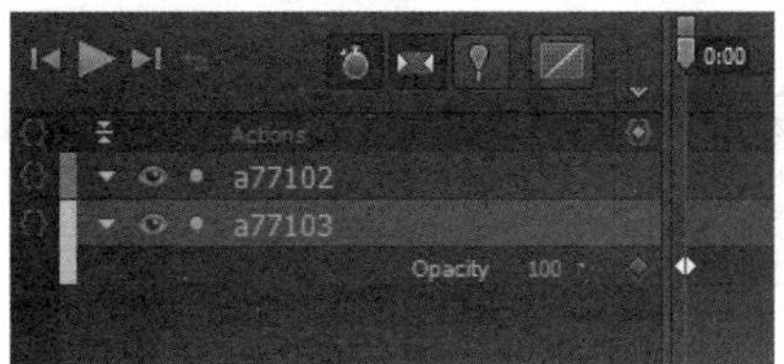

图 7-127

06 将播放头移至 00:00.250 位置，设置其“Opacity（不透明度）”属性为 0%，如图 7-128 所示，“Time line（时间轴）”面板如图 7-129 所示。

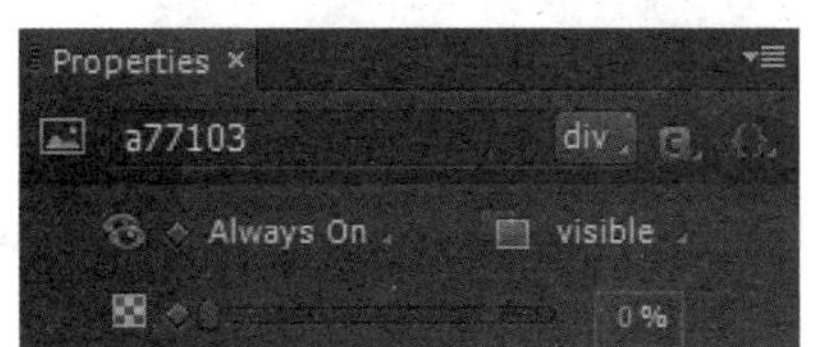

图 7-128

图 7-129

07 将播放头移至 00:00.500 位置，设置其“Opacity（不透明度）”为 100%，舞台效果如图 7-130 所示，“Time line（时间轴）”如图 7-131 所示。

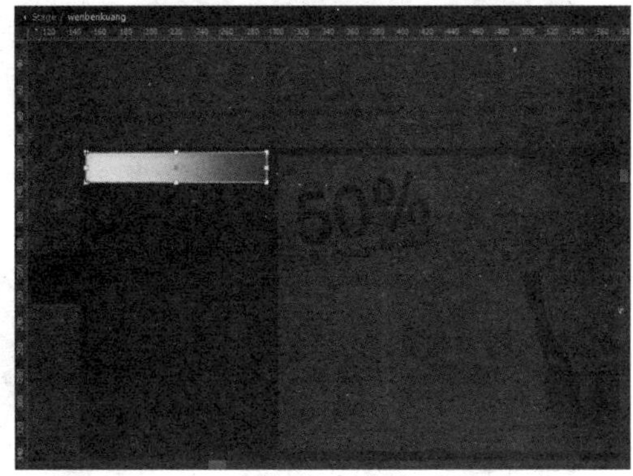

图 7-130

图 7-131

08 在“Timeline（时间轴）”面板中选中 a77102 元素层，单击“Properties（属性）”面板中“Opacity（不透明度）”属性的“Add Keyframe（添加关键帧）”按钮◆，添加关键帧，设置“Opacity（不透明度）”属性为 0%，如图 7-132 所示，“Timeline（时间轴）”面板如图 7-133 所示。

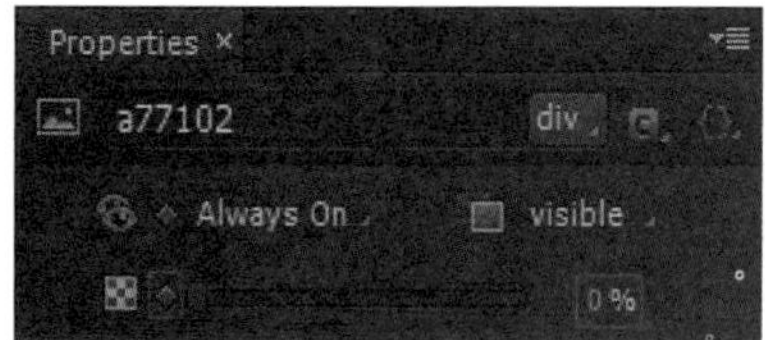
图 7-132

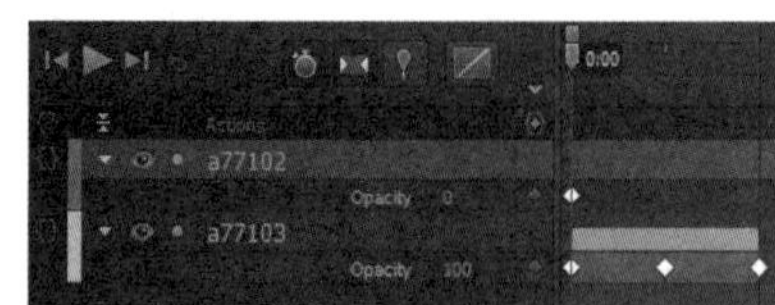
图 7-133

09 将播放头移至 00:00.250 位置，设置其“Opacity（不透明度）”属性为 100%，如图 7-134 所示，“Timeline（时间轴）”如图 7-135 所示。

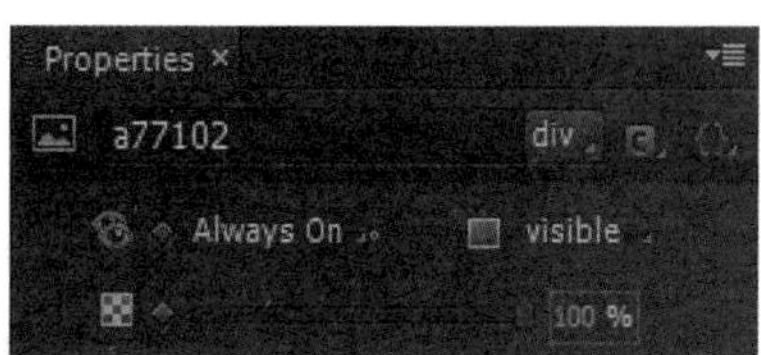
图 7-134

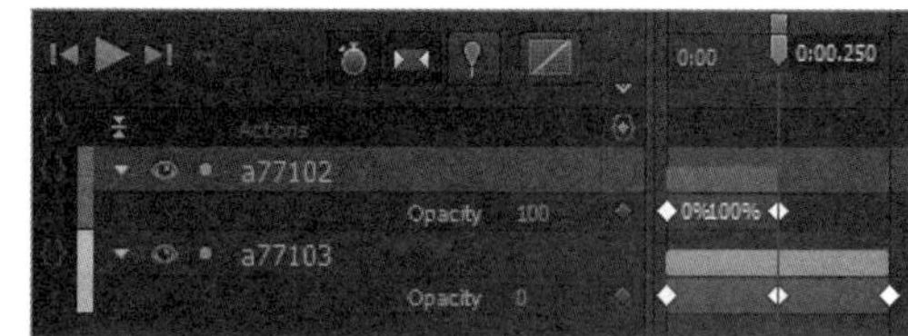
图 7-135

10 将播放头移至 00:00.500 位置，设置其“Opacity（不透明度）”属性为 0%，舞台效果如图 7-136 所示，“Timeline（时间轴）”面板如图 7-137 所示。

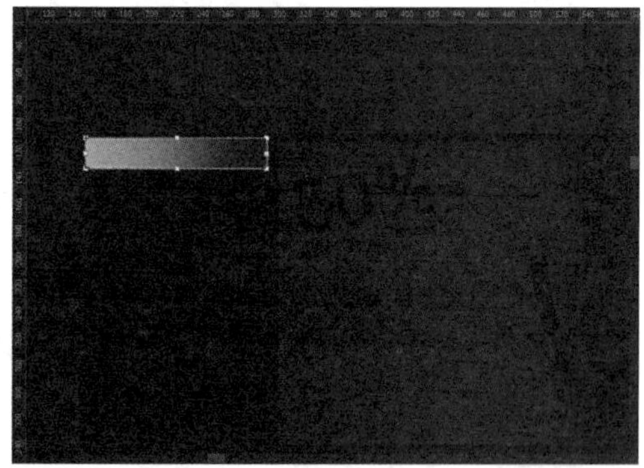
图 7-136

图 7-137

11 使用“Text Tool（文本工具）”，在舞台中单击并输入文字，在“Properties（属性）”面板中设置文字属性，单击颜色属性的“Add Keyframe（添加关键帧）”按钮◆，添加关键帧，如图 7-138 所示，可以看到舞台中的文字效果，如图 7-139 所示。

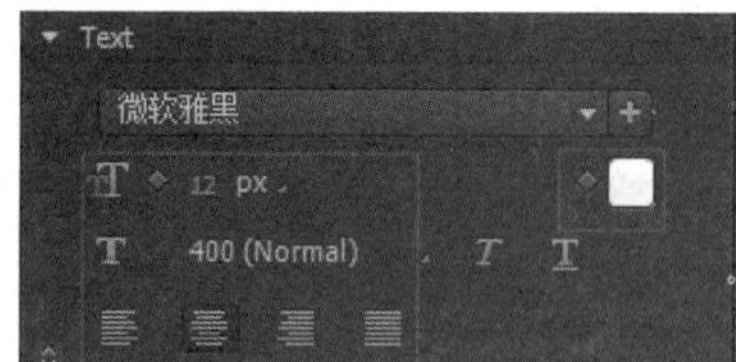
图 7-138

图 7-139

12 单击“Properties（属性）”面板中的“Filters（滤镜）”选项区中的“Shadow（阴影）”滤镜的 Y 选项和阴影颜色的“Add Keyframe（添加关键帧）”按钮◆，添加关键帧，设置 Y 参数为 1，阴影颜色为 RGB（114，49，49），如图 7-140 所示，“Timeline（时间轴）”面板如图 7-141 所示。

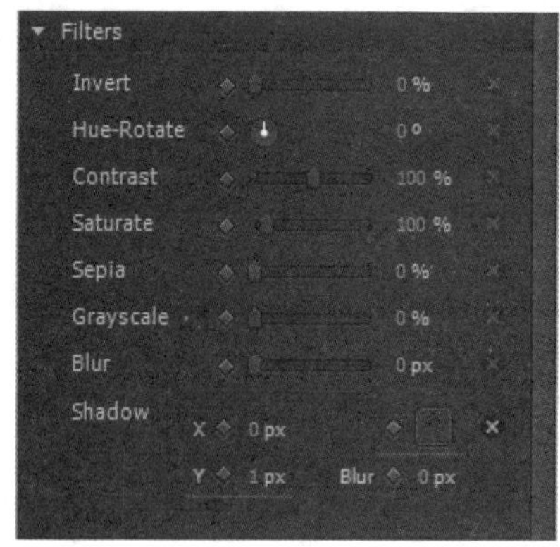
图 7-140

图 7-141

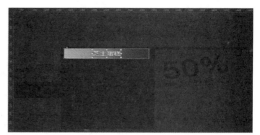

13 将播放头移至 00:00.250 位置，设置字体颜色为 RGB（114，49，49），阴影颜色为 RGB（200，195，195），效果如图 7-142 所示。“Timeline（时间轴）”面板如图 7-143 所示。

图 7-142

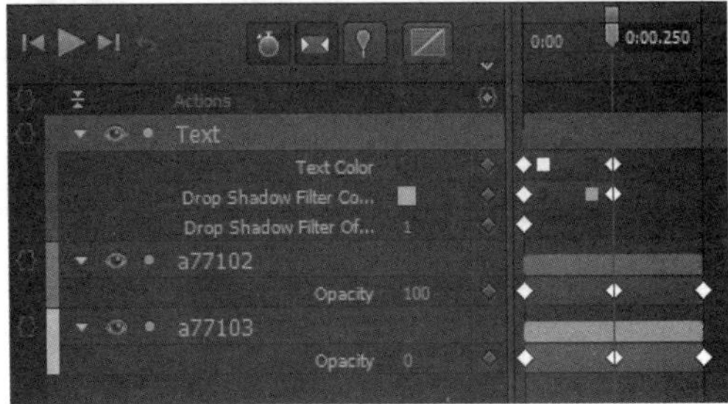

图 7-143

14 将播放头移至 00:00.500 位置，设置字体颜色和阴影颜色与起始位置相同，效果如图 7-144 所示，“Timeline（时间轴）”面板如图 7-145 所示。

图 7-144

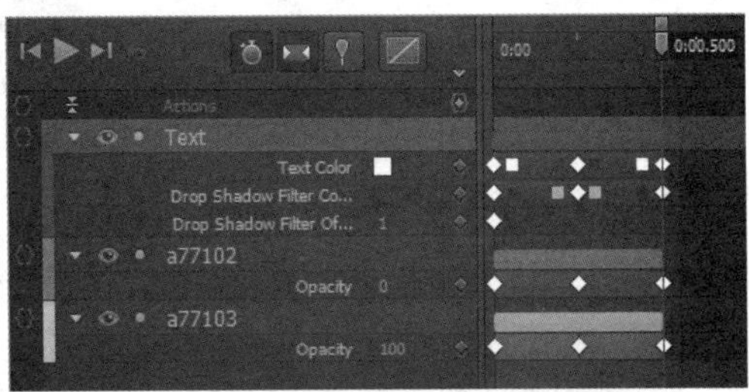

图 7-145

15 将播放头移至 00:00.250 位置，单击“Timeline（时间轴）”面板上的“Insert Trigger（插入触发器）”按钮，如图 7-146 所示。在弹出的“Trigger（触发器）”对话框中添加相应的脚本代码，如图 7-147 所示。

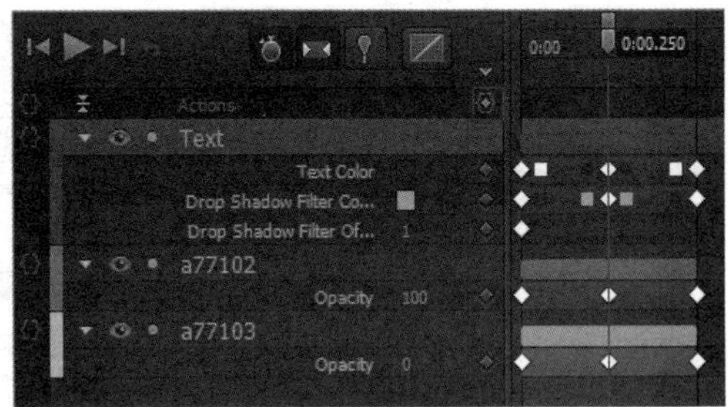

图 7-146

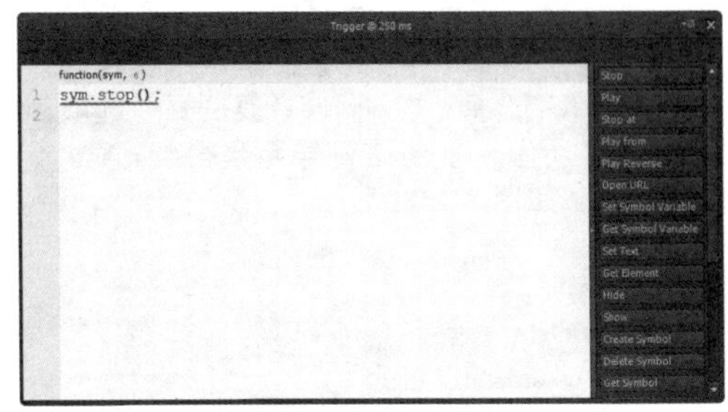

图 7-147

16 双击舞台空白位置，返回动画主舞台编辑状态，选中该符号元素，在“Timeline（时间轴）”面板上单击该元素层左侧的“Open Action（打开动作）”按钮，如图 7-148 所示。弹出“Trigger（触发器）”对话框，在弹出的触发事件菜单中选择 mouseenter 事件，在脚本窗口中添加相应的脚本代码，如图 7-149 所示。

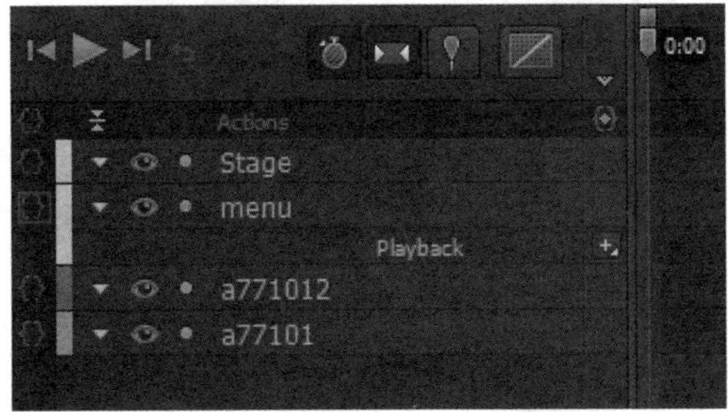

图 7-148

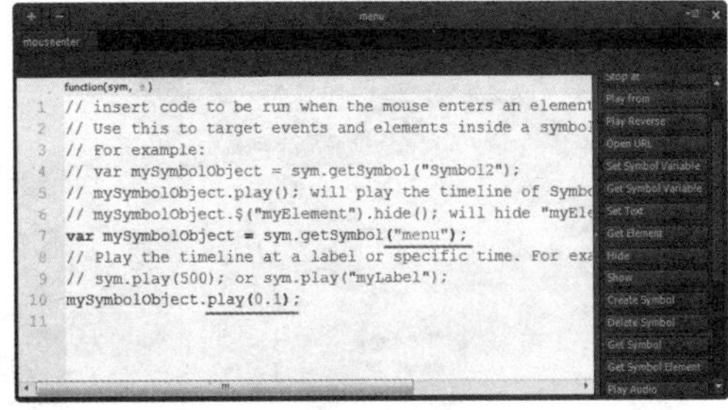

图 7-149

17 单击“Trigger（时间轴）”对话框左上角的 + 按钮，在弹出的事件菜单中选择 mouseleave 事件，在脚本窗口中添加相应的脚本代码，如图 7-150 所示。

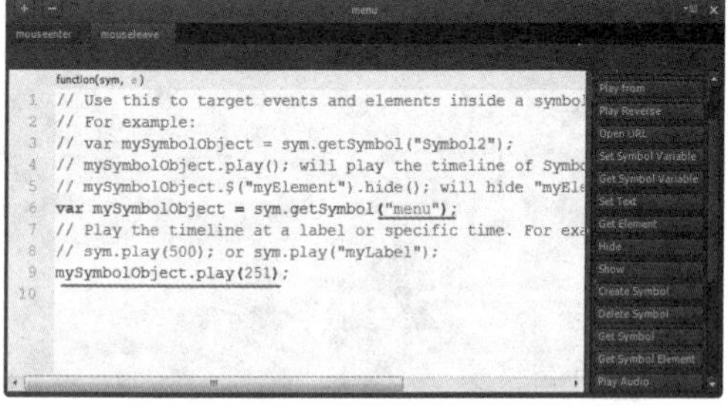

图 7-150

18 在“Library（库）”面板中的“Symbol（符号）”项区内的 menu 符号元素上单击鼠标右键，在弹出菜单中选择“Duplicate（复制）”选项，如图 7-151 所示，复制该符号元素得到 menu_1 符号元素，如图 7-152 所示。

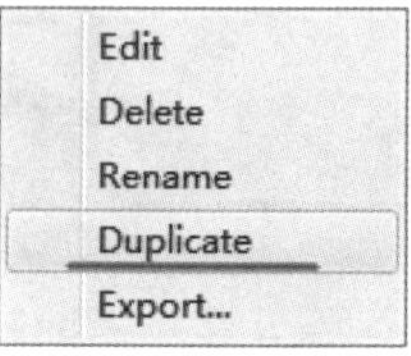

图 7-151

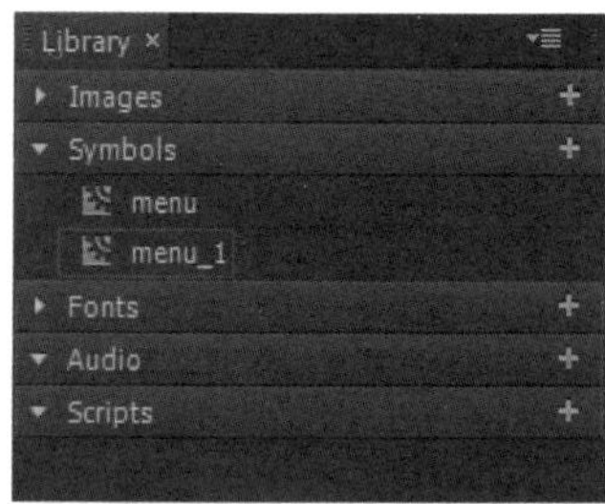

图 7-152

19 在“Library（库）”面板中双击复制得到的符号元素，进入该符号元素的编辑状态，如图 7-153 所示。修改该符号元素的文字，即可完成另一个菜单项的动画制作，如图 7-154 所示。

图 7-153

20 双击舞台空白位置，返回动画主舞台编辑状态，将名称为 menu_1 的符号元素从“Library（库）”面板拖入到舞台中，如图 7-155 所示。在“Timeline（时间轴）”面板中单击 menu_1 元素层左侧的“Open Action（打开动作）”按钮，如图 7-156 所示。

图 7-154

图 7-155

图 7-156

21 在弹出的“Trigger（触发器）”对话框中分别设置 mouseenter 和 mouseleave 事件的动作脚本代码，如图 7-157 所示。

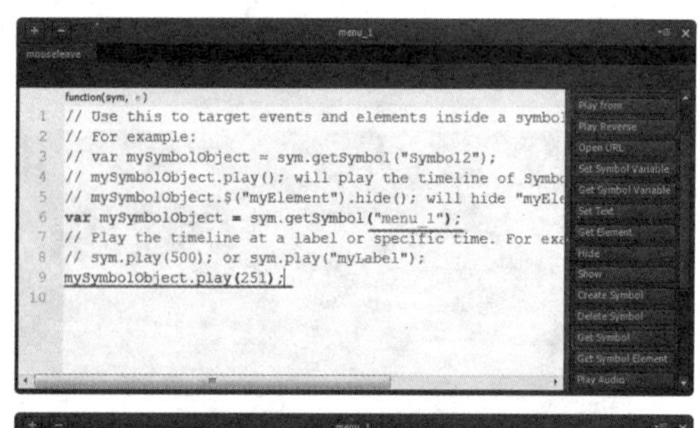

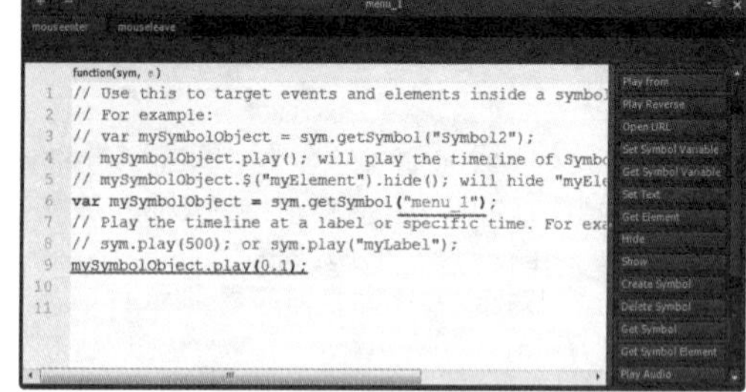

图 7-157

22 可以通过复制符号元素的方法，完成其他菜单项的制作，并分别拖入到舞台中，分别添加相应的触发器动画，如图 7-158 所示，选中所有的符号元素，单击“Properties（属性）”面板中的“Cursor（光标）”选项区右侧的按钮，在弹出窗口中选择相应的光标效果，如图 7-159 所示。

图 7-158

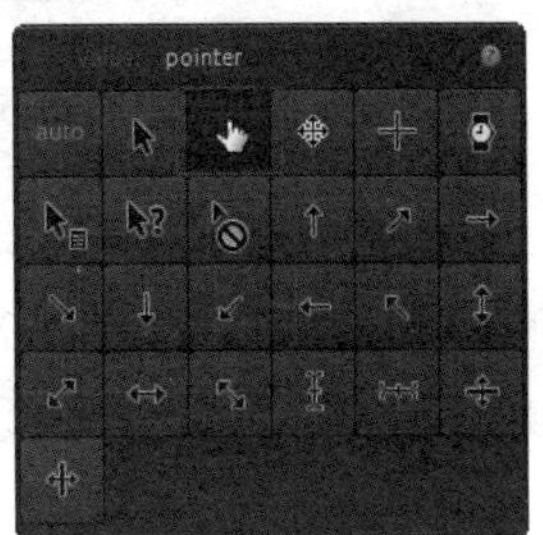

图 7-159

23 完成动画的制作，执行“File（文件）>Save（保存）”命令，保存文件。执行“File（文件）>Preview In Browser（在浏览器中预览）”命令，在浏览器中可以看到所制作的垂直导航菜单的效果，如图 7-160 所示。

图 7-160

7.6.2 制作下拉导航菜单

下拉导航菜单的存在，使用户更加便捷的找到相应的信息，提高用户的浏览兴趣，增加网站的浏览量，本节通过简单的下拉菜单导航的制作，使读者掌握一个完整的导航菜单的制作方法 。

自测 6

制作下拉导航菜单

视频：光盘\视频\第 7 章\制作下拉导航菜单 .swf
源文件：光盘\源文件\第 7 章\制作下拉导航菜单\7-6-2.html

01 执行“File（文件）>New（新建）”命令，新建空白文件。执行“File（文件）>Save（保存）”命令，将文件保存为“光盘\源文件\第 7 章\制作下拉导航菜单\7-6-2.html”。

02 在“Properties（属性）”面板中对舞台相关属性进行设置，如图 7-161 所示。执行“File（文件）>Import（导入）”命令，导入素材图像“光盘\源文件\第 7 章\素材\a77201.png”，如图 7-162 所示。

03 采用相同的制作方法，分别导入素材图像 a77203.png 和 a77202.png，分别调整到合适的位置，如图 7-163 所示。选中 a77202 素材图像，单击鼠标右键，在弹出菜单中选择“Convert to Symbol（转换为符号）”选项，弹出“Create Symbol（创建符号）”对话框，设置如图 7-164 所示。

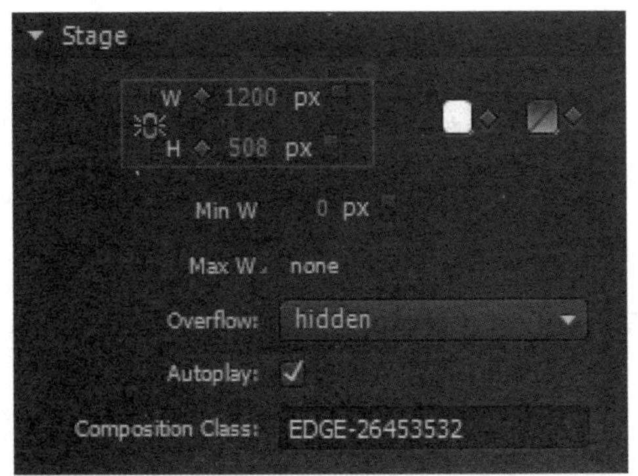

图 7-161

图 7-162

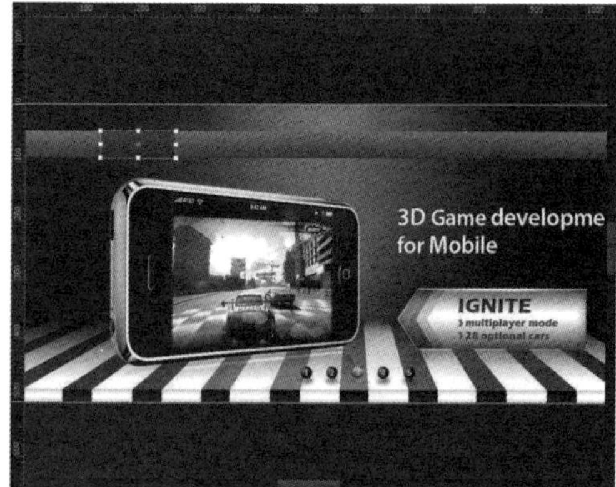

图 7-163

图 7-164

04 单击“OK（确定）”按钮，创建符号。双击该符号，进入该符号的编辑状态，单击“Properties（属性）”面板中的“Opacity（不透明度）”属性的“Add Keyframe（添加关键帧）”按钮◆，添加关键帧，设置“Opacity（不透明度）”属性为0%，如图7-165所示，舞台效果如图7-166所示。

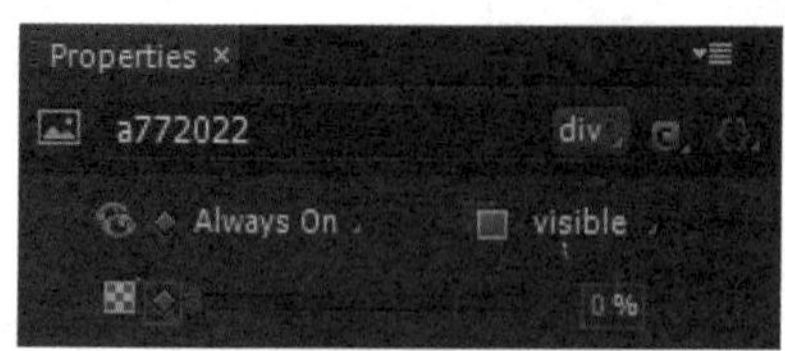

图 7-165

05 将播放头移至00:00250位置，设置其Opacity（不透明度）属性为100%，效果如图7-167所示。将播放头移至00: 00.500位置，设置其“Opacity（不透明度）”属性为0%，“Time line（时间轴）”面板如图7-168所示。

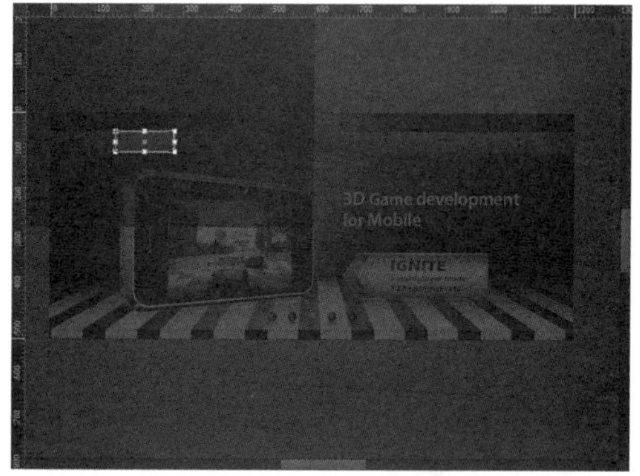
图 7-166

图 7-167

图 7-168

06 将播放头移至00:00.250位置，单击“Timeline（时间轴）”面板上的“Insert Trigger（插入触发器）”按钮，如图7-169所示。在弹出的“Trigger（触发器）”对话框中添加相应的脚本代码，如图7-170所示。

图 7-169

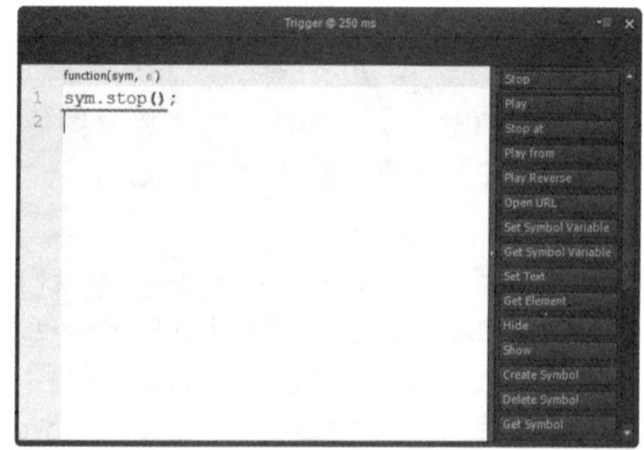

图 7-170

07 使用“Text Tool（文本工具）”，在舞台中合适的位置单击并输入文字，在“Properties（属性）”面板中设置文字属性，为当前文字颜色添加关键帧，如图 7-171 所示，在舞台中可以看到文字的效果，如图 7-172 所示。

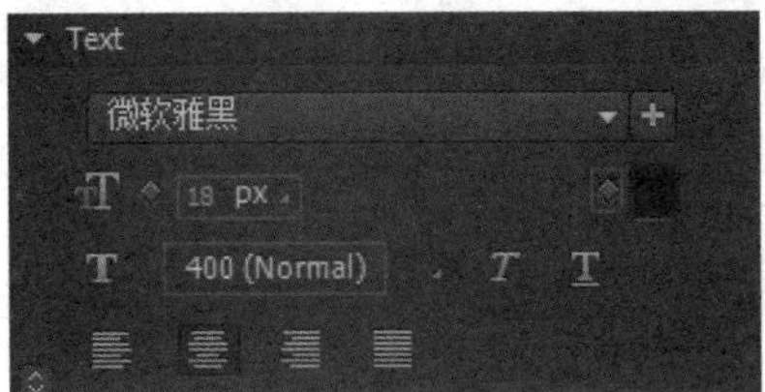

图 7-171

图 7-172

08 将播放头移至 00:00.250 位置，设置字体颜色为白色，如图 7-173 所示。再将播放头移至 00:00.500 位置，设置字体颜色为黑色，“Timeline（时间轴）”面板如图 7-174 所示。

图 7-173

图 7-174

09 双击舞台空白位置，退出该符号的编辑状态。选中该符号元素，在“Timeline（时间轴）”面板中单击该元素层左侧的“Open Action（打开动作）”按钮，如图 7-175 所示。弹出“Trigger（触发器）”对话框，在弹出的触发事件菜单中选择 mouseenter 事件，在脚本窗口中添加相应的脚本代码，如图 7-176 所示。

10 单击“Trigger（触发器）”对话框左上角的 + 按钮，在弹出的事件菜单中选择 mouseleave 事件，在脚本窗口中添加相应的脚本代码，如图 7-177 所示。

图 7-175

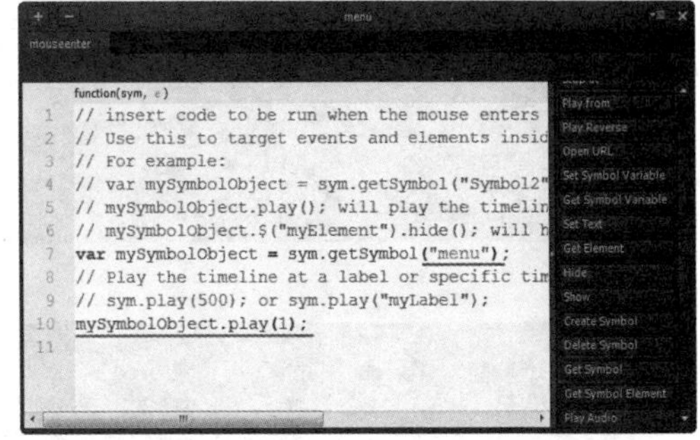

图 7-176

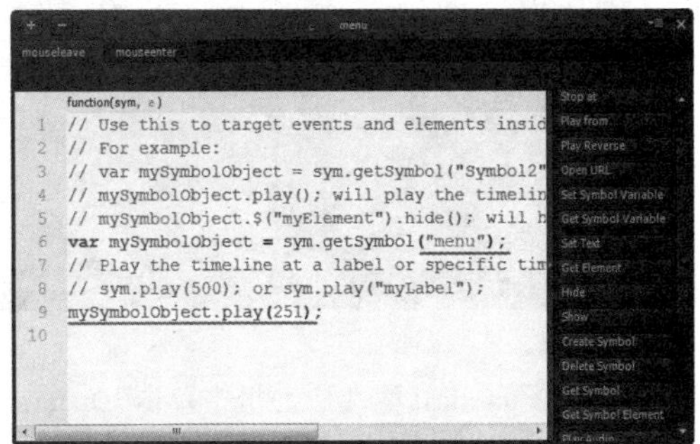

图 7-177

11 在“Library（库）”面板中的“Symbol（符号）”项区内的 menu 符号元素上单击鼠标右键，在弹出菜单中选择“Duplicate（复制）”选项，如图 7-178 所示。复制该符号元素得到 menu_1 符号元素，将其重命名为 menu1，如图 7-179 所示。

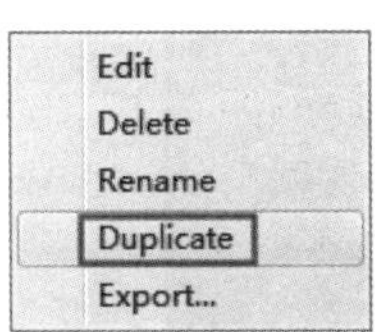

图 7-178

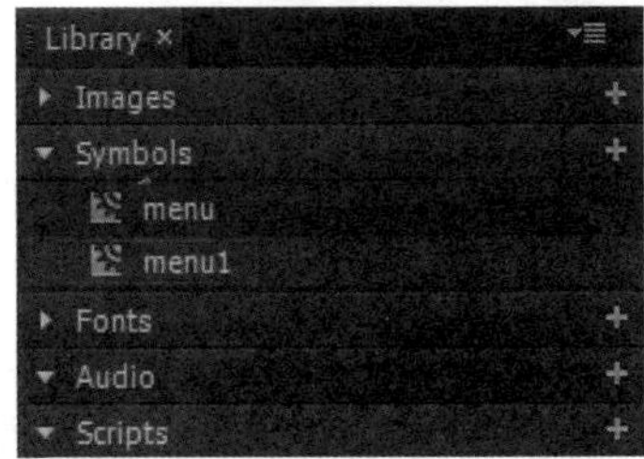

图 7-179

12 在“Library（库）”面板中将menu1符号元素拖入到舞台中，双击该符号元素，进入该符号的编辑状态，修改符号元素的文本内容，如图7-180所示。导入相应的图像素材，并调整到合适的位置，如图7-181所示。

图 7-180

图 7-181

13 单击“Properties（属性）”面板中单击“Opacity（不透明度）”属性和“Position and Size（位置和大小）”选项区中的H属性的“Add Keyframe（添加关键帧）”按钮，添加关键帧，对该图像属性进行设置，如图7-182所示，在舞台中可以看到该图像的效果，如图7-183所示。

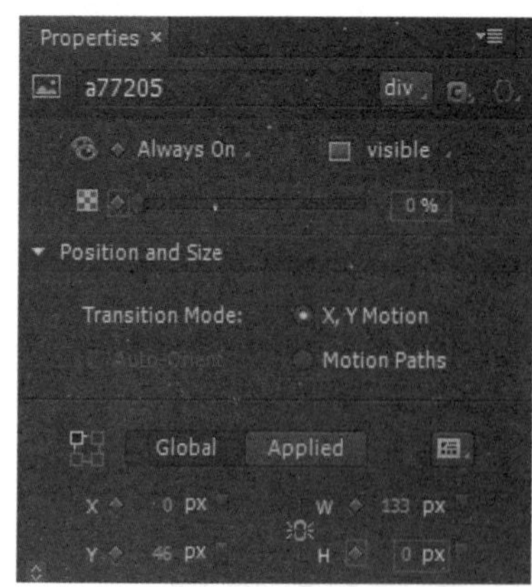

图 7-182

14 将播放头移至00:00.250位置，对该图像属性进行设置，如图7-184所示，在舞台中可以看到该素材图像的效果，如图7-185所示。

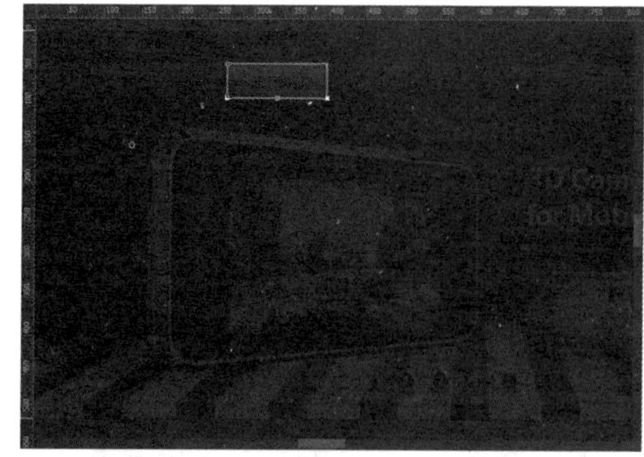

图 7-183

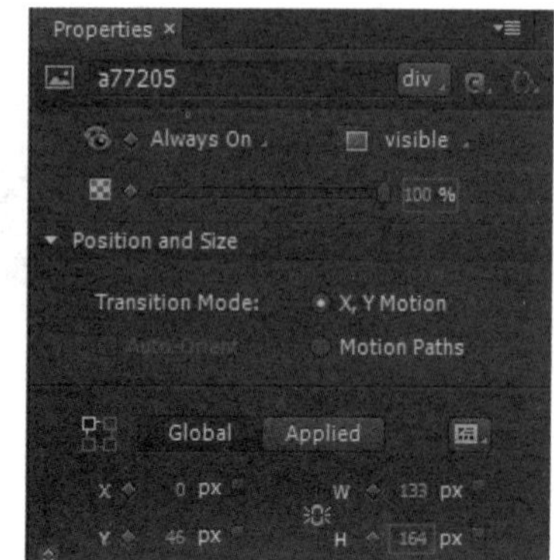

图 7-184

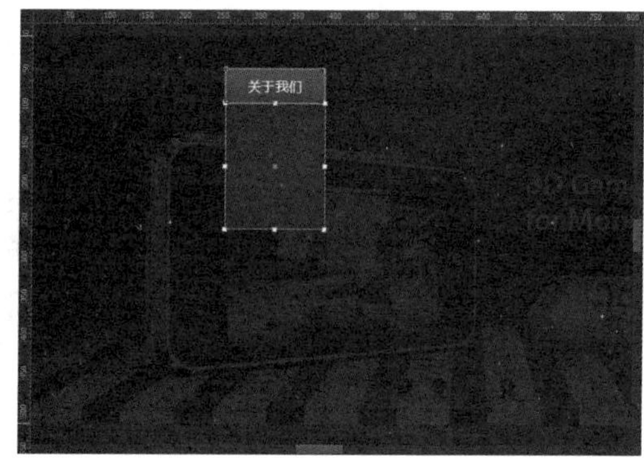

图 7-185

15 将播放头移至00:00.500位置，此处设置与起始位置设置相同，效果如图7-186所示，“Timeline（时间轴）”面板如图7-187所示。

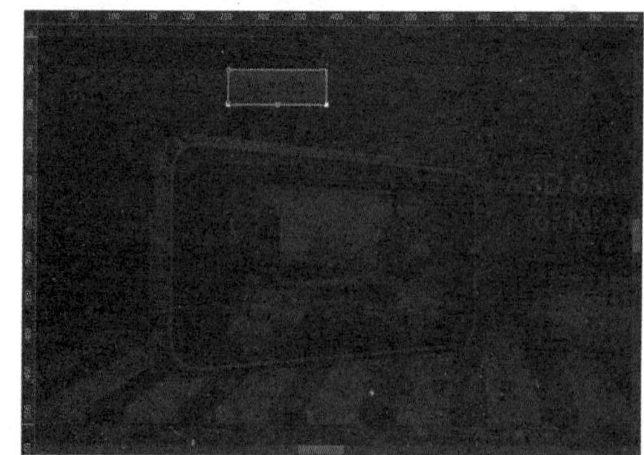

图 7-186

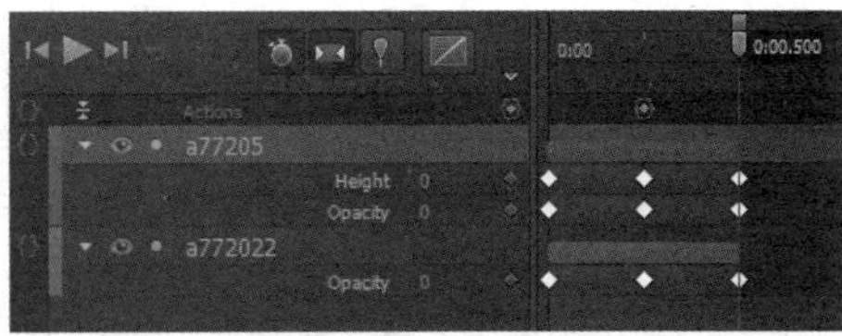
图 7-187

16 导入素材图像"光盘\源文件\第7章\素材\a77204"，并调整到合适的位置，如图7-188所示。选中刚导入的素材，单击鼠标右键，在弹出菜单中选择"Convert to Symbol（转换为符号）"选项，弹出"Create Symbol（创建符号）"对话框，设置如图7-189所示。

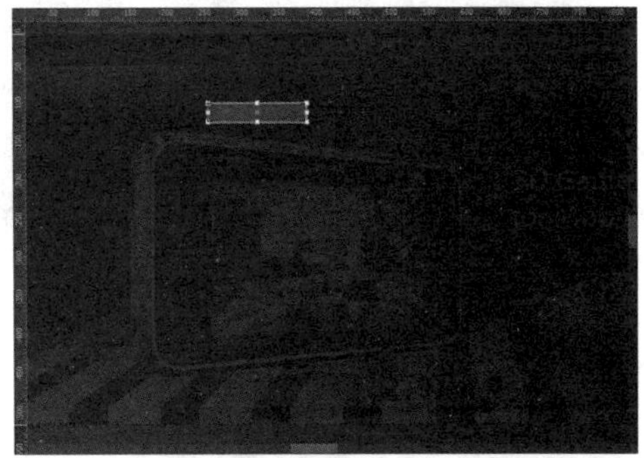
图 7-188

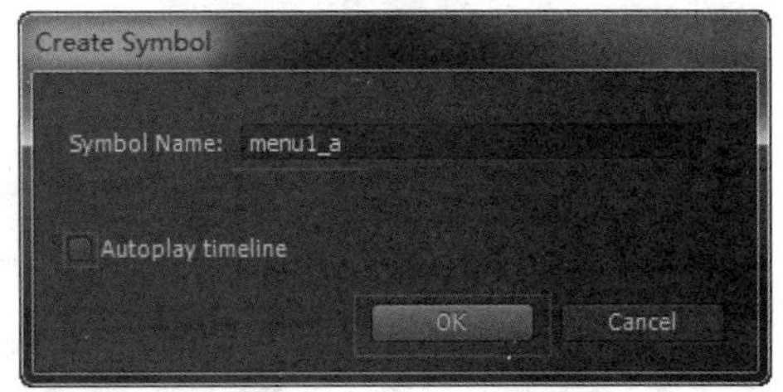

图 7-189

17 单击"OK（确定）"按钮，创建符号。双击该符号，进入该符号的编辑状态，单击"Properties（属性）"面板中的"Opacity（不透明度）"属性和"Position and Size（位置和大小）"选项区中的W属性的"Add Keyframe（添加关键帧）"按钮◆，添加关键帧，对属性进行设置，如图7-190所示，在舞台中可以看到该素材的效果，如图7-191所示。

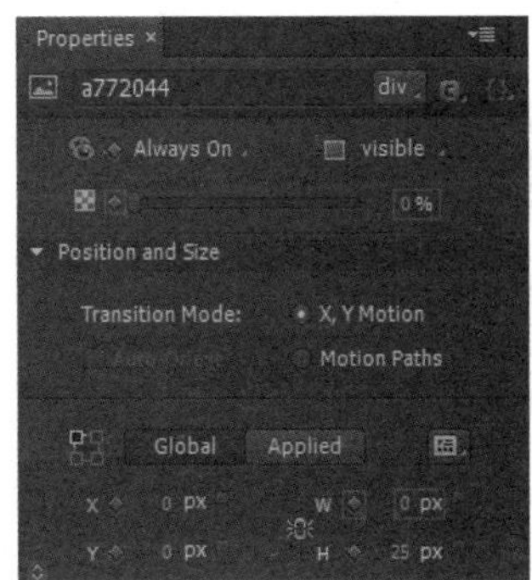

图 7-190

图 7-191

18 将播放头移至00:00.250位置，在"Properties（属性）"面板中对该元素的相关属性进行设置，如图7-192所示，在舞台中可以看到该素材的效果，如图7-193所示。

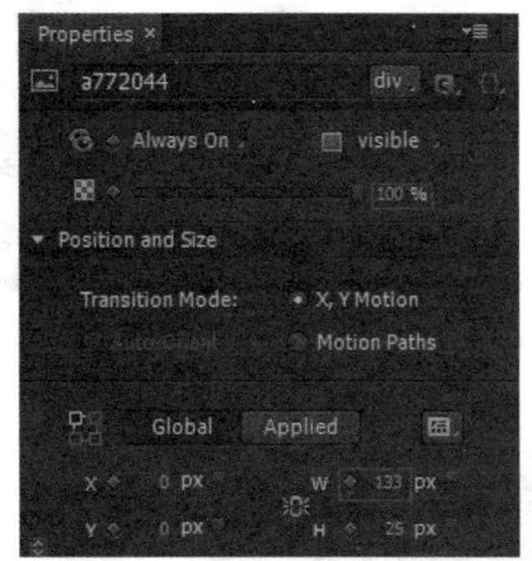

图 7-192

图 7-193

19 将播放头移至00:00.500位置，此处设置与起始位置设置相同，效果如图7-194所示。将播放头移至00:00.250位置，单击"Timeline（时间轴）"面板上的"Insert Trigger（插入触发器）"按钮，在弹出的"Trigger（触发器）"对话框中添加相应的脚本代码，如图7-195所示。

20 将播放头移至起始位置，使用"Text Tool（文本工具）"，在舞台中合适的位置单击并输入文字，在"Properties（属性）"面板中设置文字属性，为文字颜色添加关键帧，如图7-196所示，在舞台中可以看到文字的效果，如图7-197所示。

图 7-194

图 7-195

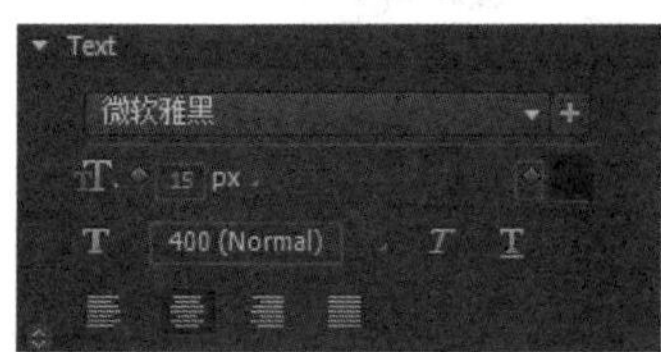

图 7-196

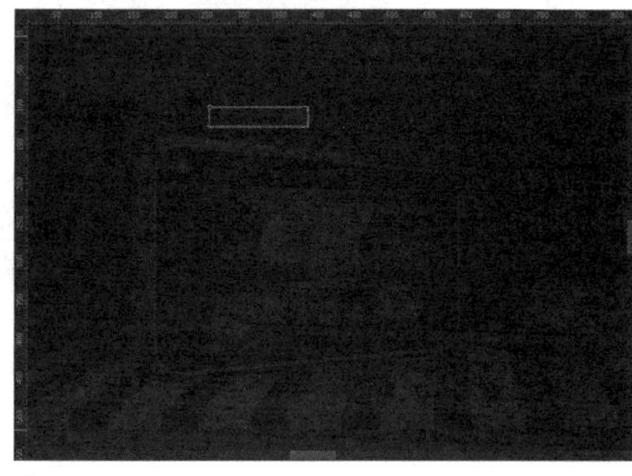
图 7-197

21 将播放头移至 00:00.250 位置，将文字颜色设置为白色，如图 7-198 所示。将播放头移至 00:00.500 位置，将文字颜色设置为黑色，“Timeline（时间轴）”面板如图 7-199 所示。

22 双击舞台空白位置，返回到 menu1 符号元素的编辑状态中，将播放头移至起始位置，单击“Properties（属性）”面板中的“Display（显示）”属性的“Add Keyframe（添加关键帧）”按钮◆，添加关键帧，设置该属性值为 Off，如图 7-200 所示，在舞台中隐藏该符号元素，如图 7-201 所示。

图 7-198

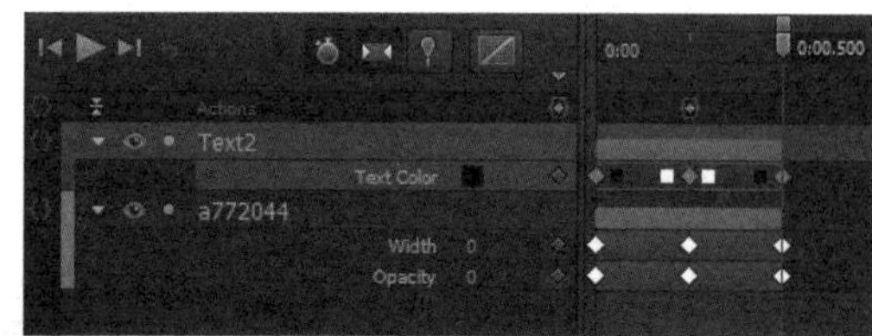

图 7-199

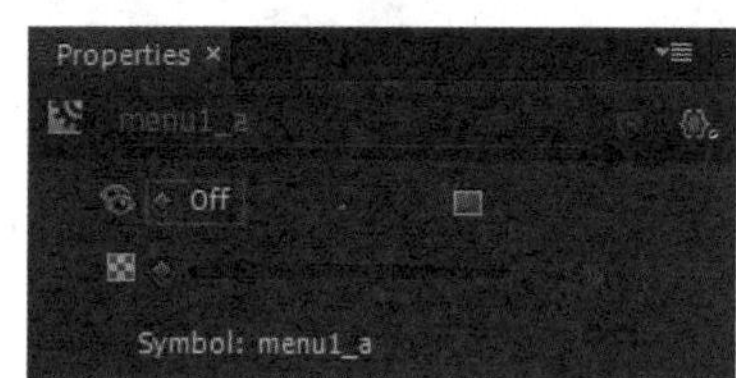

图 7-200

图 7-201

23 将播放头移至 00:00220 位置，设置“Display（显示）”属性为 On，如图 7-202 所示，在舞台中显示该符号元素，如图 7-203 所示。

图 7-202

24 将播放头移至 00:00440 位置，此处设置与起始位置设置相同，效果如图 7-204 所示，“Timeline（时间轴）”面板如图 7-205 所示。

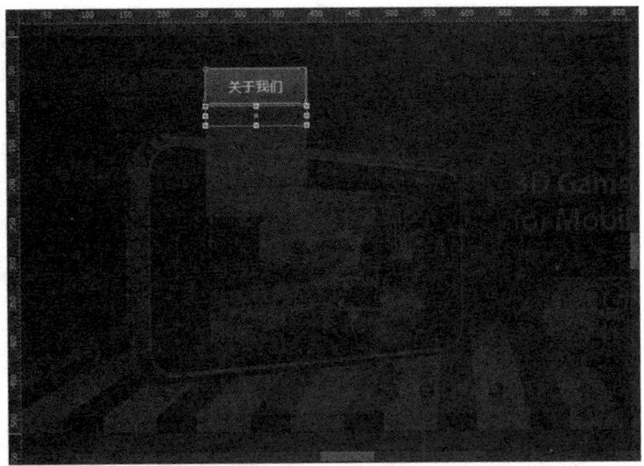

图 7-203

图 7-204

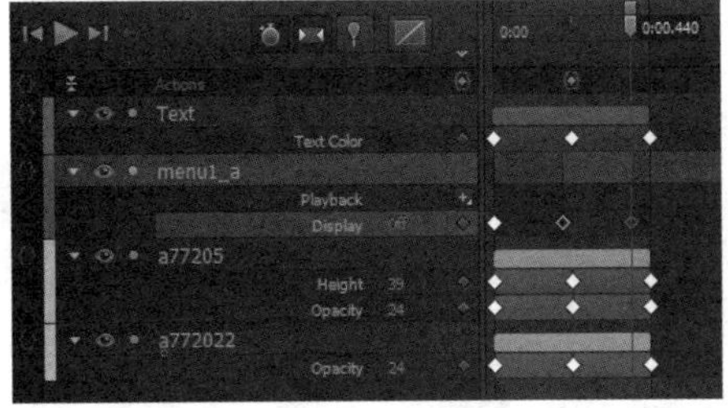

图 7-205

25 选中 menu1_a 符号元素，在“Timeline（时间轴）”面板中单击该元素层左侧的“Open Action（打开动作）”按钮，在弹出“Trigger（触发器）”对话框中选择 mouseenter 事件，并添加相应的脚本代码，如图 7-206 所示。单击“Trigger（触发器）”对话框左上角的 按钮，选择 mouseleave 事件，并添加相应的脚本代码，如图 7-207 所示。

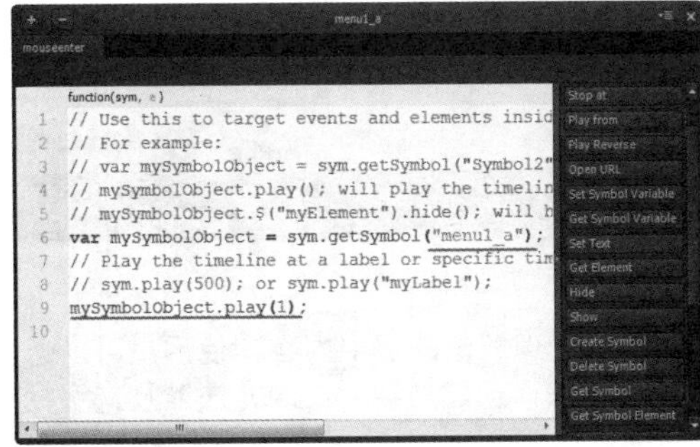

图 7-206

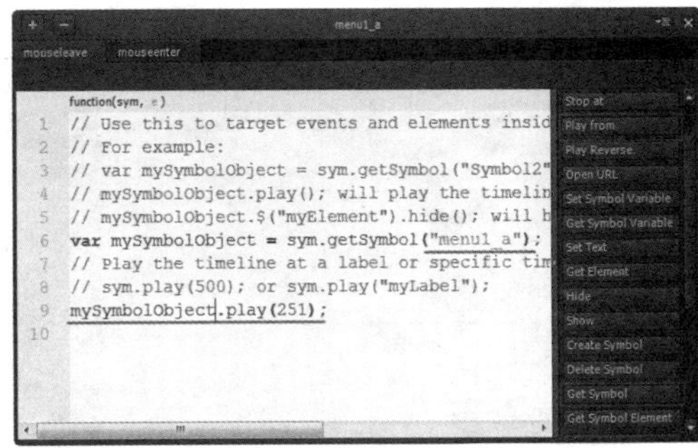

图 7-207

26 在“Library（库）”面板中复制 menu1_a 符号，将复制得到的符号元素重命名为 menu1_b，如图 7-208 所示。双击该符号元素，进入该符号的编辑状态，修改文本内容，返回到上一级的编辑状态，将该符号元素拖入到舞台中，并调整到合适的位置，如图 7-209 所示。

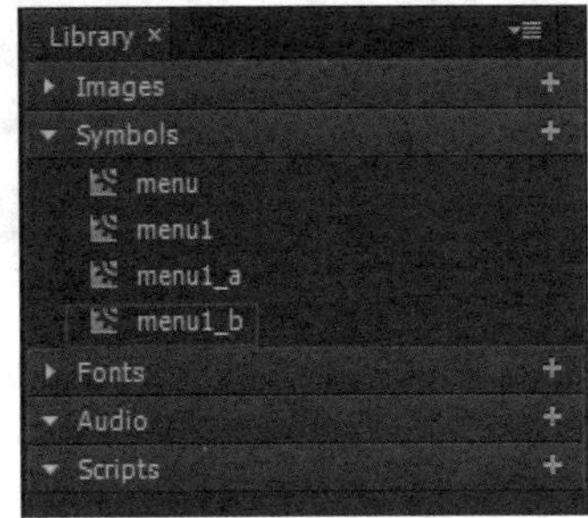

图 7-208

图 7-209

27 采用相同的制作方法，为该符号添加相应的触发器动画，如图 7-210 所示。采用相同的制作方法，通过设置该符号的“Display（显示）”属性制作动画，“Timeline（时间轴）面板如图 7-211 所示。

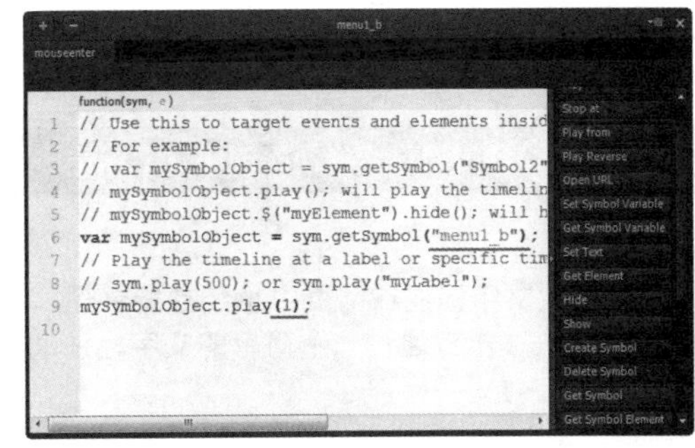

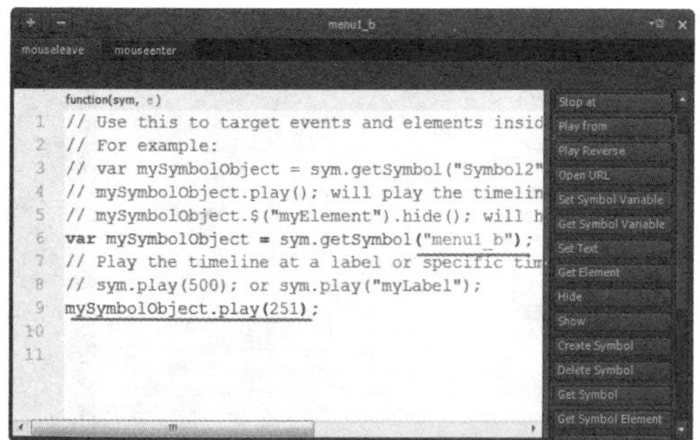

图 7-210

图 7-211

22 使用相同制作方法，可以完成该菜单中其他下拉菜单项的制作，如图 7-212 所示。双击舞台空白位置，返回动画主舞台编辑状态。采用相同的制作方法，可以完成其他导航菜单栏的制作，如图 7-213 所示。选中全部的导航菜单项，单击“Properties（属性）”面板上的“Cursor（光标）”选项区右侧的 按钮，在弹出的窗口中选择相应的光标效果，如图 7-214 所示。

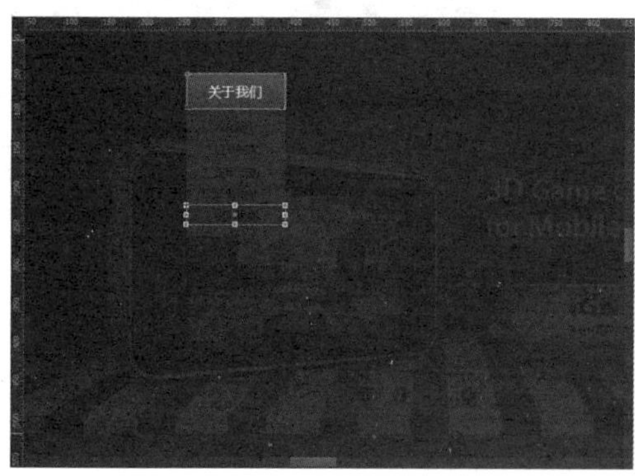

图 7-212

图 7-213

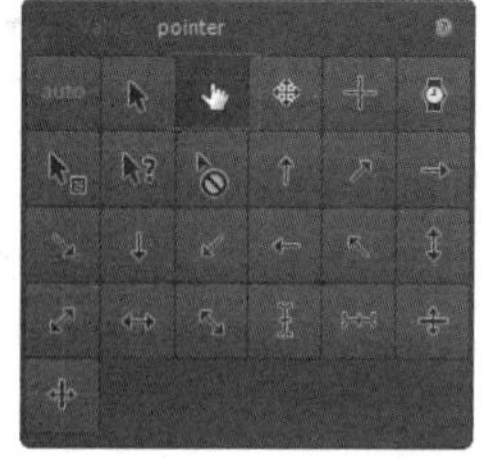

图 7-214

23 完成动画的制作，执行“File（文件）>Save（保存）”命令，保存文件。执行“File（文件）>Preview In Browser（在浏览器中预览）”命令，在浏览器中可以看到所制作的下拉导航菜单动画效果，如图 7-215 所示。

图 7-215

7.7 使用滑过变换动作创建文字标注

创建文字标注在网页中也经常能看到，可以帮用户更好的理解该网页中内容，使用户可以无障碍地浏览下去，本节通过一个简单的文字标注动画，让读者了解如何创建文字标注的方法以及文字标注的实用性。

自测 7 制作文本标注动画

视频：光盘 \ 视频 \ 第 7 章 \ 制作文本标注动画 .swf
源文件：光盘 \ 源文件 \ 第 7 章 \ 制作文本标注动画 \7-7-1.html

01 执行“File（文件）>New（新建）”命令，新建空白文件。执行“File（文件）>Save（保存）”命令，将文件保存为“光盘 \ 源文件 \ 第 7 章 \ 制作文本标注动画 \7-7-1.html”。

02 在“Properties（属性）”面板中对舞台相关属性进行设置，如图 7-216 所示。执行“File（文件）>Import（导入）”命令，导入素材图像“光盘 \ 源文件 \ 第 7 章 \ 素材 \a78101.jpg”，如图 7-217 所示

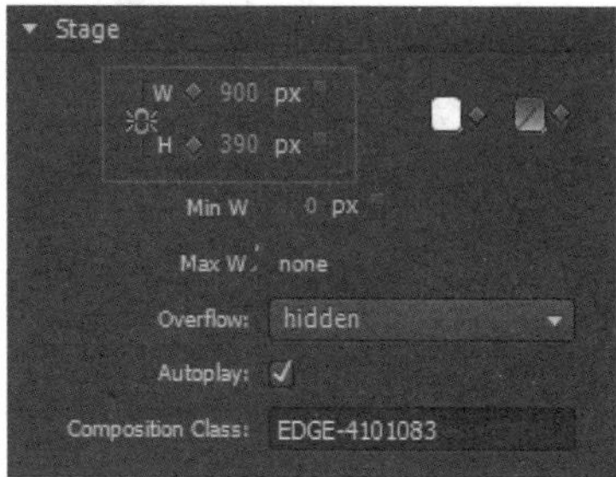

图 7-216

图 7-217

03 使用“Rectangle Tool（矩形工具）”，在舞台中绘制矩形，在“Properties（属性）”面板中设置“Opacity（不透明度）”属性为 0%，如图 7-218 所示，舞台中的矩形效果如图 7-219 所示。

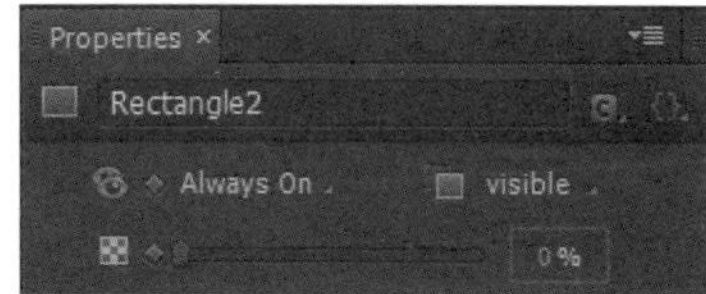

图 7-218

04 使用“Text Tool（文本工具）”，在舞台中单击并输入文字，如图 7-220 所示。在“Properties（属性）”面板中设置文字的“Display（显示）”属性为 Off，如图 7-221 所示。

图 7-219

图 7-220

图 7-221

提示：

在舞台中创建的文本默认名称为 Text，此处并没有修改该文本框的名称，以之后的步骤中需要通过脚本代码控制该文本框的显示与隐藏，需要正确填写文本框的名称。

05 在“Timeline（时间轴）”面板中单击 Rectangle 元素层左侧的“Open Action（打开动作）”按钮，如图 7-222 所示。弹出“Trigger（触发器）”对话框，选择 mouseover 事件，在脚本窗口中添加相应的脚本代码，如图 7-223 所示。

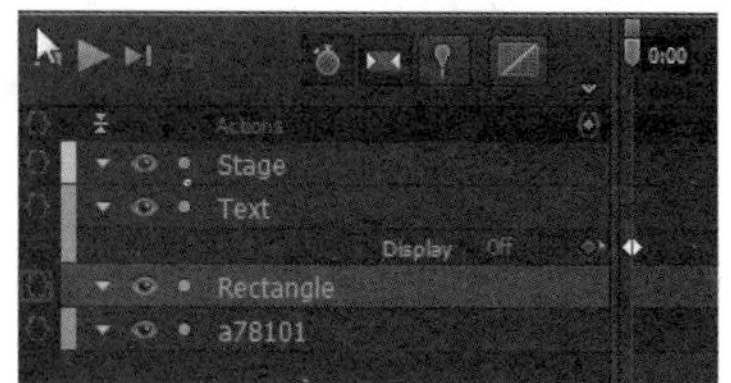

图 7-222

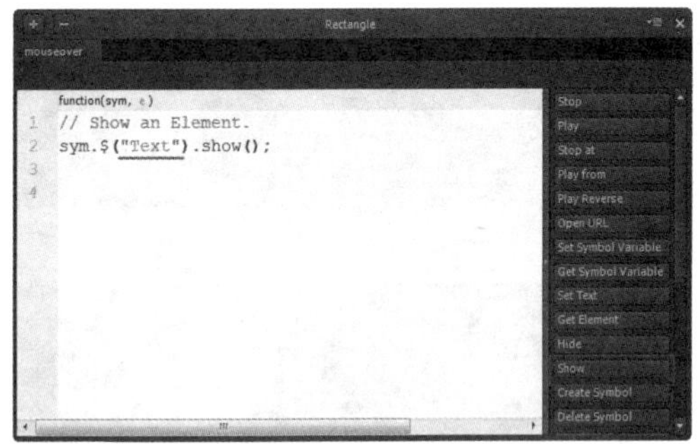

图 7-223

06 单击“Trigger(触发器)”对话框左上角的+按钮，在弹出菜单中选择 mouseout 事件，在脚本窗口中添加相应的脚本代码，如图 7-224 所示。

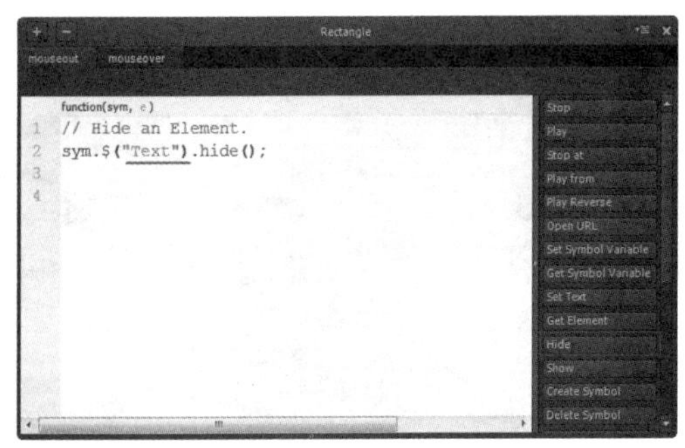

图 7-224

07 采用相同的制作方法，可以在动画中为其他部分创建文本标注。执行“File(文件)>Save(保存)”命令，保存文件。执行“File（文件）>Preview In Browser（在浏览器中预览）”命令，在浏览器中预览动画，可以看到文本标注的效果，如图 7-225 所示。

图 7-225

7.8 本章小结

本章向读者介绍了符号的几种创建方法和使用符号的一些基本操作，以及在符号内部的时间轴上制作动画，并且还介绍了在符号中嵌套符号和在符号中制作导航栏的方法。符号在时间轴上的运用是本章的重点，创建符号和使用符号是灵活运用符号的基础，读者需要认真练习来加强对符号的理解。

第⑧章 HTML 和 CSS 样式在 Edge Animate 中的应用

HTML 和 CSS 样式在 Edge Animate 中的应用

用户在 Edge Animate 中创建项目时，将自动创建几个不同的文件。超文本标记语言文件（.html）是网页文件，通过浏览器预览 HTML 文件并显示相应的内容。CSS 样式表文件（.css）为 HTML 文件提供格式与外观设置。读者需要能够了解 HTML 和 CSS 样式的相关知识，这样有助于能够更好的控制所制作的动画项目。本章将向读者介绍有关 HTML 和 CSS 样式的相关知识，并掌握 HTML 和 CSS 样式在 Edge Animate 中的综合应用。

本章知识点：

- 了解 HTML 文档和 HTML 标签
- 了解 HTML5
- 了解 CSS 样式的语法和规则
- 掌握应用 CSS 样式的方式
- 理解 Edge Animate 与 HTML 的关系
- 掌握在网页中应用 Edge Animate 动画的方法

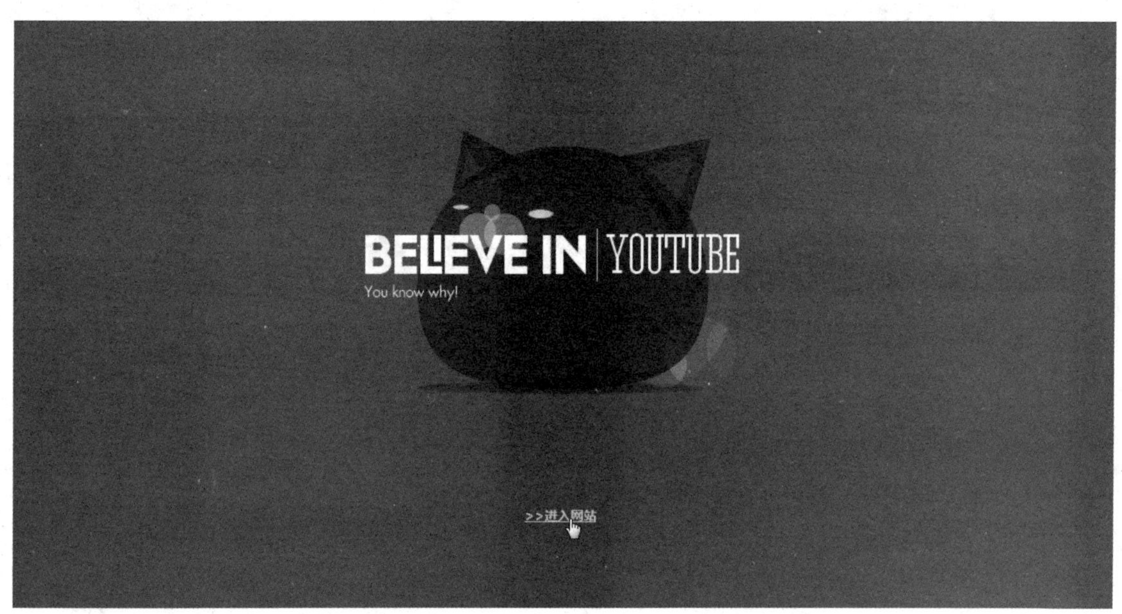

8.1 认识 HTML

HTML 主要运用标签使页面文件显示出预期的效果，也就是在文本文件的基础上，加上一系列的网页元素展示效果，最后形成后缀名为 .htm 或 .html 的文件。当读者通过浏览器阅读 HTML 文件时，浏览器负责解释插入到 HTML 文本中的各种标签，并以此为依据显示文本的内容，把 HTML 语言编写的文件称为 HTML 文本，HTML 语言即网页的描述语言。

8.1.1 关于 HTML 文档

HTML 语言是英文 Hyper Text Markup Language 的缩写，是一种文本类、解释执行的标记语言。由于 HTML 语言编写的文件是标准的 ASCII 文本文件，所以可以使用任何的文本编辑器来打开 HTML 文件。

一个完整的 HTML 文件由标题、段落、列表、表格、单词和嵌入的各种对象所组成。这些逻辑上统一的对象统称为元素，HTML 使用标签来分割并描述这些元素。实际上整个 HTML 文件就是由元素与标签组成的。

HTML 文件基本结构如下。

```
<html>                  <!--HTML 文件开始 -->
    <head>              <!--HTML 文件的头部开始 -->
    </head>             <!--HTML 文件的头部结束 -->
    <body>              <!--HTML 文件的主体开始 -->
    </body>             <!--HTML 文件的主体结束 -->
</html>                 <!--HTML 文件结束 -->
```

可以看到，代码分为 3 部分。

● **<html>……</html>**

告诉浏览器 HTML 文件开始和结束，<html> 标签出现在 HTML 文档的第一行，用来表示 HTML 文档的开始。</html> 标签出现在 HTML 文档的最后一行，用来表示 HTML 文档的结束。两个标签一定要一起使用，网页中的所有其他内容都需要放在 <html> 与 </html> 之间。

● **<head>……</head>**

网页的头标签，用来定义 HTML 文档的头部信息，该标签也是成对使用的。

● **<body>……</body>**

在 <head> 标签之后就是 <body> 与 </body> 标签了，该标签也是成对出现的。<body> 与 </body> 标签之间为网页主体内容和其他用于控制内容显示的标签。

提示：

HTML 文件可以直接由浏览器解释执行，而无须编译。当用浏览器打开网页时，浏览器读取网页中的 HTML 代码，分辨其语法结构，然后根据解释的结果显示网页内容，正是因为如此，网页显示的速度同网页代码的质量有很大的关系，保持精简和高效的 HTML 源代码是十分重要的。

8.1.2 HTML 文档标签

绝大多数元素都有起始标签和结束标签，在起始标签和结束标签之间的部分是元素体，例如 <body>…</body>。第一个元素都有名称和可选择的属性，元素的名称和属性都在起始标签内标明。

● **普通标签**

普通标签是由一个起始标签和一个结束标签所组成的，其语法格式如下。

```
<x> 控制文字 </x>
```

其中，x 代表标签名称。<x> 和 </x> 就如同一组开关：起始标签 <x> 为开启某种功能，而结束标签 </x>（通常为起始标签加上一个斜线 /）为关闭功能，受控制的文字信息便放在两标签之间，例如，下面的代码。

```
<b> 加粗文字 </b>
```

标签之中还可以附加一些属性，用来实现或完成某些特殊效果或功能，例如，下面的代码。

```
<xa1= “v1”  a2= “v2” …… an= “vn” > 控制文字 </x>
```

其中，a1，a2……，an 为属性名称，而 v，v2……，vn 则是其所对应的属性值。属性值加不加引号，目前所使用的浏览器都可接受，但根据 W3C 的新标准，属性值是要加引号的，所以最好养成加引号的习惯。

● **空标签**

虽然大部分的标签是成对出现的，但也有一些是单独存在的，这些单独存在的标签称为空标签，其语法格式如下。

```
<x>
```

同样，空标签也可以附加一些属性，用来完成某些特殊效果或功能，例如，下面的代码。

```
<x a1= “v1”  a2= “v2”  …… an= “vn” >
```

例如，下面的代码。

```
<hr color= “#0000FF” >
```

提示：

其实 HTML 还有其他更为复杂的语法，使用技巧也非常的多，作为一种语言，它有很多的编写原则并且以很快的速度发展着。

8.1.3 关于 HTML5

W3C 在 2010 年 1 月 22 日发布了最新的 HTML 5 工作草案。HTML 5 的工作组包括 AOL、Apple、Google、IBM、Microsoft、Mozilla、Nokia、Opera 以及数百个其他的开发商。制作定 HTML 5 的目的是取代 1999 年 W3C 所制定的 HTML 4.01 和 XHTML 1.0 标准，希望能够在网络应用迅速发展的同时，网页语言能够符合网络发展的需求。

HTML 5 实际上指的是包括 HTML、CSS 样式和 JavaScript 脚本在内的一整套技术的组合，希望通过 HTML 5 能够轻松的实现许多丰富的网络应用需求，而减少浏览器对插件的依赖，并且提供更多能有效增强网络应用的标准集。

在 HTML 5 中添加了许多新的应用标签，其中包括 <video>、<audio> 和 <canvas> 等标签，添加这些标签是为了设计者能够更轻松的地网页中添加或处理图像和多媒体内容。其他新的标签还有 <section>、<article>、<header> 和 <nav>，这些新添加的标签是为了能够更加丰富网页中的数据内容。除了添加了许多功能强大的新标签和属性，同样也还有一些标签进行了修改，以方便适应快速发展的网络应用。同时也有一些标签和属性在 HTML 5 标准中已经被去除。

在 Edge Animate 中创建项目所自己生成的 HTML 文件就是基本 HTML5 标准的网页文档，其中许多动画效果都是通过 HTML5 中的标签来实现的。

8.2 认识 CSS 样式

CSS 样式是对 HTML 语言的有效补充，通过 CSS 样式可以轻松地设置网页元素的显示位置和格式，通过使用 CSS 样式，能够节省许多重复性的格式设置，例如网页文字的大小和颜色等，还可以使用 CSS 滤镜，实现图像淡化、网页淡入淡出等效果，大大提升网页的美观性。

8.2.1 关于 CSS 样式

CSS 是 Cascading Style Sheets（层叠样式表）的缩写，是一种对 Web 文档添加样式的简单机制，是一种表现 HTML 或 XML 等文件外观样式的计算机语言，CSS 样式是由 W3C 来定义的。CSS 样式用来作为网页的排版与布局设计，在 Edge Animate 动画中同样起着控制外观和表现的重要作用。

CSS 是一组格式设置规则，用于控制 Web 页面的外观。通过使用 CSS 样式设置页面的格式，可以将页面的内容与表现形式分离。页面内容存放在 HTML 文档中，而用于定义表现形式的 CSS 样式存放在另一个文件中。将内容与表现形式分离，不仅可以使维护站点的外观更加容易，而且还可以使 HTML 文档代码更加简练，缩短浏览器的加载时间。

8.2.2 CSS 样式语法

CSS 样式是纯文本格式文件，在编辑 CSS 时，可以使用一些简单的纯文本编辑工具，例如记事本，同样也可以使用专业的 CSS 编辑工具。

CSS 样式由选择符和属性构成，CSS 样式的基本语法如下。

CSS 选择符 { 属性 1：属性值 1；属性 2：属性值 2；属性 3：属性值 3；……}

下面是在 HTML 页面中直接引用 CSS 样式，这个方法必须把 CSS 样式包括在 <style> 和 </style> 标签中，为了使 CSS 样式在整个页面中产生作用，应把该组标签及内容放到 <head> 和 </head> 标签中。

8.2.3 CSS 样式规则

所有 CSS 样式的基础就是 CSS 规则，每一条规则都是一条单独的语句，确定应该如何设计样式，以及应该如何应用这些样式。因此，CSS 样式由规则列表组成，浏览器用它来确定页面的显示效果。

CSS 样式由两部分组成：选择符和声明，其中声明由属性和属性值组成，所以简单的 CSS 规则如下。

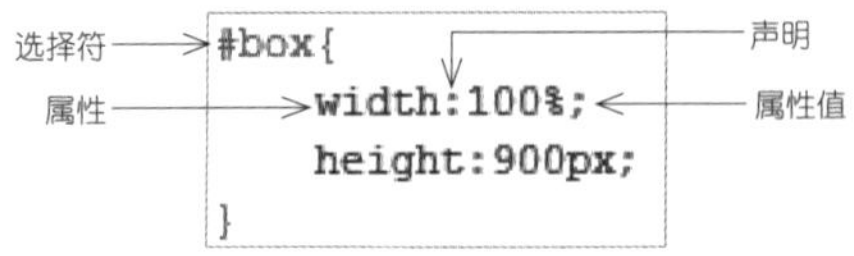

● **选择符**

选择符部分指定对文档中的哪个标签进行定义，选择符最简单的类型是“标签选择符”，可以直接输入 HTML 标签的名称，便可以对其进行定义，例如定义 HTML 中的 <p> 标签，只要给出 < > 尖括号内的标签名称，就可以编写标签选择符了。

● **声明**

声明包含在 {} 大括号内，在大括号中首先给出属性名，接着是冒号，然后是属性值，结尾分号是可选项，推荐使用结尾分号，整条规则以结尾大括号结束。

● **属性**

属性由官方 CSS 规范定义。用户可以定义特有的样式效果，与 CSS 兼容的浏览器会支持这些效果。

● **属性值**

属性值的值放置在属性名和冒号之后，用于确切定义应该如何设置属性。每个属性值的范围也在 CSS 规范中有相应的定义。

8.2.4 为元素应用 ID CSS 样式

ID 选择符定义的是 HTML 页面中某一个特定的元素，即一个网页中只能有一个元素使用某一个 ID 的属性值。在正常情况下，ID 的属性值在文档中具有唯一性，只有具备 ID 属性的标签才可以使用 ID 选择符定义样式。

ID 选择符与类选择符有一定的区别的，ID 选择符并不像类选择符那样，可以给任意数量的标签定义样式，它在页面的标签中只能使用一次；同时，ID 选择符比类选择符还具有更高的优先级，当 ID 选择符与类选择符发生冲突时，将会优先使用 ID 选择符。

ID 选择符的语法如下：

```
#ID 名称 { 属性：属性值； }
```

ID 名称表示 ID 选择符的名称，其具体名称由 CSS 定义者自己命名。

8.2.5 为元素应用类 CSS 样式

在网页中通过使用标签选择符，可以控制网页所有该标签显示的样式，但是，根据网页设计过程中的实际需要，标签选择符对设置个别标签的样式还是力不能及的，因此，就需要使用类(class)选择符，来达到特殊效果的设置。

类选择行用来为一系列的标签定义相同的显示样式，其基本语法如下。

```
.类名称 {属性：属性值；}
```

类名称表示类选择符的名称，其具体名称由 CSS 定义者自己命名。在定义类选择符时，需要在类名称前面加一个英文句点（.）。

```
.font01 { color: black;}
.font02 { font-size: 12px;}
```

以上定义了两个类选择符，分别是 font01 和 font02。类的名称可以是任意英文字符串，也可以是以英文字母开头与数字组合的名称，通常情况下，这些名称都是其效果与功能的简要缩写。

可以使用 HTML 标签的 class 属性来引用类选择符。

```
<p class=" font01" >class 属性是被用来引用类选择符的属性 </p>
```

以上所定义的类选择符被应用于指定的 HTML 标签中（如 <p> 标签），同时它还可以应用于不同的 HTMl 标签中，使其显示出相同的样式。

```
<p class=" font01" >段落样式 </p>
<h1 class=" font01" >标题样式 </h1>
```

8.2.6 4 种应用 CSS 样式的方式

CSS 样式能够很好的控制页面的显示，以达到分离网页内容和样式代码。在网页中应用 CSS 样式表有四种方式：内联 CSS 样式、内部 CSS 样式、链接外部 CSS 样式文件和导入外部 CSS 样式文件。在实际操作中，选择方式根据设计的不同要求来进行选择。

● 内联 CSS 样式

内联 CSS 样式是所有 CSS 样式中比较简单、直观的方法，就是直接把 CSS 样式代码添加到 HTML 的标签中，即作为 HTML 标签的属性存在。通过这种方法，可以很简单地对某个元素单独定义样式。

使用内联样式方法是直接在 HTML 标签中使用 style 属性，该属性的内容就是 CSS 的属性和值，其语法格式如下。

```
<p style=" font-family: 宋体； font-size: 12px; color:#CCCCCC;" >内联样式 </p>
```

● 内部 CSS 样式

内部 CSS 样式就是将 CSS 样式代码添加到 <head> 与 </head> 标签之间，并且用 <style> 与 </style> 标签进行声明。这种写法虽然没有完全实现页面内容与 CSS 样式表现的完全分离，但可以将内容与 HTML 代码分离在两个部分进行统一的管理。其语法格式如下。

```
<style type=" text/css" >
CSS 样式代码
</style>
```

● 链接外部 CSS 样式文件

外部样式表是 CSS 样式表中较为理想的一种形式。将 CSS 样式表代码单独编写在一个独立文件之中，由网页进行调用，多个网页可以调用同一个外部样式表文件，因此能够实现代码的最大化使用及网站文件的最优化配置。

链接外部样式是指在外部定义 CSS 样式并形成以 .css 为扩展名的文件，然后在页面中通过 <link> 标签将外部的 CSS 样式文件链接到页面中，而且该语句必须放在页面的 <head> 与 </head> 标签之间，其语法格式如下。

```
<link rel=" stylesheet"  type=" text/css" href=" style/style.css" >
```

提示：

在这里使用的是相对路径，如果 HTML 文档与 CSS 样式文件没有在同一路径下，则需要指定 CSS 样式的相对位置或者是绝对位置。

● **导入外部 CSS 样式文件**

导入样式与链接样式基本相同，都是创建一个单独的 CSS 样式文件，然后再引入到 HTML 文件中，只不过语法和运作方式上有其别。采用导入的 CSS 样式，在 HTML 文件初始化时，会被导入到 HTML 文件内，作为文件的一部分，类似于内部 CSS 样式。而链接样式是在 HTML 标签需要 CSS 样式风格时才以链接方式引入。

导入外部样式是指在嵌入样式的 <style> 与 </style> 标签中，使用 @inport 导入一个外部 CSS 样式，其语法格式如下。

```
<style type=" text/css" >
@import url( “外部样式表文件路径和地址” );
</style>
```

8.3 Edge Animate 与 HTML 的关系

在 Edge Animate 中创建的动画文件本质上同样是在网页文件中通过 HTML、CSS 样式和 JavaScript 相结合所实现的动画效果。而 Edge Animate 只是将繁琐的代码编写工作可视化了，在 Edge Animate 中所做的操作都会自动转换为相应的 HTML、CSS 样式和 JavaScript 代码。

8.3.1 读懂 Edge Animate 创建的 HTML 文档

在 Edge Animate 中创建一个空白的文档，执行“File（文件）>Save（保存）”命令，保存该项目文件，可以得到一个 HTML 文件和相关的 JavaScript 文件，如图 8-1 所示。用户可以打开该 HTML 文件，可以看到在该 HTML 文件中并没有很多的代码，如图 8-2 所示。

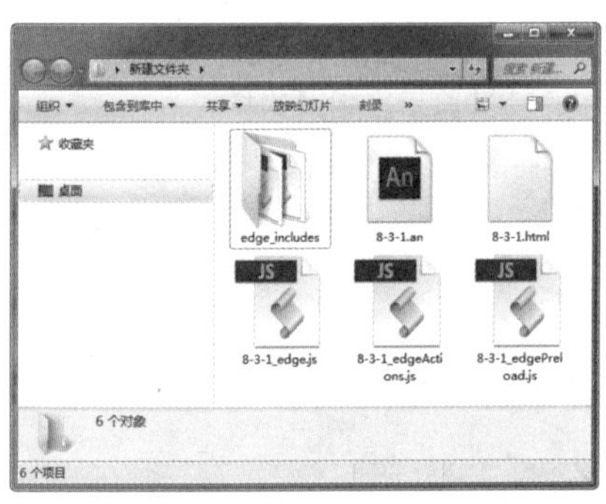

图 8-1

```
<!DOCTYPE html>
<html>
<head>
    <meta http-equiv="Content-Type" content="text/html; charset=utf-8">
    <meta http-equiv="X-UA-Compatible" content="IE=Edge"/>
    <title>Untitled</title>
<!--Adobe Edge Runtime-->
    <script type="text/javascript" charset="utf-8" src="8-3-1_edgePreload.js"></script>
    <style>
        .edgeLoad-EDGE-8128588 { visibility:hidden; }
    </style>
<!--Adobe Edge Runtime End-->

</head>
<body style="margin:0;padding:0;">
    <div id="Stage" class="EDGE-8128588">
    </div>
</body>
</html>
```

图 8-2

提示：

此处使用 Dreamweaver 打开 Edge Animate 文档所生成的 HTML 文件，也可以使用其他的网页编辑软件或者记事本打开该 HTML 文档，查看 HTML 代码。

在默认情况下，在该 HTML 文件中将链接其他的相关文件，从而在网页中实现所制作的动画效果。下面是一个最基本的 Edge Animate 动画项目的 HTML 文件代码：

```
<!DOCTYPE html>
<html>
<head>
    <meta http-equiv=" Content-Type"
content=" text/html; charset=utf-8" >
    <meta http-equiv=" X-UA-Compatible"
content=" IE=Edge" />
    <title>Untitled</title>
<!--Adobe Edge Runtime-->
    <script type=" text/javascript"
charset=" utf-8"  src=" 8-3-1_edgePreload.js" >
</script>
    <style>
        .edgeLoad-EDGE-8128588 {
visibility:hidden; }
    </style>
<!--Adobe Edge Runtime End-->
</head>
<body style=" margin:0;padding:0;" >
    <div id=" Stage"  class=" EDGE-8128588" >
    </div>
</body>
</html>
```

第一行的 <!DOCTYPE html> 用于声明该文档是一个 HTML5 文档，其他的内容都位于 <html> 与 </html> 标签之间，在 <html> 与 </html> 标签之间有两个标准的 HTML 文档标签 <head> 和 <title>。

在 <head> 与 </head> 标签之间包含了两个 HTML 注释 <!--Adobe Edge Runtime--> 和 <!--Adobe Edge Runtime End-->。在这两个注释之间使用 <script> 标签链接一个 JavaScript 文件，从该 JavaScript 文件的名称"Preload"可以判断，所链接的 JavaScript 文件用于加载识别其他 JavaScript 文件和库文件，其中一些是在 edge_includes 文件夹中。

打开保存项目文件所自动创建的 edge_includes 文件夹，可以在该文件夹中看到两个实现动画效果的两个 JavaScript 文件，分别是 edge.3.0.0.min.js 和 jquery-2.0.3.min.js，如图 8-3 所示。

除了在 edge_includes 文件夹中自动创建的两个 JavaScript 文件外，在保存项目的文件夹中还会自动创 3 个相关的 JavaScript 文件，如图 8-4 所示。

提示：

如果用户修改了创建项目所自动生成的文件名称或文件位置，则需要在该 HTML 文件中做出相应的修改。建议用户不要轻易修改创建项目所自动创建的相关文件，包括文件名称。

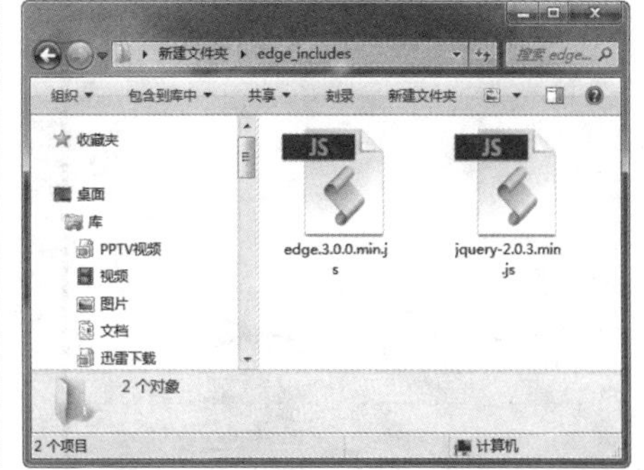

图 8-3

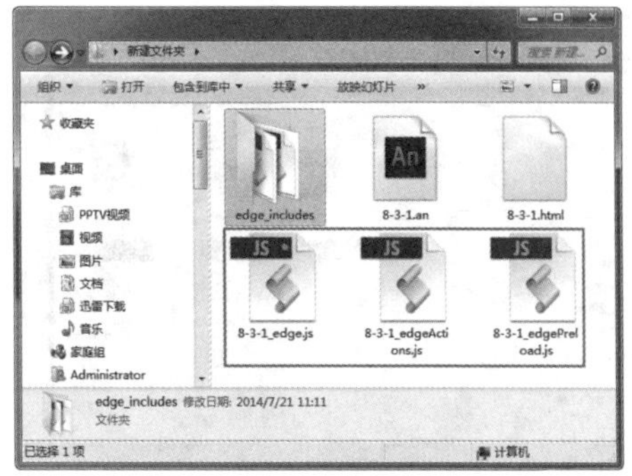

图 8-4

8.3.2 以 Edge Animate 开启 HTML 文档

在 Edge Animate 中还可以打开已经制作好的网页，并在该网页中相应的位置制作出动画的效果，这样就能够很方便的将动画放置在现有的网页中。

自测 1

为网站欢迎页面添加动画效果

视频：光盘 \ 视频 \ 第 8 章 \ 为网站欢迎页面添加动画效果 .swf

源文件：光盘 \ 源文件 \ 第 8 章 \ 为网站欢迎页面添加动画效果 \8-3-2.html

01 执行"File（文件）>Open（打开）"命令，弹出"Open（打开）"对话框，选择需要在 Edge Animate 中打开的 HTML 页面"光盘 \ 源文件 \ 第 8 章 \ 素材 \8-3-2.html"，如图 8-5 所示。单击"打开"按钮，即可在 Edge Animate 中打开制作好的 HTML 页面，如图 8-6 所示。

图 8-5

图 8-6

02 执行"File（文件）>Save AS（另存为）"命令，弹出"Save AS（另存为）"对话框，将文件保存为"光盘 \ 源文件 \ 第 8 章 \ 为网站欢迎页面添加动画效果 \8-3-2.html"，如图 8-7 所示。在保存该项目文件的文件夹中可以看到自动生成的相关文件，如图 8-8 所示。

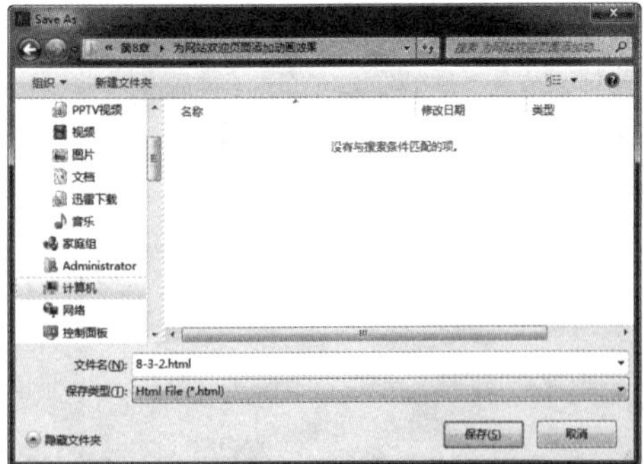

图 8-7

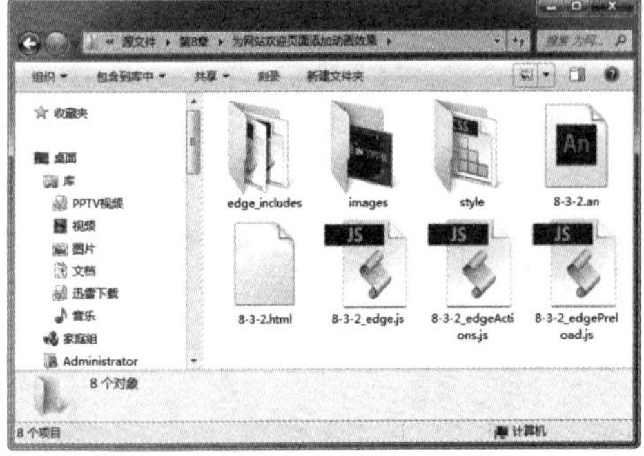

图 8-8

提示：

该 HTML 页面是事先制作好的一个普通静态 HTML 页面。当将该 HTML 页面另存为项目文件时，除了会自动生成该项目文件相关的 JavaScript 文件外，还会自动将该 HTML 页面所使用到的图像与 CSS 样式等文件复制到该项目文件夹中。

03 打开“Elements（元素）”面板，在该面板中可以看到 HTML 页面中的所有元素，如图 8-9 所示。在“Elements（元素）”面板中单击选中 pic 元素，或者直接在舞台中单击选中 pic 元素，如图 8-10 所示。

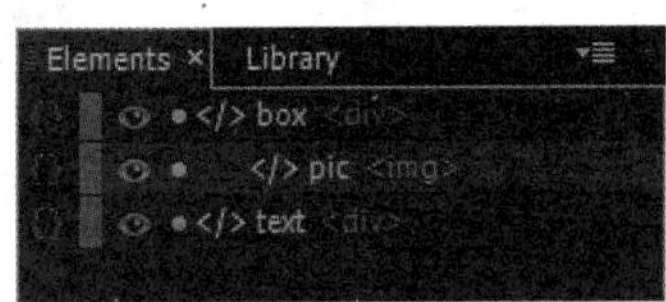

图 8-9

图 8-10

04 在“Properties（属性）”面板中单击“Opacity（不透明度）”属性和“Transform（变换）”选项区中的“水平缩放”和“垂直缩放”属性的“Add Keyframe（添加关键帧）”按钮，如图 8-11 所示，“时间轴”面板如图 8-12 所示。

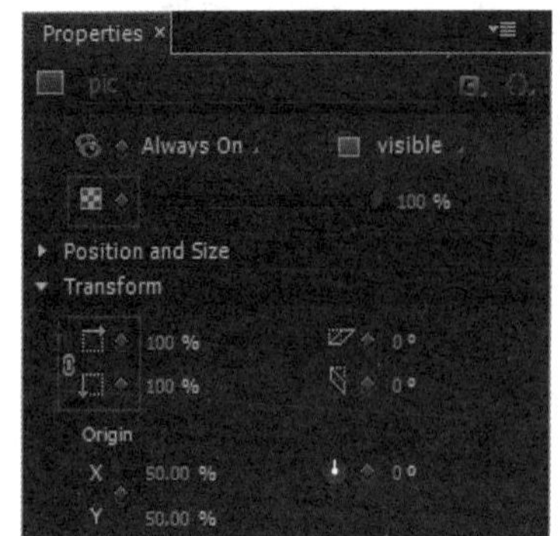

图 8-11

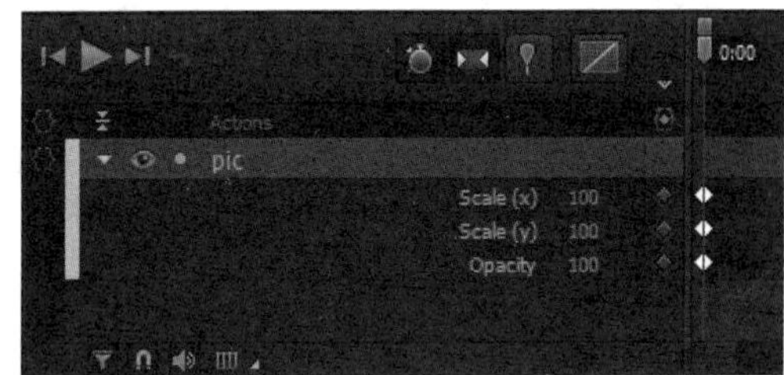

图 8-12

05 在“Properties（属性）”面板中设置“Opacity（不透明度）”属性为 0%，设置“水平缩放”和“垂直缩放”属性为 0%，如图 8-13 所示，舞台中元素的效果如图 8-14 所示。

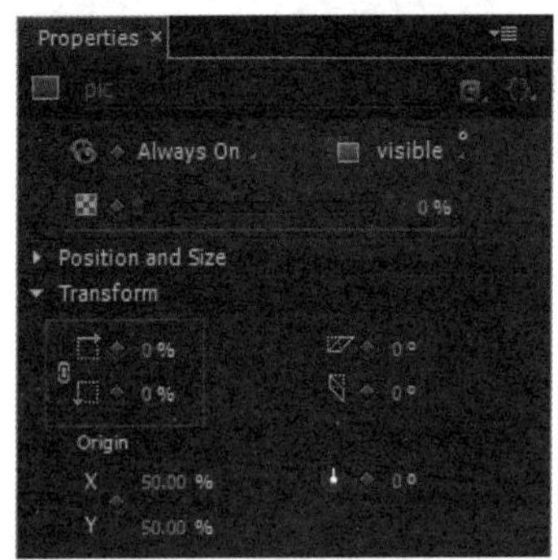

图 8-13

图 8-14

06 在“Timeline(时间轴)”面板中将播放头移至0:01的位置，在“Properties（属性）”面板中设置“Opacity（不透明度）”属性为100%，设置“水平缩放”和“垂直缩放”属性为130%，如图8-15所示，舞台中元素的效果如图8-16所示，“Timeline（时间轴）”面板如图8-17所示。

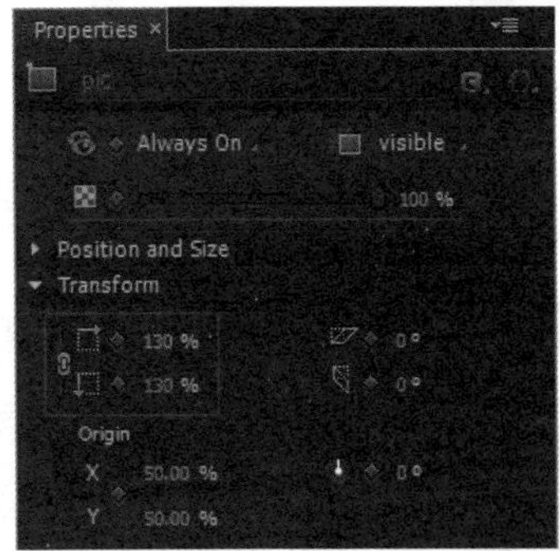

图 8-15

图 8-16

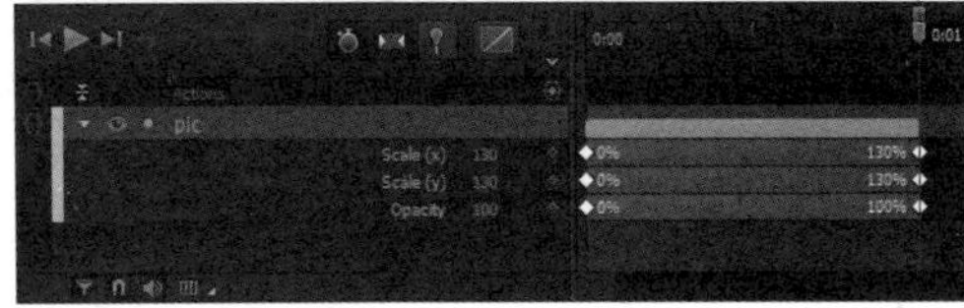

图 8-17

07 在“Timeline（时间轴）”面板中将播放头移至0:01.200的位置，在“Properties（属性）”面板中设置“水平缩放”和“垂直缩放”属性为100%，如图8-18所示，舞台中元素的效果如图8-19所示，“Timeline（时间轴）”面板如图8-20所示。

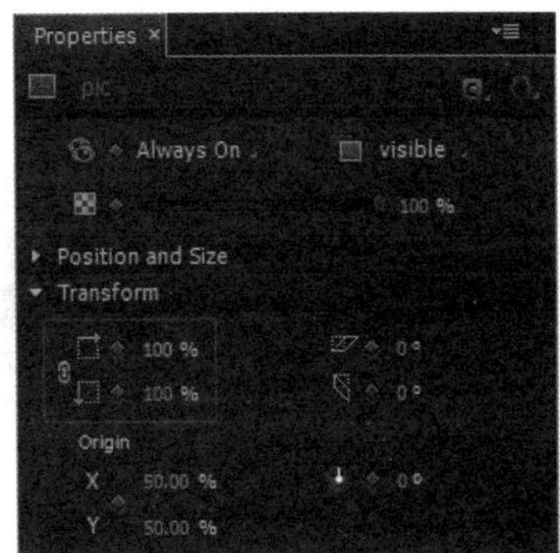

图 8-18

图 8-19

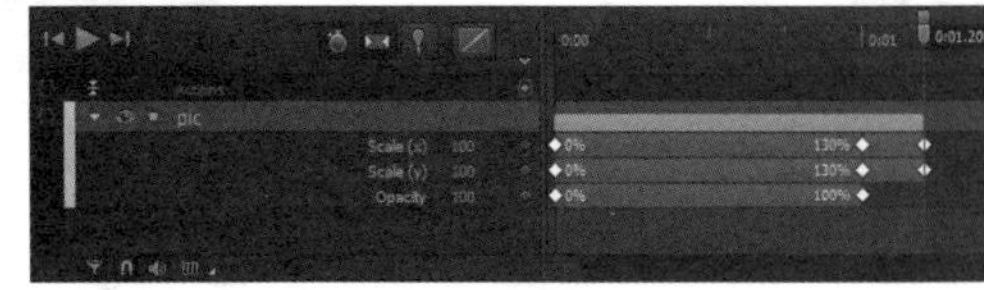

图 8-20

08 在文档窗口中单击选中HTML页面中下方的文字，如图8-21所示。在“Properties（属性）”面板中的“title（标题）”文本框中可以看到该文本元素的ID名称为text，如图8-22所示。

图 8-21

图 8-22

提示：

接下来需要通过触发器动作控制该文本的CSS样式变化，所以首先必须明确该文本元素的ID名称，这样才能够通过触发器动作改变该文本的CSS样式。

09 在“Properties（属性）”面板中单击“title（标题）”文本框右侧的“Open Actions(打开动作)”按钮，在弹出的“Trigger（触发器）”对话框中选择mouseover事件，并编写相应的脚本代码，如图8-23所示。

```
function(sym, e)
// insert code to be run when the m
sym.$("text").css(
{
  "color": "rgba(253,248,0,1)",
  "text-decoration": "underline",
  "cursor": "pointer",
}
);
```

图 8-23

10 单击“Trigger（触发器）”对话框左上角的按钮，在弹出菜单中选择 mouseout 事件，在脚本窗口中编写相应的脚本代码，如图 8-24 所示。

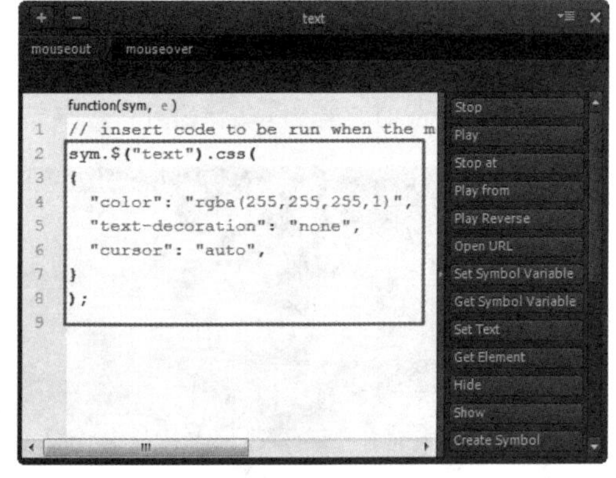

图 8-24

提示：

此处主要是通过触发器脚本来改变 ID 名称为 text 的文本元素的 CSS 样式，改变了文字颜色、文字修饰和光标效果这 3 种 CSS 属性。

11 完成该 HTML 页面中动画效果的制作。执行“File（文件）>Save（保存）”命令，保存文件。执行“File（文件）>Preview In Browser（在浏览器中预览）”命令，在浏览器中预览该 HTML 页面，可以看到网页中动画的效果，如图 8-25 所示。

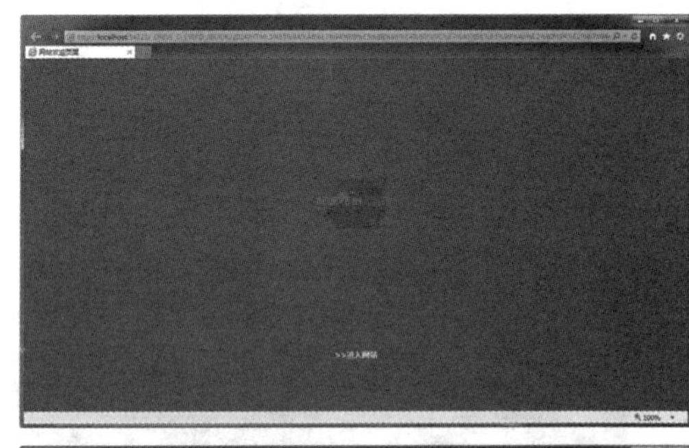

图 8-25

8.4 在网页中应用动画

在 Edge Animate 中完成动画的创建后，最终是需要将动画应用到网页中的，例如，在 Edge Animate 中制作的网页 banner 广告条，他仅仅是一个完整的网页中的一部分，需要将该广告条放置到网页中相应的位置。本节将向读者介绍如何在网页中应用 Edge Animate 所创建的动画。

在 HTML 文档中插入 Edge Animate 动画的方法非常简单，只需要在 HTML 代码中稍加编辑，即可将所制作的 Edge Animate 动画应用到已经制作好的网页中。

自测 2 在网页中插入导航菜单动画

视频：光盘 \ 视频 \ 第 8 章 \ 在网页中插入导航菜单动画 .swf
源文件：光盘 \ 源文件 \ 第 8 章 \ 在网页中插入导航菜单动画 \index.html

01 执行“File（文件）>Open（打开）”命令，打开 Edge Animate 动画“光盘 \ 源文件 \ 第 8 章 \ 在网页中插入导航菜单动画 \7-5-2.html”，如图 8-26 所示。执行“File（文件）>Preview In Browser（在浏览器中预览）”命令，在浏览器中预览该动画，效果如图 8-27 所示。

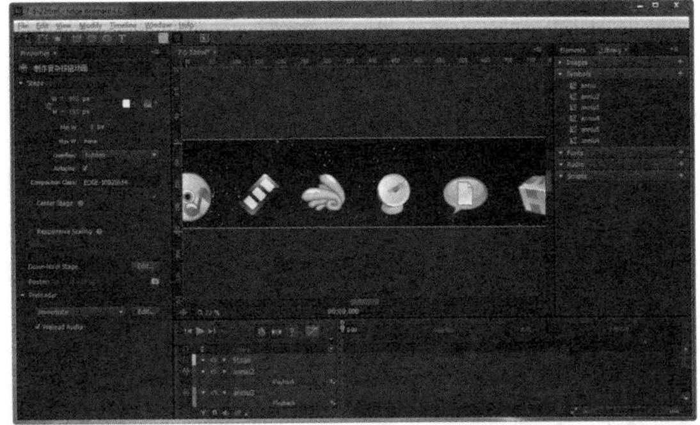

图 8-26

图 8-27

提示：

该动画中在第 7 章中制作的动画效果，在本实例中向读者介绍如何将该动画插入到网页中。

02 返回到 Edge Animate 中，在舞台中单击选中动画的背景图像素材，按 Delete 键，将其删除，如图 8-28 所示。选中“Stage（舞台）”元素层，在“Properties（属性）”面板中设置背景颜色完全透明，如图 8-29 所示。

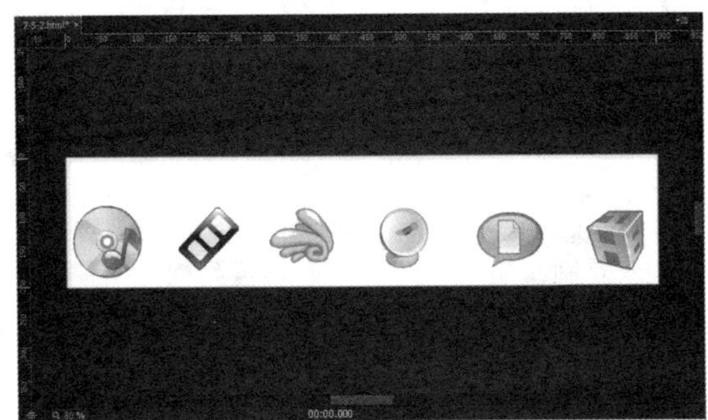

图 8-28

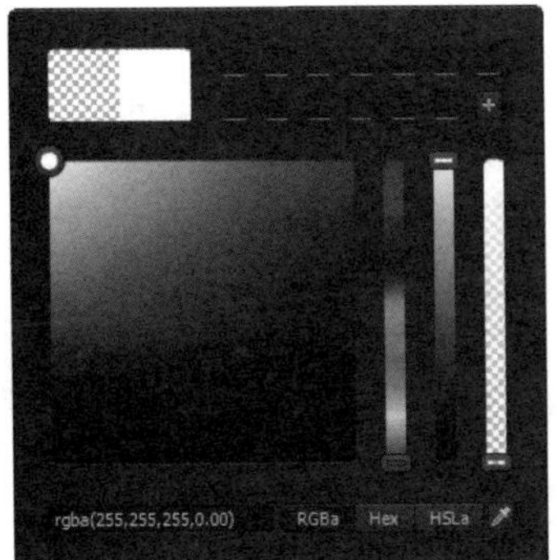

图 8-29

提示：

因为网页中已经设置好相应的背景颜色或背景图像，并不需要动画包含背景颜色和背景图像，需要动画的背景是透明显示的，所以此处将背景图像删除并将背景颜色设置为完全透明。

03 在舞台中可以看到动画背景的效果，如图 8-30 所示。执行“File（文件）>Save（保存）”命令，保存文件。执行“File（文件）>Preview In Browser（在浏览器中预览）”命令，在浏览器中预览动画，如图 8-31 所示。

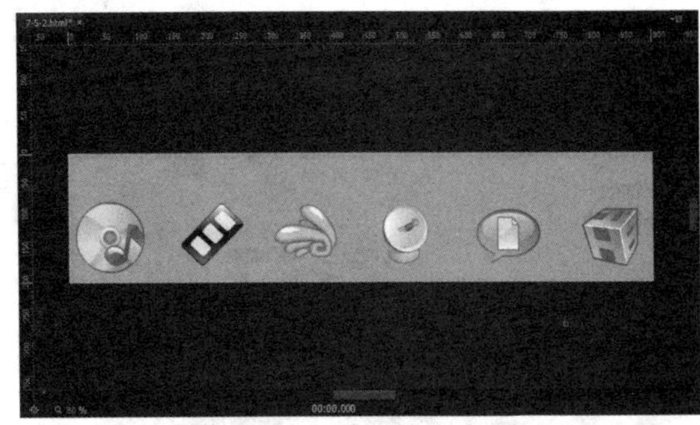

图 8-30

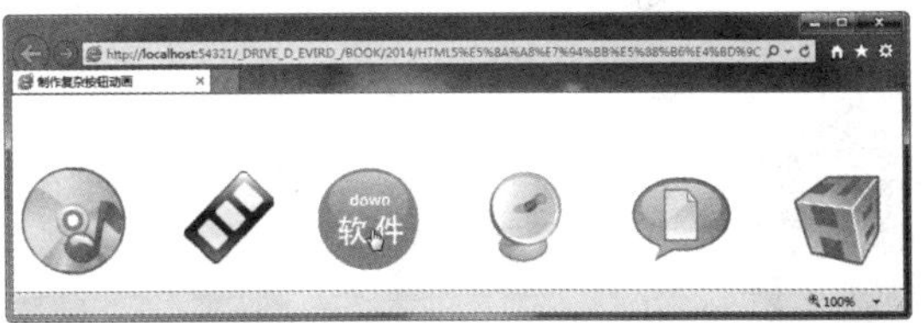

图 8-31

提示：

在 Edge Animate 中如果舞台的背景颜色为完全透明的，则默认显示的舞台背景颜色为浅灰色。而在浏览器窗口中，浏览器默认的背景颜色为白色。

04 将“光盘 \ 源文件 \ 第 8 章 \ 素材 \Web\”文件夹中所提供的相关文件和文件夹复制到与项目动画相同的文件夹中，如图 8-32 所示。

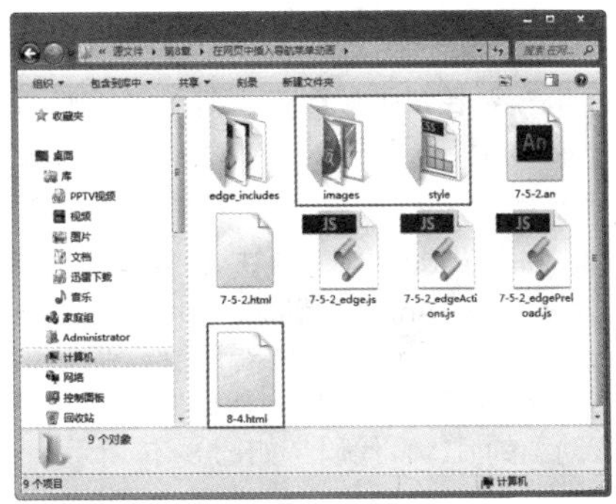

图 8-32

提示：

此处 8-4.html 为需要插入导航菜单动画的 HTML 页面，而 7-5-2.html 文件为 Edge Animate 动画文件，读者需要能够清楚的区分。

05 打开 Dreamweaver CC，本书将使用该软件将 Edge Animate 动画插入到网页中。在 Dreamweaver CC 中打开网页文件 8-4.html，效果如图 8-33 所示。转换到代码视图中，可以看到该网页的 HTML 代码，如图 8-34 所示。

图 8-33

```
<!doctype html>
<html>
<head>
<meta charset="utf-8">
<title>在网页中插入导航菜单动画</title>
<link href="style/8-4.css" rel="stylesheet" type="text/css">
</head>
<body>
<div id="box"></div>
</body>
</html>
```

图 8-34

提示：

除了可以使用 Dreamweaver CC 打开网页进行操作外，也可以使用其他的网页编辑软件，甚至可以使用文本文件打开网页进行编辑。因为 Dreamweaver CC 是专业的网页编辑制作软件，所以此处使用 Dreamweaver CC 进行操作讲解。

06 在浏览器中预览该 HTML 页面，可以看到该需要插入 Edge Animate 动画的网页的效果，如图 8-35 所示。

07 返回 Dreamweaver CC 中，在该软件中打开需要插入的 Edge Animate 动画 7-5-2.html，在 Dreamweaver CC 的设计视图中看不到任何动画内容，如图 8-36 所示。转换到代码视图中，可以看到该动画的 HTML 代码，如图 8-37 所示。

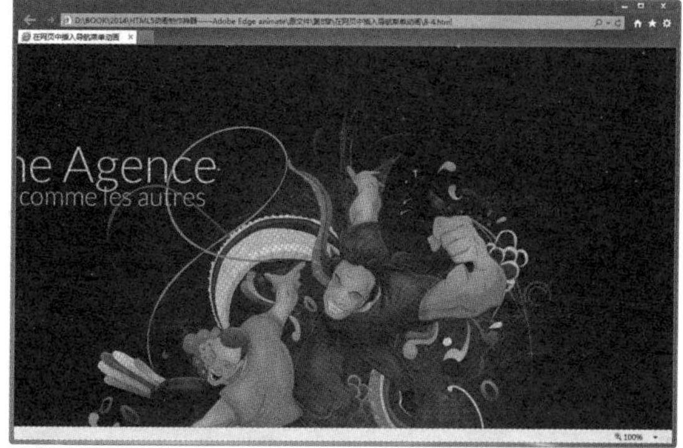

图 8-35

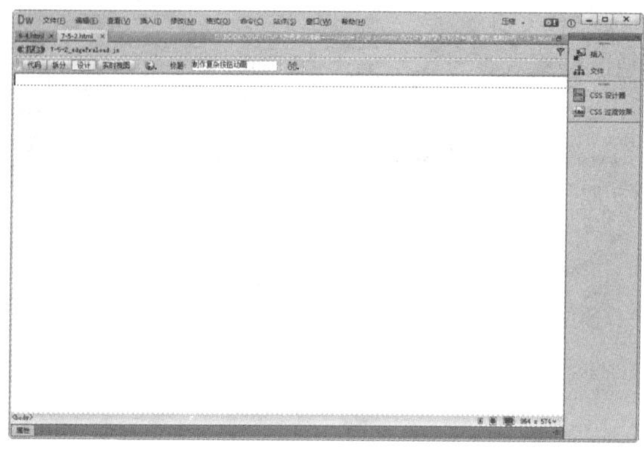

图 8-36

```
<!DOCTYPE html>
<html>
<head>
    <meta http-equiv="Content-Type" content="text/html; charset=utf-8">
    <meta http-equiv="X-UA-Compatible" content="IE=Edge"/>
    <title>制作复杂按钮动画</title>
<!--Adobe Edge Runtime-->
    <script type="text/javascript" charset="utf-8" src="7-5-2_edgePreload.js"></script>
    <style>
        .edgeLoad-EDGE-10805654 { visibility:hidden; }
    </style>
<!--Adobe Edge Runtime End-->

</head>
<body style="margin:0;padding:0;">
    <div id="Stage" class="EDGE-10805654">
    </div>
</body>
</html>
```

图 8-37

08 将 Edge Animate 动画文件中页面头部的部分代码复制，如图 8-38 所示。转换到网页文件 8-4.html 中，在页面头部的 <head> 与 </head> 标签之间粘贴所复制的代码，如图 8-39 所示。

```
<!--Adobe Edge Runtime-->
    <script type="text/javascript" charset="utf-8" src="7-5-2_edgePreload.js"></script>
    <style>
        .edgeLoad-EDGE-10805654 { visibility:hidden; }
    </style>
<!--Adobe Edge Runtime End-->
```

图 8-38

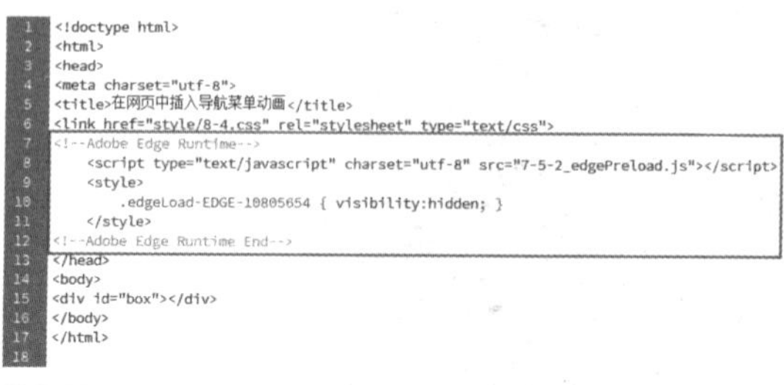

```
<!doctype html>
<html>
<head>
<meta charset="utf-8">
<title>在网页中插入导航菜单动画</title>
<link href="style/8-4.css" rel="stylesheet" type="text/css">
<!--Adobe Edge Runtime-->
    <script type="text/javascript" charset="utf-8" src="7-5-2_edgePreload.js"></script>
    <style>
        .edgeLoad-EDGE-10805654 { visibility:hidden; }
    </style>
<!--Adobe Edge Runtime End-->
</head>
<body>
<div id="box"></div>
</body>
</html>
```

图 8-39

09 转换到 Edge Animate 动画文件 7-5-2.html 中，将 <body> 与 </body> 标签之间的代码复制，如图 8-40 所示。转换到网页文件 8-4.html 中，在页面主体的 <body> 与 </body> 标签之间相应的位置粘贴所复制的代码，如图 8-41 所示。

```
<body style="margin:0;padding:0;">
    <div id="Stage" class="EDGE-10805654">
    </div>
</body>
```

图 8-40

```
<body>
<div id="box">
    <div id="Stage" class="EDGE-10805654">
    </div>
</div>
</body>
```

图 8-41

提示：

此处将相应的代码放置在页面中 ID 名称为 box 的 Div 中，是需要使该 Edge Animate 动画在网页中 ID 名称为 box 的 Div 中显示。

10 返回设计视图中，并不能在 Dreamweaver 设计视图看到 Edge Animate 动画的效果，如图 8-42 所示。保存页面，在浏览器中预览该页面，可以看到在网页中插入的 Edge Animate 动画的效果，如图 8-43 所示。

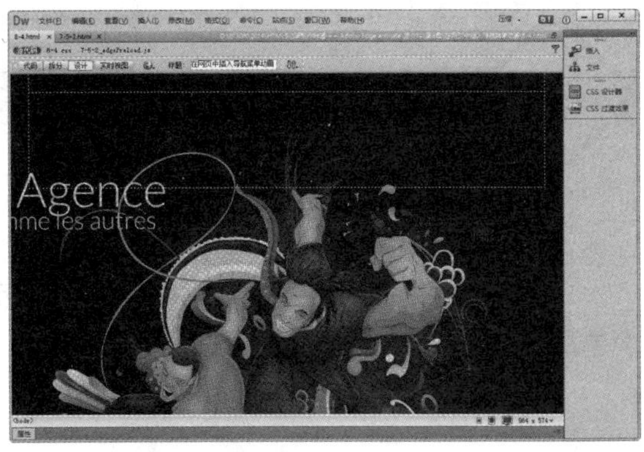

图 8-42

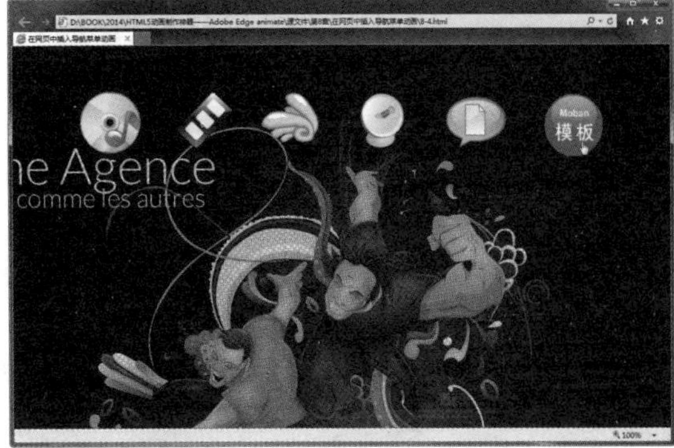

图 8-43

提示：

在网页中插入 Edge Animate 动画的方法，除了本实例介绍的修改代码的方法外，还有一种简便的方法。在 Dreamweaver CC 中提供了插入 Edge Animate 作品的功能，通过该功能可以快速的在网页中插入 Edge Animate 动画布署包(扩展名为.oam)，即可快速的在网页中插入 Edge Animate 动画。关于如何将 Edge Animate 动画发布为动画布署包文件 (.oam)，半在第 11 章中为读者详细介绍。

8.5 在同一个网页中应用两个不同的动画

掌握了在网页中应用 Edge Animate 动画的方法，但是前面介绍的都是在 HTML 页面中应用一个 Edge Animate 动画，如果需要在 HTML 页面中应用两个或多个 Edge Animate 动画，该如何处理呢？

如果需要在同一个网页中应用两个不同的动画，则可以遵循以下的操作步骤：

1. 在 HTML 页面的 <head> 与 </head> 标签之间添加两个不同动画的预加载代码。
2. 在 HTML 页面的主体 <body> 与 </body> 标签之间相应的 <div> 中分别添加两个不同动画的代码。
3. 在放置 Edge Animate 动画的 <div> 标签中添加 ID 属性设置，并且需要设置唯一的 ID 名称。
4. 可以通过 CSS 样式对网页中的动画进行定位，使其出现在相应的位置上。

8.6 本章小结

在 Edge Animate 中所制作的动画本质上是 HTML、CSS 样式和 JavaScript 脚本代码所组成的，在本章中向读者介绍了有关 HTML 和 CSS 样式的基础知识，带领读者认识了 Edge Animate 项目文件的 HTML 代码，并且介绍了如何在 HTML 页面中应用 Edge Animate 动画。希望通过对本章的学习，使读者对 Edge Animate 动画有更深入的了解和认识。

第⑨章 使用 JavaScript 和 jQuery 控制动画

使用 JavaScript 和 jQuery 控制动画

通过前面内容的学习和案例的制作，我们已经接触到了 JavaScript 和 jQuery，在用户在 Edge Animate 动画中创建触发器动作时，软件会自动创建相应的 JavaScript 和 jQuery 代码。与 CSS 样式代码相似，JavaScript 代码可以放置 HTML 页面代码中，或者存放在独立的 JavaScript（.js）文件中，在 HTML 页面中通过代码链接到网页中使用。本章将向读者介绍有关 JavaScript 和 jQuery 的相关知识，从而帮助用户在 Edge Animate 中更轻松的制作各种动画效果。

本章知识点：

- 了解 JavaScript 和 jQuery
- 认识自动创建的 JavaScript
- 了解 Edge Animate 动画项目相关的 JavaScript 文件
- 理解 JavaScript 和 jQuery 基础
- 了解 jQuery 的选择方式
- 在动画中实现获取鼠标位置及鼠标跟随功能
- 使用 jQuery 制作拼图动画效果

9.1 了解 JavaScript 和 jQuery

JavaScript 和 jQuery 是网页中常见的脚本语言，可以在用户浏览器上解析并执行，它嵌入在 HTML 语言中，是动态网页设计的最佳选择，浏览器对它的支持比较广泛，几乎可以控制常用的浏览器。

9.1.1 什么是 JavaScript

JavaScript 是一种脚本编程语言，和前面学习的 HTML 等完全不同。HTML 只是一种标记语言，用某种结构存储数据并且在设备上显示的手段。而 JavaScript 是基于对象且事件驱动的程序，只是其程序代码嵌入在 HTML 网页文件中，需要浏览者的浏览器进行解释运行。那么，JavaScript 程序在网页中是必要的么？如果网页设计者只想简单显示网页的内容，那么 JavaScript 程序不是必要的。但是在一个完整的网站中，网页完全不用 JavaScript 程序是不可想象的，有太多的功能需要 JavaScript 来完成。

9.1.2 JavaScript 基础

JavaScript 是一种脚本编写语言，他采用小程序段的方式实现编程。像其他脚本语言一样，JavaScript 同样也是一种解释性语言，他提供了一个简易的开发过程。JavaScript是一种基于对象的语言，同样也可以看作是一种面向对象的语言，这意味着它具有定义和使用对象的能力。因此，许多功能可以通过脚本环境中对象的方法与脚本之间进行相互写作来实现。

JavaScript 是动态的，它可以直接对用户或客户输入的数据做出及时响应，无须经过 Web 服务程序。它对用户的请求响应是以事件驱动的方式进行的。所谓事件驱动，就是指在主页中执行某种操作时所产生的动作，也称为“事件”。例如，按下鼠标、移动窗口或选择菜单等都可以看作是事件，当事件被触发时，可能会引起相关的事件相应处理。

JavaScript 是被嵌入到 HTML 中的，最大的特点便是和 HTML 结合。当 HTML 文档在浏览器中被打开时，JavaScript 代码才被执行。JavaScript 代码使用 HTML 标记 <script></script> 嵌入到 HTML 文档中。JavaScript 扩展了标准的 HTML，为 HTML 标记增加了事件，通过事件驱动来执行 JavaScript 代码。在服务器端，JavaScript 代码可以作为单独文件的存在，但必须通过在 HTML 文档中调用才起作用。

9.1.3 什么是 jQuery

jQuery 是一个兼容多浏览器的 JavaScript 框架，它是轻量级的 JavaScript 库，它兼容各种类型的浏览器，并且对 CSS3.0 提供了很好的支持。jQuery 使用户能更方便地处理 HTML、events、实现动画效果，并且方便地为网站提供 AJAX 交互。jQuery 还有一个比较大的优势是，其文档说明很全，而且各种应用也说得很详细，同时还有许多成熟的插件可供选择。jQuery 能够使用户的 HTML 页面保持代码和 HTML 内容分离，也就是说，不需要在 HTML 页面中插入大量的 JavaScript 代码来调用命令了，只需要定义 ID 名称即可。

9.2 Edge Animate 创建的 JavaScript

如果用户在 Edge Animate 中制作的是一个从开始顺序播放到结束的简单动画效果，则动画中并不需要 JavaScript 或 jQuery 脚本代码。但是如果需要所制作的动画具有一定的交互性或产生其他一些特效，则需要在动画中添加触发器动作，这就需要用户多少了解一些有关 JavaScript 和 jQuery 的相关知识。

9.2.1 认识自动创建的 JavaScript

学习 JavaScript 的最好方法就是多阅读 JavaScript 代码。例如当用户保存项目文件时，所创建的动画代码，在动画中添加一个元素，再查看代码的变化，通过反复的观察，就可以了解是哪些代码块影响着动画的效果。

在 Edge Animate 中创建一个新的动画项目，将该项目保存会自动生成相应的 HTML 和 JavaScript 文件。执行“File（文件）>Preview In Browser（在浏览器中预览）”命令，在浏览器中预览该动画，可以看到一个空白页面，在该空白页面中单击鼠标右键，在弹出菜单中选择“查看源”命令，如图 9-1 所示。在弹出的对话框中可以查看该网页的 HTML 源代码，如图 9-2 所示。

图 9-1

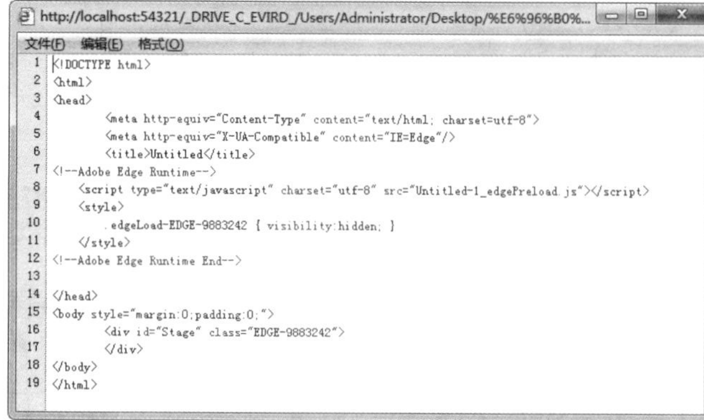

```
<!DOCTYPE html>
<html>
<head>
        <meta http-equiv="Content-Type" content="text/html; charset=utf-8">
        <meta http-equiv="X-UA-Compatible" content="IE=Edge"/>
        <title>Untitled</title>
<!--Adobe Edge Runtime-->
    <script type="text/javascript" charset="utf-8" src="Untitled-1_edgePreload.js"></script>
    <style>
        .edgeLoad-EDGE-9883242 { visibility:hidden; }
    </style>
<!--Adobe Edge Runtime End-->

</head>
<body style="margin:0;padding:0;">
        <div id="Stage" class="EDGE-9883242">
        </div>
</body>
</html>
```

图 9-2

在网页的 HTML 源代码中可以看在页面头部的 <head> 与 </head> 标签之间，通过 <Script> 标签链接一个外部的 JavaScript 文件，代码如下：

```
<script type="text/javascript" charset="utf-8" src="Untitled-1_edgePreload.js"></script>
```

Untitled-1_edgePreload.js 文件为预加载 JavaScript 文件，通过该文件链接动画项目所需要的所有资源，其中许多是 JavaScript 库文件。

提示：

注意文件名称中 Untitled-1 为用户所保存项目文件的名称，该部分会随着用户所保存项目名称的不同而不同。如果用户将项目文件保存为 9-2-1.html，那么此处的 JavaScript 文件名称为 9-2-1_edgePreload.js。

```
/***********************
* Adobe Edge Preloader
*
* Do Not Edit this file
*
***********************/
window.AdobeEdge = window.AdobeEdge || {};
// Include yepnope
if(!AdobeEdge.yepnope) {
/*yepnope1.5.x|WTFPL*/
(function(a,b,c){function d(a){return"[object Function]"==o.call(a)}function e(a
){return"string"==typeof a}function f(){}function g(a){return!a||"loaded"==a||
"complete"==a||"uninitialized"==a}function h(){var a=p.shift();q=1,a?a.t?m(
function(){("c"==a.t?B.injectCss:B.injectJs)(a.s,0,a.a,a.x,a.e,1)},0):(a(),h()):q
=0}function i(a,c,d,e,f,i,j){function k(b){if(!o&&g(l.readyState)&&(u.r=o=1,!q&&h
(),l.onload=l.onreadystatechange=null,b)){"img"!=a&&m(function(){t.removeChild(l
)},50);for(var d in y[c])y[c].hasOwnProperty(d)&&y[c][d].onload()}}var j=j||B.
errorTimeout,l=b.createElement(a),o=0,r=0,u={t:d,s:c,e:f,a:i,x:j};1===y[c]&&(r=1,
y[c]=[]),"object"==a?l.data=c:(l.src=c,l.type=a),l.width=l.height="0",l.onerror=l
.onload=l.onreadystatechange=function(){k.call(this,r)},p.splice(e,0,u),"img"!=a
&&(r||2===y[c]?(t.insertBefore(l,s?null:n),m(k,j)):y[c].push(l))}function j(a,b,c
,d,f){return q=0,b=b||"j",e(a)?i("c"==b?v:u,a,b,this.i++,c,d,f):(p.splice(this.i
++,0,a),1==p.length&&h()),this}function k(){var a=B;return a.loader={load:j,i:0},
a}var l=b.documentElement,m=a.setTimeout,n=b.getElementsByTagName("script")[0],o=
{}.toString,p=[],q=0,r="MozAppearance"in l.style,s=r&&!!b.createRange().
compareNode,t=s?l:n.parentNode,l=a.opera&&"[object Opera]"==o.call(a.opera),l=!!b
.attachEvent&&!l,u=r?"object":l?"script":"img",v=l?"script":u,w=Array.isArray||
function(a){return"[object Array]"==o.call(a)},x=[],y={},z={timeout:function(a,b
){return b.length&&(a.timeout=b[0]),a}},A,B;B=function(a){function b(a){var a=a.
split("!"),b=x.length,c=a.pop(),d=a.length,c={url:c,origUrl:c,prefixes:a},e,f,g;
for(f=0;f<d;f++)g=a[f].split("="),(e=z[g.shift()])&&(c=e(c,g));for(f=0;f<b;f++)c=
x[f](c);return c}function g(a,e,f,g,h){var i=b(a),j=i.autoCallback;i.url.split(
```

图 9-3

打开 Untitled-1_edgePreload.js 文件，可以看到该文件中的 JavaScript 代码，如图 9-3 所示。在该文件代码的底部，可以看到定义的名为 aLoader 的对象，如图 9-4 所示。

```
    aLoader = [
        { load: "edge_includes/jquery-2.0.3.min.js"},
        { load: "edge_includes/edge.3.0.0.min.js"},
        { load: "Untitled-1_edge.js"},
        { load: "Untitled-1_edgeActions.js"}];
```

图 9-4

通过对 JavaScript 脚本代码的观察，可以看到在 Edge Animate 中创建的项目文件需要使用到的相关的 JavaScript 文件，这样的文件在 Edge Animate 动画的运行过程中都是必需的。

9.2.2 Edge Animate 动画项目相关的 JavaScript 文件

当用户在 Edge Animate 中创建一个动画项目，即可创建出该动画项目相关的 JavaScript 文件，这些文件都起到什么作用呢？

例如当用户创建并保存一个项目文件名称为 9-2-2，在保存该项目文件的文件夹中可以看到自动生成的相关的 JavaScript 文件，如图 9-5 所示。在名为 edge_includes 的文件夹中同样还有两个相关的 jQyery 文件，如图 9-6 所示。

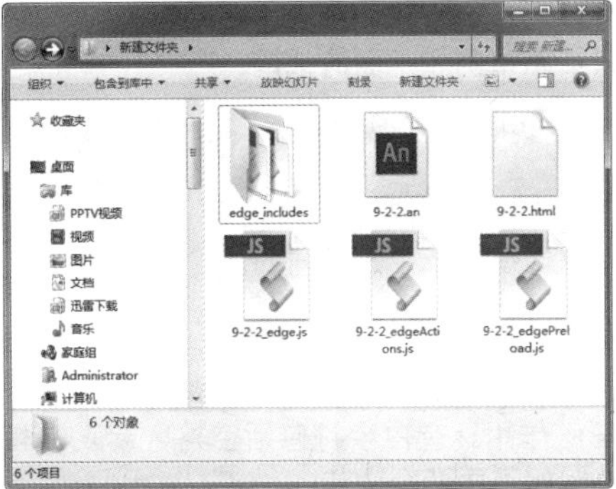

图 9-5

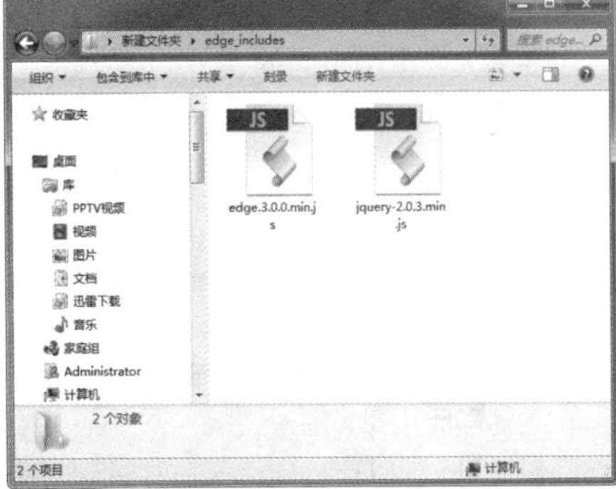

图 9-6

● **9-2-2_edge.js 文件：**

在该文件中主要定义了项目文件的舞台、时间轴和项目中的元素，定义了每个元素的基本状态和起始点。当用户在项目文件中创建了一个元素的过渡动画，则在该文件中记录了元素从一种状态过渡到另一种状态的过程。

● **9-2-2_edgeActions.js 文件：**

如果用户在动画中添加了相应的触发器动作，则触发器动作的详细信息被记录在该文件中。如果用户需要调整或修改动画中的触发器动作，除了可以在 Edge Animate 中通过软件界面进行修改，还可以通过修改该文件从而修改动画中的触发器动作。

● **9-2-2_edgePreload.js 文件：**

该文件是动画脚本的预载文件，用于负责加载动画的资源和相关脚本文件，从而使动画能够正常的播放和显示。

● **edge.3.0.0.min.js 文件：**

该文件是 Edge Animate 的 JavaScript 库文件。当用户在 Edge Animate 中创建动画等效果，创建的 JavaScript 代码都是使用该库文件中所提供的方法和功能。

● **jquery-2.0.3.min.js 文件：**

该文件是官方的 jQuery 库文件。在该文件中包括所有使用户能够轻松编写与浏览器进行交互工作的代码程序。此外，使用 jQuery 库文件可以更容易地识别网页上的元素。

9.3 JavaScript 和 jQuery 基础

JavaScript 语言同其他语言一样，有其自身的基本数据类型、表达式和算术运算符及程序的基本框架结构。在本节中将向读者介绍有关 JavaScript 和 jQuery 的相关基础知识。

9.3.1 JavaScript 语法中的基本要求

JavaScript 语言同其他语言一样，有其自身的基本数据类型、表达式和算术运算符及程序的基本框架结构。下面向读者介绍一下关于 JavaScript 语法中的一些基本要求。

● **标示符**

标示符是指 JavaScript 中定义的符号，用来命名变量名、函数名和数组名等。JavaScript 的命名规则和 Java 及其他许多语言的命名规则相同，标示符可以由任意顺序的大小写字母、数字、下画线“_”和美元符号组成，但标示符不能以数字开头，不能是 JavaScript 的保留关键字。

正确的 JavaScript 标示符如下。

```
studentname
student_name
_studentname
$studentname
_$
```

错误的 JavaScript 标示符如下。

```
delete        //delete 是 JavaScript 的保留字
8.student    // 不能由数字开头，并且标示中不能含有点号（.）
student name  // 标示符中不能含有空格
```

● **保留关键字**

JavaScript 有许多保留关键字，它们在程序中是不能被用做标示符的。这些关键字可以分为三种类型：JavaScript 保留关键字、将来的保留字和应该避免的单词。

JavaScript 中的保留关键字包括：break、continue、delete、else、false、for、function、if、 in、new、null、return、this、true、typeof、var、void、while 和 with。

JavaScript 将来的保留关键字包括：case、catch、class、const、debugger、default、do、enum、export、extends、finally、import、super、switch、throw 和 try。

要避免的单词是那些已经用做 JavaScript 有内部对象或函数名字的字，例如 string 等。

使用前两类中的任何关键字都会在第一次载入脚本时导致编译错误。如果使用第三类中的保留字，则当试图在同一个脚本中使用其作为变量，同时又要使用其原来的实体时，可能会出现奇怪的问题。

● 代码格式

在编写脚本语句时，用分号（;）作为当前语句的结束符，输入分号（;）时需要注意英文和中文的区别。例如变量的定义语句。

```
var x=2;
var y=a+b;
```

每条功能执行语句的最后使用分号（;）作为结束符，这主要是为了分隔语句。但是在 JavaScript 中，如果语句放置在不同的行中，就可以省略分号，例如可以写为如下的形式。

```
var x=2
 var y=3
```

但是如果代码的格式如下，那么第一个分号就是必须要写的。

```
var x=2;y=3;
```

提示：

在 JavaScript 程序中，一个单独的分号（;）也可以表示一条语句，这样的语句叫做空语句。

● 区分大小写

JavaScript 脚本程序是严格区分大小写的，相同的字母，大小写不同，代表的意义也不同。如在程序中定义一个标示符 World（首字母大写）的同时还可以再定义一个 world（首字母小写），他们是两个完全不同的标示符。在 JavaScript 脚本程序中，变量名、函数名、运算符、关键字等都是对大小写敏感的。

提示：

JavaScript 区分大小写，而 HTML 并不区分大小写。在 HTML 中这些标记可以以任意的大小写方式书写，但是在 JavaScript 中通常都是小写的，这一点是很容易混淆的。

● "\" 符号的使用

浏览器读到一行末尾会自判断本行已结结束，不过我们可以通过在行末添加一个"\"来告诉浏览器本行没有结束，例如下面的代码。

```
document.write("Hello\
World!")
 document.write("Hello World!")
```

这两个语句在执行中是相同的。

● 空格

多余的空格是被忽略的，在脚本被浏览器解释执行时无任何作用。空白字符包括空格、制表符和换行符等，例如下面两个语句。

```
x=y+4;
 x = y+4;
```

这两个语句在执行中是相同的。

● 注释

为程序添加注释只是用来对程序的内容做一些说明，用来解释程序的某些部分的作用和功能，提高程序的可读性，有助于别人阅读自己书写的代码，让人比较容易了解编写者的思路。在浏览器执行 JavaScript 程序时会自动将注释的部分去除，对程序的执行部分没有任何影响。

此外，注释语句还可以用做调试语句，先暂时屏蔽某些程序语句，让浏览器暂时不要理会这些语句，而执行程序的其他部分。等到需要时，只需简单地取消注释标记，这些程序语句就又可以发挥作用了，同时也可以发现是否是注释的这条语句引起了错误。

同时在 JavaScript 中有两种注释：第一种是单行注释，就是在注释内容前面使用两个双斜杠"//"符号开始，直到整行的结束，中间的文字都是注释，不会被程序执行；第二种是多行注释，就是在注释内容前面以单斜杠加一个星号标记开始"/*"，并在注释内容末尾以一个星形标记加单斜杠结束"*/"，当前注释的内容超过一行时一般使用这种方法。

如下所示为单行注释：

```
<script language = "javascript">
// 这是单行注释
document.write("这是单行注释的例子");
</script>
```

如下所示为多行注释：

```
<script language = "javascript">
/*
这是多行注释
*/
document.write("这是多行注释的例子");
</script>
```

提示：

/**/ 中可以嵌套 //，但不能嵌套 /*……*/。注释块 /*……*/ 中不能有 /* 或 */，因为 JavaScript 正则表达式中可能会产生这种代码，这样会产生语法错误。

注释的作用就是记录自己在编程时候的思路，以便于以后阅读代码时可以马上找到思路。同样，注释也有助于别人阅读自己书写的代码。总之，书写注释是一个良好的编程习惯。

9.3.2 JavaScript 数据类型

JavaScript 提供了 6 种数据类型，其中 4 种基本的数据类型用来处理数字和文字，而变量提供存放信息的地方，表达式则可以完成较复杂的信息处理。下面对各种数据类型分别进行介绍。

● **string 字符串类型**

字符串是和单引号或双引号来说明的（可以使用单引号来输入包含双号的字符串，反之亦然），如“student”、“学生”等。

● **数值数据类型**

JavaScript 支持整数和浮点数，整数可以为正数、0 或者负数；浮点数可以包含小数点，也可以包含一个“e”（大小写均可，在科学记数法中表示“10 的幂”），或者同时包含这两项。

● **boolean 类型**

可能的 boolean 值有 true 和 false。这两个特殊值，不能用作 1 和 0。

● **undefined 数据类型**

一个为 undefined 的值就是指在变量被创建后，但未给该变量赋值时具有的值。

● **null 数据类型**

null 值指没有任何值，什么也不表示。

● **object 类型**

除了上面提到的各种常用类型外，对象也是 JavaScript 中的重要组成部分。例如 Window、Document、Date 等，这些都是 JavaScript 中的对象。

9.3.3 定义变量

在 JavaScript 中，使用 var 关键字来声明变量，JavaScript 中声明变量的语法格式如下。

```
var var_name;
```

在对变量进行命名时需要遵循以下的规则。

1、变量名由字母、数字、下画线和美元符号组成。

2、变量名必须以字母、下画线或美元符号开始。

3、变量名不能使用 JavaScript 中的保留关键字。

在 JavaScript 中使用等号（=）给弯量赋值，等号左边是变量，等号右边是数值。对变量赋值的语法如下：

```
变量 = 值；
```

JavaScript 中的变量分为全局变量和局部变量两种。其中局部变量就是在函数里定义的变量，在这个函数里定义的变量仅在该函数中有效。如果不写 var，直接对变量进行赋值，那么 JavaScript 将自动把这个变量声明为全局变量。

例如，如下的代码是在 JavaScript 中声明变量。

```
var student_name;          //没有赋值
var old=24;                //数值类型
var male=true;             //布尔类型
var author=" isaac"        //字符串
```

9.3.4 JavaScript 运算符

在定义完变量后，就可以对其进行赋值和计算等一系列操作，这一过程通常又通过表达式来完成，而表达式中的一大部分是在做运算符处理。运算符是用于完成操作的一系列符号。在 JavaScript 中运算符包括算术运算符、逻辑运算符和比较运算符。

● **算术运算符**

在表达式中起运算作用的符号称为运算符。在数学里，算术运算符可以进行加、减、乘、除和其他数学运算。

JavaScript 中的算术运算符包括：+（加）、-（减）、*（乘）、/（除）、%（取模）、++（递增 1）、--（递减 1）。

● **逻辑运算符**

程序设计语言还包含一种非常重要的运算——逻辑运算。逻辑运算符比较两个布尔值（真或假），然后返回一个布尔值。

JavaScript 中的逻辑运算符包括：!（逻辑非）、&&（逻辑与）和 //（逻辑或）。

● **比较运算符**

比较运算符是比较两个操作数的大、小或相等的运算符。比较运算符的基本操作是首先对其操作数进行比较，再返回一个 true 或 false 值，表示给定关系是否成立，操作数的类型可以任意。

JavaScript 中的比较运算符包括：<（小于）、>（大于）、<=（小于等于）、>=（大于等于）、=（等于）和 !=（不等于）。

9.3.5 JavaScript 条件和循环语句

JavaScript 中提供了多种用于程序流程控制的语句，这些语句可以分为选择和循环两大类。选择语句包括 if、switch 等，循环语句包括 while、for 等。

● if 条件语句

if…else 语句是 JavaScript 中最基本的控制语句，通过该语句可以改变语句的执行顺序。JavaScript 支持 if 条件语句，在 if 语句中将测试一个条件，如果该条件满足测试，执行相关的 JavaScript 代码。

if…else 条件语句的基本语法如下。

```
if(条件) {
执行语句 1
}
else {
执行语句 2
}
```

当表达式的值为 true，则执行语句 1，否则执行语句 2. 如果 if 后的语句有多行，则必须使用大括号将其括起来。

● switch 条件语句

当判断条件比较多时，为了使程序更加清晰，可以使用 switch 语句。使用 switch 语句时，表达式的值将与每个 case 语句中的常量作比较。如果匹配，则执行该 case 语句后的代码；如果没有一个 case 的常量与表达式的值相匹配，则执行 default 语句。当然，default 语句是可选择。如果没有匹配的 case 语句，也没有 default 语句，则什么也不执行。

switch 条件语句的基本语法如下。

```
switch(表达式) {
case 条件 1;
语句块 1
case 条件 2;
语句块 2
…
default
语句块 N
}
```

Switch 语句通常使用在有多种出口选择的分支结构上，例如信号处理中心可以对多个信号进行响应，针对不同的信号均有相应的处理。

● for 循环语句

遇到重复执行指定次数的代码时，使用 for 循环语句比较合适。在执行 for 循环中的语句前，有 3 个语句将得到执行，这 3 个语句的运行结果将决定是否要进入 for 循环体。

for 循环语句的基本语法如下。

```
for(初始化; 条件表达式; 增量) {
语句;
…
}
```

初始化总是一个赋值语句，用来给循环控制变量赋初始值；条件表达式是一个关系表达式，决定什么时候退出循环；增量定义循环控制变量循环一次后按什么方式变化。这 3 个部分之间使用(;)隔开。

例如，for(i=1; i<=10; i++) 语句，首先给 i 赋初始值为 1，判断 i 是否小于等于 10，如果是则执行语句，之后值增加 1。再重新判断，直到条件为假，结束循环。

● while 循环语句

当重复执行动作的情形比较简单时，就不需要使用 for 循环语句，可以使用 while 循环语句。while 循环语句在执行循环体前测试一个条件，如果条件成立则进入循环体，否则跳到循环体后的第一条语句。

while 循环语句的基本语法如下。

```
while (条件表达式) {
语句;
…
}
```

条件表达式是必选项，以其返回值作为进入循环体的条件。无论返回什么样类型的值，都被作为布尔型处理，为真时进入循环体。语句部分可以是一条或多条语句组成。

9.3.6 了解文档对象模型

文档对象模型即 Document Object Model，简称 DOM，由 W3C 制定，目前主流浏览器都支持完整的 DOM。DOM 标准是 Web 标准的一部分，可以利用其属性、方法操作 HTML、XML 的结构，并定义了与 HTML 相关联的对象。DOM 规范定义的对象与浏览器和编程语言无关，而编程语言可以利用这些对象方便地操作 HTM 文档。

简单地说，document 对象和文档中其他的元素（如表单、图像、超链接等）构成了 DOM。访问 document 对象的属性和方法和其他对象一样，先编写 window 对象，使用点运算符一级一级地访问。由于 window 对象是根对象，即全局对象，往往可以省略其编写。

提示：

document 对象包括当前浏览器窗口或框架区域中的所有内容，包含文本域、按钮、单选按钮、复选框、下拉列表、图片和链接等 HTML 页面可访问元素，但不包含浏览器的菜单栏、工具栏和状态栏。document 对象提供多种方式获得 HTML 元素对象的引用。

9.4 了解 jQuery 的选择方式

在 Edge Animate 动画的制作过程中，当用户为一个元素命名时，例如为某个图像命名为 myPhoto，其在 HTML 代码的中表现为在 <img> 标签中添加 id=" myPhoto" 代码。我们知道在 CSS 样式中，如果需要对该 ID 名称的 CSS 样式进行设置，则可以定义 ID CSS 样式，名称为 #myPhoto，jQuery 的使用方式与 CSS 样式类似，如果用户需要为名称为 myPhoto 的元素使用 jQuery 时，可以写为如下的形式：

```
$('#myPhoto')
```

如果并没有为元素设置名称，而是为元素应用某种类 CSS 样式，同样可以使用 jQuery 来选择应用了类 CSS 样式的元素，可以写为如下的形式：

```
$('.myPhoto')
```

如果用户需要选择所有图像元素，可以直接使用 jQuery 选择 <img> 标签，可以写为如下的形式：

```
$(img)
```

9.5 在动画中实现获取鼠标位置及跟随鼠标功能

在 Edge Animate 中制作交互式动画，除了可以使用"Trigger（触发器）"对话框中所提供的脚本预设实现一些简单的动画交互效果。还可以通过手动编写 JavaScript 脚本代码来实现一些比较复杂的交互动画效果。在本节中将通过实例的制作，介绍如何通过添加 JavaScript 脚本代码，在 Edge Animate 动画中实现鼠标跟随并获取光标位置的交互动画效果。

自测 1 实现获取鼠标位置及跟随鼠标功能

视频：光盘\视频\第 9 章\实现获取鼠标位置及跟随鼠标功能 .swf
源文件：光盘\源文件\第 9 章\实现获取鼠标位置及跟随鼠标功能\9-5.html

01 执行"File（文件）>New（新建）"命令，新建空白文件。执行"File（文件）>Save（保存）"命令，将文件保存为"光盘\源文件\第 9 章\实现获取鼠标位置及跟随鼠标功能\9-5.html"。

02 在"Properties（属性）"面板中对舞台相关属性进行设置，如图 9-7 所示。执行"File（文件）>Import（导入）"命令，导入素材图像"光盘\源文件\第 9 章\素材\a9501.jpg"，如图 9-8 所示。

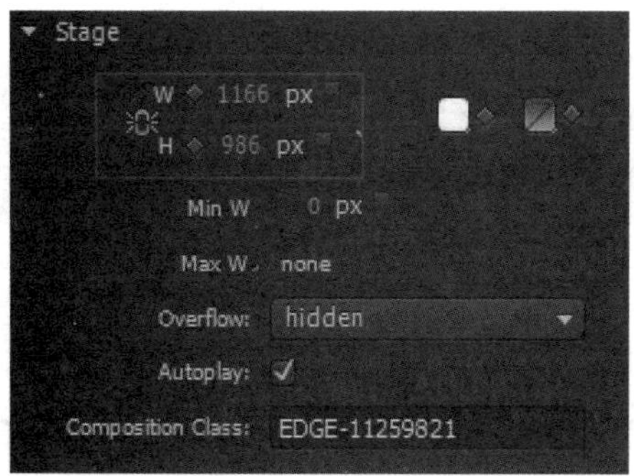

图 9-7

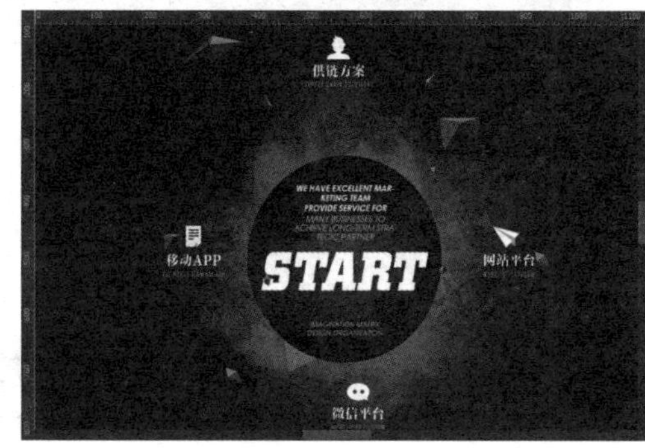

图 9-8

03 使用"Text Tool（文本工具）"，在舞台中合适的位置单击，在弹出的"Text（文本）"对话框中输入相应的文字，在"Properties（属性）"面板上的"Text（文本）"选项区中对文本的相关属性进行设置，如图 9-9 所示。在舞台中可以看到所输入的文本效果，如图 9-10 所示。

04 使用"Ellipse Tool（椭圆工具）"，按住 Shift 键在舞台中绘制一个正圆形，如图 9-11 所示。选中该正圆形，执行"Modify（修改）>Convert

to Symbol（转换为符号）”命令，弹出“Create Symbol（创建符号）”对话框，设置如图 9-12 所示。

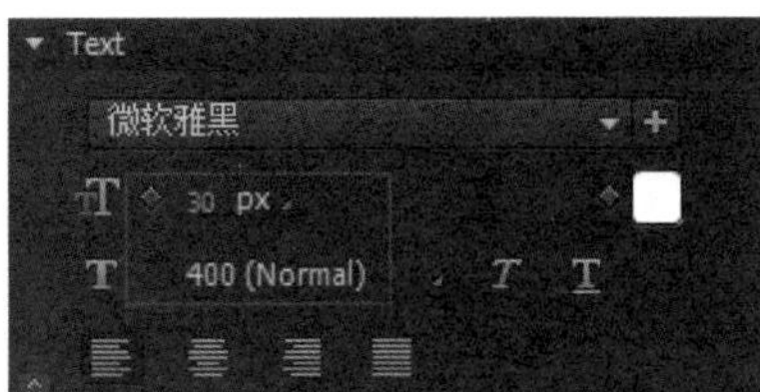

图 9-9

图 9-10

图 9-11

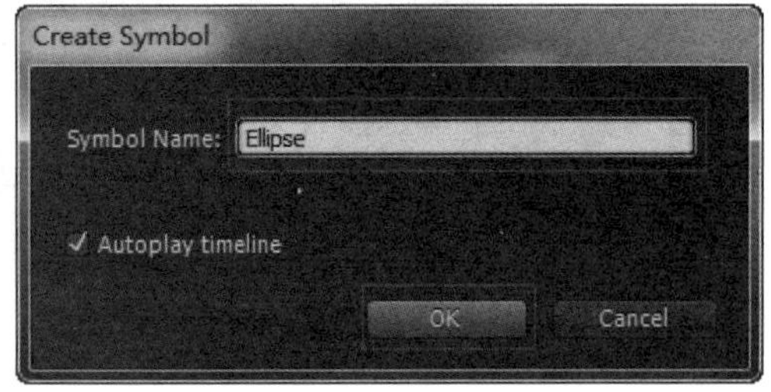

图 9-12

05 单击“OK（确定）”按钮，转换为符号。双击该符号，进入该符号的编辑状态，使用“Transform Tool（变换工具）”，在起始帧位置，单击“Properties（属性）”面板中“Opacity（不透明度）”和“Transform（变换）”选项区“水平缩放和垂直缩放”选项的“Add Keyframe（添加关键帧）”按钮◆，添加关键帧，如图 9-13 所示。在舞台中调整正圆形的大小，如图 9-14 所示。

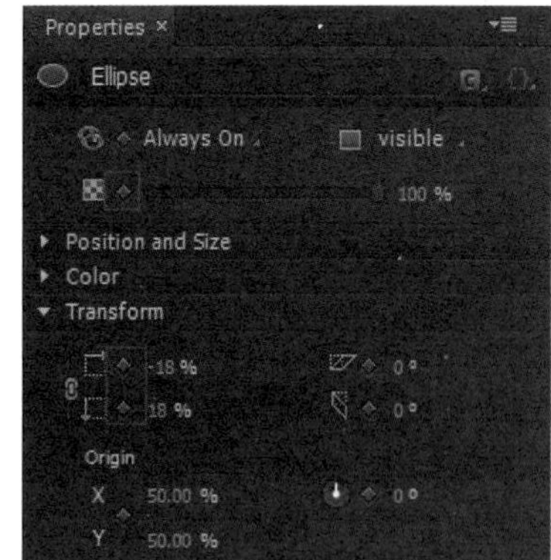

图 9-13

图 9-14

06 在“Timeline（时间轴）”面板中将播放头移至 00:00.500 位置，设置“Opacity（不透明度）”属性为 0%，调整正圆形的大小，效果如图 9-15 所示。将播放头移至 0:01 位置，此处设置与起始帧的设置相同，“Time line（时间轴）”面板如图 9-16 所示。

图 9-15

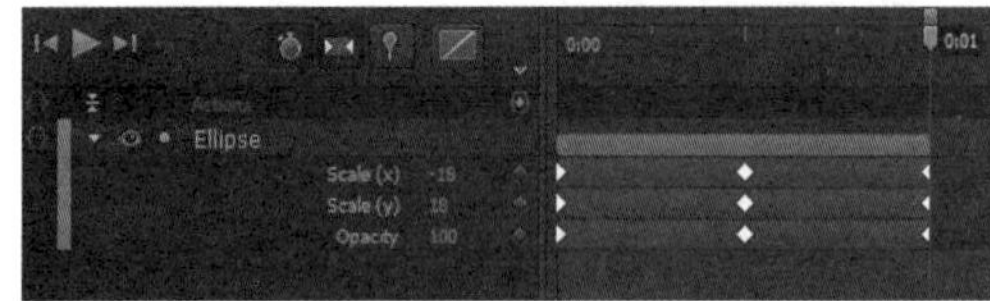

图 9-16

07 将播放头移至起始帧，使用“Ellipse Tool（圆形工具）”，在舞台中按住 Shift 键绘制一个正圆形，如图 9-17 所示。采用相同的制作方法，为相应的属性添加关键帧，设置“Opacity（不透明度）”为 0%，等比例放大该正圆形，如图 918 所示。

图 9-17

图 9-18

08 将播放头移至 00:00.500 位置，等比例缩小该元素，设置其“Opacity（不透明度）”属性为 100%，效果如图 9-19 所示。将播放头移至 0:01 位置，此处设置与起始帧的设置相同，“Time line（时间轴）”面板如图 9-20 所示。

图 9-19

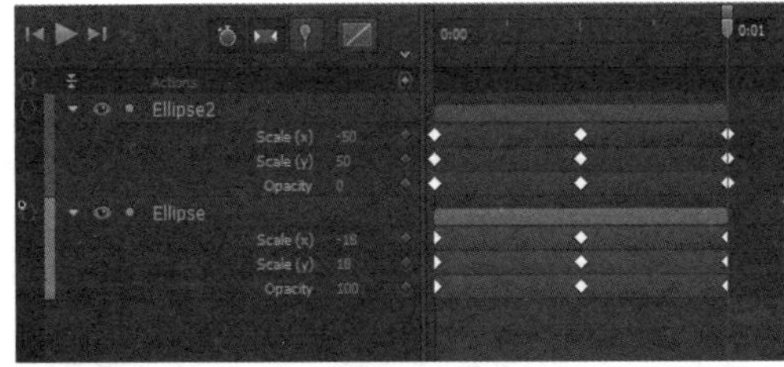

图 9-20

09 使相同的制作方法，可以在舞台中再次绘制的一个正圆形，并完成该正圆形动画的制作，舞台效果如图 9-21 所示，“Time line（时间轴）”面板如图 9-22 所示。

图 9-21

图 9-22

10 将播放头移至 0:01 位置，单击“Time line（时间轴）”上的“Insert Trigger（插入触发器）”按钮，如图 9-23 所示。弹出“Trigger（触发器）”对话框，在右侧单击“Play from”按钮，插入相应的代脚本代码，如图 9-24 所示。

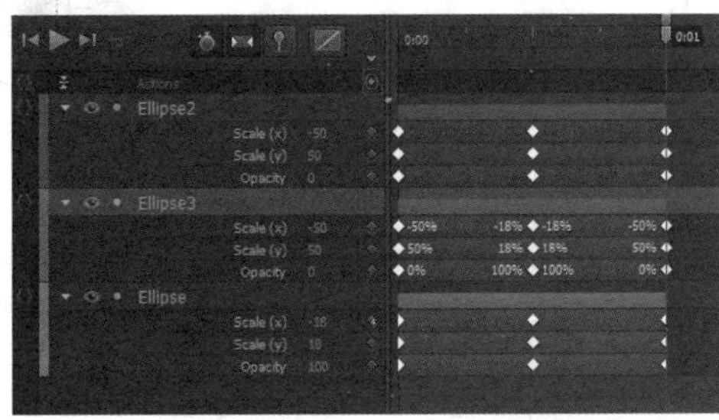

图 9-23

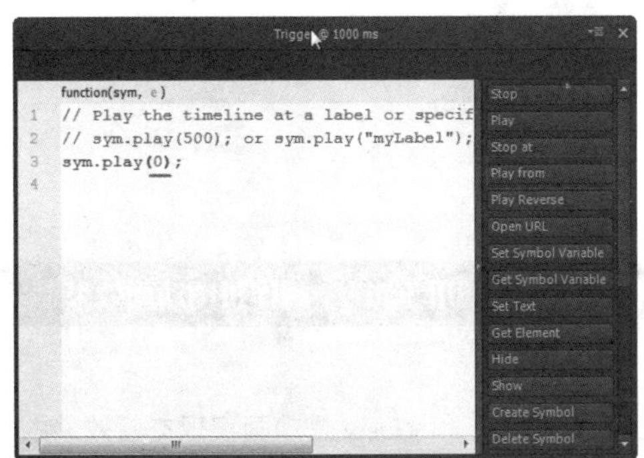

图 9-24

提示：

此处在动画时间轴结束位置添加触发器动作，使其跳转到时间轴起始位置进行播放，从而实现符号中的时间轴动画循环播放。

11 双击舞台的空白位置，退出符号的编辑状态。在“Timeline（时间轴）”面板中单击“Stage（舞台）”元素层左侧的“Open Action（打开动作）”按钮，如图 9-25 所示。弹出“Trigger（触发器）”对话框，在弹出的触发事件菜单中选择 mousemove 事件，在脚本窗口中输入 JavaScript 脚本代码，如图 9-26 所示。

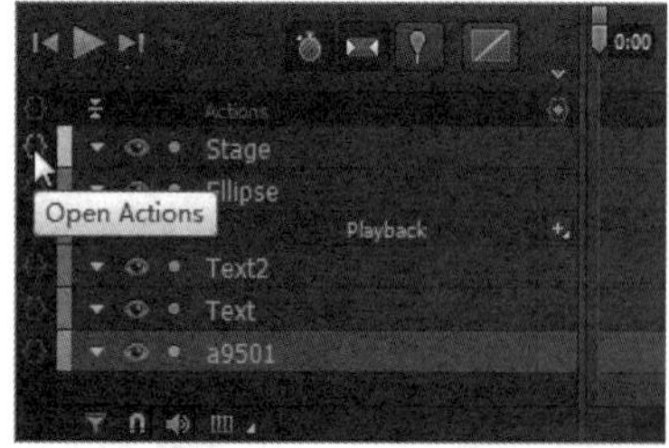

图 9-25

图 9-26

12 此处所输入的完整的 JavaScript 脚本代码如下。

```
var tempX ;// 用于存储鼠标 x 轴方向的坐标值
var tempY ;// 用于存储鼠标 y 轴方向的坐标值
if(document.all)// 如果浏览器是 ie, 执行以下代码获取坐标值
{
        tempX = event.clientX + document.body.scrollLeft;
        tempY = event.clientY + document.body.scrollTop;
}
else{
        tempX = e.pageX;
        tempY = e.pageY;
}
sym.$("Text").html("X:  "+tempX);
sym.$("Text2").html("Y:  "+tempY);
sym.$("Ellipse").css('left',tempX);
sym.$("Ellipse").css('top',tempY);
```

13 完成动画的制作，执行“File（文件）>Save（保存）”命令，保存文件。执行“File（文件）>Preview In Browser（在浏览器中预览）”命令，在浏览器中预览动画效果，可以看到鼠标跟随效果以及光标坐标值，如图 9-27 所示。

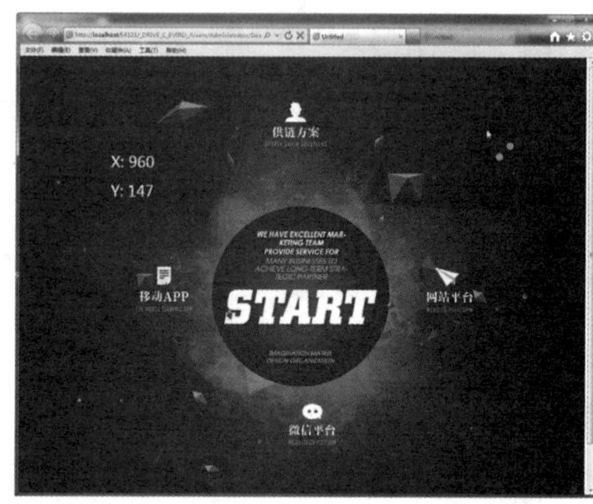

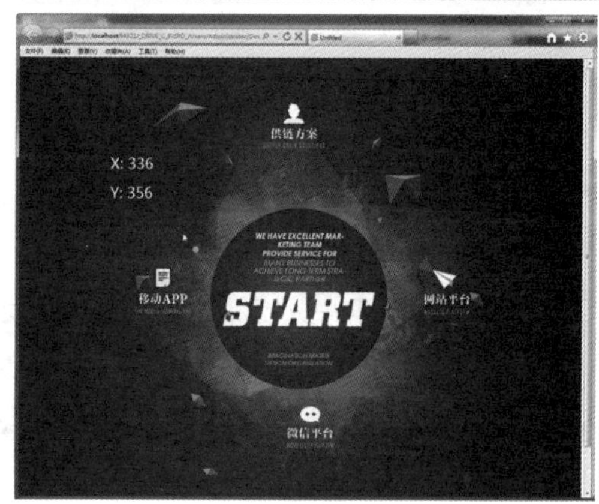

图 9-27

9.6 使用 jQuery 制作拼图动画效果

JavaScript 和 jQuery 是动画实现交互效果的重要手段，前面已经介绍了如何在“Trigger（触发器）”对话框中通过手动编写 JavaScript 脚本代码来实现动画的交互效果。还可以在动画中调用外部的 jQuery 库文件，从而实现更加复杂的交互动画效果。本实例将通过调用 jQuery 文件，在动画中实现拼图的交互动画效果。

使用 jQuery 制作拼图动画效果

视频：光盘 \ 视频 \ 第 9 章 \ 使用 jQuery 制作拼图动画效果 .swf

源文件：光盘 \ 源文件 \ 第 9 章 \ 使用 jQuery 制作拼图动画效果 \9-6.html

01 执行“File（文件）>New（新建）”命令，新建空白文件。执行“File（文件）>Save（保存）”命令，将文件保存为“光盘\源文件\第 9 章\使用 jQuery 制作拼图动画效果\9-6.html”。

02 在该项目文件的根目录中创建名为 CSS 的文件夹和名为 js 的文件夹，在 CSS 文件夹中放置 jquery-ui-1.9.2.custom.min.css 文件，如图 9-28 所示。在 js 文件夹中放置 jquery-ui-1.9.2.custom.min.js 和 jquery.ui.touch-punch.min.js 文件，如图 9-29 所示。

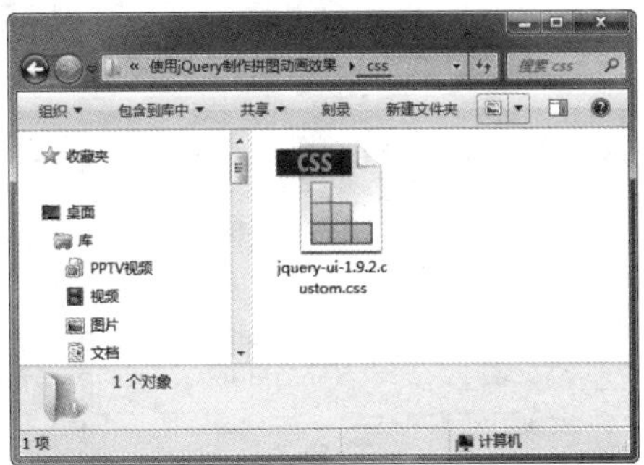

图 9-28

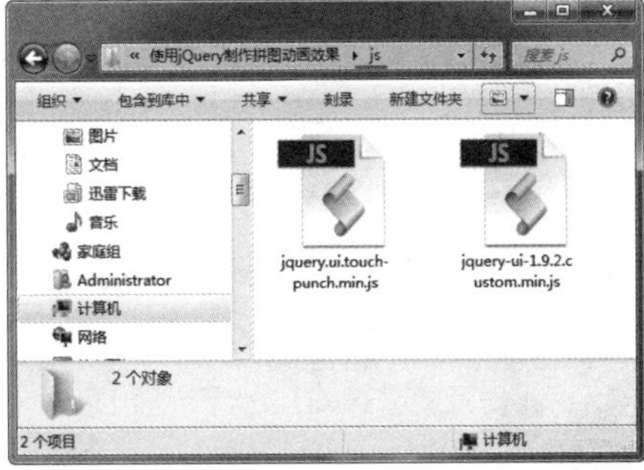

图 9-29

提示：

此处所使用的两个 js 文件为 JavaScript 库文件和相关的 CSS 样式表文件，这 3 个文件用户都可以在互联网中下载到，这 3 个文件也是制作该动画效果所必需的文件。

03 在“Properties（属性）”面板中对舞台相关属性进行设置，如图 9-30 所示。执行“File（文件）>Import（导入）”命令，分别导入拼图所需要的多张素材图像，如图 9-31 所示。

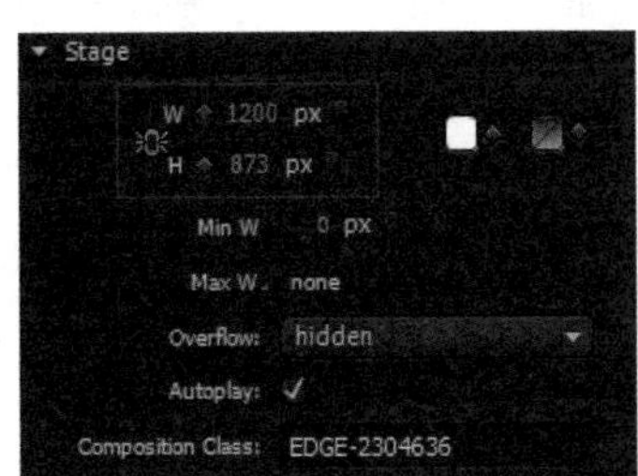

图 9-30

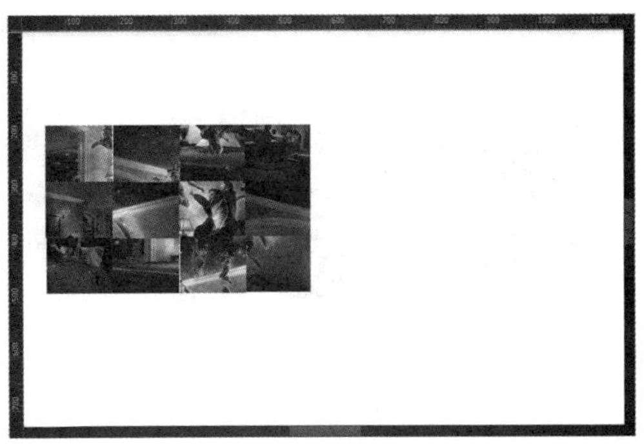

图 9-31

提示：

此处事先将一张完整的素材图像均等分割为 12 张小图像，并分别导入到 Edge Animate 中，便于制作拼图交互动画效果。

04 在舞台中单击选中第一张素材图像，如图 9-32 所示。在“Properties（属性）”面板中单击顶部右侧的按钮，为其应用类 CSS 样式，并设置类 CSS 样式名称为 drag1，如图 9-33 所示。采用相同的制作方法，分别为其他素材图像应用类 CSS 样式，CSS 样式名称分别为 drag2、drag3、…、drag12。

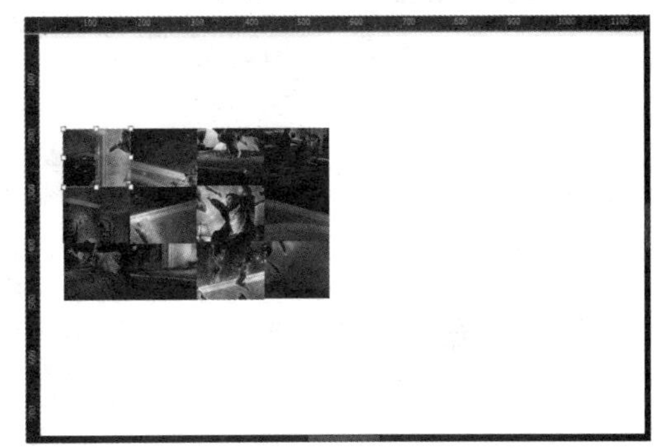

图 9-32

图 9-33

05 使用“Rectangle（矩形工具）”，在舞台中绘制与素材图像大小相同的多个矩形，如图 9-34 所示。选中第 2 行第 2 列的矩形，如图 9-35 所示。在“Properties（属性）”面板中单击顶部右侧的按钮，应用类 CSS 样式，并设置类 CSS 样式名称为 drag1，如图 9-36 所示。

06 采用相同的制作方法，为其他矩形分别设置类 CSS 样式名称。注意，必须与左侧正确的图像所设置类 CSS 样式名称相一致。

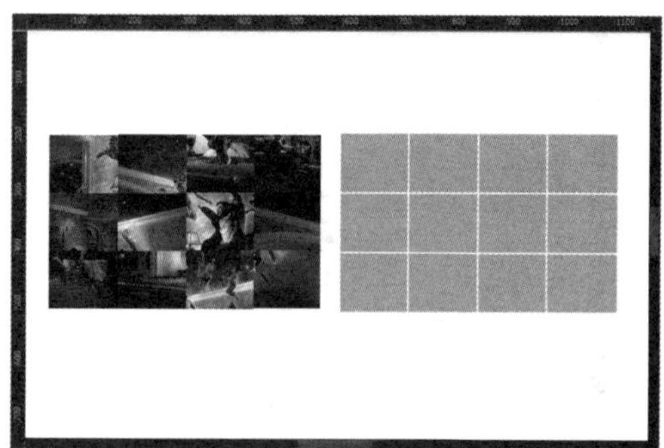

图 9-34

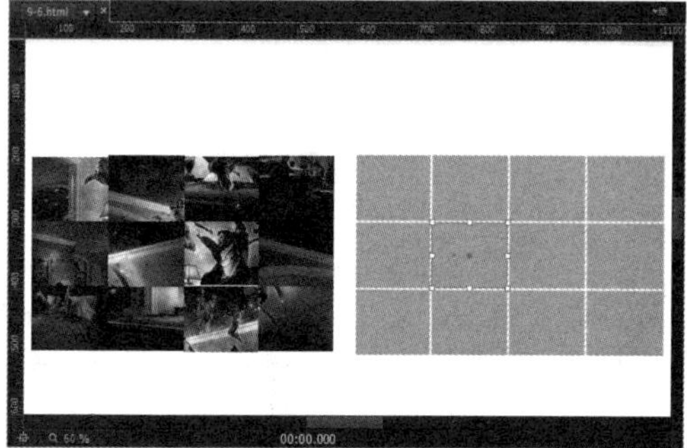

图 9-35

图 9-36

提示：

在为图像和矩形设置所应用的类 CSS 样式名称时一定需要注意，必须将图像的类 CSS 样式名称与右侧所在位置矩形的类 CSS 样式名称相一致，这样才能保证最后拼图效果的正常。例如左侧第 1 行第 1 列的图像正确的位置应该位于右侧第 2 行第 2 列的矩形位置，则这两个元素所应用的类 CSS 样式名称必须一致。

07 在“Time line（时间轴）”面板中单击“Stage（舞台）”元素层左侧的“Open Action（打开动作）”按钮，如图 9-37 所示。弹出“Trigger（触发器）”对话框，在弹出的触发事件菜单中选择 compositionReady 事件，在脚本窗口中输入 JavaScript 脚本代码，如图 9-38 所示。

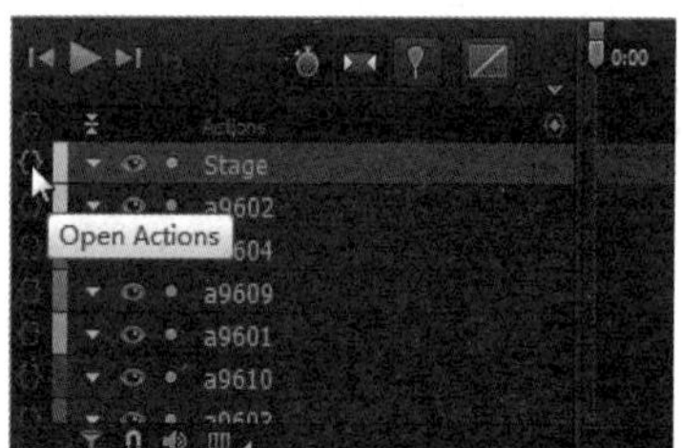

图 9-37

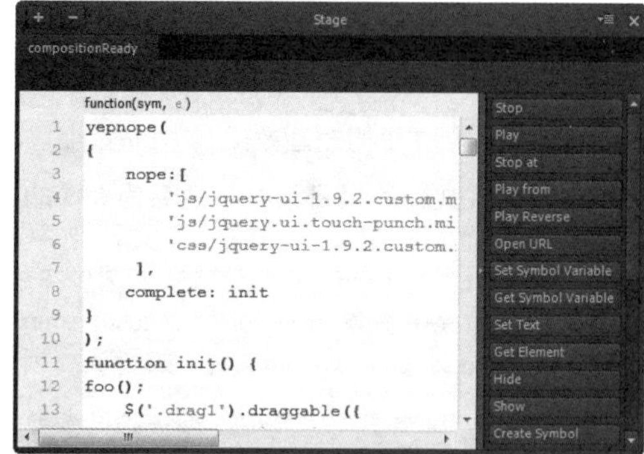

图 9-38

08 此处所输入的完整的 JavaScript 脚本代码如下。

```
yepnope(
{
  nope:[
'js/jquery-ui-1.9.2.custom.min.js',
'js/jquery.ui.touch-punch.min.js',
'css/jquery-ui-1.9.2.custom.min.css'
   ],
  complete: init
}
);
function init() {
foo();
  $('.drag1').draggable({
      revert: "invalid",
         stop: function() { $(this).
draggable('option', 'revert', 'invalid'); }
  });
  $('.drag2').draggable({
      revert: "invalid",
         stop: function() { $(this).
draggable('option', 'revert', 'invalid'); }
  });
  $('.drag3').draggable({
      revert: "invalid",
         stop: function() { $(this).
draggable('option', 'revert', 'invalid'); }
  });
  $('.drag4').draggable({
      revert: "invalid",
         stop: function() { $(this).
draggable('option', 'revert', 'invalid'); }
  });
  $('.drag5').draggable({
      revert: "invalid",
         stop: function() { $(this).
draggable('option', 'revert', 'invalid'); }
  });
  $('.drag6').draggable({
      revert: "invalid",
         stop: function() { $(this).
draggable('option', 'revert', 'invalid'); }
  });
  $('.drag7').draggable({
      revert: "invalid",
         stop: function() { $(this).
draggable('option', 'revert', 'invalid');
```

```
}
        });
        $( '.drag8' ).draggable({
            revert: "invalid",
               stop: function() { $(this).
draggable( 'option', 'revert', 'invalid'); }
        });
        $( '.drag9' ).draggable({
            revert: "invalid",
               stop: function() { $(this).
draggable( 'option', 'revert', 'invalid'); }
        });
        $( '.drag10' ).draggable({
            revert: "invalid",
               stop: function() { $(this).
draggable( 'option', 'revert', 'invalid'); }
        });
            $( '.drag11' ).draggable({
            revert: "invalid",
               stop: function() { $(this).
draggable( 'option', 'revert', 'invalid'); }
        });
            $( '.drag12' ).draggable({
            revert: "invalid",
               stop: function() { $(this).
draggable( 'option', 'revert', 'invalid'); }
        });
        function foo() {
            $( '.drop1' ).droppable({
                greedy: true,
                accept: ".drag1",
                drop: function(ev, ui) {
                 }
            });
            $( '.drop2' ).droppable({
                greedy: true,
                accept: ".drag2",
                drop: function(ev, ui) {
                 }
            });
            $( '.drop3' ).droppable({
                greedy: true,
                accept: ".drag3",
                drop: function(ev, ui) {
                 }
            });
            $( '.drop4' ).droppable({
                greedy: true,
                accept: ".drag4",
                drop: function(ev, ui) {
                 }
            });
            $( '.drop5' ).droppable({
                greedy: true,
                accept: ".drag5",
                drop: function(ev, ui) {
                 }
            });
            $( '.drop6' ).droppable({
                greedy: true,
                accept: ".drag6",
                drop: function(ev, ui) {
                 }
            });
            $( '.drop7' ).droppable({
                greedy: true,
                accept: ".drag7",
                drop: function(ev, ui) {
                 }
            });
            $( '.drop8' ).droppable({
                greedy: true,
                accept: ".drag8",
                drop: function(ev, ui) {
                 }
            });
            $( '.drop9' ).droppable({
                greedy: true,
           accept: ".drag9",
            drop: function(ev, ui) {
                 }
            });
      $( '.drop10' ).droppable({
            greedy: true,
                accept: ".drag10",
                drop: function(ev, ui) {
                 }
            });
            $( '.drop11' ).droppable({
                greedy: true,
                accept: ".drag11",
                drop: function(ev, ui) {
                 }
      });
            $( '.drop12' ).droppable({
                greedy: true,
                accept: ".drag12",
                drop: function(ev, ui) {
                 }
            });
        }
      }
```

02 选中舞台中所有的元素，如图 9-39 所示。单击“Properties（属性）”面板中的“Cursor（光标）”选项区右侧的 按钮，在弹出的面板中选择合适的光标效果，如图 9-40 所示。

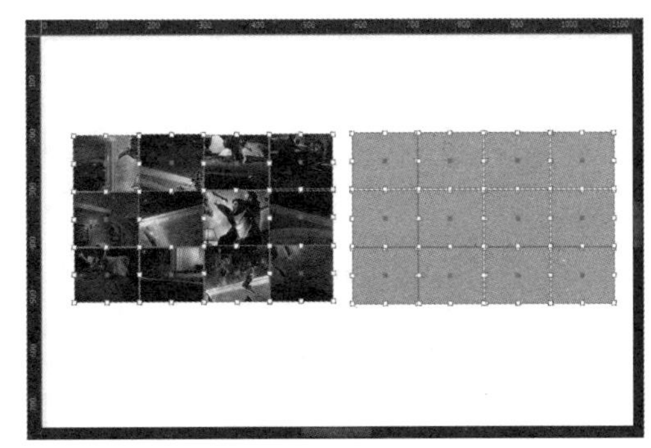

图 9-39

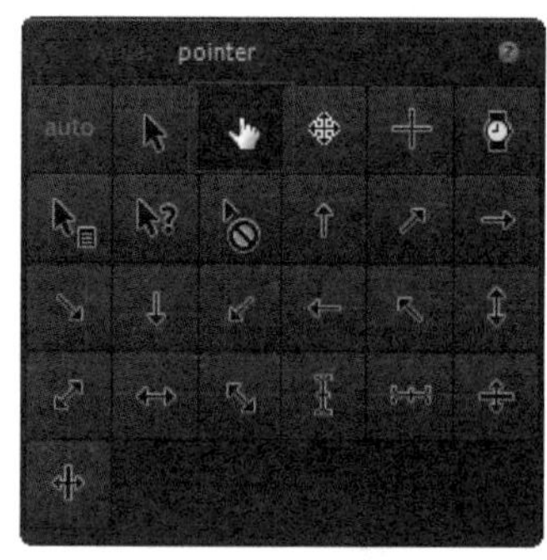

图 9-40

10 完成动画的制作，执行“File（文件）>Save（保存）”命令，保存文件。执行“File（文件）>Preview In Browser（在浏览器中预览）”命令，在浏览器中预览页面，可以拖动左侧的图像素材至右侧的方格中实现拼图动画效果，如图 9-41 所示。

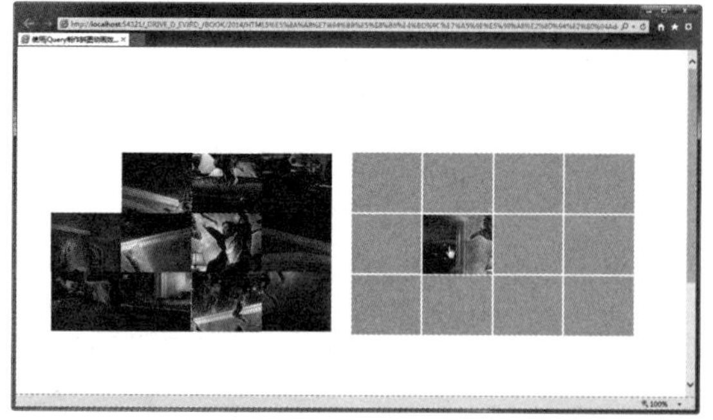

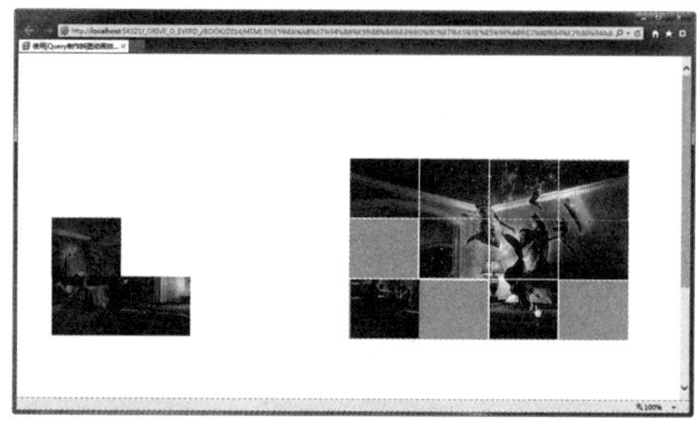

图 9-41

9.7 本章小结

在 Edge Animate 动画中要想实现交互效果，就必须通过 JavaScript 和 jQuery 来实现，在本章中向读者介绍了有关 JavaScript 和 jQuery 的相关基础知识，使读者能够更加清楚动画中交互效果的实现方法，当然在本章中介绍的 JavaScript 和 jQuery 知识比较基础，如果读者想要通过 Edge Animate 制作出更加复杂的交互性动画效果，JavaScript 和 jQuery 知识是必不可少的。

第⑩章 Edge Animate 动画制作技巧

Edge Animate 动画制作技巧

在上一章中已经向读者介绍了有关 JavaScript 和 jQuery 的相关知识，接下来就可以在动画制作过程中应用相应的脚本代码实现一些复杂的动画效果。本章将向读者介绍如何在 Edge Animate 中制作一些较为复杂的交互动画的方法，这些动画也是网页中常见的交互性动画效果。

本章知识点：

- 掌握多种显示和隐藏元素的方法
- 掌握在 Edge Animate 中实现视觉特效的方法
- 掌握滑块向左和向右滑动的方法
- 掌握在 Edge Animate 中交换素材图像的方法
- 通过代码识别并改变元素和符号
- 掌握如何使用代码控制符号内部的元素
- 掌握如何使用代码控制符号时间轴的播放
- 掌握在动画中使用音频的方法
- 掌握在动画中嵌入视频的方法

10.1 更多显示与隐藏技巧

在前面的章节中已经介绍了如何使用触发器动作来显示和隐藏动画中的对象，在了解了 JavaScript 的相关知识后，可以通过修改触发器动作脚本来实现更多的显示与隐藏对象的动画效果。

10.1.1 切换对象的显示与隐藏

在 jQuery 中提供了 toggle() 函数，通过使用该函数可以切换对象的显示与隐藏状态，使用该方法非常简便、快捷。接下来通过实例的形式向读者介绍如何使用 jQuery 中的 toggle() 函数，实现在动画中切换对象的显示与隐藏。

自测 1

快速显示与隐藏对象

视频：光盘 \ 视频 \ 第 10 章 \ 快速显示与隐藏对象 .swf

源文件：光盘 \ 源文件 \ 第 10 章 \ 快速显示与隐藏对象 \10-1-1.html

01 执行“File（文件）>New（新建）”命令，新建空白文件。执行“File（文件）>Save（保存）”命令，将文件保存为“光盘 \ 源文件 \ 第 10 章 \ 快速显示与隐藏对象 \10-1-1.html”。

02 在“Properties（属性）”面板中对舞台相关属性进行设置，如图 10-1 所示。执行“File（文件）>Import（导入）”命令，导入素材图像“光盘 \ 源文件 \ 第 10 章 \ 素材 \a101101.jpg”，如图 10-2 所示。

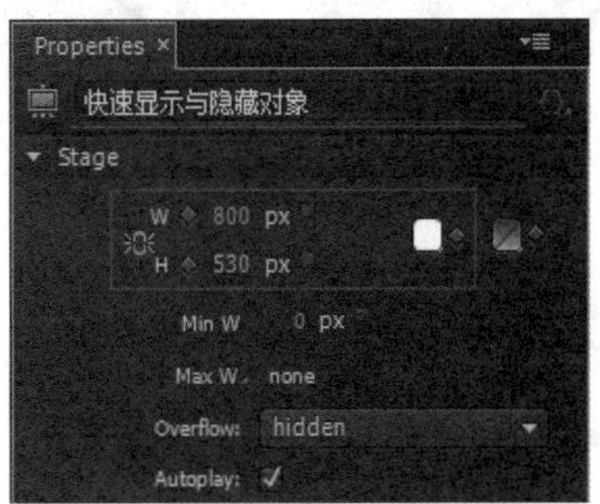

图 10-1

图 10-2

03 执行“File（文件）>Import（导入）”命令，导入素材图像“光盘 \ 源文件 \ 第 10 章 \ 素材 \a101102.png”，并调整该图像到合适的位置，如图 10-3 所示。选中该图像，在“Properties（属性）”面板中设置其“Title（标题）”为 pic，如图 10-4 所示。

04 执行“File（文件）>Import（导入）”命令，导入素材图像“光盘 \ 源文件 \ 第 10 章 \ 素材 \a101103.png”，并调整该图像到合适的位置，如图 10-5 所示。在“Timeline（时间轴）”面板中单击该元素层前的“Open Actions（打开动作）”按钮，如图 10-6 所示。

图 10-3

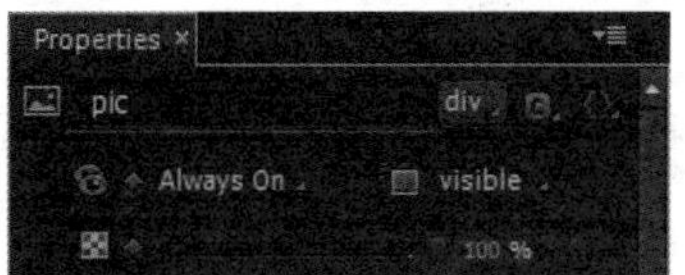

图 10-4

图 10-5

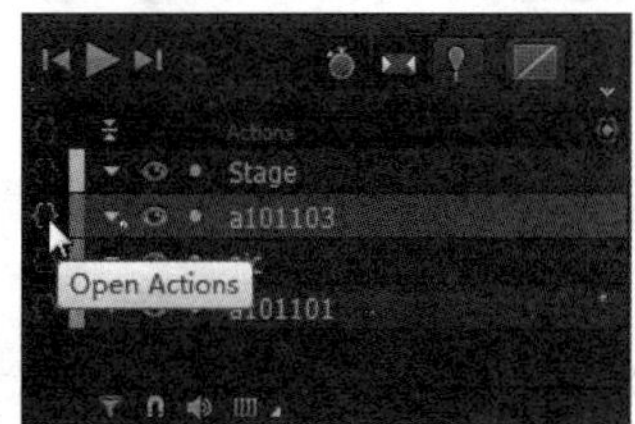

图 10-6

05 弹出“Trigger（触发器）”对话框，在弹出的触发事件菜单中选择 click 选项，如图 10-7 所示。在脚本窗口中手动编辑 JavaScript 脚本代码，如图 10-8 所示。

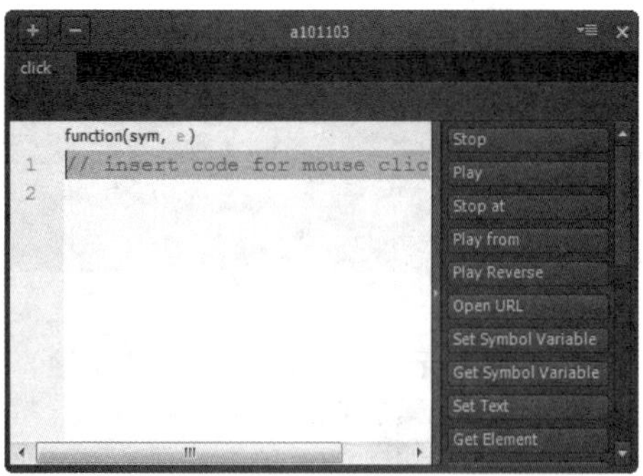

图 10-7

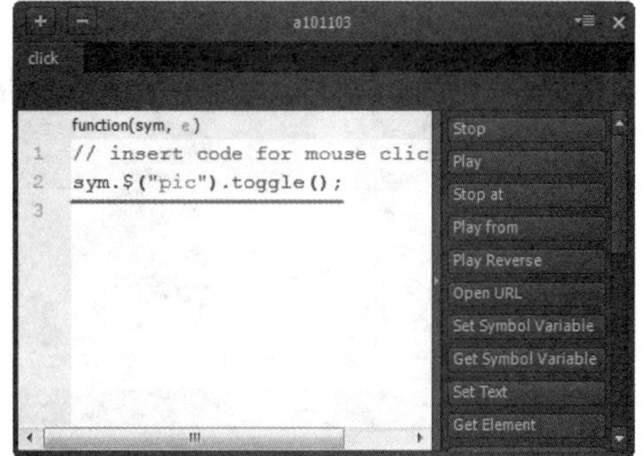

图 10-8

06 单击“Trigger（触发器）”对话框右上角的关闭按钮，完成脚本编写。单击“Properties（属性）”面板中“Cursor（光标）”选项右侧的按钮，在弹出的面板中选择相应的光标效果，如图 10-9 所示。

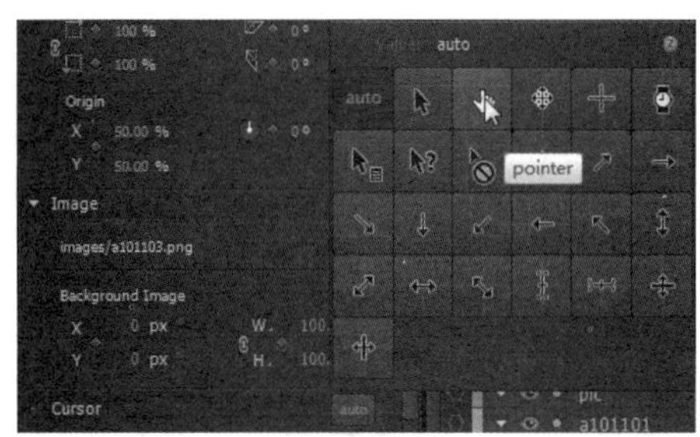

图 10-9

07 完成动画的制作，执行“File（文件）>Save（保存）”命令，保存文件。执行“File（文件）>Preview In Browser（在浏览器中预览）”命令，在浏览器中预览动画，单击设置了脚本代码的图像可以切换网页中图像的显示与隐藏，如图 10-10 所示。

图 10-10

提示：

实现元素显示和隐藏的制作方法有很多，但是使用 jQuery 中的 toggle() 函数来实现更加方便、快捷。

10.1.2 延迟的显示、隐藏与切换

除了可以直接通过 hide()、show() 和 toggle() 函数实现对象的隐藏、显示和切换外，还可以为这些函数设置参数，从而改变动画的效果。

按指定时间缩放、显示与隐藏对象

视频：光盘\视频\第 10 章\按指定时间缩放显示与隐藏对象 .swf

源文件：光盘\源文件\第 10 章\按指定时间缩放显示与隐藏对象\10-1-2.html

01 执行“File（文件）>New（新建）”命令，新建空白文件。执行“File（文件）>Save（保存）”命令，将文件保存为“光盘\源文件\第10章\按指定时间缩放显示与隐藏对象\10-1-2.html”。

02 在“Properties（属性）”面板中对舞台相关属性进行设置，如图10-11所示。执行“File（文件）>Import（导入）”命令，导入素材图像“光盘\源文件\第10章\素材\a101201.jpg”，如图10-12所示。

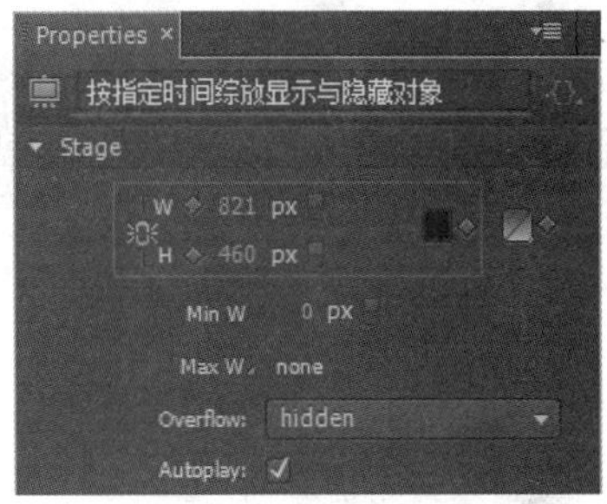

图 10-11

图 10-12

03 选中刚导入的素材图像，在“Properties（属性）”面板中设置其“Title（标题）”为bg，如图10-13所示。执行“File（文件）>Import（导入）”命令，导入素材图像“光盘\源文件\第10章\素材\a101202.jpg”，将其调整到合适的位置，如图10-14所示。

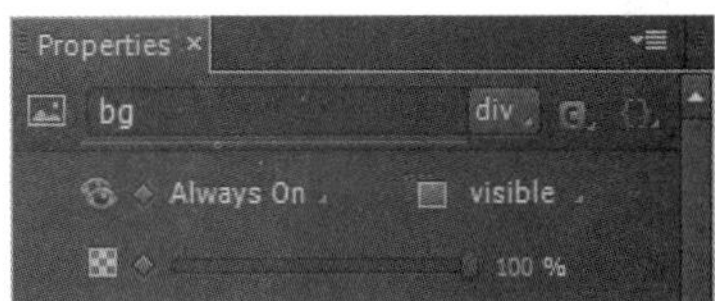

图 10-13

图 10-14

04 选中刚导入的素材图像，在“Timeline（时间轴）”面板中单击该元素层前的“Open Actions（打开动作）”按钮，如图10-15所示。弹出“Trigger（触发器）”对话框，选择click触发事件，在脚本窗口中手动编辑JavaScript脚本代码，如图10-16所示。

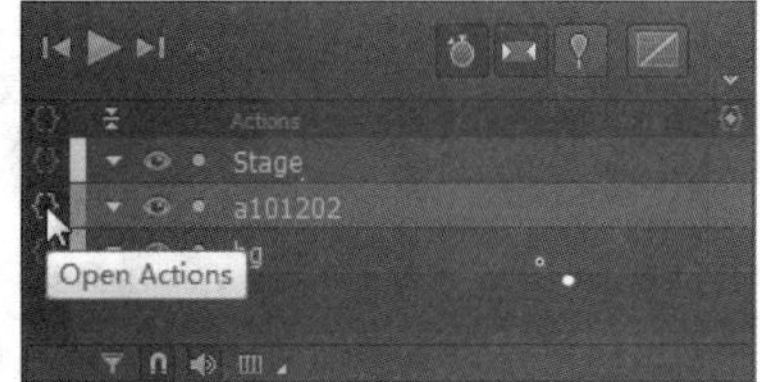

图 10-15

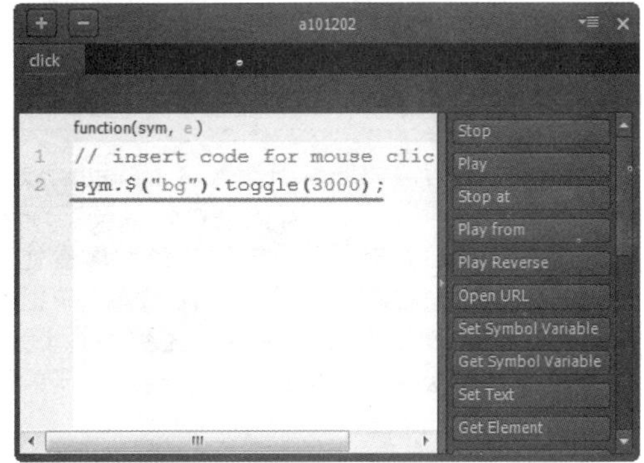

图 10-16

提示：

此处设置的参数为3 000毫秒，除了可以使用以毫秒为单位的数值进行设置外，还可以设置slow、normal和fast，3个固定参数，分别表示“慢”、“正常”和“快”，需要注意的是，如果使用这三个固定参数，则需要使用引号进行标记。

05 单击“Trigger（触发器）”对话框右上角的关闭按钮，完成脚本编写。单击“Properties（属性）”面板上的“Cursor（光标）”选项右侧的按钮，在弹出的面板中选择相应的光标效果，如图10-17所示。

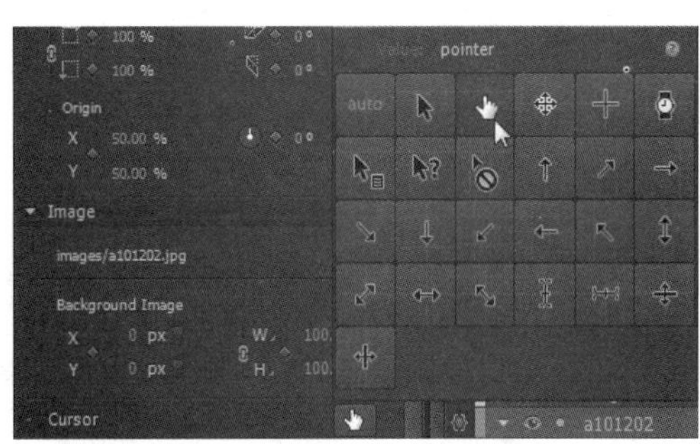

图 10-17

06 完成动画的制作，执行“File（文件）>Save（保存）”命令，保存文件。执行“File（文件）>Preview

In Browser（在浏览器中预览）”命令，在浏览器中预览动画，单击设置了脚本代码的图像可以看到缩放、显示和隐藏背景的效果，如图 10-18 所示。

图 10-18

10.1.3 淡入淡出

在网页中常常能够看到淡入淡出的动画效果，通过前面内容的学习，这样的动画效果在“Timeline（时间轴）”面板中可以通过对象透明度变化制作动画效果，但是相对比较繁琐。在 jQuery 中提供了 fadeOut()、fadeIn() 和 fadeToggle() 函数，通过这三个函数可以轻松实现对象的淡出、淡入和淡入淡出切换动画效果。

● **fadeOut()**

该函数用于实现元素的淡出效果（元素变得越来越透明，直到消失）。

● **fadeIn()**

该函数用于实现元素的淡入效果（逐渐增加元素的不透明度，直到元素完全可见）。

● **fadeToggle()**

通过逐渐改变元素的不透明度，显示或隐藏元素。

提示：

需要注意的是，在 JavaScript 和 jQuery 中都是区分大小写的，如果将 fadeOut() 函数写为 FadeOut() 或 fadeout() 都是错误的。与 hide() 和 show() 函数相同，同样可以通过添加参数的方式来控制淡入淡出效果的速度。

自测 3　轻松实现对象淡入淡出的动画效果

视频：光盘 \ 视频 \ 第 10 章 \ 轻松实现对象淡入淡出的动画效果 .swf
源文件：光盘 \ 源文件 \ 第 10 章 \ 轻松实现对象淡入淡出的动画效果 \10-1-3.html

01 执行“File（文件）>New（新建）”命令，新建空白文件。执行“File（文件）>Save（保存）”命令，将文件保存为“光盘 \ 源文件 \ 第 10 章 \ 轻松实现对象淡入淡出的动画效果 \10-1-3.html”。

02 在“Properties（属性）”面板中对舞台相关属性进行设置，如图 10-19 所示。执行“File（文件）>Import（导入）”命令，导入素材图像“光盘 \ 源文件 \ 第 10 章 \ 素材 \a101301.jpg”，如图 10-20 所示。

03 执行“File（文件）>Import（导入）”命令，导入素材图像“光盘 \ 源文件 \ 第 10 章 \ 素材 \a101302.jpg”，如图 10-21 所示。选中该图像，在“Properties（属性）”面板中设置其“Title（标题）”为 bg，如图 10-22 所示。

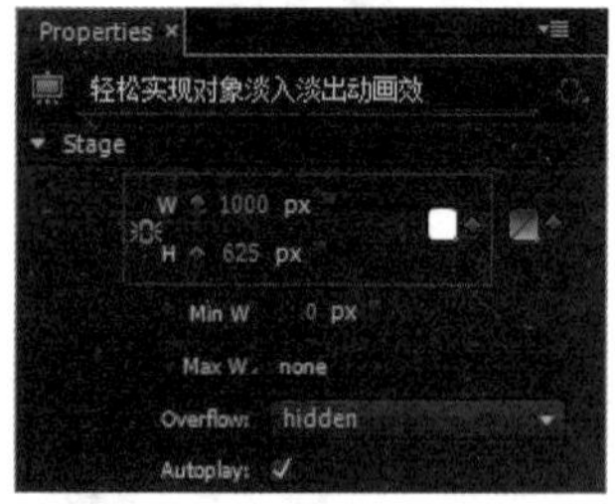

图 10-19

04 执行“File（文件）>Import（导入）”命令，导入素材图像“光盘 \ 源文件 \ 第 10 章 \ 素材 \a101303.png”，将其调整到合适的位置，如图 10-23 所示。在“Timeline（时间轴）”面板中单击该元素层前的“Open Actions（打开动作）”按钮，如图 10-24 所示。

图 10-20

图 10-21

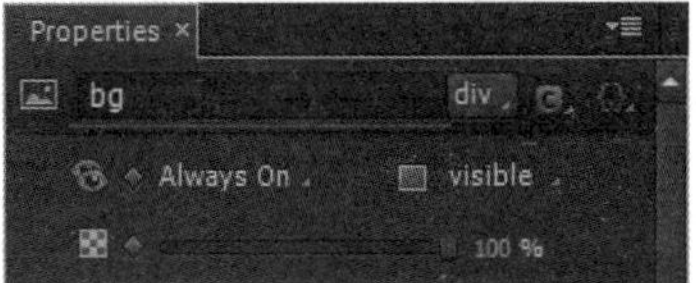

图 10-22

图 10-23

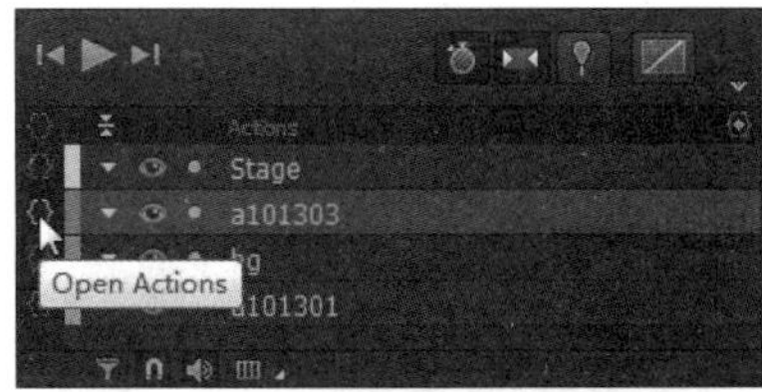

图 10-24

05 弹出“Trigger（触发器）”对话框，选择 click 触发事件，在脚本窗口中手动编辑 JavaScript 脚本代码，如图 10-25 所示。单击“Trigger（触发器）”对话框右上角的关闭按钮，完成脚本编写。单击“Properties（属性）”面板上的“Cursor（光标）”选项右侧的按钮，在弹出的面板中选择相应的光标效果，如图 10-26 所示。

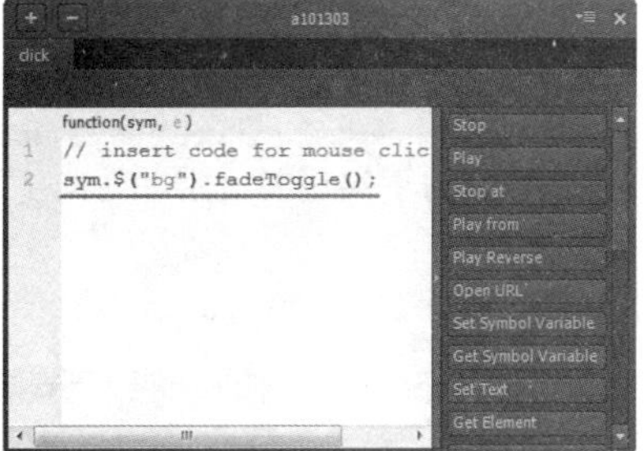

图 10-25

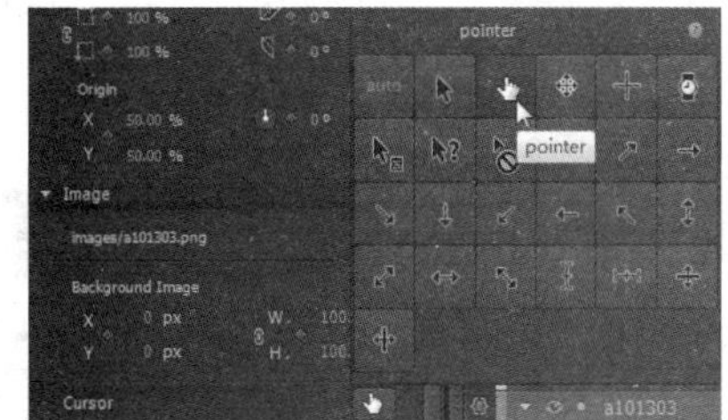

图 10-26

提示：

可以在 fadeToggle() 函数中添加数值，控制淡入淡出动画的持续时间，单位为毫秒。还可以设置 slow、normal 和 fast，3 个固定参数，分别表示“慢”、“正常”和“快”。需要注意的是，如果使用这三个固定参数，则需要使用引号进行标记。

06 完成动画的制作，执行“File（文件）>Save（保存）”命令，保存文件。执行“File（文件）>Preview In Browser（在浏览器中预览）”命令，在浏览器中预览动画，单击设置了脚本代码的图像，可以看到背景图像淡入淡出的效果，如图 10-27 所示。

图 10-27

10.1.4 上下滑动

jQuery 中提供了 slideUp()、slideDown() 和 slideToggle() 函数，分别用于实现向上滑动、向下滑动和切换滑动的动画效果。

slideUp()

该函数可以实现元素向上滑动，直到元素消失。

slideDown()

该函数可以实现元素向下滑动，直到元素完全可见。

slideToggle()

该函数可以实现使用滑动动作显示或隐藏元素。

提示：

与 hide() 和 show() 函数相同，同样可以通过添加参数的方式来控制滑动效果的速度。

滑动切换导航菜单的显示和隐藏

视频：光盘 \ 视频 \ 第 10 章 \ 滑动切换导航菜单的显示和隐藏 .swf

源文件：光盘 \ 源文件 \ 第 10 章 \ 滑动切换导航菜单的显示和隐藏 \10-1-4.html

01 执行“File（文件）>New（新建）”命令，新建空白文件。执行“File（文件）>Save（保存）”命令，将文件保存为“光盘 \ 源文件 \ 第 10 章 \ 滑动切换导航菜单的显示和隐藏 \10-1-4.html”。

02 在“Properties（属性）”面板中对舞台相关属性进行设置，如图 10-28 所示。执行“File（文件）>Import（导入）”命令，导入素材图像“光盘 \ 源文件 \ 第 10 章 \ 素材 \a101401.png”，如图 10-29 所示。

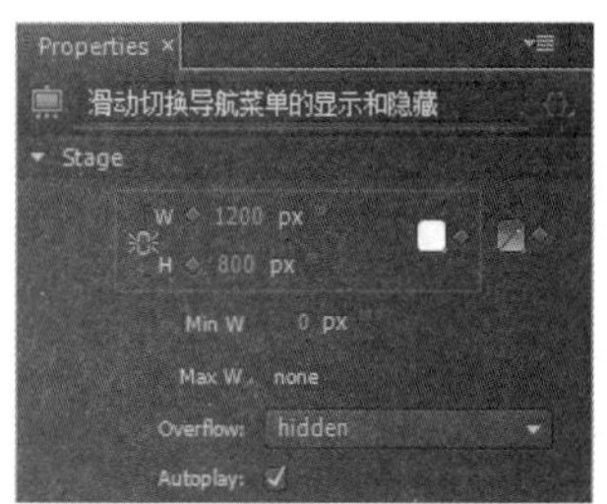

图 10-28

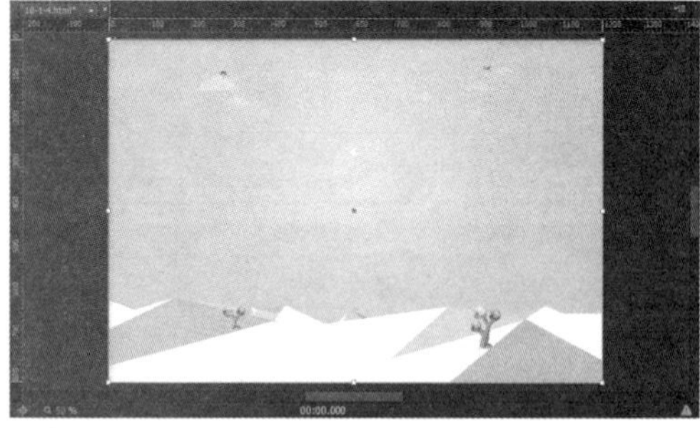

图 10-29

03 执行“File（文件）>Import（导入）”命令，导入素材图像“光盘 \ 源文件 \ 第 10 章 \ 素材 \a101402.png”，如图 10-30 所示。选中该图像，在“Properties（属性）”面板中设置其“Title（标题）”为 menu，如图 10-31 所示。

图 10-30

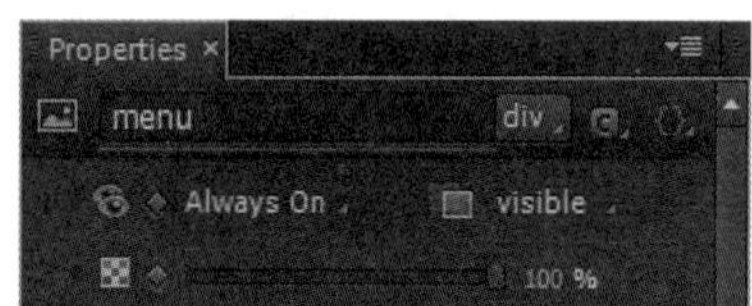

图 10-31

04 执行“File（文件）>Import（导入）”命令，导入素材图像“光盘 \ 源文件 \ 第 10 章 \ 素材 \a101403.png”，将其调整到合适的位置，如图 10-32 所示。在“Timeline（时间轴）”面板中单击该元素层前面的“Open Actions（打开动作）”按钮，如图 10-33 所示。

图 10-32

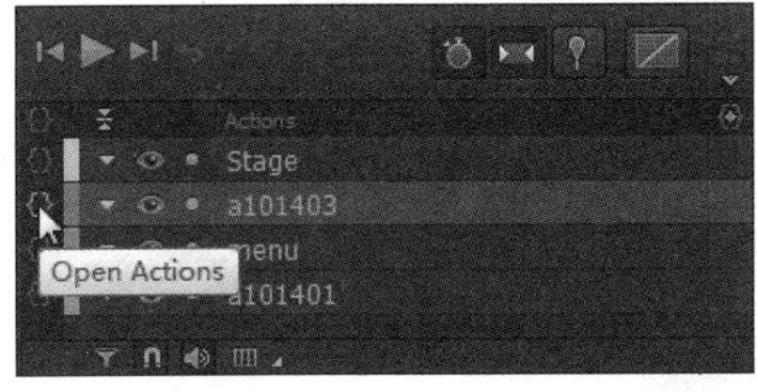

图 10-33

05 弹出“Trigger（触发器）”对话框，选择 click 触发事件，在脚本窗口中手动编辑 JavaScript 脚本代码，如图 10-34 所示。单击“Trigger（触发器）”对话框右上角的关闭按钮，完成脚本编写。单击“Properties（属性）”面板上的“Cursor（光标）”选项右侧的按钮，在弹出的面板中选择相应的光标效果，如图 10-35 所示。

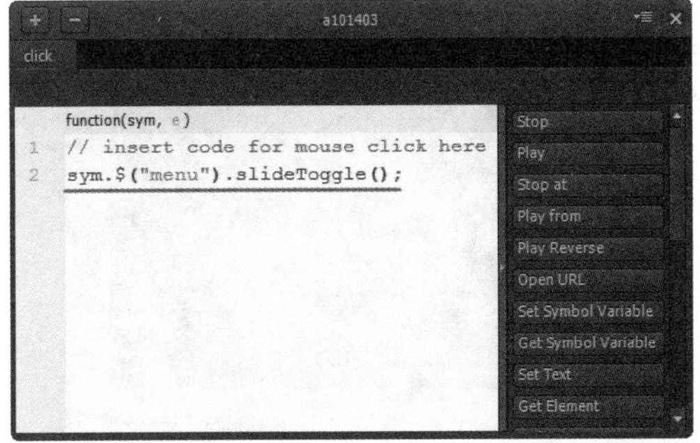

图 10-34

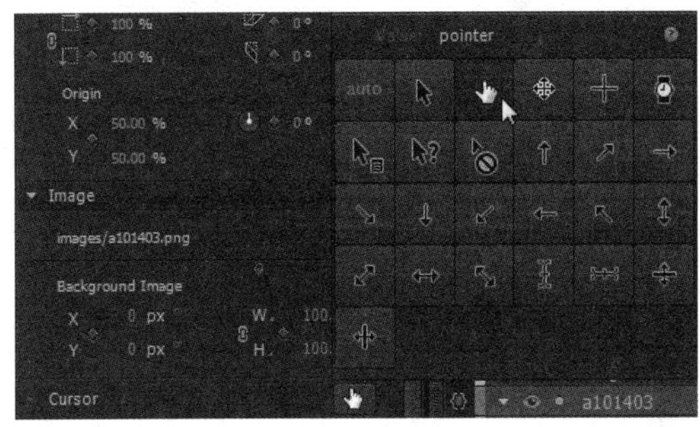

图 10-35

提示：

可以在 slideToggle() 函数中添加数值，控制滑动切换动画的持续时间，单位为毫秒。还可以设置 slow、normal 和 fast，3 个固定参数，分别表示“慢”、“正常”和“快”，需要注意的是，如果使用这三个固定参数，则需要使用引号进行标记。

06 完成动画的制作，执行“File（文件）>Save（保存）”命令，保存文件。执行“File（文件）>Preview In Browser（在浏览器中预览）”命令，在浏览器中预览动画，单击设置了脚本代码的图像，可以看到滑动切换菜单显示和隐藏的效果，如图 10-36 所示。

图 10-36

10.1.5 Edge Animate 中更多的视觉特效

在前面的章节中介绍了可以使用 CSS 样式对动画中元素的外观进行控制。使用 JavaScript 和 jQuery 中的 animate() 函数可以改写 CSS 样式，从而改变动画中元素的效果。例如，使用 animate() 函数，可以改变动画中元素的不透明度或者文本框的外观等。

animate() 函数的工作方式与前面介绍的函数工作方式有所不同，因为在该函数中一次可以设置多个参数。例如，可以同时更改图像的不透明度并对图像进行裁剪。

自测 5 **鼠标滑过图像动态效果**

视频：光盘 \ 视频 \ 第 10 章 \ 鼠标经过图像动态效果 .swf

源文件：光盘 \ 源文件 \ 第 10 章 \ 鼠标经过图像动态效果 \10-1-5.html

01 执行“File（文件）>New（新建）”命令，新建空白文件。执行“File（文件）>Save（保存）”命令，将文件保存为“光盘 \ 源文件 \ 第 10 章 \ 鼠标滑过图像动态效果 \10-1-5.html”。

01 在“Properties（属性）”面板中对舞台相关属性进行设置，如图 10-37 所示。执行“File（文件）>Import（导入）”命令，导入素材图像“光盘\源文件\第 10 章\素材\a101501.jpg”，如图 10-38 所示。

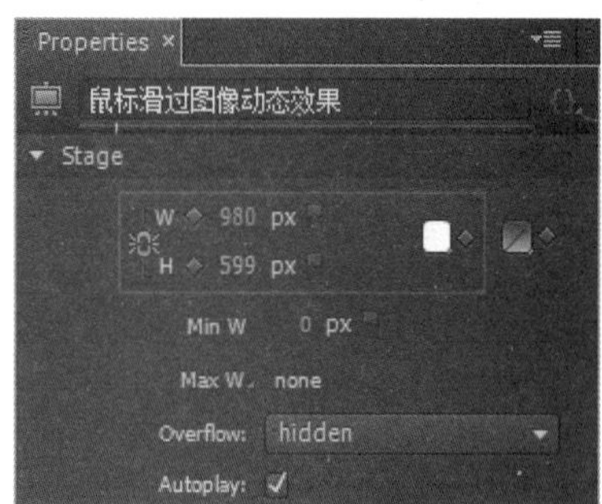

图 10-37

图 10-38

02 执行“File（文件）>Import（导入）”命令，导入素材图像“光盘\源文件\第 10 章\素材\a101502.jpg”，如图 10-39 所示。选中该图像，在“Properties（属性）”面板中设置其“Title（标题）”为 pic1，“Opacity（不透明度）”选项为 50%，如图 10-40 所示，舞台中图像的效果如图 10-41 所示。

图 10-39

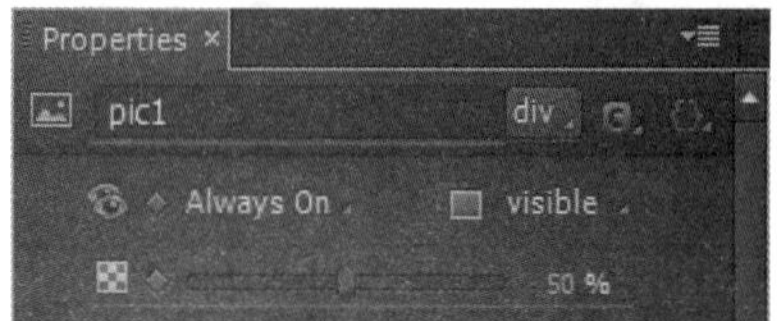

图 10-40

图 10-41

03 使用“Rectangle Tool（矩形工具）”，在舞台中绘制一个矩形，如图 10-42 所示。选中该矩形，执行“Modify（修改）>Convert to Symbol（转换为符号）”命令，弹出“Create Symbol（创建符号）”对话框，设置如图 10-43 所示。

图 10-42

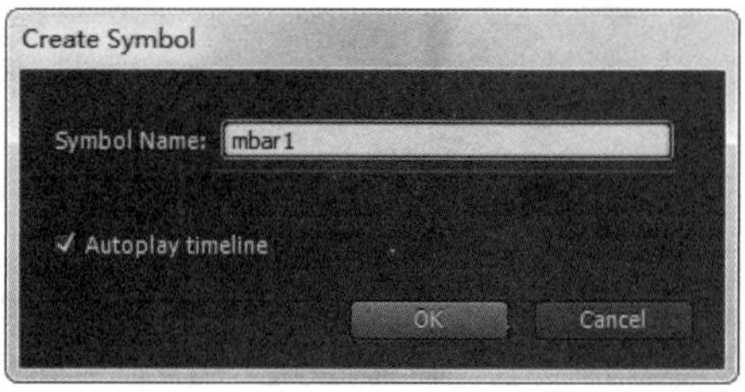

Create Symbol

Symbol Name: mbar1

Autoplay timeline

OK Cancel

图 10-43

04 单击“OK（确定）”按钮，创建符号。双击舞台中刚刚创建的符号，进入该符号的编辑状态，选中所绘制的矩形，设置其填充颜色为不透明度的黑色，如图 10-44 所示。使用“Text Tool（文本工具）”在舞台上单击，在弹出的“Text（文本）”窗口中输入相应的文字，如图 10-45 所示。

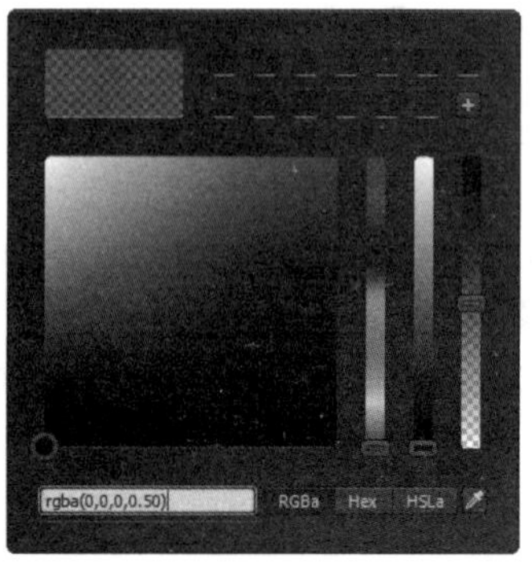

图 10-44

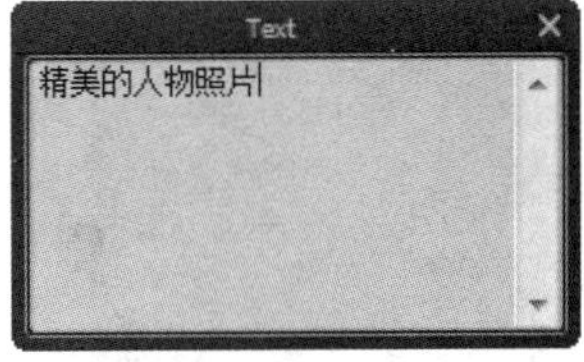

图 10-45

05 在“Properties（属性）”面板的“Text（文本）”选项区中对文字的相关属性进行设置，如图 10-46 所示。在舞台中调整文字到合适的位置，如图 10-47 所示。

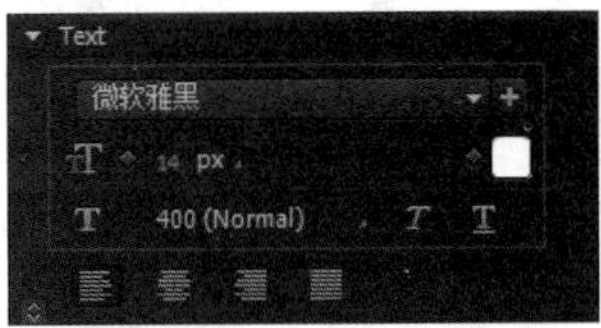

图 10-46

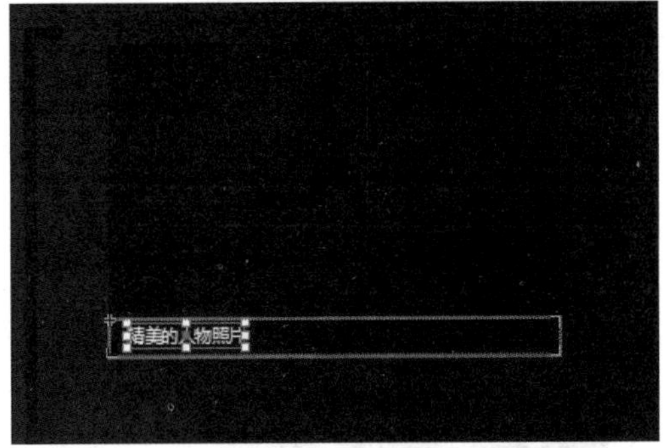

图 10-47

06 双击舞台的空白位置，返回舞台编辑状态，选中名称为 mbar1 的符号元素，如图 10-48 所示。在“Properties（属性）”面板中设置其“display（显示）”属性为 Off，默认隐藏该符号元素，如图 10-49 所示。

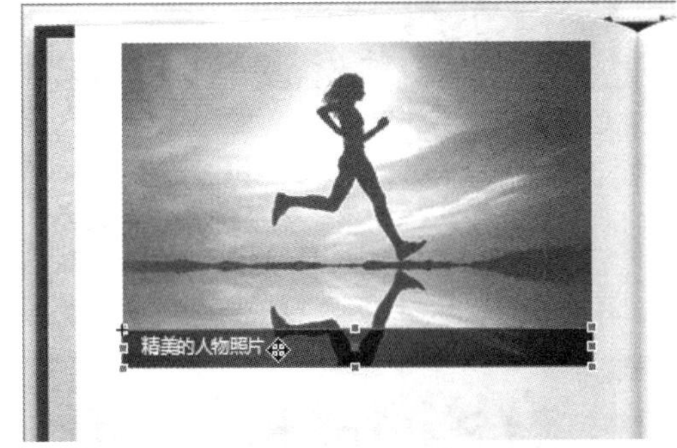

图 10-48

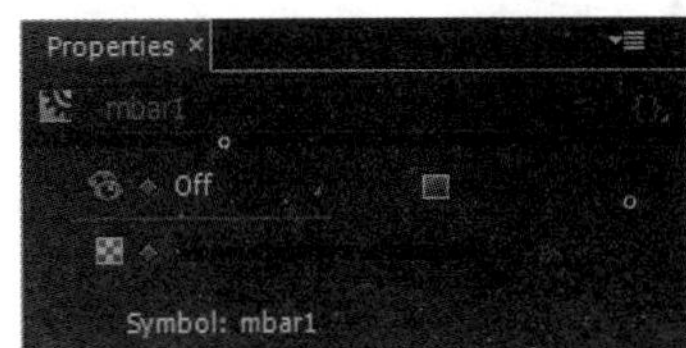

图 10-49

07 选中舞台中名称为 pic1 的图像，在“Timeline（时间轴）”面板中单击该元素层左侧的“Open Action（打开动作）”按钮，如图 10-50 所示。弹出“Trigger（触发器）”对话框，在弹出的触发事件菜单中选择 mouseover 选项，如图 10-51 所示。

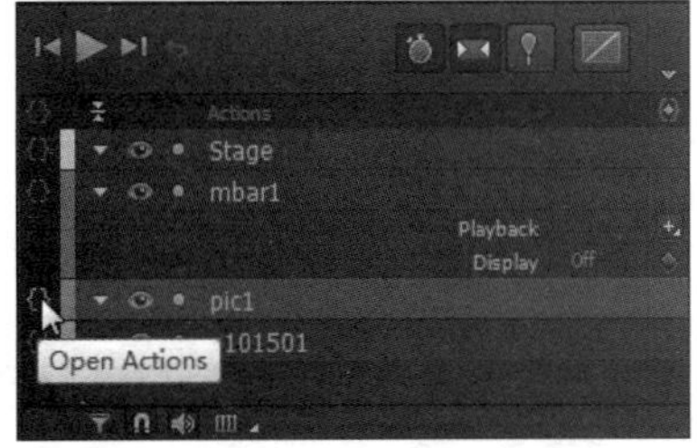

图 10-50

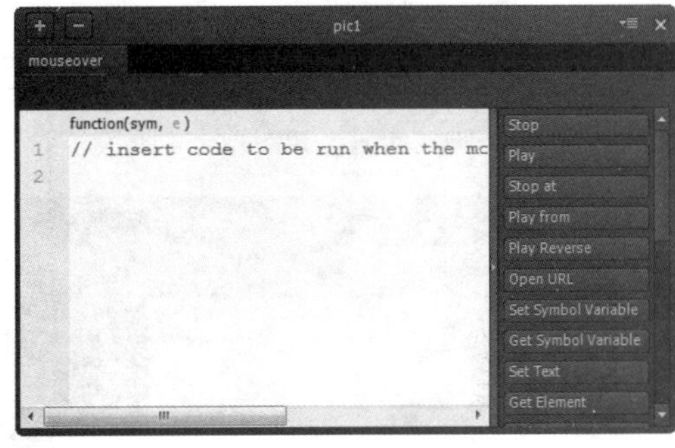

图 10-51

08 在“Trigger（触发器）”对话框的脚本窗口中编写控制图像透明度的代码，如图 10-52 所示。编写控制 mbar1 符号元素淡入的脚本代码，如图 10-53 所示。

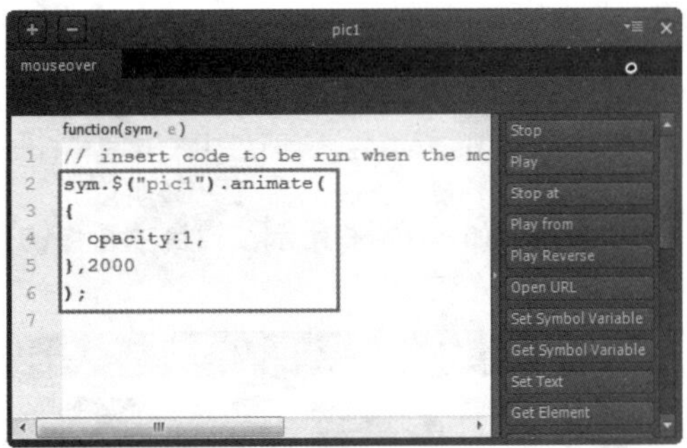

图 10-52

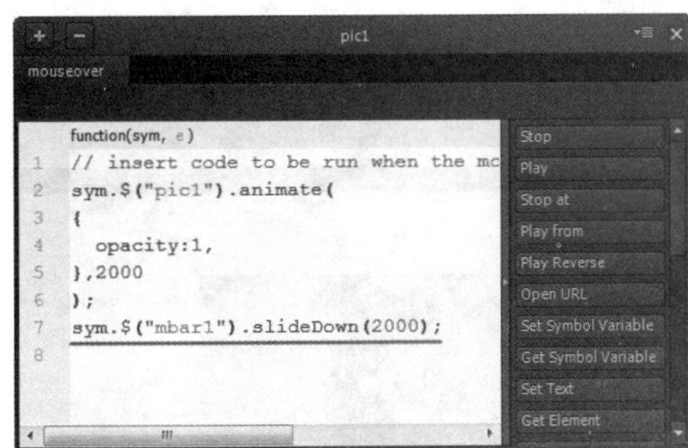

图 10-53

提示：

在 animate() 函数中所设置的参数需要使用大括号标记，每个参数之间使用半角逗号分隔，如果只有单个参数也可以在结束位置不加半角逗号。在大括号结束后所添加的数值 2 000，表示动画过渡效果持续的时间，以毫秒为单位。

提示：

slideDown() 函数在上一节已经进行了介绍，用于实现元素向下滑动直到完全显示，括号中的数值表示动画持续的过渡时间，以毫秒为单位，2 000 毫秒等于 2 秒。

09 单击“Trigger（触发器）”对话框左上角的加号按钮，在弹出的触发事件菜单中选择 mouseout 选项，在脚本窗口中编写相应的 JavaScript 脚本代码，如图 10-54 所示。

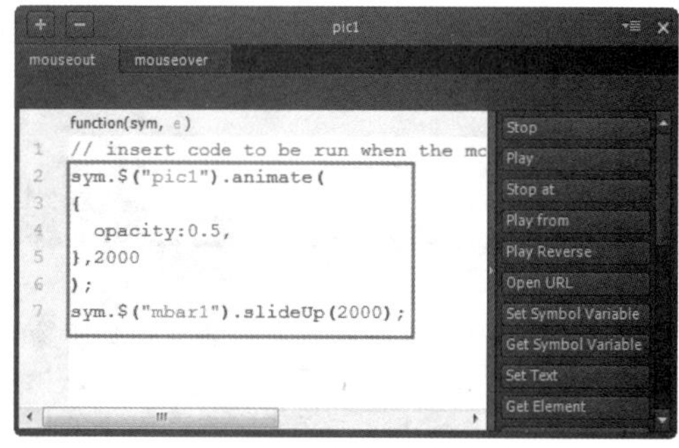

图 10-54

10 执行“File（文件）>Import（导入）”命令，导入素材图像“光盘 \ 源文件 \ 第 10 章 \ 素材 \a101503.jpg”，如图 10-55 所示。选中该图像，在“Properties（属性）”面板中设置其“Title（标题）”为 pic2，“opacity（不透明度）”选项为 50%，如图 10-56 所示，舞台中图像的效果如图 10-57 所示。

图 10-55

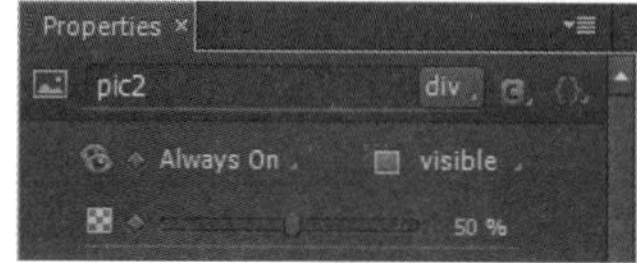

图 10-56

图 10-57

11 打开“Library（库）”面板，在“Symbols（符号）”选项区的 mbar1 符号元素上单击鼠标右键，在弹出的快捷菜单中选择“Duplicate（复制）”选项，如图 10-58 所示。复制该符号元素得到 mbar1_1 符号元素，修改该符号的名称为 mbar2，如图 10-59 所示。

图 10-58

图 10-59

12 在“Library（库）”面板中将 mbar2 符号元素拖入舞台中，并调整到合适的位置，如图 10-60 所示。双击进入该符号元素的编辑状态，修改文字内容，如图 10-61 所示。

图 10-60

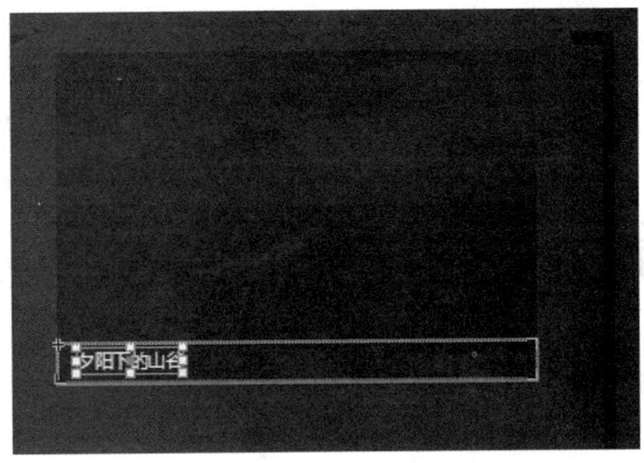

图 10-61

13 双击舞台空白位置，返回到舞台编辑状态。选中 mbar2 符号元素，在“Properties（属性）”面板中设置其“display（显示）”属性为 Off，默认隐藏该符号元素，如图 10-62 所示。在“Timeline（时间轴）”面板中单击 pic2 元素层左侧的“Open Action（打开动作）”按钮，弹出“Trigger（触发器）”对话框，选择 mouseover 触发事件，在脚本窗口中编写相应的 JavaScript 脚本代码，如图 10-63 所示。

图 10-62

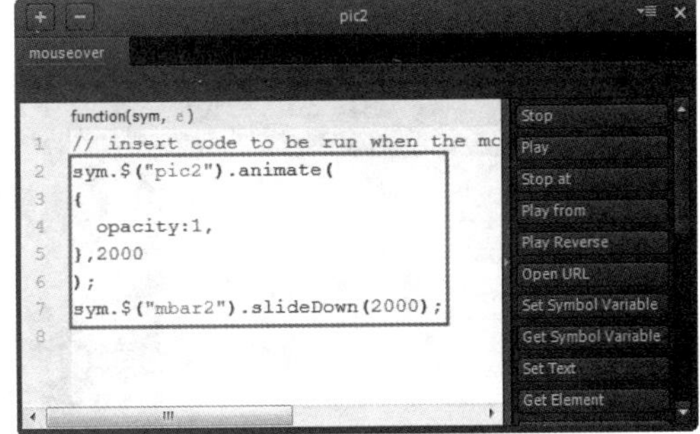

图 10-63

14 单击“Trigger（触发器）”对话框左上角的加号按钮 ，在弹出的触发事件菜单中选择 mouseout 选项，在脚本窗口中编写相应的 JavaScript 脚本代码，如图 10-64 所示。采用相同的制作方法，可以导入其他素材图像并完成动画的制作，如图 10-65 所示。

提示：

这四个元素所添加的 JavaScript 脚本代码基本相同，区别在于脚本所控制元素的 ID 名称不同，在编写 JavaScript 脚本代码时一定要注意。

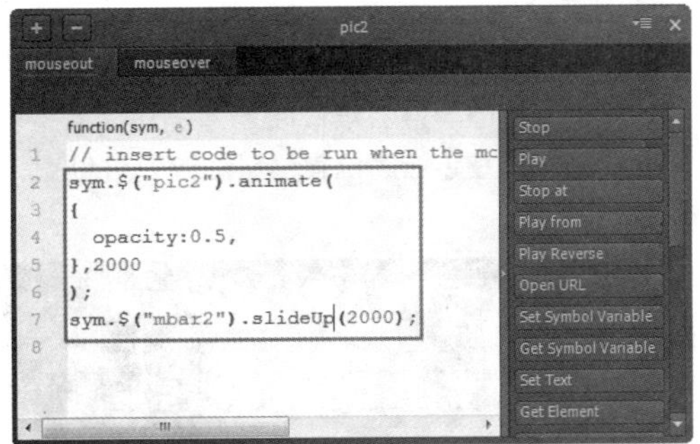

图 10-64

图 10-65

15 完成动画的制作，执行“File（文件）>Save（保存）”命令，保存文件。执行“File（文件）>Preview In Browser（在浏览器中预览）”命令，在浏览器中预览动画，可以看到鼠标滑过图像的动态效果，如图 10-66 所示。

图 10-66

10.1.6 实现滑块向左和向右滑动

在 jQuery 中并没有提供向左滑动和向右滑动的函数，如果想要实现向左和向右滑动的效果，可以通过代码找出元素左边缘的位置，然后改变该位置。

自测 6

制作悬浮左右滑动动画

视频：光盘\视频\第 10 章\制作悬浮左右滑动动画 .swf

源文件：光盘\源文件\第 10 章\制作悬浮左右滑动动画\10-1-6.html

01 执行“File（文件）>New（新建）”命令，新建空白文件。执行“File（文件）>Save（保存）”命令，将文件保存为“光盘\源文件\第 10 章\制作悬浮左右滑动动画\10-6-1.html”。

02 在“Properties（属性）”面板中对舞台相关属性进行设置，如图 10-67 所示。执行“File（文件）>Import（导入）”命令，导入素材图像“光盘\源文件\第 10 章\素材\a101601.jpg”，如图 10-68 所示。

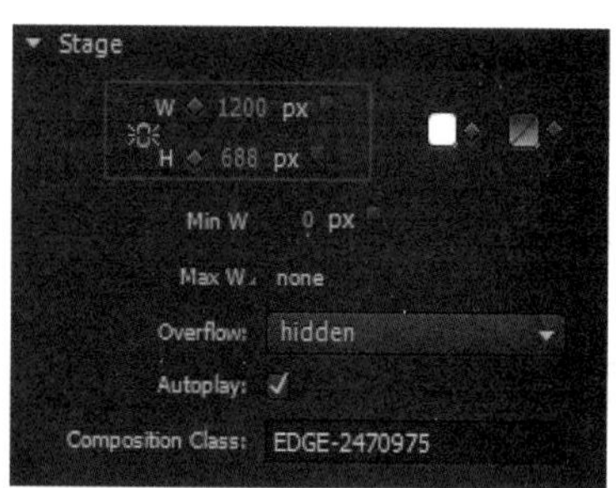

图 10-67

图 10-68

03 导入素材图像“光盘\源文件\第 10 章\素材\a101602.jpg”，并调整到合适的位置，如图 10-69 所示。在“Properties（属性）”面板上的“Title（标题）”文本框中设置该素材的 ID 名称为 a1，如图 10-70 所示。

04 在“Timeline（时间轴）”面板中单击 a1 元素层左侧的“Open Action（打开动作）”按钮，弹出“Trigger（触发器）”对话框，在弹出的触发事件菜单中选择 mouseover 选项，编写相应的 JavaScript 脚本代码，如图 10-71 所示。单击“Trigger（触发器）”对话框左上角的+按钮，在弹出的触发事件菜单中选择 mouseout 选项，在脚本窗口中编写相应的 JavaScript 脚本代码，如图 10-72 所示。

图 10-69

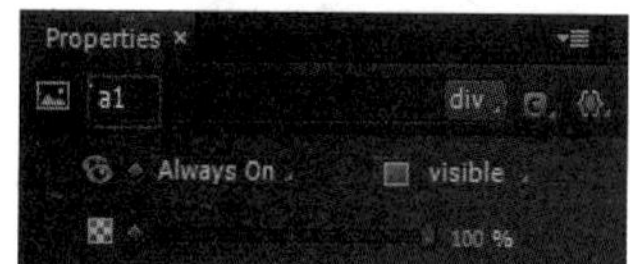

图 10-70

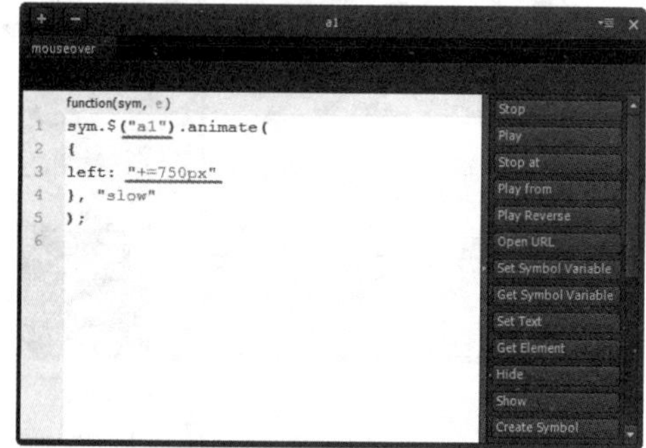

图 10-71

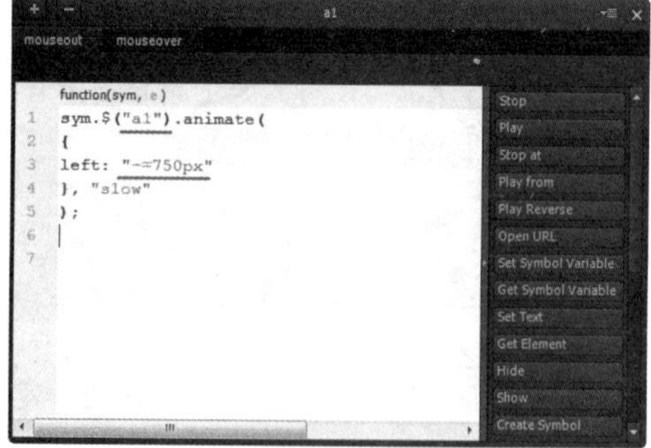

图 10-72

提示：

在 animate() 函数中通过对 left 属性的设置来实现图像向左和向右滑动的距离，slow 属性值用于控制 animate() 函数中动画的播放速度，slow 表示慢，也可以使用数值的形式，例如 2 000，表示动画的运行过渡时间为 2 000 毫秒，即 2 秒。

05 在舞台中选中图像元素，如图 10-73 所示。单击“Properties（属性）”面板中“Cursor（光标）”选项区旁的 auto 按钮，在弹出的面板中选择相应的光标效果，如图 10-74 所示。

图 10-73

图 10-74

06 完成动画的制作，执行“File（文件）>Save（保存）”命令，保存文件。执行“File（文件）>Preview In Browser（在浏览器中预览）”命令，在浏览器中预览动画，当鼠标移至左侧图像上时可以看到对象左右滑动动画效果，如图 10-75 所示。

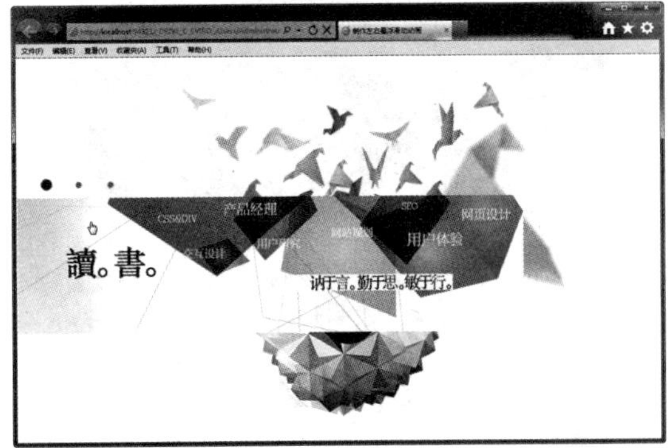

图 10-75

10.2 在 Edge Animate 中交换素材图像

图像交换效果是网页中最为常见的一种交互动画效果，通常都是使用 JavaScript 脚本代码来实现的。在前面小节制作的实例中，读者已经了解了如何使用 JavaScript 改写对象的 CSS 样式，在实现图像交换的动画中，可以使用 JavaScript 改变图像标签的 src 属性，从而实现图像交换的效果。

网站相册是图像交换技术的典型应用，在网页中也很常见，用户可以通过鼠标单击或移至缩略图上方时显示该图像的大图。接下来通过一个网站相册案例的制作，讲解如何在 Edge Animate 中实现图像交换的动画效果。

自测 7 制作网站相册

视频：光盘 \ 视频 \ 第 10 章 \ 制作网站相册 .swf

源文件：光盘 \ 源文件 \ 第 10 章 \ 制作网站相册 \10-2.html

01 执行“File（文件）>New（新建）”命令，新建空白文件。执行“File（文件）>Save（保存）”命令，将文件保存为“光盘 \ 源文件 \ 第 10 章 \ 制作网站相册 \10-2.html”。

01 在“Properties（属性）”面板中对舞台相关属性进行设置，如图 10-76 所示。执行“File（文件）>Import（导入）”命令，导入素材图像“光盘\源文件\第 10 章\素材\a10205.jpg”，如图 10-77 所示。

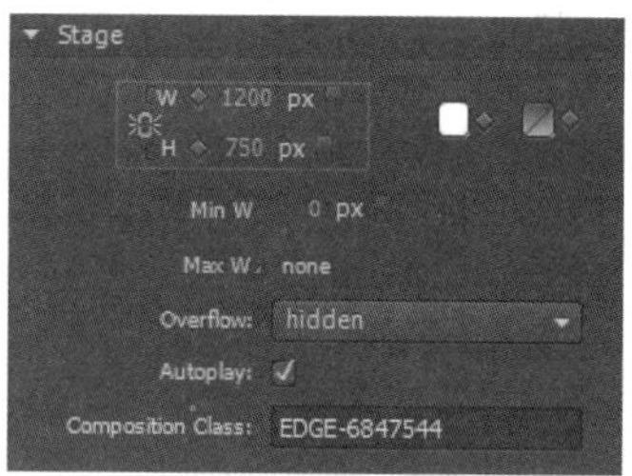

图 10-76

图 10-77

02 单击“Rectangle Tool（矩形工具）”按钮，在舞台中的合适位置绘制矩形，如图 10-78 所示。在“Properties（属性）”面板中设置该矩形的“Opacity（不透明度）”为 40%，颜色为黑色，效果如图 10-79 所示。

图 10-78

图 10-79

03 单击“Library（库）”面板中“Images（图像）”选项区的 按钮，在弹出的“Import（导入）”对话框中将动画中需要的图像素材同时拖入“Library（库）”面板，如图 10-80 所示。分别将 a102011.jpg 和 a10201.jpg 拖入舞台中，并分别调整到合适的位置，如图 10-81 所示。

图 10-80

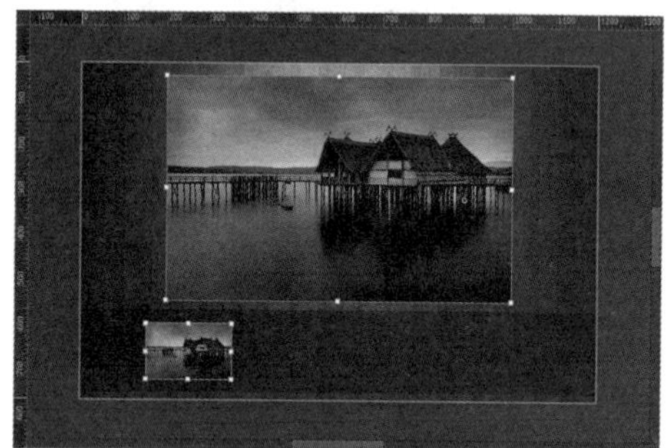

图 10-81

提示：

如果在动画制作过程中所使用到的图像素材较多，可以使用此处的方法，一次性将多个素材同时导入到“Library（库）”面板中，需要使用时再拖入舞台中，这样就避免了分别进行导入的繁琐。

04 在舞台中选中大图，在“Properties（属性）”面板中的“Title（标题）”文本框中设置 ID 名称为 A1，并设置该元素标签为 img，如图 10-82 所示。在“Timeline（时间轴）”面板中单击 a10201 元素层左侧的“Open Action（打开动作）”按钮，弹出“Trigger（触发器）”对话框，在弹出的触发事件菜单中选择 click 选项，编写相应的 JavaScript 脚本代码，如图 10-83 所示。

图 10-82

提示：

在 Edge Animate 中导入的素材图像会自动套用 <div> 标签。在本实例中因为需要交换图像的 src 属性，所以此处必须将该素材图像所套用的标签修改为 <img> 标签。

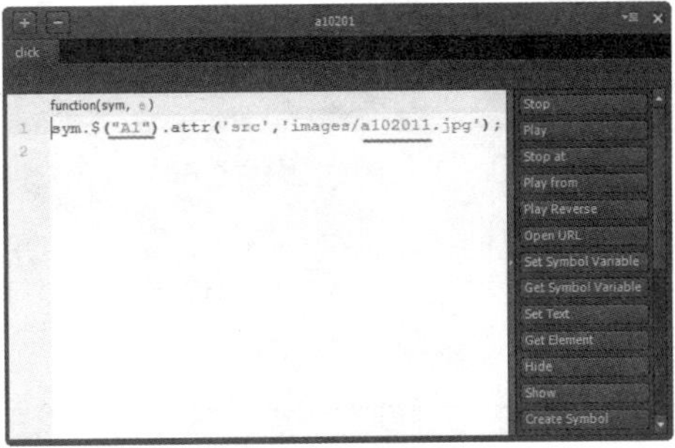

图 10-83

提示：

在添加的 JavaScript 脚本代码中，可以使用 attr() 函数向主图像传递属性和属性值，src 属性识别源图像，images/a102011.jpg 表示需要显示的大图的路径和名称。

05 在“Library（库）”面板中将 a10202.jpg 素材图像拖入到舞台中，并调整到合适的位置，如图 10-84 所示。为该元素添加触发器动作，如图 10-85 所示。

图 10-84

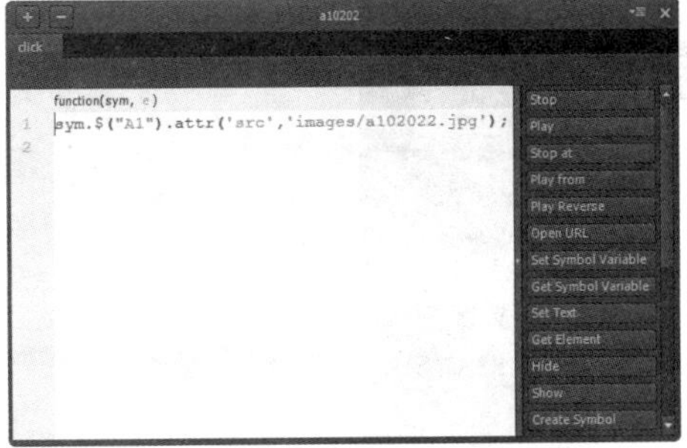

图 10-85

提示：

为每个小缩略图添加的触发器动作脚本代码基本相同，唯一的区别是向主图像传递的参数值不同，需要传递的是该缩略图的大图路径和名称。

06 采用相同的制作方法，可以拖入其他素材图像，并完成触发器动作的添加。选中所有小尺寸的图片，如图 10-86 所示。单击“Properties(属性)”面板中“Cursor（光标）”选项区右侧的 auto 按钮，在弹出的面板中选择相应的光标效果，如图 10-87 所示。

图 10-86

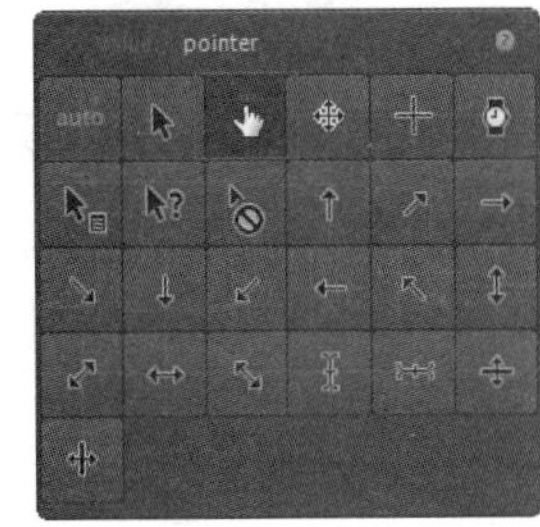

图 10-87

07 执行“File（文件）>Save（保存）”命令，保存文件。执行“File（文件）>Preview In Browser（在浏览器中预览）”命令，在浏览器中预览动画，当单击下方的缩略图时，在大图区域将显示该缩略图的大图，如图 10-88 所示。

图 10-88

10.3 识别并更改元素和符号

当用户学习新的编码技术时，最好从简单的开始，逐步提高自己的技能。在 Edge Animate 中使用触发器动画时，大多数情况都是需要通过触发器动作来更改元素或者元素属性的。本节将向读者介绍如何通过 JavaScript 脚本代码来识别并更改元素和符号。

10.3.1 变量赋值

在 JavaScript 中常使用变量来识别不同的符号、元素或值。用户可以自定义变量名称，并指定一个值给该变量。例如，定义一个变量并为其赋值，具体代码如下。

```
var theSquare = sym.$( "Square" );
```

完成该变量的定义后，用户就可以直接使用定义的 theSquare 来引用 ID 名称为 Square 的元素，不再需要舞台级（sym）或者使用 JQuery 选择器与美元符号、括号、引号等，定义变量可以给用户一个简单的方法来改变该元素。例如，通过变量名称更改元素的 CSS 样式，具体代码如下。

```
var theSquare = sym.$( "Square" );
theSquare.css( "width" ," 400px" );
theSquare.css( "height" ," 400px" );
theSquare.css( "backgroundColor" ,
" blue" );
```

这样编写代码有些繁琐，在 JavaScript 中还提供了一种更简便的方法来改变一个元素的多个属性，用户只需要将元素的多个属性编写在大括号内部即可，例如，如下的代码。

```
var theSquare = sym.$( "Square" );
theSquare.css({
   "width" :" 400px" ,
   "height" :" 400px" ,
   "backgroundColor" :" blue" ,
});
```

在这种情况下，使用冒号分隔属性名称和属性值，使用逗号分隔每一对属性名称和属性值设置。

10.3.2 使用“Trigger（触发器）”对话框为变量赋值

除了可以通过手动编写 JavaScript 脚本代码的方式来定义变量并为变量赋值外，还可以通过在“Trigger（触发器）”对话框中单击相应的按钮，使用元素或符号为变量赋值。

如果需要使用元素为变量赋值，则可以在“Trigger（触发器）”对话框右侧单击“Get Element”按钮，在脚本窗口中将自动添加相应的脚本代码，如图 10-89 所示。

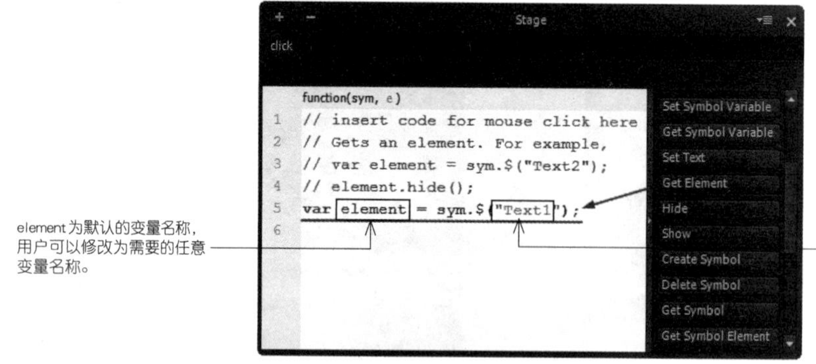

图 10-89

在这种情况下，sym 只能识别舞台上的元素，如果需要通过子元素的 ID 名称替换 Text1，则需要通过符号为变量赋值。

提示：

使用 getSymbol（）函数调用符号并为变量赋值，所调用的符号可以是舞台中的符号，也可以是“Library（库）”面板中的符号。而使用元素为变量赋值，则只能使用舞台中的元素。如果使用“Library（库）”面板中的符号为变量赋值，当动画运行时，将自动在舞台中创建该符号实例。

如果需要使用符号为变量赋值，则可以在“Trigger（触发器）”对话框右侧单击“Get Symbol”按钮，在脚本窗口中将自动添加相应的脚本代码，如图 10-90 所示。

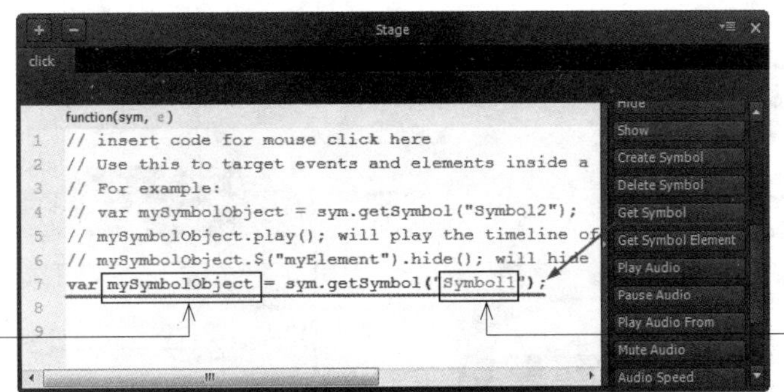

mySymbolObject 为 默认的变量名称，用户可以修改为需要的任意变量名称。

Symbol1 为默认的符号 ID 名称，用户可以修改为舞台或者“Library（库）”面板中需要为变量赋值的符号的 ID 名称。

图 10-90

自测 8 制作图像展示动画效果

视频：光盘\视频\第 10 章\制作图像展示动画效果 .swf
源文件：光盘\源文件\第 10 章\制作图像展示动画效果\10-3-2.html

01 执行“File（文件）>New（新建）”命令，新建空白文件。执行“File（文件）>Save（保存）”命令，将文件保存为“光盘\源文件\第 10 章\制作图像展示动画效果\10-3-2.html”。

02 在“Properties（属性）”面板中对舞台相关属性进行设置，如图 10-91 所示。执行“File（文件）>Import（导入）”命令，导入素材图像“光盘\源文件\第 10 章\素材\a103201.jpg”，如图 10-92 所示。

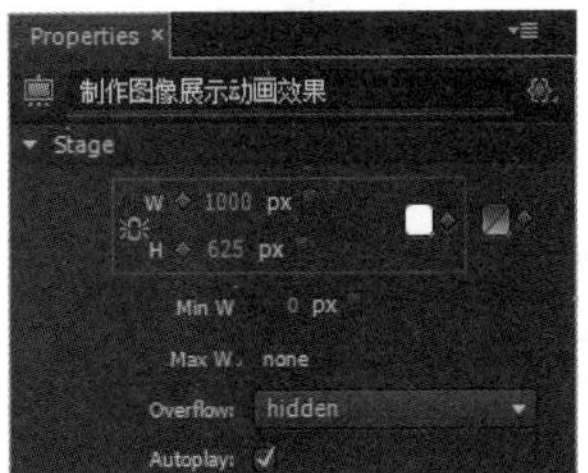

图 10-91

图 10-92

03 执行“File（文件）>Import（导入）”命令，导入素材图像“光盘\源文件\第 10 章\素材\a103202.jpg”，如图 10-93 所示。选中该图像，在“Properties（属性）”面板中设置其“Title（标题）”为 pic1，“Opacity（不透明度）”选项为 60%，如图 10-94 所示。舞台中图像的效果如图 10-95 所示。

图 10-93

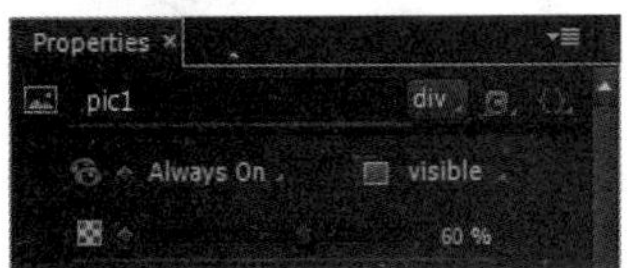

图 10-94

图 10-95

04 在“Timeline（时间轴）”面板中单击 pic1 元素层左侧的“Open Action（打开动作）”按钮，

如图 10-96 所示。弹出“Trigger（触发器）”对话框，在弹出的触发事件菜单中选择 mouseover 选项，如图 10-97 所示。

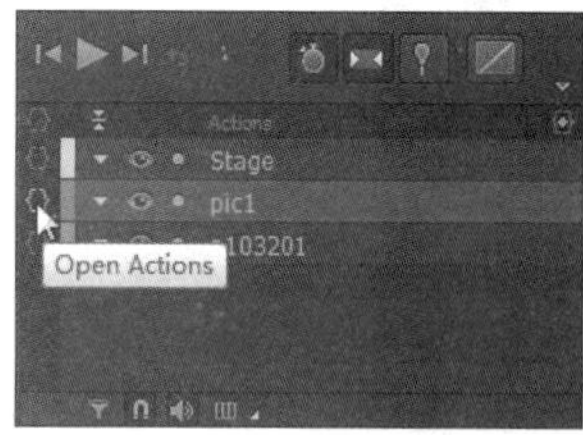

图 10-96

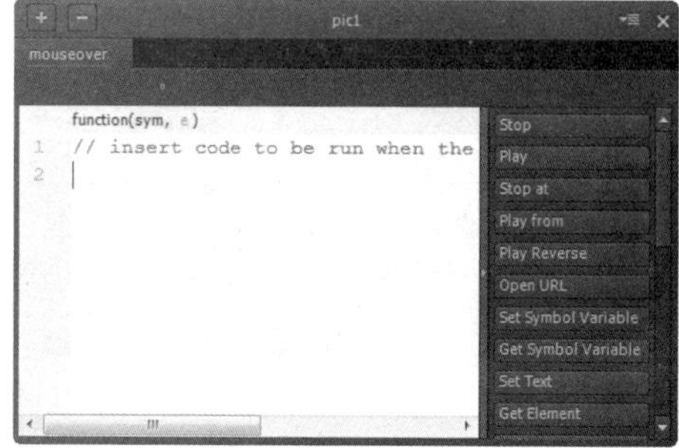

图 10-97

05 在“Trigger（触发器）”对话框右侧单击“Get Element”按钮，添加将元素值赋予变量的代码，如图 10-98 所示。修改变量名称和元素名称，如图 10-99 所示。

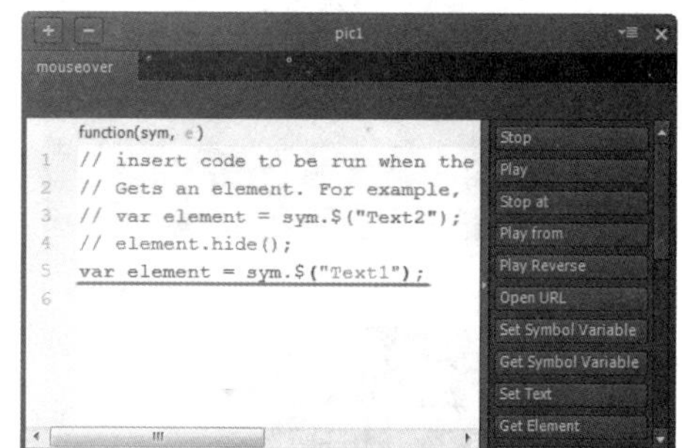
```
function(sym, e)
// insert code to be run when the
// Gets an element. For example,
// var element = sym.$("Text2");
// element.hide();
var element = sym.$("Text1");
```

图 10-98

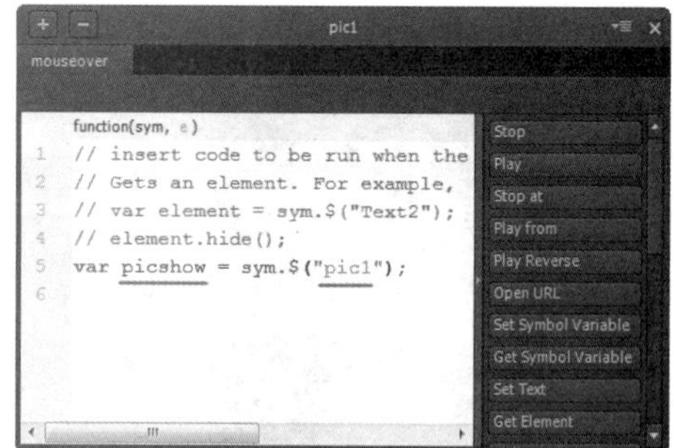
```
function(sym, e)
// insert code to be run when the
// Gets an element. For example,
// var element = sym.$("Text2");
// element.hide();
var picshow = sym.$("pic1");
```

图 10-99

提示：

picshow 是自定义的变量名称，pic1 是舞台中需要改变属性的元素 ID 名称。

06 在“Trigger（触发器）”对话框的脚本窗口中添加改变元素 CSS 样式代码，如图 10-100 所示。单击“Trigger（触发器）”对话框左上角的+按钮，在弹出的触发事件菜单中选择 mouseout 选项，在脚本窗口中编写相应的 JavaScript 脚本代码，如图 10-101 所示。

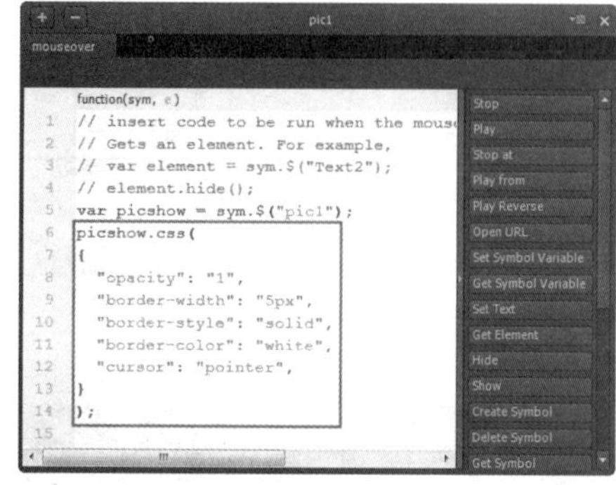
```
function(sym, e)
// insert code to be run when the mous
// Gets an element. For example,
// var element = sym.$("Text2");
// element.hide();
var picshow = sym.$("pic1");
picshow.css(
{
  "opacity": "1",
  "border-width": "5px",
  "border-style": "solid",
  "border-color": "white",
  "cursor": "pointer",
}
);
```

图 10-100

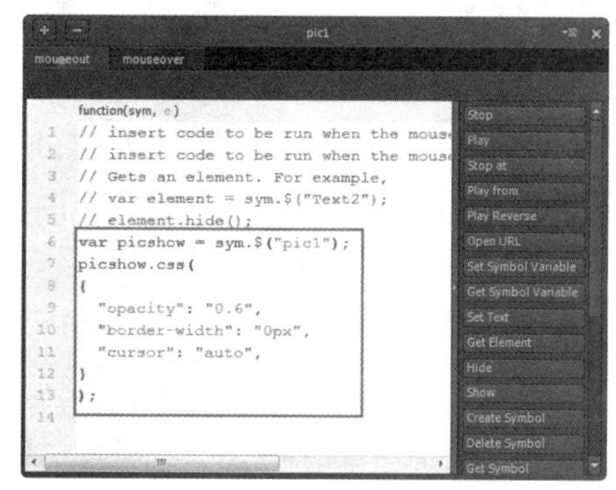
```
function(sym, e)
// insert code to be run when the mous
// insert code to be run when the mous
// Gets an element. For example,
// var element = sym.$("Text2");
// element.hide();
var picshow = sym.$("pic1");
picshow.css(
{
  "opacity": "0.6",
  "border-width": "0px",
  "cursor": "auto",
}
);
```

图 10-101

提示：

opacity 属性用于设置元素的不透明度；border-width 属性用于设置元素的边框宽度；border-style 属性用于设置元素的边框样式；border-color 属性用于设置元素的边框颜色；cursor 属性用于设置元素的光标指针效果。

07 执行“File（文件）>Import（导入）”命令，导入素材图像“光盘\源文件\第 10 章\素材\a103203.jpg”，如图 10-102 所示。选中该图像，在“Properties（属性）”面板中设置其“Title（标题）”为 pic2，“opacity（不透明度）”选项为 60%，如图 10-103 所示。舞台中图像的效果如图 10-104 所示。

图 10-102

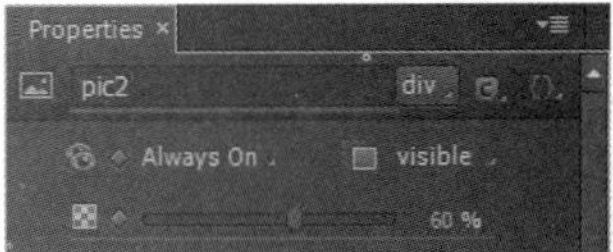

图 10-103

图 10-104

08 在“Timeline（时间轴）”面板中单击 pic2 元素层左侧的“Open Action（打开动作）”按钮，在弹出的“Trigger（触发器）”对话框中添加 mouseover 触发事件，编写相应的脚本代码，如图 10-105 所示。添加 mouseout 触发事件，编写相应的脚本代码，如图 10-106 所示。

```
pic2
mouseover
function(sym, e)
// insert code to be run when the mous
// Gets an element. For example,
// var element = sym.$("Text2");
// element.hide();
var picshow = sym.$("pic2");
picshow.css(
{
  "opacity": "1",
  "border-width": "5px",
  "border-style": "solid",
  "border-color": "white",
  "cursor": "pointer",
}
);
```

Stop / Play / Stop at / Play from / Play Reverse / Open URL / Set Symbol Variable / Get Symbol Variable / Set Text / Get Element / Hide / Show / Create Symbol / Delete Symbol / Get Symbol

图 10-105

09 采用相同的制作方法，导入其他素材图像并完成其他素材图像动画效果的制作，舞台效果如图 10-107 所示。“Timeline（时间轴）”面板如图 10-108 所示。

```
pic2
mouseout   mouseover
function(sym, e)
// insert code to be run when the mous
// insert code to be run when the mous
// Gets an element. For example,
// var element = sym.$("Text2");
// element.hide();
var picshow = sym.$("pic2");
picshow.css(
{
  "opacity": "0.6",
  "border-width": "0px",
  "cursor": "auto",
}
);
```

Stop / Play / Stop at / Play from / Play Reverse / Open URL / Set Symbol Variable / Get Symbol Variable / Set Text / Get Element / Hide / Show / Create Symbol / Delete Symbol / Get Symbol

图 10-106

图 10-107

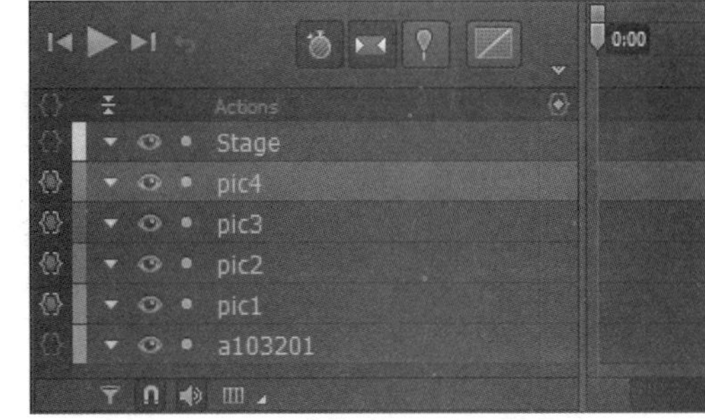

图 10-108

10 完成动画的制作，执行“File（文件）>Save（保存）”命令，保存文件。执行“File（文件）>Preview In Browser（在浏览器中预览）”命令，在浏览器中预览动画，可以看到图像展示动画的效果，如图 10-109 所示。

图 10-109

10.3.3 为文本框赋予 HTML 代码

在 Edge Animate 中除了可以动态改变文本框中的文字内容外，还可以通过 JavaScript 中的 html() 函数为文本框赋予 HTML 代码，这样可以灵活地控制文本框中的内容。接下来通过实例介绍在 Edge Animate 中如何为文本框赋予 HTML 代码。

自测 9 为按钮添加超链接文字

视频：光盘\视频\第 10 章\为按钮添加超链接文字 .swf

源文件：光盘\源文件\第 10 章\为按钮添加超链接文字\10-3-3.html

01 执行“File（文件）>New（新建）”命令，新建空白文件。执行“File（文件）>Save（保存）”命令，将文件保存为“光盘\源文件\第 10 章\为按钮添加超链接文字\10-3-3.html”。

02 在“Properties（属性）”面板中对舞台相关属性进行设置，如图 10-110 所示。执行“File（文件）>Import（导入）”命令，导入素材图像“光盘\源文件\第 10 章\素材\a103301.jpg”，如图 10-111 所示。

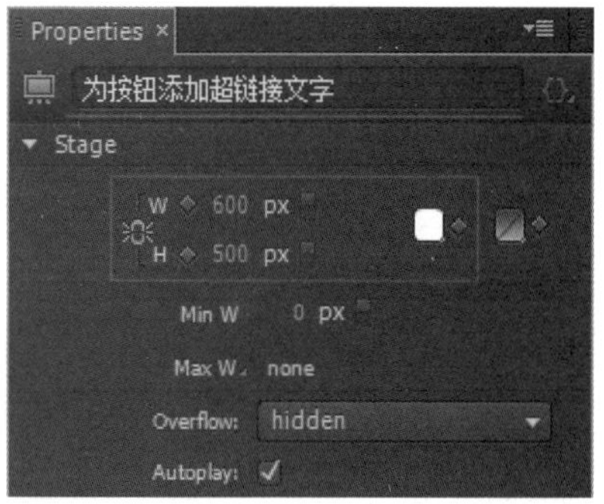

图 10-110

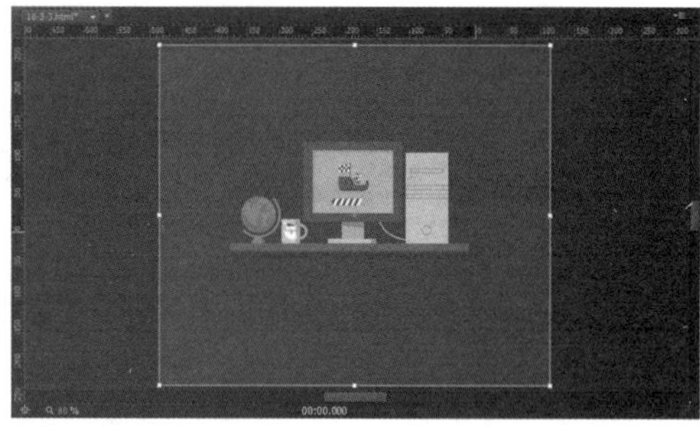
图 10-111

03 使用“Rectangle Tool（矩形工具）”，在舞台中绘制一个矩形，如图 10-112 所示。在“Properties（属性）”面板的“Color（颜色）”选项区中设置相关选项，如图 10-113 所示。

04 在“Properties（属性）”面板的“Shadow（阴影）”选项区中开启阴影效果，并对相关选项进行设置，如图 10-114 所示。在“Properties（属性）”面板顶部的“Title（标题）”文本框中为该矩形设置 ID 名称为 box1，如图 10-115 所示。

图 10-112

图 10-113

图 10-114

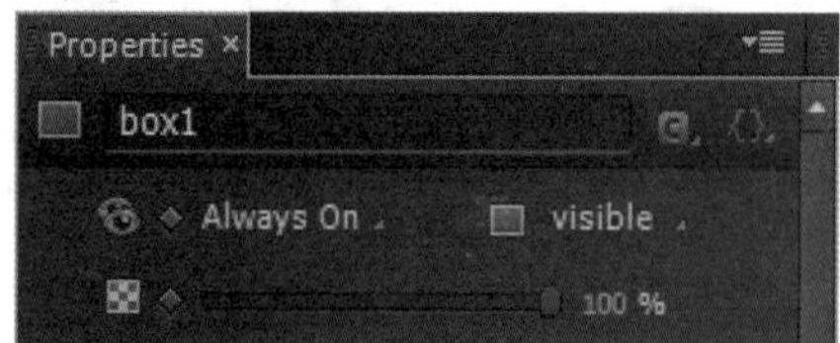

图 10-115

05 舞台中的矩形效果如图 10-116 所示。使用“Text Tool（文本工具）”在舞台中单击，在弹出的“Text（文本）”对话框中输入相应的文字，如图 10-117 所示。

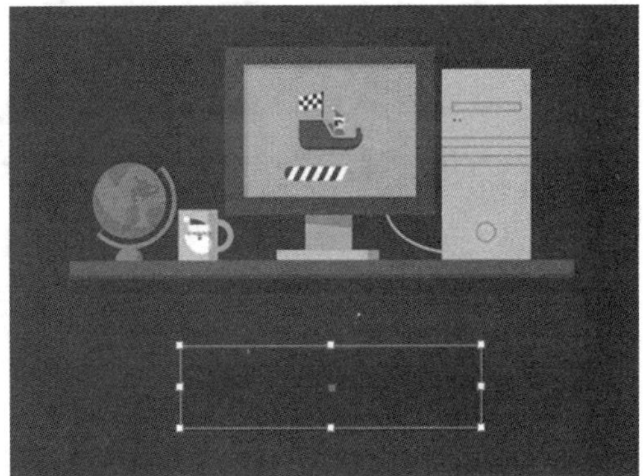

图 10-116

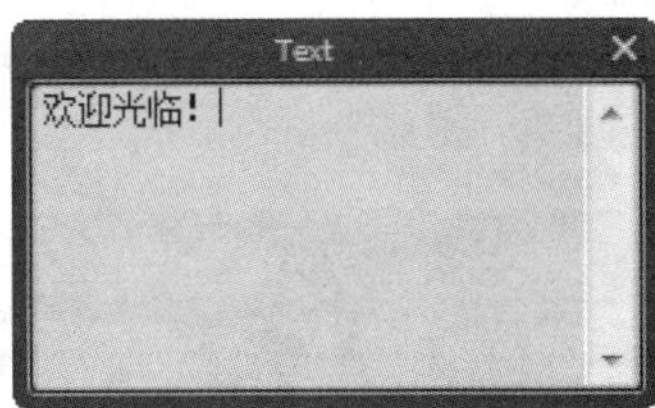

图 10-117

06 在“Properties（属性）”面板的“Text（文本）”选项区中对文字的相关属性进行设置，如图 10-118 所示。在舞台中调整文本框的大小和位置，如图 10-119 所示。

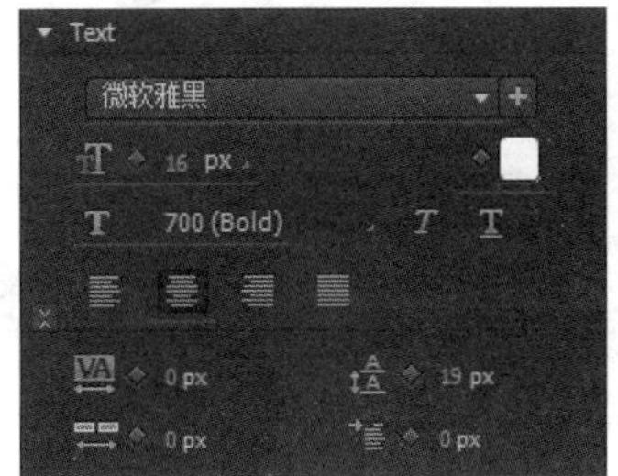

图 10-118

图 10-119

07 选中文本框，在“Properties（属性）”面板顶部的“Title（标题）”文本框中为该文本框设置 ID 名称为 enter1，如图 10-120 所示。在“Timeline（时间轴）”面板中单击 box1 元素层左侧的“Open Action（打开动作）”按钮，如图 10-121 所示。

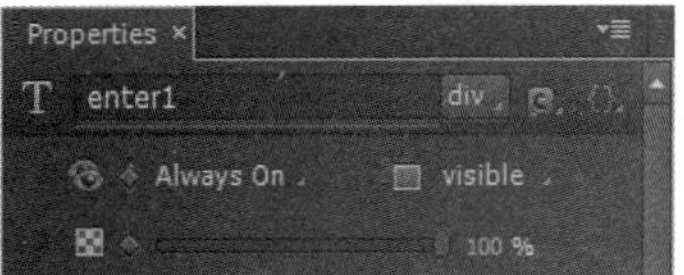

图 10-120

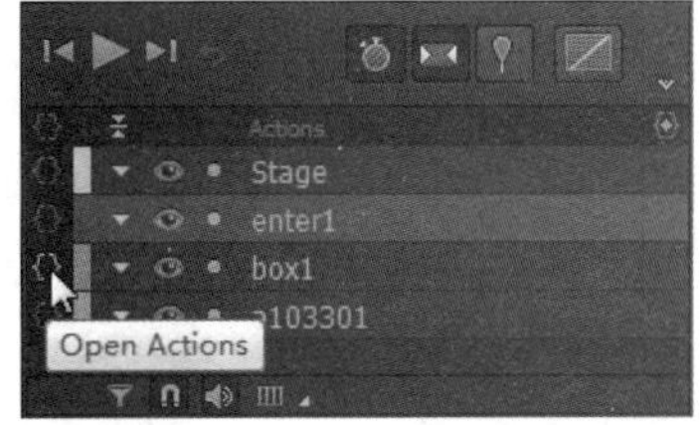

图 10-121

08 弹出“Trigger（触发器）”对话框，在弹出的触发事件菜单中选择 mouseover 选项，在右侧单击“Get Element”按钮，添加相应的代码并进行修改，如图 10-122 所示。在脚本窗口中编写代码改变按钮背景效果，如图 10-123 所示。

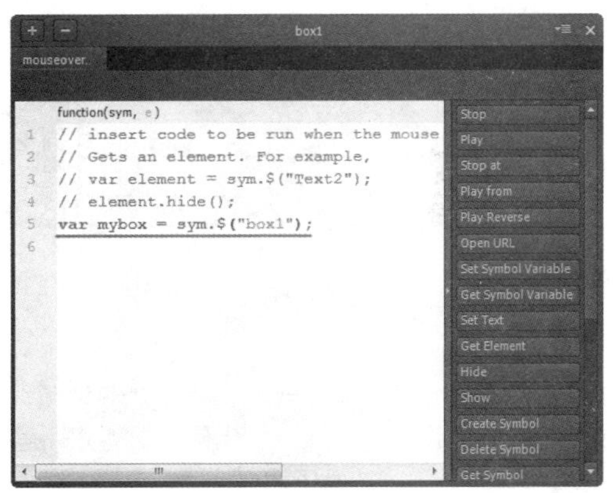

图 10-122

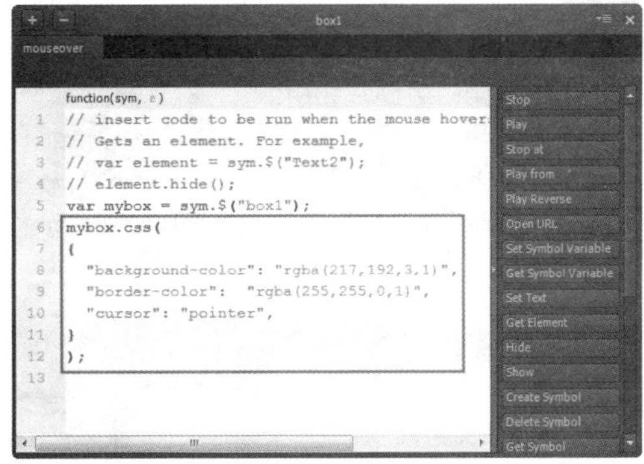

图 10-123

提示：

background-color 属性用于设置元素的背景颜色；border-color 属性用于设置元素的边框颜色；cursor 属性用于设置元素的光标指针效果。此处颜色的设置方式采用的是 RGBA 的颜色设置方法。

09 在“Trigger（触发器）”对话框右侧单击“Get Element”按钮，添加相应的代码并进行修改，如图 10-124 所示。在脚本窗口中编写为文本框赋予 HTML 的代码，如图 10-125 所示。

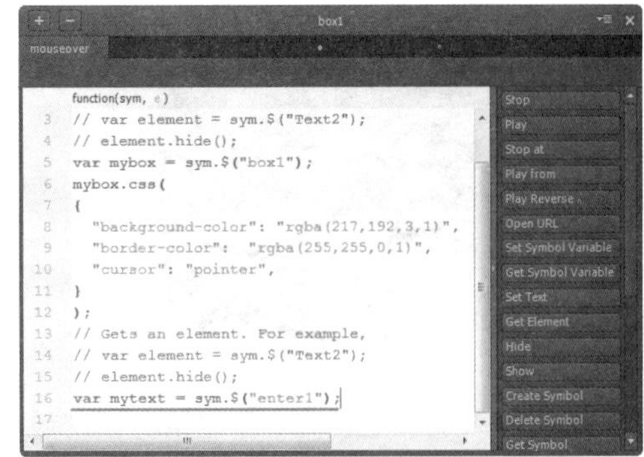

图 10-124

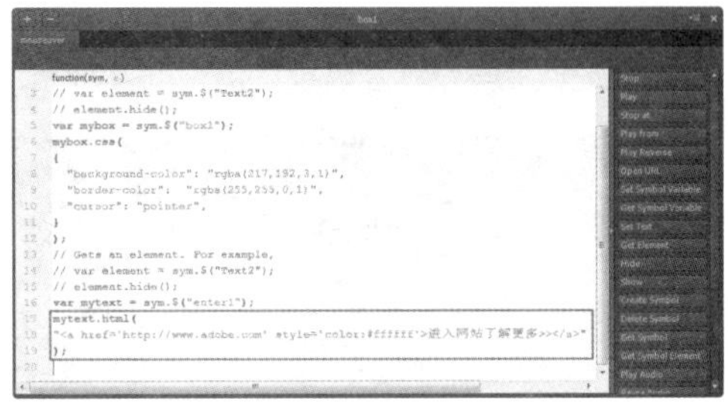

图 10-125

提示：

在 html() 函数中使用双引号来调用 HTML 代码，如果所调用的 HTML 代码中含有双引号，则需要将 HTML 代码中的双引号改为单引号。

10 单击“Trigger（触发器）”对话框左上角的 按钮，在弹出的触发事件菜单中选择 mouseout 选项，在脚本窗口中编写相应的 JavaScript 脚本代码，如图 10-126 所示。采用相同的制作方法，可以为 enter1 元素层添加 mouseenter 和 mouseleave 触发器事件，并分别编写相应的 JavaScript 代码，如图 10-127 所示。

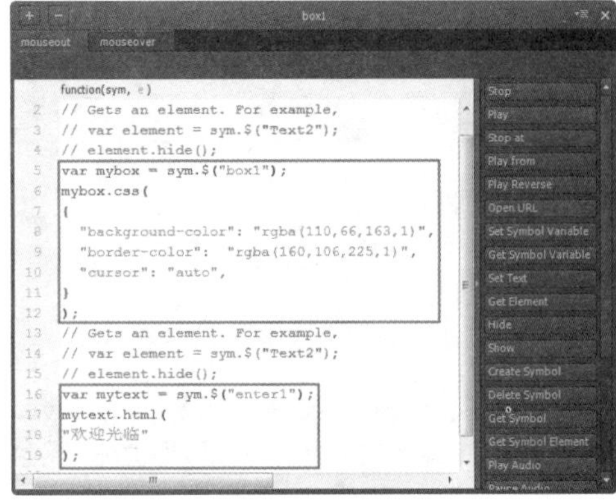

图 10-126

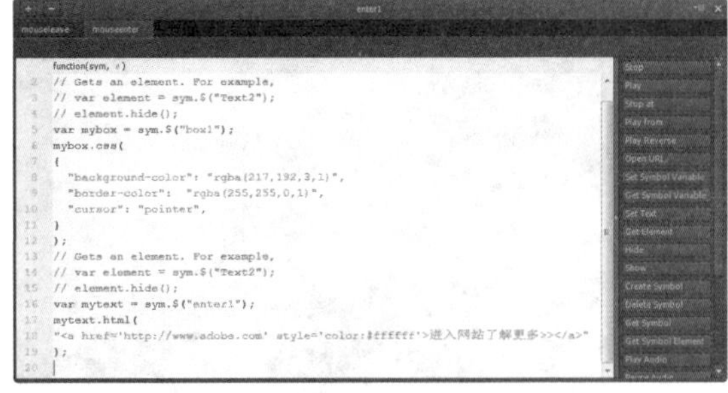

图 10-127

11 完成动画的制作，执行“File（文件）>Save（保存）”命令，保存文件。执行“File（文件）>Preview In Browser（在浏览器中预览）”命令，在浏览器中预览动画，可以看到为按钮赋予超链接文字的效果，如图 10-128 所示。

图 10-128

10.4 控制符号内的元素

在 Edge Animate 中除了可以对元素和符号进行控制外，还可以对符号中的元素进行控制，实现更复杂的控制，从而使符号得到最大化的重用。接下来通过一个实例的制作向读者介绍如何对符号内的元素进行控制。

自测 10 实现重复使用的按钮符号

视频：光盘\视频\第 10 章\实现重复使用的按钮符号 .swf
源文件：光盘\源文件\第 10 章\实现重复使用的按钮符号\10-4.html

01 执行“File（文件）>New（新建）”命令，新建空白文件。执行“File（文件）>Save（保存）”命令，将文件保存为“光盘\源文件\第 10 章\实现重复使用的按钮符号\10-4.html”。

02 在“Properties（属性）”面板中对舞台的相关属性进行设置，如图 10-129 所示。执行“File（文件）>Import（导入）”命令，导入素材图像“光盘\源文件\第 10 章\素材\a10401.jpg”，如图 10-130 所示。

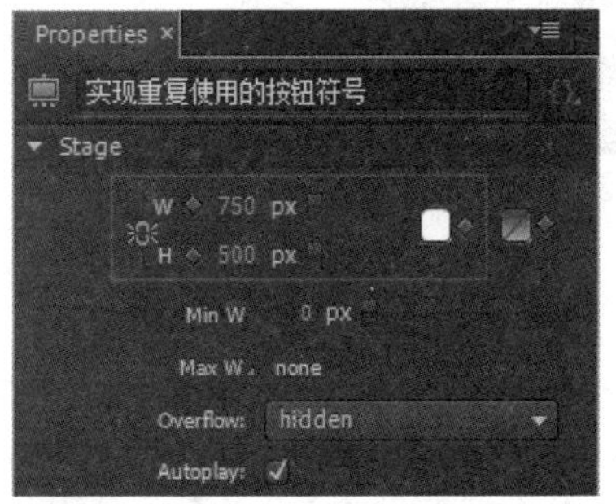

图 10-129

图 10-130

03 使用“Rectangle Tool（矩形工具）”，在舞台中合适的位置绘制一个矩形，如图 10-131 所示。在“Properties（属性）”面板的“Color（颜色）”选项区中设置相关选项，如图 10-132 所示。

04 在“Properties（属性）”面板的“Shadow（阴影）”选项区中开启阴影效果并对相关选项进行设置，如图 10-133 所示。在“Properties（属性）”面板的“Corners（角）”选项区中对矩形的圆角值进行设置，如图 10-134 所示。

图 10-131

图 10-132

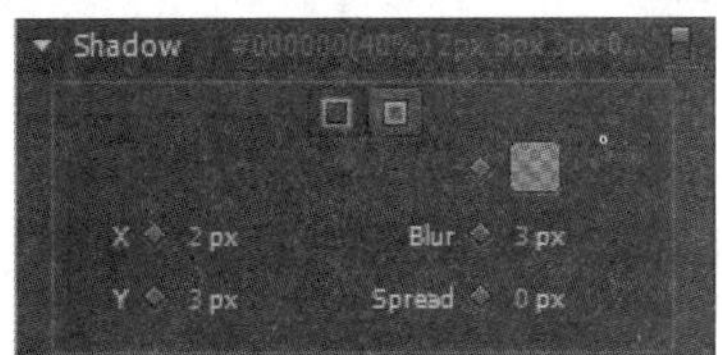

图 10-133

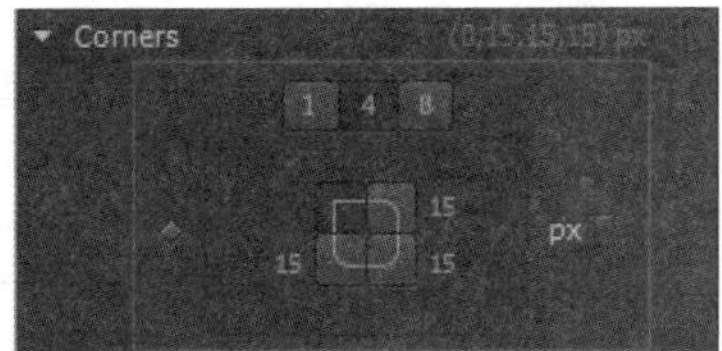

图 10-134

05 舞台中的矩形效果如图 10-135 所示。选中该矩形，执行“Modify（修改）>Convert to Symbols（转换为符号）”命令，弹出“Create Symbol（创建符号）”对话框，设置如图 10-136 所示。

图 10-135

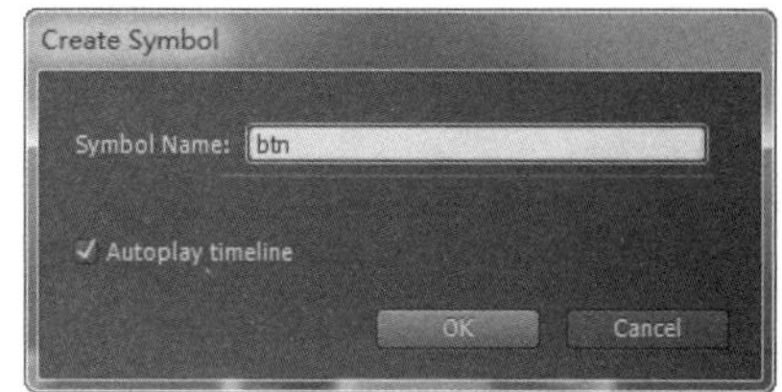

图 10-136

06 单击“OK（确定）”按钮，将其转换成名称为 btn 的符号。双击舞台中的该符号进入编辑状态，如图 10-137 所示。选中所绘制的矩形，在“Properties（属性）”面板的“Title（标题）”文本框中设置其 ID 名称为 btnbg，如图 10-138 所示。

图 10-137

图 10-138

07 使用“Text Tool（文本工具）”，在舞台中单击，在弹出的“Text（文本）”对话框中输入按钮默认文字，如图 10-139 所示。在“Properties（属性）”面板的“Text（文本）”选项区中对文字的相关属性进行设置，如图 10-140 所示。

08 选中符号的中文本框，如图 10-141 所示。在“Properties（属性）”面板的“Title（标题）”文本框中设置其 ID 名称为 btntext，如图 10-142 所示。

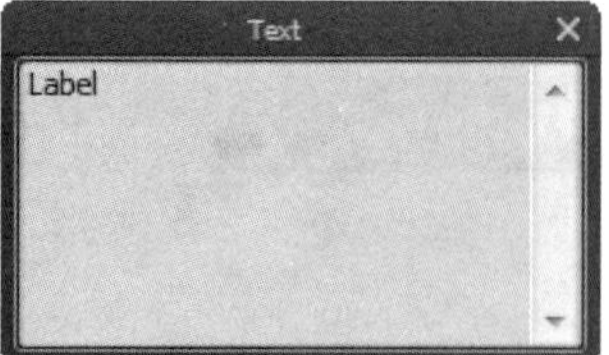

图 10-139

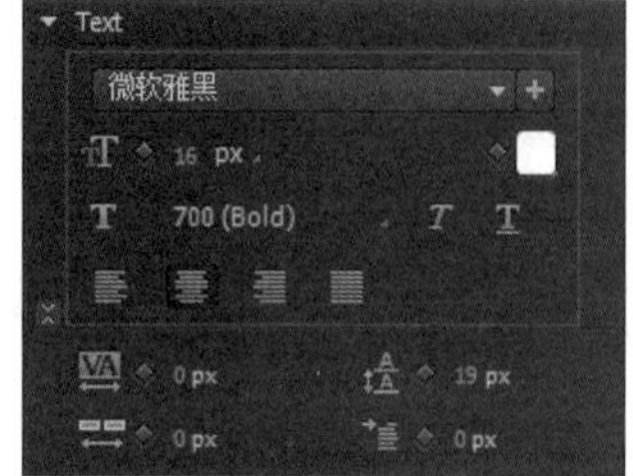

图 10-140

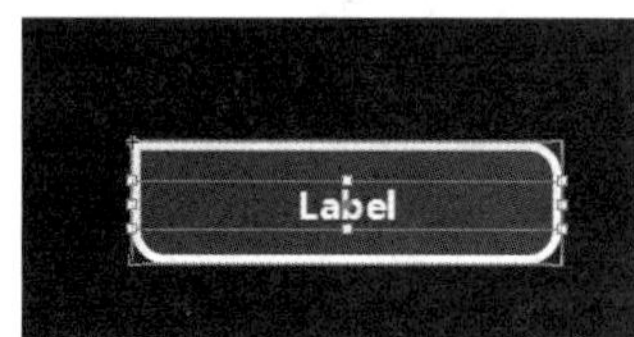

图 10-141

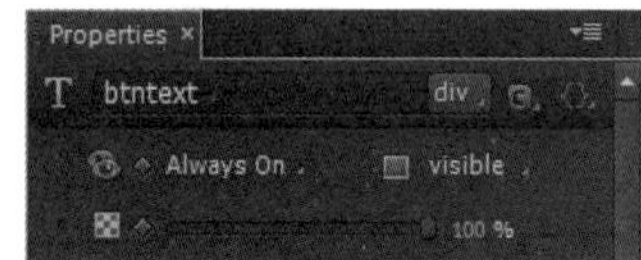

图 10-142

提示：

此处也可以创建一个空的文本框，设置好相应的文字属性。因为最终会使用 JavaScript 代码替换该文本框中的内容，此处输入的内容只起到提示作用。

09 双击舞台的空白区域，退出该符号的编辑状态，选中舞台中的符号，如图 10-143 所示。在“Properties（属性）”面板上的“Title（标题）”文本框中设置该按钮符号的 ID 名称为 btn1，如图 10-144 所示。

图 10-143

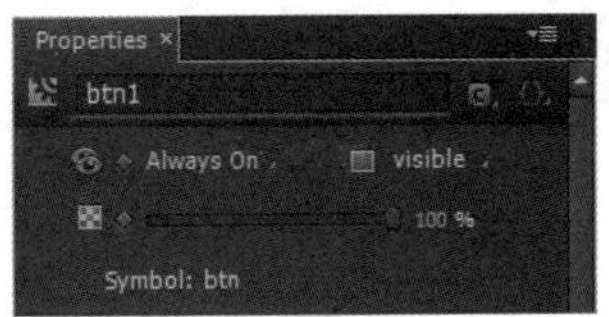

图 10-144

10 在“Library（库）”面板中的“Symbol（符号）”选项区中，将名称为 btn 的符号拖入舞台中，并调整到合适的位置，如图 10-145 所示。在“Properties（属性）”面板的“Title（标题）”文本框中设置该按钮符号的 ID 名称为 btn2，如图 10-146 所示。

图 10-145

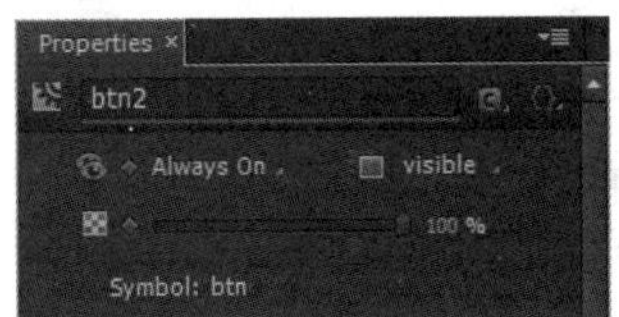

图 10-146

11 在“Library（库）”面板的“Symbol（符号）”选项区中，将名称为 btn 的符号拖入舞台中，并调整到合适的位置，如图 10-147 所示。在“Properties（属性）”面板的“Title（标题）”文本框中设置该按钮符号的 ID 名称为 btn3，如图 10-148 所示。

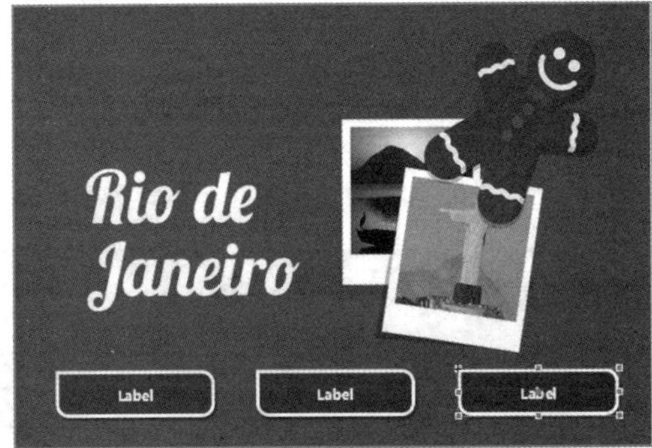

图 10-147

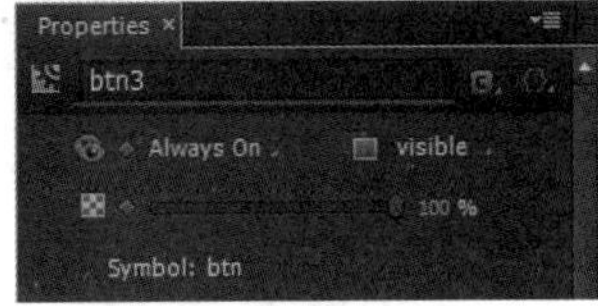

图 10-148

提示：

同一个符号在舞台中使用了 3 次，需要分别设置不同的 ID 名称，从而便于通过 JavaScript 代码对指定 ID 名称的符号进行控制和设置。

12 在“Timeline（时间轴）”面板中单击“Stage（舞台）”元素层左侧的“Open Actions（打开动作）”按钮，如图 10-149 所示。弹出“Trigger（触发器）”对话框，在弹出的触发器动作菜单中选择 creationComplete 选项，在该对话框右侧单击“Get Symbol”按钮，添加将符号赋值给变量的代码，如图 10-150 所示。

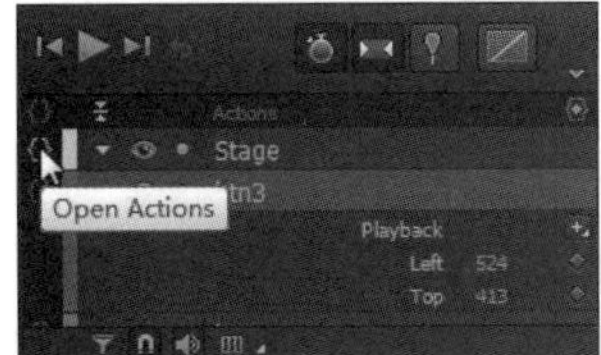

图 10-149

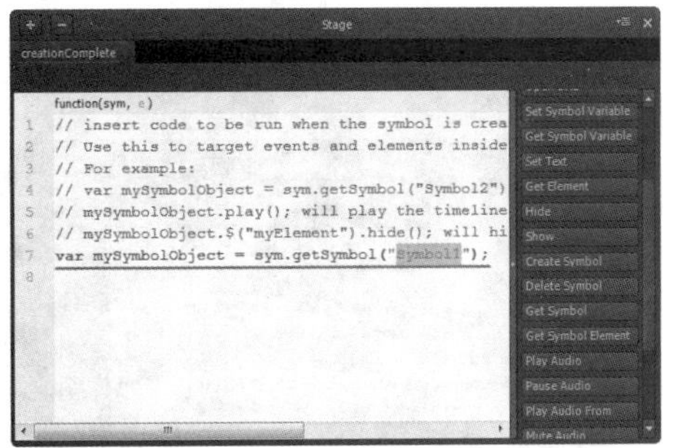

图 10-150

提示：

此处为舞台添加触发器动作，creationComplete 触发事件表示当动画开始执行时，因为在该动画中需要在动画开始执行时就为每个按钮符号中的文本框赋予不同的文字内容。

13 在脚本窗口中修改默认的变量名称和符号 ID 名称，如图 10-151 所示。编写脚本代码修改第一个按钮上的文字内容，如图 10-152 所示。

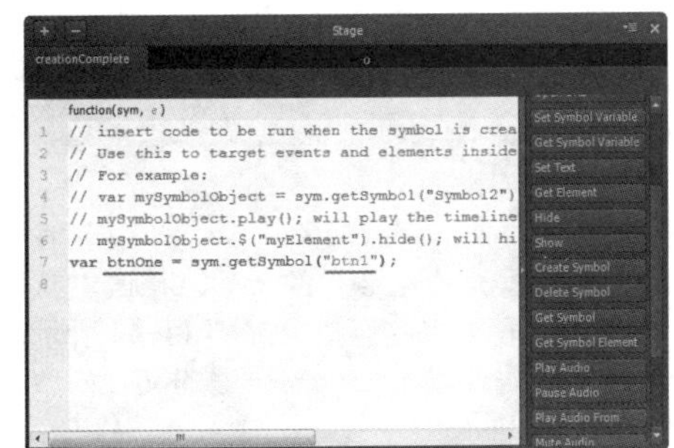

图 10-151

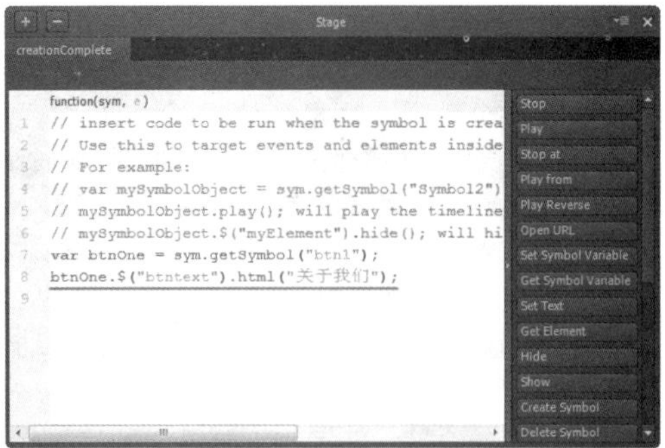

图 10-152

提示：

首先将符号赋予变量，再通过变量访问符号中的 ID 名称为 btntext 的文本框，并为该文本框赋予文本内容。

14 在该对话框右侧单击“Get Symbol”按钮，添加将符号赋值给变量的代码，修改默认的变量名称和符号 ID 名称，如图 10-153 所示。编写脚本代码，修改第二个按钮上的文字内容，如图 10-154 所示。

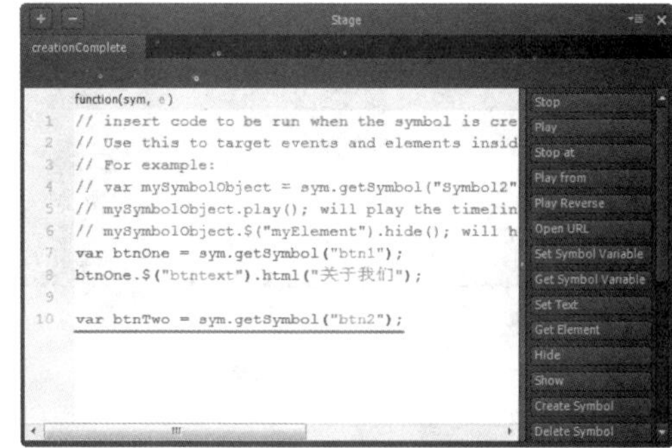

图 10-153

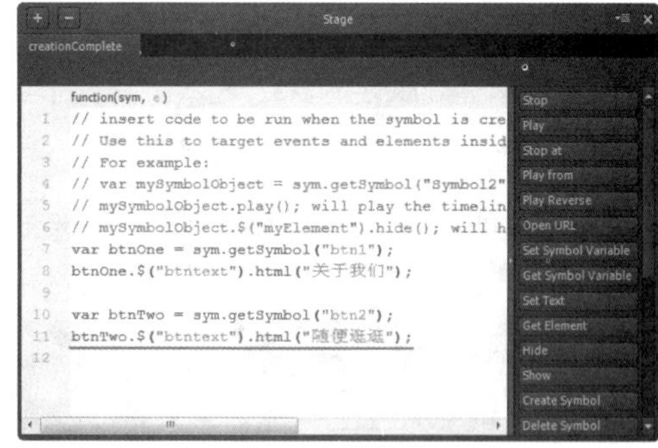

图 10-154

15 再次单击该对话框右侧的“Get Symbol”按钮，添加将符号赋值给变量的代码，修改默认的变量名称和符号 ID 名称，如图 10-155 所示。编写脚本代码修改第三个按钮上的文字内容，如图 10-156 所示。

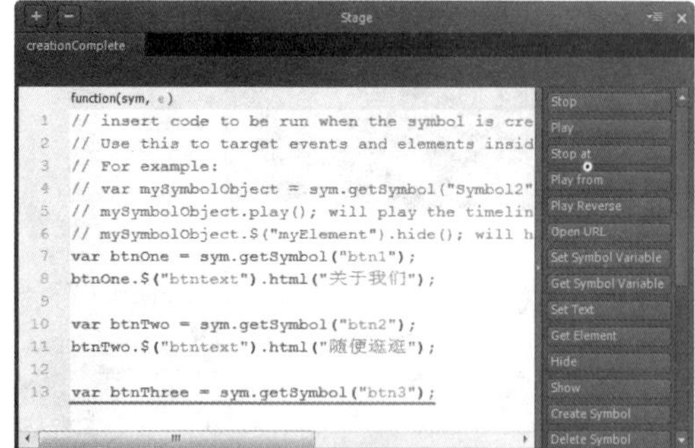

图 10-155

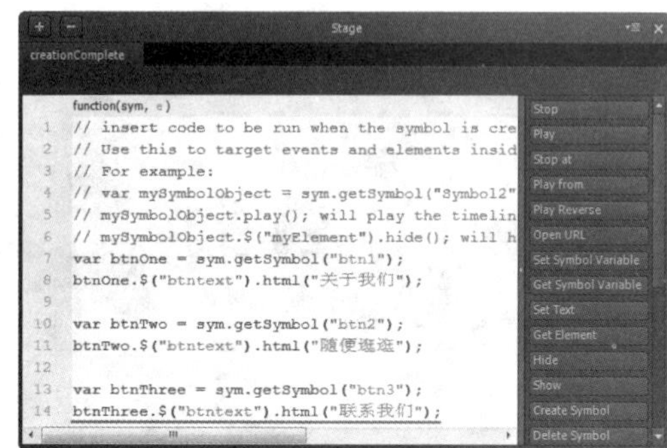

图 10-156

提示：

使用相同的方法，分别为不同 ID 符号中的文本框赋予不同的文本内容。注意变量名称和 ID 名称不能有误。

16 在“Timeline（时间轴）”面板中单击 btn1 元素层左侧的“Open Actions（打开动作）”按钮，如图 10-157 所示。弹出“Trigger（触发器）”对话框，在弹出的触发器动作菜单中选择 mouseenter 选项，在该对话框右侧单击“Get Symbol”按钮，添加将符号赋值给变量的代码，如图 10-158 所示。

17 在脚本窗口中修改默认的变量名称和符号 ID 名称，如图 10-159 所示。编写脚本代码，修改符号的相关 CSS 样式，如图 10-160 所示。

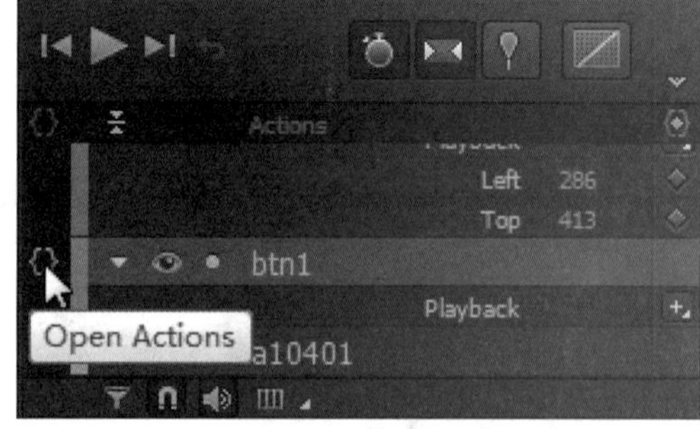

图 10-157

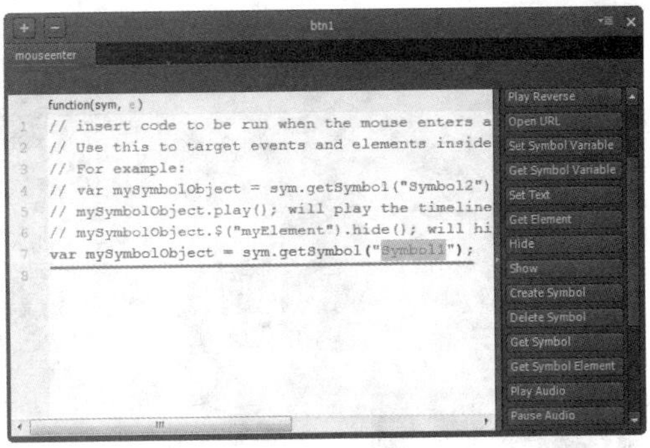

图 10-158

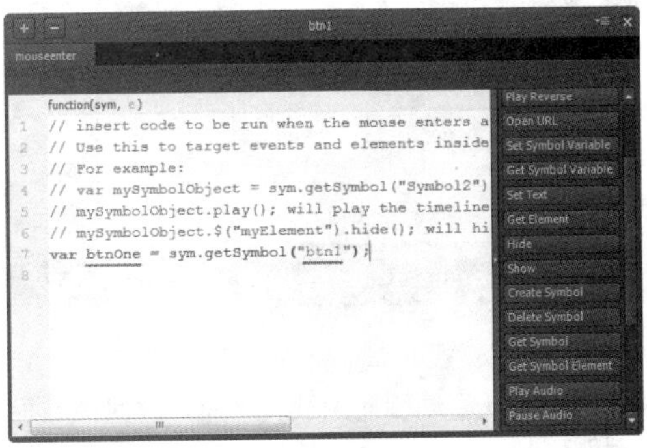

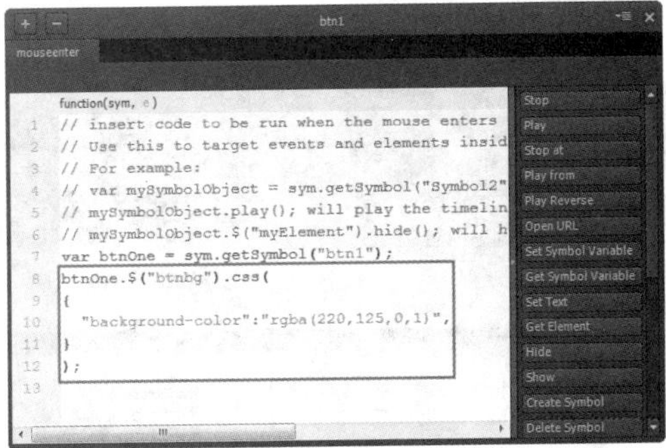

图 10-159

图 10-160

提示：

此处添加的触发器动作主要用于当鼠标移至指定 ID 的按钮符号上时，改变该按钮符号中指定元素的背景颜色 CSS 样式。

18 单击“Trigger（触发器）”对话框左上角的+按钮，在弹出的触发事件菜单中选择 mouseleave 选项，在脚本窗口中编写相应的 JavaScript 脚本代码，如图 10-161 所示。采用相同的制作方法，分别为 btn2 和 btn3 元素层添加触发器动作。“Timeline（时间轴）”面板如图 10-162 所示。

19 按住 Shift 键分别单击舞台中的 3 个符号，同时选中这三个符号，如图 10-163 所示。在“Properties（属性）”面板的“Cursor（光标）”选项区中单击右侧的按钮，在弹出的面板中选择相应的光标效果，如图 10-164 所示。

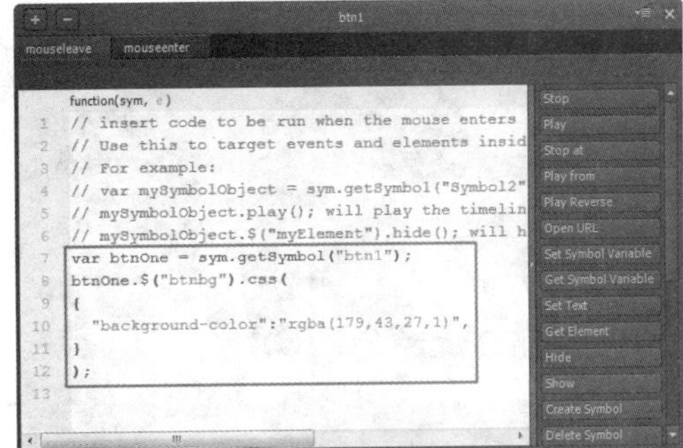

图 10-161

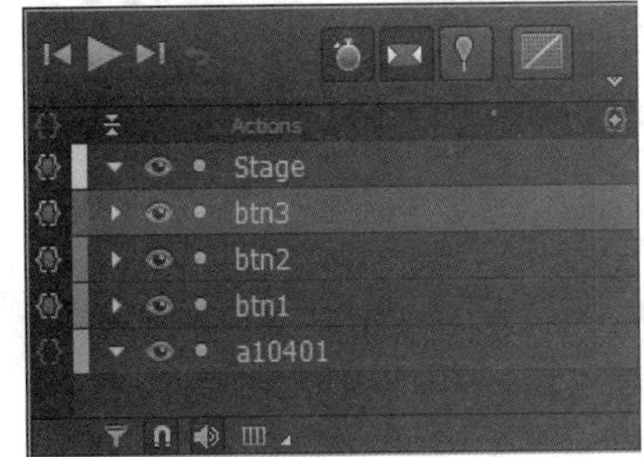

图 10-162

图 10-163

图 10-164

20 完成动画的制作，执行“File（文件）>Save（保存）”命令，保存文件。执行“File（文件）>Preview In Browser（在浏览器中预览）”命令，在浏览器中预览动画，可以看到动画中重复使用的按钮符号的效果，如图 10-165 所示。

图 10-165

10.5 播放符号的时间轴

每个符号都有自己的时间轴，就像主舞台的时间轴一样，可以启动和使用触发器停止时间轴动画的播放，还可以在主舞台对符号内的时间轴动画进行控制，例如控制符号内动画的播放和暂停、跳转到指定帧播放等，下面通过一个实例的制作，向读者介绍如何对符号内的时间轴动画进行控制。

自测 11 制作网站广告切换动画

视频：光盘\视频\第 10 章\制作网站广告切换动画 .swf

源文件：光盘\源文件\第 10 章\制作网站广告切换动画\10-5.html

01 执行“File（文件）>New（新建）”命令，新建空白文件。执行“File（文件）>Save（保存）”命令，将文件保存为“光盘\源文件\第 10 章\制作网站广告切换动画\10-5.html”。

02 在“Properties（属性）”面板中对舞台的相关属性进行设置，如图 10-166 所示。执行“File（文件）>Import（导入）”命令，导入素材图像“光盘\源文件\第 10 章\素材\a10501.jpg”，如图 10-167 所示。

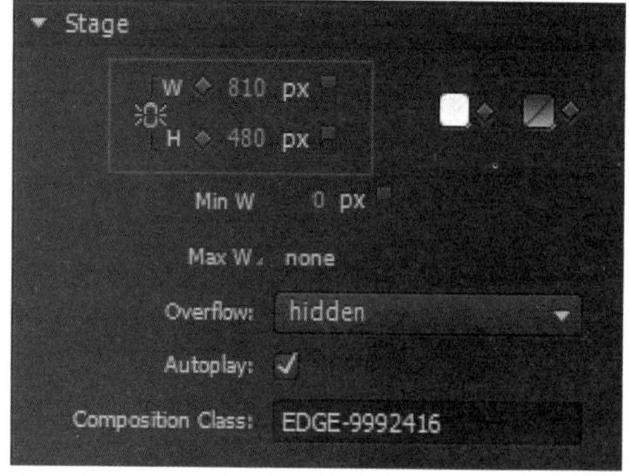

图 10-166

图 10-167

03 在该素材图像上单击鼠标右键，在弹出的菜单中选择“Convert to Symbol（转换为符号）”命令，在弹出“Create Symbol（创建符号）”对话框中进行设置，如图 10-168 所示。单击“OK（确定）”按钮，双击该符号进入符号编辑状态，在“Properties（属性）”面板中单击“Opacity（不透明度）”属性的“Add Keyframe（添加关键帧）”按钮◆，为其添加关键帧，如图 10-169 所示。

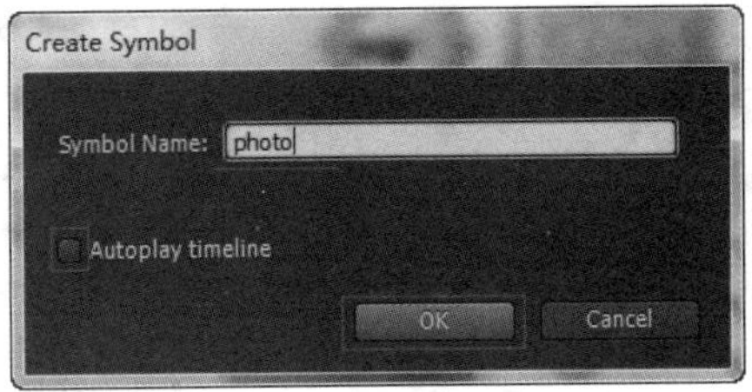

图 10-168

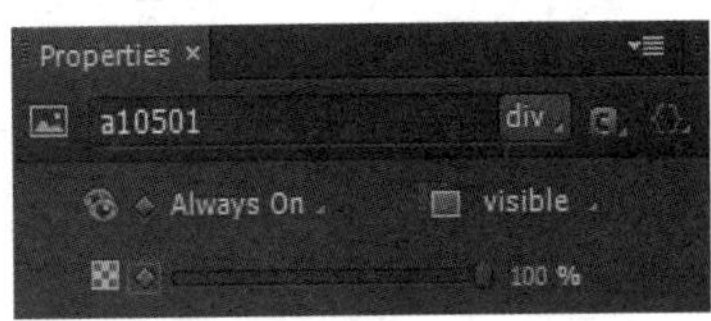

图 10-169

04 在“Timeline（时间轴）”面板中将播放头移至 0:00.250 处，设置“Opacity（不透明度）”属性为 0%，如图 10-170 所示。“Time line（时间轴）”面板如图 10-171 所示。

图 10-170

图 10-171

提示：

此处制作的是素材图像从显示到逐渐消失的动画过渡效果。

05 将播放头移至 0:00 位置，导入素材图像“光盘\源文件\第 10 章\素材\a10502.jpg”，如图 10-172 所示。在“Properties（属性）”面板中为“Opacity（不透明度）”属性添加关键帧，设置“Opacity（不透明度）”为 0%。“Time line（时间轴）”面板如图 10-173 所示。

06 将播放头移至 0:00.250 位置，在“Properties（属性）”面板中设置“Opacity（不透明度）”属性为 100%，如图 10-174 所示。将播放头移至 0:00.500 位置，在“Properties（属性）”面板中设置“Opacity（不透明度）”属性为 0%，“Time line（时间轴）”面板如图 10-175 所示。

图 10-172

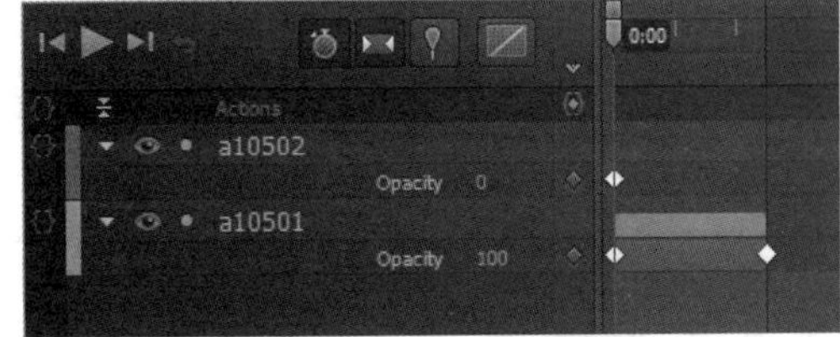

图 10-173

图 10-174

图 10-175

07 采用相同的制作方法，可以导入其他素材图像并完成动画效果的制作，“Time line（时间轴）”面板如图 10-176 所示。将播放头移至 0:00.750 位置，在“Library（库）”面板中将 a10501.jpg 素材拖到舞台中，为其设置“Opacity（不透明度）”属性为 0%，将播放头移至 0:01 位置，设置“Opacity（不透明度）”属性为 100%，“Time line（时间轴）面板如图 10-177 所示。

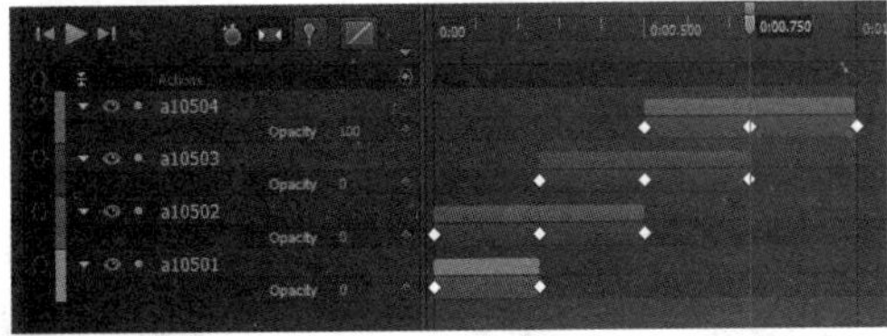
图 10-176

图 10-177

08 单击“Time line（时间轴）”面板上的“Insert Trigger（插入触发器）”按钮，分别在 0:00.250、0:00.500 和 0:00.750 位置插入触发器，如图 10-178 所示。分别为各触发器添加 Stop 脚本，如图 10-179 所示。

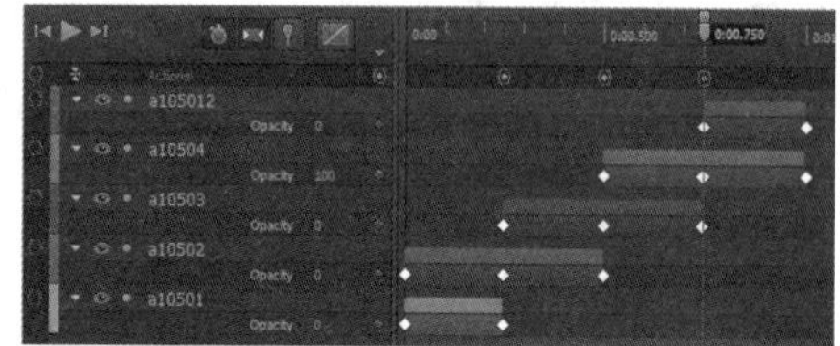

图 10-178

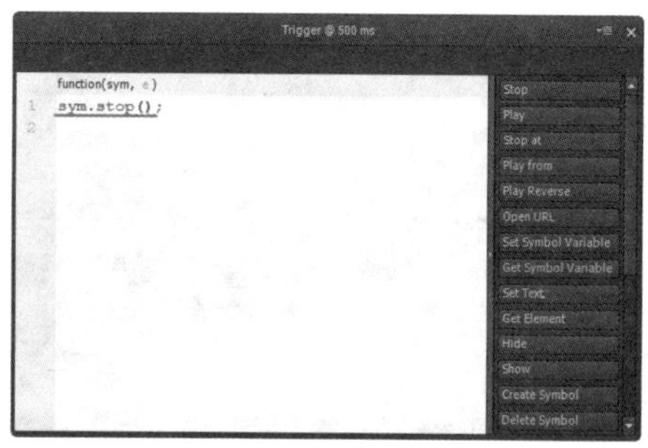

图 10-179

提示：

此处在时间轴中相应的时间位置插入 stop 触发器动作，从而实现当每张图像切换完成后停止播放。

09 将播放头移至 0:01 位置，单击“Time line（时间轴）”面板的“Insert Trigger（插入触发器）”按钮，添加脚本，如图 10-180 所示。“时间轴”面板如图 10-181 所示，

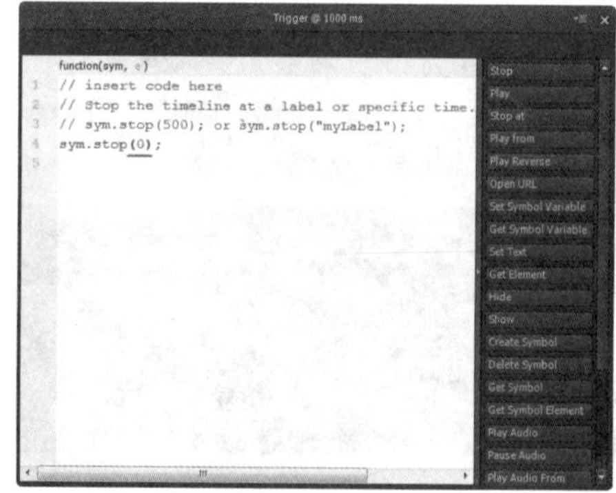

图 10-180

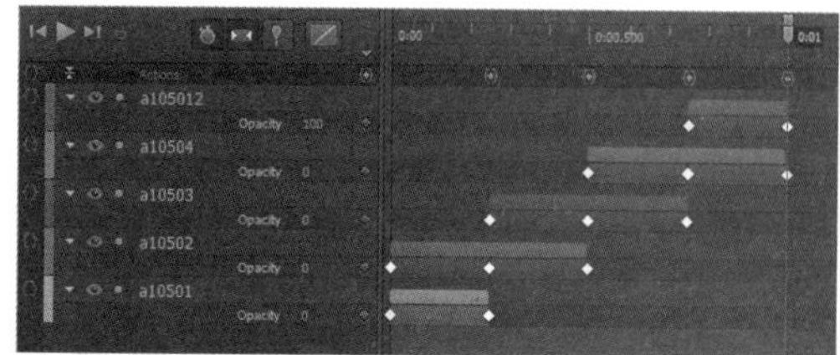

图 10-181

10 双击舞台中空白区域，退出该符号的编辑状态，使用“Ellipse Tool（圆形工具）”，按住 Shift 键在舞台中绘制一个黑色的正圆形，如图 10-182 所示。在“Properties（属性）”面板上的“Title（标题）”文本框中为其设置名称为 bg。选中该正圆形，将其转换为符号，设置名称为 bar1，如图 10-183 所示。

图 10-182

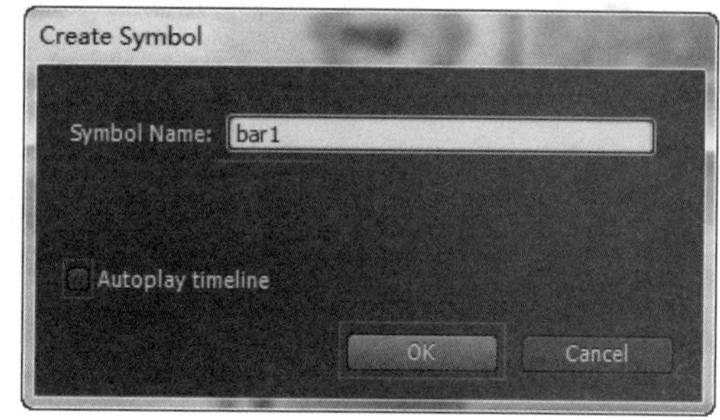

图 10-183

11 单击“OK（确定）”按钮，创建符号。双击该符号进入其编辑状态，使用“Text Tool（文本工具）”，在舞台中单击并输入文字。在“Properties（属性）”面板的“Text（文本）”选项区中设置文本的相关属性，如图 10-184 所示。可以在舞台中看到输入的文字效果，如图 10-185 所示。

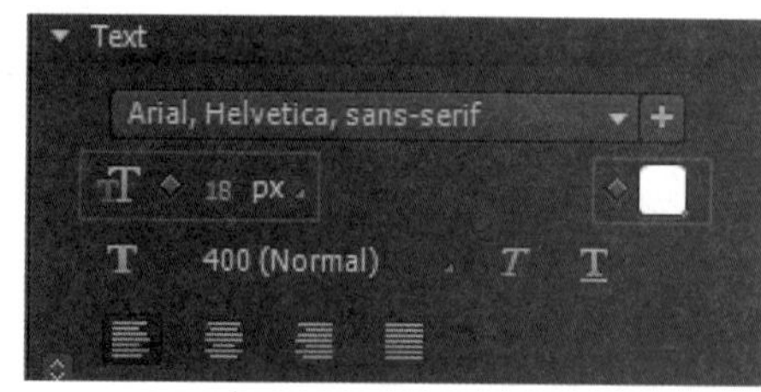

图 10-184

图 10-185

12 双击舞台空白区域，退出该符号的编辑状态，在“Timeline（时间轴）”面板中单击 bar1 元素层左侧的“Open Action（打开动作）”按钮，弹出“Trigger（触发器）”对话框。在弹出的触发事件菜单中选择 mouseenter 选项，添加相应的脚本代码并进行修改，如图 10-186 所示。单击“Trigger（触发器）”对话框左上角的 按钮，在弹出的触发事件菜单中选择 mouseleave 选项，添加相应的脚本代码并进行修改，如图 10-187 所示。

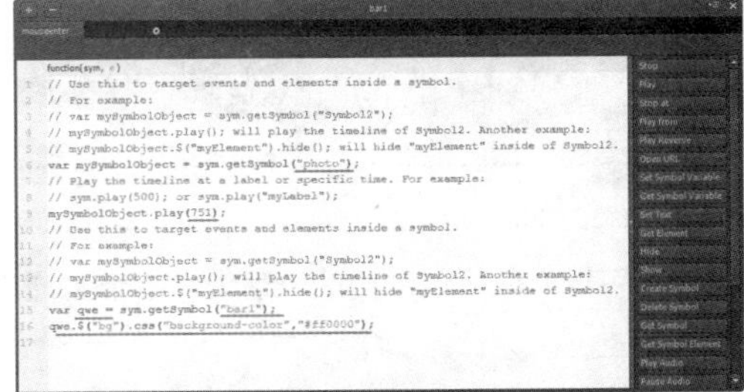

图 10-186

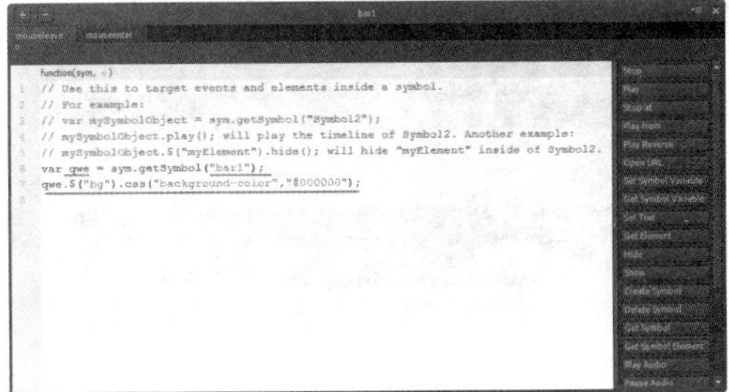

图 10-187

提示：

通过定义变量，给变量赋值，可以为舞台中的按钮符号添加背景颜色。

13 采用相同的制作方法，完成其他圆形按钮符号的制作，选中舞台中所有的圆形按钮符号，如图 10-188 所示。单击“Properties（属性）”面板的“Cursor（光标）”选项区右侧的 auto 按钮，在弹出来的面板中选择相应的光标效果，如图 10-189 所示。

图 10-188

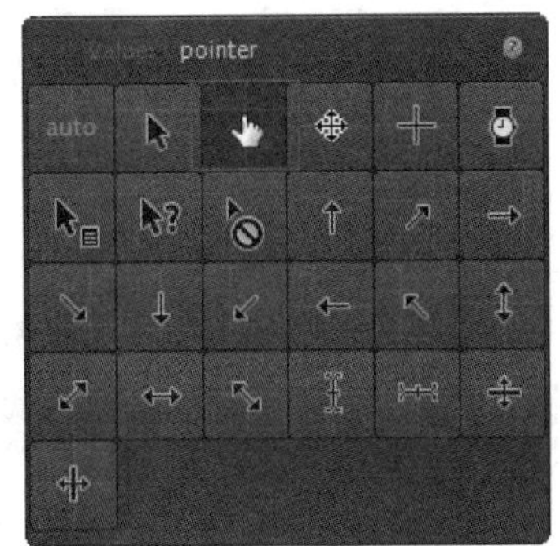

图 10-189

14 完成动画的制作，执行“File（文件）>Save（保存）”命令，保存文件。执行“File（文件）>Preview In Browser（在浏览器中预览）”命令，在浏览器中预览动画，可以看到通过将光标移至按钮符号上切换图像的显示效果，如图 10-190 所示。

图 10-190

10.6 在 Edge Animate 动画中使用音频

在 Edge Animate 动画中不仅可以导入外部的素材图像，还可以通过脚本代码调用外部的音频文件，从而在动画中添加音频效果，并且可以通过 JavaScript 脚本代码对动画中调用的音频文件进行控制。在本节中将向读者介绍在 Edge Animate 动画中使用音频，以及对音频进行控制的方法。

10.6.1 Edge Animate 中所支持的音频格式

Edge Animate 是一款 HTML5 动画制作软件，其目的是通过 HTML5、CSS 样式和 JavaScript 相结合来实现的，在 Edge Animate 动画中使用音频实际上是通过 JavaScript 脚本代码调用外部的音频文件，通过 HTML5 中的 <audio> 标签对音频支持的性能，实现在 Edge Animate 中音频的应用。

在 HTML5 中新增了 <audio> 标签，通过该标签可以在 Edge Animate 动画中嵌入音频并播放。目前，HTML5 新增的 HTML Audio 元素所支持的音频格式主要是 MP3、Wav 和 Ogg，在各种主要浏览器中的支持情况如下表所示。

HTML5 音频在浏览器中的支持情况

Wav	×	√	√	√	√
MP3	√	√	×	√	√
Ogg	×	√	√	√	×

10.6.2 为动画添加背景音乐

在动画中添加背景音乐是一种烘托动画效果的有效方法，可以有效增强动画的表现力。本节将通过实例的方式向读者介绍如何为 Edge Animate 动画添加背景音乐。

为动画添加背景音乐

视频：光盘\视频\第 10 章\为动画添加背景音乐 .swf

源文件：光盘\源文件\第 10 章\为动画添加背景音乐\10-6-2.html

01 在需要添加背景音乐的项目文件夹中创建一个名称为 sound 的文件夹，如图 10-191 所示。将需要添加的音频文件放置在该文件夹中，如图 10-192 所示。

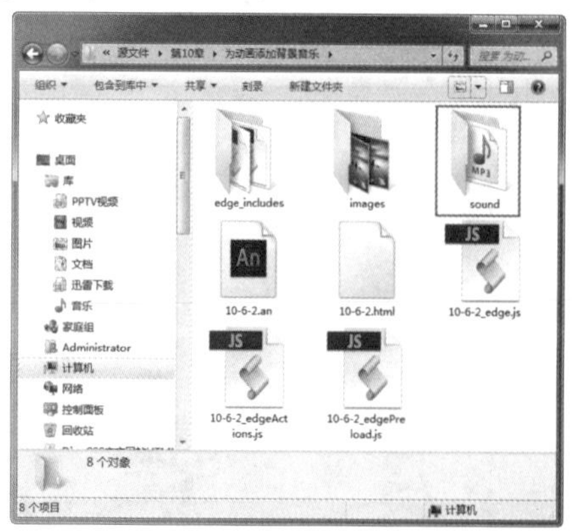

图 10-191

图 10-192

02 执行“File（文件）>Open（打开）”命令，在弹出的“Open（打开）”对话框中选择需要打开的文件“光盘\源文件\第 10 章\为动画添加背景音乐\10-6-2.html”，如图 10-193 所示。单击“打开”按钮，在 Edge Animate 中打开该项目文件，舞台效果如图 10-194 所示。

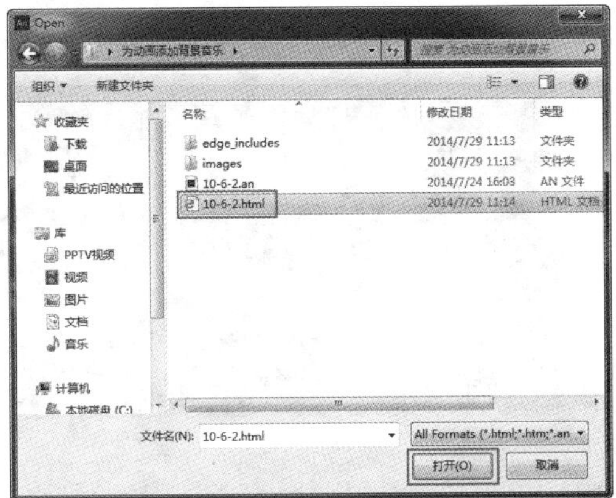

图 10-193

图 10-194

03 在“Time line（时间轴）”面板中将播放头移至起始位置，单击“Insert Trigger（插入触发器）”按钮，如图 10-195 所示。弹出“Trigger（触发器）”对话框，在脚本窗口中输入相应的 JavaScript 脚本代码，如图 10-196 所示。

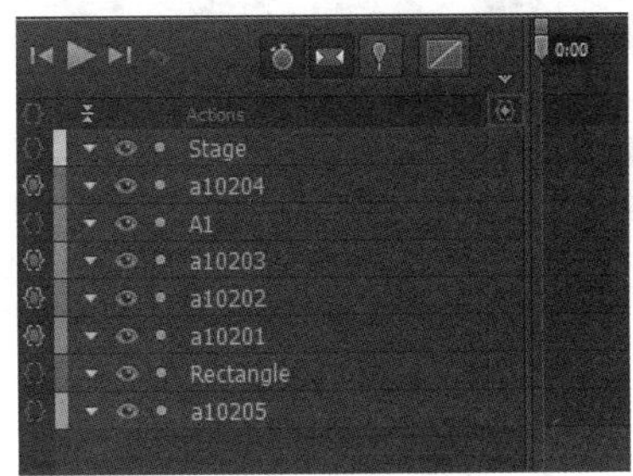

图 10-195

```
function(sym, e)
var au_to_play=new Audio();
au_to_play.src="sound/music.mp3";
au_to_play.play();
au_to_play.stop();
```

图 10-196

提示：

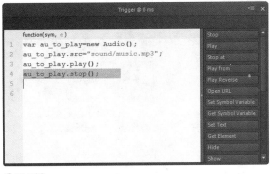

使用 Audio() 函数声明一个声音变量。通过为该变量的 src 属性赋值，指定声音文件的路径和地址。通过 play() 和 stop() 函数，使声音自动播放，当播放完后自动停止。

04 完成为动画添加背景音乐，执行“File（文件）>Save（保存）”命令，保存文件。执行“File（文件）>Preview In Browser（在浏览器中预览）”命令，在浏览器中预览动画，可以听到动画中所添加的背景音乐，如图 10-197 所示。

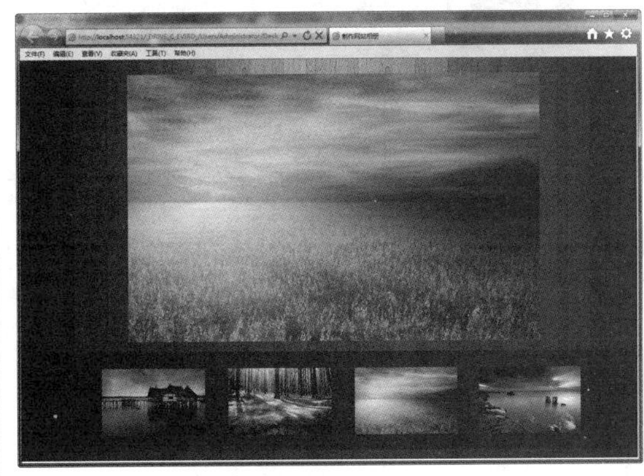

图 10-197

10.6.3 对动画中的音频进行控制

在 Edge Animate 动画中不但可以添加背景音乐，还可以通过触发器动作脚本对背景音乐的播放、停止、暂停、静音、音量等进行控制，从而可以更好地在 Edge Animate 动画中对声音进行控制。本节将通过实例的方式向读者介绍如何在 Edge Animate 动画中对音频进行控制。

自测 13

对动画中的音频进行控制

视频：视频：光盘\视频\第 10 章\对动画中的音频进行控制 .swf

源文件：光盘\源文件\第 10 章\对动画中的音频进行控制\10-6-3.html

01 执行“File（文件）>New（新建）”命令，新建空白文件。执行“File（文件）>Save（保存）”命令，将文件保存为“光盘\源文件\第 10 章\对动画中的音频进行控制\10-6-3.html”。

02 在“Properties（属性）”面板中对舞台的相关属性进行设置，如图 10-198 所示。执行“File（文件）>Import（导入）”命令，导入素材图像“光盘\源文件\第 10 章\素材\a106305.jpg”，如图 10-199 所示。

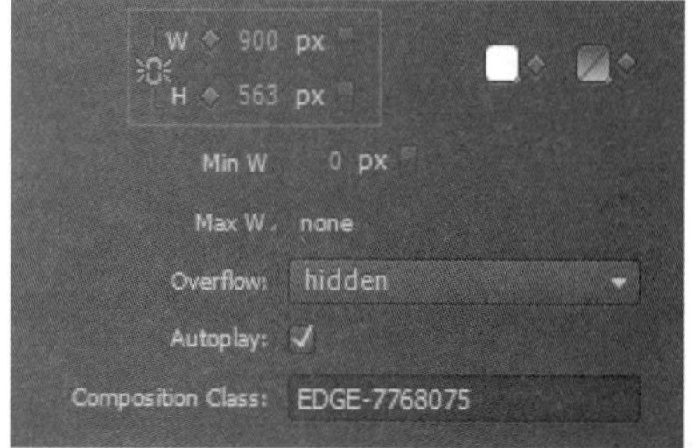

图 10-198

图 10-199

03 执行“File（文件）>Import（导入）”命令，导入背景音乐“光盘\源文件\第 10 章\素材\music.mp3”，自动在“Timeline（时间轴）”面板中生成元素层，如图 10-200 所示。采用相同的制作方法，导入其他的图像素材，并分别调整到合适的位置，如图 10-201 所示。

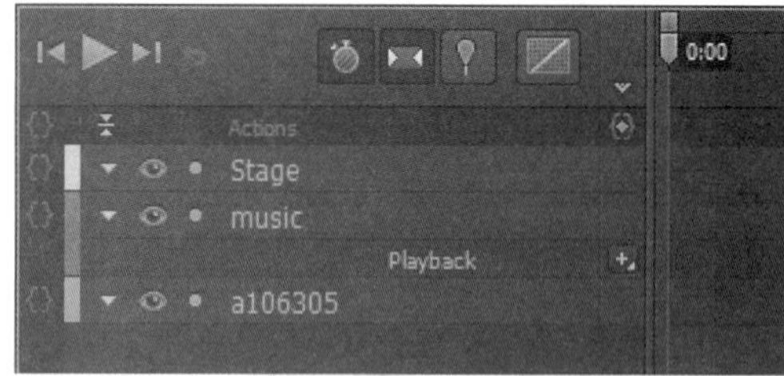

图 10-200

提示：

在动画中导入声音文件后，会自动在“Timeline（时间轴）”面板中创建该声音素材名称的元素层，并且该声音素材的 ID 名称同样为该声音素材的名称。

图 10-201

04 从左到右依次为刚导入的素材图像设置 ID 名称为 start、pause、mute1、mute 和 replay，“Timeline（时间轴）”面板如图 10-202 所示。将 ID 名称为 mute1 和 mute 的两个元素调整到相同的位置使其重合，如图 10-203 所示。

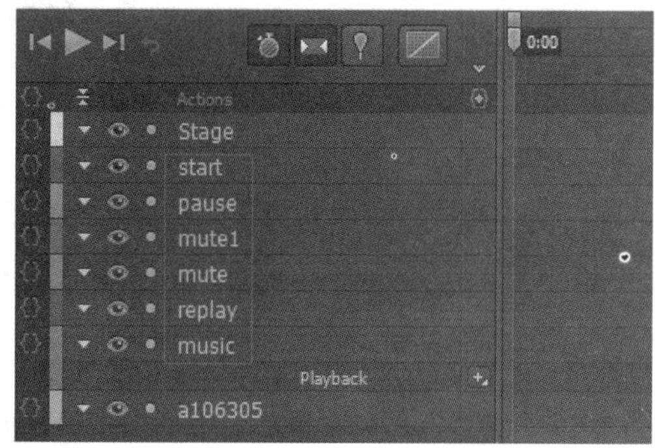

图 10-202

图 10-203

05 选中 start 元素层，单击该元素层左侧的“Open Action（打开动作）”按钮，弹出“Trigger（触发器）”对话框，选择 click 事件，在该对话框的右侧单击“Play Audio”按钮，添加相应的代码并修改，如图 10-204 所示。

提示：

此处在添加相应的脚本代码后，只需要修改代码中声音元素的 ID 名称即可。

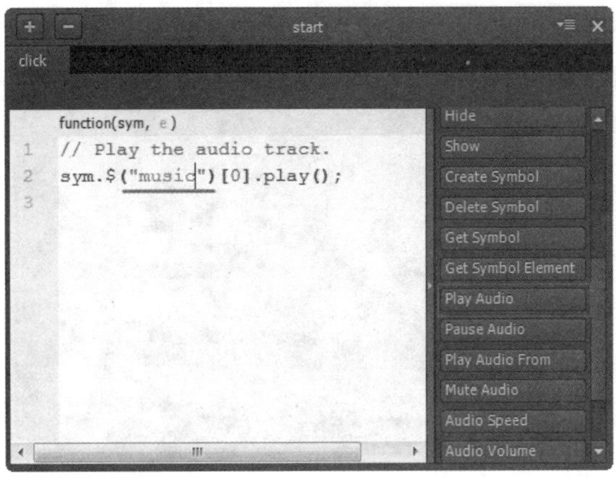

图 10-204

06 选中 pause 元素层，单击该元素层左侧的“Open Action（打开动作）”按钮，弹出“Trigger（触发器）”对话框，选择 click 事件，在该对话框的右侧单击“Pause Audio”按钮，添加相应的代码并修改，如图 10-205 所示。

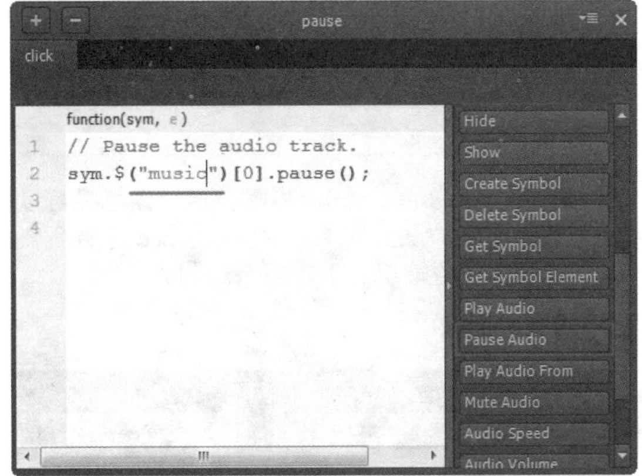

图 10-205

07 选中 mute 元素层，单击该元素层左侧的“Open Action（打开动作）”按钮，弹出“Trigger（触发器）”对话框，选择 click 事件，在该对话框中添加相应的脚本代码，并对代码进行修改，如图 10-206 所示。采用相同的制作方法，为 mute1 元素层添加触发器动作，如图 10-207 所示。

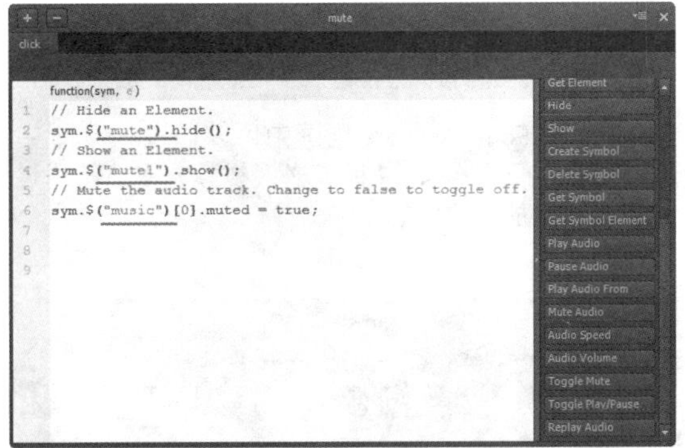

图 10-206

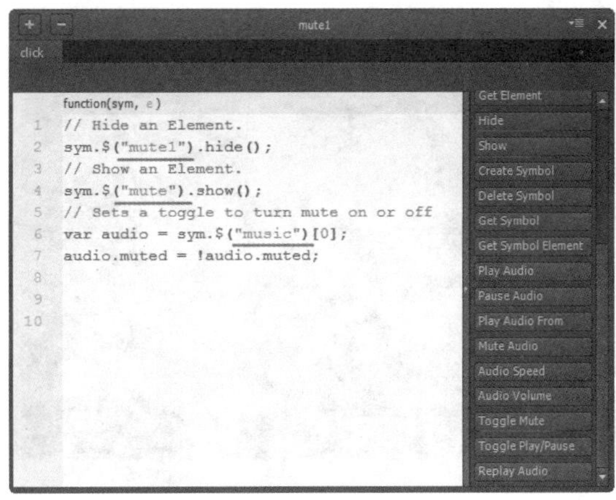

图 10-207

08 选中 replay 元素层，单击该元素层左侧的“Open Action（打开动作）”按钮，弹出“Trigger（触发器）”对话框，选择 click 事件，在该对话框右侧单击“Replay Audio”按钮，添加相应的代码并修改，如图 10-208 所示。选中舞台中所有的按钮图像，单击“Properties（属性）”面板上“Cursor（光标）”选项区右侧的按钮，在弹出的面板中选择相应的光标效果，如图 10-209 所示。

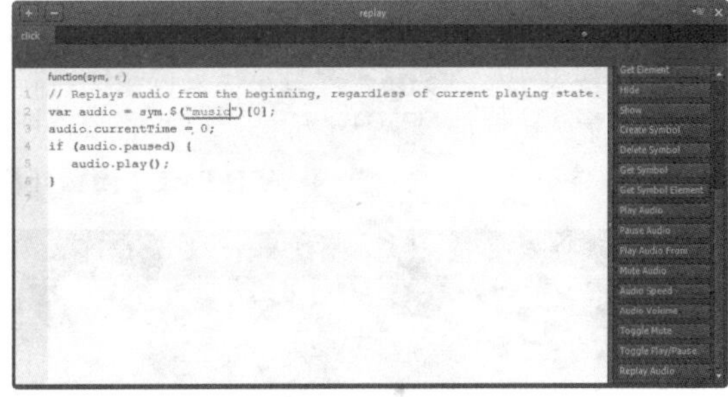

图 10-208

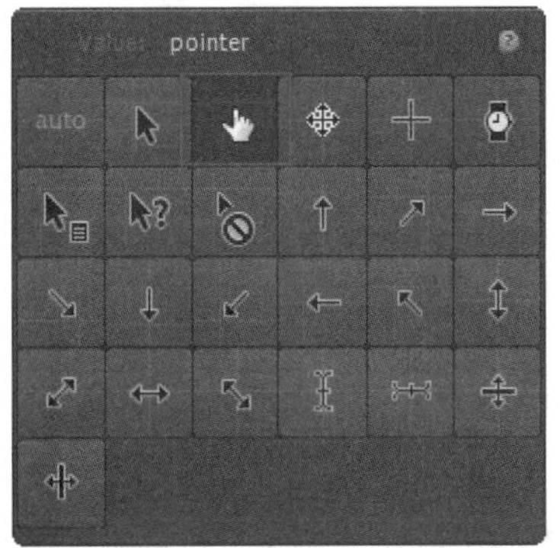

图 10-209

09 完成动画的制作，执行“File（文件）>Save（保存）”命令，保存文件。执行“File（文件）>Preview In Browser（在浏览器中预览）”命令，在浏览器中预览动画，可以通过按钮对动画中的声音进行播放、暂停、静音和重新播放的控制，如图 10-210 所示。

图 10-210

10.7 在 Edge Animate 动画中嵌入视频

在 Edge Animate 动画中不仅可以使用音频文件，还可以通过 JavaScript 调用外部的视频文件，从而实现在动画中嵌入视频并播放的效果。在本节中将向读者介绍如何在 Edge Animate 动画中嵌入视频。

10.7.1 Edge Animate 中支持的视频格式

在 Edge Animate 动画中嵌入视频并播放同样是依赖于 HTML5 中新增的 <video> 标签，通过该标签可以轻松地在网页中嵌入视频，并且不需要依赖任何的插件支持。目前，HTML5 新增的 HTML Video 元素所支持的视频格式主要是 MPEG4、WebM 和 Ogg，在各种主要浏览器中的支持情况如下表所示。

HTML5 视频在浏览器中的支持情况

MPEG4	√	√	×	√	√
WebM	×	√	√	√	×
Ogg	×	√	√	√	×

提示：

视频标签的出现无疑是 HTML5 的一大亮点，但是旧的浏览器不支持 HTML5 Video，并且，涉及到视频文件的格式问题，Firefox、Safari 和 Chrome 的支持方式并不相同，所以，在现阶段要想使用 HTML 5 的视频功能，浏览器兼容性是一个不得不考虑的问题。

10.7.2 在动画中嵌入视频

在动画中嵌入视频无疑可以增强动画的表现力和感染力，在 Edge Animate 动画中可以通过 HTML5 中 <video> 标签支持视频的播放，同样，在 Edge Animate 动画中需要通过 <video> 标签嵌入视频。本节将通过实例的形式，向读者介绍如何在 Edge Animate 动画中嵌入视频并播放的方法。

自测 14　在动画中嵌入视频

视频：光盘 \ 视频 \ 第 10 章 \ 在动画中嵌入视频 .swf
源文件：光盘 \ 源文件 \ 第 10 章 \ 在动画中嵌入视频 \10-7-2.html

01 执行“File（文件）>New（新建）”命令，新建空白文件。执行“File（文件）>Save（保存）”命令，将文件保存为“光盘\源文件\第 10 章\在动画中嵌入视频\10-6-3.html”。

02 在保存的项目文件夹中创建一个名为 video 文件夹，如图 10-211 所示。将需要嵌入的视频文件 movie.mp4 放置在该文件夹中，如图 10-212 所示。

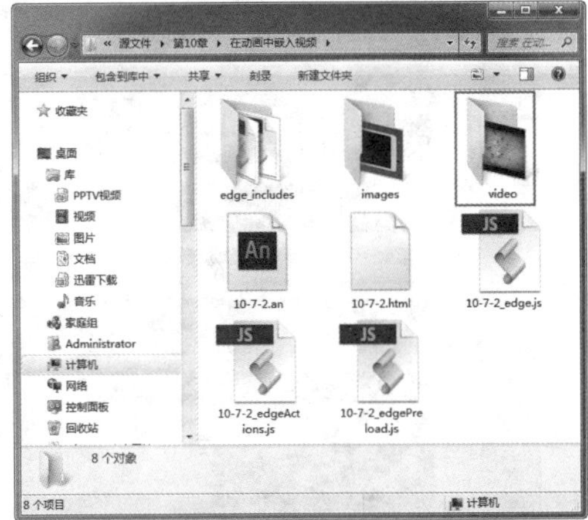

图 10-211

图 10-212

03 在“Properties（属性）”面板中对舞台相关属性进行设置，如图 10-213 所示。执行“File（文件）>Import（导入）”命令，导入素材图像“光盘\源文件\第 10 章\素材\a107201.jpg”，如图 10-214 所示。

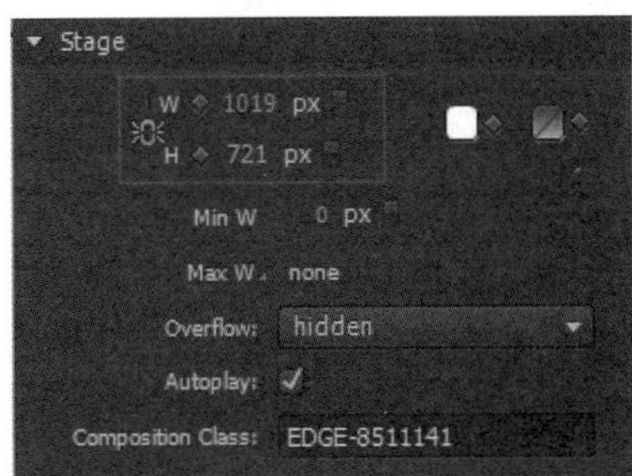

图 10-213

图 10-214

04 使用“Rectangle Tool（矩形工具）”，在舞台中绘制一个矩形并调整位置，如图 10-215 所示。选中该矩形，执行“Modify（修改）>Convert to Symbols（转换为符号）”命令，弹出“Create Symbol（创建符号）”对话框，设置如图 10-216 所示。

图 10-215

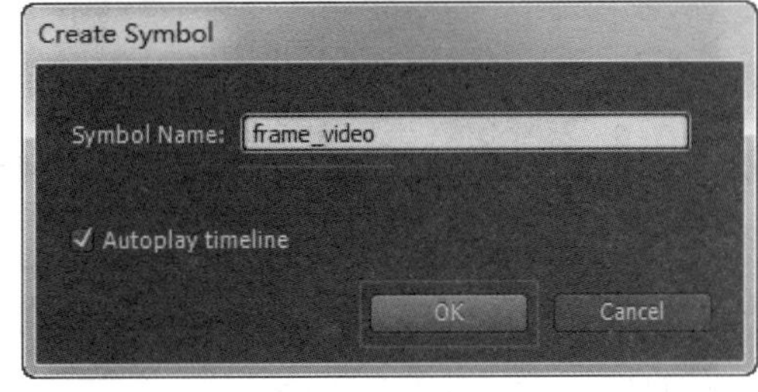

图 10-216

05 单击“OK（确定）”按钮，创建符号。双击该符号，进入该符号的编辑状态。选中矩形，在“Properties（属性）”面板上的“Title（标题）”文本框中设置其名称为 video_container，如图 10-217 所示。在该符号元素的舞台空白处单击鼠标右键，在弹出的菜单中选择“Open Actions for（打开动作）”选项，如图 10-218 所示。

图 10-217

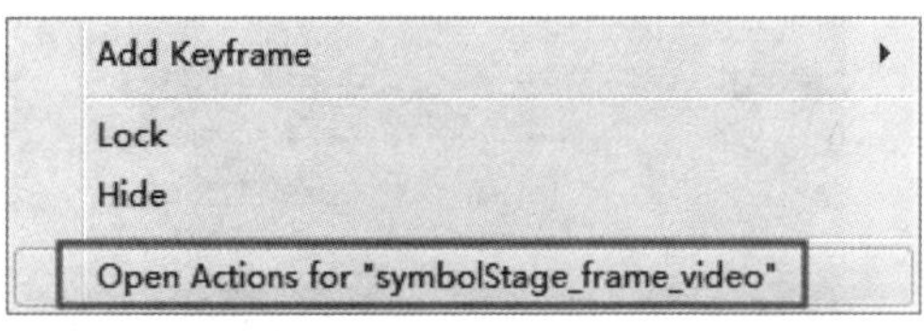

图 10-218

06 弹出“Trigger（触发器）”对话框，在弹出的触发事件菜单中选择 creationComplete 选项，如图 10-219 所示。在脚本窗口中输入相应的 JavaScript 脚本代码，如图 10-220 所示。

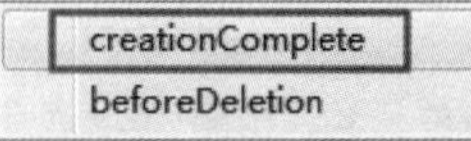

图 10-219

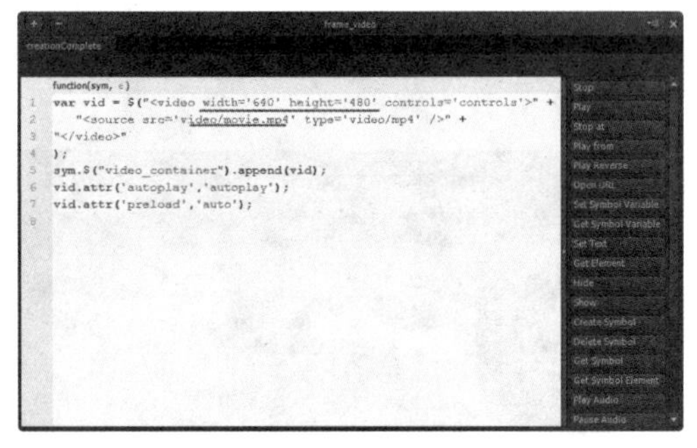

图 10-220

07 完成动画的制作，执行“File（文件）>Save（保存）”命令，保存文件。执行“File（文件）>Preview In Browser（在浏览器中预览）”命令，在浏览器中预览动画，可以看到在动画中嵌入视频并播放的效果，如图 10-221 所示。

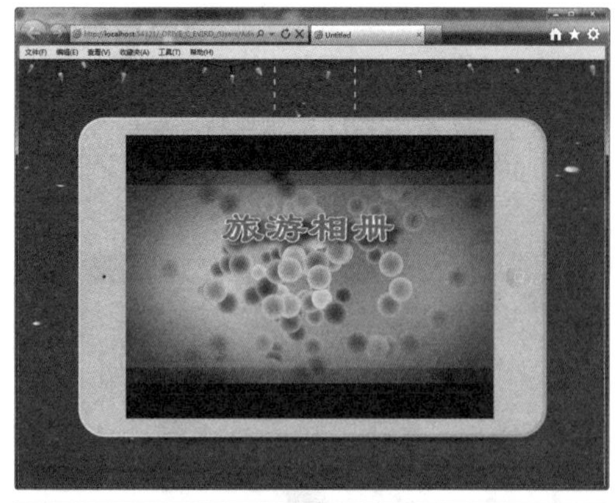

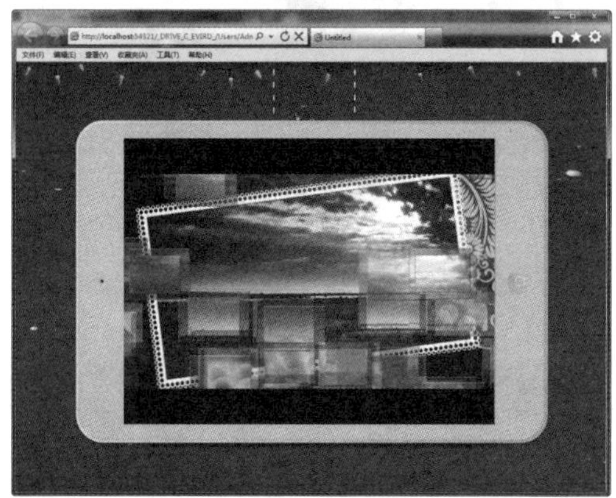

图 10-221

10.8 本章小结

在本章中重点向读者介绍了在 Edge Animate 中制作动画的技巧，这些动画制作技巧大多都是通过 JavaScript 和 jQuery 脚本代码来实现的，通过 JavaScript 和 jQuery 脚本代码可以轻松地实现许多动画效果，从而减轻了在“Timeline（时间轴）”面板中进行制作的工作量。完成本章内容的学习后，希望读者能够掌握这些动画的制作技巧，并能够在动画制作的过程中灵活运用。

第⑪章 Edge Animate 动画的发布与输出

Animate动画的发布与输出

在 Adobe Edge Animate 中完成动画的制作后，还需要将动画输出并应用到网页中，这样才能够实现动画的意义并方便用户通过浏览器查看。使用 Edge Animate 制作的动画，不仅可以用于普通计算机浏览，还可以通过发布设置将其发布为适用于智能手机或高分辨率电视的文件。本章将向读者介绍如何在 Edge Animate 中将动画发布为各种不同的格式，从而适应不同设备的需要。

本章知识点：

- 掌握如何使动画尺寸自适应浏览器窗口的方法
- 掌握动画最大和最小宽度的设置方法
- 掌握发布 Edge Animate 动画的方法

11.1 关于动画尺寸

在 Edge Animate 中新建的动画文档尺寸为 550px X 400px，这是一个固定值，在完成文档的创建后，用户可以在“Properties（属性）”面板中修改文档的尺寸，但多数情况下，都是使用固定值设置文档的尺寸。这样当动画插入到网页中时，该动画也会显示为固定的大小。本节将向读者介绍如何使动画的尺寸自适应浏览器窗口大小，以及为元素设置最大和最小宽度的方法。

11.1.1 使动画尺寸自适应浏览器窗口

如果用户所创建的动画并不是网页中的某一部分，而是整个网页，这就需要设计的动画能够自适应各种不同分辨率的窗口。在 Edge Animate 中有几种方法可以实现动画尺寸自适应浏览器窗口大小。

首先，用户需要动画的舞台能够在浏览器窗口中填充 100% 的可用空间；其次，用户需要动画中舞台背景图像能够填充 100% 的舞台空间。

自测 1 使动画尺寸自适应浏览器窗口

视频：光盘 \ 视频 \ 第 11 章 \ 使动画尺寸自适应浏览器窗口 .swf
源文件：光盘 \ 源文件 \ 第 11 章 \ 使动画尺寸自适应浏览器窗口 \11-1-1.html

01 执行“File（文件）>New（新建）”命令，新建空白文件。执行“File（文件）>Save（保存）”命令，将文件保存为“光盘 \ 源文件 \ 第 10 章 \ 使动画尺寸自适应浏览器窗口 \11-1-1.html”。

02 在“Properties（属性）”面板中单击“W（宽度）”选项后的单位切换按钮 px ，将默认的“px（像素）”单位切换为“%（百分比）”单位，如图 11-1 所示。采用相同的方法，在“Properties（属性）”面板中单击“H（高度）”选项后的单位切换按钮 px ，将其单位切换为“%（百分比）”，如图 11-2 所示。

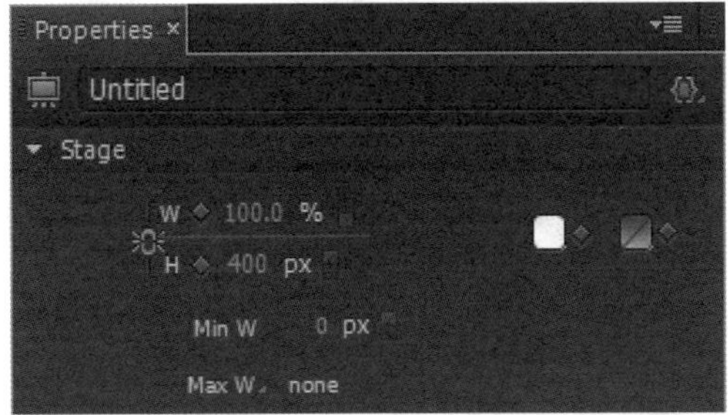

图 11-1

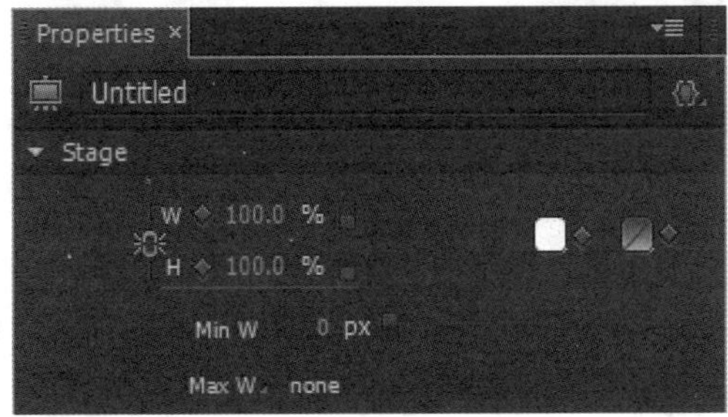

图 11-2

提示：

“px（像素）”为绝对值单位，“%（百分比）”为相对值单位。当把“W（宽度）”和“H（高度）”选项的单位设置为“%（百分比）”时，则表示该动画的宽度和高度是浏览器窗口中可用范围的百分比。

03 执行“File（文件）>Import（导入）”命令，为舞台导入背景图像，如图 11-3 所示。并将该背景图像调整至舞台相同的大小，如图 11-4 所示。

04 在（属性）”面板上的“Position and Size（位置和大小）”选项区中单击“Layout Preset（布局预设）”按钮 ，如图 11-5 所示。

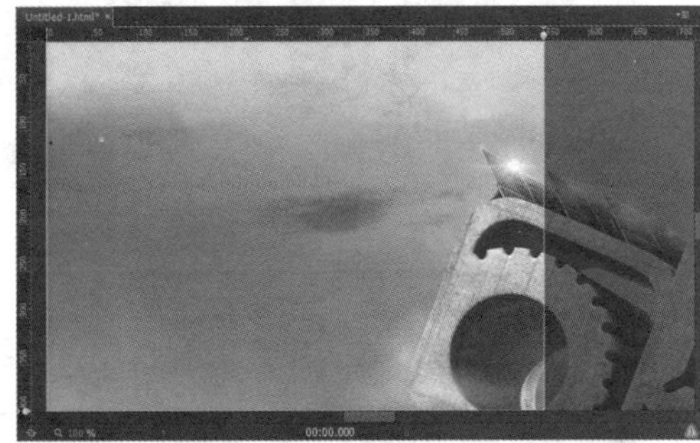

图 11-3

图 11-4

提示：

如果该动画需要自适应浏览器窗口的大小，最好选用尺寸比较大的图像作为舞台的背景图像，否则图像会失真。

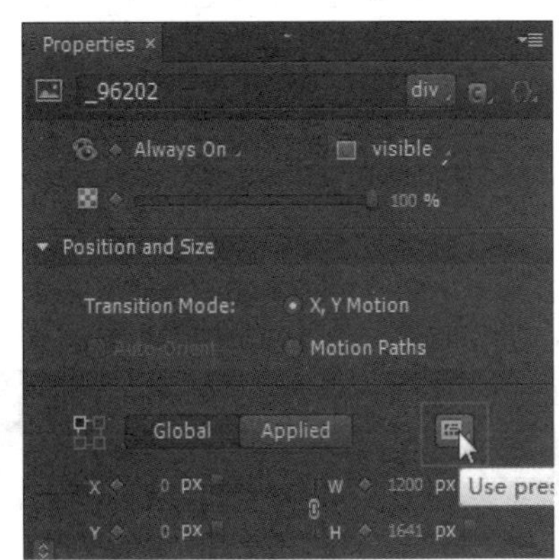

图 11-5

05 弹出“Layout Preset（布局预设）”面板，如图 11-6 所示。单击“Scale Background Image（缩放背景图像）”按钮，切换到该选项界面中，如图 11-7 所示。

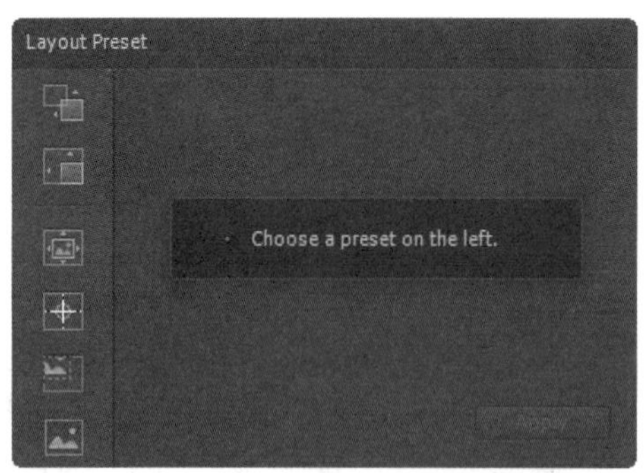

图 11-6

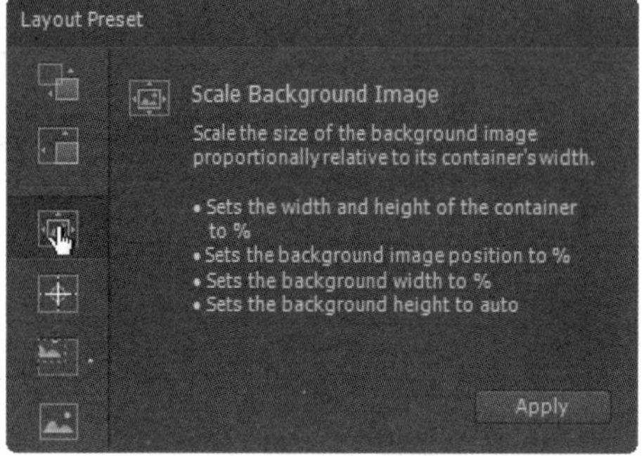

Layout Preset
Scale Background Image
Scale the size of the background image proportionally relative to its container's width.
• Sets the width and height of the container to %
• Sets the background image position to %
• Sets the background width to %
• Sets the background height to auto
Apply

图 11-7

提示：

用户在“Layout Preset（布局预设）”面板左侧选择某种预设后，在该面板中将显示该布局预设的相关说明内容，并提供有关属性设置的详细信息，当用户单击“Apply（应用）”按钮后，即可将相应的布局预设应用到项目中。

06 单击“Apply（应用）”按钮，为背景图像应用该预设。执行“File（文件）>Preview In Browser（在浏览器中预览）”命令，在浏览器中预览该项目文件，可以看到无论如何更改浏览器窗口的大小，项目文件的背景图像始终充满整个浏览器窗口，如图 11-8 所示。

图 11-8

提示：

通过设置动画舞台的“W（宽度）”和“H（高度）”属性为 100%，并且设置舞台背景图像的布局方式为“Scale Background Image（缩放背景图像）”方式，这样在浏览器中预览该动画时，动画的背景图像会随着浏览器窗口大小的变化而自动进行缩放，超出浏览器窗口的部分将会被自动隐藏。

11.1.2 设置动画最大和最小宽度

使动画自适应浏览器窗口大小，可以使动画在浏览器中看起来更加美观。但是，如果将浏览器窗口缩得比较小，则动画被缩小后效果并不是太好看。同样，如果将动画放大很多也并不美观。在 Edge Animate 中可以通过“Min W（最小宽度）”和“Max W（最大宽度）”两个选项帮助解决动画缩放的问题。

自测 2　设置动画最大和最小宽度

视频：光盘 \ 视频 \ 第 11 章 \ 设置动画最大和最小宽度 .swf
源文件：光盘 \ 源文件 \ 第 11 章 \ 设置动画最大和最小宽度 \11-1-2.html

01 执行“File（文件）>New（新建）”命令，新建空白文件。执行“File（文件）>Save（保存）”命令，将文件保存为“光盘 \ 源文件 \ 第 10 章 \ 设置动画最大和最小宽度 \11-1-2.html”。

02 在“Properties（属性）”面板中设置相关属性，分别单击“W（宽度）”和“H（高度）”选项后的单位切换按钮，将默认的“px（像素）”单位切换为“%（百分比）”单位，如图 11-9

所示。执行“File（文件）>Import（导入）”命令，为舞台导入背景图像，并将该背景图像调整至与舞台相同的大小，如图 11-10 所示。

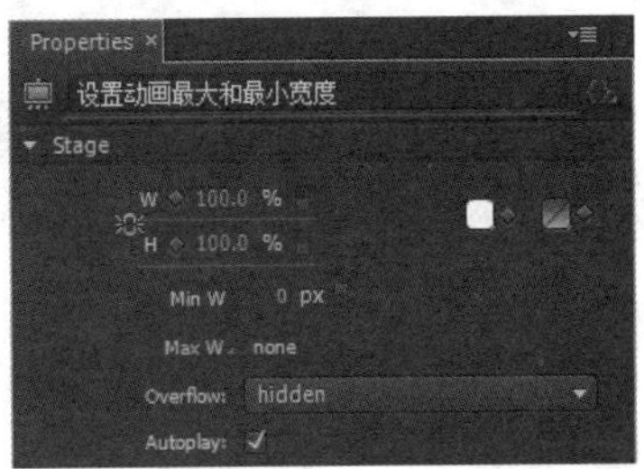

图 11-9

图 11-10

03 选中刚导入的背景素材图像，在“Properties（属性）”面板上的“Position and Size（位置和大小）”选项区中单击“Layout Preset（布局预设）”按钮，如图 11-11 所示。弹出“Layout Preset（布局预设）”面板，单击“Scale Background Image（缩放背景图像）”按钮，切换到该选项界面中，单击“Apply（应用）”按钮，为背景图像应用该预设，如图 11-12 所示。

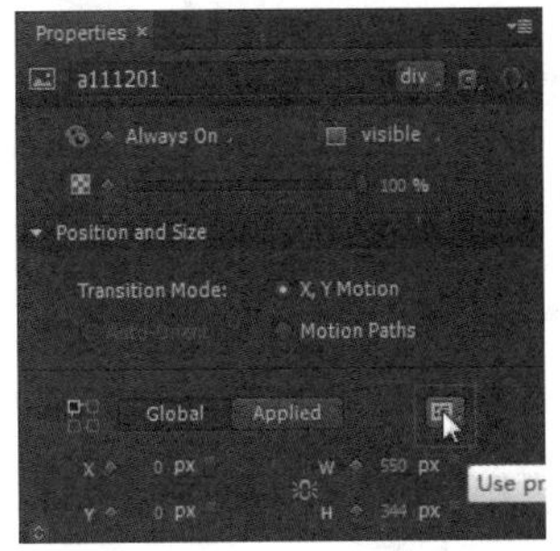

图 11-11

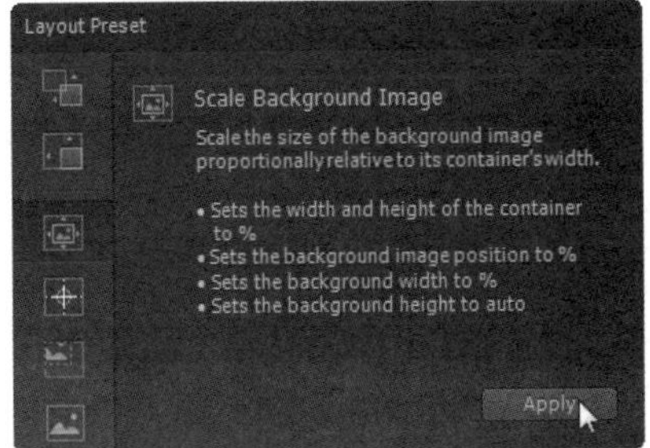

图 11-12

提示：

到此处为止，前面的操作方法与上一节介绍的自适应浏览器窗口的操作方法完全一致。接下来就需要设置动画的最大和最小宽度。

04 在舞台中的空白区域单击，选中项目舞台，在“Properties（属性）”面板中设置“Min W（最小宽度）”选项为 400px，如图 11-13 所示。单击“Max W（最大宽度）”按钮，在弹出的菜单中取消 none 选项的选中状态，设置该选项值为 800px，如图 11-14 所示。

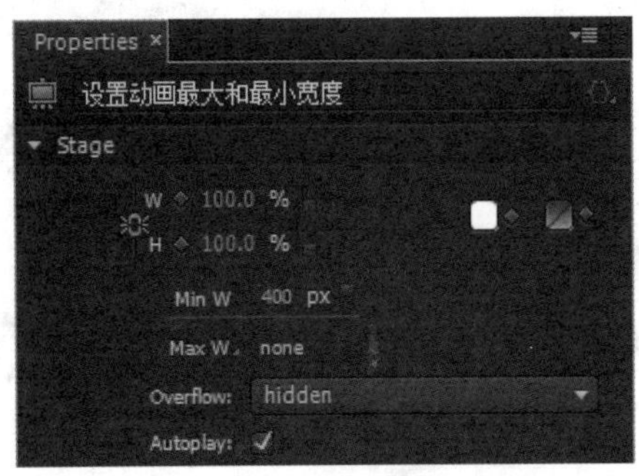

图 11-13

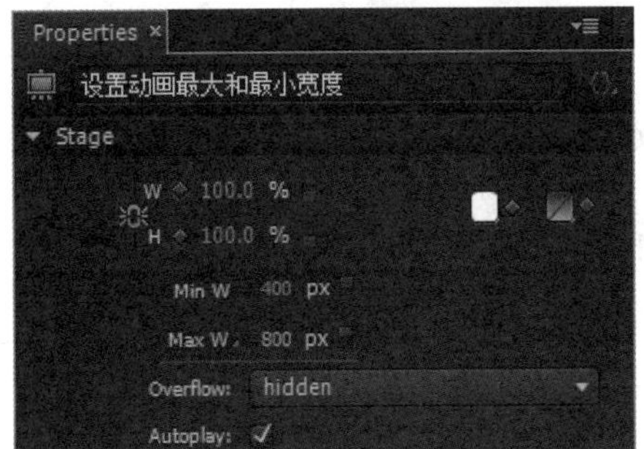

图 11-14

提示：

此处设置的“Min W（最小宽度）”和“Max W（最大宽度）”选项将覆盖前面设置的舞台宽度选项。通过设置“Min W（最小宽度）”和“Max W（最大宽度）”选项，可以创建一个舞台宽度的范围。此处创建的舞台宽度范围是 400 ～ 800px。

05 执行“View（视图）>Rulers（标尺）”命令或按快捷键 Ctrl+R 键，在文档窗口中显示标尺，在动画的水平标尺和垂直标尺上可以看到指针图标，如图 11-15 所示。在水平标尺上向左拖曳指针图标，可以看到舞台区域被缩小，如图 11-16 所示。

图 11-15

图 11-16

提示：

当舞台宽度缩小时，舞台中的背景图像会跟随舞台等比例缩小，直到达到最小宽度值400px，舞台背景图像不会再等比例缩小。

06 在水平标尺上向右拖曳指针图标，可以看到舞台区域被放大，如图 11-17 所示。当舞台区域的宽度大于 800px 时，可以看到 800px 以外的区域不再有背景图像，如图 11-18 所示。

图 11-17

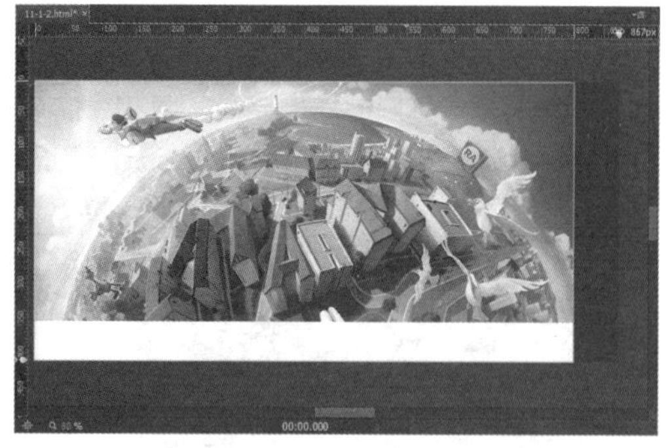

图 11-18

07 执行“File（文件）>Preview In Browser（在浏览器中预览）”命令，在浏览器中预览该项目文件，可以看到动画的宽度变化范围被控制在 400～800px，如图 11-19 所示。

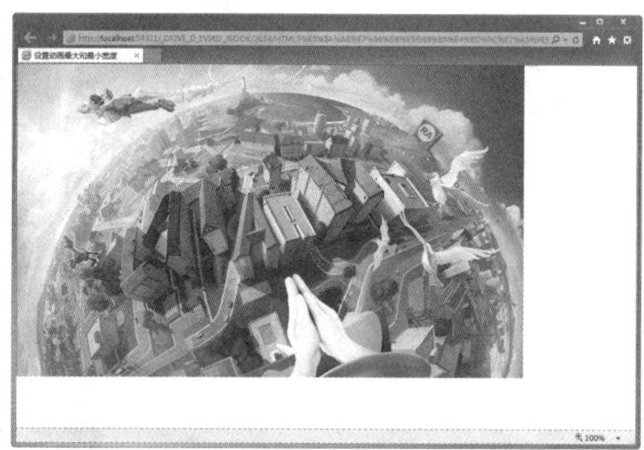

图 11-19

提示：

当浏览器窗口宽度大于“Max W（最大宽度）”值 800px 时，动画将不会再等比例放大，超出部分显示网页的默认背景色。当浏览器窗口宽度小于“Min W（最小宽度）”值 400px 时，动画将不会再等比例缩小，而是保持最小宽度 400px，浏览器会出现滚动条。

11.2 发布 Edge Animate 动画

在 Edge Animate 中制作动画时，会在项目文件夹中创建多个不同的文件，其中一些并不需要在动画最终运行时进行加载。通过发布 Edge Animate 动画，可以将制作好的动画发布为不同的格式，更好地应用在网页中，以实现动画制作的目的和价值。

提示：

对 Edge Animate 动画进行发布后，只是将必要的文件复制到发布文件夹中，其他不是必需的文件，如 JavaScript 资源等，都会在发布的过程中进行精简，从而最大限度地减小文件大小，以便于动画能够在网络中更加快速地加载显示。

11.2.1 "Publish Settings（发布设置）"对话框

执行"File（文件）>Publish Settings（发布设置）"命令，即可弹出"Publish Settings（发布设置）"对话框，如图 11-20 所示，用户可以在发布动画前设置需要发布的格式。

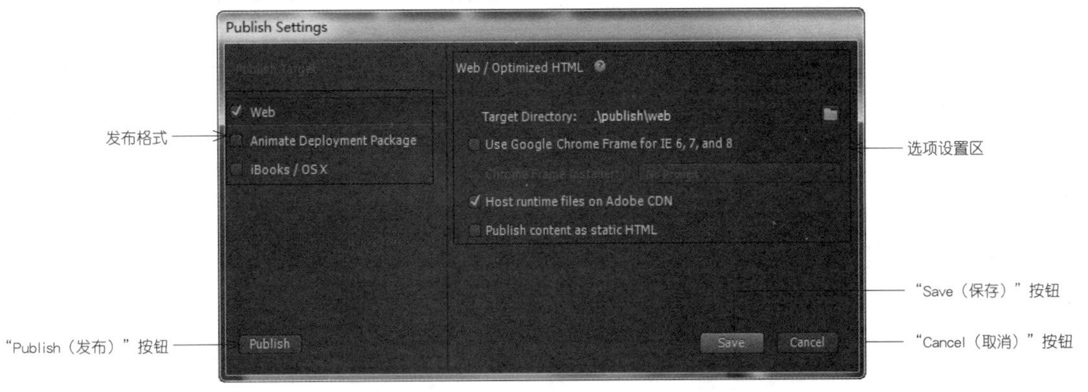

图 11-20

● **发布格式**

在该区域可以选择需要将 Edge Animate 动画发布的格式，这里提供了 3 种格式，包括 Web、Animate Deployment Package 和 iBooks/OS X，其中 Web 是默认的发布格式。

● **选项设置区**

在该区域可以设置发布格式的相关选项，选择不同的发布格式，该区域的设置选项也会有所不同。

● **"Publish（发布）"按钮**

完成发布格式的选择和选项的设置后，单击该按钮，即可将当前的 Edge Animate 动画发布为所选中的格式文件。

● **"Save（保存）"按钮**

单击该按钮，可以保存在"Publish Settings（发布设置）"对话框中所做的发布设置。

● **"Cancel（取消）"按钮**

单击该按钮，可以取消在"Publish Settings（发布设置）"对话框中所做的发布设置，并关闭该对话框。

提示：

保存发布设置后，如果下次需要将其他的 Edge Animate 动画发布为相同的格式，则可以直接执行"File（文件）>Publish（发布）"命令，即可直接将动画发布为相同设置的格式文件，而不需要再次进行设置。

提示：

默认情况下，执行"File（文件）>Publish（发布）"命令，Edge Animate 会在该项目文件夹中创建名为 publish 的文件夹，将该动画发布为 HTML 页面形式，并将动画所必需的相关文件放置在该文件夹中。

11.2.2 发布为 Web 格式

发布为 Web 格式，即将 Edge Animate 动画发布为 HTML 网页的形式，这也是 Edge Animate 中默认的发布格式。执行“File（文件）>Publish Settings（发布设置）”命令，在弹出的“Publish Settings（发布设置）”对话框中选中“Web”复选框，在该对话框右侧即可显示 Web 发布格式的相关选项，如图 11-21 所示。

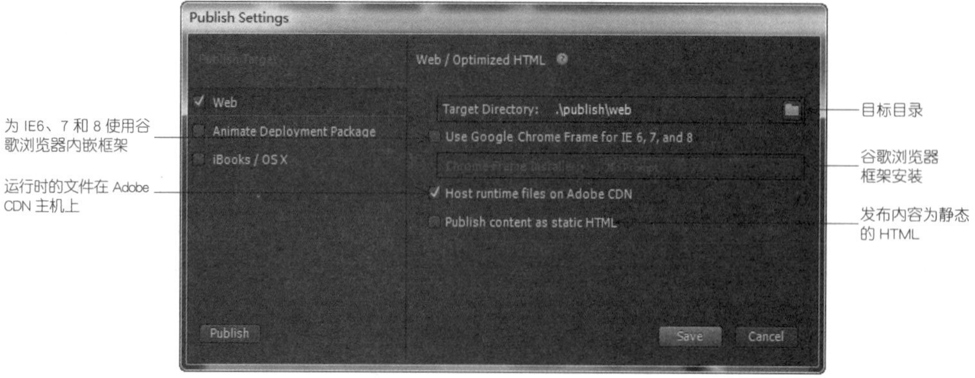

图 11-21

● Target Directory（目标目录）

该选项用于设置所要发布的 Web 格式文件所在的目录，可以单击该选项右侧的“Choose Target Directory（选择目标目录）”按钮，在弹出的对话框中选择所发布的 Web 格式文件的所在文件夹。

提示：

默认情况下，会在当前项目文件的根目录中创建名为 publish 的文件夹，并放置所发布的 Web 格式的相关文件。

● Use Google Chrome Frame for IE6,7,and8（为 IE6,7 和 8 使用谷歌浏览器内嵌框架）

选中该选项，则如果用户使用的是 IE6、IE7 和 IE8 浏览器，将自动使用谷歌浏览器内嵌框架来显示所发布的 Web 文件。

提示：

IE6、IE7 和 IE8 浏览器都是老式浏览器，对于在 Edge Animate 动画中一些效果的支持并不理想，通过选中该复选框，可以使动画在这些老版本浏览器中正常显示。

● Chrome Frame Installer（谷歌浏览器框架安装）

只有选中了“Use Google Chrome Frame for IE6,7, and8（为 IE6、7 和 8 使用谷歌浏览器内嵌框架）”选项复选框，才可以对该选项进行设置。该选项用于设置谷歌浏览器框架的处理方式，其中提供了 3 种选项，如图 11-22 所示。

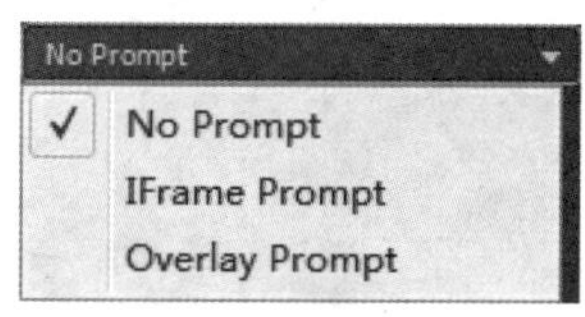

图 11-22

● Host runtime files on Adobe CDN（运行时的文件在 Adobe CDN 主机上）

选中该选项，则通过互联网从 Adobe CDN 主机上获得必要的 JavaScript 库。默认情况下，该选项为选中状态。

● Publish content as static HTML（发布内容为静态的 HTML）

通常情况下，Edge Animate 动画会在 JavaScript 文件中使用代码元素。如果用户选中该选项，Edge Animate 动画将在所发布的 HTML 文件中创建相同的元素。该功能可以提高所发布的 HTML 文件的可访问性，使发布的 HTML 文件与屏幕阅读器更兼容。

11.2.3 发布为 Animate Deployment Package 格式

发布为 Animate Deployment Package 格式，即将 Edge Animate 动画发布为动画布署包，将生成一个扩展名为 .oam 的文件。在“Publish Settings（发布设置）”对话框中选中“Animate Deployment Package”复选框并单击该选项，在该对话框右侧即可显示 Animate Deployment package 发布格式的相关选项，如图 11-23 所示。

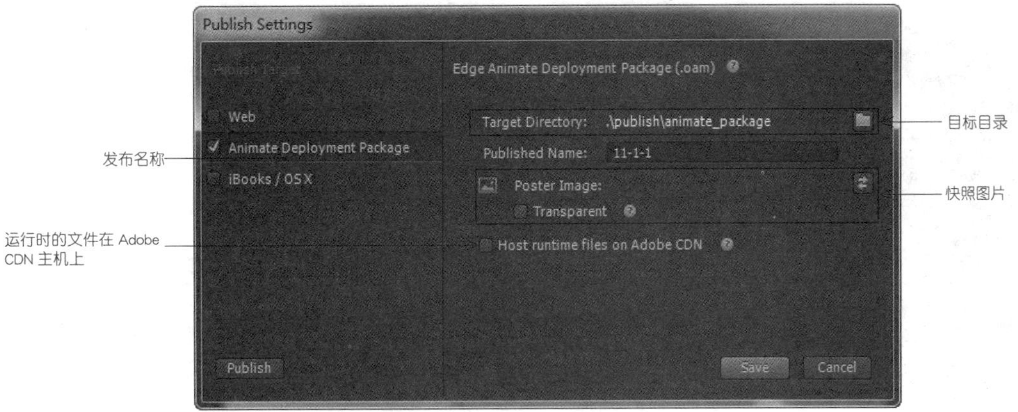

图 11-23

● **Target Directory（目标目录）**

该选项用于设置所要发布的文件的所在目录，可以单击该选项右侧的“Choose Target Directory（选择目标目录）”按钮，在弹出的对话框中选择所发布文件的所在文件夹。

● **Published Name（发布名称）**

该选项用于设置所要发布的动画布署包文件的名称，默认情况下，显示该Edge Animate动画的名称，用户可以在该选项的文本框中输入名称，默认扩展名为 .oam。

● **Poster Image（快照图片）**

该选项用于设置当低版本浏览器无法显示该动画效果时的替代图像。单击该选项后的“Choose Poster Image（选择快照图片）”按钮，可以在弹出的“Library Assets（库资源）”面板中选择需要作为替换的图像，如图 11-24 所示。

图 11-24

如果选中“Transparent（透明）”选项，则当低版本浏览器无法显示该动画效果时，将显示半透明的 Adobe 应用程序提示内容，而不是该动画的舞台内容。

● **Host runtime files on Adobe CDN（运行时的文件在 Adobe CDN 主机上）**

选中该选项，则通过互联网从 Adobe CDN 主机上来获得必要的 JavaScript 库。默认情况下，该选项为选中状态。

提示：

在“Publish Settings（发布设置）”对话框中完成 Animate Deployment package 发布格式的相关选项设置后，单击“Publish（发布）”按钮，可以在该项目文件的根目录下创建名为 publish 的文件夹，在该文件夹中创建名为 animate_package 的文件夹，在该文件夹中就是发布的动画布置包文件，扩展名为 .oam，如图 11-25 所示。

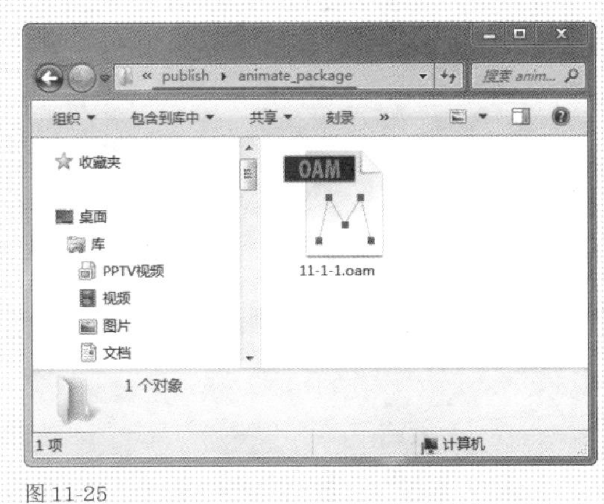

图 11-25

11.2.4 发布为 iBook/OS X 格式

发布为 iBook/OS X 格式，即将 Edge Animate 动画发布为可应用于 iBooks 或者 OS X 上的窗口小部件，将生成一个扩展名为 .wdgt 的文件。在“Publish Settings（发布设置）”对话框中选中“iBook/OS X”复选框并单击该选项，在该对话框右侧即可显示 iBook/OS X 发布格式的相关选项，如图 11-26 所示。

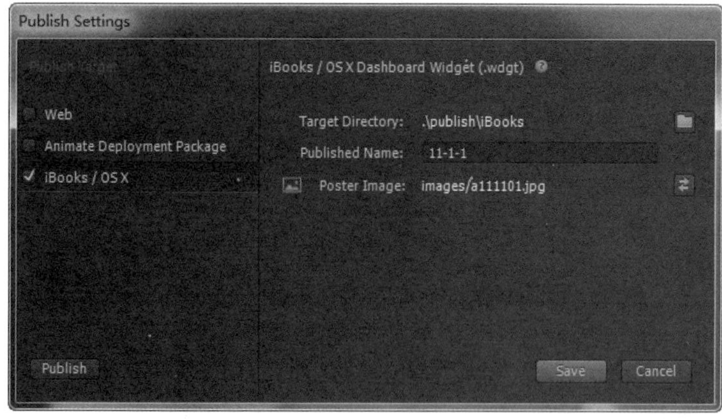

图 11-26

iBook/OS X 格式的发布设置选项与前面介绍的 Web 和 Animate Deployment Package 格式发布设置选项基本相同，用户可以根据需要进行设置。

11.3 本章小结

发布输出 Edge Animate 动画是动画制作的最后一步，在本章中详细介绍了如何将 Edge Animate 动画发布为不同的格式文件的方法，其中最为常用的是将 Edge Animate 动画发布为 HTML 网页，本章的内容相对比较简单，用户需要在理解的基础上熟练掌握。

反侵权盗版声明

举报电话：（010）88254396；（010）88258888

传　　真：（010）88254397

E-mail：dbqq@phei.com.cn

通信地址：北京市万寿路 173 信箱

电子工业出版社总编办公室

邮　　编：100036